人工智能前沿技术丛书

总主编　焦李成

# 遥感影像深度学习智能解译与识别

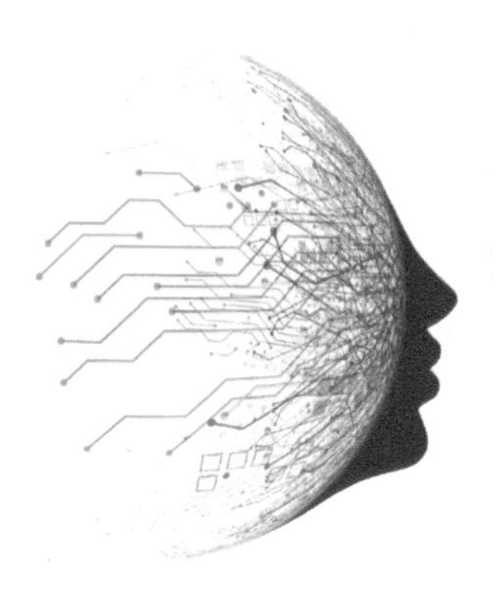

焦李成　刘　芳　李玲玲　杨淑媛
侯　彪　杨争艳　杨　慧　孟繁荣　著

西安电子科技大学出版社
http://www.xduph.com

# 内 容 简 介

本书从人工智能前沿理论与技术出发，系统地论述了遥感影像深度学习智能解译与识别的基本理论、算法及应用。全书共分为四个部分，分别是SAR图像分类与变化检测、极化SAR图像分类与变化检测、高光谱影像分类、遥感影像解译描述与分类，并给出了遥感影像深度学习智能解译与识别的最新进展。每章都附有相关阅读材料，便于有兴趣的读者进一步研究。

本书为人工智能教育丛书，可为高等院校人工智能、计算机科学、电子科学与技术、信息科学、控制科学与工程等领域的研究人员提供参考，也可作为相关专业本科生及研究生的参考书。

**图书在版编目(CIP)数据**

遥感影像深度学习智能解译与识别/焦李成等著. —西安：
西安电子科技大学出版社，2019.9(2023.12 重印)
ISBN 978-7-5606-5350-1

Ⅰ. ① 遥… Ⅱ. ① 焦… Ⅲ. ① 遥感图—机器学习—图像分析—研究
Ⅳ. ① TP751

中国版本图书馆CIP数据核字(2019)第092600号

策　　划　人工智能教育丛书项目组
责任编辑　刘小莉　秦志峰
出版发行　西安电子科技大学出版社(西安市太白南路2号)
电　　话　(029)88202421　88201467　　邮　　编　710071
网　　址　www.xduph.com　　电子邮箱　xdupfxb001@163.com
经　　销　新华书店
印刷单位　北京虎彩文化传播有限公司
版　　次　2019年9月第1版　2023年12月第4次印刷
开　　本　787毫米×960毫米　1/16　印张 28.5
字　　数　574千字
定　　价　110.00元
ISBN 978-7-5606-5350-1/TP
**XDUP 5652001-4**

# 序言 PREFACE

随着高分辨率卫星的快速发展和国产卫星数量的不断增多，包含丰富地物信息的遥感影像数据规模日益猛增，对浩如烟海的遥感影像数据的解译成为了当前的热点、难点问题。传统的遥感影像处理手段，依赖于较强的专业知识和数据特征本身，需要消耗大量的人力和时间，但人工智能技术的快速发展为遥感图像处理技术带来了变革。本书将人工智能深度学习技术引入遥感数据的解译与识别中，有效地提升了遥感数据的自动化处理和分析能力，并成功应用于包括图像分类、图像分割、目标检测、变化检测、超高分辨率重建等多个场景中，为国土资源管理、构建智慧城市、深度军民融合等应用开拓了广阔的前景，助力空间信息行业的智能化发展。

神经网络几经沉浮，走过了艰难曲折的历程，在2006年，单隐层神经网络模型拓展到了深度神经网络模型，“深度学习”这一术语开始普及，神经网络迎来了它的第三波浪潮并开启了“深度智能”时代。近年来，依靠强大的计算设备、海量数据集以及不断完善的深度网络理论知识，深度学习的普及性和实用性均有了极大的发展，成为了机器学习乃至人工智能领域最热门的技术，并持续展现着强大的生命力，它将不断涌现出新的理论发展和方法实践，深刻影响人工智能、社会经济及人类生活的未来。我们团队将深度学习与稀疏认知学习、多尺度几何分析等思想相结合，并应用于遥感影像智能解译与识别，研究成果表明，此方法能够克服传统遥感影像处理中出现的复杂场景下图像处理效率和精度低、网络过拟合、鲁棒性和泛化性能差等问题。

本书基于团队工作成果，从SAR图像分类与变化检测、极化SAR图像分类与变化检测、高光谱影像分类、遥感影像解译描述与分类这四个部分论述了深度学习在遥感影像智能解译与识别中的应用。书中涉及的模型包括：DC-ResNet、脊波反卷积结构学习、改进帧间差分法与YOLO深度网络、多尺度跳跃型卷积网络、SPP Net、自步学习和对称卷积耦合网络、多层特征SENet、Task-Oriented GAN网络、阶梯网络、深度堆栈网络、复数轮廓波卷积神经网络、加权卷积神经网络与主动学习、多尺度深度Directionlet网络、局部受限卷积神经网络、Looking-Around-and-Into网络、胶囊网络、空谱解耦合双通道卷积神经网络、快速区域卷积神经网络、局部响应卷积递归神经网络等。相比于其他遥感影像解译书籍，本书从人工智能理论与技术的前沿出发，期望能为读者带来前瞻性的视角，章节安排由浅入深，在模型概述和遥感影像解译发展的基础上逐步展开，内容涵盖更为广泛，模型讨论更为深入，应用实践更为细致，希望为读者入门学习及深入钻研提供帮助。

本书的完成离不开团队多位老师和研究生的支持与帮助，感谢团队中侯彪、刘静、王爽、杨淑媛、张向荣、缑水平、尚荣华、刘波、田小林等教授以及马晶晶、马文萍、白静、张小华、曹向海、冯捷、唐旭等副教授对本工作的关心支持与辛勤付出。同时感谢刘芳、赵进、刘旭、赵暐、朱浩、孙其功、任仲乐、宋纬、张文华等博士生，以及马丽媛、侯瑶淇、曾杰、王美玲、汶茂宁、张婷、李晰、孙莹莹、张佳琪、王继蕾、王亚明、叶维健、段丽英、张大臣、梁莹、张文豪、张娉婷、李翔等研究生的工作和劳动。最后，特别感谢杨争艳、杨慧、孟繁荣等同学的付出和辛勤劳动。本书是我们团队在该领域工作的一个小结，也汇聚了西安电子科技大学智能感知与图像理解教育部重点实验室、智能感知与计算国际联合实验室及智能感知与计算国际联合研究中心的集体智慧。在本书出版之际，特别感谢邱关源先生及保铮院士三十多年来的悉心培养与教导，特别感谢徐宗本院士、张钹院士、李衍达院士、郭爱克院士、郑南宁院士、谭铁牛院士、马远良院士、包为民院士、郝跃院士、陈国良院士、管晓宏院士及韩崇昭教授、张青富教授、张军教授、姚新教授、刘德荣教授、金耀初教授、周志华教授、李学龙教授、吴枫教授、田捷教授、贾秀萍教授、屈嵘教授、李军教授、张艳宁教授、马西奎教授、潘泉教授、高新波教授、石光明教授、李小平教授、陈莉教授、王磊教授等多年来的关怀、帮助与指导，感谢教育部创新团队和国家“111”创新引智基地的支持；同时，我们的工作也得到西安电子科技大学领导及国家“973”计划(2013CB329402)、国家自然科学基金(61836009，61871310，U1701267，61621005，61573267，61472306，61573267，61473215，61571342，61501353，61502369)、重大专项计划(91438201，91438103)等科研任务的支持，特此感谢。感谢书中所有被引用文献的作者。20 世纪 90 年代初，我们出版了《神经网络系统理论》《神经网络计算》《神经网络的应用与实现》等系列专著，三十年来神经网络取得了长足的进展，我们亦出版了《深度学习、优化与识别》专著，希望能为领域的发展和普及持续做出绵薄贡献。

限于作者水平，本书难免在内容取材和结构编排上有不妥之处，希望读者不吝赐教，提出宝贵的批评和建议，我们将不胜感激。

作　　者

2018 年 12 月

西安电子科技大学

# 目录 CONTENTS

## 第一部分　SAR图像分类与变化检测

## 第二部分 极化SAR图像分类与变化检测

## 第三部分 高光谱影像分类



## 第四部分 遥感影像解译描述与分类

# 第一部分

# SAR 图像分类与变化检测

# 第1章 基于DC-ResNet的SAR图像目标分类

## 1.1 引　　言

由于强大的非线性表达能力，深度神经网络给自然图像分类领域带来了显著的提升。然而，这些针对自然图像设计的算法并不能直接应用到SAR图像中。SAR图像的处理方式与自然图像有一定的区别。SAR图像本质上是一种微波相位相干叠加的成像手段，具有相位相干处理的特性，没有光学图像视觉上的直观性，而自然图像则是可见光成像，与人的视觉感知较为一致。另外，SAR图像的成像角度是高空对地成像，而自然图像一般是水平成像。将自然图像中的算法应用到SAR图像中时，则需要考虑这些区别，以解决这些差异带来的问题。

目前，深度学习在SAR图像目标分类中已经得到了应用，并且取得了一定的效果。由于自然图像和SAR图像在数量级上存在差异，直接应用为自然图像设计的网络进行训练必然会带来过拟合的问题，故需要对网络进行一定的改进。2016年，Chen S等人提出了一种基于深度卷积神经网络的SAR图像目标分类方法，此方法所阐述的对抗过拟合的方式主要包括数据扩充以及使用卷积层代替全连接以减少参数。Furukawa H等人提出了一种基于深度残差网络的SAR图像目标分类方法，此方法使用的深度网络是残差网，通过减少卷积核个数来降低参数量，并获得了更好的泛化性能。

基于深度残差网和可变形卷积操作，本章提出了一种基于可变形卷积残差网(DC-ResNet)的SAR图像目标分类算法。

## 1.2 深度残差网络基础

随着深度卷积神经网络的发展，卷积神经网络的隐层越来越深，结构也变得更加复杂。在理论上，由于神经网络的非线性表达能力，越深的隐层意味着越强的表达能力，与此同时，越来越深的网络层数也带来了训练上的问题。目前神经网络使用的学习算法是BP(Back Propagation，反向传播)算法，主要是通过将预测结果与真实类别之间的误差回传到每一层，并根据回传的误差调整参数值的方式进行学习。误差反向传播的计算方式是链式法则。这意味着，越深的网络越容易出现梯度爆炸或者梯度消失的问题。为了解决这个问题，人们提出了很多新的网络模型设计。2015 年，Kaming He 等人提出的残差网在分类、目标检测等任务中均表现出优异的性能，并于 2015 年在 ILSVRC 竞赛中获得了 ImageNet 数据集分类的第一名。残差网中使用的跳跃连接、批规范化等操作也成为了深度神经网络中常用的提升性能的手段。

### 1.2.1 非线性激活函数

激活函数能够为神经网络带来非线性的表达效果，并提升神经网络的表达能力，是神经网络的重要组件之一。Sigmoid 函数曾经是神经网络中使用最为广泛的激活函数。Sigmoid 函数如式(1-1)所示：

$$\text{Sigmoid}(x) = \frac{1}{1+e^{-x}} \tag{1-1}$$

其中 $x$ 表示输入，Sigmoid($x$)表示输出。Sigmoid 函数对输入值进行非线性变换，将输出值控制在 0 到 1 之间。

由于 Sigmoid 函数均值不为零等问题，使得网络的收敛速度变慢。修正线性单元(Rectified Linear Unit，ReLU)激活函数，也称为线性整流函数，克服了这一缺点。ReLU 函数如式(1-2)所示：

$$\text{ReLU}(x) = \begin{cases} x, & x \geqslant 0 \\ 0, & x < 0 \end{cases} \tag{1-2}$$

ReLU 函数将输入信号中小于 0 的部分输出设置为 0，大于 0 的部分保持不变。通过这一变换处理，为神经网络带来了非线性的表达效果。目前，深度神经网络中，使用的隐层激活函数通常是 ReLU 函数及其变体。

### 1.2.2 Dropout 操作

Dropout 操作是一种缓解过拟合问题的有效策略。在每次的训练中，Dropout 操作随机选择一部分的结点丢弃后(这一部分结点不参与计算和更新)得到一个新的子网络，然后对这个子网络进行训练和更新。Dropout 操作的示意图如图 1.1 所示。

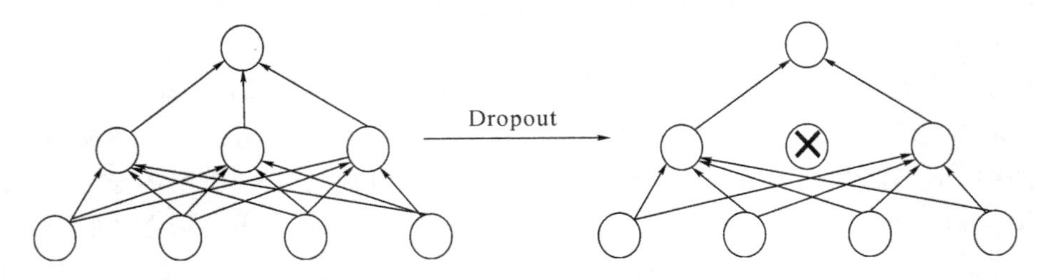


图 1.1　Dropout 操作示意图

假设一个使用了 Dropout 策略的隐层有 $n$ 个结点，每次随机采样选择一半的结点作为子网络，而其余一半的结点不用更新，则相当于有 $2^n$ 个子网络在进行训练。在测试时，所有的结点参与运算。这个过程相当于一个集成学习(ensemble learning)的过程，所有的 $2^n$ 个子网络共同决定隐层的输出，能够有效地对抗过拟合的问题。

### 1.2.3 批规范化

在神经网络中，使用数据预处理能够加快网络的收敛速度，提高模型训练的效率，也能够减少模型过拟合。在神经网络中，初始的权值一般是根据标准高斯分布随机设置的，因此，经过权值处理操作后，每维的均值也是与输入成一定比例关系的。如果不对数据进行归一化，则为了学习到拟合数据的权值，权值需要进行更多次的迭代。同时，在这种不平衡的学习过程中，容易使模型学习陷入局部最优值，带来过拟合的问题。因此，使用数据预处理，能够加快模型收敛，减少模型过拟合。

在深度神经网络中，表示误差会随着层数的加深而逐步放大，即使对输入进行了预处理，也可能在多次的卷积处理后，输出数据的均值和标准差产生较大的变化，降低了模型的表示能力和训练效率。因此产生了一种新的处理方式，即在每一层卷积中都使用批规范化处理。

批规范化(Batch Normalization，BN)是指对于每一个批次的数据，在隐层输出之后增加类似的归一化处理，即对每个维度(每幅特征图)的数据，计算出该维度的均值和标准差，然后对该维度的数据进行减去该均值并除以该标准差的归一化操作，得到规范化后的输出，再送到下一层中，其处理流程如下所述。

输入：

一个小批次上的 $x$ 值：

$$B = \{x_{1\dots m}\} \tag{1-3}$$

输出：

$$\{y_i = \mathrm{BN}_{\gamma,\beta}(x_i)\} \tag{1-4}$$

步骤 1 计算批次均值：

$$\mu_B \leftarrow \frac{1}{m}\sum_{i=1}^{m} x_i \tag{1-5}$$

步骤 2 计算批次方差：

$$\sigma_B^2 \leftarrow \frac{1}{m}\sum_{i=1}^{m} (x_i - \mu_B)^2 \tag{1-6}$$

步骤 3 对 $x$ 进行归一化：

$$\hat{x}_i \leftarrow \frac{x_i - \mu_B}{\sqrt{\sigma_B^2 + \varepsilon}} \tag{1-7}$$

步骤 4　计算输出值：

$$y_i \leftarrow \gamma\hat{x}_i + \beta \equiv \mathrm{BN}_{\gamma,\beta}(x_i) \tag{1-8}$$

在每一层的激活函数之前使用批规范化操作能够对数据进行归一化，得到更加稳定的输出结果，防止误差的累积，从而提高了神经网络的表达能力。

### 1.2.4　全局均值池化

全局均值池化是传统的卷积神经网络中全连接层的一种替代方案。传统的神经网络最后通常会有全连接层。然而，由于在全连接的连接方式中，全连接层之内没有参数共享机制，参数量是输入和输出维度的乘积。在传统的卷积神经网络中，全连接层的参数常常占到网络参数的一半以上。由于参数太多，使用全连接层常常带来过拟合的问题。

全连接层的主要目的是去除特征的空间性，得到全局的信息，为最终的类别判断做准备。全局均值池化能够达到同样的目的。全局均值池化认为，可以使用每个维度的特征图来表示一定的信息，即信息在维度之间分离，每个维度表示某一个方面的信息，例如表示属于某个类别的置信度等。这种信息分布是可以通过模型的学习得到的。因此，通过从每个维度的特征图中提取出一个值表示该方面的信息，使得二维特征图内部的空间相关性得到了消除。

常用的池化方式分为两种：最大池化和均值池化。最大池化摒弃了除最大值以外的信息，而均值池化是对所有的值取均值，因此后者能够更多地反映全局的信息。本书算法中使用的是全局均值池化。

全局均值池化的窗口大小为输出特征图的尺寸，如图 1.2 所示。对每幅特征图，通过全局均值池化，整幅图像取均值，得到一个输出值。最终得到一个和特征图维度相等的特征向量。全局均值池化操作没有任何参数，但是却提取到了特征图中的特征信息，去除了特征图的空间相关性，同时带来了显著的特征约减的效果。

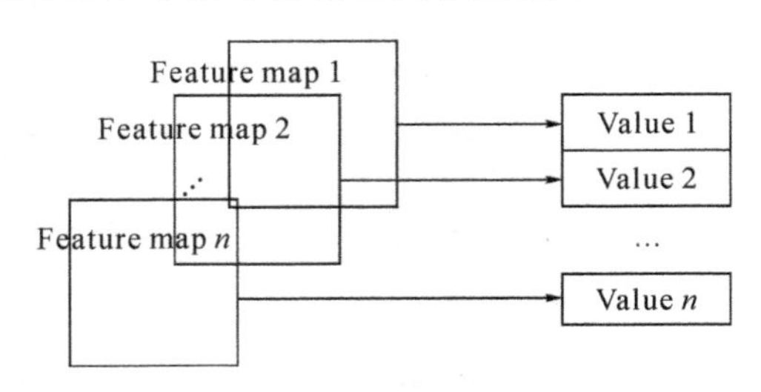


图 1.2　全局均值池化示意图

### 1.2.5　跳跃连接

假设在一个网络表示层中，输入为 $x$，网络映射为 $F(x)$，输出为 $H(x)$。直接让表示层去拟合一个潜在的恒等映射函数 $H(x)=F(x)$是比较困难的。为了更加容易地学习，可以转换为学习一个残差函数 $F(x)=H(x)-x$，只要 $F(x)=0$，就可以构成一个恒等映射 $H(x)=x$。相比于拟合输出映射，拟合映射输出与输入之间的残差更加容易。这种残差学习结构可以通过前向神经网络和跳跃连接实现，如图 1.3 所示。

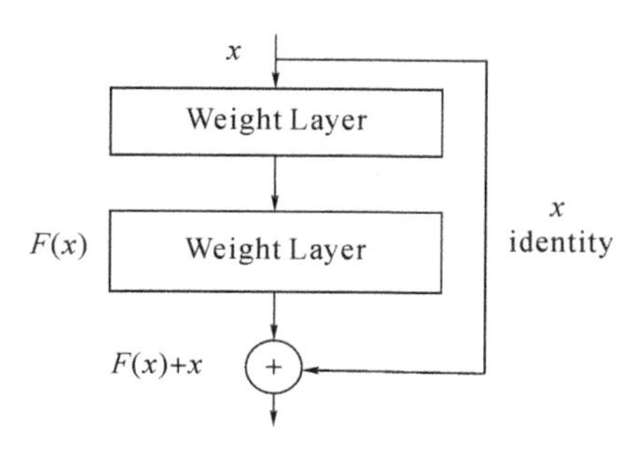


图 1.3 残差模块示意图

残差网通过跳跃连接的设计，使得网络表示层可以学习映射输出与输入之间的残差，从而缓解了深层网络难以训练的问题。

## 1.3 基于 DC-ResNet 的 SAR 图像目标分类

### 1.3.1 可变形卷积核

传统的卷积核中，卷积核是规整的，卷积核的卷积窗口一般为矩形。但这种固定的卷积核限制了特征提取能力，使得卷积核只能在固定的范围内进行特征提取。可变形卷积克服了这种缺陷。在可变形卷积中，通过引入位置偏移参数，使得卷积核的大小和位置可以根据当前感知区域内的目标像素值进行动态调整，使得卷积核采样点位置可以根据图像内容发生自适应的变化，从而适应目标的形状、大小、旋转等几何形变。

假设 $R$ 表示一个感受野内像素的位置，以 3×3 个像素大小的卷积核为例，则 $R$ 可以表示为$R=\{(-1,-1),(-1,0),\cdots,(0,1),(1,1)\}$。那么对于输出中的每一个像素位置 $P_0$，该位置对应的输出为

$$P_0=\sum_{P_n\in R}w(P_n)\cdot x(P_0+P_n) \tag{1-9}$$

而对于可变形卷积，$P_0$ 像素的输出值为

$$P_0=\ell\sum_{P_n\in R}w(P_n)\cdot x(P_0+P_n+\Delta P_n)\times|(\text{DIwhole}-0.5)| \tag{1-10}$$

原始的卷积过程被分为两个通道，其中一个通道学习的是原始的卷积滤波器所对应的

参数 $w$，另一个通道学习的是位置偏移 $\Delta P_n$。假设 $H$、$W$ 分别为原始的卷积滤波器的高和宽，则 $\Delta P_n$ 需要学习的参数数目为 $H\times W\times 2N$，其中 $N$ 为卷积窗口的像素数目，$2N$ 表示有 $x$、$y$ 两个方向上的位置偏移。经过每一个像素的位置偏移以后，原始的卷积窗口不再规整，如图 1.4 所示。

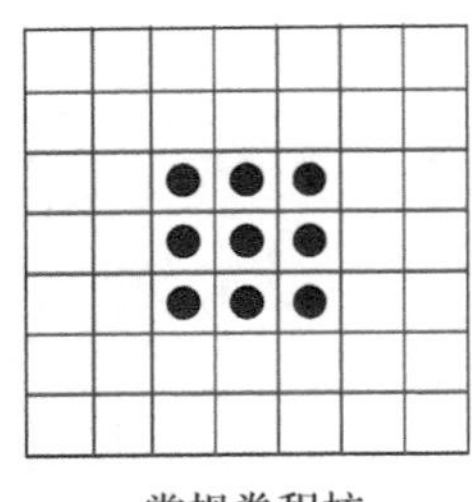

常规卷积核　　　　可变形卷积核

图 1.4　可变形卷积核示意图

由于学习到的位置偏移参数 $\Delta P_n$ 不是整数，因此不能直接获取偏移后的卷积像素坐标。为了避免直接取整数带来的误差，可变形卷积采用了双线性插值的方式来计算偏移后的卷积像素值。

### 1.3.2　可变形卷积残差模块

在常用的 SAR 图像目标分类数据集中，训练数据一般包含 0 到 360°之间所有的方位角。这意味着在进行分类时，需要对 SAR 图像的旋转、形变等特征进行有效的提取才能提高网络的泛化性能，如图 1.5 所示。

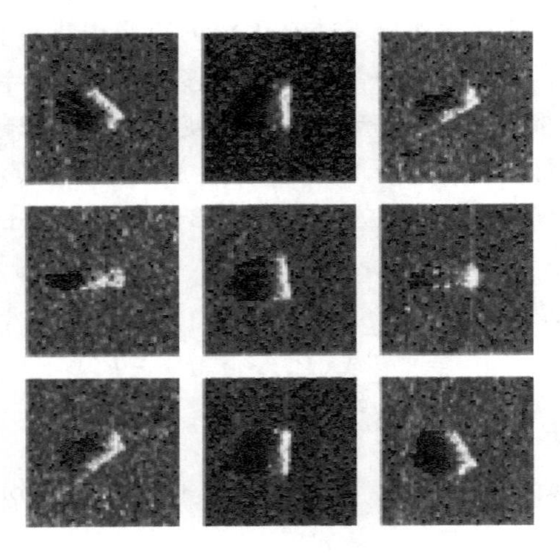

图 1.5　SAR 图像训练数据示意图

本章对残差网的残差模块进行了改进，使用可变形卷积核替代了原来的部分卷积核，称为可变形卷积残差模块(DC-ResNet block)，如图1.6所示。

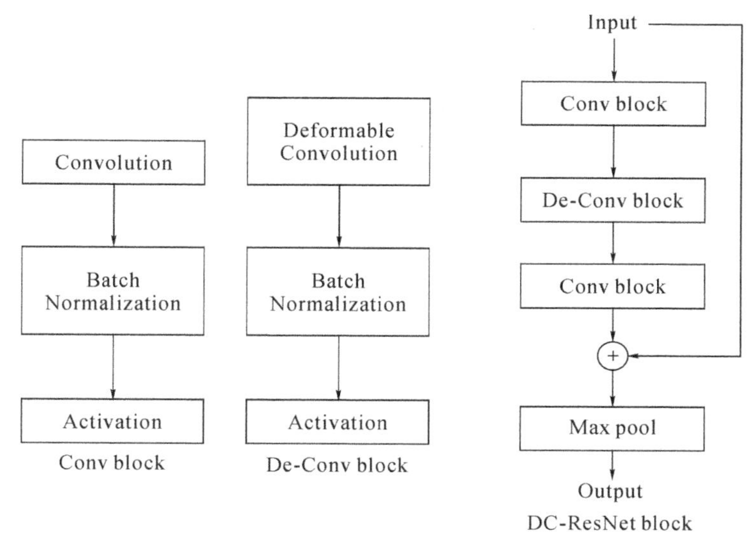


图1.6　可变形卷积残差模块示意图

如图1.6所示，在可变形卷积残差模块中，首先使用了一个降维卷积层，该层是由卷积层、批规范化层和激活层组成的批规范化卷积层，主要目的是对前一层的特征图进行维度上的约减。降维卷积层之后是可变形卷积层，使用可变形卷积核能够更加灵活地提取丰富的卷积特征。可变形卷积层之后是卷积层，卷积层能够提取可变形卷积层输出的特征图的卷积特征。

### 1.3.3　DC-ResNet 模型

基于可变形卷积残差模块(DC-ResNet block)，本章提出了一种用于SAR图像目标分类的基于可变形卷积的残差网(Deformable Convolution Residual Network，DC-ResNet)，如图1.7所示。DC-ResNet首先使用了一个由三层卷积层组成的卷积模块进行最初的特征提取，进而得到初始卷积特征图。然后使用了三个可变形卷积残差模块来提取原始图像目标的可变形卷积特征。最后将提取的特征图进行全局均值池化，得到一个特征向量，输入到softmax分类层中进行分类，得到最终的分类结果。

DC-ResNet对深度残差网进行了改进，使用了可变形卷积核来代替常规的形状固定的卷积核，使得卷积核的感受野范围更加广阔且灵活，能够提取到更加丰富灵活的特征信息，从而提高了网络的泛化性能。

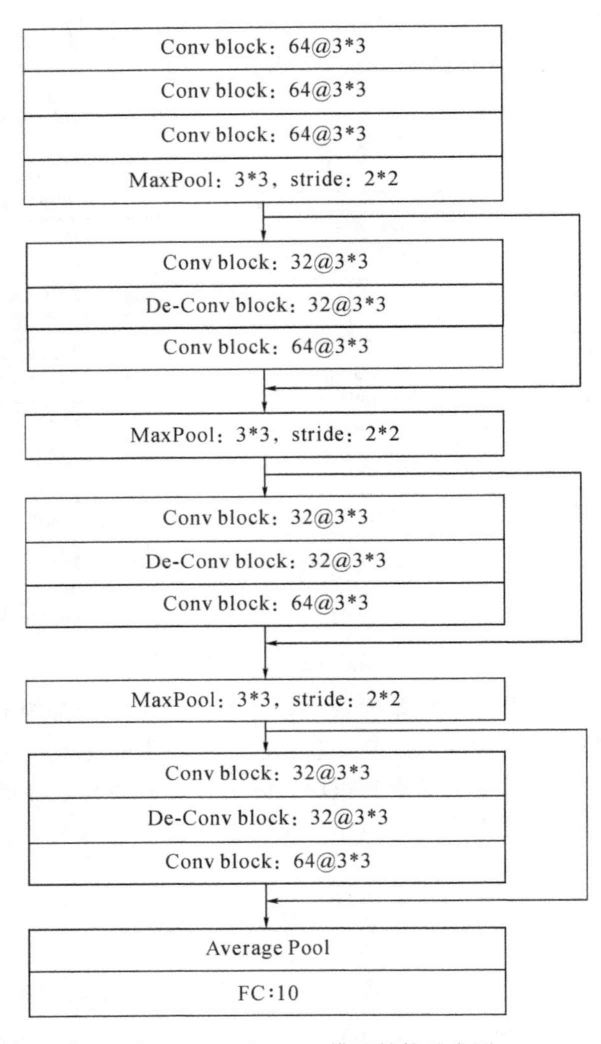


图 1.7　DC-ResNet 模型结构示意图

## 1.4　实验结果与分析

### 1.4.1　实验数据

实验使用的数据集是 MSTAR 数据集。推荐使用的标准数据集(Standard Operating Conditions，SOC)含有 10 类车辆目标，有坦克、装甲车、推土机等，包含多种方位角下的目标图像。MSTAR 标准数据集的具体类别介绍如表 1.1 所示。

**表 1.1　MSTAR 标准数据集**

| 自然图像 | SAR 图像 | 类别 | Serial No. | 物体 | 训练集 | | 测试集 | |
|---|---|---|---|---|---|---|---|---|
| | | | | | 俯仰角/(°) | 数目 | 俯仰角/(°) | 数目 |
|  |  | 2S1 | b01 | 火箭发射车 | 17 | 299 | 15 | 274 |
| 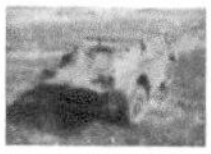 | | BRDM-2 | E-71 | 装甲车 | 17 | 298 | 15 | 274 |
|  | | BTR-60 | k10yt7532 | 装甲车 | 17 | 256 | 15 | 195 |
|  | | D7 | 92v13015 | 推土机 | 17 | 299 | 15 | 274 |
|  |  | T-72 | 132 | 坦克 | 17 | 232 | 15 | 196 |
|  | 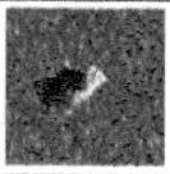 | BMP-2 | 9563 | 装甲车 | 17 | 233 | 15 | 195 |
| 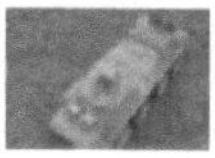 | 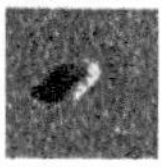 | BTR-70 | c71 | 装甲车 | 17 | 233 | 15 | 196 |
|  |  | T-62 | A51 | 坦克 | 17 | 299 | 15 | 273 |
|  | 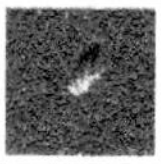 | ZIL-131 | E12 | 军用卡车 | 17 | 299 | 15 | 274 |
|  |  | ZSU-234 | d08 | 防空单元 | 17 | 299 | 15 | 274 |
| — | — | 总计 | — | — | — | 2747 | — | 2425 |

除了标准数据集以外，还有扩展数据集(Extended Operating Conditions，EOC)。EOC 数据集是在扩展条件下成像得到的，包括目标的变体以及目标在不同的俯仰角下的图像，主要是为了测试模型在不同的成像条件下的泛化性能。本书使用了四个 EOC 数据集，分别是 EOC1、EOC2、EOC3、EOC4。

数据集 EOC1 是类别 BMP-2 的三个变体，其中训练集共包含 698 幅图像，测试集共包含 587 幅图像。EOC1 数据集的具体介绍如表 1.2 所示。

**表 1.2　EOC1 数据集**

| 类别 | 物体 | Serial No. | 训练集 | | 训练集 | |
|---|---|---|---|---|---|---|
| | | | 俯仰角/(°) | 样本数目 | 俯仰角/(°) | 样本数目 |
| BMP-2 | 装甲车 | 9563 | 17 | 233 | 15 | 195 |
| | | 9566 | 17 | 232 | 15 | 196 |
| | | C21 | 17 | 233 | 15 | 196 |
| 总计 | — | — | — | 698 | — | 587 |

数据集 EOC2 是类别 T72 的三个变体，其中训练集共包含 691 幅图像，测试集共包含 582 幅图像。EOC2 数据集的具体介绍如表 1.3 所示。

**表 1.3　EOC2 数据集**

| 类别 | 物体 | Serial No. | 训练集 | | 训练集 | |
|---|---|---|---|---|---|---|
| | | | 俯仰角/(°) | 样本数目 | 俯仰角/(°) | 样本数目 |
| T72 | 坦克 | 132 | 17 | 232 | 15 | 196 |
| | | 812 | 17 | 231 | 15 | 195 |
| | | S7 | 17 | 228 | 15 | 191 |
| 总计 | — | — | — | 691 | — | 582 |

数据集 EOC3 是三分类。每个类别中都包含若干变体。训练集共包含 1622 幅图像，测试集共包含 1365 幅图像。EOC3 数据集的具体介绍如表 1.4 所示。

**表 1.4　EOC3 数据集**

| 类别 | 物体 | Serial No. | 训练集 | | 测试集 | |
|---|---|---|---|---|---|---|
| | | | 俯仰角/(°) | 样本数目 | 俯仰角/(°) | 样本数目 |
| BMP-2 | 装甲车 | 9563、9566、C21 | 17 | 698 | 15 | 587 |
| BTR-70 | 装甲车 | C71 | 17 | 233 | 15 | 196 |
| T72 | 坦克 | 132、812、S7 | 17 | 691 | 15 | 582 |
| 总计 | — | — | — | 1622 | — | 1365 |

数据集 EOC4 是扩展俯仰角条件下的数据。训练数据的俯仰角为 17°，测试数据的俯仰角为 30°。这是一个比较大的俯仰角角度差异，对模型的泛化能力要求更高。训练集共包含

691 幅图像，测试集共包含 582 幅训练图像。EOC4 数据集的具体介绍如表 1.5 所示。

**表 1.5　EOC4 数据集**

| 类别 | 物体 | Serial No. | 训练集 | | 测试集 | |
|---|---|---|---|---|---|---|
| | | | 俯仰角/(°) | 样本数目 | 俯仰角/(°) | 样本数目 |
| 2S1 | 火箭发射车 | b01 | 17 | 232 | 30 | 196 |
| BRDM-2 | 装甲车 | E-71 | 17 | 231 | 30 | 195 |
| ZSU-234 | 防空单元 | d08 | 17 | 228 | 30 | 191 |
| 总计 | — | — | — | 691 | — | 582 |

### 1.4.2　实验环境

本章实验的环境配置如表 1.6 所示。

**表 1.6　实验环境配置表**

| CPU 配置 | Intel(R) Xeon(R) CPU E5-2630 v3 @ 2.40 Hz |
|---|---|
| 显卡配置 | GeForce GTX TITAN X |
| 软件环境 | Ubuntu 16.04 LTS，Python3.5.2 |
| 编程语言 | Python |
| 深度学习平台 | Keras2.1.4，Tensorflow1.4.0 |

本章实验的深度神经网络都是在 Keras 平台上搭建实现的。Keras 平台是一个集成化的深度学习平台，调用 Tensorflow、Theano 等后端支持计算。本章实验使用的后端环境是 Tensorflow。本章实验中代码全部使用 Python3 实现。

### 1.4.3　实验结果分析

#### 1. DC-ResNet 算法的有效性分析

为了在数据增强的条件下对比本章提出的 DC-ResNet 模型和其他深度学习的方法，对本章提出的 DC-ResNet 模型在 MSTAR 标准数据集和四个 MSTAR 扩展数据集上进行了测试。在这五个测试集上，使用了几种对比算法，其中使用序号标注的实验 1 到实验 8 为对比实验。实验 1、2 使用的对比方法为 SVM 分类方法，具体为：首先使用 PCA 提取特征，然后使用线性 SVM 分类器进行分类。实验 3、4 使用的对比方法为 MLP 分类方法，具体为：首先使用 PCA 提取特征，对原始的图像数据进行降维，然后使用 MLP 进行分类。MLP 的隐层数目为 4 层，隐层的神经元个数分别为 1028、512、256、128。实验 5、6 中的对比方法为 CNN，具体使用的模型与本章参考文献[21]中的一致。实验 7、8 中的对比方法为深度残差网，具体使用的模型与本章参考文献[25]中一致。本章提出的模型实验部分包括实验 9 到实验 10。

实验数据包括两种：没有使用数据增强的原始数据和使用了数据增强的增强数据。实验 1、3、5、7、9 使用的是原始数据，即从 128×128 的原始图像中心裁剪出 88×88 的像素大小的图像作为训练和测试图像，没有对数据进行增强。实验 2、4、6、8、10 使用的是增强数据，即对训练数据进行了增强，从 128×128 的原始图像中，以图像中心为中心点，选择周围 5×5 像素的范围作为增强后的中心点，以这些点作为中心裁剪出 88×88 像素大小的图像。在增强后的所有图像中随机选择 10 幅，组成训练集。测试集不进行增强，裁剪中心点为原始图像中心。本章提出的算法和对比算法在 MSTAR 标准数据集 SOC 上的测试结果如表 1.7 所示。

**表 1.7　SOC 数据集上的 10 次实验平均性能对比**

| 序号 | 方法 | 类别准确率/% | | | | | | | | | | 总体准确率/% |
|---|---|---|---|---|---|---|---|---|---|---|---|---|
| | | 1 | 2 | 3 | 4 | 5 | 6 | 7 | 8 | 9 | 10 | |
| 1 | SVM | 84.30 | 85.77 | 86.15 | 95.62 | 93.37 | 72.82 | 88.27 | 78.75 | 93.43 | 97.45 | 87.92 |
| 2 | SVMPro | 86.31 | 88.87 | 78.72 | 93.07 | 92.86 | 60.77 | 73.47 | 78.02 | 91.42 | 93.43 | 84.64 |
| 3 | MLP | 83.94 | 83.58 | 85.13 | 97.45 | 97.45 | 70.77 | 91.33 | 77.66 | 93.07 | 95.99 | 87.84 |
| 4 | MLPPro | 83.03 | 87.23 | 79.49 | 93.61 | 91.32 | 68.97 | 71.68 | 84.07 | 90.51 | 95.07 | 85.36 |
| 5 | CNN | 97.45 | 97.81 | 95.90 | 99.27 | 100.0 | 99.49 | 98.98 | 98.90 | 99.64 | 98.91 | 98.64 |
| 6 | CNNPro | 98.18 | 99.27 | 96.41 | 99.27 | 100.0 | 98.98 | 99.49 | 99.64 | 99.64 | 99.64 | 99.13 |
| 7 | ResNet | 97.81 | 98.91 | 95.90 | 99.27 | 100.0 | 99.49 | 99.49 | 97.44 | 99.64 | 99.64 | 98.76 |
| 8 | ResNetPro | 99.64 | 99.64 | 96.41 | 100.0 | 100.0 | 100.0 | 99.49 | 98.53 | 100.0 | 100.0 | 99.42 |
| 9 | DC-ResNet | 99.27 | 99.27 | 96.92 | 99.27 | 100.0 | 98.97 | 99.49 | 99.63 | 100.0 | 100.0 | 99.34 |
| 10 | DC-ResNetPro | 99.27 | 98.90 | 99.49 | 100.0 | 100.0 | 100.0 | 99.63 | 100.0 | 100.0 | 100.0 | 99.63 |

由表 1.7 可以看到，基于深度学习的三种算法总体准确率都较高，均达到了 98%以上。无论是否进行数据增强，DC-ResNet 模型在 SOC 数据集上总体的测试准确率最高，泛化性能最优。进行数据增强时，DC-ResNet 的测试准确率达到了 99.63%，这是目前同类算法的

最优测试结果。对于三种算法，数据增强都能够在一定程度上提升测试准确率。

对于传统算法 SVM 和 MLP 算法，总体测试准确率都较低，分别为 87.92% 和 87.84%，均未达到 90%，且两种算法之间的差距较小，整体相差不到 0.1%。此外，对于 SVM 和 MLP 算法，数据增强并没有带来性能的提升，反而降低了总体的测试准确率，其中 SVM 算法降低了约 3%，MLP 降低了约 2.5%。

在具体的类别上，SVM 和 MLP 算法有一定的类别倾向性，例如两者都在第 4、5、9、10 这四个类别上测试准确率较高。基于深度学习的算法也有一定的倾向性，但由于总体准确率较高，因此这种倾向不明显。

总之，DC-ResNet 模型在 SOC 数据集上取得了超过目前其他同类算法的性能。无论是否进行数据增强，DC-ResNet 的测试准确率都达到了最高。本章提出的算法和对比算法在 EOC1 数据集上的测试结果如表 1.8 所示。

**表 1.8 EOC1 数据集上的 10 次实验平均性能对比**

| 序号 | 方法 | 类别准确率/% | | | 总体准确率/% |
|---|---|---|---|---|---|
| | | 1 | 2 | 3 | |
| 1 | SVM | 64.62 | 65.82 | 75.51 | 68.65 |
| 2 | SVMPro | 70.77 | 66.84 | 41.33 | 59.63 |
| 3 | MLP | 73.33 | 74.49 | 83.67 | 77.17 |
| 4 | MLPPro | 72.31 | 73.47 | 47.45 | 64.40 |
| 5 | CNN | 75.38 | 92.86 | 87.76 | 85.35 |
| 6 | CNNPro | 85.13 | 93.88 | 90.31 | 89.78 |
| 7 | ResNet | 48.21 | 77.04 | 73.47 | 66.27 |
| 8 | ResNetPro | 90.77 | 88.27 | 82.14 | 87.05 |
| 9 | DC-ResNet | 64.10 | 90.31 | 85.20 | 79.89 |
| 10 | DC-ResNetPro | 74.36 | 88.78 | 88.78 | 83.99 |

由表 1.8 可知，与 CNN 和残差网相比，在不进行数据增强的条件下，CNN 算法的测试准确率最高可达到 85.35%，而残差网的测试准确率最低，仅达到 66.27%，相差接近 20%。DC-ResNet 的测试准确率介于两者之间，达到 79.89%，与 CNN 有接近 5%的差距。在进行数据增强的条件下，CNN 算法的测试准确率达到 89.78%，而 DC-ResNet 的测试准确率最低，仅达到 83.99%，数据增强在 DC-ResNet 上的性能提升不够明显。而在残差网

上，数据增强带来了明显的性能提升，前后差距接近20%。

与SVM和MLP这两种传统算法相比，无论是否进行数据增强，DC-ResNet模型总体的测试准确率都更高，泛化性能最优，其中MLP算法的性能优于SVM算法，两者的差距约为10%。在不进行数据增强时，MLP算法的测试准确率接近DC-ResNet。对于SVM和MLP算法而言，数据增强并没有带来性能的提升，反而降低了总体的测试准确率，其中SVM算法使用数据增强后，测试准确率降低了约10%。而MLP算法使用数据增强的测试准确率降低了超过12%。

从具体的类别准确率上分析，SVM和MLP的每个类别的测试准确率有一定的相关性，推测是由于两者使用了同样的特征处理方式。CNN、残差网和DC-ResNet的每个类别的准确率没有明显的特点。

总之，在EOC1数据集上，DC-ResNet的性能优于传统算法SVM和MLP，但与CNN相比有一定的差距。本章提出的算法和对比算法在EOC2数据集上的测试结果如表1.9所示。

**表1.9　EOC2数据集上的10次实验平均性能对比**

| 序号 | 方法 | 类别准确率/% | | | 总体准确率/% |
|---|---|---|---|---|---|
| | | 1 | 2 | 3 | |
| 1 | SVM | 87.76 | 89.23 | 82.20 | 86.43 |
| 2 | SVMPro | 74.49 | 92.82 | 79.06 | 82.13 |
| 3 | MLP | 89.29 | 95.90 | 89.53 | 91.58 |
| 4 | MLPPro | 72.96 | 94.87 | 86.91 | 84.87 |
| 5 | CNN | 99.49 | 97.44 | 91.10 | 96.05 |
| 6 | CNNPro | 96.94 | 100.0 | 93.72 | 96.91 |
| 7 | ResNet | 84.18 | 95.38 | 89.53 | 89.69 |
| 8 | ResNetPro | 85.20 | 98.46 | 87.43 | 92.44 |
| 9 | DC-ResNet | 90.31 | 91.28 | 93.72 | 91.75 |
| 10 | DC-ResNetPro | 96.43 | 98.46 | 88.48 | 94.50 |

从表1.9中可以看到，与CNN和残差网相比，在不进行数据增强的条件下，CNN算法的测试准确率最高可达到96.05%，而残差网的测试准确率最低，仅达到89.69%，相差接近6%。DC-ResNet的测试准确率介于两者之间。在进行数据增强的条件下，CNN算法

的测试准确率达到了96.91%，而残差网的测试准确率最低，仅达到92.44%，DC-ResNet依旧介于两者之间，达到94.50%。

与SVM和MLP相比，无论是否进行数据增强，DC-ResNet模型在SOC数据集上总体的测试准确率最高，泛化性能最优。对于SVM和MLP算法，数据增强并没有带来性能的提升，反而明显降低了总体的测试准确率，其中SVM算法的性能降低了约4%，MLP算法的性能降低了约7%。

从具体的每个类别的测试准确率来看，每个类别的测试准确率有一定的规律。例如，第2类的测试准确率在几乎所有的方法中都是最高的，可以推测第2类目标的特征比较明显，容易正确分类。

总之，在EOC2数据集上，DC-ResNet的性能优于传统算法SVM、MLP和深度学习算法残差网，但与CNN相比有一定的差距。本章提出的算法和对比算法在EOC3数据集上的测试结果如表1.10所示。

**表1.10　EOC3数据集上的10次实验平均性能对比**

| 序号 | 方法 | 类别准确率/% | | | 总体准确率/% |
|---|---|---|---|---|---|
| | | 1 | 2 | 3 | |
| 1 | SVM | 80.92 | 94.39 | 99.83 | 90.92 |
| 2 | SVMPro | 72.74 | 88.78 | 98.80 | 86.15 |
| 3 | MLP | 77.51 | 98.47 | 99.83 | 90.04 |
| 4 | MLPPro | 77.68 | 87.24 | 98.80 | 88.06 |
| 5 | CNN | 97.27 | 100.0 | 100.0 | 98.83 |
| 6 | CNNPro | 98.30 | 100.0 | 99.83 | 99.19 |
| 7 | ResNet | 97.96 | 100.0 | 100.0 | 99.12 |
| 8 | ResNetPro | 99.32 | 100.0 | 99.83 | 99.63 |
| 9 | DC-ResNet | 99.32 | 99.49 | 100.0 | 99.63 |
| 10 | DC-ResNetPro | 99.49 | 100.0 | 100.0 | 99.78 |

从表1.10中可以看到，EOC3数据集总体的测试准确率都比较高。对于CNN、残差网和DC-ResNet这三种基于深度学习的算法，无论是否进行数据增强，几种方法的测试准确率都达到了98%以上。在不进行数据增强的条件下，DC-ResNet算法的测试准确率最高可达到99.63%，而CNN算法的测试准确率最低，仅达到98.83%，残差网的测试准确率介于两者之

间，达到 99.12%。在进行数据增强的条件下，DC-ResNet 算法的测试准确率达到了 99.78%，而 CNN 的测试准确率最低，仅达到 99.19%，残差网依旧介于两者之间，达到 99.63%。

与深度学习算法相比，MLP 和 SVM 的测试准确率稍低，两者均达到了 90%左右，与深度学习算法有将近 10%的差距。对于 SVM 和 MLP 算法而言，数据增强并没有带来性能的提升，反而明显降低了总体的测试准确率。

由具体的每一个类别的测试准确率来分析，第 3 类的测试准确率均达到了 98%以上，可以推测第 3 类有较为明显的分类特征。第 1 类的测试准确率相对较低，可以推测第 1 类的分类特征相对不够明显。

总之，在 EOC3 数据集上，无论是否进行数据增强，DC-ResNet 的测试准确率都达到了最高。本章提出的算法和对比算法在 EOC4 数据集上的测试结果如表 1.11 所示。从表 1.11 中可以看出，在不进行数据增强的条件下，三种深度学习算法的测试准确率之间没有很大的差距，CNN 算法的测试准确率最高可达到 97.22%，而残差网的测试准确率最低，但也达到 96.18%，DC-ResNet 的测试准确率介于两者之间，达到 96.81%。在进行数据增强的条件下，CNN 算法的测试准确率最高，达到 97.79%，而残差网的测试准确率最低，仅达到 93.74%，DC-ResNet 依旧介于两者之间，达到 95.94%。值得注意的是，在残差网和 DC-ResNet 算法中，使用数据增强反而使得测试准确率降低。

**表 1.11　EOC4 数据集上的 10 次实验平均性能对比**

| 序号 | 方法 | 类别准确率/% | | | 总体准确率/% |
|---|---|---|---|---|---|
| | | 1 | 2 | 3 | |
| 1 | SVM | 94.79 | 98.61 | 95.49 | 96.29 |
| 2 | SVMPro | 73.26 | 96.52 | 68.75 | 79.49 |
| 3 | MLP | 92.36 | 96.52 | 97.92 | 95.60 |
| 4 | MLPPro | 73.61 | 91.29 | 75.35 | 80.07 |
| 5 | CNN | 92.36 | 100.0 | 99.31 | 97.22 |
| 6 | CNNPro | 93.40 | 100.0 | 100.0 | 97.79 |
| 7 | ResNet | 99.31 | 99.30 | 89.93 | 96.18 |
| 8 | ResNetPro | 100.0 | 99.65 | 81.60 | 93.74 |
| 9 | DC-ResNet | 93.06 | 100.0 | 97.40 | 96.81 |
| 10 | DC-ResNetPro | 95.49 | 99.30 | 93.06 | 95.94 |

SVM 和 MLP 算法在该数据集上的测试性能较好，与 CNN、DC-ResNet 的测试准确率接近。数据增强同样带来了 SVM 和 MLP 算法的测试准确率降低的后果。

从具体的类别准确率来分析，第 2 类目标的测试准确率明显较高，可以推测第二类目标的分类特征明显。总之，在 EOC4 数据集上，DC-ResNet 的性能优于传统算法 SVM、MLP 和深度学习算法残差网，但与 CNN 相比有一定的差距。

总而言之，基于 DC-ResNet 的 SAR 图像目标分类算法在 MSTAR 标准数据集 SOC 和扩展数据集 EOC3 上表现出优异的性能，但是在其他三个 EOC 数据集上的性能没有 CNN 的高。此外，残差网在 SOC 数据集和 EOC3 数据集上的性能也高于 CNN，但是在其他三个数据集上性能也不佳。残差网和基于残差网改进的 DC-ResNet 都有着强大的特征提取能力，但是并不能适应所有的数据集。

**2. 小尺寸卷积核的有效性分析**

为了验证多个小尺寸卷积核级联具有与大尺寸卷积核相当的表示能力，在 MSTAR 标准数据集和扩展数据集上进行了实验。在所有的五个测试集上，使用了同样的对比算法，其中使用序号标注的实验 1 为大尺寸卷积核 CNN，使用的模型与本章参考文献[21]中的一致，没有对数据进行增强。实验 2 为使用了数据增强的大尺寸卷积核 CNN，模型与实验 1 相同。实验 3 为小尺寸卷积核 CNN 模型，是将实验 1 中 CNN 模型中的 5×5 和 6×6 大小的卷积核全部用两个 3×3 卷积核级联进行替换，没有使用数据增强。实验 4 使用的模型与实验 3 相同，且使用了数据增强。大尺寸卷积核 CNN 和小尺寸卷积核 CNN 在 SOC 数据集上的对比结果如表 1.12 所示。

**表 1.12　小尺寸卷积核在 SOC 数据集上的 10 次实验平均有效性分析**

| 序号 | 方法 | 类别准确率/% | | | | | | | | | | 总体准确率/% |
|---|---|---|---|---|---|---|---|---|---|---|---|---|
| | | 1 | 2 | 3 | 4 | 5 | 6 | 7 | 8 | 9 | 10 | |
| 1 | CNN | 97.45 | 97.81 | 95.90 | 99.27 | 100.0 | 99.49 | 98.98 | 98.90 | 99.64 | 98.91 | 98.64 |
| 2 | CNNPro | 98.18 | 99.27 | 96.41 | 99.27 | 100.0 | 98.98 | 99.49 | 99.64 | 99.64 | 99.64 | 99.13 |
| 3 | SSCK-CNN | 97.45 | 98.54 | 95.38 | 97.81 | 98.98 | 100.0 | 99.49 | 98.53 | 99.64 | 99.37 | 98.51 |
| 4 | SSCK-CNNPro | 98.72 | 98.36 | 96.41 | 99.27 | 99.49 | 98.21 | 100.0 | 99.63 | 99.21 | 100.0 | 98.99 |

从表 1.12 中可以看到，无论是否进行数据增强，小尺寸卷积核 CNN 的测试准确率均稍低，但是两者差距很小，低于 0.5%。总之，可以认为在 SOC 数据集上，两种算法的性能是相当的。

大尺寸卷积核 CNN 和小尺寸卷积核 CNN 在 EOC1 数据集上的对比结果如表 1.13 所示。

**表 1.13　小尺寸卷积核在 EOC1 数据集上的 10 次实验平均有效性分析**

| 序号 | 方法 | 类别准确率/% | | | 总体准确率/% |
|---|---|---|---|---|---|
| | | 1 | 2 | 3 | |
| 1 | CNN | 75.38 | 92.86 | 87.76 | 85.35 |
| 2 | CNNPro | 85.13 | 93.88 | 90.31 | 89.78 |
| 3 | SSCK-CNN | 76.41 | 90.82 | 85.71 | 84.32 |
| 4 | SSCK-CNNPro | 84.10 | 93.88 | 90.82 | 89.61 |

从表 1.13 中可以看到，小尺寸卷积核 CNN 的测试准确率稍低，但是差距很小。与 CNN 相比，在不使用数据增强的条件下，小尺寸卷积核 CNN 的测试准确率低约 1%；在使用数据增强的条件下，小尺寸卷积核 CNN 的测试准确率低约 0.2%。具体到每个类别，可以看到两种模型在每个类别的测试准确率都在一定程度上相当。总之，可以认为在 EOC2 数据集上，两种算法的性能是相当的。

大尺寸卷积核 CNN 和小尺寸卷积核 CNN 在 EOC2 数据集上的测试结果如表 1.14 所示。

**表 1.14　小尺寸卷积核在 EOC2 数据集上的 10 次实验平均有效性分析**

| 序号 | 方法 | 类别准确率/% | | | 总体准确率/% |
|---|---|---|---|---|---|
| | | 1 | 2 | 3 | |
| 1 | CNN | 99.49 | 97.44 | 91.10 | 96.05 |
| 2 | CNNPro | 96.94 | 100.0 | 93.72 | 96.91 |
| 3 | SSCK-CNN | 96.94 | 96.92 | 94.24 | 96.05 |
| 4 | SSCK-CNNPro | 97.45 | 97.44 | 96.34 | 97.08 |

从表 1.14 中可以看到，在不进行数据增强时，两种算法的测试准确率相当，均达到了 96.05%；当进行数据增强时，小尺寸卷积核 CNN 的测试准确率稍高，但两者的准确率差距在 0.2%之内，区别并不明显。总之，可以认为在 EOC3 数据集上，两种算法的性能是相当的。

大尺寸卷积核 CNN 和小尺寸卷积核 CNN 在 EOC3 数据集上的测试结果如表 1.15 所示。

表 1.15　小尺寸卷积核在 EOC3 数据集上的 10 次实验平均有效性分析

| 序号 | 方法 | 类别准确率/% | | | 总体准确率/% |
|---|---|---|---|---|---|
| | | 1 | 2 | 3 | |
| 1 | CNN | 97.27 | 100.0 | 100.0 | 98.83 |
| 2 | CNNPro | 98.30 | 100.0 | 99.83 | 99.19 |
| 3 | SSCK-CNN | 98.30 | 99.49 | 100.0 | 99.19 |
| 4 | SSCK-CNNPro | 99.15 | 100.0 | 99.83 | 99.56 |

从表 1.15 中可以看到，在不使用数据增强和使用数据增强的条件下，小尺寸卷积核 CNN 的测试准确率都高于大尺寸卷积核 CNN，差距约为 0.4%。总之，可以认为在 EOC3 数据集上，两种算法的性能是相当的。

大尺寸卷积核 CNN 和小尺寸卷积核 CNN 在 EOC4 数据集上的测试结果如表 1.16 所示。从表中可以看到，无论是否使用数据增强，小尺寸卷积核 CNN 的测试准确率都高于大尺寸卷积核 CNN，其中在不使用数据增强的条件下，小尺寸卷积核 CNN 的测试准确率高约 0.8%。

表 1.16　小尺寸卷积核在 EOC4 数据集上的 10 次实验平均有效性分析

| 序号 | 方法 | 类别准确率/% | | | 总体准确率/% |
|---|---|---|---|---|---|
| | | 1 | 2 | 3 | |
| 1 | CNN | 92.36 | 100.0 | 99.31 | 97.22 |
| 2 | CNNPro | 93.40 | 100.0 | 100.0 | 97.79 |
| 3 | SSCK-CNN | 94.44 | 99.65 | 100.0 | 98.03 |
| 4 | SSCK-CNNPro | 94.79 | 100.0 | 100.0 | 98.26 |

总而言之，大尺寸卷积核 CNN 和小尺寸卷积核 CNN 在不同的数据集上性能有一定的差异，但总体差别不明显，可以认为两种模型的表示能力是相当的。

**3. 批规范化处理的有效性分析**

为了测试批规范化处理的有效性，在 MSTAR 标准数据集和扩展数据集上进行了实验。在所有的五个测试集上，使用了同样的对比算法。其中序号标注的实验 1 为没有使用批规范化处理的 CNN，模型与参考文献[21]中的一致，没有对数据进行增强。实验 2 为使用了数据增强的 CNN，模型与实验 1 相同。实验 3 为批规范化 CNN(BN-CNN)，在实验 1

中，CNN 模型的每一层卷积后增加了批规范化层，没有使用数据增强。实验 4 使用的模型与实验 3 相同，且使用了数据增强。

CNN 和批规范化 CNN 在 SOC 数据集上的对比结果如表 1.17 所示。从表中可以看到，批规范化 CNN 的测试准确率稍高。

**表 1.17　批规范化处理在 SOC 数据集上的 10 次实验平均有效性分析**

| 序号 | 方法 | 类别准确率/% | | | | | | | | | | 总体准确率/% |
|---|---|---|---|---|---|---|---|---|---|---|---|---|
| | | 1 | 2 | 3 | 4 | 5 | 6 | 7 | 8 | 9 | 10 | |
| 1 | CNN | 97.45 | 97.81 | 95.90 | 99.27 | 100.0 | 99.49 | 98.98 | 98.90 | 99.64 | 98.91 | 98.64 |
| 2 | CNNPro | 98.18 | 99.27 | 96.41 | 99.27 | 100.0 | 98.98 | 99.49 | 99.64 | 99.64 | 99.64 | 99.13 |
| 3 | BN-CNN | 97.81 | 97.81 | 97.95 | 99.27 | 100.0 | 97.95 | 100.0 | 98.90 | 99.64 | 99.27 | 98.85 |
| 4 | BN-CNNPro | 98.18 | 98.72 | 99.23 | 99.27 | 99.49 | 100.0 | 99.74 | 99.82 | 100.0 | 100.0 | 99.42 |

CNN 和批规范化 CNN 在 EOC1 数据集上的对比结果如表 1.18 所示。从表中可以看到，CNN 的测试准确率高于批规范化 CNN，且差距达到 7%以上，表明在该数据集上批规范化处理降低了 CNN 网络的性能。

**表 1.18　批规范化处理在 EOC1 数据集上的 10 次实验平均有效性分析**

| 序号 | 方法 | 类别准确率/% | | | 总体准确率/% |
|---|---|---|---|---|---|
| | | 1 | 2 | 3 | |
| 1 | CNN | 75.38 | 92.86 | 87.76 | 85.35 |
| 2 | CNNPro | 85.13 | 93.88 | 90.31 | 89.78 |
| 3 | BN-CNN | 67.18 | 85.20 | 86.73 | 79.73 |
| 4 | BN-CNNPro | 81.02 | 91.83 | 76.02 | 82.96 |

CNN 和批规范化 CNN 在 EOC2 数据集上的对比结果如表 1.19 所示。从表中可以看到，在没有使用数据增强时，CNN 的测试准确率远远高于批规范化 CNN。使用数据增强后，两者的差距缩小，但也高达 4%。实验表明，在 EOC2 数据集上批规范化处理降低了 CNN 网络的性能。

表 1.19　批规范化处理在 EOC2 数据集上的 10 次实验平均有效性分析

| 序号 | 方法 | 类别准确率/% | | | 总体准确率/% |
|---|---|---|---|---|---|
| | | 1 | 2 | 3 | |
| 1 | CNN | 99.49 | 97.44 | 91.10 | 96.05 |
| 2 | CNNPro | 96.94 | 100.0 | 93.72 | 96.91 |
| 3 | BN-CNN | 60.71 | 72.82 | 83.25 | 72.17 |
| 4 | BN-CNNPro | 94.39 | 94.36 | 88.48 | 92.44 |

CNN 和批规范化 CNN 在 EOC3 数据集上的对比结果如表 1.20 所示。从表中可以看到，批规范化 CNN 的测试准确率稍高。

表 1.20　批规范化处理在 EOC3 数据集上的 10 次实验平均有效性分析

| 序号 | 方法 | 类别准确率/% | | | 总体准确率/% |
|---|---|---|---|---|---|
| | | 1 | 2 | 3 | |
| 1 | CNN | 97.27 | 100.0 | 100.0 | 98.83 |
| 2 | CNNPro | 98.30 | 100.0 | 99.83 | 99.19 |
| 3 | BN-CNN | 98.13 | 100.0 | 100.0 | 99.19 |
| 4 | BN-CNNPro | 99.83 | 97.96 | 99.83 | 99.56 |

CNN 和批规范化 CNN 在 EOC4 数据集上的对比结果如表 1.21 所示。从表中可以看到，无论是否使用数据增强，CNN 的测试准确率都高于批规范化 CNN。

表 1.21　批规范化处理在 EOC4 数据集上的 10 次实验平均有效性分析

| 序号 | 方法 | 类别准确率/% | | | 总体准确率/% |
|---|---|---|---|---|---|
| | | 1 | 2 | 3 | |
| 1 | CNN | 92.36 | 100.0 | 99.31 | 97.22 |
| 2 | CNNPro | 93.40 | 100.0 | 100.0 | 97.79 |
| 3 | BN-CNN | 88.54 | 100.0 | 97.22 | 95.25 |
| 4 | BN-CNNPro | 92.71 | 100.0 | 97.92 | 96.87 |

总而言之，批规范化处理在 SOC 数据集和 EOC3 数据集上提高了 CNN 的性能，但是

在其他三个扩充数据集上反而性能降低了。这表明批规范化处理有一定的适用条件，并不是在所有数据集上使用批规范化处理都一定能够提高性能。

## 本章小结

本章对深度残差网进行了改进，提出了一种基于 DC-ResNet 的 SAR 图像目标分类算法。DC-ResNet 使用了可变形卷积，提高了卷积特征提取的有效性和灵活性，增强了模型的鲁棒性和泛化性能。实验表明，DC-ResNet 在 MSTAR 标准数据集上取得了高于目前最优同类算法的测试准确率。

## 参考文献


[1] 焦李成，张向荣，侯彪等. 智能 SAR 图像处理与解译[M]. 北京：科学出版社，2008.

[2] 黄世奇. 侦测目标的 SAR 图像处理与应用[M]. 北京：国防工业出版社，2009.

[3] 周希元，陆善民. 合成孔径雷达概述[J]. 无线电工程，1984(3)：2-8.

[4] Massonnet D, Souyris J C. Imaging with Synthetic Aperture Radar[J]. Crc Press, 2008.

[5] 臧博. 合成孔径成像激光雷达算法研究[D]. 西安电子科技大学，2011.

[6] Pachur H J, Rottinger F. Evidence for a large extended paleolake in the Eastern Sahara as revealed by spaceborne radar lab images[J]. Remote Sensing of Environment, 1997, 61(3): 437-440.

[7] Leslie M. Novak, Gregory J. Owirka, et al. The Automatic Target-Recognition System in SAIP[J]. 1997, 10(2): 187-202.

[8] Novak L M, Owirka G J, Netishen C M. Performance of a High-Resolution Polarimetric SAR Automatic Target Recognition System[J]. Lincoln Laboratory Journal, 1993, 6.

[9] Kuttikkad S, Chellappa R. Non-Gaussian CFAR techniques for target detection in high resolution SAR images[C]// Image Processing, 1994. Proceedings. ICIP-94. IEEE International Conference. IEEE, 2002, 1: 910-914.

[10] Deledalle C A, Denis L, Tupin F. Iterative weighted maximum likelihood denoising with probabilistic patch-based weights[J]. IEEE Transactions on Image Processing, 2009, 18(12): 2661-2672.

[11] Karantzalos K, Argialas D. Automatic detection and tracking of oil spills in SAR imagery with level set segmentation[M]. Taylor & Francis, Inc. 2008.

[12] Tan Y, Li Q, Li Y, et al. Aircraft Detection in High-Resolution SAR Images Based on a Gradient Textural Saliency Map[J]. Sensors, 2015, 15(9): 23071-23094.

[13] Yu Y, Wang B, Zhang L. Hebbian-based neural networks for bottom-up visual attention and its applications to ship detection in SAR images[J]. Neurocomputing, 2011, 74(11): 2008-2017.

[14] Tu S, Su Y. Fast and Accurate Target Detection Based on Multiscale Saliency and Active Contour Model for High-Resolution SAR Images[J]. IEEE Transactions on Geoscience & Remote Sensing,

2016, 54(10): 5729-5744.

[15] Gao F, Xue X, Wang J, et al. Visual Attention Model with a Novel Learning Strategy and Its Application to Target Detection from SAR Images[C]// International Conference on Brain Inspired Cognitive Systems. Springer, Cham, 2016: 149-160.

[16] Girshick R. Fast R-CNN[C]// IEEE International Conference on Computer Vision. IEEE Computer Society, 2015: 1440-1448.

[17] Ren S, He K, Girshick R, et al. Faster R-CNN: towards real-time object detection with region proposal networks[C]// International Conference on Neural Information Processing Systems. MIT Press, 2015: 91-99.

[18] Dai J, Li Y, He K, et al. R-FCN: Object Detection via Region-based Fully Convolutional Networks [J]. 2016.

[19] Redmon J, Divvala S, Girshick R, et al. You Only Look Once: Unified, Real-Time Object Detection [C]// Computer Vision and Pattern Recognition. IEEE, 2016: 779-788.

[20] Liu W, Anguelov D, Erhan D, et al. SSD: Single Shot MultiBox Detector[J]. 2015: 21-37.

[21] Chen S, Wang H, Xu F, et al. Target Classification Using the Deep Convolutional Networks for SAR Images[J]. IEEE Transactions on Geoscience & Remote Sensing, 2016, 54(8): 4806-4817.

[22] Kang M, Leng X, Lin Z, et al. A modified faster R-CNN based on CFAR algorithm for SAR ship detection[C]// International Workshop on Remote Sensing with Intelligent Processing. IEEE, 2017.

[23] Liu Y, Zhang M H, Xu P, et al. SAR ship detection using sea-land segmentation-based convolutional neural network[C]// International Workshop on Remote Sensing with Intelligent Processing. IEEE, 2017: 1-4.

[24] Novak L M, Benitz G R, Owirka G J, et al. Classifier performance using enhanced resolution SAR data[C]// Radar. IET, 1996: 634-638.

[25] Zelnio E G. New end-to-end SAR ATR system[J]. Proc Spie, 1999, 3721: 292-301.

[26] Ross T D, Velten V J, Mossing J C. Standard SAR ATR evaluation experiments using the MSTAR public release data set[J]. 1998, 3370: 566-573.

[27] Ruohong H, Zhang P. SAR target recognition using PCA, ICA and Gabor wavelet decision fusion [J]. Journal of Remote Sensing, 2012, 16(2): 262-274.

[28] He Z, Lu J, Kuang G. A Fast SAR Target Recognition Approach Using PCA Features[C]// International Conference on Image and Graphics. IEEE Computer Society, 2007: 580-585.

[29] Huan R, Liang R, Pan Y. SAR Target Recognition with the Fusion of LDA and ICA[C]// International Conference on Information Engineering and Computer Science. IEEE, 2009: 1-5.

[30] Cao L. Classification SAR targets with support vector machine[C]// Electronic Imaging 2007. International Society for Optics and Photonics, 2007: 64970O-64970O-10.

[31] 刘卓. 基于曲线波变换和核支撑矢量机的 SAR 自动目标识别方法研究[D]. 西安电子科技大学, 2010.

[32] Liu H, Li S. Decision fusion of sparse representation and support vector machine for SAR image

target recognition[J]. Neurocomputing, 2013, 113(7): 97-104.
[33] Krizhevsky A, Sutskever I, Hinton G E. ImageNet classification with deep convolutional neural networks[C]// International Conference on Neural Information Processing Systems. Curran Associates Inc. 2012: 1097-1105.
[34] He K, Zhang X, Ren S, et al. Deep Residual Learning for Image Recognition[J]. 2015: 770-778.
[35] Furukawa H. Deep Learning for Target Classification from SAR Imagery: Data Augmentation and Translation Invariance[J]. 2017.
[36] 杨伟. 选择性视觉注意机制及其在图像处理中的应用[D]. 西安电子科技大学, 2012.
[37] 张强. 基于视觉注意的 SAR 目标快速检测算法研究[D]. 电子科技大学, 2015.
[38] Wang Z, Du L, Zhang P, et al. Visual Attention-Based Target Detection and Discrimination for High-Resolution SAR Images in Complex Scenes[J]. IEEE Transactions on Geoscience & Remote Sensing, 2017, PP(99): 1-18.
[39] Long J, Shelhamer E, Darrell T. Fully convolutional networks for semantic segmentation[J]. IEEE Transactions on Pattern Analysis & Machine Intelligence, 2014, 39(4): 640-651.
[40] Dai J, Qi H, Xiong Y, et al. Deformable Convolutional Networks[J]. 2017: 764-773.
[41] Sun Y, Liu Z, Todorovic S, et al. Adaptive boosting for SAR automatic target recognition[J]. IEEE Transactions on Aerospace & Electronic Systems, 2007, 43(1): 112-125.
[42] Vizitiu I C. An Improved Decision Fusion Technique to Increase the Performace Level of HRR ATR Systems[J]. Progress in Electromagnetics Research, 2013, 139(3): 87-104.
[43] 张新征, 谭志颖, 王亦坚. 基于多特征-多表示融合的 SAR 图像目标识别[J]. 雷达学报, 2017, 6(5): 492-502.
[44] Wang J, Wei Z, Zhang T, et al. Deeply-Fused Nets[J]. 2016.
[45] 焦李成, 谭山. 图像的多尺度几何分析: 回顾和展望[J]. 电子学报, 2004, 31(b12): 1975-1981.
[46] 焦李成, 杨淑媛, 刘芳, 等. 神经网络七十年: 回顾与展望[J]. 计算机学报, 2016, 39(8): 1697-1716.
[47] 关辉. 基于 Directionlet 变换的 SAR 图像噪声抑制及边缘检测[D]. 西安电子科技大学, 2010.
[48] 刘红华. 基于 Curvelet 变换的 SAR 图像相干斑抑制[D]. 西安电子科技大学, 2010.
[49] 田福苓. 基于 Contourlet 变换域统计模型的 SAR 图像去噪[D]. 西安电子科技大学, 2010.

# 第2章 脊波反卷积结构学习模型

## 2.1 引　　言

利用SAR图像的区域图将SAR图像划分为混合聚集结构地物像素子空间、匀质区域像素子空间和结构像素子空间这三个空间。SAR图像的混合聚集结构地物像素子空间中，纹理丰富、地物复杂，含有丰富的语义信息，这非常适合利用反卷积结构模型进行特征学习并进行该区域的分割。而SAR图像的匀质区域像素子空间和结构像素子空间中含有的纹理信息便比较少，地物孤立、单一，这些像素子空间中含有的语义信息很少，不能使反卷积结构模型达到收敛，故不适用于利用反卷积结构模型进行训练以及学习图像特征。

针对脊波滤波器具有很好的方向选择和识别能力以及反卷积结构模型能够很好地学习图像特征等特点，提出了基于脊波滤波器和反卷积结构模型来进行SAR图像的混合聚集结构地物像素子空间进行分割。在反卷积结构模型中，先将SAR图像中的混合聚集结构地物像素子空间的每个互不连通的区域中采到的样本依次输入到反卷积结构模型中，然后再利用结构保真项对反卷积结构模型中学到的特征图和滤波器的重构图像块进行结构误差判断，若其误差值大于其误差阈值，则利用脊波滤波器的尺度参数更新公式对脊波滤波器的尺度参数进行更新，利用脊波滤波器的位移参数更新公式对脊波滤波器的位移参数进行更新，利用特征图的更新公式对特征图进行更新；若其误差值小于其误差阈值，则对学到的脊波滤波器保存下来，该学到的脊波滤波器便作为该图像块的特征。直到所有的图像块训练完毕后，便对SAR图像的混合聚集结构地物像素子空间学完了特征。

通过实验仿真，可以发现基于脊波滤波器和反卷积结构模型的SAR图像分割方法分割效果很好，其学到的特征能够很好的表示合成孔径雷达SAR图像中的混合聚集结构地物像素子空间的每个互不连通的区域。但是，其时间消耗较大。反卷积结构模型学完PIPERIVER图像的混合聚集结构地物像素子空间中的四个互不连通的区域需要六天的时间。在本章中，对减少时间的消耗的方法进行分析，以达到更为高效地进行SAR图像的分割。

# 2.2 反卷积结构模型

## 2.2.1 经典的反卷积神经网络

经典的反卷积神经网络(Deconvolutional network)在自然图像上取得了很好的效果。反卷积神经网络是一种无监督的深度学习框架，它不需要输入带标签的样本，能够自上而下地逐层学习图像的特征。Matthew D. Zeiler 提出的反卷积神经网络在学习过程中，逐层通过卷积过程来重构上一层的输出，以达到学习图像结构特征的目的。

Matthew D. Zeiler 提出的反卷积神经网络的模型为

$$\sum_{k=1}^{K_1} z_k^i * f_{k,c} = y_c^i \tag{2-1}$$

式中，$K_1$ 为特征图的个数；$z_k^i$ 为第 $k$ 个特征图；$f_{k,c}$为第 $k$ 个滤波器；$c$ 为图像的颜色通道；$y_c^i$ 为输入图像。

反卷积神经网络以图像或者图像块作为输入，自上而下逐层对图像进行学习。在每层的学习过程中，反卷积神经网络试图通过将特征图和滤波器进行卷积操作来重构输入的图像，并通过最小化重构误差以达到学习图像特征的目的。

反卷积神经网络的代价公式为

$$C_1(y^i) = \frac{\lambda}{2}\sum_{c=1}^{K_0}\left\| \sum_{k=1}^{K_1} z_k^i * f_{k,c} - y_c^i \right\|_2^2 + \sum_{k=1}^{K_1} \left| z_k^i \right|^p \tag{2-2}$$

式中，$\lambda$ 为平衡因子，用于平衡公式中的两项，$p$ 通常取 1，用于做稀疏因子。

在学习过程中，反卷积神经网络通过最小化代价函数来使每层的重构误差最小。虽然 Matthew D. Zeiler 提出的反卷积神经网络通过对自然图像进行多层自上而下的训练能够取得较好的效果，但是却不能很好地适用于具有丰富语义信息的 SAR 图像中，其主要原因就是在反卷积神经网络的初始化、训练以及学习过程中，没有加入图像本身的语义信息指导。为了改掉反卷积神经网络的弊端，本章进行了大量的实验。

## 2.2.2 构造反卷积结构模型的前期实验

Matthew D. Zeiler 提出的反卷积神经网络的初始化是采用随机初始化或者利用高斯滤波器进行初始化的，这对于学习具有丰富语义信息的 SAR 图像并不是最佳的。脊波滤波器能够很好地表示具有方向奇异性特征的信号。本章可以通过设置不同的尺度参数、位移参数以及方向参数的脊波滤波器来匹配具有不同方向纹理的 SAR 图像。武杰等人提出的适用于 SAR 图像的素描模型在提取 SAR 图像的素描图上已经取得了很好的效果。SAR 图像的素描图中的不同长度、不同方向以及不同分布的素描线蕴含了丰富的语义信息。适用于SAR图像的素描模型为本章提取SAR图像的语义信息提供了很好的手段。本章可以利用SAR图像的素描模型提取的SAR图像的素描信息来指导反卷积的训练以及学习。其实验步骤为：

(1) 从脊波滤波器集合中，随机选取6个滤波器作为脊波滤波器集合，用6个大小为39×39的零矩阵初始化6个大小为39×39的特征图作为特征图集合。

(2) 对合成孔径雷达SAR图像中的混合聚集结构地物像素子空间的每个互不连通的区域，按31×31的窗口进行隔一滑窗采样，得到图像块。

(3) 将特征图集合和脊波滤波器集合进行卷积操作来重构图像块。

(4) 将生成的特征图集合进行相加操作，将其结果与输入样本进行相减操作，得到差图。

(5) 对相减得到的差图用武杰等人提出的SAR图像的素描模型进行处理，得到其素描图，若得到的素描图中的素描线上的素描点数与输入图像块的素描图中总像素点数之比小于0.1，则迭代结束，转第(7)步；否则，转第(6)步。

(6) 调整脊波滤波器的尺度参数位移参数、以及特征图，转第(3)步。

(7) 判断所有图像块是否已经学习完特征，若是，则算法结束；否则，输入一张新的图像块，进行第(3)步。

本章在piperiver图像中的混合聚集结构地物像素子空间的每个互不连通的区域中，按31×31的窗口进行隔一滑窗采样，得到每个区域对应的多个图像块。本章初始化的特征图集合都是大小为39×39的零矩阵，利用特征图集合与脊波滤波器集合进行卷积操作来重构输入的图像块，得到图2.1的实验结果。

通过对图2.1的实验结果的分析可以发现，原图像块经过脊波滤波操作后，会增强其与滤波器中相应的方向、位移以及尺度这些语义结构信息，同时也会抑制其他的结构信息，这便反映在特征图上。特征图反映了原图的相似结构。在以后建立模型中，应该着重抓图像的语义结构信息。

### 2.2.3 反卷积结构模型的构造

与普通的光学图像相比，SAR图像具有丰富的多尺度多方向的语义信息。传统的SAR图像处理方法都是靠人工经验来提取SAR图像的特征，这些方法虽然解决了一些SAR图像，但是算法在鲁棒性以及普适性上却远远不能满足经济、军事等领域的要求。武杰等人提出的SAR图像的素描模型能够很好地提取SAR图像的结构信息。SAR图像的素描图中素描线突变的地方就是SAR图像中结构突变的地方，尤其对SAR图像的混合聚集结构地物像素子空间中的各个区域而言，包含了丰富的纹理结构信息。本章通过分析其对应的素描图中的素描线的方向、位移以及聚集度来提取SAR图像的语义信息。

反卷积结构模型能够自顶向下地进行学习，通过滤波器和特征图进行卷积操作来重构输入图像的方法，并不断更新滤波器和特征图，以达到学习图像特征的目的。同时，反卷积结构模型是一种无监督的学习框架，这样便减少了人工的干预。脊波滤波器具有丰富的方向、尺度以及位移信息，能够很好地匹配 SAR 图像。本章通过设置不同的尺度参数、位移参数和方向参数来生成不同的脊波滤波器，以匹配具有不同结构特征的 SAR 图像，这为本章提出基于脊波滤波器的反卷积结构模型创造了优越的条件，如图 2.1 所示。

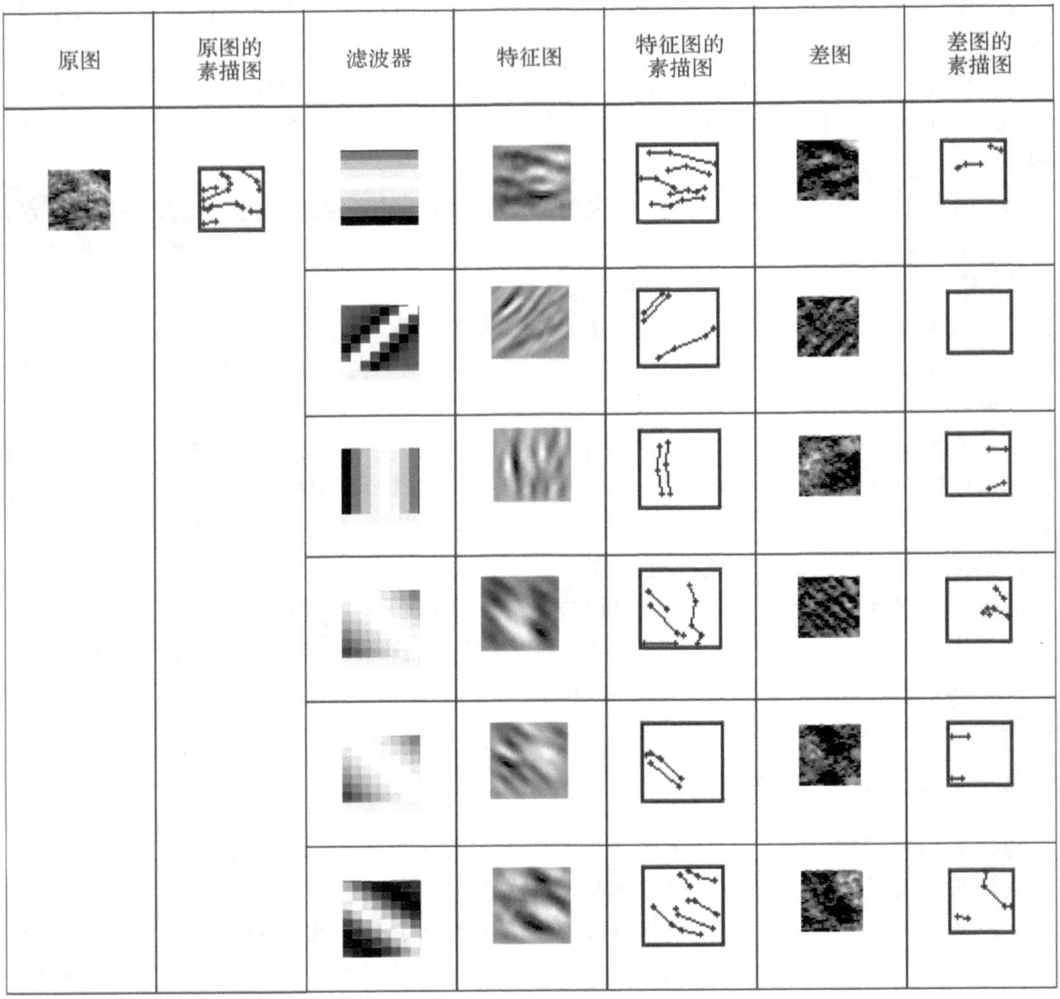

| 原图 | 原图的素描图 | 滤波器 | 特征图 | 特征图的素描图 | 差图 | 差图的素描图 |
| --- | --- | --- | --- | --- | --- | --- |

(a) 重构操作后脊波滤波器、特征图展示

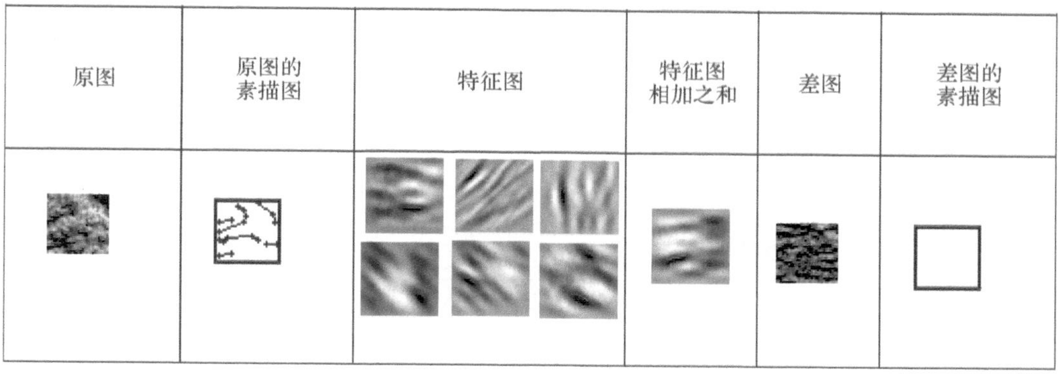

| 原图 | 原图的素描图 | 特征图 | 特征图相加之和 | 差图 | 差图的素描图 |
| --- | --- | --- | --- | --- | --- |
| | | | | | |

(b)特征图相加之后的部分实验结果展示

图 2.1　部分实验结果展示

反卷积结构模型的实质就是利用滤波器和特征图进行卷积操作来重构输入的图像，并在不断的迭代学习过程中最小化重构误差来达到学习图像特征的目的。因此，本章定义了数据保真项来进行图像特征的学习，其公式为

$$E(c)=\frac{1}{2}\sum_{i=1}^{N}\left\|x_i-\frac{1}{M_i}\sum_{j=1}^{M_i}z_i^j * c_i^j\right\|_F^2 \tag{2-3}$$

式中，$E(c)$表示数据保真项，$c$ 表示反卷积结构模型反卷积层中的脊波滤波器；$N$ 表示合成孔径雷达 SAR 图像中混合聚集结构地物像素子空间的每个互不连通的区域的图像块的总个数；$\sum$表示求和操作；$\|\cdot\|_F$ 表示做 frobenius 范数操作；$\|\cdot\|_F^2$ 表示 frobenius 范数的平方操作；$x_i$ 表示待构造反卷积结构模型中第 $i$ 个输入图像块；$M_i$ 表示待构造反卷积结构模型中输入的第 $i$ 个图像块对应的脊波滤波器的总数；$*$ 表示卷积操作；$z_i^j$ 表示待构造反卷积结构模型中第 $i$ 个图像块对应的第 $j$ 个特征图；$c_i^j$ 表示待构造反卷积结构模型中第 $i$ 个图像块对应的第 $j$ 个脊波滤波器。

反卷积网络模型反复迭代的过程就是一直在不断优化，使其代价最小。因此，本章定义了目标函数，其公式为

$$\arg\min_{c} L(c)=E(c) \tag{2-4}$$

式中，$L(c)$表示目标函数；$\arg\min\limits_{c}$表示在目标函数 $L(c)$值最小时，求取脊波滤波器 $c$ 的操作。

经典的反卷积神经网络之所以在含有许多语义信息的 SAR 图像上不能取得令人满意的效果，其主要原因就是在反卷积神经网络的初始化以及训练、学习过程中都没有加入图像本身的语义指导。为了使反卷积结构模型能够很好地学习 SAR 图像的特征，本章定义了

结构保真项。本章将特征图和滤波器进行重构所得到的与输入图像块进行相减操作所得到的图像称为差图。本章用武杰等人提出的 SAR 图像的素描模型对差图进行素描化处理便得到素描图，其素描图中的素描线越少，则说明学到的特征更能反映 SAR 图像的本质特征。本章将差图中的素描线的总长度与输入图像块所对应的素描图中的素描线的总长度之比称为结构保真项，其公式为

$$G(c)=\sum_{i=1}^{N}\frac{R\left(\mathrm{SM}\left(x_i-\frac{1}{M_i}\sum_{j=1}^{M_i}z_i^j * c_i^j\right)\right)}{R(\mathrm{SM}(x_i))} \tag{2-5}$$

式中，$G(c)$表示结构保真项；$R(\cdot)$表示求素描图中所有素描线总长度的操作；$\mathrm{SM}(\cdot)$表示提取与输入图像块一一对应的素描图块的操作。

构造反卷积结构模型的算法如下所示。

**算法 2.1　构造反卷积结构模型**

(1) 对合成孔径雷达 SAR 图像中的混合聚集结构地物像素子空间的每个区域，按 31×31 的窗口进行隔一滑窗采样，得到每个区域对应的多个图像块，将多个图像块依次输入到反卷积结构模型中，得到反卷积结构模型的输入层。

(2) 利用特征图和脊波滤波器进行卷积操作来重构输入层中的图像块，得到反卷积结构模型的反卷积层。

(3) 按照(2-3)式，计算数据保真项。

(4) 按照(2-5)式，计算结构保真项。

(5) 按照(2-4)式，计算目标函数。

(6) 输出由目标函数指导学习得到的脊波滤波器集合，得到反卷积结构模型的输出层。

### 2.2.4　反卷积结构模型的训练过程

反卷积结构模型在训练过程中，利用特征图和滤波器进行卷积操作来重构输入图像块，并最小化目标函数来不断更新滤波器和特征图，以达到学习图像特征的目的。反卷积结构模型的训练过程分为两个部分：利用脊波滤波器初始化反卷积结构模型的滤波器；更新滤波器和特征图。

**1. 利用脊波滤波器初始化反卷积结构模型的滤波器**

经过 2.2.2 节的研究，发现脊波滤波器能够很好地匹配具有丰富纹理结构特征的 SAR 图像。本章可以生成具有不同的尺度参数、位移参数和方向参数的脊波滤波器，用来捕捉具有不同结构特征的 SAR 图像。利用脊波滤波器初始化反卷积结构模型的滤波器，有利于

更加准确地学习 SAR 结构特征。

**2. 更新反卷积结构模型的脊波滤波器和特征图**

在反卷积结构模型的训练过程中，本章利用迭代优化的方法不断更新脊波滤波器和特征图来不断优化目标函数以及使结构保真项达到最小。因此，本章便将式(2－6)与脊波滤波器的尺度参数和位移参数分别求导，求得反卷积结构模型的脊波滤波器的更新公式。本章将式(2－6)与反卷积结构模型的特征图进行求导操作，得到反卷积结构模型的特征图的更新公式。

脊波滤波器的尺度参数 $a$ 的更新公式如下：

$$a^t = a^{t-1} + \delta\left[\sum_{i=1}^{N}\left[x_i - \sum_{j=1}^{M_i} z_i^j * c_i^j\right] * \sum_{j=1}^{M_i} z_i^j\right] * K(\gamma)\left(\frac{Y}{8}e^{\frac{-Y^2}{8}} - Ye^{\frac{-Y}{2}}\right)(y_1\cos\theta + y_2\sin\theta) \tag{2-6}$$

式中，$a$ 表示脊波滤波器的尺度参数，$a^t$ 为第 $t$ 步求得的尺度，$a^{t-1}$ 为第 $t-1$ 步求得的尺度；$\delta$ 表示系数，取值范围为[0, 1]；$\Sigma$ 表示相加；$x_i$ 为第 $i$ 块大小为 31×31 的 *SAR* 图像块；$c_i^j$ 表示第 $i$ 个图像块对应的第 $j$ 个脊波滤波器；$z_i^j$ 表示第 $i$ 个图像块对应的第 $j$ 个特征图块；$\gamma=(a, b, \theta)$，$K(\gamma)$ 表示脊波滤波器 frobenius 范数的倒数；$e$ 表示自然常数；$Y$ 表示脊波滤波器的 ridgele 函数；$y_1$ 表示 9×9 的脊波滤波器像素点的横坐标位置；$y_2$ 表示 9×9 的脊波滤波器像素点的纵坐标位置；$\theta$ 表示脊波滤波器的方向参数。

脊波滤波器的位移参数 $b$ 的更新公式如下：

$$b^t = b^{t-1} + \delta\left[\sum_{i=1}^{N}\left[x_i - \sum_{j=1}^{M_i} z_i^j * c_i^j\right] * \sum_{j=1}^{M_i} z_i^j\right] * K(\gamma)\left(\frac{Y}{8}e^{\frac{-Y^2}{8}} - Ye^{\frac{-Y}{2}}\right) * (-a^{t-1}) \tag{2-7}$$

式中，$b^t$ 表示第 $t$ 次迭代求得的脊波滤波器的位移参数，$b^{t-1}$ 为 $t-1$ 次求得的位移参数；$\delta$ 表示系数，取值范围为[0, 1]；$\Sigma$ 表示相加；$x_i$ 为第 $i$ 块 31×31 的 SAR 图像采样块；$c_i^j$ 表示第 $i$ 个图像块对应的第 $j$ 个脊波滤波器；$z_i^j$ 表示第 $i$ 个图像块对应的第 $j$ 个特征图；$\gamma=(a, b, \theta)$，$K(\gamma)$ 表示脊波滤波器 frobenius 范数的倒数；$e$ 表示自然常数；$Y$ 表示脊波滤波器的 ridgele 函数。

反卷积结构模型的特征图更新公式如下：

$$z_{i,t}^j = z_{i,t-1}^j + \delta\left[\sum_{i=1}^{N}\left(x_i - \sum_{j=1}^{M_i} z_{i,t-1}^j * c_i^j\right) * \sum_{j=1}^{M_i} c_i^j\right] \tag{2-8}$$

式中，$z_{i,t}^j$ 表示第 $t$ 次迭代求得的特征图，$z_{i,t-1}^j$ 为 $t-1$ 次迭代求得的特征图；$\delta$ 表示步长，取值范围为[0, 1]；$\Sigma$ 表示求和操作；$x_i$ 表示第 $i$ 个输入图像块；$c_i^j$ 表示第 $i$ 个图像块对应的第 $j$ 个脊波滤波器；$z_{i,t-1}^j$ 表示 $t-1$ 次迭代中第 $i$ 个图像块对应的第 $j$ 个特征图。

在训练反卷积结构模型时，先在 SAR 图像中的混合聚集结构地物像素子空间的每个区域，按 31×31 的窗口进行隔一滑窗采样，得到多个训练的图像块，然后再利用脊波滤波器初始化反卷积结构模型。为了更好地捕捉 SAR 图像的结构特征，首先利用 2.2.3 节中构造的脊波滤波器集合，从其中随机选出 6 个脊波滤波器来初始化反卷积结构模型；然后初始化 6 个大小为 39×39 的特征图，作为特征图集合；再利用初始化的特征图集合与之前的 6 个脊波滤波器进行卷积操作来重构输入的图像块；在用优化的方法优化目标函数的过程中，利用脊波滤波器的尺度参数更新公式和脊波滤波器的位移参数更新公式分别更新脊波滤波器的尺度参数和位移参数，以及利用特征图的更新公式来不断更新特征图；最后输出脊波滤波器集合作为的 SAR 图像特征，其详细的算法流程如下所示。

**算法 2.2　训练反卷积结构模型**

(1) 将结构误差阈值设置为 0.1。

(2) 对合成孔径雷达 SAR 图像中的混合聚集结构地物像素子空间的每个区域，按 31×31 的窗口进行隔一滑窗采样，得到每个区域对应的多个图像块，将多个图像块依次输入到反卷积结构模型中。

(3) 从脊波滤波器集合中，随机选取 6 个滤波器，其方向参数由 2.2.2 节中统计得到的 6 个方向，其位移参数和尺度参数随机初始化，将这些初始化的 6 个滤波器组成的滤波器集合作为所选取的脊波滤波器集合。

(4) 用 6 个大小为 39×39 的零矩阵初始化 6 个大小为 39×39 的特征图，将初始化后的 6 个大小为 39×39 的特征图作为特征图集合。

(5) 将特征图集合和所选取的脊波滤波器集合进行卷积操作来重构输入图像块。

(6) 利用式(2-11)，计算重构输入图像块的结构保真项。

(7) 判断当前重构输入图像块的结构保真项是否小于结构误差阈值。若是，则执行第(10)步；否则，执行第(8)步。

(8) 利用式(2-6)和式(2-7)分别更新脊波滤波器的尺度参数和位移参数，得到更新后的脊波滤波器集合。利用式(2-8)更新特征图，得到更新后的特征图集合。

(9) 将更新后的脊波滤波器集合作为所选取的脊波滤波器集合，将更新后的特征图集合作为特征图集合，返回第(5)步，对输入图像块重新进行学习。

(10) 将学习得到的脊波滤波器保存至更新后的脊波滤波器集合中，完成对该输入图像块特征的学习，并输出脊波滤波器集合。

(11) 判断所有图像块是否通过反卷积结构模型完成了特征学习。若是，结束程序；否则，输入下一个图像块并执行第(3)步。

为了更加清晰地理解反卷积结构模型的算法思想，可以参考图 2.2 的反卷积结构模型示意图。

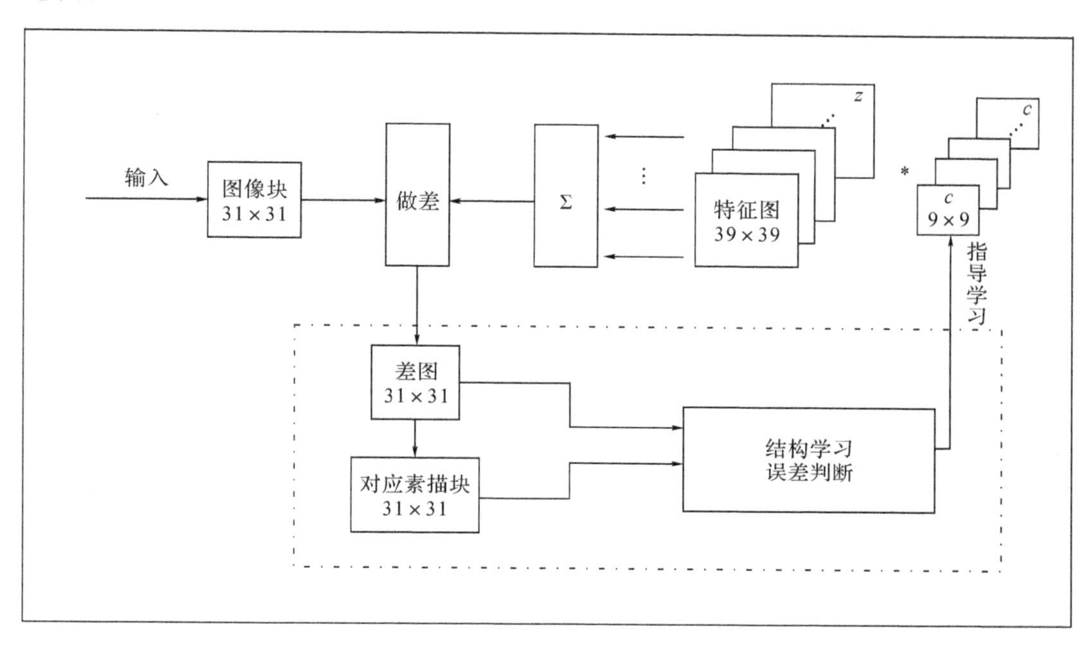


图 2.2　反卷积结构模型示意图

## 2.3　脊波反卷积结构学习模型

### 2.3.1　模型的构造

反卷积结构模型利用滤波器和特征图进行卷积操作来重构输入图像块，并在学习过程中不断更新滤波器和特征图，以达到学习图像特征的目的。正如 2.2 节中反卷积结构模型一样，本节依然利用定义的数据保真项来进行图像特征的学习，其公式为

$$E(c) = \frac{1}{2}\sum_{i=1}^{N}\left\| x_i - \frac{1}{M_i}\sum_{j=1}^{M_i} z_i^j * c_i^j \right\|_F^2 \tag{2-9}$$

式中，$E(c)$表示数据保真项，$c$ 表示反卷积结构模型反卷积层中的脊波滤波器；$N$ 表示要学习的 SAR 图像的混合聚集结构地物像素子空间的区域的个数；$\sum$表示求和操作；$\|\cdot\|_F$ 表示做 frobenius 范数操作，$\|\cdot\|_F^2$ 表示 frobenius 范数的平方操作；$x_i$ 表示待构造反卷积结构模型中第 $i$ 个输入图像块；$M_i$ 表示待构造反卷积结构模型中输入的第 $i$ 个图像块对应的脊波滤波器的总数；$*$ 表示卷积操作；$z_i^j$ 表示待构造反卷积结构模型中第 $i$ 个图像块对应的第 $j$ 个

特征图；$c_i^j$ 表示待构造反卷积结构模型中第 $i$ 个图像块对应的第 $j$ 个脊波滤波器。

反卷积结构模型利用脊波滤波器和特征图进行卷积操作来重构输入图块。为了使学到的脊波滤波器更能表示 SAR 图像的本质特征，本章通过不断迭代的方式使重构误差最小，即

$$\arg\min_{c} L(c) = E(c) \tag{2-10}$$

式中，$L(c)$表示目标函数；$\arg\min\limits_{c}$表示在目标函数 $L(c)$值最小时，求取脊波滤波器 $c$ 的操作。

根据 2.2 节中提出的反卷积结构模型，为了减少输入图像块在训练过程中减少结构信息的损失，本章定义了非卷积的结构保真项。由此可知，脊波滤波器与特征图进行卷积重构后所得到的图像块与输入图像块相减后得到的差图的素描图中的素描线越少越好，若特征图中的素描线越少，则说明学到的特征更能反映 SAR 图像的本质特征。通过 2.2.2 节的前期实验得出，输入图像块经过反卷积结构模型的训练后所得到的特征图会增强原图像块与滤波器相应的方向、位移以及尺度这些结构信息，同时也会抑制其他的结构信息。而在求输入图像块的结构保真项中，大部分的时间消耗在脊波滤波器与特征图的卷积重构操作上，因此本章便在非卷积的结构保真项公式中，利用特征图的简单运算实现的非卷积的结构保真项代替特征图与脊波滤波器进行卷积操作的结构保真项。非卷积的结构保真项公式为

$$\overline{G}(c) = \sum_{i=1}^{N} \frac{R\left(\mathrm{SM}\left(x_i - \frac{1}{M_i}\sum_{j=1}^{M_i} \overline{z}_i^j\right)\right)}{R(\mathrm{SM}(x_i))} \tag{2-11}$$

式中，$\overline{G}(c)$表示非卷积的结构保真项；$R(\cdot)$表示求素描图中所有素描线总长度的操作；$\mathrm{SM}(\cdot)$表示提取与输入图像块一一对应的素描图块的操作；$x_i$ 表示待构造反卷积结构模型中第 $i$ 个输入图像块；$M_i$ 表示待构造反卷积结构模型中输入的第 $i$ 个图像块对应的脊波滤波器的总数；$\overline{z}_i^j$ 为提取特征图中间部分与输入图像块大小一样的特征图，其计算公式为

$$\overline{z}_i^j = \mathbf{A} z_i^j \mathbf{A}^{\mathrm{T}} \tag{2-12}$$

假设输入到反卷积结构模型中的图像块大小为 $n\times n$，反卷积结构模型中使用的脊波滤波器的大小为 $l\times l$，则得到的特征图大小为 $m\times m(m=n+l-1)$。$\overline{z}_i^j$ 为提取特征图中大小为 $n\times n$ 的特征图块。$\mathbf{A}$ 的大小为 $n\times n$，$\mathbf{A}^{\mathrm{T}}$为矩阵 A 的转置，$\mathbf{A}^{\mathrm{T}}$的大小为 $n\times n$。其中，

$$\mathbf{A} = \begin{bmatrix} 0 & \cdots & 1 & 0 & \cdots & 0 & 1 & \cdots & 0 \\ 0 & & 0 & 1 & & & 0 & & 0 \\ \vdots & & \vdots & & \ddots & & \vdots & & \vdots \\ 0 & & 0 & & & 1 & 0 & & 0 \\ 0 & \cdots & 0 & 0 & \cdots & 0 & 1 & \cdots & 0 \end{bmatrix}_{n\times m} \tag{2-13}$$

在矩阵 $\boldsymbol{A}$ 中，前$(m-n)/2$列以及后$(m-n)/2$列均为0，中间为$m\times m$的单位矩阵。其模型的构造算法如下所示。

**算法 2.3　非卷积运算的结构约束的脊波反卷积结构学习模型的构造**

(1) 对合成孔径雷达SAR图像中的混合聚集结构地物像素子空间的每个互不连通的区域，按$31\times 31$的窗口进行隔一滑窗采样，得到每个区域对应的多个图像块，将多个图像块依次输入到反卷积结构模型中，得到反卷积结构模型的输入层。

(2) 利用特征图和脊波滤波器进行卷积操作来重构输入层中的图像块，得到反卷积结构模型的反卷积层。

(3) 按照式(2-9)，计算数据保真项。

(4) 按照式(2-11)，计算非卷积的结构保真项。

(5) 按照式(2-10)，计算目标函数。

(6) 输出由目标函数指导学习得到的脊波滤波器集合，得到反卷积结构模型的输出层。

### 2.3.2　模型的训练

在反卷积结构模型的训练过程中，本章利用迭代优化的方法不断更新脊波滤波器和特征图来不断优化目标函数从而使非卷积的结构保真项达到最小。本章将式(2-14)与反卷积结构模型的特征图进行求导，得到反卷积结构模型的特征图的更新公式。

脊波滤波器的尺度参数$a$的更新公式如下：

$$a^t=a^{t-1}+\delta\left[\sum_{i=1}^{N}\left(x_i-\sum_{j=1}^{M_i}z_i^j * c_i^j\right) * \sum_{j=1}^{M_i}z_i^j\right] * K(\gamma)\left(\frac{Y}{8}e^{\frac{-Y^2}{8}}-Ye^{\frac{-Y}{2}}\right)(y_1\cos\theta+y_2\sin\theta) \tag{2-14}$$

式中，$a$表示脊波滤波器的尺度参数，$a^t$为第$t$步求得的尺度，$a^{t-1}$为第$t-1$步求得的尺度；$\delta$表示系数，取值范围为[0, 1]；$\sum$表示相加；$x_i$为第$i$块大小为$31\times 31$的SAR图像块；$c_i^j$表示第$i$个图像块对应的第$j$个脊波滤波器；$z_i^j$表示第$i$个图像块对应的第$j$个特征图块；$\gamma=(a, b, \theta)$，$K(\gamma)$表示脊波滤波器frobenius范数的倒数；$e$表示自然常数；$Y$表示脊波滤波器的脊波函数；$y_1$表示$9\times 9$的脊波滤波器像素点的横坐标位置；$y_2$表示$9\times 9$的脊波滤波器像素点的纵坐标位置；$\theta$表示脊波滤波器的方向参数。

脊波滤波器的位移参数$b$的更新公式如下：

$$b^t=b^{t-1}+\delta\left[\sum_{i=1}^{N}\left(x_i-\sum_{j=1}^{M_i}z_i^j * c_i^j\right) * \sum_{j=1}^{M_i}z_i^j\right] * K(\gamma)\left(\frac{Y}{8}e^{\frac{-Y^2}{8}}-Ye^{\frac{-Y}{2}}\right) * (-a^{t-1}) \tag{2-15}$$

式中，$b^t$ 表示第 $t$ 次迭代求得的脊波滤波器的位移参数，$b^{t-1}$ 为 $t-1$ 次求得的位移参数；$\delta$ 表示系数，取值范围为[0, 1]；$\Sigma$表示相加；$x_i$为第 $i$ 块 31×31 的 SAR 图像采样块；$c_i^j$ 表示第 $i$ 个图像块对应的第 $j$ 个脊波滤波器；$z_i^j$ 表示第 $i$ 个图像块对应的第 $j$ 个特征图；$\gamma=(a, b, \theta)$，$K(\gamma)$表示脊波滤波器的 frobenius 范数的倒数；$e$ 表示自然常数；$Y$ 表示脊波滤波器的 ridgelet 函数。

反卷积结构模型的特征图更新公式如下：

$$z_{i,t}^j = z_{i,t-1}^j + \delta\left[\sum_{i=1}^{N}\left(x_i - \sum_{j=1}^{M_i} z_{i,t-1*c_i^j}^j\right) * \sum_{j=1}^{M_i} c_i^j\right] \tag{2-16}$$

式中，$z_{i,t}^j$表示第 $t$ 次迭代求得的特征图，$z_{i,t-1}^j$ 为 $t-1$ 次迭代求得的特征图；$\delta$ 表示步长，取值范围为[0, 1]；$\Sigma$表示求和操作；$x_i$ 表示第 $i$ 个输入图像块；$c_i^j$ 表示第 $i$ 个图像块对应的第 $j$ 个脊波滤波器；$z_{i,t-1}^j$ 表示 $t-1$ 次迭代中第 $i$ 个图像块对应的第 $j$ 个特征图。

在训练过程中，为了使反卷积模型达到很好的收敛效果，本章设置了最大的迭代次数，其详细的算法流程如下所示。

**算法 2.4　训练非卷积运算的结构约束的脊波反卷积结构学习模型**

(1) 从合成孔径雷达 SAR 图像中的混合聚集结构地物像素子空间的每个区域的多个图像块中，随机选取一个图像块，输入到反卷积结构模型中进行训练。

(2) 将结构误差阈值定为 0.1，将最大迭代次数定为 500。

(3) 从脊波滤波器集合中，随机选取 6 个滤波器，其方向参数为 3.2.2 节中统计得到的 6 个方向，其位移参数和尺度参数随机初始化，将这些初始化的 6 个滤波器组成的滤波器集合作为所选取的脊波滤波器集合。

(4) 用 6 个大小为 39×39 的零矩阵初始化 6 个大小为 39×39 的特征图，将初始化后的 6 个大小为 39×39 的特征图作为特征图集合。

(5) 将特征图集合和所选取的脊波滤波器集合进行卷积操作来重构输入图像块。

(6) 利用式(2-11)，计算重构输入图像块的非卷积的结构保真项。

(7) 判断当前重构输入图像块的非卷积的结构保真项是否小于结构误差阈值，若是，则执行第(11)步；否则，执行第(8)步。

(8) 判断脊波滤波器的尺度参数和位移参数的更新迭代次数是否达到最大迭代次数，若是，则执行第(11)步；否则，执行第(9)步。

(9) 利用式(2-14)和式(2-15)，分别更新脊波滤波器的尺度参数和位移参数，得到更新后的脊波滤波器集合，利用(2-16)式，更新特征图，得到更新后的特征图集合。

(10) 将更新后的脊波滤波器集合作为所选取的脊波滤波器集合，将更新后的特征图集合作为特征图集合，返回第(5)步，对输入图像块重新进行学习。

(11) 将学习得到的脊波滤波器保存至该重构输入图像块学习好的脊波滤波器集合中，完成对该输入图像块特征的学习，并输出该输入图像块学习好的脊波滤波器集合。

## 2.4 混合聚集结构地物像素子空间的SAR图像分割

### 2.4.1 算法描述

利用武杰等人提出的SAR图像的素描模型可将SAR图像划分为混合聚集结构地物像素子空间、匀质区域像素子空间和结构像素子空间的分割结构这三个像素子空间。其中，在SAR图像的混合聚集结构地物像素子空间中，地物的纹理复杂，含有丰富的语义信息。利用反卷积结构模型能够很好地学习其中的SAR图像特征。本章对SAR图像中的混合聚集结构地物像素子空间的每个区域，按31×31的窗口进行隔一滑窗采样，得到每个区域对应的多个图像块，并将多个图像块依次输入到改进的反卷积结构模型进行训练。在训练过程中，第三章提出的反卷积结构模型在结构保真项中，是将输入图像块与特征图和脊波滤波器的卷积重构图像块相减得到差图图像块。而在本章改进的模型中，是将输入图像块与特征图相减得到差图图像块，并利用差图图像块的素描图中的素描线的条数来指导反卷积结构模型进行脊波滤波器和特征图的学习。

将合成孔径雷达SAR图像中的混合聚集结构地物像素子空间的每个互不连通的区域中所采的样本输入到非卷积运算的结构约束的脊波反卷积结构学习模型中，便可得到在各个区域中所训练得到的脊波滤波器集合，本章便将在各个区域上学习得到的脊波滤波器集合作为各个区域的特征。按照该节的算法思想，本章将在SAR图像的混合聚集结构地物像素子空间的各个互不连通的区域上学到的脊波滤波器集合构建一个码本，然后再将各个区域所学到的脊波滤波器集合分别往码本上进行投影，这样每个区域便能得到一个投影向量，然后再对投影向量进行最大池化操作，得到各个区域所对应的的特征向量。本章利用层次聚类算法对特征向量进行聚类操作。其中，在利用层次聚类算法对特征向量进行聚类操作的过程中，本章使用的是欧式距离。如果两个互不连通的区域学到的脊波滤波器集合相似，则表示这两个区域相似；否则，则表示这两个区域不相似。详细的算法流程如下所示。

**算法2.5 基于非卷积运算的结构约束的脊波反卷积结构学习模型的SAR图像混合聚集结构地物像素子空间分割**

(1) 对合成孔径雷达SAR图像中的混合聚集结构地物像素子空间的每个区域，按

31×31 的窗口进行隔一滑窗采样，得到每个区域对应的多个图像块。

(2) 将每个区域所采的图像依次输入到一个反卷积结构模型中。

(3) 训练反卷积结构模型。

(4) 将训练得到的脊波滤波器集合作为该区域的特征。

(5) 将所有互不连通的混合聚集结构地物像素子空间区域训练的脊波滤波器集合拼接成码本。

(6) 将互不连通的混合聚集结构地物像素子空间区域训练的脊波滤波器集合中所有的脊波滤波器向码本进行投影，得到投影向量。

(7) 对每个互不连通的混合聚集结构地物像素子空间区域的投影向量进行最大池化，得到一个结构特征向量。

(8) 利用层次聚类算法，对结构特征向量进行聚类，得到与结构特征向量相对应的混合聚集结构地物像素子空间的分割结果。

### 2.4.2 实验仿真与分析

本实验依然使用 PIPERIVER、CHINALAKE、TERRA 和 TERRA_PYRAM 进行实验仿真。首先，本章将 SAR 图像分别划分为混合聚集结构地物像素子空间、匀质区域像素子空间和结构像素子空间的分割结构这三个像素子空间。然后对 PIPERIVER 的混合聚集结构地物像素子空间中的区域 1、区域 2、区域 4、区域 5 和 CHINALAKE 的混合聚集结构地物像素子空间中的区域 1 按 31×31 的窗口进行隔一滑窗采样，如图 2.3 所示。

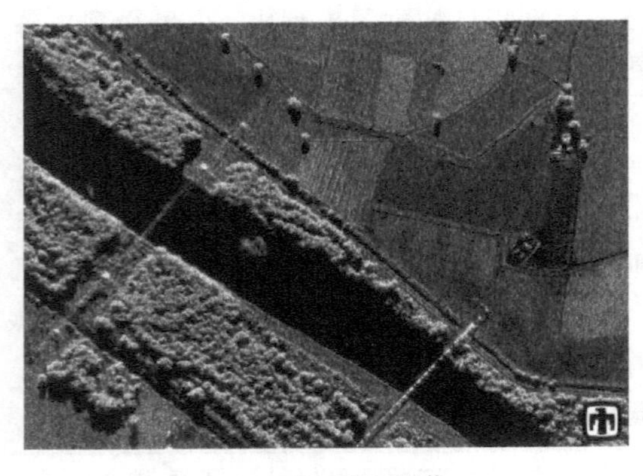

(a) PIPERIVER 图像

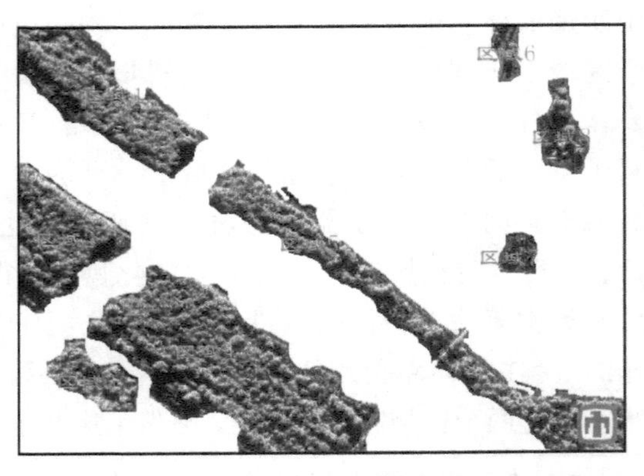

(b) PIPERIVER 混合聚集结构地物像素子空间

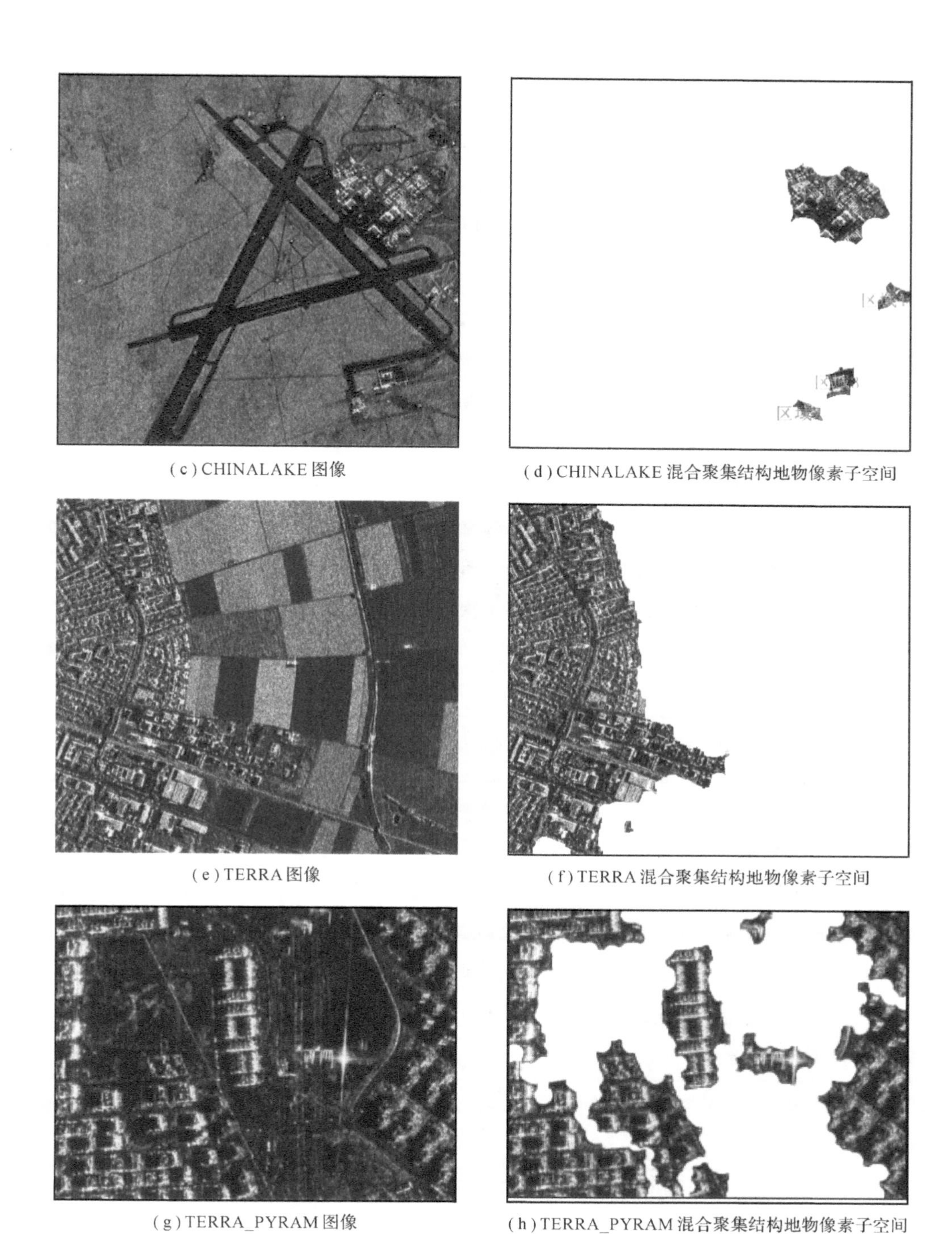

(c) CHINALAKE 图像

(d) CHINALAKE 混合聚集结构地物像素子空间

(e) TERRA 图像

(f) TERRA 混合聚集结构地物像素子空间

(g) TERRA_PYRAM 图像

(h) TERRA_PYRAM 混合聚集结构地物像素子空间

图 2.3　SAR 图像的聚集区域

本章将 PIPERIVER 的区域 1、区域 2、区域 4、区域 5 以及 CHINALAKE 的区域 1 中所采的样本输入到一个改进的反卷积结构模型中进行训练，分别得到一组脊波滤波器集合。其中，PIPERIVER 的区域 1 得到 1437 个脊波滤波器，区域 2 得到 1342 个脊波滤波器，区域 4 得到 2987 个脊波滤波器，区域 5 得到 1533 个脊波滤波器，CHINALAKE 的区域 1 得到 1554 个脊波滤波器。本章将得到的脊波滤波器集合可视化，其实验结果如图 2.4 所示。

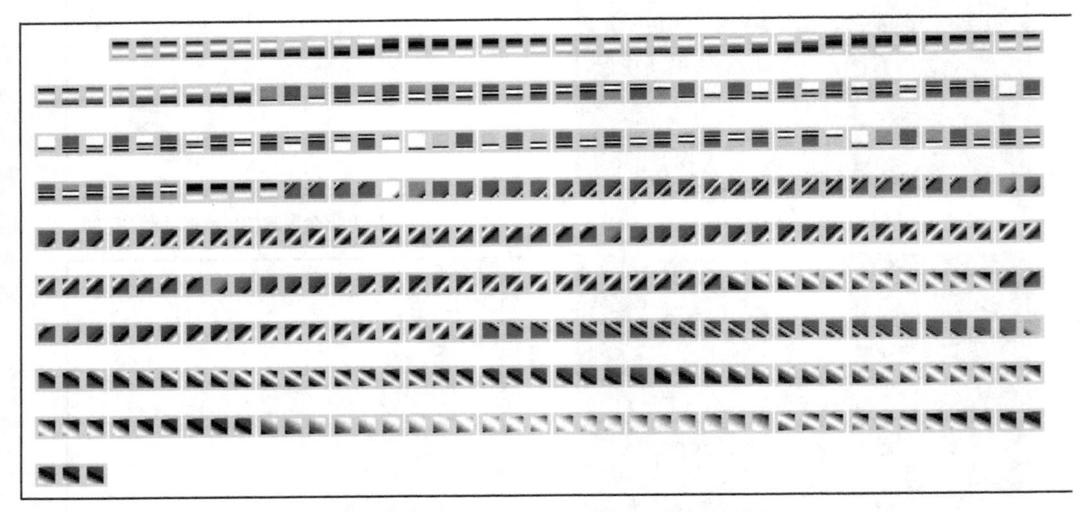

(a) PIPERIVER 混合聚集结构地物像素子空间中区域1的部分结果

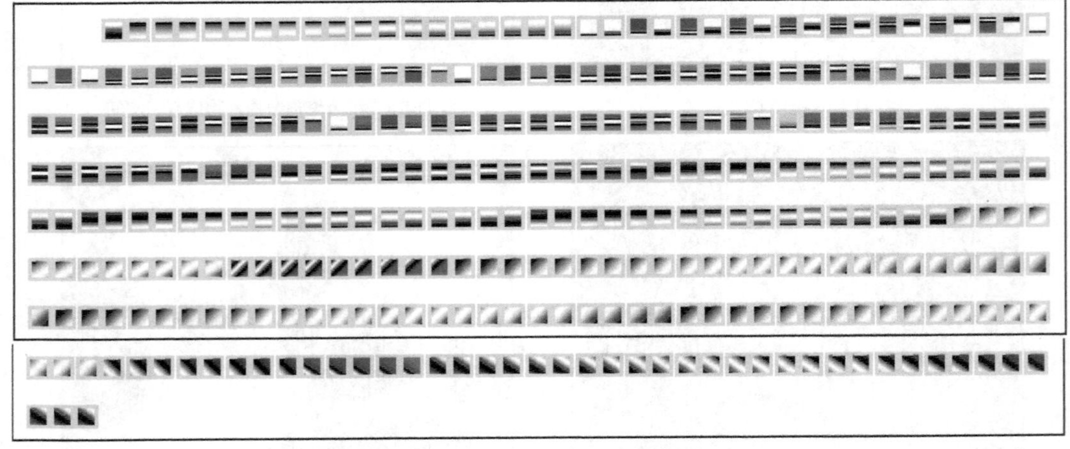

(b) PIPERIVER 混合聚集结构地物像素子空间中区域2的部分结果

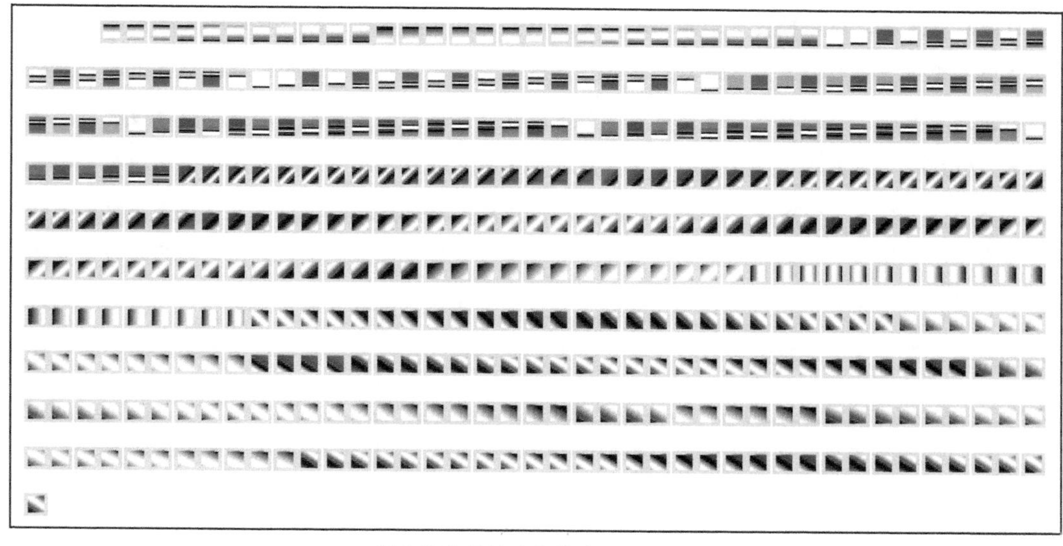

(c) PIPERIVER 混合聚集结构地物像素子空间中区域 4的部分结果

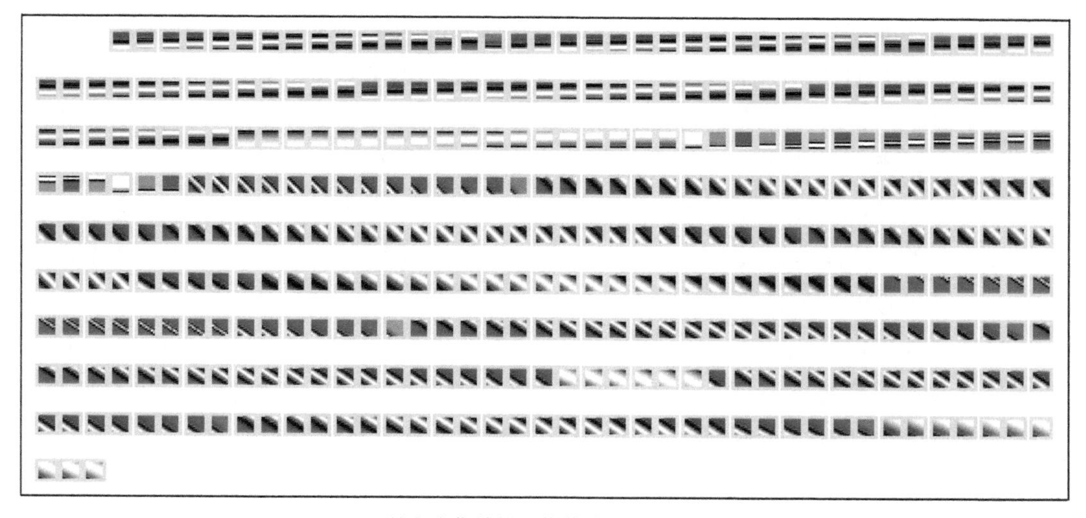

(d) PIPERIVER 混合聚集结构地物像素子空间中区域 5的部分结果

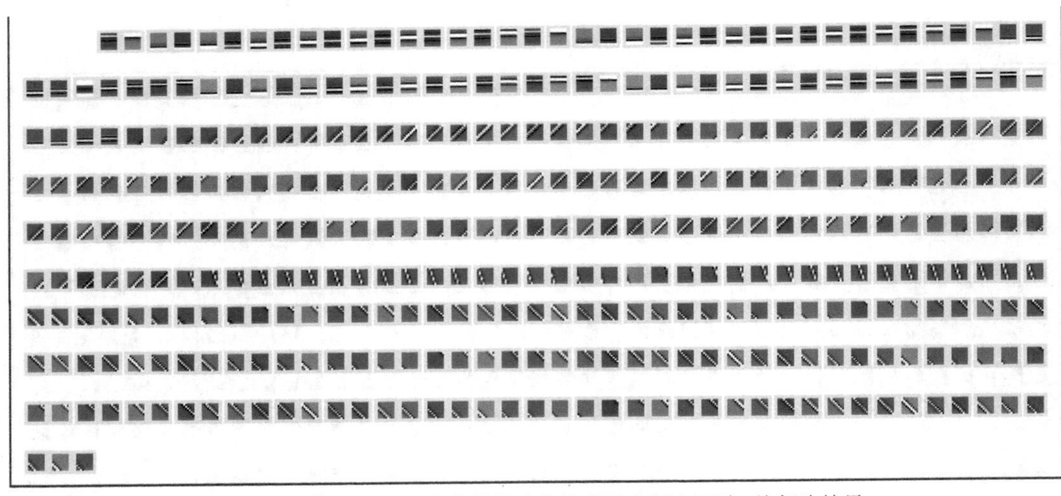

(e) CHINALAKE 混合聚集结构地物像素子空间中区域1的部分结果

图 2.4　PIPERIVER 和 CHINALAKE 聚集区域的训练结果

利用非卷积运算的结构约束的脊波反卷积结构学习模型对在 PIPERIVER 混合聚集结构地物像素子空间中的 4 个区域和 CHINALAKE 混合聚集结构地物像素子空间中的 1 个区域所采的样本进行训练学习需要四天的时间，这明显比第三章提出的模型快了许多，这跟本章将模型的非卷积的结构保真项进行优化有很大的关系。从学到的脊波滤波器集合可以发现，CHINALAKE 的混合聚集结构地物像素子空间的区域 1 学到的脊波滤波器集合的尺度比 PIPERIVER 的混合聚集结构地物像素子空间的 4 个区域学到的脊波滤波器集合的尺度在整体上偏大，这跟第三章的模型学到的特征比较相似。

本章还在 TERRA_PYRAM 的区域 1、区域 2、区域 3、区域 4、区域 8 以及区域 9 中进行采样，并将所采的样本输入到一个反卷积结构模型中进行训练，分别得到一组脊波滤波器集合，其得到的部分实验结果如图 2.5 所示。

通过图 2.5 可以发现，TERRA_PYRAM 的混合聚集结构地物像素子空间的 6 个区域所学到的脊波滤波器集合的尺度整体上偏小，只有很少量的脊波滤波器的尺度参数偏大。这 6 个区域所学到的脊波滤波器在方向、尺度和位移上具有很大的相似性。

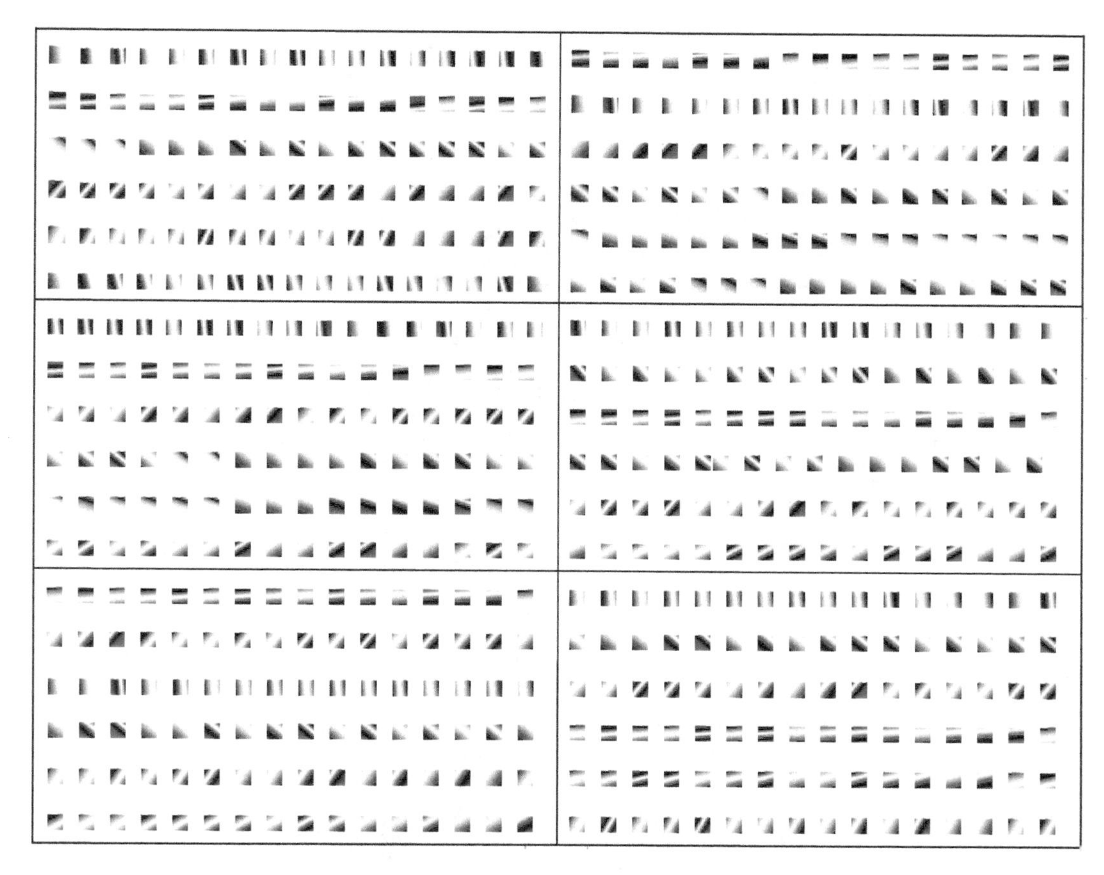

图 2.5　TERRA_PYRAM 聚集区域的部分训练结果

本章将 PIPERIVER、CHINALAKE 以及 TERRA_PYRAM 的混合聚集结构地物像素子空间中所学到的脊波滤波器集合分别组合成码本，并将在各个区域所学到的脊波滤波器集合往码本上进行投影并进行最大池化处理，得到结构特征向量。利用层次聚类算法，对结构特征向量进行聚类，分别得到 PIPERIVER、CHINALAKE 以及 TERRA_PYRAM 的混合聚集结构地物像素子空间的分割结果。其中，PIPERIVER 的聚类阈值为 0.4，TERRA_PYRAM 的聚类阈值为 0.73。

实验的分割结果如图 2.6～图 2.8 所示。图 2.7 和图 2.8 分别为 CHINALAKE 和 TERRA_PYRAM 的混合聚集结构地物像素子空间的分割结果。图 2.7 和图 2.8 的分割结果反映了 CHINALAKE 和 TERRA_PYRAM 图像混合像素子空间的地物结构区域一致性较好。

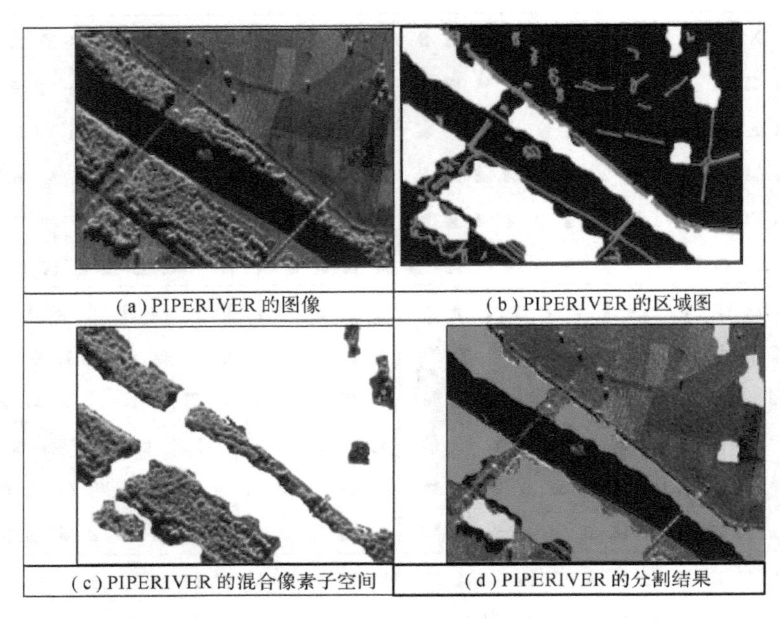

(a) PIPERIVER 的图像　(b) PIPERIVER 的区域图

(c) PIPERIVER 的混合像素子空间　(d) PIPERIVER 的分割结果

图 2.6　PIPERIVER 的混合聚集结构地物像素子空间的分割结果

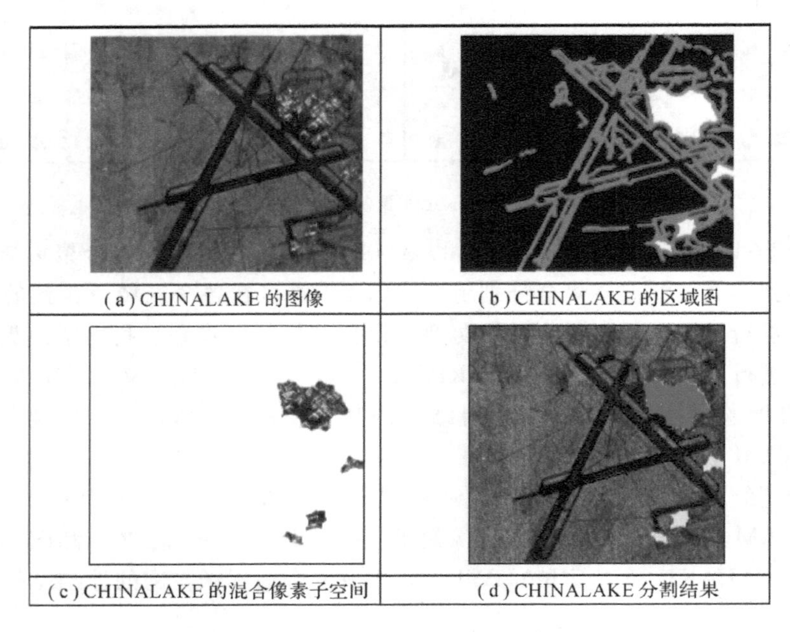

(a) CHINALAKE 的图像　(b) CHINALAKE 的区域图

(c) CHINALAKE 的混合像素子空间　(d) CHINALAKE 分割结果

图 2.7　CHINALAKE 的混合聚集结构地物像素子空间的分割结果

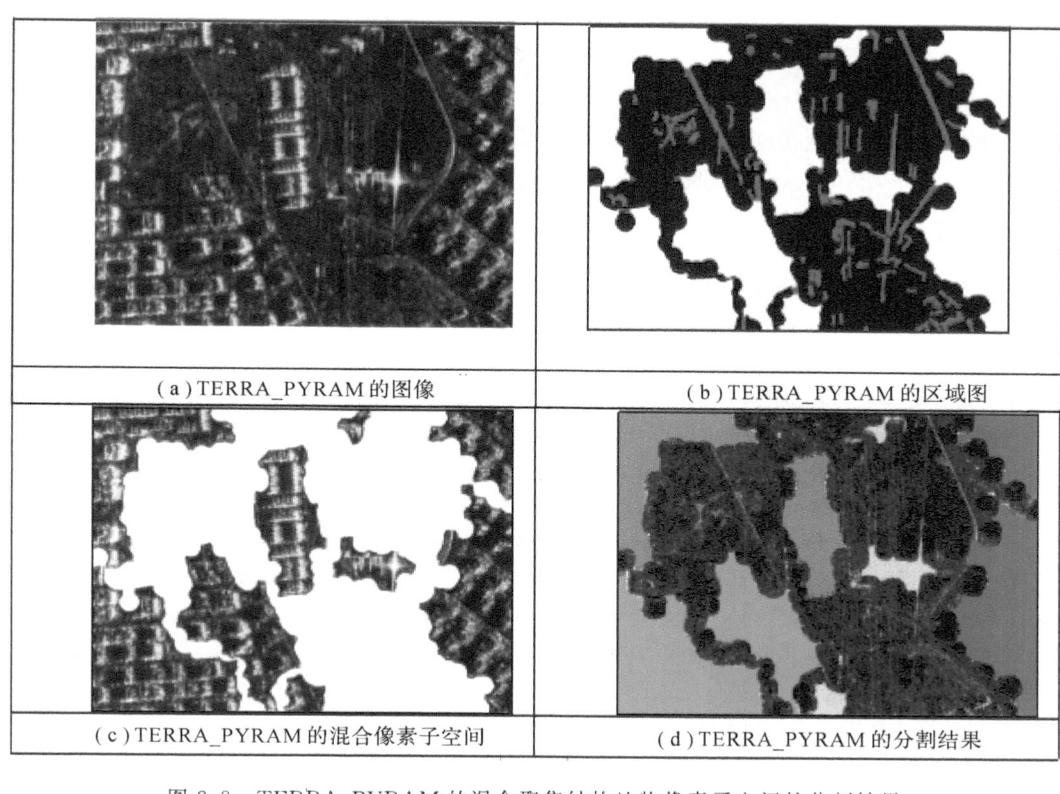

(a) TERRA_PYRAM 的图像

(b) TERRA_PYRAM 的区域图

(c) TERRA_PYRAM 的混合像素子空间

(d) TERRA_PYRAM 的分割结果

图 2.8　TERRA_PYRAM 的混合聚集结构地物像素子空间的分割结果

## 本章小结

本章针对基于脊波滤波器和反卷积结构模型的 SAR 图像分割消耗时间比较长的这一缺陷，提出了基于脊波滤波器和改进的反卷积结构模型的 SAR 图像分割方法。在新提出的方法中，本章将反卷积结构模型中的非卷积的结构保真项进行优化，将输入图像块与特征图之间的结构损失代替为输入图像块与脊波滤波器和特征图的重构图像块之间的结构损失。然后再将 SAR 图像的混合聚集结构地物像素子空间中互不相连的区域中所采的样本分别输入到一个改进的反卷积结构模型中，得到代表区域特征的脊波滤波器集合。最后，利用投影和层次聚类算法完成 SAR 图像的混合聚集结构地物像素子空间的分割。

# 参考文献


[1] 麦特尔. 合成孔径雷达图像处理[M]. 孙洪，等译. 北京：电子工业出版社，2005.

[2] 焦李成，赵进，杨淑媛，等. 稀疏认知学习、计算与识别的研究进展[J]. 计算机学报，2016，39(4)：835-852.

[3] 焦李成，尚荣华，刘芳，杨淑媛，等. 稀疏学习、分类与识别[M]. 北京：科学出版社，2017.

[4] Gade M，Stelzer K，Kohlus J. On the Use of Multi-Frequency SAR Data to Improve the Monitoring of Intertidal Flats on the German North Sea Coast[C]. ESA Sea SAR Workshop. 2012：4153-4167.

[5] Jung H S，Zhong L，Shepherd A，et al. Simulation of the SuperSAR Multi-Azimuth Synthetic Aperture Radar Imaging System for Precise Measurement of Three-Dimensional Earth Surface Displacement[J]. IEEE Transactions on Geoscience & Remote Sensing，2015，53(11)：6196-6206.

[6] Sebastianelli S，Russo F，Napolitano F，et al. Comparison between radar and rain gauges data at different distances from radar and correlation existing between the rainfall values in the adjacent pixels [J]. Hydrology & Earth System Sciences Discussions，2010，49(1)：17-30.

[7] Tao T F，Han C Z，Dai X F，et al. An infrared image segmentation method based on edge detection and region growing[J]. Opto-electronic Engineering，2004，31(10)：50-52.

[8] Wang X C，Sun A C. Research on an Image Segmentation Algorithm Based on Threshold[J]. Radio Engineering，2012.

[9] Wang Z W，Jensen J R，Im J H. An automatic region-based image segmentation algorithm for remote sensing applications. [J]. Environmental Modelling & Software，2010，25(10)：1149-1165.

[10] Li Y，Guo Y，Kao Y，et al. Image Piece Learning for Weakly Supervised Semantic Segmentation[J]. 2016，PP(99)：1-12.

[11] Carreira J，Sminchisescu C. CPMC：Automatic Object Segmentation Using Constrained Parametric Min-Cuts[J]. IEEE Transactions on Pattern Analysis & Machine Intelligence，2012，34(7)：1312-1328.

[12] Yuan X，Guo J，Hao X，et al. Traffic Sign Detection via Graph-Based Ranking and Segmentation Algorithms[J]. IEEE Transactions on Systems Man & Cybernetics Systems，2015，45(12)：1509-1521.

[13] Li Z，Liu J，Yang Y，et al. Clustering-Guided Sparse Structural Learning for Unsupervised Feature Selection[J]. IEEE Transactions on Knowledge & Data Engineering，2014，26(9)：2138-2150.

[14] Gong X L，Tian Z，Zhao W，et al. SAR image segmentation based on improved self-tuning spectral clustering method[J]. Electronic Design Engineering，2014.

[15] Kong D，Zheng S. Variational SAR Image Segmentation Using a Local Gamma Distribution Fitting Model[C]. Second International Conference on Electric Information and Control Engineering，2012：1618-1623.

[16] Zhao Huiyan，Cao Yongfeng，Yang Wen. SAR image segmentation using MPM and constrained

stochastic relaxation[C]. MIPPR 2005 SAR and Multispectral Image Processing. International Society for Optics and Photonics, 2005: 794-799.

[17] Cun, Y. Le, et al. Handwritten digit recognition with a back-propagation network[ ]. Advances in Neural Information Processing Systems Morgan Kaufmann Publishers Inc, 1990: 396-404.

[18] Ding J, Chen B, Liu H, et al. Convolutional Neural Network with Data Augmentation for SAR Target Recognition[J]. IEEE Geoscience & Remote Sensing Letters, 2016, 13(3): 364-368.

[19] Zeiler M D, Krishnan D, Taylor G W, et al. Deconvolutional networks[C]. Computer Vision and Pattern Recognition. IEEE, 2010: 2528-2535.

[20] Marr D. Vision[M]. New York, NY, USA: Freeman(W. H. Freeman and Company), 1982: 1-3.

[21] Guo C E, Zhu S C, Wu Y N. Primal sketch: Integrating structure and texture[J]. Computer Vision & Image Understanding, 2007, 106(1): 5-19.

[22] Guo, Cheng En, S. C. Zhu, and Y. N. Wu. Towards a mathematical theory of primalsketch and sketchability. IEEE International Conference on Computer Vision IEEE Computer Society, 2003: 1228.

[23] Wu J, Liu F, Jiao L, et al. Local Maximal Homogeneous Region Search for SAR Speckle Reduction With Sketch-Based Geometrical Kernel Function[J]. IEEE Transactions on Geoscience & Remote Sensing, 2014, 52(9): 5751-5764.

[24] Liu F, Duan Y, Li L, et al. SAR Image Segmentation Based on Hierarchical Visual Semantic and Adaptive Neighborhood Multinomial Latent Model[J]. IEEE Transactions on Geoscience & Remote Sensing, 2016: 15-15.

[25] 段一平，刘芳. 基于层次视觉计算和统计模型的 SAR 图像分割与理解[D]. 西安电子科技大学，2016.

[26] Gao G, Zhao L, Zhang J, et al. A segmentation algorithm for SAR images based on the anisotropic heat diffusion equation[J]. Pattern Recognition, 2008, 41(10): 3035-3043.

[27] Men Z, Wang P, Li C. Modified imaging method for high resolution wide swath spaceborne SAR based on nonuniform azimuth sampling[C]. Synthetic Aperture Radar. IEEE, 2015: 447-449.

[28] Xue X, Wang X, Xiang F, et al. A New Method of SAR Image Segmentation Based on the Gray Level Co-Occurrence Matrix and Fuzzy Neural Network[C]. International Conference on Wireless Communications NETWORKING and Mobile Computing. IEEE, 2010: 1-4.

[29] Peña J M, Lozano J A, Larrañaga P. An empirical comparison of four initialization methods for the K-Means algorithm[J]. Pattern Recognition Letters, 1999, 20(10): 1027-1040.

[30] Hinton G E, Salakhutdinov R R. Reducing the Dimensionality of Data with Neural Networks[J]. Science, 2006, 313(5786): 504.

[31] Yang J H. Application of Quantum Self-Organization Mapping Networks to Classification[J]. Applied Mechanics & Materials, 2013, 411-414: 707-711.

[32] Chen Y N, Han C C, Wang C T, et al. The Application of a Convolution Neural Network on Face and License Plate Detection[C]. International Conference on Pattern Recognition. IEEE, 2006: 552-

555.
[33] Candes E J. Ridgelets: Theory and Application. Ph. D. Thesis, Department of Statistics, Stanford University, 1998.
[34] Starck J L, Candes E J, Donoho D L. The curvelet transform for image denoising[J]. IEEE Transactions on Image Processing, 2002, 11(6): 670-684.
[35] Vetterli M N D M. The Finite Ridgelet Transform for Image Representation[C]. IEEE Transactions on Image Processing, 2003: 16-28.
[36] 崔白杨. 基于Ridgelet冗余字典的非凸压缩感知重构方法[D]. 西安电子科技大学, 2013.
[37] 许敬缓, 刘芳. 脊波框架下稀疏冗余字典的设计及重构算法研究[D]. 西安电子科技大学, 2011.
[38] Johnson T, Singh S K. Divisive Hierarchical Bisecting Min-Max Clustering Algorithm[M]. Proceedings of the International Conference on Data Engineering and Communication Technology. Springer Singapore, 2017.
[39] Raju R, Bhvs, Kumari V. Comparison of Parameter Free MST Clustering Algorithm with Hierarchical Agglomerative Clustering Algorithms[J]. International Journal of Computer Applications, 2013.
[40] Liu F, Wei Y, Ren M, et al. An Agglomerative Hierarchical Clustering Algorithm Based on Global Distance Measurement[C]. International Conference on Information Technology in Medicine and Education, 2015: 363-367.
[41] Sural S, Cosine V, Distance A, et al. Performance comparison of distance metrics in content-based image retrieval applications[J]. Proc. of Internat. conf. on Information Technology, 2003.
[42] Kayabol K, Zerubia J. Unsupervised amplitude and texture classification of SAR images with multinomial latent model. [J]. IEEE Transactions on Image Processing, 2013, 22(2): 561-572.

# 第3章 基于改进帧差法与YOLO深度网络的遥感影像目标检测



## 3.1 引 言

遥感图像拥有覆盖面广，信息量大，观测周期短等特点。遥感技术的快速发展与其重要特性，使它在过去十多年来受到越来越多的重视和研究。目标检测是遥感影像分析中的基础任务，也是当前研究的热点之一，对资源调查、自然灾害监测和军事目标定位具有重要的意义。由于遥感图像的复杂度高，如何有效提取信息并准确检测对象成为遥感技术应用的关键。

解决这个问题的一个常见例子是训练在子图像上操作的目标检测器，并将这些检测器在所有位置和尺寸上以穷举的方式应用。目标检测之所以成为非常具有挑战性的任务，主要在于需要找到并使用一种优良的能够促进区分目标与背景能力的特征。许多著名的特征，如Gabor和定向梯度直方图(HOGs)，都被设计为对遥感图像的变化具有鲁棒性。近年来，诸如语义特征的高级特征被认为更有意义，如扩展的DTPBM模型、基于空间稀疏编码的检测模型、基于潜在狄利克雷分布的外观信息的方法等。由于强大的图像描述符，这些方法在简单场景下都能很好地进行对象检测，但由于特征表示的局限性，在将其转换到复杂场景时性能下降很快。此外，其存在的另一个缺陷是它们严重依赖于手动设计模型功能以及聚合它们的方式。最近，深度学习方法，例如卷积神经网络方法，由于其在特征学习中的有效性而在计算机视觉领域非常流行。

鉴于上述方法所存在的缺陷，本章提出了一种基于改进帧差法与YOLO深度网络的高分辨遥感影像目标检测算法。首先，对于遥感影像中的运动目标使用改进的帧差法对其进行运动目标检测。之后，通过对将目标检测作为回归问题求解的YOLO深度网络基于遥感目标数据的重新训练，完成在高分辨率遥感影像中的目标检测过程以克服现有方法在检测速度与复杂场景精度方面的不足。实验结果表明，该算法在高分辨遥感影像目标检测任务中非常有效。

## 3.2 帧间差分法

### 3.2.1 帧间差分法原理

帧间差分法是指依据对视频序列中邻接的帧间图像做相减运算以完成运动目标标记的方法。帧差法依据的原则是当一段视频序列中某些目标运动时，相邻帧间的目标运动区域的像素值会产生不同，求得帧间图像像素值之差的绝对值，则没有运动的目标在差值图像中显示为0，而运动目标尤其是轮廓处因存在像素值的改变在差值图像中显示为非0，以此可以大概得出运动目标的位置、轮廓和路径等要素。

帧间差分法容易实现且算法复杂度不高，对光照条件等环境变化不敏感，在不同的动态坏境中鲁棒性很高。其劣势是若目标移动较慢，在相邻帧里目标将会有很大重叠，会导致难以检测到运动目标，这个缺陷可以通过选取相间隔的帧图像加以改进。对于遥感影像的运动目标检测，在相邻两帧之间，由于运动目标的尺寸相对运动幅度来说总体偏小，因此不存在使用帧差法会导致目标中的空洞现象。由此可见，帧间差分法在遥感影像运动目标检测任务上具有很强的适用性。

### 3.2.2 改进帧间差分法

传统的两帧差分法步骤为将第 $n$ 帧与第 $n-1$ 帧图像之间相对应的像素点进行相减计算，得到差分图像后，判断灰度差的绝对值，当绝对值高于某一阈值时，则判断其为运动目标，从而实现检测功能。三帧差分法为两帧差分法的变体，步骤为得到相邻三帧之间的两幅差分图像，再对相同位置的像素点进行与运算操作，得到最终的检测结果。

我们所处理的高分辨率遥感影像视频数据需要对传统的帧差法进行改进，以获得更好的检测效果。原因在于对于分辨率非常高的遥感视频，目标往往在与整体场景相较之下尺寸偏小，运动目标在相邻帧之间的相对位置相差较小，相对位移缓慢。若使用两帧差分法或其变体，会使差分图像无法获取完整的运动目标。改进后的帧间差分法步骤如下：

步骤1　在高分辨率遥感影像视频中，针对运动目标所在的区域进行裁剪操作，以得到清晰运动的目标。

步骤2　从影像视频序列中获取每一帧的图像，将视频转化为帧序列，并将其按顺序编号。

步骤3　对每一帧图像进行基于空间域的图像增强操作，扩充运动目标信息，以改进图像的视觉效果。

步骤4　每间隔三帧图像抽取一帧视频帧图像，将抽取到的视频帧图像重新组成序列。

步骤5　将步骤4中得到的新序列中的相邻帧图像的相对应像素分别作相减运算，以获得差分图像。

步骤6　对步骤5中得到的差分图像的灰度差绝对值进行阈值分割，高于某一阈值即判为运动目标。

步骤7　对所得到的检测图像结果做形态学处理膨胀操作，以填满分割间隙，弥补帧差法导致的目标空洞现象。

改进后的帧间差分法将适用于遥感影像的运动目标检测任务，后续实验将表明其有效性。

## 3.3　YOLO深度网络

### 3.3.1　YOLO网络的思想与原理

YOLO(You Only Look Once)深度网络将目标检测问题转换为直接从图像中提取边界框和类别概率的单个回归问题，仅需一眼即可检测目标类别及其位置。它采用单个深度卷积神经网络来预测多个边界框和类别概率，核心思想就是利用整张图作为网络的输入，直接在输出层回归边界框的位置和边界框所属的类别。

YOLO深度网络可以看做将一幅图像分成若干个网格，如果某个目标的中心点落在这个网格中，则这个网格就负责预测此目标。每一个网格预测边界框和该框的置信值。置信值表示框中含有目标的概率大小。定义置信值为

$$confidence = \Pr(Object) \times IOU_{pred}^{truth} \tag{3-1}$$

如果有目标落在网格中，$\Pr(Object)$取1，否则取0，$IOU_{pred}^{truth}$是预测的边界框和实际的Groundtruth之间的IOU值。由式可知，若不包含目标，则置信值是零；如果包含目标，则置信值和Groundtruth的IOU值相同。

每一个边界框包含5个值：$x$，$y$，$w$，$h$和置信值。$(x, y)$代表与格子相关框的中心，$(w, h)$为与全图信息相关框的宽和高。在具体实施训练时，$w$和$h$的值为对图像的宽和高归一化至[0, 1]区间；$x$，$y$是边界框中心点与格点相比的偏移量，同样归一化到[0, 1]区间。

每个网格条件概率为$\Pr(Class_i|Object)$，它表示网格含有目标的置信度，每一格仅用来预测一类概率。在测试阶段，每个候选框由分类概率和上述所求得的置信度的乘积获得相应类别的置信得分。

$$c(Class_i) = \Pr(Class_i \mid Object) \times \Pr(Object) \times IOU_{pred}^{truth} = \Pr(Class_i) \times IOU_{pred}^{truth} \tag{3-2}$$

类别置信得分表示此类别在框中的概率与框和目标的契合度。值得注意的是，类别信息是针对每个网格的，而置信值信息是针对每个边界框的。

YOLO网络的实现原理在图3.1中有所展示。如图所示，左侧为被划分成若干网格的原始输入图像，中间上图是对输入图像的候选框计算置信度，置信度越高，则显示的边界框越粗，中间下图是对其每个网格计算类别置信分数而得到的类别概率图，通过这两方面内容可以最终确定所得的目标检测结果，如图3.1所示。

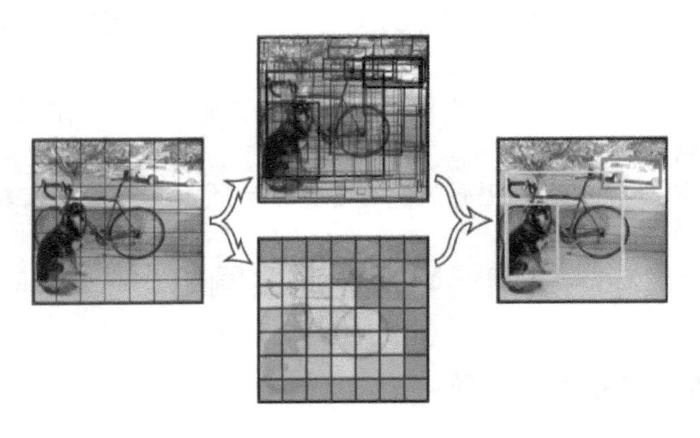

图 3.1　YOLO 网络的实现原理

### 3.3.2　YOLO 网络损失函数的设计

YOLO 网络采用均方和误差当做损失函数以改善网络参数。原始的均方和误差损失函数定义为

$$loss = \sum_{i=0}^{S^2} coordError + iouError + classError \tag{3-3}$$

式中，$S^2$ 为图像被分割成的网格数；$coordError$、$iouError$ 和 $classError$ 分别为预测数据与 Groundtruth 之间的坐标误差、IOU 误差和分类误差。

YOLO 对上式进行了修正的损失计算。首先，坐标误差、IOU 误差与分类误差对网络损失的影响大小是有差别的，所以计算 $coordError$ 时，采用系数 $\lambda_{coord}=5$ 对其进行校正。其次，在计算 IOU 误差过程中，含有目标的网格和不含目标的网格，IOU 误差对网络损失的影响也存在差异，若赋以相同权值，则会变相放大包含目标的网格的置信值误差在计算网络参数时的影响，因此使用 $\lambda_{coord}=5$ 以修正 $iouError$。最后，由于相同的位置偏差占大目标的比例远远低于同样偏差占小目标的比例，因此大目标误差对检测的影响应小于小目标误差对检测的影响。对于此问题，将目标尺寸信息 $w$ 和 $h$ 求取平方根操作以改善此问题。最终，对于 YOLO 网络的损失函数，$coordError$、$iouError$ 和 $classError$ 分别设计如下：

$$\begin{aligned} coordError = {} & \lambda_{coord} \sum_{i=0}^{S^2} \sum_{j=0}^{B} \prod_{ij}^{obj} [(x_i - \hat{x}_i)^2 + (y_i - \hat{y}_i)^2] \\ & + \lambda_{coord} \sum_{i=0}^{S^2} \sum_{j=0}^{B} \prod_{ij}^{obj} [(\sqrt{w_i} - \sqrt{\hat{w}_i})^2 + (\sqrt{h_i} - \sqrt{\hat{h}_i})^2] \end{aligned} \tag{3-4}$$

$$coordError = \sum_{i=0}^{S^2} \sum_{j=0}^{B} \prod_{ij}^{obj} (C_i - \hat{C}_i)^2 + \lambda_{noobj} \sum_{i=0}^{S^2} \sum_{j=0}^{B} \prod_{ij}^{noobj} (C_i - \hat{C}_i)^2 \tag{3-5}$$

$$classError = \sum_{i=0}^{S^2} \prod_{ij}^{obj} \sum_{C \in classes} (p_i(c) - \hat{p}_i(c))^2 \tag{3-6}$$

将这三者相加即为最终 YOLO 网络的损失函数。其中，$B$ 表示每一网格预测的边界框个数；$C$ 表示网格的目标类别数；$x$、$y$、$w$、$h$、$C$、$p$ 表示网络的预测值；$\hat{x}$、$\hat{y}$、$\hat{w}$、$\hat{h}$、$\hat{C}$、$\hat{p}$ 表示 Groundtruth 值；$\prod_{i}^{obj}$ 表示判断目标中心落在网格 $i$ 中；$\prod_{ij}^{obj}$ 和 $\prod_{ij}^{noobj}$ 分别表示判断目标落入和未落入网格 $i$ 的第 $j$ 个边界框中。

在这个损失函数中，只有当某个网格中有目标时才对分类误差进行惩罚；只有当某个框预测值对某个 Groundtruth 框负责的时候，才会对此框的坐标误差进行惩罚，而对哪一个 Groundtruth 框负责取决于其预测值和 Groundtruth 框的 IOU 值是不是在那个目标的所有框中最大。

### 3.3.3 YOLO 网络的优势

传统的目标检测系统采用的方法大多是通过滑动窗口的方法依据不同目标的特征提取出目标区域，然后选用分类器来实现目标识别。近期在目标检测领域很热门的区域卷积神经网络(RCNN)及其改进方法采用了目标潜在区域生成方法，首先生成潜在的边界框，然后采用分类器识别这些边界框区域，最后通过后处理来去除重复的边界框进行优化。这些算法的步骤繁琐，运行速度缓慢且不易训练。

YOLO 深度网络目标检测方法相对于传统方法有如下优点：

(1) YOLO 网络采用全图信息进行预测。与滑动窗口法和目标区域提议潜法有所区别，YOLO 网络在训练和测试时使用整张图像的信息。R-CNN 类的算法有时将环境杂波中的块误检成目标，是因为它在预测时不能够获得整张图像的信息。相较于 Fast R-CNN 方法，YOLO 在背景预测时的误检率降低了一半。

(2) YOLO 可以学习到目标的概括表示信息，具有一定的普适性。验证这一优点的实验采用自然图像训练 YOLO，然后采用艺术品图像来预测，艺术品图像检测结果如图 3.2 所示。YOLO 比其他算法(如可变形局部模型)在准确率性能方面有优势。

图 3.2　YOLO 网络对艺术品图像检测结果

(3) 运行速度快。YOLO 网络预测流程简单，速度很快。YOLO 在 GPU 上检测速度为 45 帧/秒，经过改进后的版本更是实现了 150 帧/秒，因此，YOLO 深度网络可以实现实时的目标检测。

综上所述，YOLO 深度网络为一种基于单独神经网络模型的目标检测方法，克服了传统方法及其他近年来目标检测成果所具有的困难与问题，具备非常可观的强健性能，其精度之高、速度之快足以实现对目标的实时检测。

## 3.4 基于改进帧差法和 YOLO 深度网络的遥感影像目标检测

### 3.4.1 实验数据准备及预处理

本章所进行的实验，实验数据基于吉林一号视频 3 星所提供的高分辨率遥感影像。影像数据为 AVI 格式，分辨率优于 1 m，视频范围 11 km×4.5 km，经过几何校正、辐射校正和稳像处理(视频范围有一定缩小)后的组帧视频文件，其中所使用的波哥大机场主要目标为大小固定翼飞机，时长 30 秒，其中一帧图像如图 3.3 所示。

图 3.3 波哥大机场遥感影像其中一帧图像

由于该视频影像分辨率为 12 000×5000，其中包括大量背景杂波与运动云层遮挡等干扰，因此要先对实验数据进行预处理。首先，在运动目标检测部分截取飞机跑道上正在运动的飞机与信号车部分，并将后 13 s 有遮盖部分裁剪掉，仅保留视频的前 17 s。通过裁剪与截取后的视频内容，展示第 1 帧图像、第 101 帧图像与第 201 帧图像，如图 3.4 所示。从图中可以看出，运动目标包括下方跑道上自左向右运动的飞机目标与上方跑道上自右向左运动的飞行器与信号车目标。

（a）第一帧图像　　（b）第101帧图像　　（c）第201图像

图 3.4　裁剪截取后视频内容

其次，为了更为便捷地使用深度网络完成目标检测任务，使得数据与网络结构更加适配，我们将含有飞机目标的部分截取出 10 个图像块样本，如图 3.5 所示。其中每幅图像包含的目标数量为 3 个到 9 个不等，总共含有的飞机目标个数为 53 个。

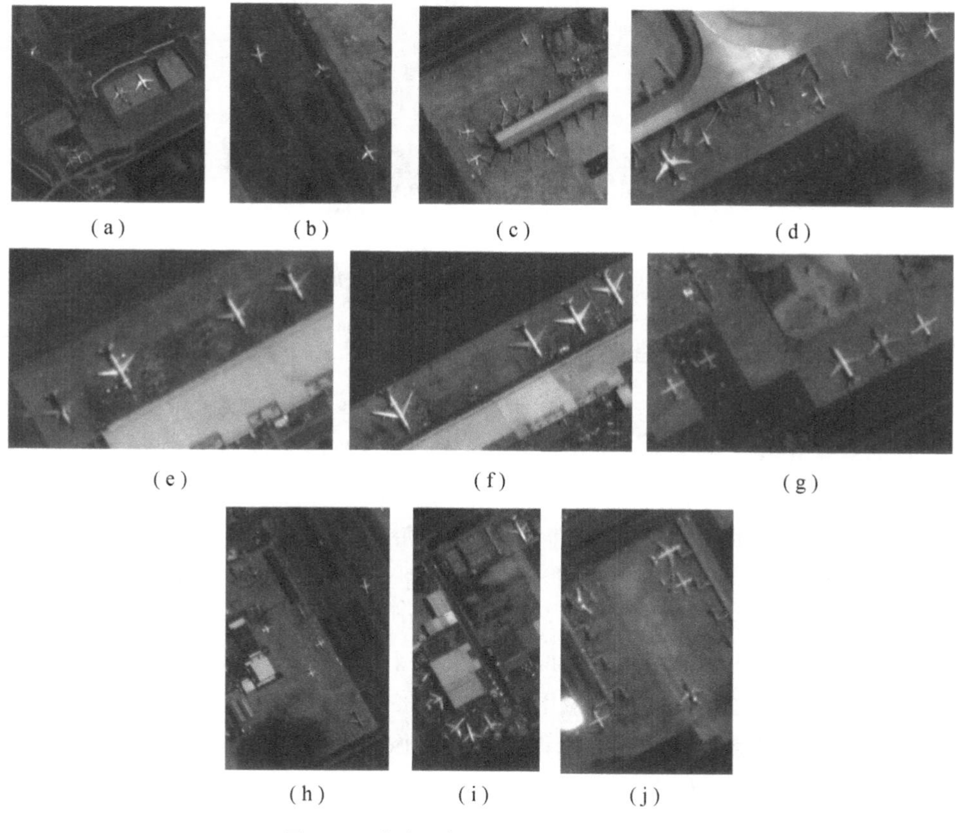

（a）（b）（c）（d）（e）（f）（g）（h）（i）（j）

图 3.5　含有目标的 10 个图像块样本

在本章实验过程中，对于YOLO网络中训练集所需的遥感图像中的飞机目标，采用西北工业大学标注的航天遥感目标检测数据集NWPU VHR-10，并对其中的相关样本进行重新标注与组合，将其标注转换为适合网络训练所需的格式。其中我们选择包含目标的近百张图像作为训练集，训练集中所包含的目标总量共计680个；选择包含目标的其余10张图像与之前提到的高分辨率遥感影像中截取的10个图像块样本一起作为测试集，测试集中共包含20张图像，飞机目标共135个。NWPU VHR-10数据集中所包含的飞机目标切片如图3.6所示。

图3.6 NWPU VHR-10数据集中所包含的飞机目标切片

### 3.4.2 基于改进帧差法的遥感影像运动目标检测

在3.2.2节中，介绍了将传统的两帧差分法进行适合于高分辨遥感影像视频数据的改进方式与具体算法步骤。在3.4.1节中已经给出了对于数据的预处理操作，即将原本的视频裁剪截取为适合运动目标检测的样本。通过裁剪与截取操作，本实验中所用的视频样本分辨率为300×200，时长为17秒，帧速率为30帧每秒。

本节将对其余步骤进行直观的说明，如图3.7所示。以截取获得的波哥大机场遥感影像第291帧为例，每一步骤相对应所得的结果在图中予以展示。具体为图3.7(a)在遥感视频中获取每一帧图像，从图像序列中抽取第291帧图像；图3.7(b)对帧图像进行基于像素点的图像增强，图像增强操作在空间域中进行；图3.7(c)对存在间隔帧采样后所得新序列中的相邻帧图像对应像素作相减运算以得到差分图像并进行阈值分割，在本例中即为对第291帧与其前一帧图像相减所得差分图像进行阈值分割而得；图3.7(d)对上一步中得到的图像进行膨胀操作弥补传统帧差法导致的空洞现象，形态学处理块大小为2×2。在其他章节的实验中，运动目标检测皆依照本节所介绍的算法步骤进行操作。

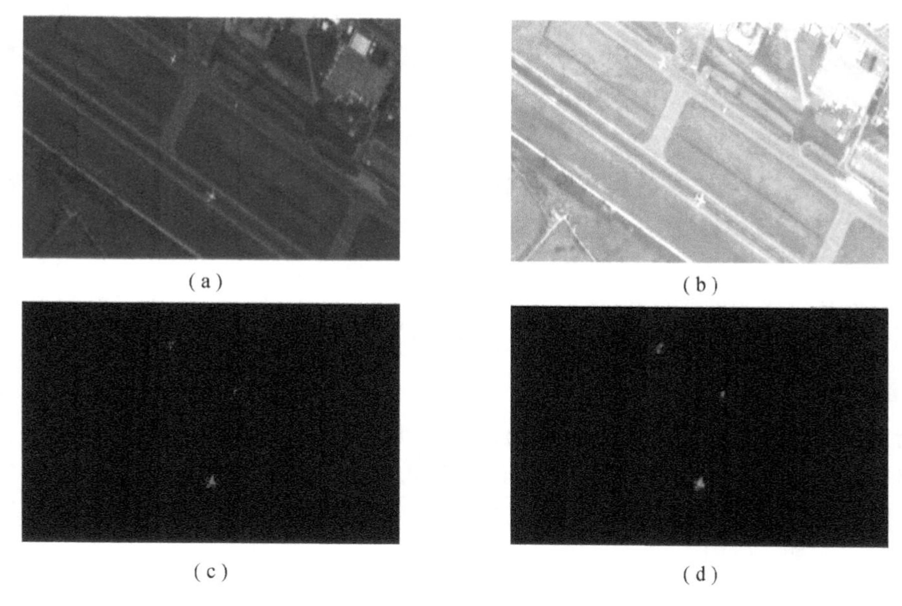

图 3.7 基于改进帧差法的遥感影像运动目标检测各步骤结果图

### 3.4.3 基于高分辨 YOLO 深度网络的遥感影像目标检测

YOLO 网络可以实现实时的目标检测任务，但相对于目前精度最高的目标检测系统而言，其存在的问题是检测精确度不够。YOLO 能够在短时间内完成目标识别分类，然而在小目标的检测上还需要进一步改进。通过研究得出，对比 Fast R-CNN 与 Faster R-CNN 等检测系统，它在目标的检测定位阶段的精度更差一些。因此，对 YOLO 网络的改进主要是目标的检测定位阶段精度的改进。在这一节中，首先对所使用的 YOLO 深度网络中各组成部分的改进细节进行描述，之后讨论网络的特性和总体布局，以及在算法实现中的具体配置。

**1. Batch Normalization**

为了避免梯度消失，减少过拟合，同时提高模型收敛速率，对每个隐层神经元引入 Batch Normalization 单元，将渐渐靠近于非线性映射取值区间的上下限的分布，调整回均值是 0 方差是 1 的标准正态分布。在 YOLO 网络中所有卷积层均使用 Batch Normalization，在网络中移除 dropout 单元后不造成过拟合，也使得目标检测精度得到提升。

**2. 高分辨率输入**

目前大多数的图像分类器要求输入分辨率小于 256×256。原始 YOLO 接受图像尺寸为 224×224。改进后，使用 448×448 作为输入尺寸的 ImageNet 数据集进行预训练，由此得到的网络对于高分辨率具有适应性，接着把此模型应用在目标检测中。高分辨率输入模型使目标检测精度结果继续得到提升。

**3. 使用固定框卷积**

原 YOLO 网络使用全连接层测试得到边界框，而在 Fast RCNN 中，采取了人工选定的边界框，仅用卷积层来预测固定框的偏移量和置信度。在改进的 YOLO 网络中，去除原网络中的全连接层，采用固定框来预测边界框位置。首先去除一个池化层以提高卷积层的输出分辨率，其次修改网络的输入尺寸使特征图只有一个中心，因为大目标更有可能出现在图像中心。采用固定框后，模型的召回率得到大幅度提升。

**4. 精确特征**

更精确的特征可以提高对小目标的检测，尤其适用于高分辨率遥感影像中的目标。我们在网络中加进了 passthrough 层，对特征进行重排，将高分辨率特征同普通特征进行连结。经过改进的 YOLO 模型将 26×26×512 的特征图转换为 4 幅 13×13×512 的特征图并进行串联目标检测，使用上层的特征经过重新排列连结至下层，在网络模型中更靠上的层感受也更小，有利于小目标的检测。

**5. 多尺度训练**

加入固定框后，输入尺寸由 448×448 变为 416×416。网络只存在卷积层和池化层，输入尺寸就能够随时变化。训练过程中，在一定间隔时间内将输入大小重新设置，这样的操作使得 YOLO 网络对分辨率不同的图像更具适应性。在具体实验中，每隔 10 个 batch 变更一次输入尺寸(尺寸必须为 32 的倍数，由于下采样选择 32 位因子)，继续训练。该法则对于提高模型分辨率的鲁棒性和加快低分辨率目标的测试速度有很大的帮助，所以改进后的网络实现了速率和精度的按需调整。

**6. 网络特性与总体结构**

之前已经介绍了对于 YOLO 网络结构的各种改进，以使本章的高分辨率遥感图像目标检测任务可以更好地实现。在本节中，介绍本章实验所使用的高分辨 YOLO 网络结构。

原始的 YOLO 网络中，使用两个全连接层对经过多层卷积与池化后的特征进行处理。然而由于遥感训练数据的数据量不足，因此在训练全连接层大量参数时非常容易出现过拟合。由于大部分可训练参数都包含在全连接层中，而减少层数会使得整个网络的性能大幅度降低，因此，使用卷积层来代替全连接层，省略原本庞大的训练参数量，最终达到减小网络规模，降低过拟合风险的目的。

在完成整个目标检测任务时，使用的网络结构共由 23 个卷积层，5 个最大池化层和 1 个 passthrough 层构成，使用高分辨率输入的改进将原网络接收图像尺寸由 224×224 调整为 448×448。去除原网络中的全连接层，加入固定框来预测边界框位置，采用卷积层来预测固定框的偏移量和置信度，使得输入尺寸变为416×416。为了保证训练中模型对于不同尺寸的待检测图像具有鲁棒性，需要每间隔10个模型便随机改变模型输入尺寸。加入passthrough层，对特征进行重排列组织，将26×26×64的特征图转换为4幅13×13×64的特征图并进行串联目标检测，即特征图变为13×13×256。通过以上改进在实际中的应用，综合借鉴原YOLO网络结构，最终设计出用于本章实验的YOLO深度网络结构，如图3.8所示。

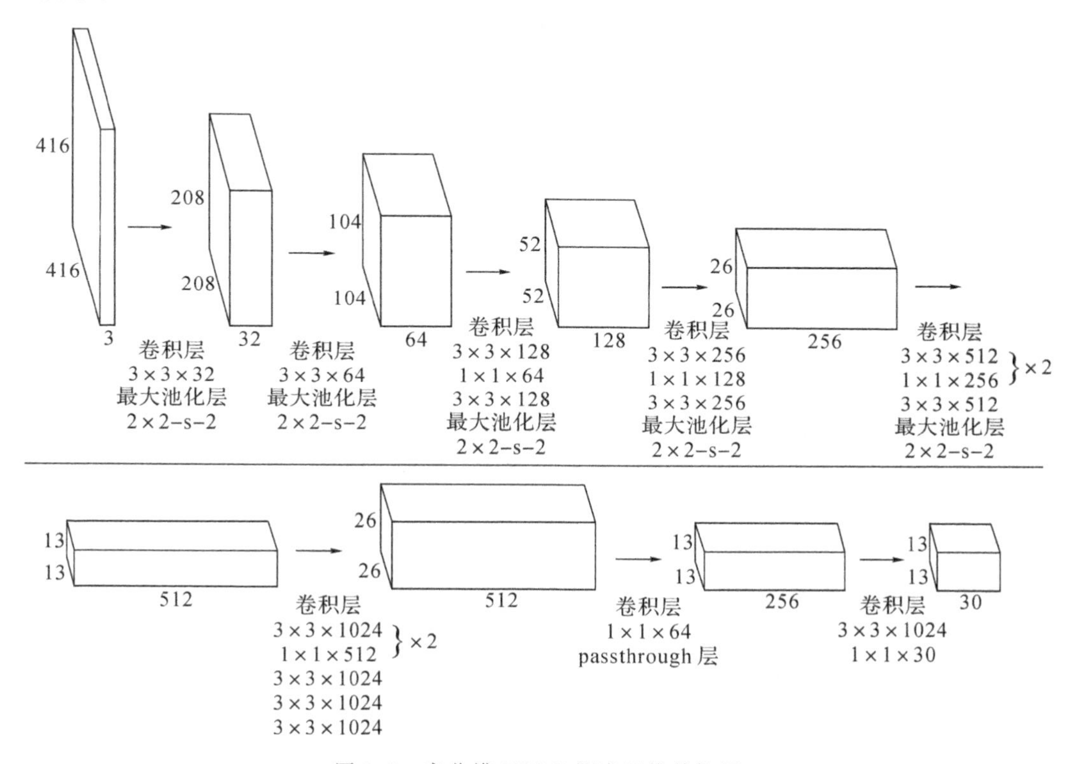


图3.8 高分辨YOLO深度网络结构图

**7. 网络配置细节**

如图3.8所示，输入尺寸为416×416大小的待检测图像。首先经过一层卷积核为3×3大小的第一卷积层，再经过一层最大池化层后，得到32张特征映射图，尺寸为208×208；接下来再经过第二卷积层，卷积核大小为3×3，经过一层最大池化层，得到64张特征映射图，尺寸为104×104；接下来连续经过卷积核大小为3×3、1×1、3×3的三层卷积层与一层最大池化层，得到128张特征映射图，尺寸为52×52；接下来连续经过3×3、1×1、3×3的三层卷积层与一层最大池化层，得到256张特征映射图，尺寸为26×26；接下来连续经过卷积核大小为3×3、1×1、3×3、1×1、3×3的五层卷积层与一层最大池化层，得到 512 张特征映射图，尺寸为 13×13；接下来连续经过卷积核大小为 3×3、1×1、3×3、1×1、3×3、3×3、3×3 的七层卷积层与一层最大池化层，得到 512 张特征映射图，尺寸为 26×26；接下来经过卷积核为 1×1 大小的卷积层，并通过 passthrough 层对特征图进行重新排列，排列后的特征映射图尺寸为 13×13，数量为 256；最后，通过卷积核大小为 3×3、1×1 的两层卷积，最终得到 13×13×30 的特征映射图，用于遥感图像的目标检测任务。

## 3.5 实验结果与分析

### 3.5.1 参数设置

本章实验中，所使用的实验参数设置如下：在改进帧间差分法中，膨胀操作取块大小为 2×2；做差分图像的帧间隔取 3。在 YOLO 深度网络中，网络学习率设置为 0.001；每个训练块大小设置为 64；最大训练迭代次数设置为 30 000，将每 1000 次得到的网络权重集合自动保存；输入的训练数据长宽重调整为 416×416；饱和度与曝光率设置为 1.5；各卷积层的卷积核尺寸与特征图数量设置如上节所示；目标检测概率阈值设置为 0.1，即概率超过 0.1 时判断为目标；训练集包含 80 幅共含有 680 个飞机目标的训练图像；测试集包含 20 幅共含有 135 个飞机目标的测试图像，其中包括波哥大机场遥感影像中的 10 幅共 53 个飞机目标和 NWPU VHR-10 数据集中的 10 幅共 82 个飞机目标。

### 3.5.2 结果与分析

在本节中，首先探讨改进帧间差分法的实验结果。由于所使用的遥感影像并没有提供 Groundtruth，因此使用主观讨论方法对其进行评价。如图 3.9 所示，随机选取所截取的 17 秒视频中的两帧，给出实验结果，并将实验结果与原始的帧间差分法进行比较。

图中(a)、(b)分别为原视频的第 171 帧与第 291 帧，(c)、(d)分别为对这两帧图像做传统帧间差分法得到的运动目标检测结果，(e)、(f)为使用本章介绍的改进差分法对这两帧图像进行处理得到的运动目标检测结果。从图中可以看出，使用传统帧差法在进行高分辨遥感影像运动目标检测时，对于由左至右运动的飞机，仅能检测出其轮廓，产生了空洞现象，导致检测出的目标并不完整；而对于由右至左运动的更小的飞机目标和信号车目标，检测结果更加不清晰，无法检测出其目标的完整区域，检测结果非常不理想。而采用本章提出的经过改进的帧差法，使得帧间时间间隔选取更加适当，且对空洞现象有所弥补，令目标不再只被检测出轮廓边缘，目标更加完整清晰。由图可见，由左至右运动的飞机基本上被完整的检测出，而由右至左的更小的目标也基本上可以看清其形状与位置，表明此算法具备一定的有效性。同时，本算法具有实现简单，设计复杂度低和稳定性较好的优势，在高分辨率遥感影像的运动目标检测中具有非常好的效果。

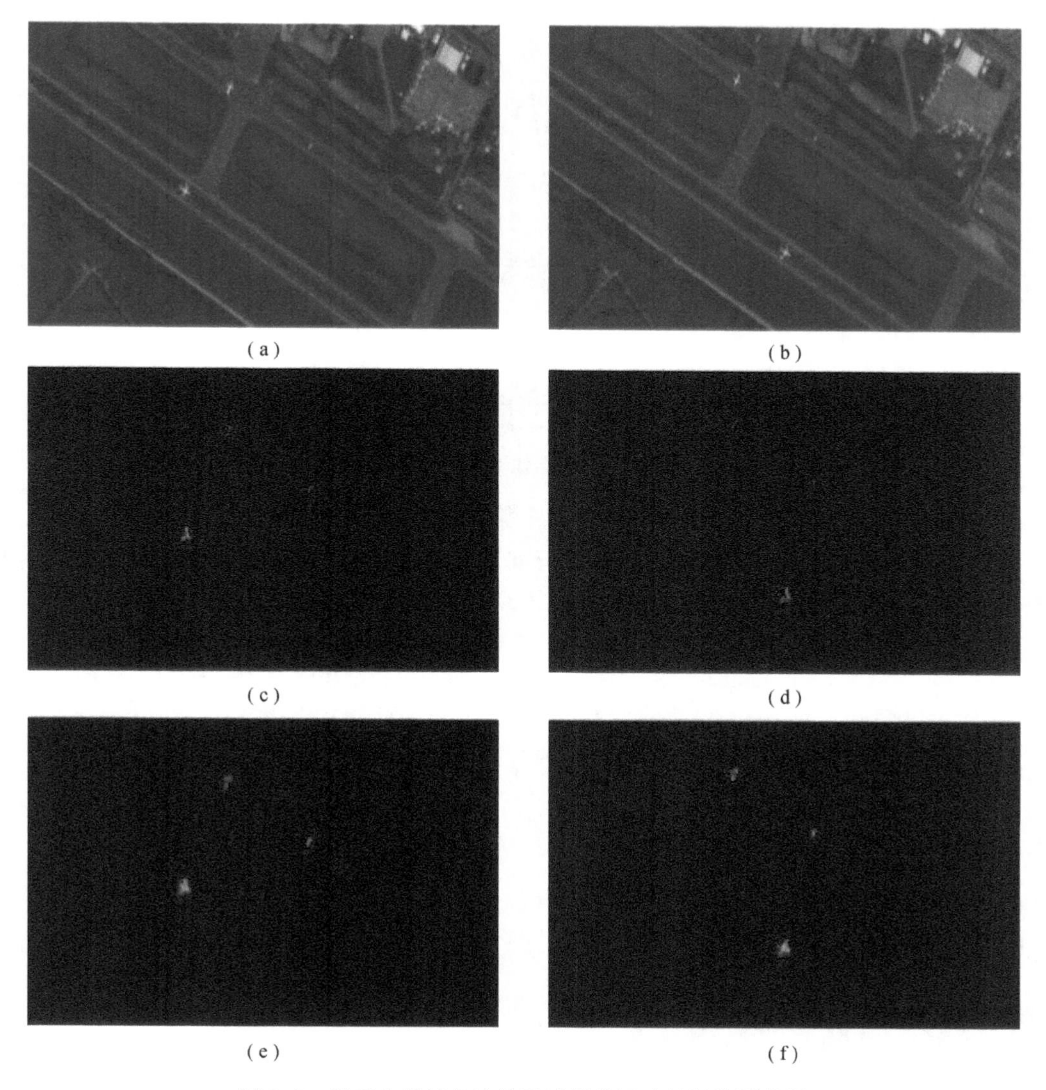

图 3.9　基于改进帧差法的遥感影像运动目标检测结果

其次，进行本章提出的基于 YOLO 深度网络的遥感目标检测实验。在模型以前面章节给定的结构与参数进行调整之后，进行网络的训练过程。训练的迭代次数设为 30 000 次，每 1000 次记录下网络的权重参数集合，选取最优的结果作为最终用于测试数据的网络模型。损失和平均 IOU 随迭代次数的增长而变化的折线图如图 3.10 所示。根据图中的结果，在综合考虑较高平均 IOU 和较低损失后，选择第 19 000 次的迭代后的结果作为最终用于测试数据模型的权重参数集合。

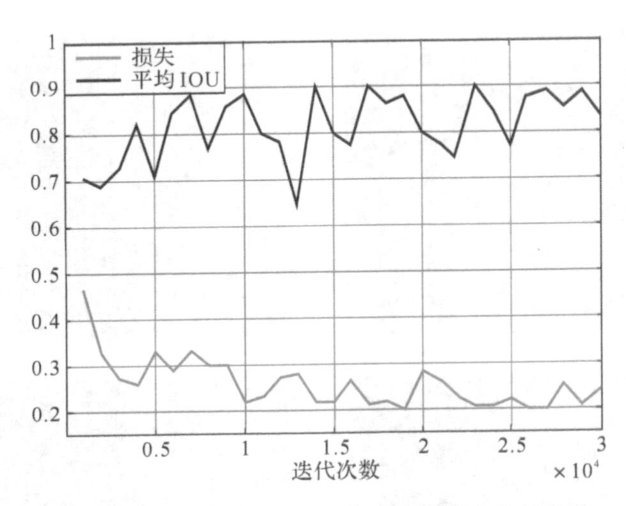


图 3.10　损失与平均 IOU 随迭代次数变化的折线图

在训练后，接下来对 20 幅测试图像进行实验，通过 YOLO 深度网络进行遥感影像的目标检测实验，检测的目标均为飞机目标。图 3.11 给出了其中两幅图像的检测结果。

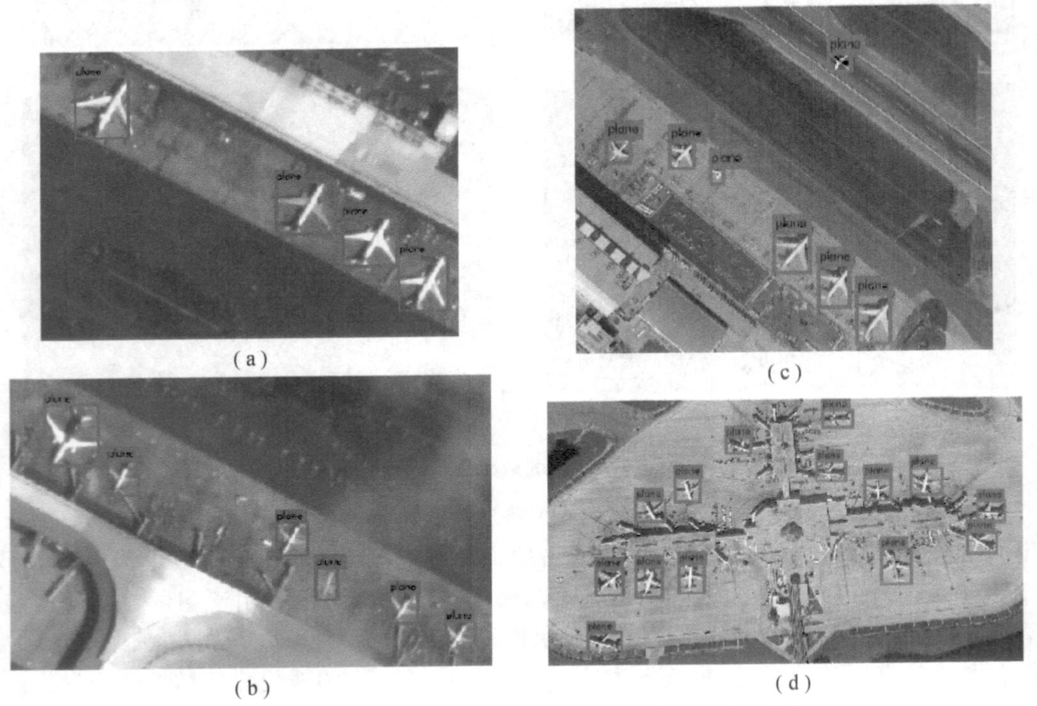

图 3.11　基于 YOLO 深度网络的遥感影像目标检测结果

如图 3.11 所示，(a)、(b)为算法在波哥大机场遥感影像中的两个包含飞机目标的图像块样本的目标检测结果，(c)、(d)为算法在 NWPU VHR-10 数据集中的两幅测试图像的目标检测结果，框出的即为飞机目标，上方为其标签，在本实验中由于目标类别数为 1，因此检测到的目标标签皆为“plane”。

对 20 幅测试图像分别使用所提出的目标检测算法，对 135 个目标进行检测结果的统计。结果显示，在 135 个目标中，共有 126 个被成功检测($TP$)出，即漏检的目标($FN$)共 9 个，另外有 4 个非目标被误当做目标($FP$)检测。由此数据可以算出，该算法的检测精度为 $TP/(TP+FP)=126/(126+4)=0.9692$，该算法的召回率为 $TP/(TP+FN)=126/(126+9)=0.9333$，该算法的 F 值(F-Measure)为 $2\times P\times R/(P+R)=0.9509$。在算法运行时间方面，一幅测试图像的程序运行时间在 0.013 s 至 0.029 s 之间，可以满足实时要求。通过检测精度、召回率、F 值以及程序运行时间可以说明，我们所提出的基于 YOLO 深度网络的遥感目标检测算法在精度与速度方面都获得了优良的结果，在高分辨率遥感影像目标检测方面非常具有竞争力。

本章选取的对比实验为最近的研究成果区域卷积神经网络(RCNN)和传统的视觉词袋模型(BOVW)在高分辨率遥感影像上的应用，其实验结果由参考文献[3.5]给出。表 3.1 给出了三种方法在检测精度、召回率和 F 值方面的表现。由表可知，我们所提出的方法相对比其他两种方法表现更加优秀，在算法性能方面有明显的提升，这主要得益于 YOLO 网络结构采用全图信息进行检测以及其普适性，另外对于网络的优化也使目标检测的效果更好，有效地避免了网络中可能出现的对于小目标检测精度不足与过拟合等问题。综上所述，从实验结果表明，本章的算法可以有效地处理高分辨率遥感影像的目标检测问题。

**表 3.1　不同算法在遥感影像数据上的目标检测评价指标对比**

| 算法 | BOVW | RCNN | YOLO |
|---|---|---|---|
| 检测精度 | 0.265 | 0.684 | **0.969** |
| 召回率 | 0.632 | 0.796 | **0.933** |
| F 值 | 0.373 | 0.736 | **0.951** |

## 本章小结

传统的遥感图像目标检测方法流程复杂，存在速度慢和检测精度低的问题。本章提出的基于 YOLO 深度网络的遥感影像目标检测算法将目标检测作为回归问题求解，训练和测试过程中采用全图信息进行预测，所学习到的目标概括表示信息，具有一定的普适性，可以有效提高检测精度与召回率等指标。同时具有网络预测流程简单，检测速度快的优点。此外，本章对于高分辨率遥感影像的运动目标检测，提出一种改进的帧间差分法，具有实现简单，设计复杂度低和稳定性较好的优势，在高分辨率遥感影像的运动目标检测中具有非常好的效果。实验结果表明，本章所提出的遥感影像目标检测算法在精度与速度方面都获得了优良的结果，算法的 F 值高达 0.9509，与经典检测算法和近几年的最新研究成果相比在性能方面皆有提升。

## 参考文献


[1] 王润生. 图像理解[M]. 长沙：国防科学技术大学出版社，1993.

[2] 匡纲要，高贵，蒋咏梅. 合成孔径雷达目标检测理论、算法及应用[M]. 长沙：国防科技大学出版社，2007.

[3] Druyts P, Mees W, Perneel C, et al. SAHARA Semi[J]. 1999.

[4] Novak L M, Owirka G J, Brower W S, et al. The Automatic Target Recognition System in SAIP[J]. 1997.

[5] Cao Y S, Niu X, Dou Y. Region-based convolutional neural networks for object detection in very high resolution remote sensing images[C]// International Conference on Natural Computation, Fuzzy Systems and Knowledge Discovery. IEEE, 2016: 548 - 554.

[6] 王慧利，朱明. 聚类与几何特征相结合的遥感图像多类人造目标检测算法[J]. 光电子·激光，2015(5)：992 - 999.

[7] Cheng G, Han J, Zhou P, et al. Multi-class geospatial object detection and geographic image classification based on collection of part detectors[J]. Isprs Journal of Photogrammetry & Remote Sensing, 2014, 98(1): 119 - 132.

[8] Lienou M, Maitre H, Datcu M. Semantic Annotation of Satellite Images Using Latent Dirichlet Allocation[J]. IEEE Geoscience & Remote Sensing Letters, 2010, 7(1): 28 - 32.

[9] Lee J S. Digital Image Enhancement and Noise Filtering by Use of Local Statistics[J]. IEEE Transactions on Pattern Analysis & Machine Intelligence, 1980, PAMI - 2(2): 165 - 168.

[10] Chen W T, Liu W C, Chen M S. Adaptive color feature extraction based on image color distributions[J]. IEEE Transactions on Image Processing A Publication of the IEEE Signal Processing Society, 2010, 19(8): 2005.

[11] Tan X, Triggs B. Enhanced Local Texture Feature Sets for Face Recognition Under Difficult Lighting Conditions[J]. IEEE Trans Image Process, 2010, 19(6): 1635 - 1650.

[12] Li S, Lee M C, Pun C M. Complex Zernike Moments Features for Shape-Based Image Retrieval[J]. IEEE Transactions on Systems, Man, and Cybernetics-Part A: Systems and Humans, 2008, 39(1): 227 - 237.

[13] Xiang C, Huang D. Feature extraction using recursive cluster-based linear discriminant with application to

face recognition.[J]. IEEE Transactions on Image Processing, 2006, 15(12): 3824.

[14] Pal M, Foody G M. Feature Selection for Classification of Hyperspectral Data by SVM[J]. IEEE Transactions on Geoscience & Remote Sensing, 2010, 48(5): 2297-2307.

[15] Razavi S, Tolson B A. A New Formulation for Feedforward Neural Networks[J]. IEEE Transactions on Neural Networks, 2011, 22(10): 1588-1598.

[16] Viola P, Jones M J. Robust Real-Time Face Detection[J]. International Journal of Computer Vision, 2004, 57(2): 137-154.

[17] Everingham M, Eslami S M A, Gool L V, et al. The Pascal, Visual Object Classes Challenge: A Retrospective[J]. International Journal of Computer Vision, 2015, 111(1): 98-136.

[18] Deng J, Dong W, Socher R, et al. ImageNet: A large-scale hierarchical image database[C]// Computer Vision and Pattern Recognition, 2009. CVPR 2009. IEEE Conference on. IEEE, 2009: 248-255.

[19] Wang X, Yang M, Zhu S, et al. Regionlets for Generic Object Detection[C]// IEEE International Conference on Computer Vision. IEEE Computer Society, 2013: 17-24.

[20] Szegedy C, Reed S, Erhan D, et al. Scalable, High-Quality Object Detection[J]. Computer Science, 2014.

[21] He K, Zhang X, Ren S, et al. Spatial Pyramid Pooling in Deep Convolutional Networks for Visual Recognition[J]. IEEE Transactions on Pattern Analysis & Machine Intelligence, 2014, 37(9): 1904-1916.

[22] Alexe B, Deselaers T, Ferrari V. What is an object? [C]// Computer Vision and Pattern Recognition. IEEE, 2010: 73-80.

[23] Carreira J, Sminchisescu C. Constrained Parametric Min-Cuts for Automatic Object Segmentation [J]. IEEE Transactions on Pattern Analysis & Machine Intelligence, 2011, 34(7): 3241-3248.

[24] Tuytelaars T. Dense interest points[C]// Computer Vision and Pattern Recognition. IEEE, 2010: 2281-2288.

[25] Cheng M M, Zhang Z, Lin W Y, et al. BING: Binarized Normed Gradients for Objectness Estimation at 300fps[C]// Computer Vision and Pattern Recognition. IEEE, 2014: 3286-3293.

[26] Uijlings J R, Sande K E, Gevers T, et al. Selective Search for Object Recognition[J]. International Journal of Computer Vision, 2013, 104(2): 154-171.

[27] Tudorache S, Dan P, Ichim L. Combining efficient textural features with CNN-Based classifiers to segment regions of interest in aerial images[C]// International Symposium on Electrical and Electronics Engineering. 2017: 1-6.

[28] Arbelaez P, Ponttuset J, Barron J, et al. Multiscale Combinatorial Grouping[C]// Computer Vision and Pattern Recognition. IEEE, 2014: 328-335.

[29] Dollár P, Zitnick C L. Fast Edge Detection Using Structured Forests[J]. IEEE Transactions on Pattern Analysis & Machine Intelligence, 2014, 37(8): 1558-1570.

[30] Ma X, Wang H, Geng J. Spectral - Spatial Classification of Hyperspectral Image Based on Deep Auto-Encoder[J]. IEEE Journal of Selected Topics in Applied Earth Observations & Remote

Sensing, 2016, 9(9): 4073-4085.
[31] Dalal N, Triggs B. Histograms of Oriented Gradients for Human Detection[C]// Computer Vision and Pattern Recognition, 2005. CVPR 2005. IEEE Computer Society Conference on. IEEE, 2005: 886-893.
[32] Kingma D P. Fast Gradient-Based Inference with Continuous Latent Variable Models in Auxiliary Form[J]. Computer Science, 2013.
[33] Abadi M, Agarwal A, Barham P, et al. TensorFlow: Large-Scale Machine Learning on Heterogeneous Distributed Systems[J]. 2016.
[34] Jia, Yangqing, Shelhamer, et al. Caffe: Convolutional Architecture for Fast Feature Embedding[J]. 2014: 675-678.
[35] Chen T, Li M, Li Y, et al. MXNet: A Flexible and Efficient Machine Learning Library for Heterogeneous Distributed Systems[J]. Statistics, 2015.
[36] Bergstra J, Breuleux O, Bastien F, et al. Theano: A CPU and GPU math compiler in Python[J]. 2010: 3-10.
[37] Park J I, Kim K T. Modified Polar Mapping Classifier for SAR Automatic Target Recognition[J]. IEEE Transactions on Aerospace & Electronic Systems Aes, 2014, 50(2): 1092-1107.
[38] Jones G I, Bhanu B. Recognizing occluded objects in SAR images[J]. IEEE Transactions on Aerospace & Electronic Systems, 2001, 37(1): 316-328.
[39] 张翠. 高分辨率SAR图像自动目标识别方法研究[D]. 国防科学技术大学, 2003.
[40] Sun Y, Wang X, Tang X. Deep Learning Face Representation from Predicting 10, 000 Classes[C]// Computer Vision and Pattern Recognition. IEEE, 2014: 1891-1898.
[41] Park J I, Kim K T. Modified Polar Mapping Classifier for SAR Automatic Target Recognition[J]. IEEE Transactions on Aerospace & Electronic Systems Aes, 2014, 50(2): 1092-1107.
[42] Lin M, Chen Q, Yan S. Network In Network[J]. Computer Science, 2013.
[43] Zhao Q, Principe J C. Support vector machines for SAR automatic target recognition[J]. IEEE Transactions on Aerospace & Electronic Systems, 2001, 37(2): 643-654.
[44] Srinivas U, Monga V, Raj R G. SAR Automatic Target Recognition Using Discriminative Graphical Models[J]. IEEE Transactions on Aerospace & Electronic Systems, 2014, 50(1): 591-606.
[45] Dong G, Kuang G. Classification on the Monogenic Scale Space: Application to Target Recognition in SAR Image[J]. IEEE Transactions on Image Processing, 2015, 24(8): 2527-2539.

# 第4章 基于多尺度跳跃型卷积网络的SAR图像变化检测

## 4.1 引　　言

近年来，卷积神经网络(CNN)发展迅速，受到很多学者的青睐。虽然它最早是在二十多年前被提出的，但是利用BP算法训练网络的计算量相当大，受到当时硬件条件的限制，CNN进入了低迷期。后来随着计算机技术的发展以及各种变化的网络模型的出现，它才重新回到人们的视线中。最早的LeNet5由5层组成，VGG有19层，2015年的Highway Network和ResNets已经超过了100层，CNN逐渐成了学术界备受瞩目的深度网络模型。2017年，Huang G等人提出了一种特殊的卷积网络结构——密集型卷积网络，它在ImageNet数据集上进行分类，达到了和ResNets等同的精度，然而只需要ResNets一半的参数量。

虽然关于CNN的各种变体层出不穷，效果也不断改进，但是直到2017年变化检测方法中才出现了CNN的身影，究其原因可以从两方面考虑。首先，CNN是一种有监督的学习算法，实际应用中获取人工标注的标签成本极高。其次，CNN是对图像进行处理。典型的应用是对图片进行分类，输入整幅图像，输出图像对应的类别；或者对图像进行分割。SAR变化检测可以理解为一个二分类的问题，理论上可以使用CNN对图像进行分割得到检测结果，但是获取全图的人工标记结果是完全不现实的。基于上述两点，限制了CNN在变化检测方法中的使用。后来Gong M等人提出了基于深度学习的特征学习和变化特征分类的SAR图像三元变化检测方法。该方法对给定的两幅已配准的SAR图像构建对数比差异图，通过稀疏自编码器从差异图中提取变化的特征。在经过稀疏自编码器处理后的差异图上使用FCM进行三种类别的聚类，分别是未变化类，积极的变化类和消极的变化类，将FCM聚类的结果作为训练CNN的伪标签。最后通过选择训练样本以及相应的伪标签对CNN进行训练。测试阶段，将所有的样本送到CNN中，获得最终的三元变化检测结果。但是该方法模型复杂，包括SAE、FCM和CNN，而且最后一个卷积层中卷积核的个数为200个。

本章提出了一种基于多尺度跳跃型卷积网络的SAR图像变化检测方法，它基于改进的CNN完成了无监督的变化检测，训练样本的选择依旧是根据多层次聚类方法的检测结果而定。该方法充分利用CNN局部连接的优点来降低网络的复杂性，也对其不足进行了改进。传统 CNN 采用逐层连接的方式完成从输入到输出的映射，进行分类任务时分类器仅依赖最高层的抽象特征，而忽略了低层特征对分类结果的影响。针对这一问题，本章模型在卷积层和池化层进行跳跃连接，实现了特征重用。当前卷积层将原始输入数据和前面所有卷积层的输出特征图叠加起来作为输入，这使得 softmax 分类器可以结合不同层获得的多种特征进行分类。同时采用不同的卷积核从不同的尺度对数据进行观察，提取其更丰富的特征表示。在章节后面通过实验证明了本方法在不同的数据集上都能取得不错的检测结果，可以有效提升检测精度。

## 4.2 密集型卷积网络

随着卷积网络层数的加深，梯度弥散已经成为人们首要解决的问题。为了能真正意义上使用深度网络，许多相关研究都致力于解决这个问题。ResNets 和 Highway Networks 通过恒等连接实现信号的传递，随机深度网络通过在训练期间随机丢弃网络层来达到缩短 ResNets 结构的目的，进而获得更好的信息流和梯度流。尽管这些方法的网络结构和训练过程有一定的差异性，但是它们都具有一个共同点：它们建立了从输入到输出相对短的路径。随后 Huang G 等人提出了密集型卷积网络(DenseNet)，本节将对其进行详细介绍。

随机深度网络通过类似 dropout 的方法不仅使网络缩小，同时显著地提升了 ResNets 的泛化能力，避免过拟合。这种处理方式使得人们相信神经网络并非必须是一个层级递进的结构，网络中的某个层可以依赖前面学习到的特征，而不仅仅是与它相邻的前一个网络层的输出。因为在随机深度网络中，如果某一层被丢弃之后，该层后面一层的输入就变成了前面一层的输出，即出现了跨层连接，因此，随机深度网络其实是存在随机密集连接的。同时，这种随机扔掉网络层的方式仍然能使算法收敛，说明 ResNets 本身有一定的冗余，网络中的每一层只获取到了部分特征，这就是残差的概念。实际上，即使将训练好的 ResNets 随机丢弃几层，也不会影响其输出结果，即并不会破坏网络的功能，所以通过降低计算量来减少冗余也是一项值得研究的工作。

基于此，Huang G 等人提出了密集型卷积网络，如图 4.1 所示。密集块中每一层都接收原始输入数据和前面所有层的输出作为当前层的输入，实现了特征重用。与此同时，密集块中卷积操作只需要少量的卷积核，即只输出少量的特征图，以上是 DenseNet 区别于其他网络的主要特点。因为存在密集连接，所以网络层可以设计的很浅，若没有密集连接则会出现欠拟合的现象，ResNets 也是一样。除了特征重用可以减少参数的数量，DenseNet 的另一个优点是它改善了网络的信息流和梯度流，从而使网络变得更好训练，有效避免了梯度弥散。网络中的每个层都可以直接从损失函数中获取梯度信息，是一种隐含的深度监督，这在训练深度网络时优势更明显。此外，密集连接具有正则化效应，对于训练样本较少的任务，可以减轻过拟合的程度。

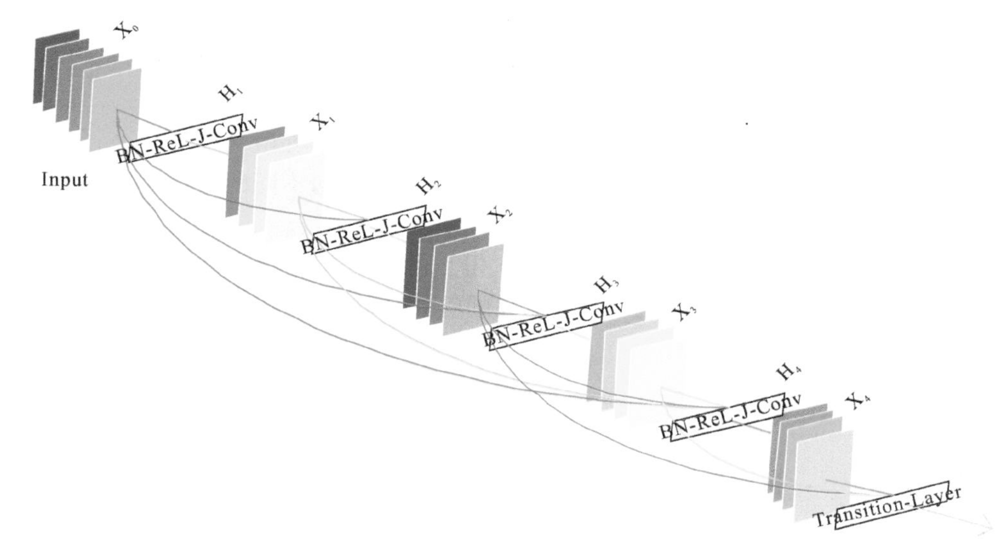


图 4.1　DenseNet 网络

给卷积网络输入一幅图像 $x_0$，整个网络有 $L$ 层，每层都是对当前输入的一个非线性变换 $H_\ell(\cdot)$，$\ell$ 是网络层索引。$H_\ell(\cdot)$是诸如归一化、线性整流、池化或卷积等操作的复合函数，将第 $\ell$ 层的输出表示为 $x_\ell$。一个完整的 DenseNet 包括以下几部分。

密集连接：为了加强层与层之间的信息传递，采用了不同于传统的连接模式，每一层都和其后的所有层直接相连，即第 $\ell$ 层接收先前所有层的特征图 $x_0$，$\cdots x_{\ell-1}$ 作为输入。

$$x_\ell = H_\ell([x_0, x_1, \cdots, x_{\ell-1}]) \tag{4-1}$$

式中，$[x_0, x_1, \cdots, x_{\ell-1}]$表示 0，…，$\ell-1$ 层输出的特征图串联，密集的说法就来源于此。

复合函数：$H_\ell(\cdot)$定义为多个操作的复合函数，可以是批归一化、线性整流以及卷积，也可以是其他的复合运算，根据实际情况可以组合使用。

池化层：当特征图的大小变化时，式(4-1)中的串联运算是不可行的。但是，卷积网络的一个必要操作是池化，通过池化操作可以改变特征图的大小，减轻网络可能发生的过拟合。为了在 DenseNet 中加入池化层，将密集连接分成多个模块进行，称为密集块。如图 4.2 所示，把两个密集块之间的层称为过渡层，通过它们进行卷积和池化来改变特征图的大小。

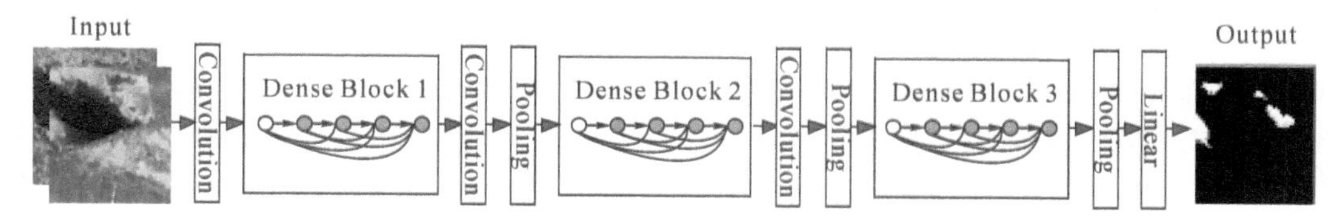


图 4.2　含有三个密集块的深度 DenseNet

增长率：将密集块中每个卷积层产生新特征图的个数称为增长率。在文献中通过实验证明了在密集连接的网络中，相对较小的增长率足以满足对结果精度的要求。因为网络的每一层都和之前所有的层直接连接，它可以访问网络中现有的所有特征，而不需要通过增加网络层的深度来换取足够丰富的特征图。我们可以将特征图看做网络的全局状态，通过增长率控制网络层对全局状态信息的贡献率。与传统网络结构不同的是，它避免了特征的逐层复制。

瓶颈层：尽管每个层都只产生少量特征图，但是由于其密集连接，随着网络层的增多，每层仍然有很多输入数据。一个 1×1 的卷积层可以被看作是瓶颈层，放在一个 3×3 的卷积层之间可以起到减少输入数量的作用，以提高计算效率。一般地，如果网络包含瓶颈层，则称为 DenseNet-B。

压缩：与瓶颈层类似，压缩也是为了减少输入特征图的数量，不同的是，瓶颈层是存在于密集块中的，而压缩是在过渡层中进行的。如果密集块输出 $m$ 个特征图，则让相邻的过渡层输出 $\theta m$ 个特征图，其中 $0<\theta\leqslant 1$，$\theta$ 称为压缩因子。当 $\theta=1$ 时，不进行压缩。同样地，如果压缩因子小于 1，则称 DenseNet 为 DenseNet-C。

## 4.3 多尺度跳跃型卷积网络

### 4.3.1 多尺度跳跃型卷积网络

密集型卷积网络是用来处理 ImageNet 数据集的分类问题的，因此所用到的网络结构比较庞大，采用密集型卷积网络可以缓解训练深度网络时出现的梯度弥散问题。为了在增加网络深度的同时减少参数数量，DenseNet 在过渡层采用 1×1 的卷积来减少后续层输入特征的维度。但是通过大量 1×1 的卷积核进行降维可能会丢失部分信息，从而使分类准确率下降。此外，密集型卷积网络在一个密集块中所用到的卷积核大小是相同的，如果密集块的个数太少，卷积层只能从单一尺度获取特征，不利于对输入数据提取丰富的特征图。

在实际应用中，我们一般处理的都是简单的图像数据，并不会包含成千上万的图像类别，而对简单数据的处理并不需要很深的模型。变化检测属于二分类的范畴，通过卷积网络进行变化检测只需要浅层的模型就可以达到理想的效果，我们更关注的是特征的多样性，本章对密集型卷积网络进行改进，提出了多尺度跳跃型卷积网络，并将其用于变化检测中。多尺度跳跃型卷积网络的结构示意图如图 4.3 所示。该模型包含三个卷积层、一个平均池化层、一个全连接层，最后通过一个 softmax 分类器输出结果。利用不同的卷积核从不同的尺度提取特征，卷积层和池化层通过跳跃连接将不同尺度的卷积核提取的特征和原始输入数据按式(4-1)进行叠加，作为输入学习更抽象的特征。由于密集块中特征图的大小不能改变，DenseNet 的网络中包含多个密集块，池化操作在密集块之间进行，即它只对离它最近的卷积层的输出特征进行了下采样处理。本文模型在池化层也进行了跳跃连接，这相当于对每个卷积层的输出特征都做了降采样处理，可以更有效地降低网络过拟合的可能性。我们把如图 4.3 所示的网络称为多尺度跳跃型卷积网络，通过跳跃连接将多尺度的特征进行整合，结合浅层和高层的特征进行更精确的变化检测。

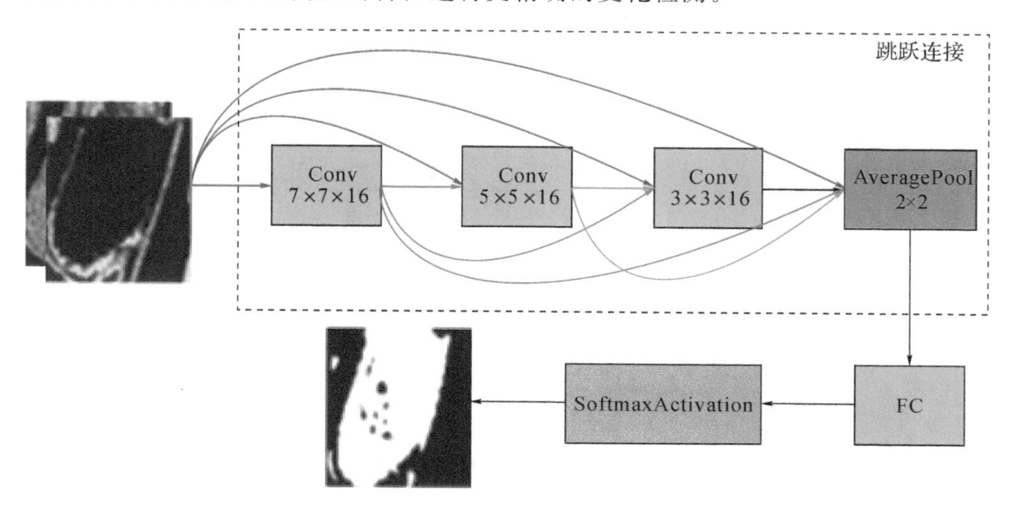


图 4.3　多尺度跳跃型卷积网络的结构示意图

### 4.3.2　基于多尺度跳跃型卷积网络的 SAR 图像变化检测

上一小节介绍了多尺度跳跃型卷积网络的由来和结构，在本小节中，将利用它进行变化检测。CNN 是一种有监督的深度神经网络，但是当网络层数加深时在 CNN 的训练过程中会出现梯度弥散的问题，而且利用 CNN 完成分类任务时最后的分类结果只依赖最高层的特征，没有考虑浅层特征的影响。针对这些问题提出了多尺度跳跃型卷积网络，它是对 CNN 的改进，因此也需要进行有监督的训练。本章从基于多层次聚类结果中选取置信度较高的样本组成训练集，接着在该训练集上训练本章模型，最后利用训练好的模型直接在原始数据上进行变化检测，而无需滤波以及构造差异图。

$N_{ij}^{I_1}$ 表示图像 $I_1$ 上以位置$(i, j)$为中心的 m×m 邻域范围，$N_{ij}^{I_2}$ 表示图像 $I_2$ 中对应的邻域，邻域的大小说明了其包含空间信息的多少，会对变化检测结果有一定的影响。将 $N_{ij}^{I_1}$ 和 $N_{ij}^{I_2}$ 看作输入数据的两个通道送到网络中，搭建如表 4.1 所示的网络结构。对卷积核的初始化采用 keras2.1.2 默认的 Glorot 均匀分布初始化方法，也称 Xavier 正态分布初始化。在已经获取到的训练集上对网络充分地训练，网络输出为像素的标记，采用 one-hot 编码的方式给出，[1 0]表示未变化类，[0 1]表示变化类。如表 4.1 所示，按输入数据大小为 21×21 进行说明，即 m=21，其中 dropout 操作没有给出，选择的 dropout 率为 0.25。本模型每个卷积层只产生 16 个特征图，网络更轻便。

**表 4.1　多尺度跳跃型卷积网络结构表**

| 网络层名称 | 输入数据尺寸 | 核尺寸 | 输出数据尺寸 |
|---|---|---|---|
| 卷积层 | 21×21×2 | 7×7×16 | 21×21×16 |
| 卷积层 | 21×21×18 | 5×5×16 | 21×21×16 |
| 卷积层 | 21×21×34 | 3×3×16 | 21×21×16 |
| 平均池化层 | 21×21×50 | | 10×10×50 |
| 全连接层 | 3750×1 | | 256×1 |
| 输出层 | 256×1 | | 2×1 |

## 4.4　实验结果与分析

本部分实验主要分为两组，第一组实验用于分析输入数据邻域大小对检测结果的影响，分别在渥太华数据集和黄河的稻田 D 数据集上进行实验，这两个数据集一个噪声较小，一个属于强噪声数据集；第二组实验主要评估多尺度跳跃型卷积网络(MS_SkipNet)用于变化检测时的性能，分别在四个数据集上进行实验，通过与 CNN 和单尺度跳跃型卷积网络(SkipNet)进行比较来证明本章方法的有效性。为了更好地进行对比，实验中 CNN 的网络层数以及各层所用到卷积核的尺寸与 MS_SkipNet 相同，而 SkipNet 中卷积层所用到的卷积核尺寸单一，均为 3×3，其余网络参数与本章模型相同。在实验的训练阶段，CNN 在所有的训练样本上迭代 10 次，SkipNet 和本章 MS_SkipNet 模型则在所有的训练样本上迭代 5 次。

### 4.4.1　邻域尺寸的选择

**1. 渥太华数据集**

如图 4.4 所示，对比了输入数据邻域尺寸 R 从 9 按奇数变化到 21 时变化检测的结果。从视觉上看，当邻域尺寸 R 为 21 时，检测结果中属于变化类的像元多，但是并不能判断出误检和漏检的比例。通过图 4.5(a)对不同 R 下 FN，FP，OE 的比较可以发现，当 R=15，即选取邻域尺寸为 15 作为输入，得到的变化检测结果总错检数为 1204，错检数(FP)为 638，漏检数(FN)为 566，二者相对平衡。当 R 再继续增大时，总错检数 OE 开始上升，FN 和 FP 之间的差距也变大。通过图 4.5(b)可知，当 R=15 时，PCC 和 Kappa 都是最高的，如果 R 继续增大，两个指标值都将下降，这说明输入数据邻域尺寸为 15 时，噪声的滤除和细节的保持是最好的，因此，对于该数据集 R 的选择不能过大也不能过小，15 是一个折中的选择。

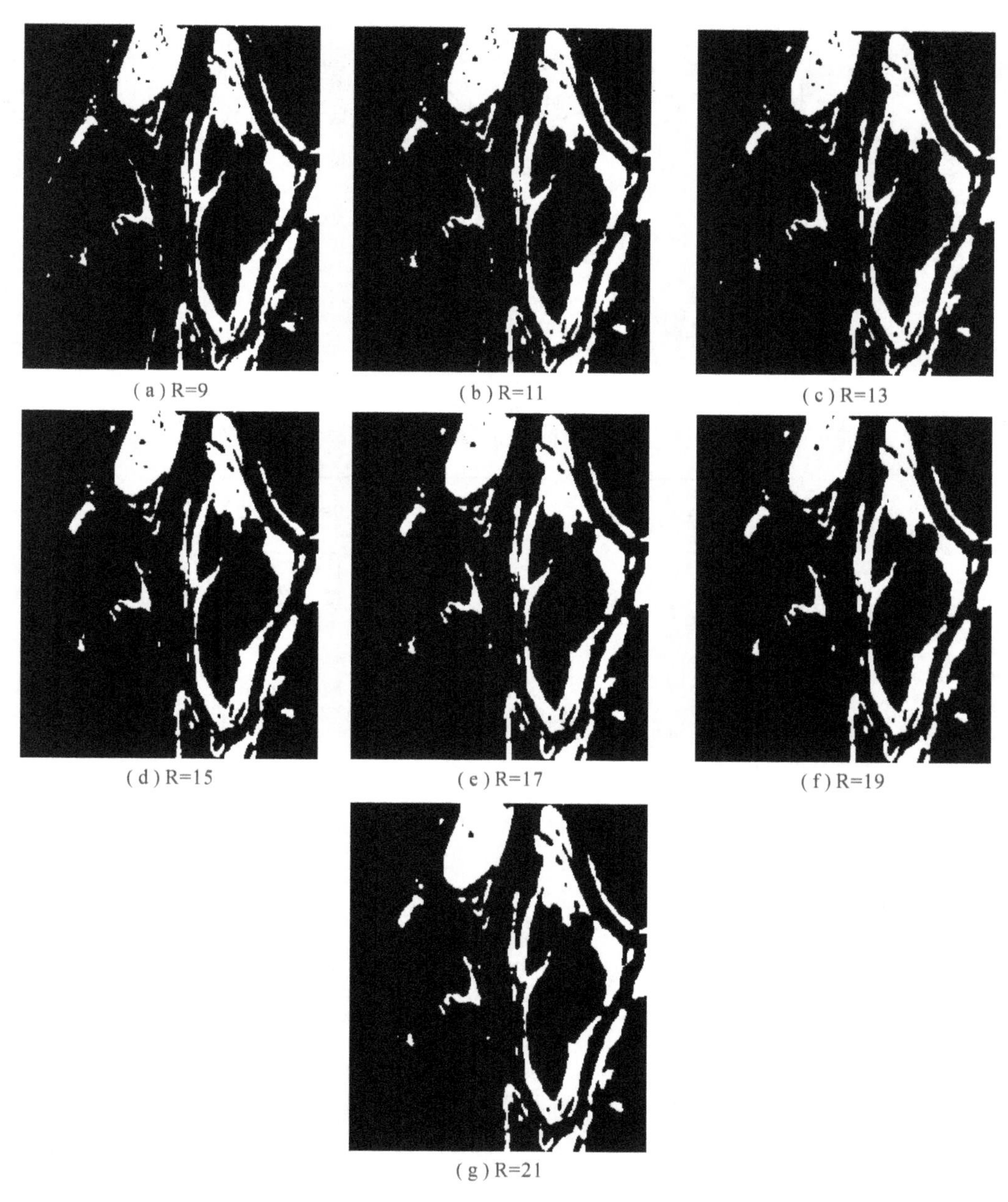


图 4.4　不同邻域尺寸的渥太华数据集变化检测结果对比图

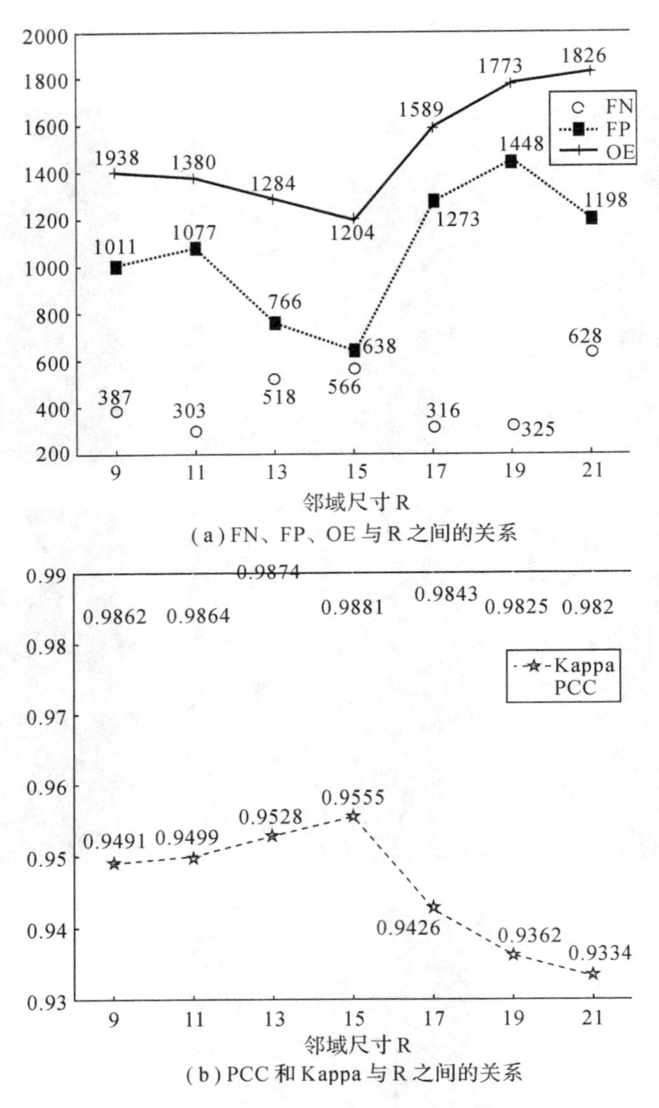


(a) FN、FP、OE 与 R 之间的关系



(b) PCC 和 Kappa 与 R 之间的关系

图 4.5　渥太华数据集邻域尺寸 R 和指标的关系

**2. 稻田 D 数据集**

稻田 D 数据集变化范围规则，但噪声很大，通常很容易出现检测结果中有很多的噪点，或者图像右下部分的直线变化部分未能被检测出来。图 4.6 给出了在该数据集上对比了 R 从 9 按奇数变化到 25 时变化检测的结果，发现 R 为 21，23，25 时，噪声滤除都比较干净。同时通过图 4.7(a)中 R 和 FN，FP，OE 之间的关系，可以得出，R=21 时的总错误数为

3048，R＝23 时的总错误数为 3019，结果相差不大。但是 R 为 21 时的错检数(FP)和漏检数(FN)更接近。从图 4.7(b)中可以发现，当邻域尺寸为 21 时，Kappa 为 0.8632，说明此时变化检测性能是比较好的，如果继续增大邻域尺寸，则 Kappa 系数会降低，所以该数据集上邻域尺寸选择 21。

图 4.6　不同邻域尺寸的稻田 D 数据集变化检测结果对比图

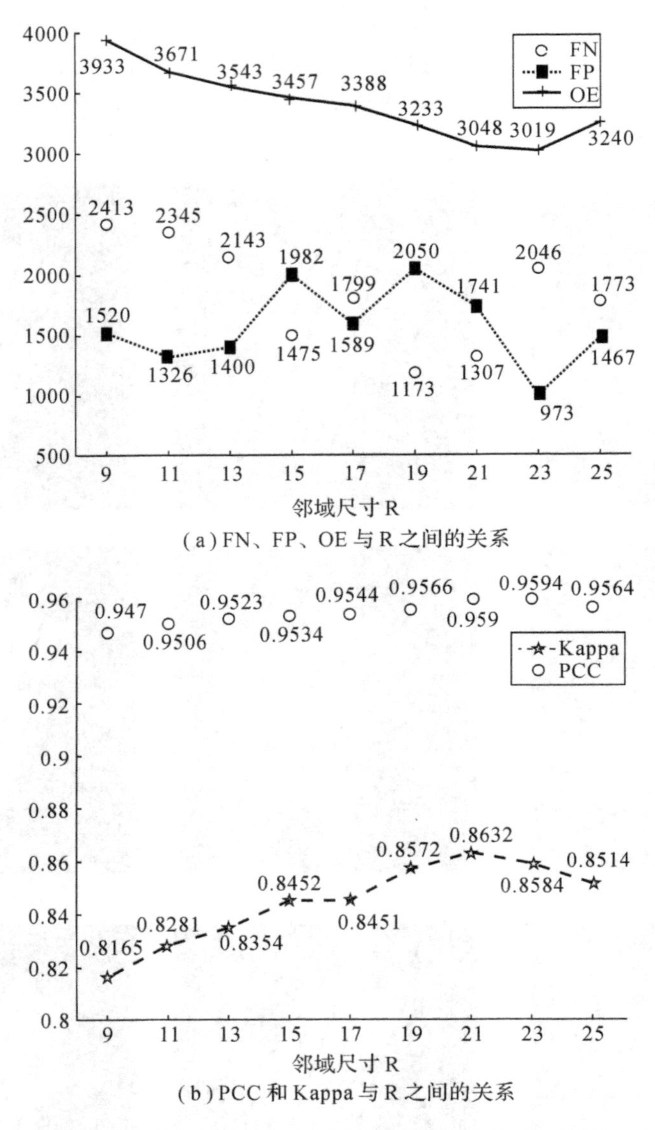


(a) FN、FP、OE与R之间的关系



(b) PCC和Kappa与R之间的关系

图 4.7 稻田D数据集邻域尺寸R和指标之间的关系

### 4.4.2 多尺度跳跃型卷积网络的性能

本部分实验在四个数据集上进行，主要用来验证本章检测方法的有效性。我们同时给出了基于CNN和基于单尺度跳跃型卷积网络的变化检测结果，通过和CNN方法进行对比，说明跳跃连接对网络性能的影响，通过和单尺度跳跃型卷积网络进行对比，说明在提取特征时使用不同尺寸的卷积核会对变化检测结果产生影响。

**1. 渥太华数据集**

图4.8中给出了本章基于多尺度跳跃型卷积网络(MS_SkipNet)的变化检测结果,同时与基于CNN和单尺度跳跃型卷积网络(SkipNet)的检测结果进行了对比,可以得出,MS_SkipNet结果中噪声明显比CNN结果少。由表4.2可知,SkipNet方法相对于CNN错检数FN和总错误数OE都有所下降,但是结果还不是那么令人满意。通过多尺度的跳跃连接,在MS_SkipNet方法中,OE降到了1204,相比于CNN的结果,PCC提升了0.51%,Kappa值提升了0.0174,检测性能更好。相比于CNN,MS_SkipNet增加了跳跃连接,这使得训练过程中每次迭代的时间增加,然而却需要更少的迭代次数就得到比CNN更好的结果,所以在本章方法中,不仅检测精度有所提升,运行时间也有一定程度的下降。

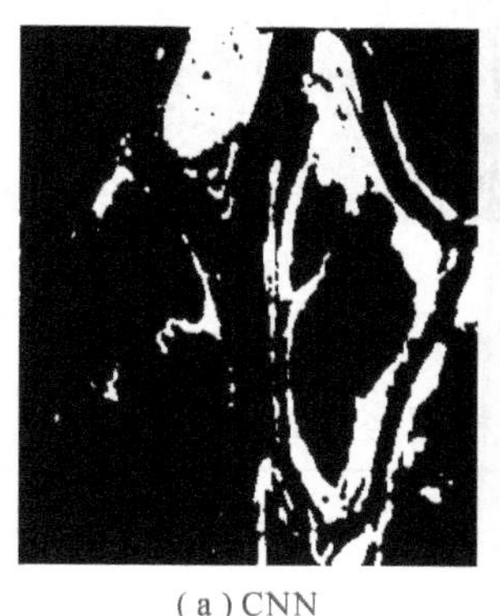

(a) CNN

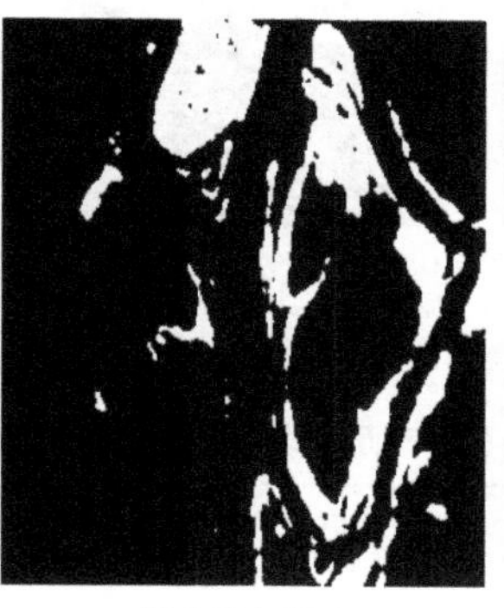
(b) SkipNet
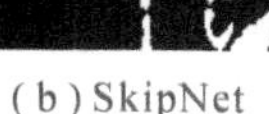

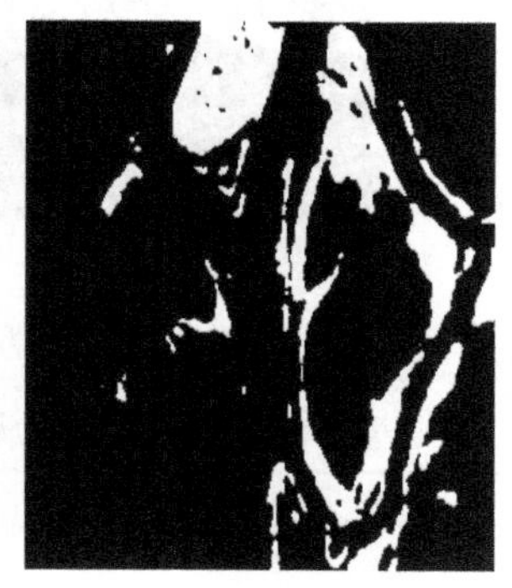
(c) MS_SkipNet

图4.8 不同方法的渥太华数据集的变化检测结果对比图

**表4.2 不同方法的渥太华数据集的变化检测结果对比表**

| 指标/方法 | FP | FN | OE | PCC(%) | Kappa | Time(s) |
|---|---|---|---|---|---|---|
| CNN | 1476 | 247 | 1723 | 98.30 | 0.9381 | 1056 |
| SkipNet | 1173 | 394 | 1567 | 98.46 | 0.9431 | 471 |
| MS_SkipNet | 638 | 566 | **1204** | **98.81** | **0.9555** | **899** |

**2. 内陆水域数据集**

对于内陆水域数据集,输入数据时选取的邻域尺寸为21。仅从图4.9很难看出三种方法的好坏,但是通过表4.3中各项指标可以清楚地看出,本章方法的PCC和Kappa值都比另外两种方法高。CNN 方法的 PCC 值和 Kappa 系数分别是 98.67%和 0.7833，SkipNet 方法的 PCC 值和 Kappa 系数分别是 98.71%和 0.7810，可见通过跳跃连接进行特征重用对提升检测精度有一定的贡献，然而 CNN 结构中多个卷积核尺寸不同，SkipNet 中各个卷积层使用了单一尺度的卷积窗，因此两者结果相差无几。在本章 MS_SkipNet 方法中，结合了多尺度卷积窗和跳跃连接，Kappa 系数提升到 0.8052，并且相对于 CNN 耗时更少。

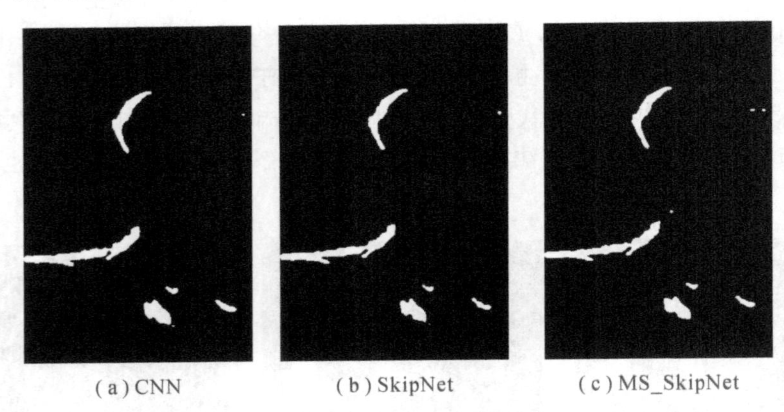

(a) CNN　(b) SkipNet　(c) MS_SkipNet

图 4.9　不同方法的内陆水域数据集的变化检测结果对比图

**表 4.3　不同方法的内陆水域数据集的变化检测结果对比表**

| 方法 \ 指标 | FP | FN | OE | PCC(%) | Kappa | Time(s) |
|---|---|---|---|---|---|---|
| CNN | 686 | 1028 | 1714 | 98.67 | 0.7833 | 1919 |
| SkipNet | 503 | 1164 | 1667 | 98.71 | 0.7810 | 760 |
| MS_SkipNet | 448 | 1046 | **1494** | **98.84** | **0.8052** | **1411** |

### 3. 稻田 C 数据集

稻田 C 数据集输入数据的邻域尺寸也为 21，图 4.10 给出了稻田 C 数据集上三种对比方法的变化检测结果图，表 4.4 给出了各个方法在不同评价指标下的定量分析。在 CNN 检测结果中，噪点比较多，SkipNet 方法卷积窗尺度单一，相对于 CNN 方法，错检数由 853 降低到 336，同时也伴随着漏检数的增加，但总的来说，OE 降低到 1070，检测精度有所提升，这要归因于 SkipNet 的特征重用。本章方法相对于 CNN 来说，总错检数和漏检数都有所降低，视觉效果较好，Kappa 系数达到了 0.9019，检测性能良好。

(a) CNN

(b) SkipNet

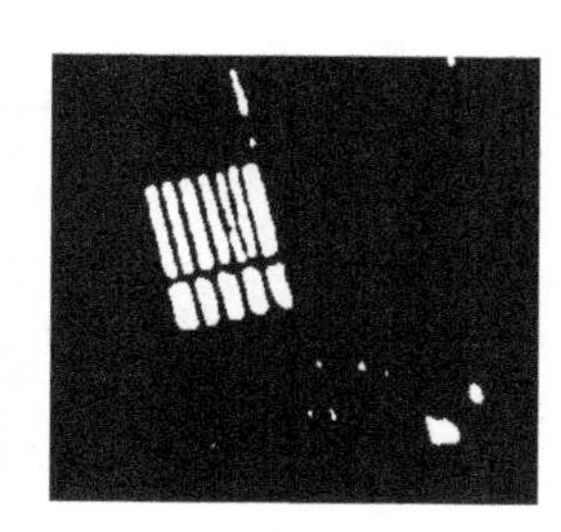

(c) MS_SkipNet

图 4.10 不同方法的稻田 C 数据集的变化检测结果对比图

**表 4.4 不同方法的稻田 C 数据集的变化检测结果对比表**

| 方法 \ 指标 | FP | FN | OE | PCC(%) | Kappa | Time(s) |
|---|---|---|---|---|---|---|
| CNN | 853 | 443 | 1296 | 98.54 | 0.8739 | 1694 |
| SkipNet | 336 | 734 | 1070 | 98.80 | 0.8881 | 737 |
| MS_SkipNet | 605 | 387 | **992** | **98.89** | **0.9019** | **1095** |

### 4. 稻田 D 数据集

稻田 D 数据集输入数据尺寸为 21×21，即 R=21。该数据集虽然变化范围比较规则，但是现有的变化检测算法很多存在漏检多的缺点，导致漏检数和错检数差异较大。CNN 方法很大程度上改善了这一问题，如图 4.11 所示。表 4.5 给出了稻田 D 数据集上不同方法的对比结果，可以得出与稻田 C 数据集相同的结论。与 CNN 方法相比，在 SkipNet 方法中，FP 降低，而 FN 上升，但总错误数下降，这说明即使在单尺度的小卷积窗下，SkipNet 仍能获得比多尺度 CNN 好的结果。在本章 MS_SkipNet 方法中，将多尺度和跳跃连接结合，最后的变化检测结果优于两种对比方法，错检和漏检相对均衡，说明该方法有效地掌握了图像去噪和细节保持之间的平衡，检测出的变化区域清晰，运行时间降低了 550s。

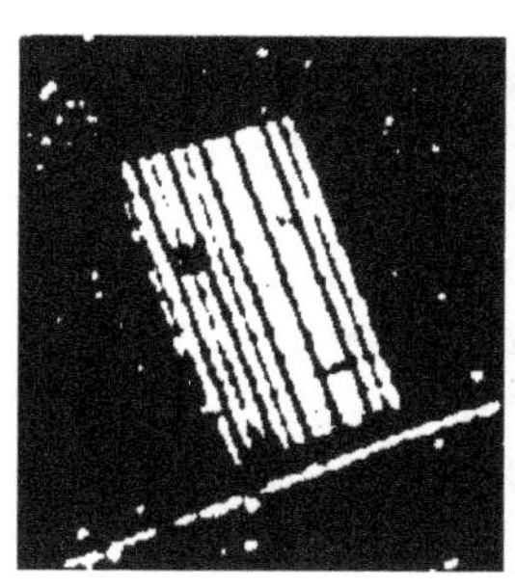

(a) CNN

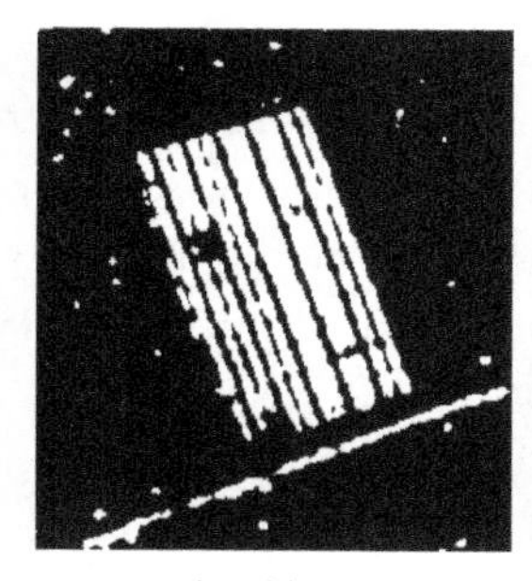

(b) SkipNet

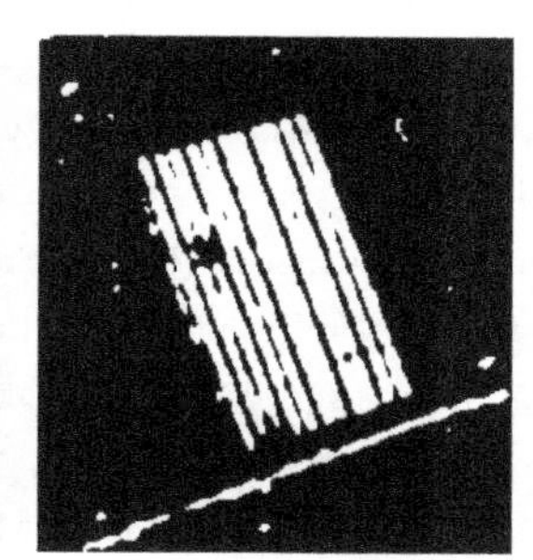

(c) MS_SkipNet

图 4.11 不同算法的稻田 D 数据集的变化检测结果对比图

表 4.5 不同算法的稻田 D 数据集的变化检测结果对比表

| 指标<br>方法 | FP | FN | OE | PCC(%) | Kappa | Time(s) |
|---|---|---|---|---|---|---|
| CNN | 1611 | 1910 | 3521 | 95.26 | 0.8386 | 1538 |
| SkipNet | 1460 | 1988 | 3448 | 95.36 | 0.8409 | 549 |
| MS_SkipNet | 1741 | 1307 | **3048** | **95.90** | **0.8636** | **988** |

## 本章小结

本章主要提出了一种基于多尺度跳跃型卷积网络的 SAR 图像变化检测方法，它利用改进的 CNN 完成了无监督的变化检测。在多层次聚类的检测结果中获取一定数量的伪标签，取相应的样本组成训练集对网络进行训练。传统 CNN 在进行分类任务时仅考虑最高层的抽象特征，忽略了浅层特征对分类结果的影响，本模型通过卷积层和池化层的跳跃连接，综合利用各层产生的特征图完成识别变化和未变化的部分。因为跳跃连接需要将之前不同层得到的特征图叠加起来作为下一层的输入以实现特征重用，所以卷积过程中特征图的尺寸不能改变，也就是说在卷积层之间不能插入池化层。卷积块之后池化层的跳跃连接可以对每个卷积层产生的特征图都进行下采样，有效地降低了网络过拟合的可能性。最后通过实验对比了本方法和基于 CNN 以及单尺度跳跃型卷积网络的检测结果，验证了本方法的有效性。

## 参考文献


[1] MerrillI. Skolnik，斯科尼克，左群声，等. 雷达系统导论. 3 版[M]. 北京：电子工业出版社，2014.

[2] 焦李成. 神经网络的应用与实现[M]. 西安：西安电子科技大学出版社，1993.

[3] 焦李成. 神经网络计算[M]. 西安：西安电子科技大学出版社，1993.

[4] Ashbindu Singh. Review Article Digital change detection techniques using remotely sensed data[J]. International Journal of Remote Sensing，1989，10(6)：989 - 1003.

[5] Lu D，Mausel P，Brondízio E，et al. Change detection techniques[J]. International Journal of Remote Sensing，2004，25(12)：2365 - 2401.

[6] Martinis S，Twele A，Voigt S. Unsupervised Extraction of Flood-Induced Backscatter Changes in SAR Data Using Markov Image Modeling on Irregular Graphs[J]. IEEE Transactions on Geoscience & Remote Sensing，2010，49(1)：251 - 263.

[7] Fransson J E S，Walter F，Blennow K，et al. Detection of storm-damaged forested areas using

airborne CARABAS-II VHF SAR image data[J]. IEEE Transactions on Geoscience & Remote Sensing, 2002, 40(10): 2170 - 2175.

[8] Liew S C, Kam S P, Tuong T P, et al. Application of multitemporal ERS synthetic aperture radar indelineating rice cropping systems in the Mekong river delta[J]. Proceedings of the IEEE, 1997, 2(5): 1084 - 1086.

[9] Lillestrand R L. Techniques for change detection[J]. IEEE Trans Computers, 1972, 21(7): 654 - 659.

[10] Rignot E J M, Van Zyl J J. Change detection techniques for ERS-1 SAR data[J]. IEEE Transactions on Geoscience & Remote Sensing, 1993, 31(4): 896 - 906.

[11] Inglada J, Mercier G. A New Statistical Similarity Measure for Change Detection in Multitemporal SAR Images and Its Extension to Multiscale Change Analysis[J]. IEEE Transactions on Geoscience & Remote Sensing, 2011, 45(5): 1432 - 1445.

[12] Bazi Y, Bruzzone L, Melgani F. An unsupervised approach based on the generalized Gaussian model to automatic change detection in multitemporal SAR images[J]. IEEE Transactions on Geoscience & Remote Sensing, 2005, 43(4): 874 - 887.

[13] Ghosh A, Mishra N, Ghosh S. Fuzzy clustering algorithms for unsupervised change detection in remote sensing images[J]. Information Sciences, 2011, 181(4): 699 - 715.

[14] Gong M, Zhou Z, Ma J. Change Detection in Synthetic Aperture Radar Images based on Image Fusion and Fuzzy Clustering[M]. IEEE Press, 2012.

[15] Cai W, Chen S, Zhang D. Fast and robust fuzzy c-means clustering algorithms incorporating local information for image segmentation[J]. Pattern recognition, 2007, 40(3): 825 - 838.

[16] Gong M, Zhao J, Liu J, et al. Change detection in synthetic aperture radar images based on deep neural networks[J]. IEEE transactions on neural networks and learning systems, 2016, 27(1): 125 - 138.

[17] Manavalan P, Kesavasamy K, Adiga S. Irrigated crops monitoring through seasons using digital change detection analysis of IRS-LISS 2 data[J]. International Journal of Remote Sensing, 1995, 16(4): 633 - 640.

[18] White R G. Change detection in SAR imagery[J]. International Journal of remote sensing, 1991, 12(2): 339 - 360.

[19] Bovolo F, Bruzzone L, Marconcini M. A novel approach to unsupervised change detection based on a semisupervised SVM and a similarity measure[J]. IEEE Transactions on Geoscience and Remote Sensing, 2008, 46(7): 2070 - 2082.

[20] Ghosh S, Bruzzone L, Patra S, et al. A context-sensitive technique for unsupervised change detection based on Hopfield-type neural networks[J]. IEEE Transactions on Geoscience and Remote Sensing, 2007, 45(3): 778 - 789.

[21] Bovolo F, Bruzzone L. A theoretical framework for unsupervised change detection based on change vector analysis in the polar domain[J]. IEEE Transactions on Geoscience and Remote Sensing, 2007, 45(1): 218 - 236.

[22] Deng J S, Wang K, Deng Y H, et al. PCA-based land-use change detection and analysis using

multitemporal and multisensor satellite data[J]. International Journal of Remote Sensing, 2008, 29 (16): 4823 - 4838.

[23] Loveland T R. A Strategy for Estimating the Rates of Recent United States Land-Cover Changes[J]. Photogrammetric Engineering & Remote Sensing, 2002, 68(10): 1091 - 1099.

[24] Fung T. An assessment of TM imagery for land-cover change detection[J]. IEEE transactions on Geoscience and Remote Sensing, 1990, 28(4): 681 - 684.

[25] Weismiller R A, Kristof S J, Scholz D K, et al. Change detection in coastal zone environments[J]. Photogrammetric Engineering and Remote Sensing, 1977, 43(12): 1533 - 1539.

[26] Schmidt F, Douté S, Schmitt B. WAVANGLET: An efficient supervised classifier for hyperspectral images[J]. IEEE Transactions on Geoscience and Remote Sensing, 2007, 45(5): 1374 - 1385.

[27] De Grandi G D, Lucas R M, Kropacek J, et al. Analysis by Wavelet Frames of Spatial Statistics in PALSAR Data for Characterizing Structural Properties of Forests [J]. IEEE Transactions on Geoscience & Remote Sensing, 2009, 47(2): 494 - 507.

[28] 文贡坚. 从新卫星遥感影像中自动发现变化区域[R]. 武汉：武汉大学博士后出站工作报告，2003.

[29] Kuan D T, Sawchuk A A, Strand T C, et al. Adaptive noise smoothing filter for images with signal-dependent noise[J]. IEEE transactions on pattern analysis and machine intelligence, 1985 (2): 165 - 177.

[30] Frost V S, Stiles J A, Shanmugan K S, et al. A model for radar images and its application to adaptive digital filtering of multiplicative noise [J]. IEEE Transactions on Pattern Analysis & Machine Intelligence, 1982 (2): 157 - 166.

[31] Bezdek J C, Ehrlich R, Full W. FCM: The fuzzy c-means clustering algorithm[J]. Computers & Geosciences, 1984, 10(2 - 3): 191 - 203.

[32] Freund Y. An adaptive version of the boost by majority algorithm[J]. Machine learning, 2001, 43 (3): 293 - 318.

[33] Rosenbaltt F. The perceptron-a perciving and recognizing automation[R]. Report 85 - 460 - 1 Cornell Aeronautical Laboratory, Ithaca, 1957.

[34] Hornik K. Approximation capabilities of multilayer feedforward networks[J]. Neural networks, 1991, 4(2): 251 - 257.

[35] Rumelhart D E, Hinton G E, Williams R J. Learning representations by back-propagating errors[J]. nature, 1986, 323(6088): 533.

[36] Lawrence S, Giles C L, Tsoi A C, et al. Face recognition: A convolutional neural-network approach [J]. IEEE transactions on neural networks, 1997, 8(1): 98 - 113.

[37] Lopes A, Nezry E, Touzi R, et al. Structure detection and statistical adaptive speckle filtering in SAR images[J]. International Journal of Remote Sensing, 1993, 14(9): 1735 - 1758.

[38] 刘丽梅，孙玉荣，李莉. 中值滤波技术发展研究[J]. 云南师范大学学报：自然科学版，2004，24 (1)：23 - 27.

[39] 高浩军，杜宇人. 中值滤波在图像处理中的应用[J]. 信息化研究，2004，30(8)：35 - 36.

[40] Komatsu T, Igarashi T, Aizawa K, et al. Very high resolution imaging scheme with multiple different-aperture cameras[J]. Signal Processing: Image Communication, 1993, 5(5-6): 511-526.
[41] Schultz R R, Stevenson R L. Extraction of high-resolution frames from video sequences[J]. IEEE transactions on image processing, 1996, 5(6): 996-1011.
[42] Chang H, Yeung D Y, Xiong Y. Super-resolution through neighbor embedding [C]//Computer Vision and Pattern Recognition, 2004. CVPR 2004. Proceedings of the 2004 IEEE Computer Society Conference on. IEEE, 2004, 1: I-I.
[43] Yang J, Wright J, Huang T S, et al. Image super-resolution via sparse representation [J]. IEEE transactions on image processing, 2010, 19(11): 2861-2873.
[44] Dong C, Loy C C, He K, et al. Learning a deep convolutional network for image super-resolution [C]//European conference on computer vision. Springer, Cham, 2014: 184-199.
[45] Krinidis S, Chatzis V. A robust fuzzy local information C-means clustering algorithm [J]. IEEE transactions on image processing, 2010, 19(5): 1328-1337.
[46] Srivastava R K, Greff K, Schmidhuber J. Training very deep networks [C] // Advances in neural information processing systems. 2015: 2377-2385.
[47] Huang G, Liu Z, Laurens V D M, et al. Densely Connected Convolutional Networks [J]. 2016: 2261-2269.

# 第5章 基于SPP Net的SAR图像变化检测

## 5.1 引　　言

传统的SAR图像变化检测流程包括图像预处理、生成差异图和分析差异图三个部分，差异图的检测效果会严重影响到最终的变化检测结果。在SAR图像的变化检测过程中，随着分辨率的增加，图像中包含的结构信息将更加丰富，相干成像机制导致的斑点噪声对差异图的影响更大，检测难度随之增加。当差异图中斑点噪声较严重，边缘、局部信息不清晰时，得到的黑白二值图的有效性将会很差，因此，如何在高分辨SAR图像的变化检测过程中，有效地抑制相干斑噪声是很重要的。

在本章中，我们提出了一种基于SPP Net的SAR图像变化检测方法，该方法首先进行感兴趣区域的获取，感兴趣区域是指在不同时相的SAR图像中，有区别于其他时相的所有可能区域。感兴趣区域不仅是针对明显区别于其他时相的区域，而且增加了检测范围，在减少噪声点影响的同时，将所有可能发生变化的区域均检测为感兴趣区域，更好地保留了弱变化、轮廓、边缘信息。在SAR图像的变化检测过程中，首先通过感兴趣区域检测网络，提取出待检测图像的感兴趣区域，得到感兴趣区域检测的结果图。其次，根据感兴趣区域检测结果图提取出原始SAR图像的均值比值差异图中对应的区域，仅对提取出的区域进行变化检测。

## 5.2 无监督方法的SAR图像变化检测

本章提出的感兴趣区域检测模型是有监督的空间金字塔池化网络，在网络的训练过程中，需要给定训练样本的类标。然而在目前公开的SAR图像变化检测数据中，大多数是没有Ground Truth的，只有少数有标签的数据能够利用有监督的方法完成检测。在本章的这一部分，主要介绍通过无监督方法获取SAR图像变化检测的初始检测结果，为感兴趣区域检测网络训练样本的选取提供伪标签。文中采用的无监督方法是在不需要产生差异图的基础上，首先将两个时相的SAR图像分别送入两个结构相同的DBN模型，分别提取图像的特征，再对获取的两组特征进行相似度值计算，得到相似度矩阵。其次，利用FCM将得到的相似度矩阵聚成两类，聚类结果作为伪标签。最后，通过 FCM 聚类后的结果，从两时相的 SAR 图像中选取部分有效样本作为感兴趣区域检测 SPP Net 的训练样本。

### 5.2.1 深度置信网络

DBN 是 Geoffrey Hinton 于 2006 年提出的，DBN 是一个概率生成模型，通过训练神经元之间的权重，建立一个观察数据和标签之间的联合分布。经典的 DBN 网络结构是由若干层 RBM 和一层反向传播层组成的，它是一种深层神经网络。其中，RBM 最初是在 1986 年由 Paul Smolensky 以 Harmonium 的名义提出的。之后，Geoffrey Hinton 等人发明了快速学习算法，RBM 得到了突飞猛进的发展。RBM 在降维、分类、协同过滤、特征学习和主题建模等方面得到了广泛的应用。根据学习任务的不同，可以通过有监督或无监督的方式进行训练。

标准类型的 RBM 由一些可见单元和一些隐藏单元构成，可见单元和隐藏单元都是二元变量，其状态取{0, 1}。RBM 是玻尔兹曼机的一种变体，不同于玻尔兹曼机，RBM 的可见单元之间和隐藏单元之间没有连接，只有可见单元和隐藏单元之间才会有连接，RBM 的结构示意图如图 5.1 所示，图中 $v$ 为可见节点、$h$ 为隐藏节点。

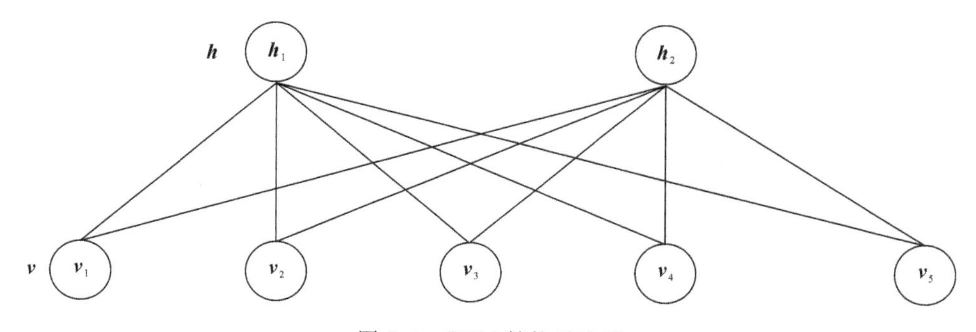


图 5.1　RBM 结构示意图

RBM 是一种基于能量的模型，当能量越大时，系统越不稳定，系统的最稳定状态对应着最小的能量函数值。RBM 的能量函数为

$$E(\boldsymbol{v}, \boldsymbol{h}) = -\sum_i b_i \boldsymbol{v}_i - \sum_j c_j \boldsymbol{h}_j - \sum_i \sum_j \boldsymbol{v}_i \boldsymbol{W}_{ij} \boldsymbol{h}_j \tag{5-1}$$

式中，$\boldsymbol{W}$ 为可见单元和隐藏单元之间的权值连接矩阵；$b$ 是可见单元的乘性偏置；$c$ 是隐藏单元的乘性偏置；$\boldsymbol{v}$ 为可见节点；$\boldsymbol{h}$ 为隐藏节点。RBM 的能量函数类似于 Hopfield 网络的能量函数。和普通玻尔兹曼机一样，隐藏单元和可见单元的概率分布是根据能量函数定义的，即

$$P(\boldsymbol{v}, \boldsymbol{h}) = \frac{1}{Z} \mathrm{e}^{-E(\boldsymbol{v}, \boldsymbol{h})} \tag{5-2}$$

式中，$Z$ 是归一化因子，也称为配分函数，是 $e^{-E(\boldsymbol{v},\boldsymbol{h})}$ 的总和。$Z$ 作为一个标准化常数，以确保概率分布总和为 1。

同样，可以得到可见单元的概率为

$$P(\boldsymbol{v}) = \frac{1}{Z}\sum_{\boldsymbol{h}} e^{-E(\boldsymbol{v},\boldsymbol{h})} \tag{5-3}$$

因为 RBM 的特殊结构，层内神经元无连接，层间神经元有连接，所以当可见单元 $\boldsymbol{v}$ 在已知的情况下，各隐藏单元 $\boldsymbol{h}_i$ 的激活状态之间是相互独立的，同样，当隐藏单元 $\boldsymbol{h}$ 在已知的情况下，各可见单元的激活状态 $\boldsymbol{v}_i$ 也是相互独立的。因此，对于 $m$ 个可见单元和 $n$ 个隐藏单元，在已知隐藏单元 $\boldsymbol{h}$ 的情况下，可见单元 $\boldsymbol{v}$ 的条件概率为

$$P(\boldsymbol{v} \mid \boldsymbol{h}) = \prod_{i=1}^{m} P(\boldsymbol{v}_i \mid \boldsymbol{h}) \tag{5-4}$$

反过来，在已知可见单元 $\boldsymbol{v}$ 的情况下，隐藏单元的条件概率为

$$P(\boldsymbol{h} \mid \boldsymbol{v}) = \prod_{j=1}^{n} P(\boldsymbol{h}_j \mid \boldsymbol{v}) \tag{5-5}$$

假设已知参数($\boldsymbol{W}$, $b$, $c$)，根据输入 $\boldsymbol{v}$，隐层 $\boldsymbol{h}$ 的激活概率计算公式为

$$\begin{cases} P(\boldsymbol{h}_j = 1 \mid \boldsymbol{v}) = \sigma\left(\sum_{i=1}^{m} \boldsymbol{W}_{ij} \times \boldsymbol{v}_i + b_j\right) \\ P(\boldsymbol{h}_j = 0 \mid \boldsymbol{v}) = 1 - \sigma\left(\sum_{i=1}^{m} \boldsymbol{W}_{ij} \times \boldsymbol{v}_i + b_j\right) \end{cases} \tag{5-6}$$

式中，$\sigma(x) = 1/(1+e^{-x})$ 是 sigmoid 函数。

同样，根据隐层 $\boldsymbol{h}$，可见单元层 $\boldsymbol{v}$ 的激活概率公式为

$$\begin{cases} P(\boldsymbol{v}_i = 1 \mid \boldsymbol{h}) = \sigma\left(\sum_{j=1}^{n} \boldsymbol{W}_{ij} \times \boldsymbol{h}_j + c_i\right) \\ P(\boldsymbol{v}_i = 0 \mid \boldsymbol{h}) = 1 - \sigma\left(\sum_{j=1}^{n} \boldsymbol{W}_{ij} \times \boldsymbol{h}_j + c_i\right) \end{cases} \tag{5-7}$$

RBM 的训练结构示意图如图 5.2 所示。首先根据数据 $\boldsymbol{v}$ 得到 $\boldsymbol{h}$ 的状态，然后通过 $\boldsymbol{h}$ 重构可见向量 $\boldsymbol{v}_1$，再根据 $\boldsymbol{v}_1$ 生成新的隐藏向量 $\boldsymbol{h}_1$。

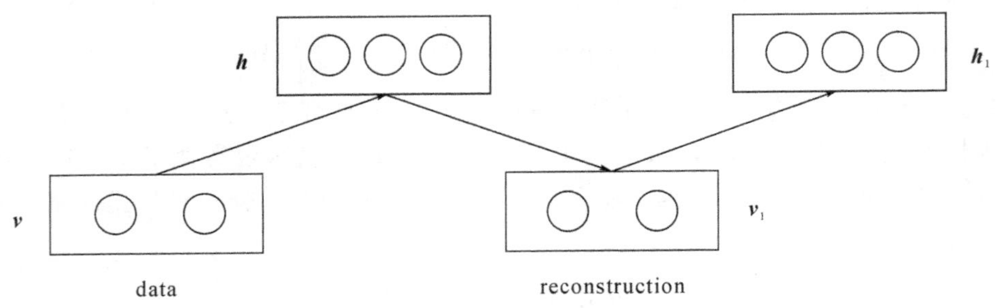


图 5.2　RBM 的训练结构示意图

RBM 的训练过程是为了得到一个重构之后的误差最小以及最能产生训练样本的概率分布。也就是说，要求在一个分布中，最大化训练样本的概率。

公式可以表示为

$$\arg\max_{W}\prod_{v\in V}P(\boldsymbol{v}) \tag{5-8}$$

因为最大化 $P(\boldsymbol{v})$ 等同于最大化 $E[\log(P(\boldsymbol{v}))]$，所以也可以写成

$$\arg\max_{W}E[\log(P(\boldsymbol{v}))] \tag{5-9}$$

由于这个分布的决定性因素在于权值 $\boldsymbol{W}$，所以训练 RBM 的目标就是寻找最佳的权值。为了有效求解出最优的权值矩阵，Hinton 等人于 2002 年提出了一个快速学习算法，称为对比散度算法(Contrastive Divergence，CD)。CD 算法在梯度下降过程中，执行吉布斯采样，求解出似然函数的最大值，完成参数更新。算法 5.1 是单步 CD 算法的具体描述。

---

**算法 5.1　单步 CD 算法**

---

输入：训练样本 $x$

输出：$\Delta\boldsymbol{W}$，$\Delta b$，$\Delta c$

(1) 将 $x$ 赋给可见层 $v^{(0)}$，计算在已知可见单元的情况下，隐层单元开启的概率，即

$$P(\boldsymbol{h}_j^{(0)}=1\mid v^{(0)})=\sigma(\boldsymbol{W}_j\boldsymbol{v}^{(0)}) \tag{5-10}$$

公式(5-10)中的上标用于区分不同的向量，下标区别于同一个向量的不同维度。

(2) 从计算出的概率中采样出一个样本。

$$\boldsymbol{h}^{(0)}\sim P(\boldsymbol{h}^{(0)}\mid\boldsymbol{v}^{(0)}) \tag{5-11}$$

(3) 用 $\boldsymbol{h}^{(0)}$ 重构出可见层。

$$P(\boldsymbol{v}_i^{(1)}=1\mid h^{(0)})=\sigma(\boldsymbol{W}_i^{\mathrm{T}}h^{(0)}) \tag{5-12}$$

(4) 同样，再采样出一个可见层的样本。

$$v^{(1)}\sim P(\boldsymbol{v}^{(1)}\mid\boldsymbol{h}^{(0)}) \tag{5-13}$$

(5) 用重构后的可见层单元计算隐藏层单元被开启的概率。

$$P(\boldsymbol{h}_j^{(1)}=1\mid\boldsymbol{v}^{(1)})=\sigma(\boldsymbol{W}_j\boldsymbol{v}^{(1)}) \tag{5-14}$$

(6) 更新权重。

$$\Delta\boldsymbol{W}\leftarrow\Delta\boldsymbol{W}+\lambda(P(\boldsymbol{h}^{(0)}=1\mid\boldsymbol{v}^{(0)})\boldsymbol{v}^{(0)\mathrm{T}}-P(\boldsymbol{h}^{(1)}=1\mid\boldsymbol{v}^{(1)})\boldsymbol{v}^{(1)\mathrm{T}}) \tag{5-15}$$

$$\Delta b\leftarrow\Delta b+\lambda(\boldsymbol{v}^{(0)}-\boldsymbol{v}^{(1)}) \tag{5-16}$$

$$\Delta b\leftarrow\Delta b+\lambda(v^{(0)}-v^{(1)}) \tag{5-17}$$

式中，$\lambda$ 为学习率。

---

DBN 由多层 RBM 堆叠而成，DBN 的训练过程为充分训练上一个 RBM 后，将上一个 RBM 堆叠在下一个 RBM 的上方，只有上一层 RBM 充分训练完后，才能训练下一层

RBM，直到最后一层。DBN 作为无监督学习网络，被广泛运用于图像处理和语音识别等领域。

### 5.2.2 模糊 C 均值聚类算法

聚类算法是机器学习中无监督学习方法的主要算法之一，在众多的聚类算法中，FCM 应用的最多，聚类效果也相对理想。

FCM 是对 C 均值聚类算法的改进，不同于普通的聚类方法，FCM 加入了隶属度的概念，不再是直接的硬划分，而是一种结合隶属度的模糊划分方法。

首先，介绍隶属度函数。隶属度函数是对象和集合之间的关系，表示一个对象隶属于某个集合的程度。集合里包含了对象的所有可能情况，因此，隶属度的取值范围是[0，1]。在聚类问题中，隶属度确定了样本 $x_i$ 属于类别 $j$ 的程度，隶属度 $u_{ij}$ 计算公式为

$$u_{ij}=\frac{1}{\sum_k\left(\frac{\|x_i-c_j\|}{\|x_i-c_k\|}\right)^{\frac{2}{m-1}}} \tag{5-18}$$

式中，$c_j$ 是类 $j$ 的聚类中心；$m$ 是大于 1 的实数；$c_j$ 的计算公式为式(5-19)。

$$c_j=\frac{\sum_i u_{ij}^m x_i}{\sum_i u_{ij}^m} \tag{5-19}$$

FCM 的目标函数(损失函数)为

$$J=\sum_i\sum_j u_{ij}^m\|x_i-c_j\|^2 \tag{5-20}$$

通常情况下，$m$ 的值设置为 2。通过更新迭代隶属度 $u_{ij}$ 和聚类中心 $c_j$，实现目标函数 $J$ 的极小化。算法 5.2 是 FCM 算法的具体描述。

**算法 5.2　FCM 算法**

输入：训练样本 $x$

输出：聚类中心 $c_j$，隶属度矩阵 $\boldsymbol{U}$

(1) 随机初始化隶属度矩阵 $\boldsymbol{U}$。

(2) 根据聚类中心计算公式，计算 $k$ 个聚类中心 $c_j$，$j=1, \cdots, k$。

(3) 按照损失函数 $J$ 的计算公式，计算损失函数值。当损失值小于某个确定的阈值时，或者前后两次的损失差值小于某个阈值，算法终止。

(4) 在步骤(3)不满足的情况下，根据隶属度函数的计算公式，计算隶属度矩阵，并返回步骤(2)。

### 5.2.3 基于 DBN 和 FCM 的 SAR 图像变化检测

在本文中，基于深度学习的无监督 SAR 图像变化检测采用的是 DBN 和 FCM 结合的检测方法，可以分成以下三个阶段：① 搭建 DBN 模型，通过 DBN 提取原始 SAR 图像特征，得到特征矩阵；② 根据相似度计算公式，计算特征矩阵的相似度值，得到相似度矩阵；③ 利用 FCM 聚类算法，将相似度矩阵聚成两类，得到无监督方法的变化检测结果。具体的算法流程示意图如图 5.3 所示。

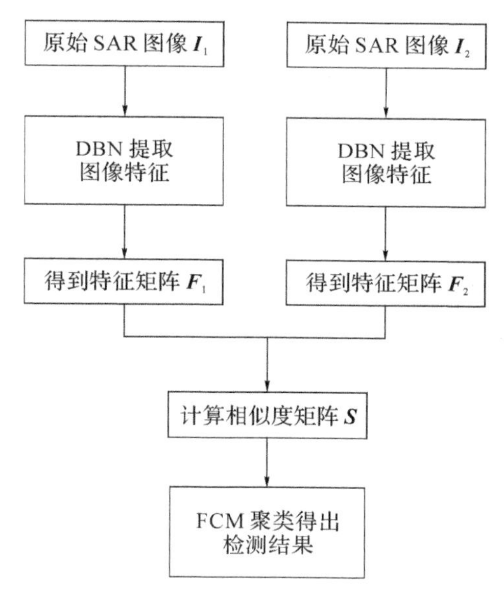


图 5.3 无监督 SAR 图像变化检测流程示意图

文中采用的 DBN 模型去掉了经典的 DBN 网络结构的最后一层 BP 层，直接输出最后一个 RBM 的输出特征。DBN 的网络结构示意图如图 5.4 所示，图中 $N_{ij}$ 代表以 $(i, j)$ 为中心像素点的区域，送入一个由两层 RBM 堆叠的网络。两时相高分辨 SAR 图像分别通过两个结构相同的 DBN 实现各自图像特征的提取，提取的特征矩阵记为 $\boldsymbol{F}_1$、$\boldsymbol{F}_2$。

在进行 FCM 聚类前，需要对两个特征矩阵进行相似度计算。相似度计算公式为

$$\boldsymbol{S} = \frac{|\boldsymbol{F}_1 - \boldsymbol{F}_2|}{\boldsymbol{F}_1 + \boldsymbol{F}_2} \tag{5-21}$$

通过两个特征矩阵的相似度计算公式可以得到，当两时相的 SAR 图像特征接近时，相似度越趋于 0，说明变化的信息强度越小；反之，当两时相的 SAR 图像特征矩阵相似度越趋于 1，说明变化信息强度越大。

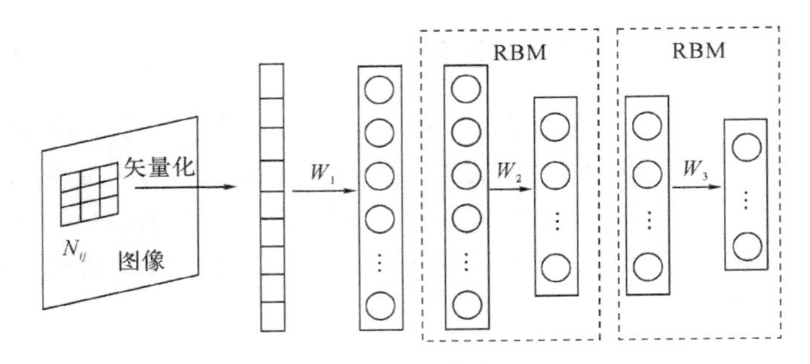


图 5.4　DBN 的网络结构示意图

得到特征矩阵的相似度后，接下来需要通过 FCM 算法按照两幅不同时相 SAR 图像的特征相似度值进行变化类和未变化类的聚类，设定聚类数目为 2，表示变化类和未变化类两类。图 5.5 是基于 DBN 和 FCM 的 SAR 图像变化检测网络结构示意图。

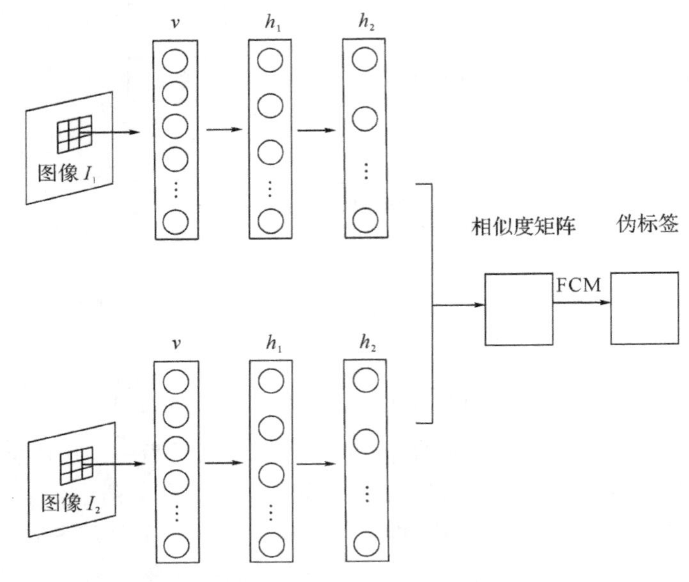


图 5.5　基于 DBN 和 FCM 的 SAR 图像变化检测网络结构示意图

DBN 和 FCM 的结合，实现了无监督的变化检测，检测结果作为 SAR 图像变化检测的初始结果，为有监督的感兴趣区域检测 SPP Net 提供样本选取的伪标签。

## 5.3　空间金字塔池化网络

空间金字塔池化网络将传统的卷积神经网络中的最后一个池化层替换成空间金字塔池

化层，从而实现输入图片尺度的多样化，避免了图像发生形变造成的信息丢失和失真，能够提高检测精度。

传统的卷积神经网络通常由卷积层、池化层和全连接层搭建而成，卷积操作对图像的输入尺寸没有要求。但是全连接层的输入需要固定的维度，因此，传统的卷积网络的输入图像尺寸必须是固定的。对于不同尺寸的图像送入传统的卷积神经网络，需对输入图像按要求进行裁剪、缩放。但是，图像在裁剪和缩放的过程中，会造成不定程度的畸形，引起信息失真和丢失。空间金字塔池化层的运用，可以有效解决这个问题。

空间金字塔池化不同于传统的池化操作，是将一个尺度的池化变成了多个尺度的池化，通过将不同大小的池化窗口作用于卷积操作后的特征图，如图5.6所示。图中输入图像经卷积操作后共得到 $m$ 个特征映射图，空间金字塔池化层的池化窗口大小分别设置为 $1\times1$、$2\times2$ 和 $3\times3$，利用这三个不同的尺度，对 $m$ 个特征映射图进行最大池化处理。当尺度为 $1\times1$ 时，针对每一个特征映射图，将所有元素取最大值，可以得到一个一维的特征，$m$ 个特征映射图共计得到 $m$ 维特征。当尺度为 $2\times2$ 时，将每一个特征映射图分成四部分，得到一个四维的特征，$m$ 个特征映射图共计得到 $4\times m$ 维特征。同理，当尺度为 $3\times3$ 时，可以得到一个 $9\times m$ 维特征。任意尺寸的图像，经过空间金字塔池化后，都能够将卷积后的特征图转换成固定大小的特征向量。

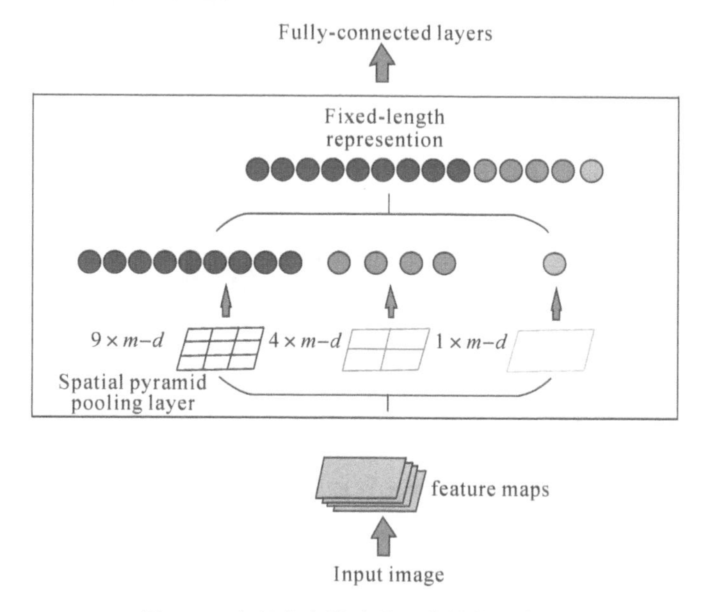


图 5.6　空间金字塔池化网络结构示意图

在传统的卷积神经网络中添加空间金字塔池化层后，可以让卷积神经网络处理任意大小的输入。在变化检测的过程中，通过空间金字塔池化层的运用，可以获取图像的多尺度信息，不同尺度的结合，既可以实现大规模变化区域的检测，也可以实现较小的细节信息的检测，使得网络更加灵活和鲁棒。

## 5.4 基于 SPP Net 的 SAR 图像变化检测

合成孔径雷达是一种高分辨率微波遥感成像的传感器，由于 SAR 图像的相干成像机制，在 SAR 图像的变化检测过程中，易受斑点噪声的影响，因此，如何有效地抑制相干斑噪声在 SAR 图像的处理中是很重要的。在本节中，主要介绍如何通过感兴趣区域检测网络，剔除斑点噪声，提高检测准确率。

### 5.4.1 SPP Net 感兴趣区域检测网络的构造

SPP Net 是 Kaiming He 在 2014 提出的，网络中引入了空间金字塔池化层，解决了传统的卷积神经网络对输入图像尺寸的限制，在图像分类和目标检测领域均取得了很好的成绩。考虑到利用卷积神经网络处理 SAR 图像变化检测时，引入不同尺度的图像块作为网络的输入，也会遇到同样的问题，因此，将空间金字塔池化层加入到卷积神经网络中，搭建一个基于 SPP Net 的感兴趣区域检测网络。图 5.7 是 SPP Net 感兴趣区域检测的网络结构示意图。

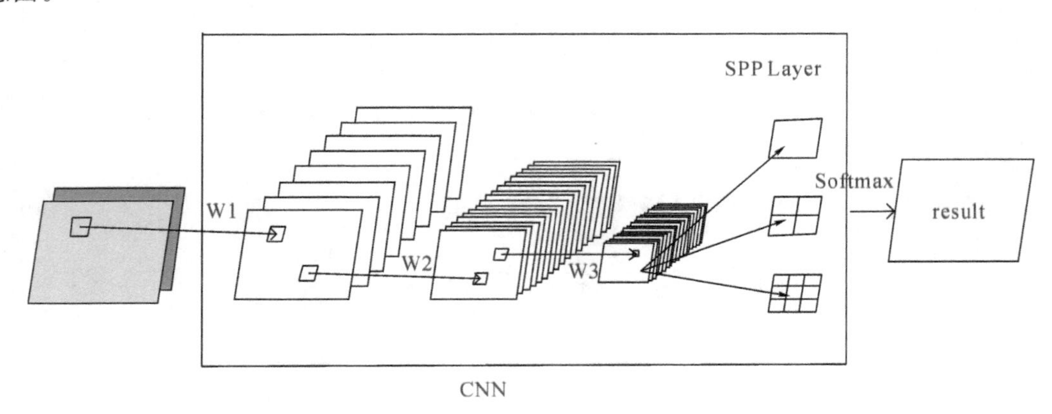


图 5.7 SPP Net 感兴趣区域检测的网络结构示意图

在 SPP Net 感兴趣区域检测网络的训练阶段，首先从两时相的 SAR 图像中，选取多组不同尺度的图像块作为训练样本，选取规则在 5.4.2 节中给出。然后将选取的图像块送入最后一个池化层是空间金字塔池化层的卷积神经网络中，提取两时相 SAR 图像的感兴趣区域特征。最后通过 softmax 分类器实现感兴趣区域和非感兴趣区域的分类。

SPP Net 感兴趣区域检测网络在前向传播的过程中，$x$ 为输入信号的抽象特征或层次

表示特征，参数分为卷积核 $W$ 和偏置 $b$，公式为

$$\begin{cases} W = [W^1, W^2, W^3] \\ b = [b^1, b^2, b^3] \end{cases} \tag{5-22}$$

卷积操作包括 Full 卷积、Same 卷积和 Valid 卷积。常用的是 Valid 卷积，具体的实现方式如图 5.8 所示。Valid 卷积后的输出特征图大小为

$$\frac{(input - kernel)}{stride} + 1 \tag{5-23}$$

式中，$input$ 是输入图像的尺寸；$kernel$ 是卷积核的大小；$stride$ 是卷积的步长，图 5.8 中的 $stride$ 值取 1。

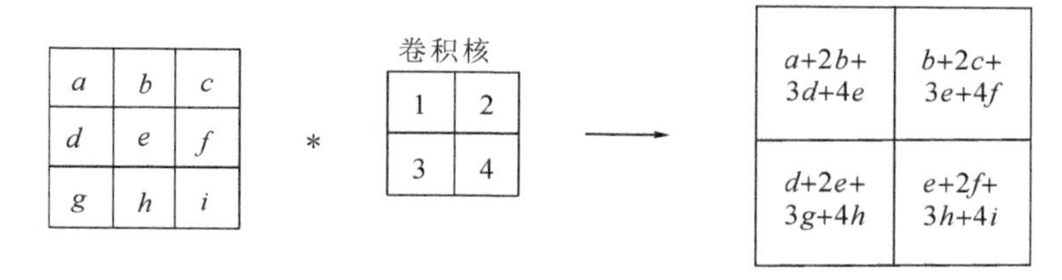


图 5.8　Valid 卷积操作示意图

通常情况下，卷积操作完成后，会加上一个偏置并将加和后的结果通过非线性激活函数实现图像表征能力的提升，得到探测层的结果。若第 $l$ 层为探测层，第 $l+1$ 层为池化层，则探测层的计算公式为

$$x_j^l = f\left(\sum_{i \in M_j} x_i^{l-1} \times W_{ij}^l + b_j^l\right) \tag{5-24}$$

池化层的计算公式为

$$x_j^{l+1} = down(x_j^l) \tag{5-25}$$

式中，$W_i^l$ 表示第 $l$ 层的第 $j$ 个卷积核；$M_j$ 表示与 $W_i^l$ 所有关联的特征图；$b_j$ 为偏置项；$f(\cdot)$表示激活函数；$down(\cdot)$是下采样操作。池化过程用于降低卷积后特征图的维度，不改变特征图个数。

对于 softmax 分类器，其参数为

$$\begin{cases} Y(k) = P(y = k \mid X, \theta_k) = \dfrac{e^{X^T \cdot \theta_k}}{\sum\limits_{s=1}^{2} e^{X^T \cdot \theta_s}} \in \mathbb{R} \\ \theta = [\theta_1, \theta_2] \end{cases} \tag{5-26}$$

式中，$k=0$，1；最后的输出类标为

$$y = \arg\max_k \{Y(k)\} \tag{5-27}$$

目标函数为交叉熵函数，即

第5章　基于SPP Net的SAR图像变化检测

$$\min_{\{W,b;\theta\}} J(W,b;\theta)=-\frac{1}{N}\sum_{n=1}^{N}\sum_{k=0}^{1}y_n(k)\cdot\log(Y_n(k))+\lambda_1 R(W)+\lambda_2 R(\theta) \tag{5-28}$$

式中，$y_n(k)$是 one-hot 编码后的结果，此时 $y_n(k)$是一个 $1\times2$ 的向量，只有真实标签对应的位置为 1，其他位置才是 0；$\lambda_1$ 和 $\lambda_2$ 是系数，用来平衡模型复杂度，防止过拟合。

其中，

$$\begin{cases} Y_n(k)=\text{Softmax}(X_n,\theta) \\ R(W)=\sum_{l=1}^{3}\|W^l\|_F^2 \\ R(\theta)=\sum_{k=0}^{1}\|\theta_k\|_F^2 \end{cases} \tag{5-29}$$

SPP Net 利用随机梯度下降法优化目标函数，实现目标函数中的参数更新。

由于在检测过程中，输入数据均是多组不同尺度的图像块，每个尺度通过网络会得到各自尺度下的结果图。为了使提取的特征更加丰富，在检测的最后，将不同尺度下得到的结果图进行同等概率的相加融合，融合后得到的结果称为热图。通过设定阈值，对热图进行阈值分割，得到最终的感兴趣区域检测结果图。图 5.9 是多尺度结果融合框图。

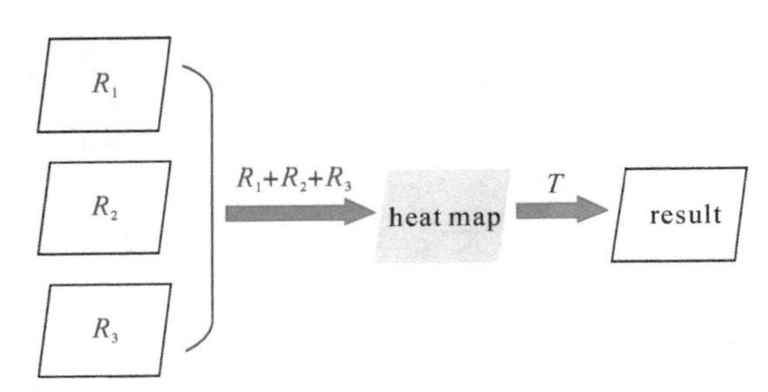


图 5.9　多尺度结果融合框图

根据式(5-30)得到最终的分类结果，即

$$\begin{cases} \text{result}_{ij}=1, & \sum_k R_k > T \\ \text{result}_{ij}=0, & \sum_k R_k \leqslant T \end{cases} \tag{5-30}$$

式中，1 表示感兴趣区域类；0 表示非感兴趣区域类；$R_k$ 是第 $k$ 个尺度下的结果；$T$ 为设置的阈值。

### 5.4.2　SPP Net 感兴趣区域检测样本的选择

在前面的无监督方法实现变化检测的方法中，通过 DBN 和 FCM 得到两时相高分辨 SAR 图像的初始检测结果，相当于预处理过程。由于预处理的结果准确率不是很高，因此需要从分类得到的结果中选取部分准确率相对较高的样本作为 SPP Net 感兴趣区域检测网络的训练样本。

假设初始分类结果的模拟图中位置$(i, j)$处的像素类别为$\Omega_{ij}$，模拟示意图如图 5.10 所示，$N_{ij}$表示以$(i, j)$为中心像素的邻域，大小为$n\times n$。图 5.10 中分别标出了在样本选取过程中出现的两种类型的噪声点。第一种情况是噪声点出现在变化区域内部，该点的邻域内的像素均是变化的，如图 5.10 中的点 1；另一种情况是噪声点出现在未变化区域内部，该点的邻域内的像素均是未变化的，如图 5.10 中的点 2。

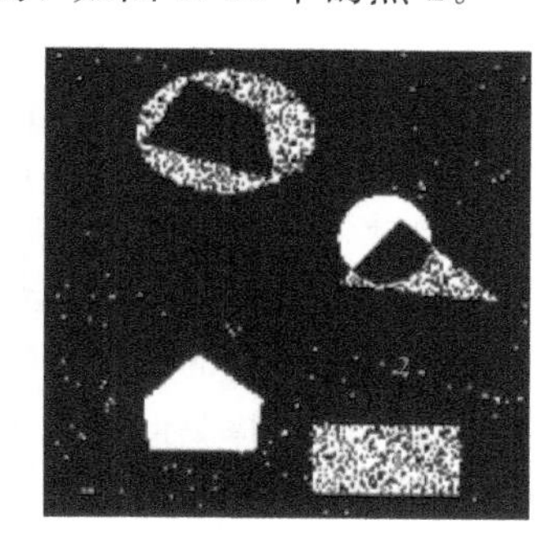

图 5.10　模拟示意图

为更好地选取训练样本，减少噪声点对实验结果的影响，在感兴趣区域检测过程中，考虑到要将变化区域最大化地包含在感兴趣区域内，因此，在给定感兴趣区域检测的标签时，会适当放低正样本给定的条件。在训练数据的选取过程中，正样本，即感兴趣区域类样本标签的给定规则为：当$(i, j)$处的邻域$N_{ij}$满足式(5－31)时，$N_{ij}$可作为训练正样本。

$$\frac{\sum\limits_{xy\in N_{ij}} I\{\Omega_{xy}=\Omega_{ij}\}}{n\times n}>\alpha_{ROI} \tag{5-31}$$

式中，$\Omega_{xy}$表示在邻域$N_{ij}$中，$(x, y)$处的像素类别；$I\{\Omega_{xy}=\Omega_{ij}\}$表示邻域内与中心像素类别相同的像素个数；参数$\alpha_{ROI}$设置得不能过大也不能过小，过大或过小均会引起漏检和错检的不平衡。

在大多数的 SAR 图像变化检测过程中，变化区域相对较少，大部分区域是未变化的，因此，负样本，即非感兴趣区域类样本选取规则为要求分割得到的图像块中所有像素必须均为非变化类。这样可以适当缓解样本不平衡的问题，同时保证负样本选取的准确性。

在本节中，为了增加负样本的训练难度，提高模型的鲁棒性，通过从负样本中随机选取和正样本数量相同的样本作为真正用于训练的负样本。

### 5.4.3　训练过程

基于 SPP Net 的 SAR 图像变化检测方法主要包括四个阶段：① 训练 SPP Net 感兴趣

区域检测网络；② 将待检测的 SAR 图像送入训练好的感兴趣区域检测网络，得到感兴趣区域检测的结果图；③ 通过均值比值算子计算得到两幅图像的均值比值差异图，根据感兴趣区域检测的结果图提取均值比值差异图中对应的感兴趣区域；④ 用 FCM 算法仅针对提取的感兴趣区域进行聚类，得到变化的检测结果。算法 5.3 是对基于 SPP Net 的 SAR 图像变化检测方法的描述。

**算法 5.3　基于 SPP Net 的 SAR 图像变化检测方法**

输入：两时相 SAR 图像

输出：最终的变化检测结果图

(1) 训练感兴趣区域检测网络。将两幅待检测的 SAR 图像按照给定的样本选取规则，分割得到 3 组不同尺度(50×50 像素、55×55 像素、60×60 像素)的数据集作为感兴趣区域检测网络的训练样本。构建 SPP Net 感兴趣区域检测网络，设置多尺度结果融合阈值 $T$ 为 1，经过多次迭代训练后，得到训练好的感兴趣区域检测网络。

(2) 待检测数据的感兴趣区域提取。将待检测的 SAR 图像无间隔切分成 3 组不同尺度(50×50 像素、55×55 像素、60×60 像素)的数据集作为感兴趣区域检测网络的测试数据，送入 SPP Net 感兴趣区域检测网络，获取 3 个尺度下的感兴趣区域检测结果图。对 3 个结果图做多尺度结果融合，融合后形成热图。通过人工给定的阈值 $T$，对热图进行二值分割，得到最终的感兴趣区域检测结果图。

(3) FCM 聚类算法得到变化检测结果图。首先，通过均值比值算子计算得到两幅 SAR 图像的均值比值差异图。其次，根据感兴趣区域检测结果图提取均值比值差异图中对应的感兴趣区域。最后，用 FCM 聚类算法将提取的感兴趣区域聚成变化类和非变化类，并将非感兴趣区域设定为非变化类，从而得到最终的变化检测结果图。

## 5.5　实验结果与参数分析

本小节主要做了三组实验，第一组实验是无监督方法基于 DBN 和 FCM 的 SAR 图像变化检测，第二组实验是对感兴趣区域检测网络训练样本选取参数 $\alpha_{ROI}$ 的分析，第三组实验是基于 SPP Net 的 SAR 图像变化检测。实验中，共使用 5 组实验数据来验证本章提出算法的有效性。

### 5.5.1　数据集

第一组仿真实验图像数据集是 Namibia 数据集，如图 5.11 所示。Namibia 数据集的分辨率为 2 米，图像大小为 2000×2000 像素，是从 Namibia 地区(9376×8328 像素)截取的一部分。该数据集是赞比西河流的干流途径 Namibia 地区的一部分，赞比西河地处热带，雨水对环境的影响很大，实验中选取的两时相 SAR 图像分别是雨水干涸前后的图像。图 5.11(a)拍摄于 2009 年 4 月，此时的赞比西河处于洪水期，图 5.11(b)拍摄于 2009 年 9 月，此时，河流处于枯水期，图 5.11(c)是参考图。

(a) 2009.4

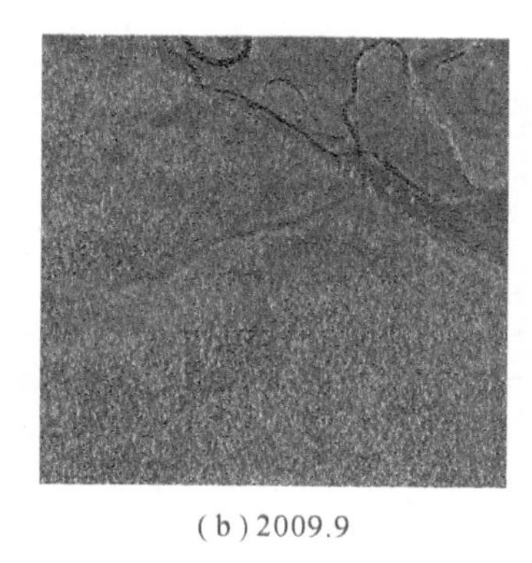

(b) 2009.9

(c) 参考图

图 5.11　Namibia 数据集

第二组仿真实验图像数据集是 Indonesia 数据集，如图 5.12 所示。Indonesia 数据集的分辨率为 3 米，图像大小为 2000×2000 像素，是从 Indonesia 地区(19 150×30 690 像素)选取的一部分。图 5.12(a)拍摄于 2012 年 3 月，图 5.12(b)拍摄于 2013 年 9 月，两幅 SAR 图像主要的变化区域是地物的变化，变化区域较集中，图 5.12(c)为参考图。

(a) 2012.3

(b) 2013.9

(c) 参考图

图 5.12　Indonesia 数据集

第三组和第四组仿真实验图像数据集均是从 Brazil 地区(10 878×18 958 像素)选取的一部分，分别如图 5.13 和图 5.14 所示，分辨率为 3 米，图像大小均为 2000×2000 像素。图 5.13(a)和图 5.14(a)拍摄于 2012 年 8 月，图 5.13(b)和图 5.14(b)拍摄于 2013 年 1 月，图 5.13(c)和图 5.14(c)为各自对应的参考图，Brazil 地区选取的数据主要受到雨水的影响，第一时相处于干季，第二时相处于湿季，变化区域面积较大。

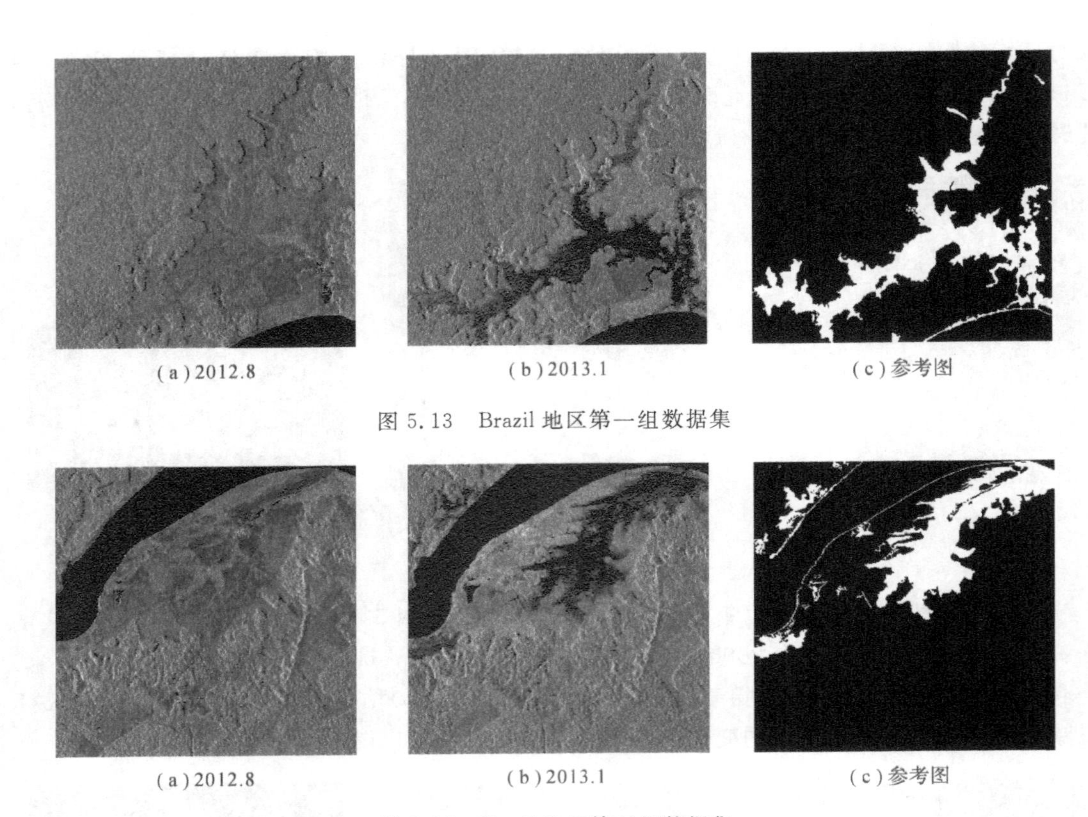

(a) 2012.8　(b) 2013.1　(c) 参考图

图 5.13　Brazil 地区第一组数据集

(a) 2012.8　(b) 2013.1　(c) 参考图

图 5.14　Brazil 地区第二组数据集

第五组数据集是从 Namibia 地区的两时相 SAR 图像中分别截取的图像，如图 5.15 所示，图像大小为 2000×2000 像素，图 5.15(a)取自 2009 年 4 月的 SAR 图像，图 5.15(b)取自 2009 年 9 月的 SAR 图像，其中变化部分为人工加入的有规则的变化区域，图 5.15(c)为人工定义的参考图。

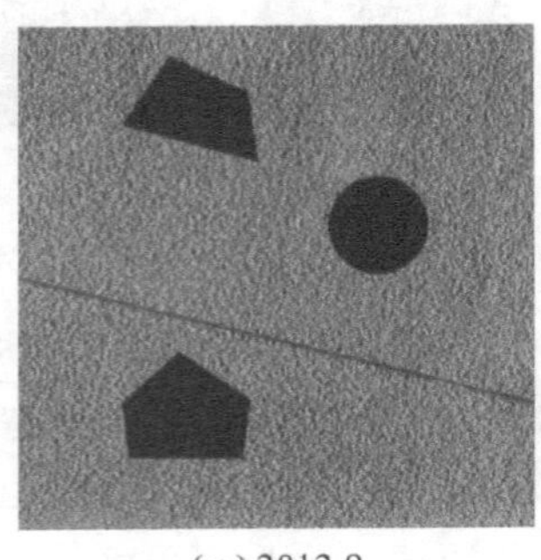

(a) 2012.9

(b) 2013.9

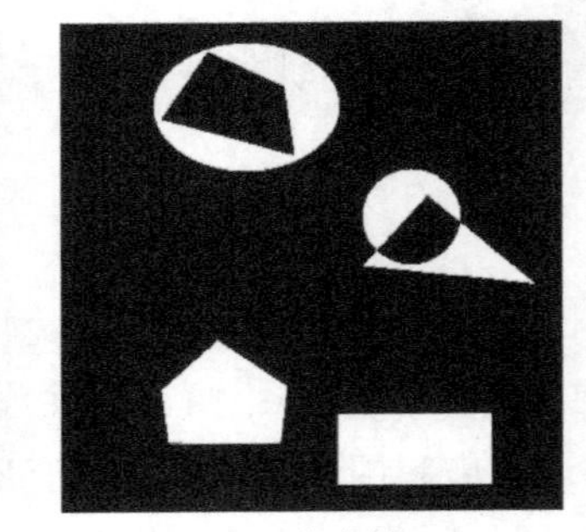

(c) 参考图

图 5.15　仿真数据集

### 5.5.2 基于 DBN 和 FCM 的 SAR 图像变化检测仿真实验

在基于 DBN 和 FCM 的 SAR 图像变化检测实验中，5 组仿真实验数据的检测结果图如图 5.16 所示。图 5.16(a)是通过 DBN 和 FCM 结合的无监督变化检测方法在 Namibia 数据集上的变化检测结果，图 5.16(b)是通过 DBN 和 FCM 结合的无监督变化检测方法在 Indonesia 数据集上的变化检测结果，图 5.16(c)和图 5.16(d)分别为 Brazil 地区两个数据集通过 DBN 和 FCM 结合的无监督变化检测方法的检测结果，图 5.16(e)是通过 DBN 和 FCM 结合的无监督变化检测方法在仿真数据集上的变化检测结果。

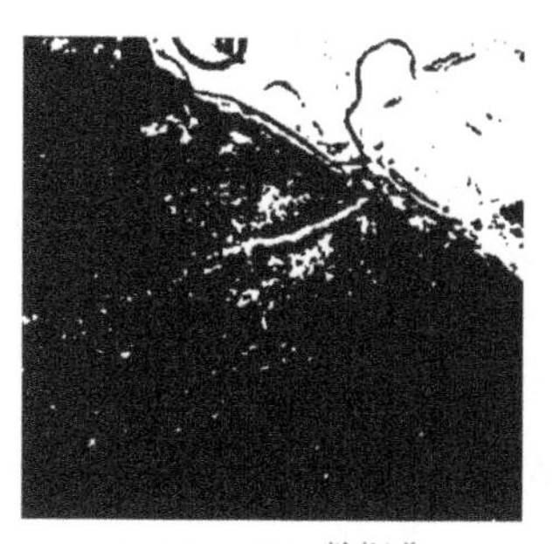

(a) Namibia 数据集

(b) Indonesia 数据集

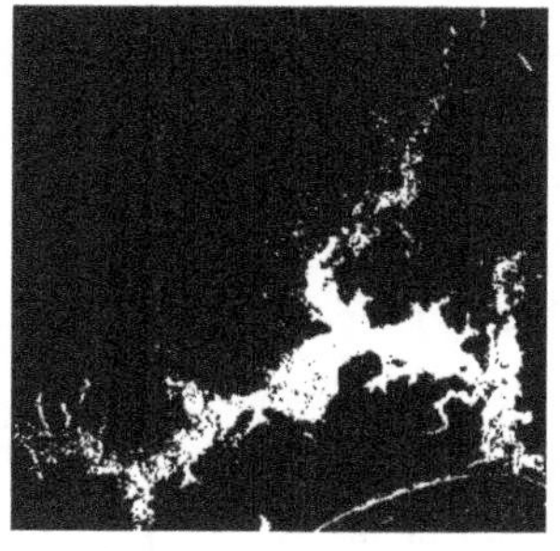

(c) 第一组 Brazil 地区数据集

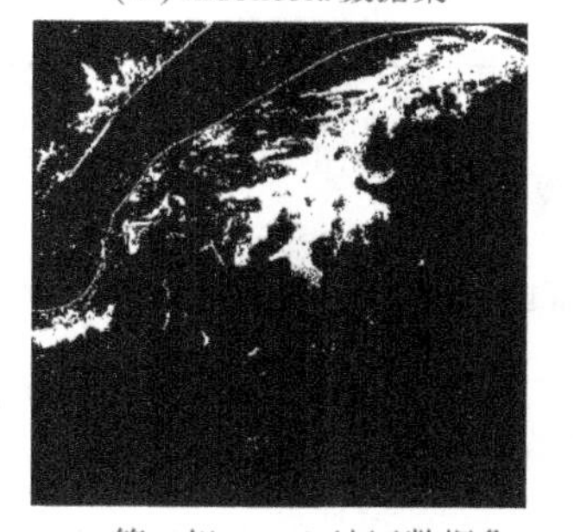

(d) 第二组 Brazil 地区数据集

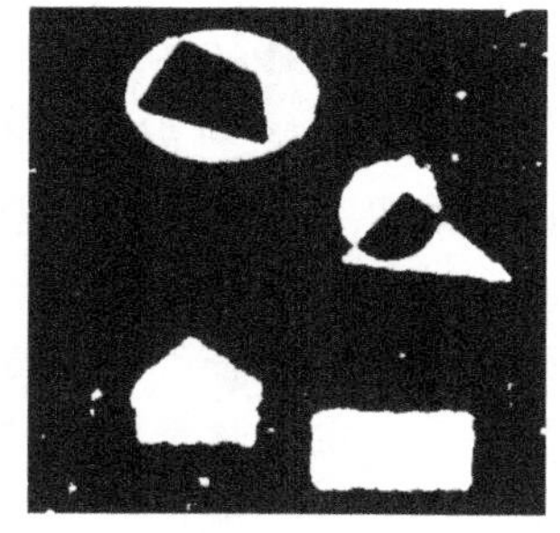

(e) 仿真数据集

图 5.16 基于 DBN 和 FCM 方法在各组数据集的检测结果图

表 5.1 是基于 DBN 和 FCM 的变化检测结果的定量分析。通过检测结果可以发现，基于 DBN 和 FCM 的 SAR 图像变化检测方法虽然存在一定的漏检和错检现象，但是整体上能够检测出变化信息，具有合理性，可以为后面的有监督方法样本选取做基础。

**表 5.1　基于 DBN 和 FCM 的变化检测结果的定量分析**

| 指标 \ 数据集 | Namibia 数据集 | Indonesia 数据集 | 第一组 Brazil 数据集 | 第二组 Brazil 数据集 | 仿真数据集 |
|---|---|---|---|---|---|
| FP | 78 243 | 19 821 | 15 903 | 69 959 | 56 512 |
| FN | 149 040 | 161 111 | 229 903 | 165 297 | 2196 |
| TP | 678 306 | 174 529 | 391 580 | 356 211 | 632 680 |
| TN | 3 094 411 | 3 644 539 | 3 362 614 | 3 408 533 | 3 308 612 |
| OE | 227 283 | 180 932 | 245 806 | 235 256 | 58 708 |
| PCC | 0.9432 | 0.9548 | 0.9385 | 0.9412 | 0.9853 |
| Kappa | 0.8212 | 0.6362 | 0.7276 | 0.7188 | 0.9469 |

### 5.5.3　参数化分析

在感兴趣区域检测正负样本选取的过程中，根据感兴趣区域类样本标签的给定规则，需要用到参数 $\alpha$，$\alpha$ 的设置会直接影响到检测结果的好坏。

实验中设置 $\alpha$ 为 1/2，1/3，1/4，1/5，1/6，1/7，1/8，在 Namibia 的数据集上进行测试。ROI 检测的目的是在减少噪声点影响的同时，将所有可能发生变化的区域均检测为感兴趣区域，一方面要求能够保证变化检测的检测性能，另一方面要求漏检数尽可能低。

ROI 检测结果图如图 5.17 所示，通过视觉效果图可以发现，随着 $\alpha$ 参数值的减少，ROI 检测结果图与参考图逐渐接近，漏检数随之降低，变化类像素被越来越多的包含进来，但是当 $\alpha$ 值超过 1/5 时，ROI 检测结果图中的漏检情况逐渐明显，检测效果随之下降。

对应的关系图如图 5.18 所示。图 5.18(a)是 $\alpha$ 与漏检数 $FN$ 的关系图，图 5.18(b)为 $\alpha$ 与 $TP/(FN+TP)$的关系图。$TP/(FN+TP)$表示变化类像素的查全率，体现了仿真实验中检测到变化类像素相对于参考图中真正的变化类像素的比例，感兴趣区域检测结果中的查全率将会影响到后面的变化检测的准确率。漏检数 $FN$ 越低，说明检测效果越好，查全率 $TP/(FN+TP)$的值越高，说明检测效果越好。

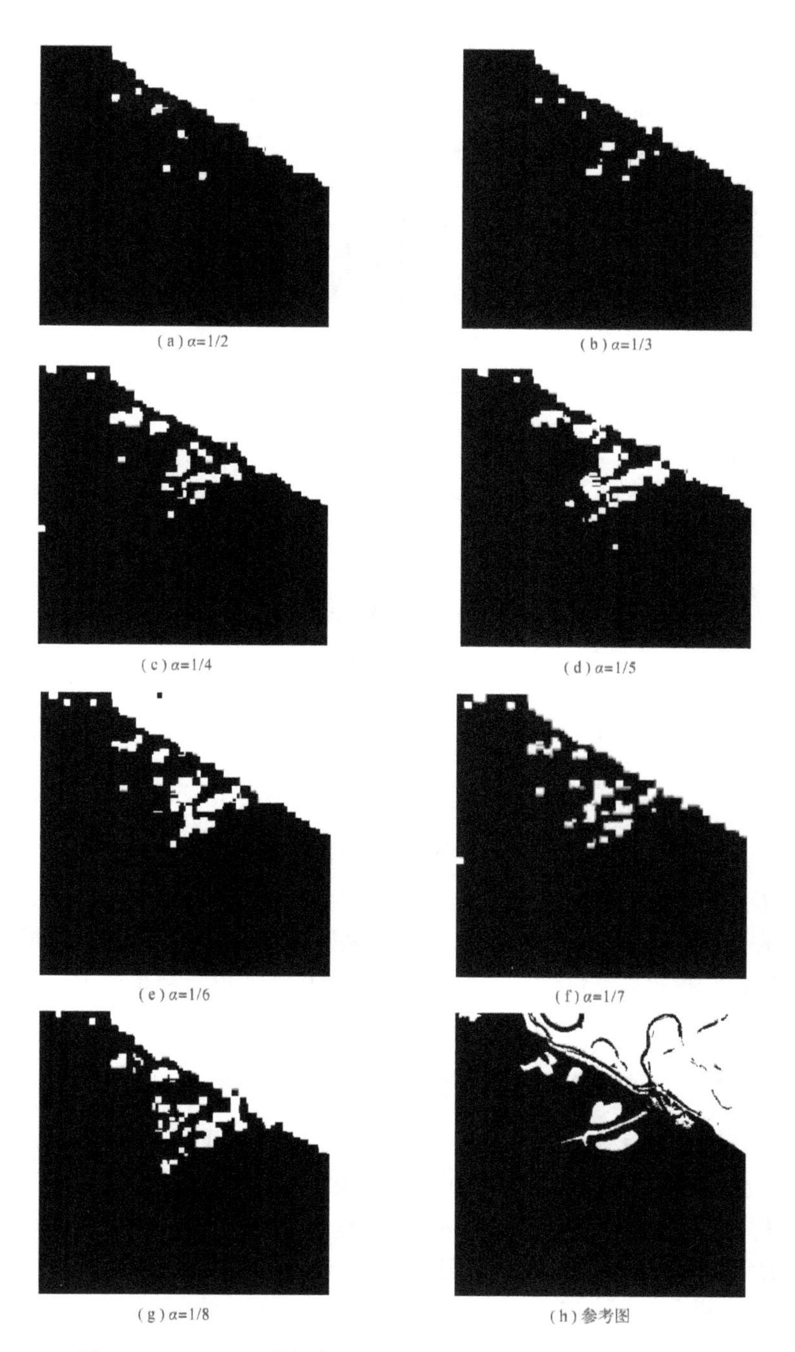

(a) α=1/2 (b) α=1/3 (c) α=1/4 (d) α=1/5 (e) α=1/6 (f) α=1/7 (g) α=1/8 (h) 参考图

图 5.17 Namibia 数据集在 $\alpha$ 取不同值时的 ROI 检测结果图

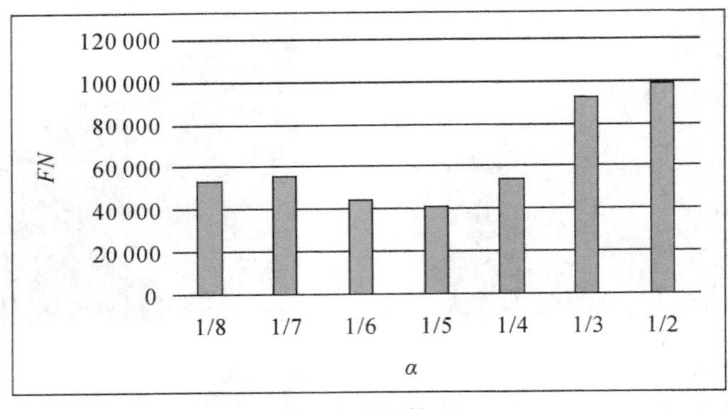


(a) α 与漏检数 $FN$

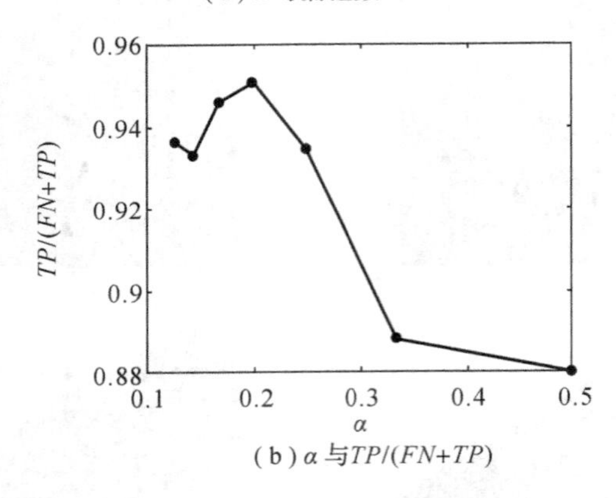


(b) α 与$TP/(FN+TP)$

图 5.18　参数 α 与指标之间的关系

当 $\alpha$ 的值不断增加时，ROI 检测的漏检数 $FN$ 持续下降，$TP/(FN+TP)$值持续上升。当 $\alpha$ 等于 1/5 时，ROI 检测的漏检数 $FN$ 最低，查全率 $TP/(FN+TP)$值最高，整体检测效果最好，结果相对稳定。当 $\alpha$ 超过 1/5 时，漏检数和查全率的结果变差。因此，在 ROI 检测网络的正样本选取中，将 $\alpha$ 的值设置为 1/5。

### 5.5.4　基于 SPP Net 的 SAR 图像变化检测仿真实验

在本节中，共设置了 7 组对比实验，第一个对比方法是基于广义高斯的 K&I 阈值算法(简记为 GKI)。第二个对比方法是基于模糊 C 均值聚类算法(简记为 FCM)。第三个对比方法是基于局部信息的模糊 C 均值聚类算法(简记为 FLICM)。第四个对比方法是基于 DBN 和 FCM 聚类的无监督变化检测方法(简记为 DBN+FCM)。第五个对比方法是已有的以显著性引导的变化检测方法，该方法首先通过 Context-Aware 做显著性检测，再通过 FCM 对显著性检测后的区域做变化检测的方法(简记为 DSF)。第六个对比方法是基于 SAE 和

FCM 结合的变化检测方法(简记为 SAE+FCM)，SAE 用于提取图像特征，FCM 对提取的特征进行聚类，实现变化检测。

最后一个对比方法是无监督获取伪标签和有监督检测网络的结合。获取伪标签的方法与本章采用的基于 DBN 和 FCM 结合的方法相同，感兴趣区域检测采用的是卷积神经网络，变化检测的方法是 FCM 聚类(简记为 CNN+FCM)，目的在于体现多尺度检测的有效性。本章提出的方法简记为 SPP+FCM。

图 5.19 是本章提出的基于 SPP Net 的变化检测方法在各组数据集上关于感兴趣区域检测的结果图。其中，图(a)是 Namibia 数据集的 ROI 检测结果图，图(b)是 Indonesia 数据集的 ROI 检测结果图，图(c)是 Brazil 地区第一组数据的 ROI 检测结果图，图(d)是 Brazil 地区第二组数据的 ROI 检测结果图，图(e)是仿真数据的 ROI 检测结果图。

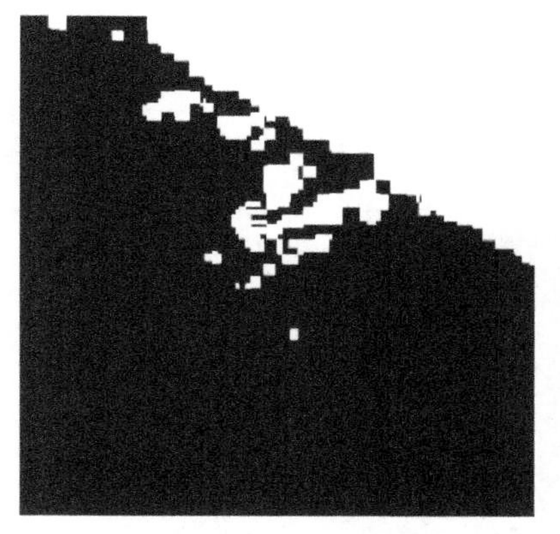

(a) Namibia 数据集

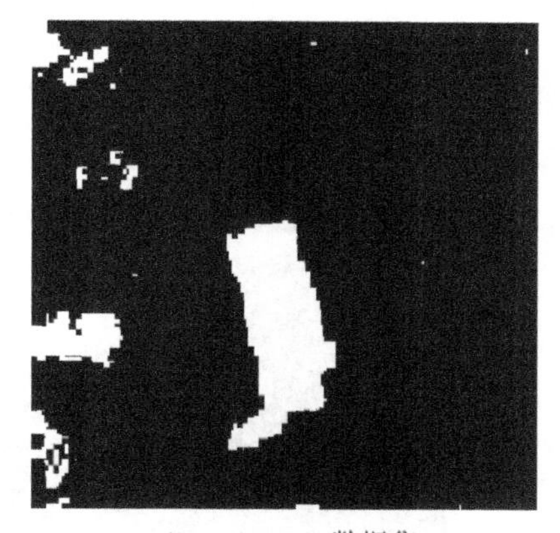

(b) Indonesia 数据集

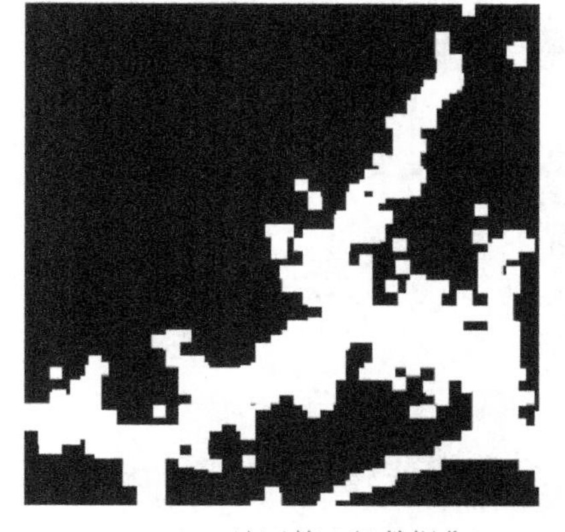

(c) Brazil 地区第一组数据集

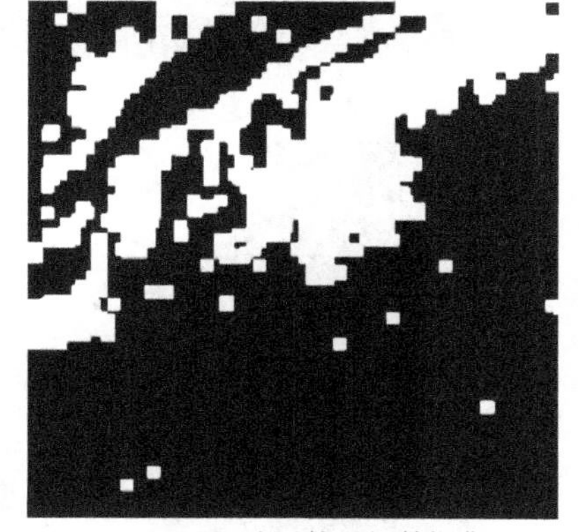

(d) Brazil 地区第二组数据集

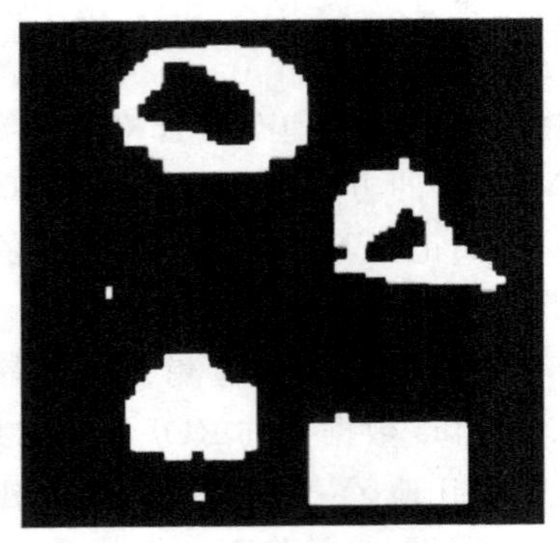

(e) 仿真数据集

图 5.19　五组数据集 ROI 检测结果图

图 5.20 是 Namibia 数据集变化检测结果图。其中，图(a)是 Namibia 数据集通过 GKI 阈值法得到的检测结果图，图(b)是通过 FCM 聚类得到的变化检测结果图，图(c)是通过

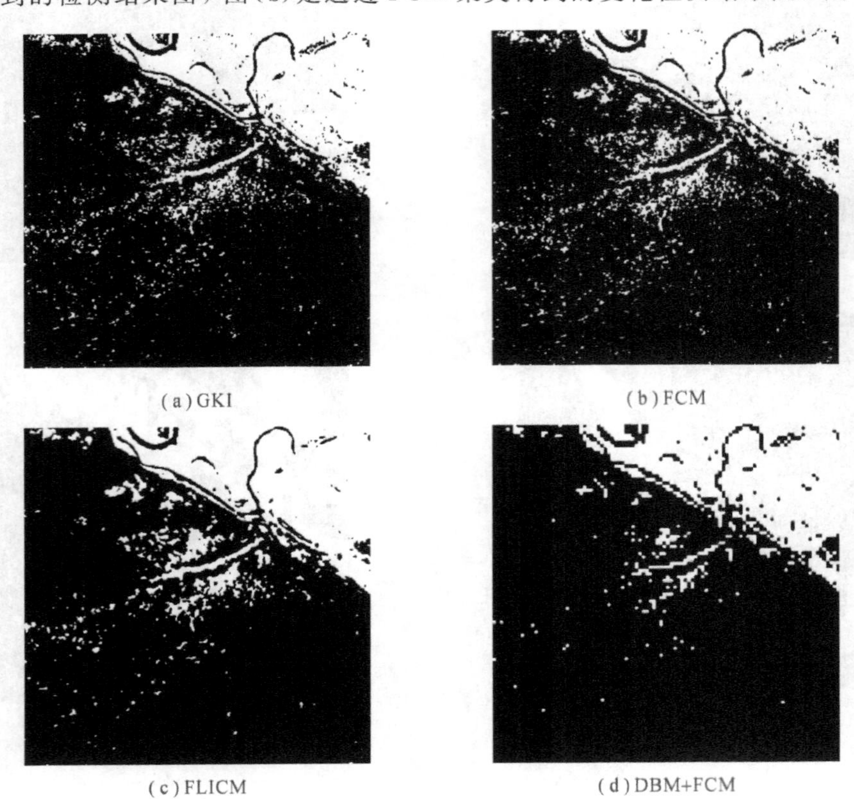

(a) GKI　(b) FCM

(c) FLICM　(d) DBM+FCM

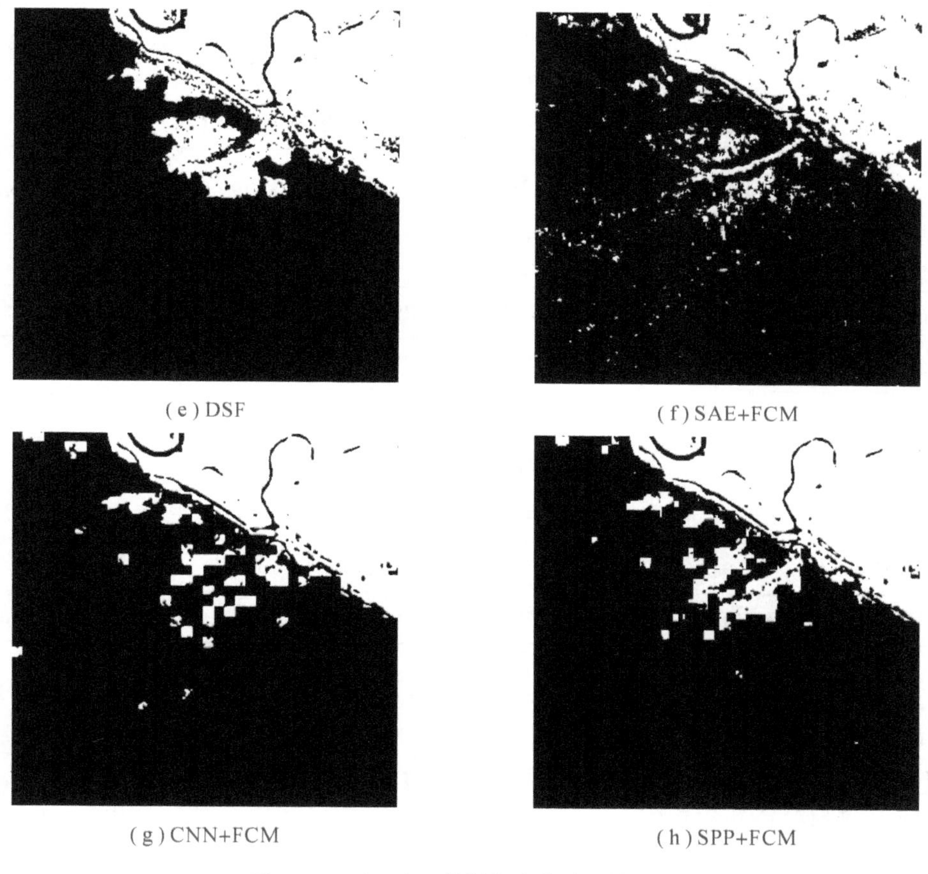


图 5.20　Namibia 数据集变化检测结果图

FLICM 聚类得到的检测结果图，图(d)是通过 DBN＋FCM 得到的检测结果图，图(e)是通过 DSF 得到的检测结果图，图(f)是通过 SAE＋FCM 得到的检测结果图，图(g)是通过 CNN＋FCM 得到的检测结果图，图(h)是本章提出的方法 SPP＋FCM 的检测结果图。

通过图 5.20 可知，传统方法(a)、(b)和(c)随着分辨率的增加，相干斑噪声影响较严重。本章提出的方法由于加入了 ROI 检测，相对于(b)直接通过 FCM 聚类得到的变化检测结果图，能够更好地抑制噪声点。(e)方法与本章的方法比起来，采用的感兴趣区域检测方法不同，(e)显著性检测得到的区域范围过大，导致错检数较高。与(g)相比，本章提出的方法引入多尺度的空间金字塔池化网络，由于多尺度的运用，变化检测效果更好。本章提出的方法是建立在(d)方法的基础上进行的，通过(d)、(h)的效果图对比，可以发现(h)是对(d)的增强，检测效果更好。

表 5.2 给出了 Namibia 数据集 7 种对比算法和本章提出的方法的检测结果的定量分

析，通过表中的各项评价指标，可以发现本章提出的基于 SPP Net 的 SAR 图像变化检测方法的结果中，错检数和漏检数相对较低，检测准确率 PCC 和 Kappa 系数均高于其他 7 种对比算法，因此本章提出的方法具有有效性。

**表 5.2　Namibia 数据集变化检测结果的定量分析**

| 方法＼指标 | FP | FN | TP | TN | OE | PCC | Kappa |
|---|---|---|---|---|---|---|---|
| GKI | 224388 | 104482 | 722864 | 2948266 | 328870 | 0.9178 | 0.7622 |
| FCM | 186497 | 117330 | 710016 | 2986157 | 303827 | 0.9240 | 0.7754 |
| FLICM | 175278 | 85786 | 741560 | 2997376 | 261064 | 0.9347 | 0.8087 |
| DBN+FCM | 78243 | 149040 | 678306 | 3094411 | 227283 | 0.9432 | 0.8212 |
| DSF | 233552 | 53642 | 773704 | 2939102 | 287194 | 0.9282 | 0.7975 |
| SAE+FCM | 132256 | 132078 | 695268 | 3040398 | 264334 | 0.9339 | 0.7986 |
| CNN+FCM | 164250 | 72739 | 754607 | 3008404 | 236989 | 0.9408 | 0.8265 |
| **SPP+FCM** | **166710** | **55901** | **771445** | **3005944** | **222611** | **0.9443** | **0.8384** |

图 5.21 是 Indonesia 数据集变化检测结果图。其中，图(a)是 Indonesia 数据集通过 GKI 阈值法得到的检测结果图，图(b)是通过 FCM 聚类得到的变化检测结果图，图(c)是通过 FLICM 聚类得到的检测结果图，图(d)是通过 DBN+FCM 得到的检测结果图，图(e)是通过 DSF 得到的检测结果图，图(f)是通过 SAE+FCM 得到的检测结果图，图(g)是通过 CNN+FCM 得到的检测结果图，图(h)是本章提出的基于 SPP Net 的 SAR 图像变化检测方法得到的检测结果图。

(a) GKI

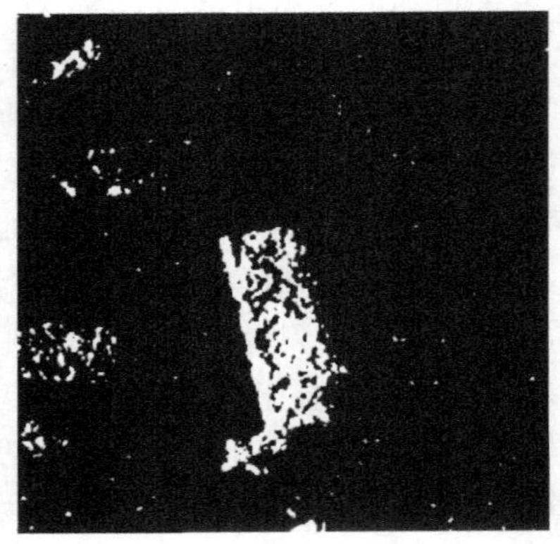
(b) FCM

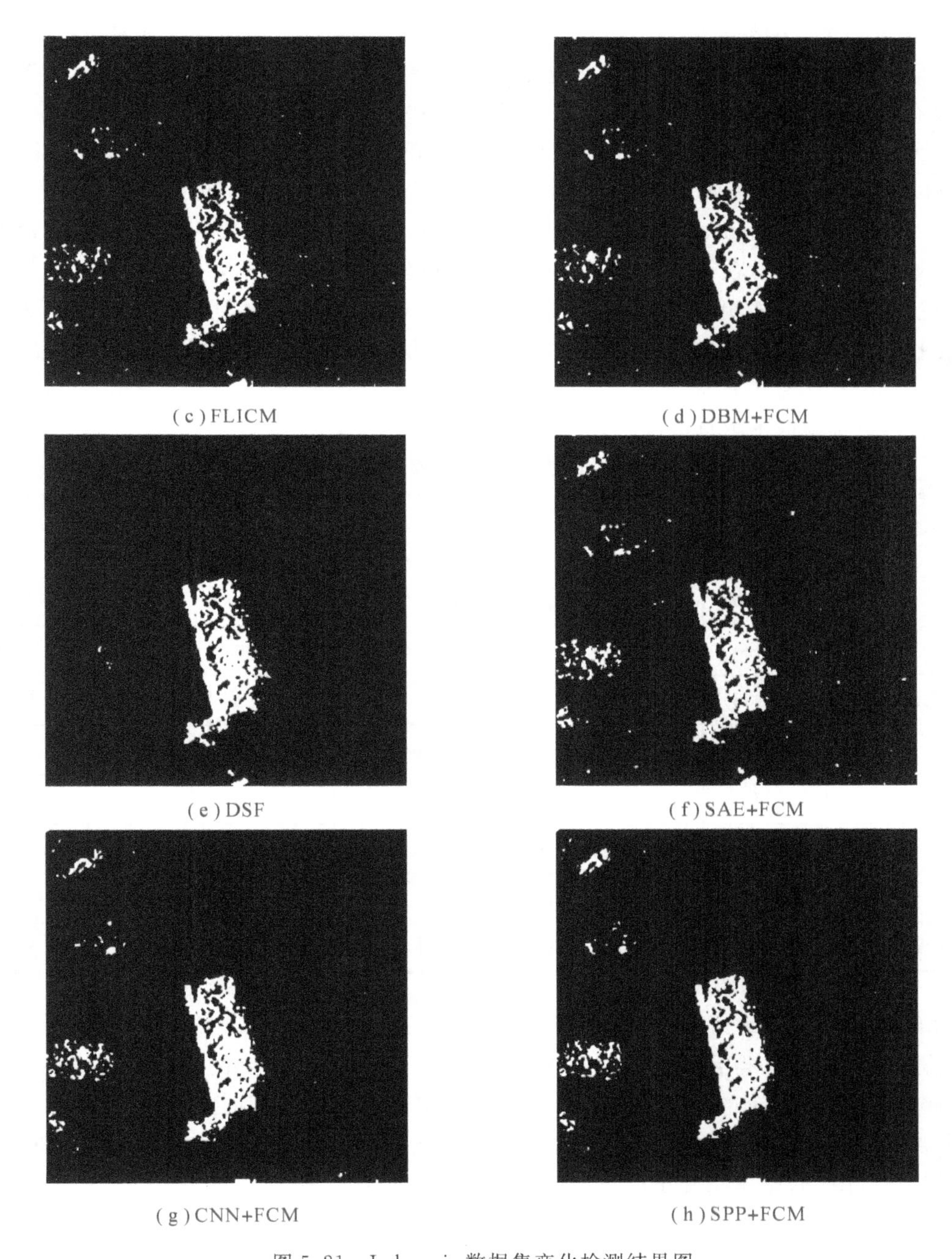
(c) FLICM
(d) DBM+FCM
(e) DSF
(f) SAE+FCM
(g) CNN+FCM
(h) SPP+FCM

图 5.21　Indonesia 数据集变化检测结果图

通过图 5.21 可知，本章提出的方法 SPP＋FCM 和(e)、(g)相较于其他的传统方法，由于加入 ROI 检测，能够有效地抑制斑点噪声。(e)和本章的方法相比，主要是 ROI 提取的方法不同，在(b)中可以看到有部分变化区域没有检测出来，说明 Context-Aware 显著性检测并没有有效地实现 ROI 区域检测。(g)与本章方法的不同之处在于 ROI 检测的网络是单尺度输入的 CNN，而本章选择的是多尺度融合的 SPP Net，通过(g)和(h)两个结果图的对比，可以发现多尺度方法对结构信息的检测更加完整，边缘信息检测更加清晰。

表 5.3 给出了 Indonesia 数据集 7 种对比算法和本章提出的方法 SPP＋FCM 的检测结果的定量分析。通过各项评价指标可以发现，本章提出的 SPP＋FCM 方法与无监督的变化检测方法 DBN＋FCM 相比，Kappa 系数上升了 6.05%，进一步说明本章提出的方法对初始变化检测结果有较大的改进。通过表 5.3 中的错检数和漏检数可以发现，本章提出的方法在错检和漏检上能够达到较好的平衡，检测准确率 PCC 和 Kappa 系数相比于其他算法是最高的，再次验证了本章提出的方法的有效性。

**表 5.3　Indonesia 数据集变化检测结果的定量分析**

| 指标<br>方法 | FP | FN | TP | TN | OE | PCC | Kappa |
|---|---|---|---|---|---|---|---|
| GKI | 134 374 | 98 055 | 237 585 | 3 529 986 | 232 429 | 0.9419 | 0.6397 |
| FCM | 20 524 | 167 985 | 167 655 | 3 643 836 | 188 509 | 0.9529 | 0.6170 |
| FLICM | 26 188 | 160 803 | 174 837 | 3 638 172 | 186 991 | 0.9533 | 0.6282 |
| DBN＋FCM | 19 821 | 161 111 | 174 529 | 3 644 539 | 180 932 | 0.9548 | 0.6362 |
| DSF | 6287 | 157 396 | 178 244 | 3 658 073 | 163 683 | 0.9591 | 0.6654 |
| SAE＋FCM | 33 258 | 146 373 | 189 267 | 3 631 102 | 179 631 | 0.9551 | 0.6551 |
| CNN＋FCM | 19 025 | 139 053 | 196 587 | 3 645 335 | 158 078 | 0.9605 | 0.6931 |
| **SPP＋FCM** | **18 532** | **137 848** | **197 792** | **3 645 828** | **156 380** | **0.9609** | **0.6967** |

图 5.22 是 Brazil 地区第一组数据变化检测结果图。其中，图(a)是 Brazil 地区第一组数据通过 GKI 阈值法得到的检测结果图，图(b)是通过 FCM 得到的变化检测结果图，图(c)是通过 FLICM 得到的结果图，图(d)是通过 DBN＋FCM 得到的结果图，图(e)是通过 DSF 得到的结果图，图(f)是通过 SAE＋FCM 得到的结果图，图(g)是通过 CNN＋FCM 得到的结果图，图(h)是本章提出的方法的结果图。通过图 5.22 可以得到，本章提出的方法由于感兴趣区域检测网络 SPP Net 的运用，与传统的变化检测方法相比，有效地抑制了 SAR 图像相干成像机理造成的斑点噪声，与 CNN＋FCM 方法相比，本章提出的方法融合了多组不同的尺度，使得感兴趣区域检测更加准确，从而实现更高效地变化检测，与无监

督的变化检测方法 DBN+FCM 相比，本章提出的方法在视觉效果上有较大的改进，结构信息检测更加清晰，检测效果更好。

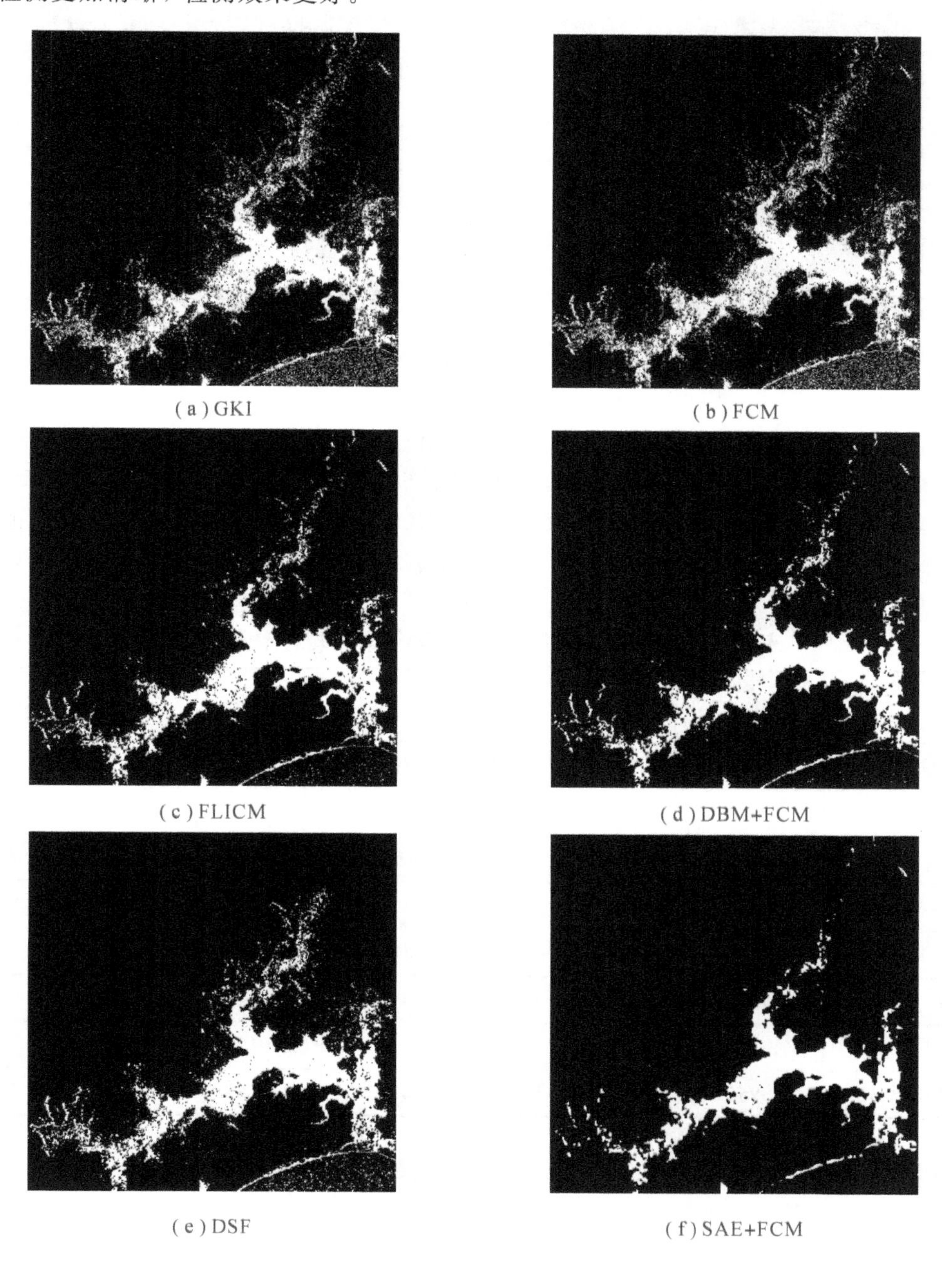

(a) GKI　(b) FCM　(c) FLICM　(d) DBM+FCM　(e) DSF　(f) SAE+FCM

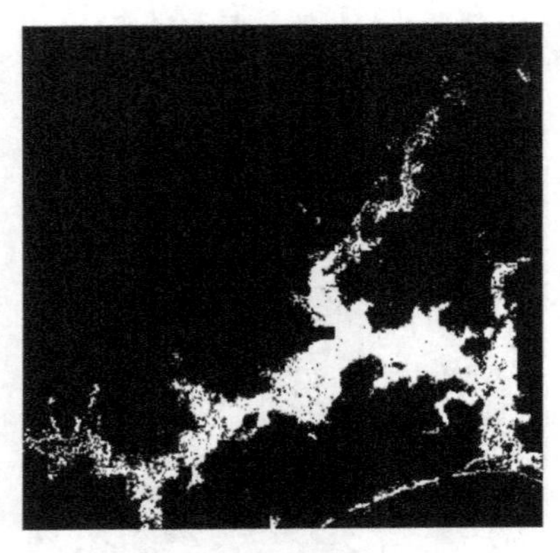

(g) CNN+FCM

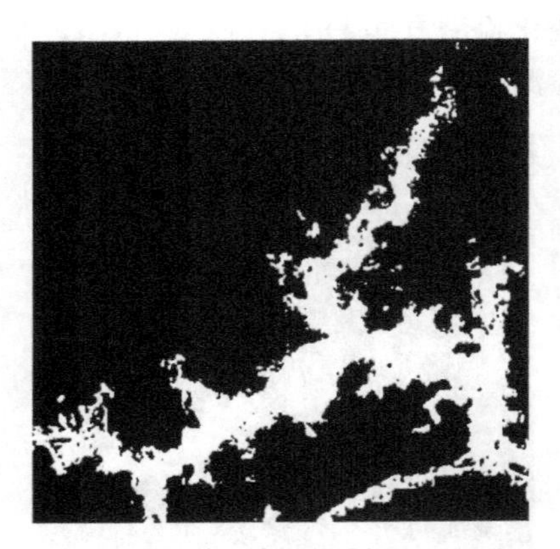

(h) SPP+FCM

图 5.22　Brazil 地区第一组数据变化检测结果图

表 5.4 给出了 Brazil 地区第一组数据集 7 种对比算法和本章提出的方法的检测结果的定量分析，通过各项评价指标可以发现，本章提出的 SPP＋FCM 方法相比于其他算法，其整体误差 OE 最低。同直接进行 FCM 聚类相比，ROI 对错检数和漏检数起到了很大的约减作用，OE 下降了 18.81%，PCC 上升了将近 1.37%。通过表 5.4 得知，SPP＋FCM 的 Kappa 系数最高。

**表 5.4　Brazil 地区第一组数据检测结果的定量分析**

| 方法＼指标 | FP | FN | TP | TN | OE | PCC | Kappa |
|---|---|---|---|---|---|---|---|
| GKI | 85490 | 211373 | 410110 | 3293027 | 296863 | 0.9258 | 0.6918 |
| FCM | 85595 | 207895 | 413588 | 3292922 | 293490 | 0.9267 | 0.6960 |
| FLICM | 21507 | 230363 | 391120 | 3357010 | 251870 | 0.9370 | 0.7220 |
| DBN＋FCM | 15903 | 229903 | 391580 | 3362614 | 245806 | 0.9385 | 0.7276 |
| DSF | 47431 | 192516 | 428967 | 3331086 | 239947 | 0.9400 | 0.7474 |
| SAE＋FCM | 22442 | 269200 | 352283 | 3356075 | 291642 | 0.9271 | 0.6685 |
| CNN＋FCM | 19109 | 221011 | 400472 | 3359408 | 240120 | 0.9400 | 0.7363 |
| **SPP＋FCM** | **173952** | **64336** | **557147** | **3204565** | **238288** | **0.9404** | **0.7883** |

图 5.23 是 Brazil 地区第二组数据变化检测结果图。其中，图(a)是 Brazil 地区第二组数据通过 GKI 阈值法得到的检测结果图，图(b)是通过 FCM 聚类得到的变化检测结果图，图(c)是通过 FLICM 聚类得到的结果图，图(d)是通过 DBN＋FCM 得到的结果图，图(e)

是通过 DSF 得到的结果图，图(f)是通过 SAE+FCM 得到的结果图，图(g)是通过 CNN+FCM 得到的结果图，图(h)是本章提出的方法 SPP+FCM 的结果图。

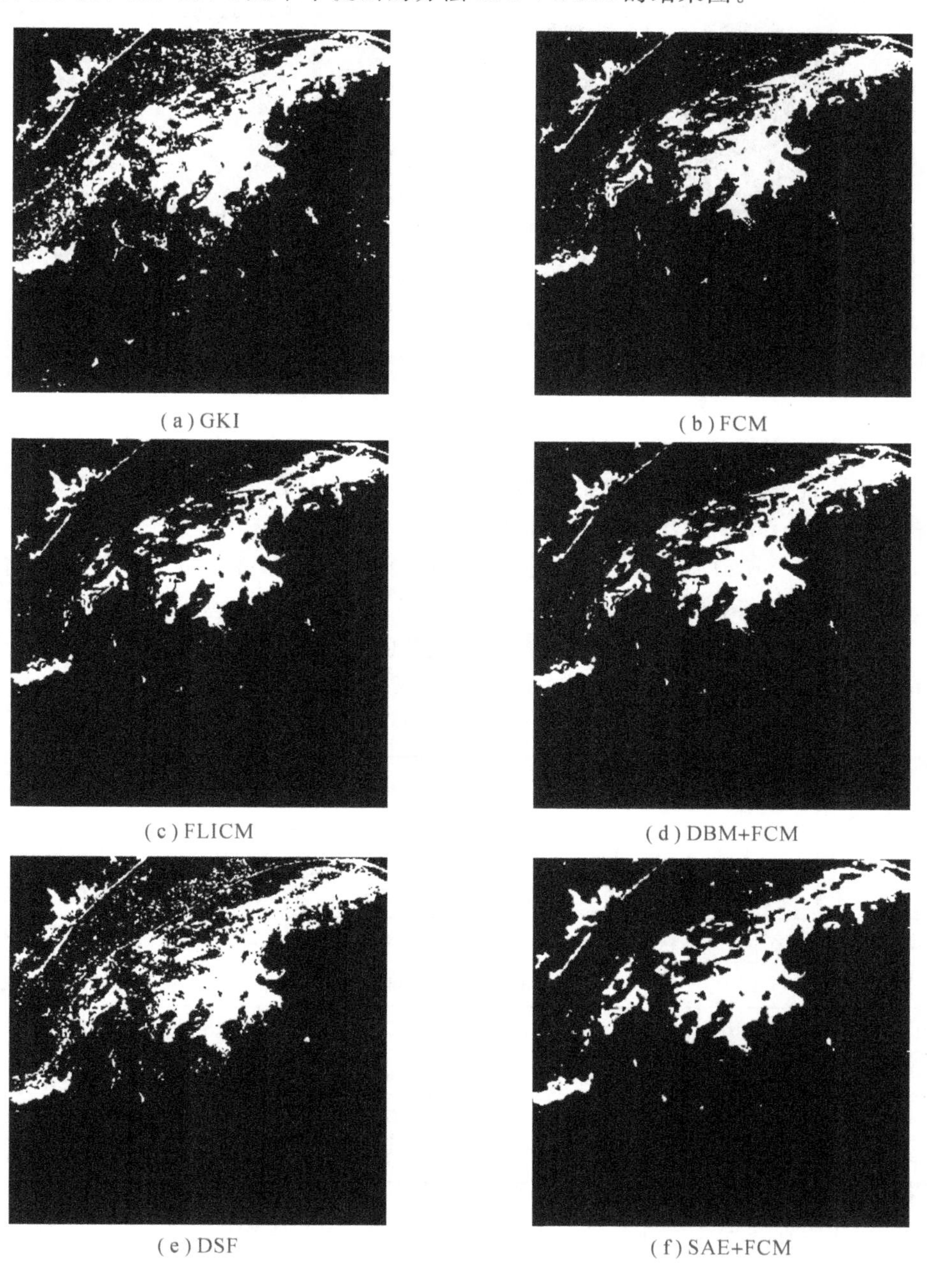

(a) GKI　(b) FCM　(c) FLICM　(d) DBM+FCM　(e) DSF　(f) SAE+FCM

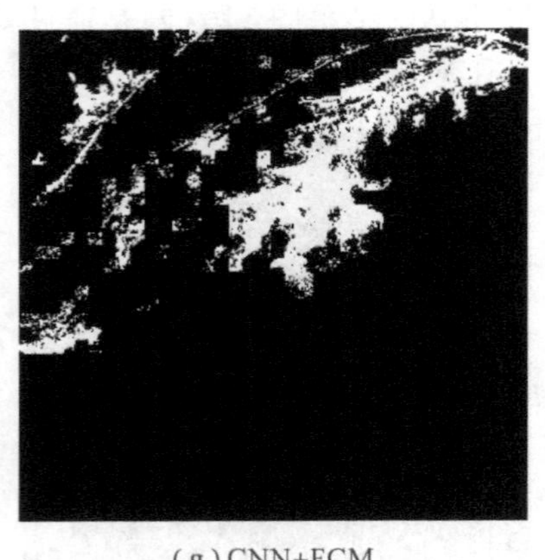

(g) CNN+FCM

(h) SPP+FCM

图 5.23　Brazil 地区第二组数据变化检测结果图

通过结果图可以得到，相干斑噪声对传统方法的影响较大，(e)和(g)由于加入了显著性检测，噪声点能够得到一定程度的抑制，但整体检测效果没有本章提出的 SPP Net 感兴趣区域检测网络和 FCM 结合的检测效果好。

表 5.5 给出了 Brazil 地区第二组数据 7 种对比算法和本章提出的方法的检测结果的定量分析。通过各项评价指标可以发现，本章提出的方法的整体误差 OE 要低于其他对比方法，PCC 和 Kappa 系数也相对更高。出现这种现象的主要原因在于本章的方法中 ROI 检测采用的是多尺度间的融合策略，检测精度更高，对变化检测起到基础性的作用。

**表 5.5　Brazil 地区第二组数据变化检测结果的定量分析**

| 方法＼指标 | FP | FN | TP | TN | OE | PCC | Kappa |
|---|---|---|---|---|---|---|---|
| GKI | 291120 | 82266 | 439242 | 3187372 | 373386 | 0.9066 | 0.6482 |
| FCM | 71635 | 164835 | 356673 | 3406857 | 236470 | 0.9409 | 0.7179 |
| FLICM | 82347 | 153457 | 368051 | 3396145 | 235804 | 0.9410 | 0.7240 |
| DBN+FCM | 69959 | 165297 | 356211 | 3408533 | 235256 | 0.9412 | 0.7188 |
| DSF | 166097 | 97111 | 424397 | 3312395 | 263208 | 0.9342 | 0.7253 |
| SAE+FCM | 122039 | 145993 | 375515 | 3356453 | 268032 | 0.9330 | 0.6986 |
| CNN+FCM | 91117 | 140357 | 381151 | 3387375 | 231474 | 0.9421 | 0.7341 |
| **SPP+FCM** | **89050** | **130364** | **391144** | **3389442** | **219414** | **0.9451** | **0.7497** |

图 5.24 是仿真数据集变化检测结果图。其中，图(a)是仿真数据集通过 GKI 阈值法得到的检测结果图，图(b)是通过 FCM 聚类得到的变化检测结果图，图(c)是通过 FLICM 聚

类得到的结果图，图(d)是通过 DBN＋FCM 得到的结果图，图(e)是通过 DSF 得到的结果图，图(f)是通过 SAE＋FCM 得到的结果图，图(g)是通过 CNN＋FCM 得到的结果图，图(h)是本章提出的方法 SPP＋FCM 的结果图。表 5.6 是各对比算法和本章算法对仿真数据集变化检测结果的定量分析。

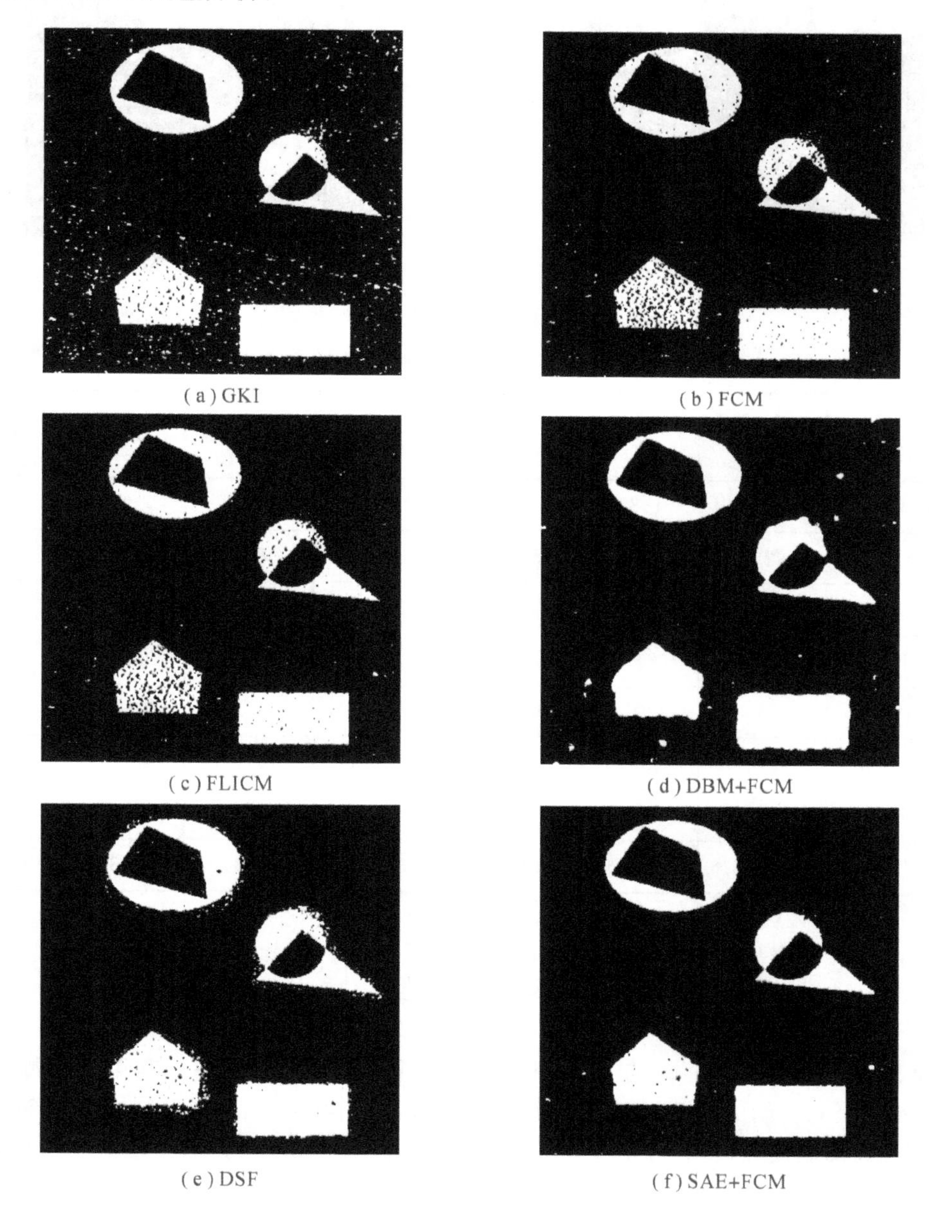

(a) GKI　　(b) FCM

(c) FLICM　　(d) DBM+FCM

(e) DSF　　(f) SAE+FCM

(g) CNN+FCM

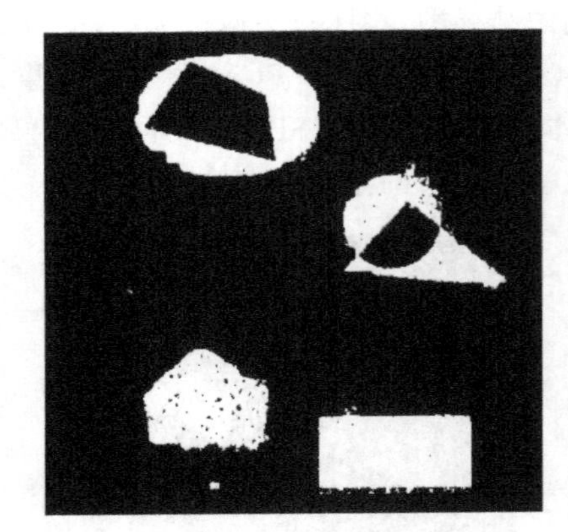

(h) SPP+FCM

图 5.24　仿真数据集变化检测结果图

**表 5.6　仿真数据集变化检测结果的定量分析**

| 方法＼指标 | FP | FN | TP | TN | OE | PCC | Kappa |
|---|---|---|---|---|---|---|---|
| GKI | 66254 | 13859 | 621017 | 3298870 | 80113 | 0.9780 | 0.9274 |
| FCM | 9268 | 59586 | 575290 | 3355856 | 68854 | 0.9828 | 0.9334 |
| FLICM | 6617 | 57456 | 577420 | 3358507 | 64073 | 0.9840 | 0.9380 |
| DBN＋FCM | 56512 | 2196 | 632680 | 3308612 | 58708 | 0.9853 | 0.9469 |
| DSF | 53310 | 7016 | 627860 | 3311814 | 60326 | 0.9849 | 0.9451 |
| SAE＋FCM | 35147 | 39973 | 594903 | 3329977 | 75120 | 0.9812 | 0.9295 |
| CNN＋FCM | 35545 | 23914 | 610962 | 3329579 | 59459 | 0.9851 | 0.9447 |
| **SPP＋FCM** | **29097** | **19415** | **615461** | **3336027** | **48512** | **0.9879** | **0.9549** |

## 本章小结

本章提出了基于 SPP Net 的 SAR 图像变化检测方法，该方法首先利用无监督的 DBN 和 FCM 方法获取初始的检测结果。然后利用初始的检测结果，根据感兴趣区域检测网络的样本选取规则选取训练样本。其次，将训练样本送入 SPP Net 感兴趣区域检测网络并进行网络的训练。接着，通过训练好的感兴趣区域检测网络提取出两时相 SAR 图像的感兴趣区域。最后，将感兴趣区域映射到均值比值差异图上，通过 FCM 将映射后提取的均值比值差异图上的感兴趣区域进行聚类，得到变化检测结果图。

该方法中的 ROI 提取方法不同于已有的显著性检测方法，它是通过空间金字塔池化网络实现的，能够在有效抑制斑点噪声的同时保证检测精度。通过实验证明，该方法可以实现大规模、高分辨的 SAR 图像变化检测，验证了该算法的有效性。

# 参考文献


[1] 焦李成. 深度学习、优化与识别[M]. 北京：清华大学出版社，2017.

[2] Mas J F. Monitoring land-cover changes: A comparison of change detection techniques[J]. International Journal of Remote Sensing, 1999, 20(1): 139-152.

[3] Kosugi Y, Sakamoto M, Fukunishi M, et al. Urban change detection related to earthquakes using an adaptive nonlinear mapping of high-resolution images[J]. IEEE Geoscience & Remote Sensing Letters, 2004, 1(3): 152-156.

[4] 陈鑫镖. 遥感影像变化检测技术发展综述[J]. 测绘与空间地理信息，2012，35(9)：38-41.

[5] 焦李成. 图像多尺度几何分析理论与应用：后小波分析理论与应用[M]. 西安：西安电子科技大学出版社，2008.

[6] 焦李成，谭山. 图像的多尺度几何分析：回顾和展望[J]. 电子学报，2003，31(12A)：1975-1981.

[7] Bovolo F, Bruzzone L. A detail-preserving scale-driven approach to change detection in multitemporal SAR images [J]. IEEE Transactions on Geoscience & Remote Sensing, 2005, 43(12): 2963-2972.

[8] Bazi Y, Bruzzone L, Melgani F. Automatic identification of the number and values of decision thresholds in the log-ratio image for change detection in SAR images[J]. IEEE Geoscience & Remote Sensing Letters, 2006, 3(3): 349-353.

[9] Gong M, Yang H, Zhang P. Feature learning and change feature classification based on deep learning for ternary change detection in SAR images[J]. Isprs Journal of Photogrammetry & Remote Sensing, 2017, 129: 212-225.

[10] Liu X, Li J, Sahli H, et al. Improving unsupervised flood detection with spatio-temporal context on HJ-1B CCD data[C]// Geoscience and Remote Sensing Symposium. IEEE, 2016: 4402-4405.

[11] Longbotham N, Pacifici F, Glenn T, et al. Multi-Modal Change Detection, Application to the Detection of Flooded Areas: Outcome of the 2009-2010 Data Fusion Contest[J]. IEEE Journal of Selected Topics in Applied Earth Observations & Remote Sensing, 2013, 5(1): 331-342.

[12] Marchesi S, Bovolo F, Bruzzone L. A Context-Sensitive Technique Robust to Registration Noise for Change Detection in VHR Multispectral Images [J]. IEEE Transactions on Image Processing, 2010, 19(7): 1877.

[13] Celik T. Multiscale Change Detection in Multitemporal Satellite Images[J]. IEEE Geoscience & Remote Sensing Letters, 2009, 6(4): 820-824.

[14] Bruzzone L, Prieto D F. An adaptive semiparametric and context-based approach to unsupervised change detection in multitemporal remote-sensing images. [J]. IEEE Transactions on Image Processing, 2002, 11(4): 452-466.
[15] Bentoutou Y, Taleb N, Kpalma K, et al. An automatic image registration for applications in remote sensing[J]. IEEE Transactions on Geoscience & Remote Sensing, 2005, 43(9): 2127-2137.
[16] Townshend J R G, Justice C O, Gurney C, et al. The Impact of Misregistration on Change Detection [J]. IEEE Transactions on Geoscience & Remote Sensing, 1992, 30(5): 1054-1060.
[17] Bromiley P A, Thacker N A, Courtney P. Non-parametric image subtraction using grey level scattergrams [J]. Image & Vision Computing, 2002, 20(9): 609-617.
[18] 徐颖，周焰. SAR 图像配准方法综述[J]. 地理空间信息，2013(3)：63-66.
[19] Xie H, Pierce L E, Ulaby F T. Mutual information based registration of SAR images[C]// Geoscience and Remote Sensing Symposium, 2003. IGARSS 03. Proceedings. 2003 IEEE International. IEEE, 2003, 6: 4028-4031.
[20] Shu L, Tan T. SAR and SPOT Image Registration Based on Mutual Information with Contrast Measure[C]// IEEE International Conference on Image Processing. IEEE, 2007: V-429-V-432.
[21] Chatelain F, Tourneret J Y, Inglada J, et al. Bivariate Gamma Distributions for Image Registration and Change Detection[J]. IEEE Transactions on Image Processing A Publication of the IEEE Signal Processing Society, 2007, 16(7): 1796-1806.
[22] 王东峰. 多模态和大型图像配准技术研究[D]. 中国科学院研究生院(电子学研究所)，2002.
[23] Reddy B S, Chatterji B N. An FFT-based technique for translation, rotation, and scale-invariant image registration. IEEE Trans Image Process[J]. IEEE Trans Image Process, 1996, 5(8): 1266-1271.
[24] 辛登松，彭建雄. SAR 图像的改进相位相关配准方法[J]. 计算机与数字工程，2011，39(8)：126-128.
[25] Kumar S, Arya K V, Rishiwal V, et al. Robust Image Registration Technique for SAR Images[C]// International Conference on Industrial and Information Systems. IEEE, 2007: 519-524.
[26] 刘向增，田铮，史振广，等. 基于 FKICA-SIFT 特征的合成孔径图像多尺度配准[J]. 光学精密工程，2011，19(9)：2186-2196.
[27] Lindeberg T. Feature Detection with Automatic Scale Selection[J]. International Journal of Computer Vision, 1998, 30(2): 79-116.
[28] Bay H, Ess A, Tuytelaars T, et al. Speeded-Up Robust Features (SURF)[J]. Computer Vision & Image Understanding, 2008, 110(3): 346-359.
[29] Bovik A C. On detecting edges in speckle imagery[J]. IEEE Transactions on Acoustics Speech & Signal Processing, 1988, 36(10): 1618-1627.
[30] 陈思，杨健，宋小全. 基于编组拟合的合成孔径雷达图像线特征提取[J]. 清华大学学报：自然科学版，2011(2)：166-171.
[31] 黄勇，王建国，黄顺吉. 一种 SAR 图像的自动匹配算法及实现[J]. 电子与信息学报，2005，27(1)：6-9.
[32] 张宝尚，田铮，延伟东. 基于分割区域的 SAR 图像配准方法研究[J]. 工程数学学报，2011，28(1)：7-14.
[33] Singh A. Review article digital change detection techniques using remotely-sensed data[J]. International

journal of remote sensing, 1989, 10(6): 989-1003.
[34] 刘明旭，张永红. SAR影像变化检测研究综述[J]. 地理空间信息，2014(3): 36-40.
[35] 公茂果，苏临之，李豪，等. 合成孔径雷达影像变化检测研究进展[J]. 计算机研究与发展，2016, 53(1): 123-137.
[36] Kittler J, Illingworth J. Minimum error thresholding[J]. Pattern Recognition, 1986, 19(1): 41-47.
[37] Dempster A P, Laird N M, Rubin D B. Maximum Likelihood from Incomplete Data via the EM Algorithm[J]. Journal of the Royal Statistical Society, 1977, 39(1): 1-38.
[38] Yetgin Z. Unsupervised Change Detection of Satellite Images Using Local Gradual Descent[J]. IEEE Transactions on Geoscience & Remote Sensing, 2012, 50(5): 1919-1929.
[39] 高丛珊，张红，王超，等. 广义Gamma模型及自适应KI阈值分割的SAR图像变化检测[J]. 遥感学报，2010, 14(4): 710-724.
[40] 尤红建. 多尺度分割优化的SAR变化检测[J]. 武汉大学学报：信息科学版，2011, 36(5): 531-534.
[41] 万红林，焦李成，辛芳芳. 基于交互式分割技术和决策级融合的SAR图像变化检测[J]. 测绘学报，2012, 41(1): 74-80.
[42] Gamba P, Dell Acqua F, Lisini G. Change Detection of Multitemporal SAR Data in Urban Areas Combining Feature-Based and Pixel-Based Techniques[J]. IEEE Transactions on Geoscience & Remote Sensing, 2006, 44(10): 2820-2827.
[43] 杜培军，柳思聪. 融合多特征的遥感影像变化检测[J]. 遥感学报，2012, 16(4): 663-677.
[44] 宋野. 基于目标检测的SAR图像变化检测方法研究[D]. 中国科学院研究生院，2004.
[45] Caves R G, Quegan S. Segmentation based change detection in ERS-1 SAR images[C]//Geoscience and Remote Sensing Symposium, 1994. IGARSS94. Surface and Atmospheric Remote Sensing: Technologies, Data Analysis and Interpretation., International. IEEE, 1994, 4: 2149-2151.
[46] Celik T, Ma K K. Multitemporal Image Change Detection Using Undecimated Discrete Wavelet Transform and Active Contours[J]. IEEE Transactions on Geoscience & Remote Sensing, 2011, 49(2): 706-716.
[47] 黄勇，王建国，黄顺吉. 基于图像分割的SAR图像变化检测算法及实现[J]. 信号处理，2005, 21(2): 149-152.
[48] 孙志军，薛磊，许阳明，等. 深度学习研究综述[J]. 计算机应用研究，2012, 29(8): 2806-2810.
[49] Larochelle H, Bengio Y. Classification using discriminative restricted Boltzmann machines[C]//Proceedings of the 25th international conference on Machine learning. ACM, 2008: 536-543.
[50] G. E. Hinton and R. R. Salakhutdinov. Supporting online material for reducing the dimensionality of data with neural networks [J]. Science, 2006.
[51] 沙宇恒，刘芳，焦李成. 基于非下采样Contourlet变换的SAR图像增强[J]. 电子与信息学报，2009, 31(7): 1716-1721.
[52] 郑永安，宋建社，周文明，等. 基于Contourlet变换的多波段SAR图像融合[J]. 计算机工程，2007, 33(18): 34.

# 第6章 基于自步学习和对称卷积耦合网络的SAR图像变化检测

在现有的基于深度学习的SAR图像变化检测方法中，部分算法摒弃了已有变化检测的步骤，不再生成差异图，避免差异图的生成所造成的累计误差。由于SAR图像中含有大量的噪声点，给训练带来了困难，使得深度神经网络的训练容易陷入局部最优。针对这个问题，本章引入基于粒子群优化的自适应自步学习(Self-Paced Learning Based on Particle Swarm Optimization，SPLPSO)方法来训练对称卷积耦合网络，使得对称卷积耦合网络先学习简单的像素信息，然后逐渐学习复杂的像素信息。优化深度神经网络对SAR图像学习的路径，避免卷积耦合网络的训练陷入局部最优，增加模型对噪声点的抑制能力。

## 6.1 卷积神经网络

目前深度学习在各种优化问题上取得了优异的结果。其中卷积神经网络在近几年应用得非常广泛，尤其是在图像处理领域有着不可比拟的优势。卷积神经网络具有结构简单、模型参数较少和应用性强等诸多优点。尤其是权重共享机制，让多个神经元共用一组权值，大大降低了网络的复杂度，提高了网络的训练速度。

如图6.1所示，卷积神经网络主要由输入层、多个卷积层、多个池化层和全连接层组

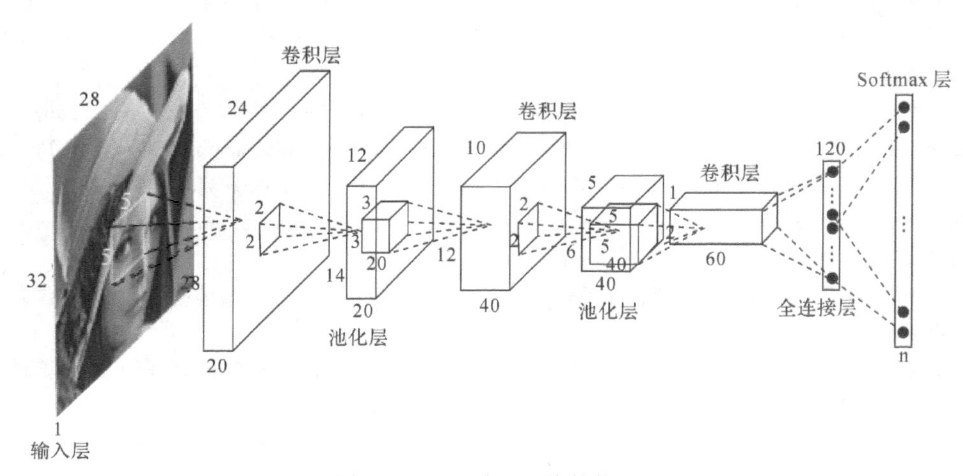


图6.1 卷积神经网络结构图

成。其中输入层输入需要训练的样本，其神经元个数与样本的维度一致。卷积层中，一个神经元只与部分的神经元相连，多个矩阵排列的神经元组成一个特征平面，这些神经元在特征平面中共享一组权值。这些共享的权值称之为卷积核，一般会使用随机的浮点数来初始化卷积核。卷积核的存在能够降级网络的复杂度，提高网络的优化速度，同时可以避免过拟合问题。在池化层中，常用的采样方法有均值采样和最大值采样。卷积神经网络的训练过程大致分为两个阶段：

（1）前向传播学习：前向学习过程也就是卷积的过程，卷积核作用在输入的图像上，对输入的图像矩阵依次进行卷积操作，得到输出矩阵。

（2）反向传播学习：反向学习过程通常采用误差反向传播算法，通过计算实际输出与理论输出之间的差距，得到误差，然后根据误差对网络的参数进行逐层的调整。

卷积神经网络在图像处理问题上有着其他算法不能比拟的优势，主要表现在：

（1）二维图像可以直接作为网络的输入，不需要将图像转换成一维的矢量，减少了对图像的复杂处理过程。

（2）输入的图像矩阵与网络层的神经元矩阵结构能够很好地吻合。

（3）共享卷积核使得多个神经元共享一组参数，处理高维数据时，复杂度不大，减少了网络的参数，缩短了网络训练时间，提高了网络的适应性。

（4）网络会自动进行特征的提取，不需要进行复杂的特征提取工作。

## 6.2 SPLPSO 算法

### 6.2.1 粒子群优化算法

进化计算是模拟大自然中的各种生物进化的一类演化算法，主要通过模拟动物进化中的繁殖、竞争、变异等各种规律来实现优胜劣汰，或者通过模拟动物的觅食、寻路等群体行为来逐渐地进化并向着问题的最优解靠近。进化算法不用考虑问题本身的具体计算方法，只需要对问题进行编码。给定问题的评价函数，进化算法就可以不断地更新编码，以问题的评价函数为导向，一步一步地向着问题的最优解靠近，因此，进化算法在模式识别、工程设计、生物医学等领域得到了广泛的应用。

粒子群优化算法(Particle Swarm Optimization，PSO)是近年来最受欢迎的进化算法之一，是由 J. Kennedy 等人根据鸟类的觅食行为模拟开发出的一种全新的进化算法。J. Kennedy 等人在研究鸟类的飞行和觅食行为的时候，发现鸟群中的每只鸟在飞行过程中虽然不清楚食物的具体位置，却知道自己距离食物到底有多远。鸟群中的每一只鸟都会向着距离食物最近的那一只鸟靠拢，并在距离食物最近的那一只鸟的周围进行搜索。粒子群优化算法就是基于鸟类的这种群体行为而设计出来的。在粒子群优化算法中，待解决问题的每一个解都被抽象成一个没有质量，只有速度和位置信息的粒子。利用问题的优化函数来评价粒子的适应度，粒子会朝着适应度函数最大的粒子飞行，并在它周围的解空间进行新的搜索。与其他的启发式算法相同，粒子群优化算法也是从一个初始化的种群开始搜索，不断迭代更新，直到找到最优解。不同的是粒子群优化算法中没有竞争和变异操作，而有信息共享和协同合作。每一个粒子都会与其他粒子共享自己的最优位置。每一个粒子都会根据自己的历史最优位置和整体历史最优位置来优化更新自己的飞行路径。最终粒子群会找到问题的最优解。

### 6.2.2 年龄参数对自步学习的影响分析

年龄参数在自步学习算法中起着至关重要的作用，其决定着自步学习的学习路径和学习步长。年龄参数一般会随着自步学习算法的迭代而不断增大，整个自步学习过程需要一个递增的年龄序列。因此，在自步学习的前期，年龄参数一般会比较小，一些简单的样本会被选择加入学习，机器会通过学习简单的知识，初步建立一定的知识基础，为学习复杂的样本做准备。在自步学习的中期，年龄参数增大，一些相对复杂的样本会被加入机器学习，这些复杂的样本通常有着丰富的知识和很多的细节信息，机器能够学习到更丰富的知识。在自步学习的后期，年龄参数很大，一些异常的、无意义的、具有很大噪声的样本会被选择加入机器进行学习，这些样本会误导已经学习好的机器，为机器学习的表现产生负的影响。

因此年龄参数不仅控制着自步学习的学习步长，同时影响着模型优化的路径。图 6.2 显示了四种不同的年龄序列在矩阵分解问题上的学习过程。其中横轴是自步学习的迭代次数，纵轴是矩阵分解结果的均方根误差(RMSE)。从图中可以看出，不同的年龄参数设置，有着不同的优化路径，得到的学习结果也有很大的差异。

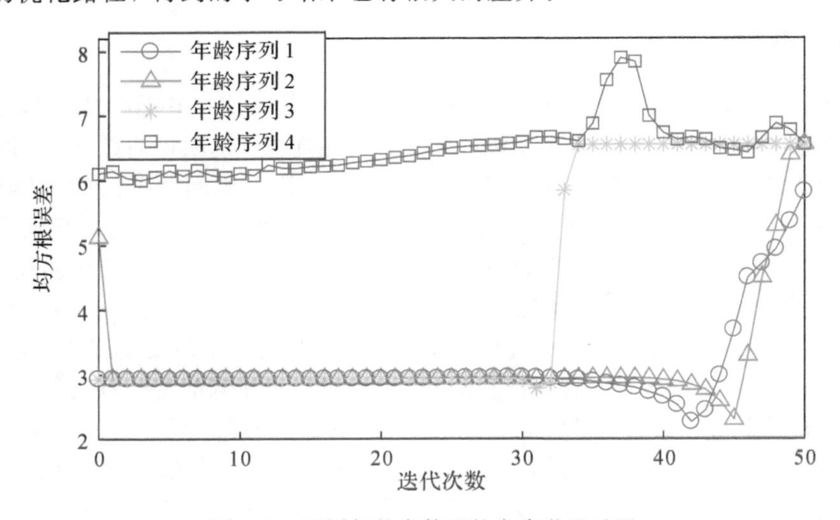


图 6.2　不同年龄参数下的自步学习过程

### 6.2.3 SPLPSO 模型构造

基于粒子群优化算法，对自步学习中的年龄参数进行优化，实现自步学习年龄参数的自适应调节。

如图 6.3 是 SPLPSO 模型的框图。SPLPSO 模型采用自步学习来计算粒子的适应度函数。首先随机初始化粒子群，然后根据已经设计好的年龄参数与位置编码之间的转换关系将粒子的位置转换成年龄参数，其转换关系在以下内容中会详细讲解。根据转换得到的年龄参数序列训练自步学习模型，得到每一个粒子的适应度值。根据适应度值更新每一个粒子的个体最优位置和粒子群的全局最优位置。根据适应度函数和个体最优、全局最优位置调整粒子的位置和速度。粒子的位置和速度的更新公式如式(6-1)和式(6-2)所示。更新后的粒子速度和位置需要进行修正处理，使得粒子在可行域范围之内，缩短算法的收敛时间。若算法没有达到最大迭代时间，则继续进行适应度值的计算和粒子的信息更新步骤。否则，得到最优的年龄参数编码，根据年龄参数编码运行自步学习，得到一个训练好的学习器，用学习器学习样本集，得到最终的问题的解。

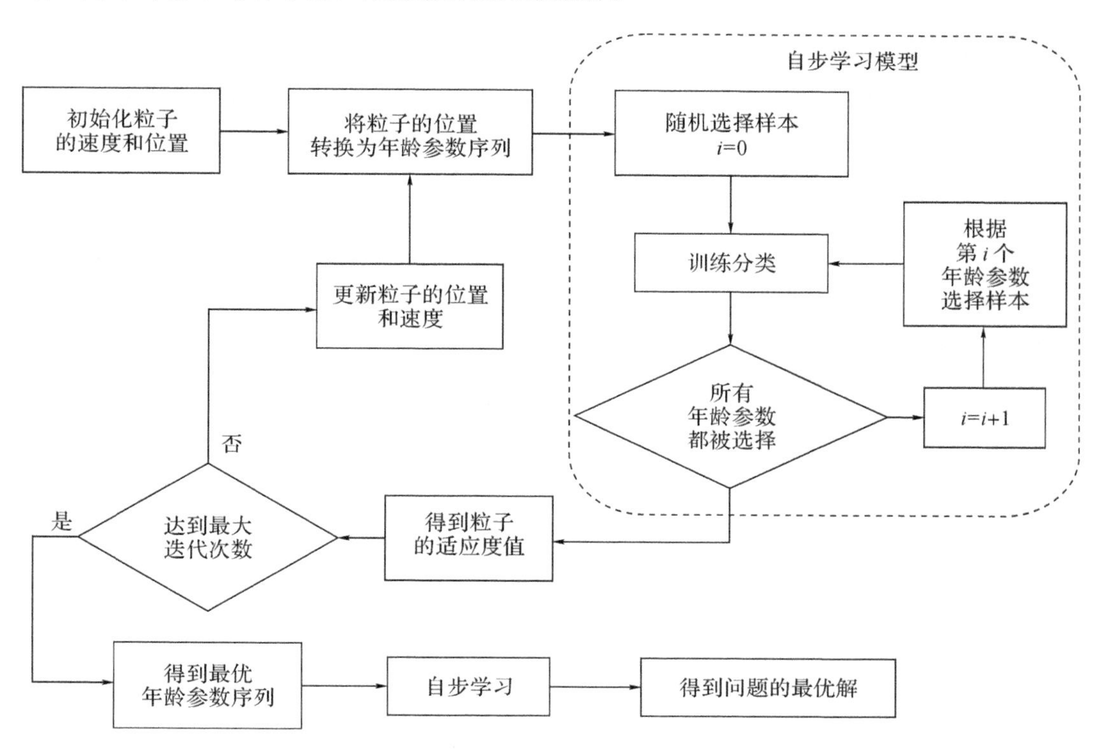


图 6.3 SPLPSO 模型的框图

该模型将粒子群优化算法和自步学习算法结合在一起，通过对年龄参数的优化实现年龄参数的自适应调整，粒子的位置和速度的更新公式如下：

$$V_i^* = w \times V_i + c_1 + \text{rand}_1 \times (\text{pbest}_i - X_i) + c_2 \text{rand}_2 \times (\text{gbest}_i - X_i) \quad (6-1)$$

$$X_i^* = X_i + V_i^* \quad (6-2)$$

其中，式(6－1)用于更新第 $i$ 个粒子的飞行速度，式(6－2)用于更新第 $i$ 个粒子的位置。$w$ 表示飞行速度 $V_i$ 的权重因子，$c_1$ 和 $c_2$ 表示粒子的学习因子，$\text{rand}_1$ 和 $\text{rand}_2$ 是两个[0，1]之间的随机数。

算法中，设计了一种新的编码方式对自步学习的年龄参数进行编码，每一个编码代表一个粒子，所有编码构成一个由 $N$ 个粒子组成的粒子群。利用自步学习的优化过程构建了一个用于评价编码好坏的适应度函数。每次迭代根据适应度函数计算出每个粒子的适应度值。在更新粒子的位置和粒子的速度之后，粒子有可能会逃出可行域空间，因此要对非法的粒子进行修正。算法中涉及到的自步学习年龄参数的编码方法和适应度函数的构建将在后面内容中进行详细讲解。

适应度函数是每个进化算法的关键组成部分，它决定着算法优化的路径。适应度的选取将直接影响粒子群优化算法的收敛速度和算法优化的方向，因为粒子群优化算法在进化搜索过程中仅依靠适应度函数来评判一个粒子的好坏，而不依靠其他的外部信息。一般来说，会把问题的目标函数作为粒子群优化算法的适应度函数，当问题的目标函数是最小优化函数时会映射成求最大值函数的形式。

在大多数机器学习方法中，损失函数是需要优化的目标函数，但是过度的优化损失函数会导致过拟合问题。因为算法会过度拟合样本存在的内部信息，丢失了样本中存在的本质关系，因此，在很多机器学习算法中加入了各种各样的正则项，限制了算法中参数的优化区间，保证了算法优化的质量。

类似地，在自步学习中也加入了自步学习正则项来防止过度拟合。自步学习的目标函数如下：

$$\min_{w,\, v} E(w,\, v;\, \lambda) = \sum_{i=1}^{n} v_i L(y_i,\, f(x_i,\, w)) + f(v,\, \lambda) \quad (6-3)$$

其中，$x_i$ 表示第 $i$ 个样本的输入，$y_i$ 是其对应的标签，$w$ 是决策函数 $f(x_i, w)$的模型参数。$L(y_i, f(x_i, w))$表示损失函数，用于计算实际标签 $y_i$ 与真实标签 $f(x_i, w)$之间的偏差。$v_i$ 是自步学习的样本权重，$\lambda$ 是自步学习的年龄参数。$f(v, \lambda)$是自步学习正则项，在这里取“硬”正则 $f(v; \lambda) = -\lambda \sum_{i=1}^{n} v_i$，则自步学习的目标函数可以表示为式(6－4)的形式，即

$$\min_{w,\, v} E(w,\, v;\, \lambda) = \sum_{i=1}^{n} v_i L(y_i,\, f(x_i,\, w)) - \lambda \sum_{i=1}^{n} v_i \quad (6-4)$$

其中，损失函数的取值范围为 $0 \leqslant L(y_i, f(x_i, w)) \leqslant 1$，自步学习的样本权重的取值范围为

$v_i \in [0, 1]$，所以目标函数的第一项的最小值为 0。在目标函数第二项中，$-\lambda\sum_{i=1}^{n}v_i$ 当且仅当 $v_1=v_2=\cdots=v_n=1$ 时，能取到最小值为 $-\lambda n$，而此时 $\lambda$ 取值为无穷大，所以自步学习的目标函数能取到最小值，即负无穷大，因此并不适合直接用来作为粒子群优化算法的适应度函数。

在 Li 等人的文章基于多目标优化的自步学习算法中，将自步学习的目标函数拆分为两个目标函数，用多目标学习的算法来优化。当固定年龄参数的最大取值之后，自步学习的目标函数将成为一个具有下限的最小化优化问题，而这个下限正是待解决的问题的解。实际上，固定了自步学习的年龄参数也就相当于固定了自步学习迭代的终止点，本章算法将最大年龄参数 $\lambda_{max}$ 作为算法需要调整的一个参数，将自步学习的目标函数作为粒子群优化算法的适应度函数。

在本章提出的基于粒子群优化算法的自适应年龄参数的自步学习方法中，需要对年龄参数进行编码，但是自步学习的年龄参数是一个递增的数列，传统的编码方式会破坏年龄参数的递增性。本章设计一种新的年龄参数的编码方法用于算法的编码。在自步学习中，年龄参数扮演着重要的角色，自步学习的目标优化函数如下：

$$\min_{w, v} E(w, v; \lambda) = \sum_{i=1}^{n} v_i L(y_i, f(x_i, w)) + f(v, \lambda) \tag{6-5}$$

其中，损失函数 $L(y_i, f(x_i, w))$ 表示样本的“简单”程度，参数 $\lambda$ 是年龄参数，$f(v, \lambda)$ 是自步学习正则项。而自步学习的正则项与年龄参数的形式有着直接的关系，在各种形式的正则项中，“硬”权重的分配方案最为简单，其表达式如下：

$$f(v; \lambda) = \lambda\sum_{i=1}^{n} v_i \tag{6-6}$$

其中，$\lambda>0$，考虑到 $v_i \in [0, 1]$，$v_i$ 的近似最优解可以通过式(6-7)求出，即

$$v_i^* = \begin{cases} 1, & L_i < \lambda \\ 0, & L_i \geqslant \lambda \end{cases} \tag{6-7}$$

在“硬”权重的分配方案中，通常年龄参数的取值范围是 $\lambda \in [0, 1]$，算法中设置了年龄参数的最大值为 $\lambda_{max}$，在传统的方法中，一般用等比增加的方式来设置年龄参数，其公式如下：

$$\lambda' = \mu\lambda \tag{6-8}$$

其中，$\mu$ 表示权重参数，设置年龄参数的初始值为 $\lambda=0.01$，权重参数 $\mu=1.15$，得到年龄参数的变化如图 6.4 所示。

年龄参数按照指数增长，但是这并不适合直接用于编码，因为指数增长的编码会扩大算法的搜索空间，增加算法搜索的难度。对年龄参数进行公式(6-9)所示的变换。

$$\kappa = \ln\left(1 + \frac{\lambda}{\lambda_{max}}(e-1)\right) \tag{6-9}$$

其中，$\lambda$ 表示自步学习的年龄参数，$\lambda_{max}$ 表示自步学习迭代过程中的最大年龄参数。设置 $\kappa$

的取值范围为$\kappa \in [0, 1]$，$\kappa$能够按照线性增长，则年龄参数$\lambda$的取值范围为$\lambda \in [0, \lambda_{max}]$，能够满足年龄参数的取值需求。

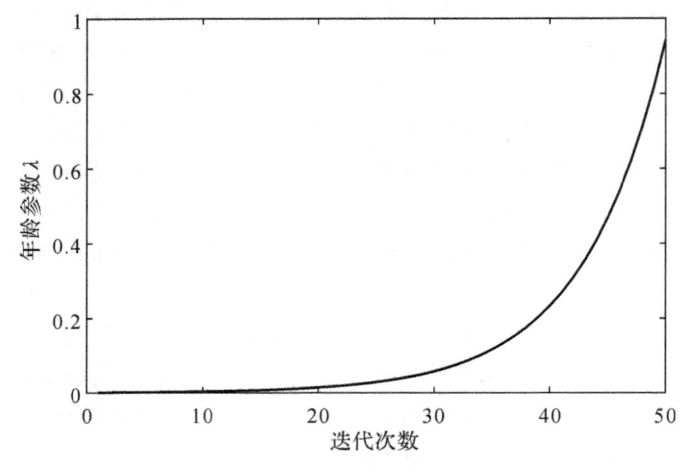


图 6.4　年龄参数变化曲线

而对于线性“软”权重的分配方案，年龄参数的取值范围为$\lambda \in [0, \infty]$。在算法中设置了年龄参数的最大值为$\lambda_{max}$，但是$\lambda_{max}$的取值通常会比较大，如果直接对年龄参数进行编码的话，其编码空间过于庞大，会产生大量效果很差的年龄参数序列(解路径)，使得算法很难收敛。同样利用式(6-9)进行变换，使得编码按照线性增长，同时将编码的取值范围控制在[0，1]范围之内。

用数列$[\lambda_1, \lambda_2, \lambda_3, \cdots \lambda_m]$表示年龄参数序列，$\lambda_i$表示第$i$次自步学习迭代时的年龄参数。用$[\kappa_1, \kappa_2, \kappa_3, \cdots, \kappa_m]$来代替年龄参数编码，能够限制编码在[0，1]范围之内。但是$\kappa$是随着自步学习迭代而递增的，所以有$\kappa_i < \kappa_{i+1}$，前后两项之间关联性太强，不适合编码。基于这个问题用一组编码$X = [x_1, x_2, x_3, \cdots, x_m]$来转换$\kappa$，两者之间的转换关系为：$x_1 = \kappa_1$，$x_2 = \kappa_2 - \kappa_1$，…，$x_{i+1} = k_{i+1} - \kappa_i$，给定编码$X$的编码空间为

$$X \in \left\{ x_i \mid 0 < x_i < 1, \quad 0 < \sum_{i=0}^{m} x_i \leqslant 1 \right\} \tag{6-10}$$

用编码$X = \{x_1, x_2, x_3, \cdots, x_m\}$对年龄参数编码，每一个编码位是[0，1]之间的浮点数。当$x_i = x_{i+1}$时，相当于年龄参数$\lambda$等比例增加，这符合目前使用最多的年龄参数设置，而对于粒子群优化算法来说，这样的解很容易被搜索到。在粒子群优化算法运行过程中，会出现以下两种编码情况。

(1) 进化出现$\sum_{i=0}^{m} x_i < 1$的编码，这种情况意味着训练过程中样本并没有全部被选择加入模型进行学习，这种编码对于进化来说没有“负”的影响。由于样本中存在着部分含有较

大噪声或者是异常的样本，这些样本加入模型学习之后，会误导已经训练好的模型，因此，$\sum_{i=0}^{m} x_i < 1$ 的编码会使噪声较大的样本逐渐被移除，从而使模型的学习效果更好。当一些含有噪声但是又包含大量有用信息的样本被移除时，也会降低模型的学习效果。不过这类样本由于适应度值较低，在迭代过程中会逐渐被淘汰。

(2) 进化出现 $\sum_{i=0}^{m} x_i \geqslant 1$ 的编码，对于线性"软"权重的分配方案来说，年龄参数的取值范围为 $\lambda \in [0, \infty]$，这类编码不会造成年龄参数的取值越界，导致在自步学习过程中发生错误。但是当 $\sum_{i=0}^{m} x_i = 1$ 时，所有的样本几乎都被加入了训练，继续增加 $\lambda$ 的值不会对模型的学习效果造成"正"的影响。因此，$\sum_{i=0}^{m} x_i \geqslant 1$ 的编码不仅不会对模型的学习有促进作用，还会误导粒子飞向其他无效的区域，增加了算法的搜索空间。

因此，对于 $\sum_{i=0}^{m} x_i \geqslant 1$ 的编码，本章中认为它是无效的编码，需要对其进行修正。本章采用了一个简单的编码修正方式，该方法首先找到第一个使得 $\sum_{i=0}^{ind} x_i > 1$ 的编码位，然后设置该编码位以及之后的编码位为 0。这种修正方法简单易行，而且能够很好地保证编码在可行域范围之内。

# 6.3 SCCN 网络

## 6.3.1 网络结构

对称卷积耦合网络(Symmetric Convolution Coupled Network，SCCN)是一个对称结构的网络，SAR 图像从对称卷积耦合网络的两边同时输入，在输出层得到特征映射。

图 6.5 是对称卷积耦合网络的结构图，该网络是一个左右对称的神经网络，每一边都由一个卷积层和 2 个耦合层组成，设置对称卷积耦合网络的迭代次数为 1000。将所有卷积层和所有耦合层的卷积核大小都设置为 1×1，将每一个神经单元的激活函数设置为 relu 函数。对称卷积耦合网络的学习率设置为 0.001，批处理大小设置为 50，损失函数设置为交叉熵损失函数，优化算法采用误差反向传播算法。

因为我们旨在得到两幅图像中的像素点的分层差异而不是原始差异，因此不需要池化层。卷积层之后连接的多个耦合层将特征映射转换为连续的特征表达。两边的耦合层使用同一组参数，减少了整个网络需要训练的参数，缩短了网络训练的时间。

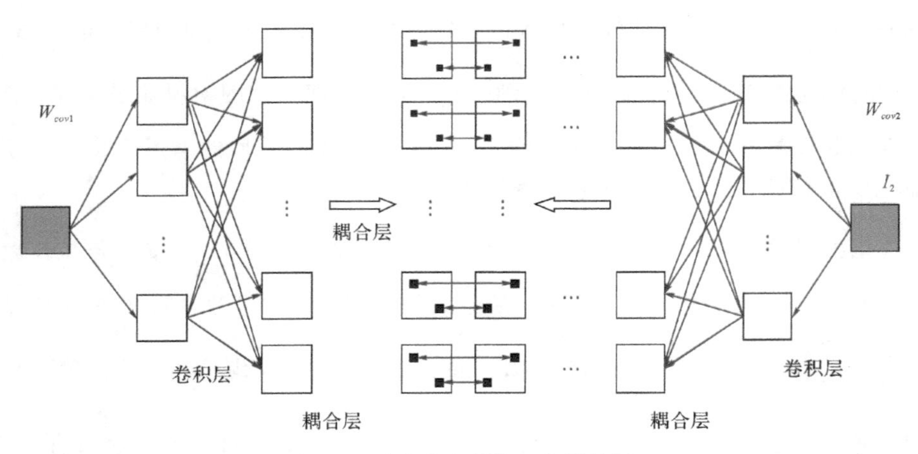


图 6.5　对称卷积耦合网络结构图

### 6.3.2　网络的学习优化

为了优化网络，定义式(6-11)为对称卷积耦合网络的目标函数。

$$\min_{\theta,\,v,\,p} F(\theta,\ \boldsymbol{P},\ v)=\sum_{(x,\ y)}\boldsymbol{P}(x,\ y)\,\|\,h_1(x,\ y)-h_2(x,\ y)\,\|_2-k\sum_{(x,\ y)}\boldsymbol{P}(x,\ y)$$
$$0\leqslant \boldsymbol{P}(x,\ y)\leqslant 1 \tag{6-11}$$

其中，$\theta$ 是网络的参数，$\theta=\{W_{\text{cov}},\ b_{\text{cov}},\ W_{map},\ b_{\text{map}}\}$；$\boldsymbol{P}$ 是一个二值矩阵，$\boldsymbol{P}(x,\ y)$表示对应像素点$(x,\ y)$未发生变化的概率；$h_1(x,\ y)$表示 SAR 图像 $I_1$ 对应像素点$(x,\ y)$经过网络后得到的特征映射；$h_2(x,\ y)$表示 SAR 图像 $I_2$ 对应像素点$(x,\ y)$经过网络后得到的特征映射；$k$ 是一个平衡参数，用来调节函数前后两项保持平衡。

网络中，利用 $\boldsymbol{P}(x,\ y)\,\|\,h_1(x,\ y)-h_2(x,\ y)\,\|_2$ 作为误差来进行网络的微调，使得网络趋向于让两幅图中相同位置的未变化的像素点的特征表达更加相似，缩小特征表达的差异，从而更加容易辨别出变化的区域。用[0，1]之间的随机数来初始化变化矩阵 $\boldsymbol{P}$，利用交替优化算法来学习对称卷积耦合网络，其学习步骤如下：

(1) 固定 $\boldsymbol{P}$，算法对对称卷积耦合网络进行训练，更新网络的参数 $\theta=\{W_{\text{cov}},\ b_{\text{cov}};\ W_{\text{map}},\ b_{\text{map}}\}$。

(2) 固定网络参数 $\theta$，优化矩阵 $\boldsymbol{P}$，此时对称卷积耦合网络的参数固定，可以通过式(6-12)优化变化矩阵 $\boldsymbol{P}$。

$$\boldsymbol{P}(x,\ y)=\begin{cases}0 & \|\,h_1(x,\ y)-h_2(x,\ y)\,\|_2<k\\ 1-\dfrac{k}{\|\,h_1(x,\ y)-h_2(x,\ y)\,\|_2} & \|\,h_1(x,\ y)-h_2(x,\ y)\,\|_2\geqslant k\end{cases} \tag{6-12}$$

其中，$\boldsymbol{P}(x,\ y)$表示两幅 SAR 图像在像素点$(x,\ y)$处的像素值不存在差异的概率，$h_1(x,\ y)$

表示一幅SAR图像中在像素点$(x, y)$处的特征映射，$h_2(x, y)$表示另一幅SAR图像中在像素点$(x, y)$处的特征映射，$k$表示阈值。

## 6.4 基于自适应自步学习和SCCN的SAR图像变化检测

### 6.4.1 算法的基本框架

本章算法中用自步学习方法来选择样本，采用对称卷积耦合网络来训练样本。在对称卷积耦合网络中定义了一个耦合函数，用来评价训练样本的损失值，并根据损失值利用反向传播算法来调整网络。

本章算法的流程图如图6.6所示。在对两幅合成孔径雷达SAR图像进行归一化和取邻域处理之后，先随机选取两个图片对应位置的部分样本作为训练样本，分别学习对称卷积耦合网络生成特征映射，再根据得到的两个特征映射计算出一个能量函数。根据计算得到的能量函数，使用反向传播算法来调整网络参数，直到网络的能量函数不再发生变化，停

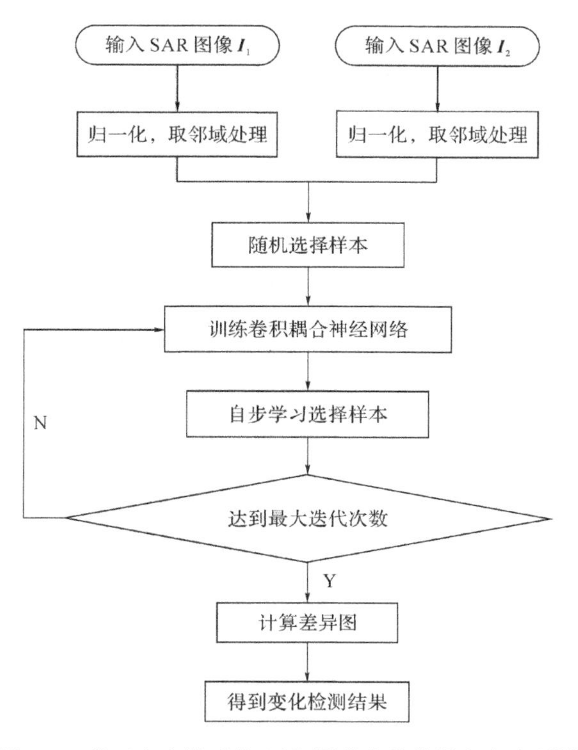


图6.6 基于自步学习的SAR图像变化检测方法流程图

止网络学习。根据最后一次学习到的特征映射，计算出像素点的难易程度，从简单到复杂依次选取更多的简单样本重新输入网络学习，直到达到最大迭代次数时结束训练。

取自步学习最后一次迭代产生的两个特征映射，基于两个特征映射计算出差异图，最后根据阈值法得到最后的 SAR 图像变化检测结果图。为了避免年龄参数调优问题，在图 6.6 算法流程图的基础上，应用 PSOSPL 算法进行优化学习。

### 6.4.2 SPL-SCCN 理论分析

本章所提出的基于自适应自步学习的 SAR 图像变化检测方法旨在让图像训练样本从简单到复杂依次加入网络训练，避免训练陷入局部最优，可以通过求解以下优化问题来实现这一目的，即

$$\begin{aligned}\min_{\theta, v, P_u} E(\theta, \boldsymbol{P}, v) = & \sum_{(x, y)} v_{(x, y)} \boldsymbol{P}(x, y) \| h_1(x, y) - h_2(x, y) \|_2 \\ & - k \sum_{(x, y)} \boldsymbol{P}(x, y) - \lambda f(v, \lambda) \\ s.t. \quad & v_{(x, y)} = [0, 1], 0 \leqslant \boldsymbol{P}(x, y) \leqslant 1\end{aligned} \tag{6-13}$$

其中，$v_{(x, v)}$是一个二值权重变量，$v_{(x, v)}=1$ 表示像素点$(x, y)$对应的样本被加入训练，$v_{(x, v)}=0$ 表示像素点$(x, y)$对应的样本没有被加入训练。$\lambda$ 是自步学习中的年龄参数，控制着学习的速度和步长，随着 $k$ 值的增大，越来越多复杂的样本被加入网络进行训练。$\theta=\{W_{\text{cov}}, b_{\text{cov}}, W_{\text{map}}, b_{\text{map}}\}$是网络的参数。$\boldsymbol{P}$ 是一个二值矩阵，$\boldsymbol{P}(x, y)$表示对应像素点$(x, y)$未发生变化的概率。$h_1(x, y)$表示 SAR 图像 $I_1$ 对应像素点$(x, y)$经过网络后得到的特征映射。$h_2(x, y)$表示 SAR 图像 $I_2$ 对应像素点$(x, y)$经过网络后得到的特征映射。$k$ 是一个平衡参数，用来调节函数第一项和第二项保持平衡。$f(v, \lambda)$是自步学习正则项，本章中使用“硬”正则，$f(v, \lambda)=-\lambda\sum^{n} v_i$，用于约束参数 $v_{(x, y)}$ 并选择每个年龄段需要学习的样本。

由于目标函数中有 $\theta$、$\boldsymbol{P}$ 和 $v$ 三个变量，目标函数又是非凸的，因此本章利用交替凸搜索算法(ACS)来进行求解，$\theta$、$\boldsymbol{P}$ 和 $v$ 三个变量交替进行优化。优化步骤大致如下：

(1) 固定 $\boldsymbol{P}$ 和 $v$，优化 $\theta$，此时算法对对称卷积耦合网络进行训练，更新网络的参数 $\theta=\{W_{\text{cov}}, b_{\text{cov}}, W_{\text{map}}, b_{\text{map}}\}$。

(2) 固定 $v$ 和 $\theta$，优化 $\boldsymbol{P}$，此时对称卷积耦合网络的权重的偏置固定，样本的权重固定，可以通过式(6-14)优化参数 $\boldsymbol{P}$。

$$\boldsymbol{P}(x, y) = \begin{cases} 0 & \| h_1(x, y) - h_2(x, y) \|_2 < k \\ 1 - \dfrac{k}{\| h_1(x, y) - h_2(x, y) \|_2} & \| h_1(x, y) - h_2(x, y) \|_2 \geqslant k \end{cases} \tag{6-14}$$

其中，$\boldsymbol{P}$ 表示 SAR 图像的变化概率矩阵，$\boldsymbol{P}(x, y)$表示两幅 SAR 图像在像素点$(x, y)$处的像素值不存在差异的概率；$h_1$ 表示一幅 SAR 图像的特征映射，$h_1(x, y)$表示一幅 SAR 图

像中在像素点$(x, y)$处的特征映射；$h_2$ 表示另一幅 SAR 图像的特征映射，$h_2(x, y)$表示另一幅 SAR 图像中在像素点$(x, y)$处的特征映射；$k$ 表示阈值。

(3) 固定 $\theta$ 和 $\boldsymbol{P}$，优化 $v$，此时对称卷积耦合网络的权重的偏置固定，变化检测图像的变化概率矩阵的值固定，可以通过式(6－15)优化自步学习的权重参数 $v$。

$$v_i = \begin{cases} 1 & \boldsymbol{P}(x, y) \| h_1(x, y) - h_2(x, y) \|_2 < \lambda \\ 0 & \text{otherwise} \end{cases} \tag{6-15}$$

其中，$v$ 表示第 $i$ 个样本的权重；$\boldsymbol{P}$ 表示 SAR 图像的变化概率矩阵，$\boldsymbol{P}(x, y)$表示两幅 SAR 图像在像素点$(x, y)$处的像素值不存在差异的概率；$h_1$ 表示一幅 SAR 图像的特征映射，$h_1(x, y)$表示一幅 SAR 图像中在像素点$(x, y)$处的特征映射；$h_2$ 表示另一幅 SAR 图像的特征映射，$h_2(x, y)$表示另一幅 SAR 图像中在像素点$(x, y)$处的特征映射；$\lambda$ 是自步学习的年龄参数。

### 6.4.3 自步学习训练模型

在预处理两幅 SAR 图像之后，得到训练样本。从训练样本中随机选取 50％的样本加入对称耦合卷积网络训练。利用训练得到的特征映射计算损失值，损失值的计算公式如下：

$$L(x, y) = \boldsymbol{P}(x, y) \| h_1(x, y) - h_2(x, y) \|_2 \tag{6-16}$$

其中，$\boldsymbol{P}(x, y)$表示两幅 SAR 图像在像素点$(x, y)$处的像素值不存在差异的概率；$L(x, y)$表示像素点$(x, y)$处对应的样本的训练损失值。

根据损失值来选择训练样本，选择策略如式(6－17)所示。

$$v_i = \begin{cases} 1 & \boldsymbol{P}(x, y) \| h_1(x, y) - h_2(x, y) \|_2 < \lambda \\ 0 & \text{otherwise} \end{cases} \tag{6-17}$$

其中，$v_i$ 表示第 $i$ 个样本的权重；$v_i=1$ 表示第 $i$ 个样本被选择用于训练模型；$v_i=0$ 表示第 $i$ 个样本不被选择用于训练模型；$\lambda$ 是自步学习的年龄参数。

将选择的样本重新输入对称卷积耦合网络模型进行训练。根据基于粒子群优化的自适应自步学习方法得到的年龄参数来运行自步学习。根据训练的网络模型得到样本的特征映射，利用年龄参数来选择样本，直到到达最大迭代次数，得到最终训练好的对称卷积耦合网络。将两幅 SAR 图像上所有像素点对应的样本分别加入训练好的对称卷积耦合网络，得到最终的变化检测结果。

## 6.5 实验结果与分析

为了验证本章所提出的算法在 SAR 图像变化检测中的效果，在伯尼尔(Berne)、渥太华(Ottawa)两个数据集上进行试验，并与现有的 FCM、FLICM、SCCN 等算法进行比较。

实验中设置算法的各项参数如下：种群大小为 30，编码长度为 30，最大迭代次数为 50，年龄参数最大值为 0.9，对称卷积耦合网络中的权重参数 $\lambda$ 取值为 1.2。实验结果如下所示：

第一组实验采用伯尼尔(Bern)地区的 SAR 图像数据集，该数据集两幅 SAR 图像是 ERS-2(European Remote Sensing 2)卫星 SAR 传感器分别于 1999 年 4 月和 1999 年 5 月拍摄到的瑞士伯尼尔地区的 301 * 301 大小的影像数据，影像数据如图 6.7 所示。其中图 6.7(a)和图 6.7(b)分别是两幅待检测的 SAR 图像，图 6.7(c)是真实的变化图像，用于对算法评价。

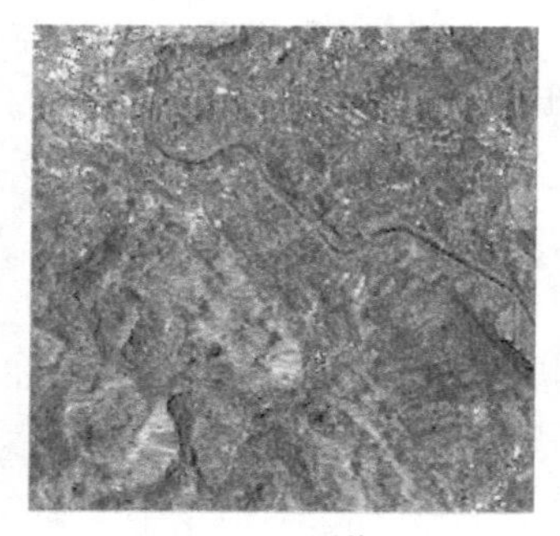
(a) SAR 图像 1

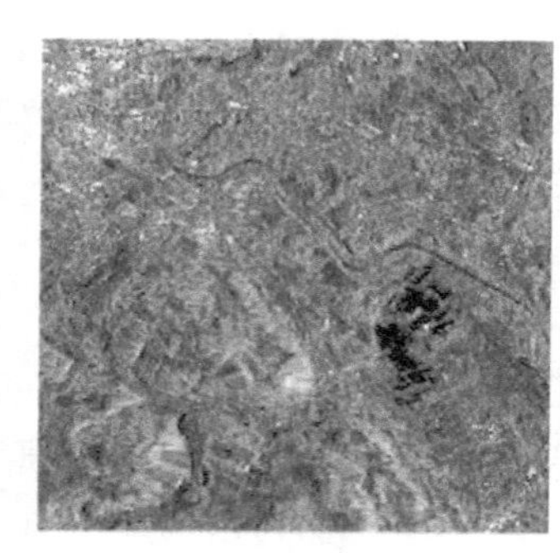
(b) SAR 图像 2

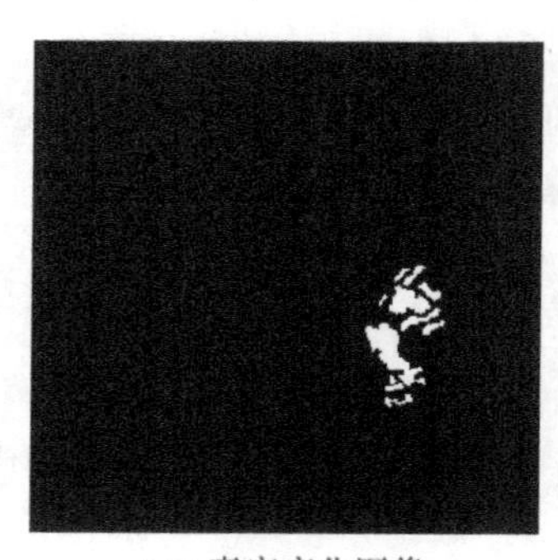
(c) 真实变化图像

图 6.7 Bern SAR 图像数据

图 6.8 为本章算法与四种比较算法在 Bern 数据集上的变化检测结果。其中，对数比值法(LR)的变化检测结果图含有大量的噪声点。相对而言，其他几种方法的噪声点更少。本章所提出的算法，在右下角的小块白色区域的变化检测结果相对于其他几种算法更加清晰，与参考图更加接近，轮廓更加明显。对称卷积耦合网络(SCCN)得到的变化检测结果图噪声点很少，但是依然存在错误分类的野点。用自步学习进行优化之后，减少了噪声点的影响，错误分类的野点数目得到了减少。

(a) 参考图

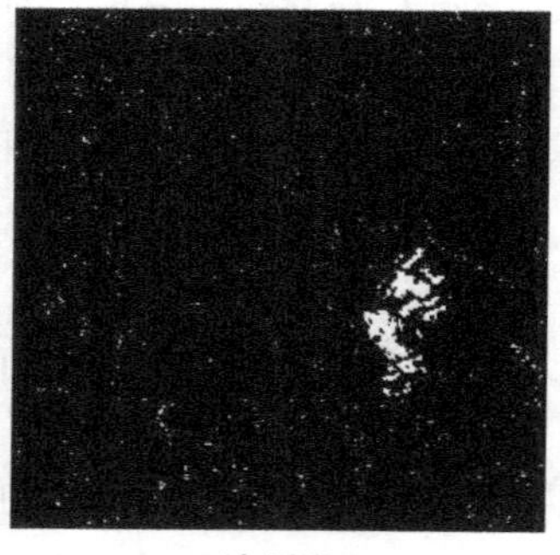
(b) LR

(c) MR

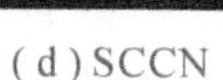

(d) SCCN

(e) FLICM

(f) 本章算法

图 6.8　Bern 数据变化检测结果图

表 6.1 展示了五种算法在 Bern 数据集上的变化检测结果的五个评价指标的值。从表中可以看出，FLICM 算法的错检率(FP)最低，SCCN 算法的漏检率(FN)最低。本章算法由于优化了对称卷积耦合网络的训练路径，降低了噪声对变化检测结果的影响，相对于 SCCN 的错检率更低，分类准确率(PCC)和 Kappa 系数也得到了提高。

**表 6.1　Bern 数据变化检测结果**

| 方法 | FP | FN | OE | PCC/% | Kappa |
|---|---|---|---|---|---|
| LR | 418 | 306 | 724 | 99.20 | 0.6970 |
| MR | 83 | 287 | 370 | 99.59 | 0.8222 |
| SCCN | 80 | 272 | 352 | 99.61 | 0.8383 |
| FLICM | 30 | 296 | 326 | 99.64 | 0.8387 |
| 本章算法 | 45 | 274 | 319 | 99.68 | 0.8389 |

第二组实验采用渥太华(Ottawa)地区的 SAR 图像数据集，该数据集的两幅 SAR 图像分别是于 1997 年 5 月与 1997 年 8 月拍摄到的加拿大渥太华地区的 290×350 大小的影像数据，影像数据如图 6.9 所示。其中图 6.9(a)和图 6.9(b)分别是两幅待检测的 SAR 图像，图 6.9(c)是真实的变化图像，用于对算法的评价。

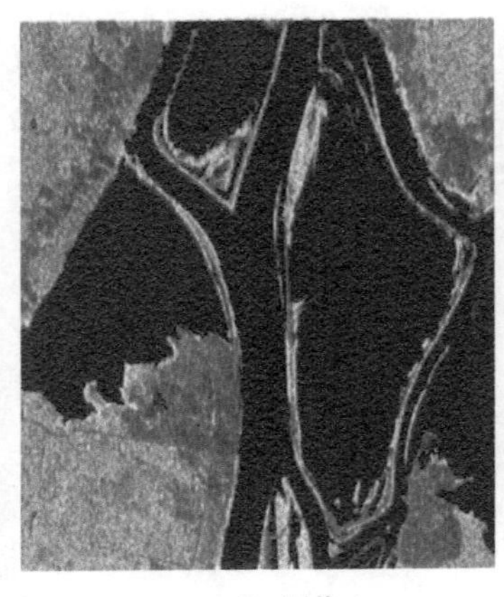

(a) SAR图像1

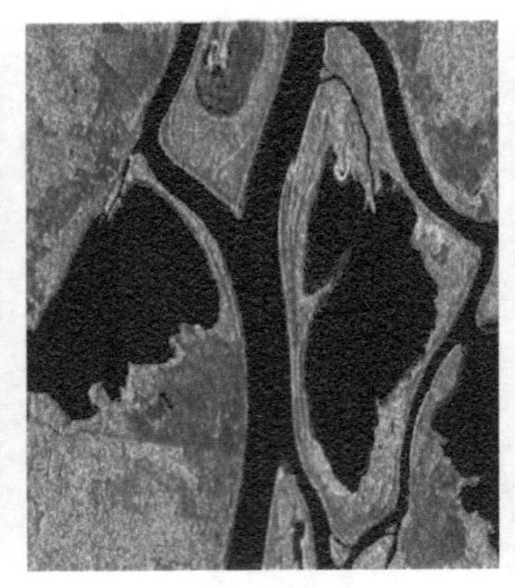

(b) SAR图像2

(c) 真实的变化图像

图 6.9　Ottawa SAR 图像数据

图 6.10 为本章算法与四种比较算法在 Ottawa 数据集上的变化检测结果。其中，对数比值法(LR)的变化检测结果图的噪声点最多。FLICM 算法得到的结果图中的噪声点最少，但是在图像中的大块白色区域(变化区域)位置，很多像素点都被错误检测成了黑色点(未变化)。相对而言，SCCN 在这一区域的检测结果比较好，没有大块的黑色区域出现。本章所提出的算法，相比于 SCCN 噪声点更少，轮廓更加清晰，减少了错误分类的轮廓信息。

(a) 参考图

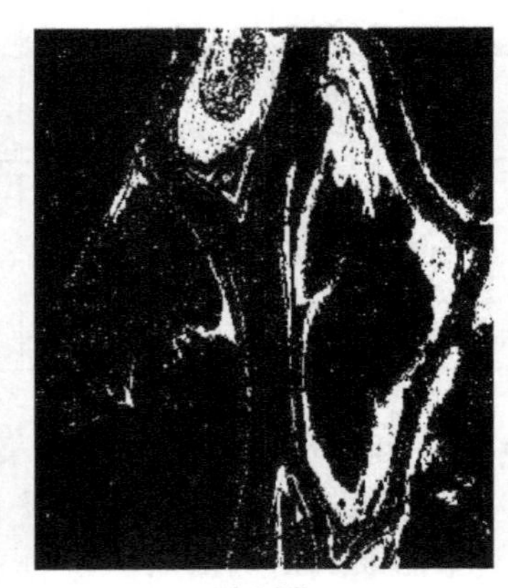

(b) LR

(c) MR

(d) SCCN

(e) FLICM

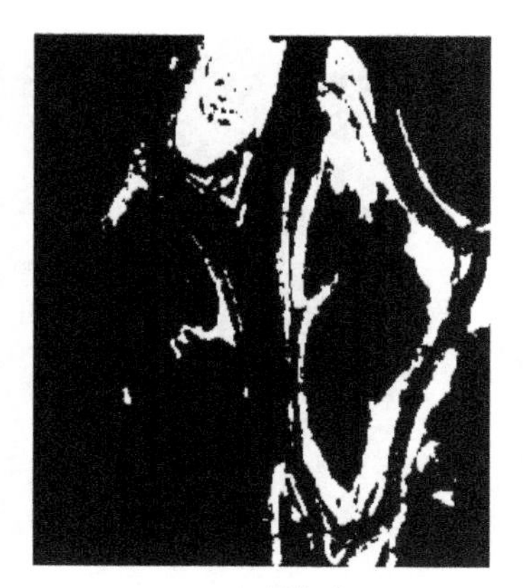
(f) 本章算法

图 6.10 Ottawa 数据变化检测结果图

表 6.2 展示了五种算法在 Ottawa 数据集上的变化检测结果的五个评价指标的值。从表中可以看出，本章算法的漏检像素点(FN)和错检像素点(FP)都是最小的，采用自步学习对 SCCN 进行优化，降低了噪声对网络训练的误导，减少了错误分类像素点的产生。

**表 6.2 Ottawa 数据集变化检测结果**

| 方法 | FP | FN | OE | PCC/% | Kappa |
|---|---|---|---|---|---|
| LR | 1046 | 3869 | 4815 | 95.15 | 0.8041 |
| MR | 378 | 2402 | 2780 | 97.26 | 0.8915 |
| SCCN | 299 | 2229 | 2528 | 97.61 | 0.8971 |
| FLICM | 233 | 2583 | 2816 | 97.23 | 0.8886 |
| 本章算法 | 204 | 2143 | 2347 | 98.03 | 0.8916 |

第三组实验采用 FarmlandC 图像数据集，该数据集的两幅 SAR 图像都是 290 * 350 大小的影像数据，影像数据如图 6.11 所示。其中图 6.11(a)和图 6.11(b)分别是两幅待检测的 SAR 图像，图 6.11(c)是真实的变化图像，用于对算法的评价。

(a) SAR 图像 1

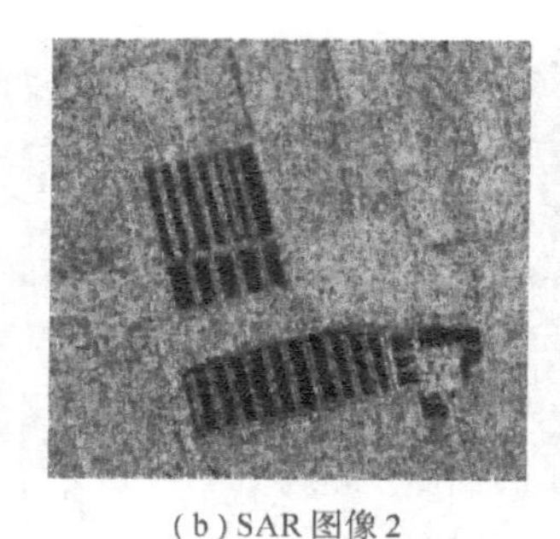

(b) SAR 图像 2

(c) 真实的变化图像

图 6.11 FarmlandC SAR 图像数据

图 6.12 为本章算法与四种比较算法在 FarmlandC 数据集上的变化检测结果。其中，图 6.12(e)中的噪声点最多，图 6.12(f)中的噪声点最少，但是存在很多错误分类的白色线条和噪声点。相对而言，图 6.12(d)中上面部分的两条白色线条(错误分类像素)更浅，但在下面部分的噪声点的检测不是很理想。本章所提出的算法，相比于 SCCN，图像下面的噪声点更少。

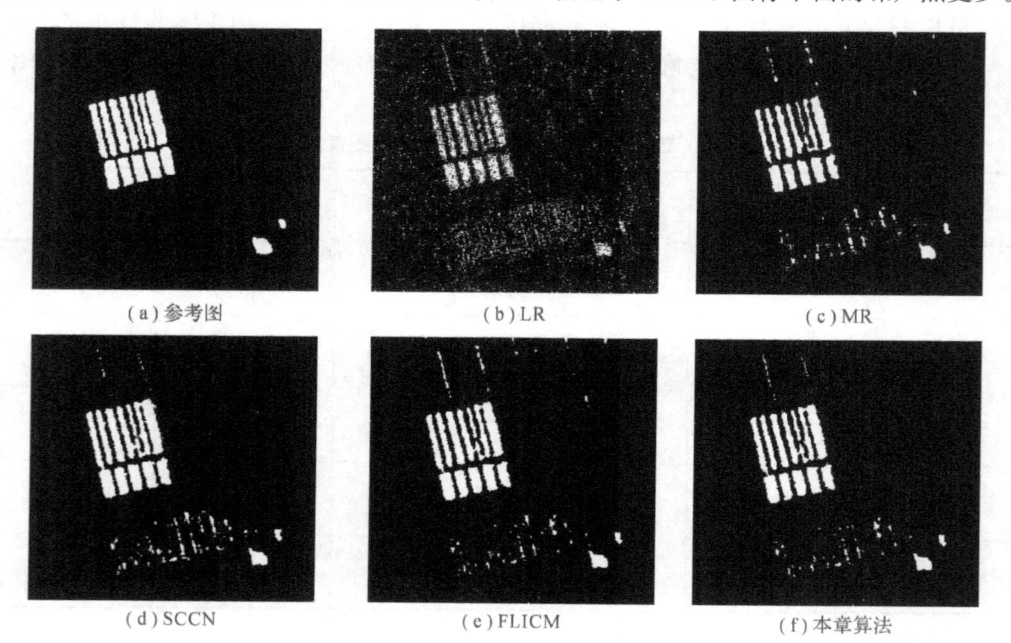

(a) 参考图　(b) LR　(c) MR

(d) SCCN　(e) FLICM　(f) 本章算法

图 6.12 FarmlandC 数据变化检测结果图

表 6.3 展示了五种算法在 Ottawa 数据集上的变化检测结果的五个评价指标的值。从表中可以看出，本章算法的错检像素点(FP)比 SCCN 少了很多，由于采用自步学习对 SCCN 进行优化，降低了噪声对网络训练的误导，减少了错误分类像素点的产生。

表 6.3 FarmlandC 数据变化检测结果

| 方法 | FP | FN | OE | PCC/% | Kappa |
|---|---|---|---|---|---|
| LR | 1944 | 2429 | 4910 | 95.08 | 0.5391 |
| MR | 500 | 1640 | 2780 | 97.59 | 0.7598 |
| SCCN | 672 | <u>718</u> | <u>1390</u> | <u>98.44</u> | <u>0.8592</u> |
| FLICM | 566 | 955 | 1521 | 98.29 | 0.8411 |
| 本章算法 | <u>390</u> | 1032 | 1422 | 98.40 | 0.8479 |

# 本章小结

本章提出了基于自适应自步学习的 SAR 图像变化检测方法，将自步学习用于选择 SAR 中的像素点来进行深度对称耦合神经网络的训练，使图像像素点从简单到复杂依次加入神经网络模型进行训练，让深度对称耦合神经网络对 SAR 图像的学习更加符合机器学习的路径，避免了神经网络的学习陷入局部最优。同时在理论上对该算法进行分析，提出了算法需要优化的目标函数，以及目标函数的优化步骤。在两个 SAR 图像数据上对算法的有效性进行了验证。仿真结果证明，本章所提出的算法得到的变化检测结果图噪声点明显减少，视觉上更加清晰，由于减少了噪声对网络训练的误导，错误分类的轮廓信息相对较少。自步学习方法减少了损失值较大的样本点对对称卷积耦合网络的训练，避免了损失值较大的样本对分类的误导，抑制了噪声点对 SAR 图像变化检测的影响，降低了错误分类像素点的产生，提高了分类准确率。

# 参考文献


[1] 张艳宁. SAR 图像处理的关键技术[M]. 北京：电子工业出版社，2014.

[2] 王琰. 基于像斑统计分析的高分辨率遥感影像土地利用/覆盖变化检测方法研究[D]. 武汉大学，2012.

[3] Li H, Gong M, Meng D, et al. Multi-objective self-paced learning[C]// AAAI, 2016: 1802-1808.

[4] Jia L, Li M, Wu Y, et al. SAR image change detection based on iterative label-information composite kernel supervised by anisotropic texture[J]. IEEE Transactions on Geoscience and Remote Sensing, 2015, 53(7): 3960-3973.

[5] Li H, Celik T, Longbotham N, et al. Gabor feature based unsupervised change detection of multitemporal SAR images based on two-level clustering[J]. IEEE Geoscience and Remote Sensing Letters, 2015, 12(12): 2458-2462.

[6] Zhang P, Gong M, Su L, et al. Change detection based on deep feature representation and mapping transformation for multi-spatial-resolution remote sensing images [J]. ISPRS Journal of Photogrammetry and Remote Sensing, 2016, 116: 24 - 41.
[7] Chan T, Jia K, Gao S, et al. PCANet: A simple deep learning baseline for image classification? [J]. IEEE Transactions on Image Processing, 2015, 24(12): 5017 - 5032.
[8] Mercier G, Derrode S. SAR image change detection using distance between distributions of classes [C]// Geoscience and Remote Sensing Symposium Proceedings. 2004 IEEE International. IEEE, 2004: 3872 - 3875.
[9] Liu J, Gong M, Qin K, et al. A deep convolutional coupling network for change detection based on heterogeneous optical and radar images[J]. IEEE Transactions on Neural Networks and Learning Systems, 2016, 99: 1 - 15.
[10] 刘赶超. 基于双噪声相似性模型的 SAR 图像变化检测[D]. 西安电子科技大学, 2016.
[11] Hussain M, Chen D, Cheng A, et al. Change detection from remotely sensed images: From pixel-based to object-based approaches[J]. ISPRS Journal of Photogrammetry and Remote Sensing, 2013, 80: 91 - 106.
[12] Roy M, Routaray D, Ghosh S, et al. Ensemble of multilayer perceptrons for change detection in remotely sensed images[J]. IEEE Geoscience and Remote Sensing Letters, 2014, 11(1): 49 - 53.
[13] Hou B, Wei Q, Zheng Y, et al. Unsupervised change detection in SAR image based on Gauss-log ratio image fusion and compressed projection[J]. IEEE Journal of Selected Topics in Applied Earth Observations and Remote Sensing, 2014, 7(8): 3297 - 3317.
[14] Kambatla K, Kollias G, Kumar V, et al. Trends in big data analytics[J]. Journal of Parallel and Distributed Computing, 2014, 74(7): 2561 - 2573.
[15] Bengio Y, Louradour J, Collobert R, et al. Curriculum learning[J]. Journal of the American Podiatry Association, 2009, 60(60): 6 - 6.
[16] Kumar M, Packer B, Koller D. Self-paced learning for latent variable models[C]// International Conference on Neural Information Processing Systems. Curran Associates Inc, 2010: 1189 - 1197.
[17] Jiang L, Meng D, Yu S, et al. Self-paced learning with diversity[J]. Advances in Neural Information Processing Systems, 2014, 13: 2078 - 2086.
[18] Lu J, Meng D, Mitamura T, et al. Easy samples first: self-paced reranking for zero-example multimedia search[C]// ACM International Conference on Multimedia. ACM, 2014: 547 - 556.
[19] Li C, Yan J, Wei F, et al. Self-paced multi-task learning[J]. AAAI, 2017, 2175 - 2181.
[20] Khan F, Mutlu B, Zhu X. How do humans teach: On curriculum learning and teaching dimension [C]//Advances in Neural Information Processing Systems. 2011: 1449 - 1457.
[21] Shi Y. Particle swarm optimization: developments, applications and resources[C]//, Proceedings of the 2001 Congress on evolutionary computation. IEEE, 2001, 1: 81 - 86.
[22] Chatzis S. Dynamic bayesian probabilistic matrix factorization[C]// Twenty-Eighth AAAI Conference on Artificial Intelligence, 2014.
[23] Meng D, Torre F. Robust matrix factorization with unknown noise[J]. IEEE International Conferenceon

Computer Vision，2013，1：1337－1344.
[24] Zhao Q，Meng D，Jiang L，et al. Self-paced learning for matrix factorization[C]// AAAI，2015：3196－3202.
[25] Supancic J S，Ramanan D. Self-paced learning for long-term tracking[C]//Proceedings of the IEEE conference on computer vision and pattern recognition. 2013：2379－2386.
[26] Meng D，Zhao Q，Jiang L. What objective does self-paced learning indeed optimize? [J]. Computer Science，2015，1511：6－49.
[27] Lin L，Wang K，Meng D，et al. Active self-paced learning for cost-effective and progressive face identification[J]. IEEE Transactions on Pattern Analysis and Machine Intelligence，2017，40：7－19.
[28] Lu J，Meng D，Zhao Q，et al. Self-paced curriculum learning[C]// Twenty-Ninth AAAI Conference on Artificial Intelligence. AAAI Press，2015：2694－2700.
[29] Basu S，Christensen J. Teaching Classification Boundaries to Humans[C]// AAAI，2013.
[30] Meng D，Zhao Q，Jiang L. A theoretical understanding of self-paced learning[J]. Information Sciences，2017，414：319－328.
[31] Shang R，Yuan Y，Jiao L，et al. A self-paced learning algorithm for change detection in synthetic aperture radar images[J]. Signal Processing，2018，142：375－387.
[32] Cabral R，De la Torre F，Costeira J P，et al. Unifying nuclear norm and bilinear factorization approaches for low-rank matrix decomposition[C]//Proceedings of the IEEE International Conference on Computer Vision. 2013：2488－2495.
[33] Wang N，Yao T，Wang J，et al. A probabilistic approach to robust matrix factorization[C]// European Conference on Computer Vision. Springer，Berlin，Heidelberg，2012：126－139.
[34] Yan S. Practical low-rank matrix approximation under robust L1-norm[C]// IEEE Conference on Computer Vision and Pattern Recognition. IEEE Computer Society，2012：1410－1417.
[35] Meng D，Xu Z，Zhang L，et al. A cyclic weighted median method for L1low-rank matrix factorization with missing entries[C]// AAAI，2013：6－7.
[36] Strasser S，Goodman R，Sheppard J，et al. A new discrete particle swarm optimization algorithm[C]// Proceedings of the Genetic and Evolutionary Computation Conference 2016. ACM，2016：53－60.
[37] Liu X，Li F，Ding Y，et al. Mechanical Modeling with Particle Swarm Optimization Algorithm for Braided Bicomponent Ureteral Stent[C]// on Genetic and Evolutionary Computation Conference Companion. ACM，2016：129－130.
[38] Peng M Q，Gong Y J，Li J J，et al. Multi-swarm particle swarm optimization with multiple learning strategies[C]// on Genetic and Evolutionary Computation Conference Companion. ACM，2014：15－16.
[39] Langosz M，von Szadkowski K A，Kirchner F. Introducing particle swarm optimization into a genetic algorithm to evolve robot controllers[C]// on Genetic and Evolutionary Computation Conference Companion. ACM，2014：9－10.
[40] Miranda P B，Prudêncio R B. Gefpso：A framework for pso optimization based on grammatical evolution [C]// on Genetic and Evolutionary Computation Conference Companion. ACM，2015：1087－1094.

# 第7章 基于多层特征SENet的SAR图像目标分类方法

## 7.1 引　　言

SAR图像目标分类也就是对SAR图像目标进行识别。图像分类是根据图像中所包含的信息将图像区分到不同的类别，它是图像处理领域的基础，是很多高等图像视觉任务中需要解决的最基本的问题。在我们的生活中，图像分类也已经深入到各个领域，随处可以看到图像分类的应用，比如搜索引擎中图像的检索，安防中使用的人脸识别，交通中车牌的检测识别等。

大多数使用的图像分类方法是先对图像人为设计提取特征，然后将特征送入到分类器中进行分类，因此，特征提取的设计是影响分类效果的直接因素，图像中提取特征的方法有很多，比如SIFT特征、HOG特征等，一些研究者都是在这些特征提取的方法上进行改进组合，之后受启发于自然语言处理领域词袋的方法，基于词袋模型的分类方法也被广泛使用，它的处理过程主要分为提取底层特征、特征编码、分类。深度学习的出现，颠覆了传统的人为设计提取特征的工作过程，它可以通过无监督或者有监督的方法逐层学习特征来对图像进行描述。Yann Lecun最早将卷积神经网络应用在MNIST手写数字识别的问题上，并且取得了很好的效果，特别是近些年来，计算机处理能力大幅度提升，数据量的大量扩增更是为深度学习在图像分类上提供了很好的条件，2012年，AlexNet网络获得了ILSVRC的冠军，之后深度学习在计算机视觉领域的很多比赛中都拔得头筹。很多研究者在最基础的卷积神经网络上进行不同的改进，也相继取得了很多的成就。

SAR图像目标检测后，可以获得SAR图像的目标位置，然后对这些目标进行分类。在本章中，主要介绍利用深度神经网络对SAR图像进行目标分类的方法。

## 7.2 数据增强

当训练样本集数量较少时，训练深度学习网络容易造成网络过拟合，泛化能力不够，所以使用数据增强方法对数据量进行增加。

数据增强通常是通过图像的几何变换完成的。一般常见的方法有：旋转变换，即随机将图像旋转一定的角度，改变图像中物体的方向；翻转变换，即按水平或垂直的方向翻转整个图像；缩放变换，即根据比例放大或缩小整个图像；平移变换，即对图像沿水平或垂直方向进行移动，平移的范围和步长随机设置或由人为定义；对比度变换，即在图像的 HSV 颜色空间，改变 S 和 V 亮度分量，保持色调 H 不变，对图像的 S 和 V 亮度分量进行指数运算，改变光照变化；噪声扰动，即对图像的每个像素进行随机扰动，常用的噪声模式是椒盐噪声和高斯噪声等。图 7.1 是对 SAR 图像进行数据增强的示例图，其中图(a)是平移处理，可以看出图像中目标有小幅度的右移动；图(b)是镜像处理，可以看出两幅 SAR 图像是镜像对称的；图(c)是加噪声处理，使用的是椒盐噪声；图(d)是旋转处理。

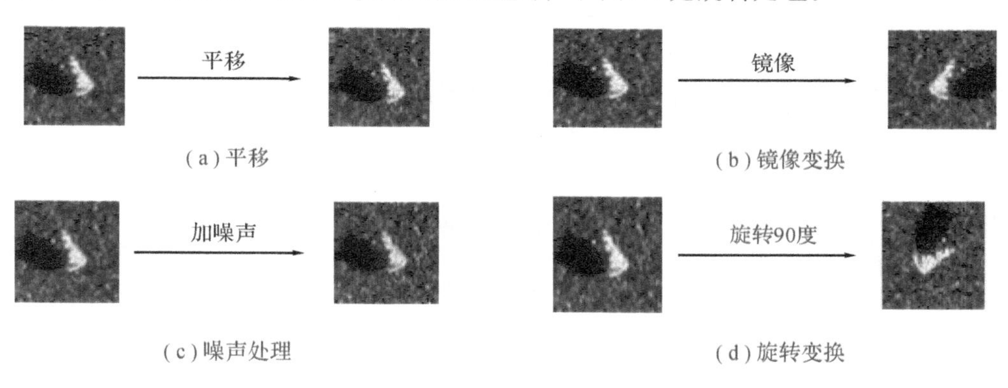


图 7.1　SAR 图像数据增强示例图

## 7.3　SENet 网络

### 7.3.1　Inception 模块

在 GoogLeNet 提出之前，很多网络结构为了追求准确率，主要的方法是加深网络(网络层数)和加宽网络(神经元数)，但是仅仅增大网络深度和宽度存在很多缺点，比如参数太多，如果训练集数量有限，可能出现过拟合，而且计算复杂度大，难以应用，而且网络越深，容易造成梯度弥散，这样模型很难优化。最好的方法就是在增加网络深度和宽度的同时能减少参数，Inception 就是在这样的情况下被提出的。首先将卷积核分组，也就是同时用不同大小的卷积核对前一层的输出进行卷积计算，池化也是卷积神经网络的关键一步，主要起到减少参数的作用，所以加上池化层，然后将特征图结果拼接在一起，不仅加宽了网络，并且进行了多尺度特征提取，这是最原始版本的 Inception 模块。每一个 Inception 模块的卷积核参数量为所有分支上的总数和，多个 Inception 将导致模型的参数数量庞大，需要较大的计算资源，所以在后续的改进中，在不同卷积核分组之前和池化之后加入 1 * 1 的卷积计算，能够跨通道组织信息，提高网络的表达能力，这样在卷积层中，可以适当减少卷积核的数量，达到降低模型复杂度的目的，结构示意图如图 7.2 所示。

在后续的不断改进中，Inception 又加入了非线性激活函数，使得网络对特征的学习能力更强，另外在卷积层之间加入了批规范化(Batch Normalization，BN)方法。BN 是一个非常有效的正则化方法，可以让大型卷积网络的训练速度加快很多倍，同时收敛后的分类准确率也可以得到大幅度的提高。

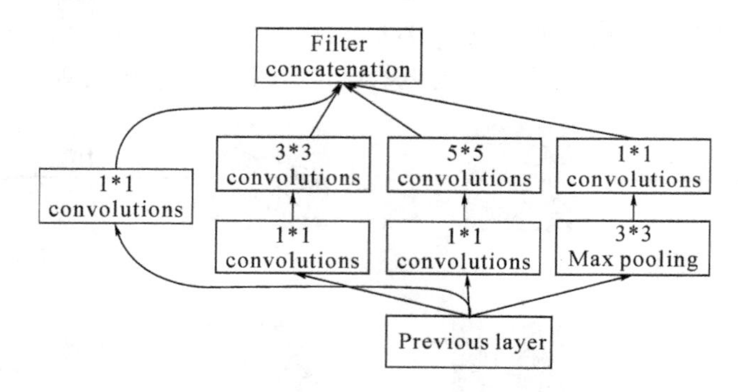


图 7.2　Inception 模块结构示意图

一般深度神经网络在训练之前，都会对数据进行归一化处理，这样，所有的训练数据和测试数据的分布相同。如果数据的分布不同，那么通过训练数据学习优化的参数在测试数据上的泛化能力会降低。在训练网络时，一次性输入所有的训练数据，计算复杂度很高，所以通常采用 mini_batch 的训练方式，也就是按批次将数据送入到网络，归一化之后保证了每一批的数据分布相同，避免网络在每次迭代都要去适应不同的分布，从而提升了网络的学习速度。但是在网络的训练过程中，参数会一次又一次地进行更新，所以前一层的参数更新会导致后面层的数据分布再发生变化，Batch Normalization 的提出就是为了解决这个问题。BN 也属于网络的一层，一般设置在每一层输入之前，也就是在这一层对数据进行归一化处理，然后再输入下一层中，BN 层的归一化不是简单地减去均值，除以标准差的操作，因为这样会影响网络本身学到的特征，所以它是需要去学习参数的一个网络层。

首先，将输入数据的分布归一化成均值为 0，方差为 1 的分布，即

$$\hat{x}^{(k)} = \frac{x^k - E[x^k]}{\sqrt{Var[x^k]}} \tag{7-1}$$

其中，$x^k$ 表示输入数据的第 $k$ 维，$E[x^k]$代表这个维度的平均值，$\sqrt{Var[x^k]}$表示标准差。

然后，设置可学习的变量 $\gamma$ 和 $\beta$，利用这两个学习的变量去还原前一层学到的数据分布，即

$$y^{(k)} = \gamma^k \hat{x}^{(k)} + \beta^{(k)} \tag{7-2}$$

这样 BN 层就把数据恢复成原始网络层所要学习的特征分布，加速了网络的训练。

### 7.3.2 残差模块

He 等人提出深度残差网络(Deep Residual Network，ResNet)，残差块是残差网络架构的基本组成单元，该网络一定程度上解决了深度网络由于层数增加而出现的梯度弥散、爆炸和网络退化等问题。通常构建网络层数更深的模型的方法之一是对增加的网络层采用恒等映射，但是这种映射关系的学习一般很难。残差网络在卷积层外面加入越层连接构成基本残差块，这样使得原始的映射 $H(x)$可以被表示为 $H(x)=F(x)+x$。残差网络通过残差块结构将网络原本对 $H(x)$的学习转化为对 $F(x)$的学习，而对 $F(x)$的学习相比 $H(x)$较为简单，结构示意图如图 7.3 所示。残差网络通过顺序累加残差块提高了网络的性能。

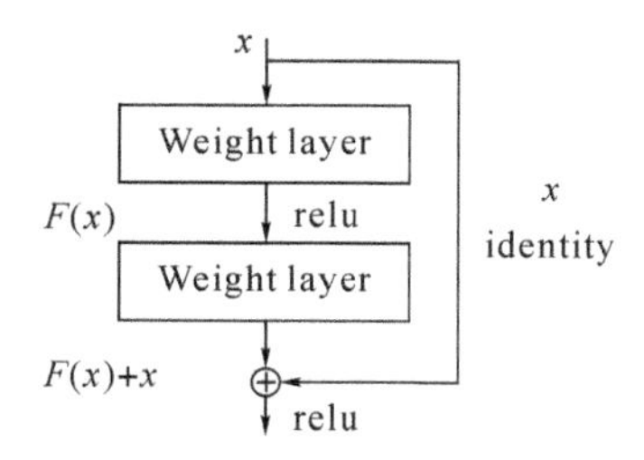


图 7.3 残差模块结构示意图

### 7.3.3 Squeeze-and-excitation 网络

现在有很多网络模型都是从空间维度上提升网络的性能。Squeeze-and-excitation 网络是从特征通道之间的关系上来提升网络的学习能力。Squeeze 和 Excitation 是两个关键的操作。网络提出的动机是希望建模学习特征通道之间的相互依赖关系，采用了一种特征重标定的策略。通过学习的方式获得每个特征通道的重要度，根据这个重要度提取对当前处理任务有用的特征信息，抑制用处不大的特征信息，基本结构示意图如图 7.4 所示。

首先是 Squeeze 操作，顺着空间维度进行特征压缩，将每个二维的特征通道变成一个实数，这个实数某种程度上具有全局的感受野，并且输出的维度和输入的特征通道数相匹配。它表征着在特征通道上响应的全局分布，而且使得靠近输入的层也可以获得全局的感受野，这一点在很多任务中都是非常有用的。Squeeze 操作是由全局平均池化实现的。

其次，Excitation 操作是一个类似于循环神经网络中门的机制。通过参数 $w$ 为每个特征通道生成权重，其中参数 $w$ 被学习用来显式地建模特征通道间的相关性。Excitation 的操作是通过两个全连接层去建模通道间的相关性，并输出与输入特征同样数目的权重。首先将特征维度降低到输入的 1/16，然后经过 ReLU 激活后再通过一个全连接层回到原来的维度。这样做比直接用一个全连接层的好处在于：① 具有更多的非线性，可以更好地拟合通道间复杂的相关性；② 极大地减少了参数量和计算量，然后通过一个 Sigmoid 函数获得 0 到 1 之间归一化的权重。

最后是一个 Reweight 的操作，将 Excitation 操作输出的权重看做是经过学习选择后的每个特征通道的重要性，然后通过乘法逐通道加权到先前的特征上，完成在通道维度上的对原始特征的重标定。

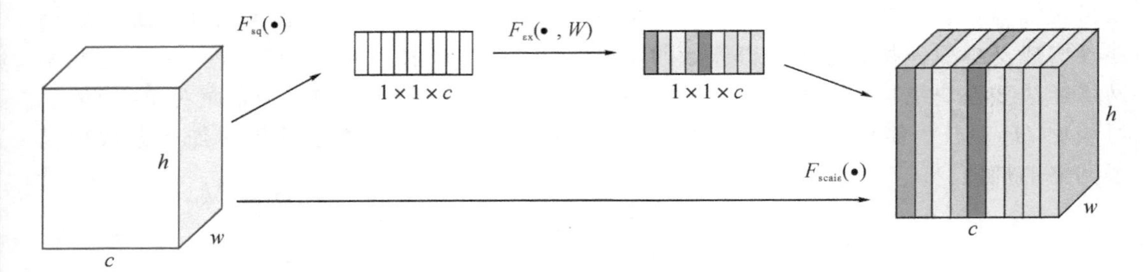


图 7.4 Squeeze-and-excitation 模块结构示意图

## 7.3.4 全局平均池化

在图像分类任务中，深度神经网络最后一层通常是全连接层，参数量是输入和输出的乘积，因此，全连接层的参数非常多，整个网络的大部分参数都来自于全连接层中的参数，容易发生过拟合现象。全连接层的主要作用是去除特征的空间相关性，得到全局的信息，为最后的分类做准备。全局平均池化能达到相同效果，而且不需要参数的更新，很大程度上减少了参数量，所以全局平均池化被提出代替全连接层。全局平均池化指的是将一整张特征图中的所有像素点都进行平均池化，这样每张特征图得到一个特征点，将这些特征点组成最后的特征向量进行分类。采用这样的全局均值池化方式使深度神经网络结构简单很多。全局平均池化的结构示意图如图 7.5 所示。

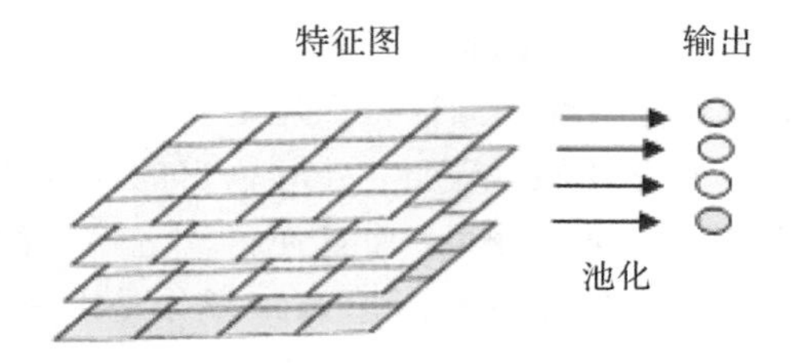


图 7.5 全局平均池化的结构示意图

# 7.4 基于多层特征 SENet 的 SAR 图像目标分类

## 7.4.1 训练数据集的获取及扩充

数据集使用的是 MSTAR 切片数据，由于 MSTAR 数据量有限，所以使用数据增强中的平移变换对数据进行扩增。首先从大小为 128×128 的 MSTAR 图像切片中采样 88×88 的图像块，也就是图像切片最中间的 88×88 区域，然后将切片进行上下左右若干个像素的平移后再进行重采样，这样就能将数据集扩增很多倍。平移采样过程中图像块要包含完整的目标，这些平移采样后的 88×88 大小的 MSTAR 图像组成训练样本集。

## 7.4.2 分类网络模型

### 1. 构建分类网络模型

多层特征 SENet 的基本网络结构是由卷积层、Inception 模块、残差模块和 Squeeze_and_excitation 模块等重复叠加构成的，并将网络的多层特征进行融合利用，其结构示意图如图 7.6 所示。

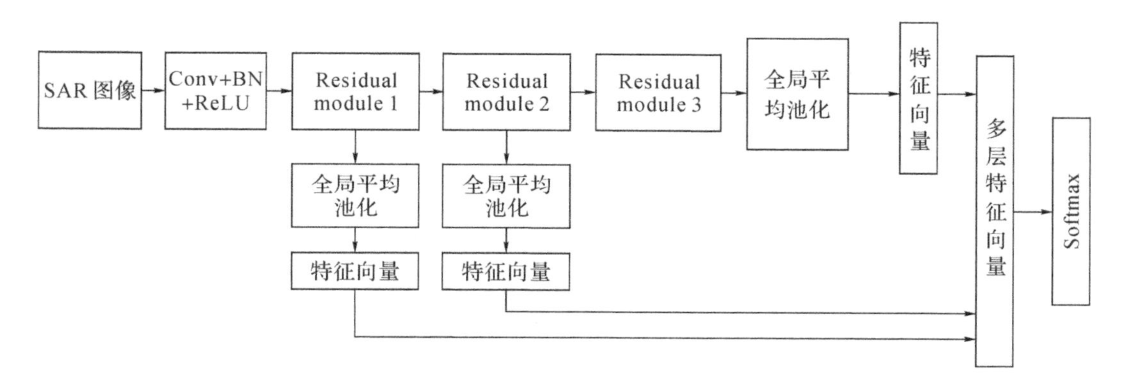


图 7.6 多层特征 SENet 结构示意图

网络的结构和参数具体介绍如下：

(1) 输入层：输入的是大小为 88×88 的 MSTAR 目标切片。

(2) 卷积层+BN 层+非线性激活层：卷积层中，使用 16 个卷积核，卷积核窗口大小为 3×3 个像素，步长 stride 为 1 个像素，输出 16 个特征图；再使用批规范化(BN)层；非线性激活层使用 ReLU 函数激活。

(3) 第一个残差模块，大致结构如图 7.7 所示。在 Inception 模块，先进行卷积分组，这里使用三个卷积组。三个卷积分组中，分别都使用 16 个窗口为 1×1 像素大小、stride 为

1 个像素的卷积核进行处理，经过 BN 层和非线性激活层后，再通过 16 个窗口为 5×5 像素大小、stride 为 2 个像素的卷积核处理，再经过 BN 层和非线性激活层，得到 16 个特征图，最后将三个卷积组分别得到的 16 个特征图叠加成 48 个特征图；接下来，使用 32 个窗口为 1×1 像素大小、stride 为 1 个像素的卷积核进行计算，经过 BN 层；然后通过 SE 模块；最后就是残差计算；最终输出 32 个特征图，通过 ReLU 后，再次将特征图重复上述步骤 2 次，但是将其中的一步 stride 由 2 改为 1。

(4) 第二个残差模块，大致结构如图 7.7 所示。在 Inception 模块，先进行卷积分组，这里使用三个卷积组，三个卷积分组中，分别都使用 16 个窗口为 1×1 像素大小、stride 为 1 个像素的卷积核进行处理，经过 BN 层和非线性激活层后，再通过 16 个窗口为 4×4 像素大小、stride 为 2 个像素的卷积核处理，再经过 BN 层和非线性激活层，得到 16 个特征图，最后将三个卷积组分别得到的 16 个特征图叠加成 48 个特征图；接下来，使用 64 个窗口为 1×1 像素大小、stride 为 1 个像素的卷积核进行计算，经过 BN 层；然后通过 SE 模块；最后就是残差计算；最终输出 64 个特征图，通过 ReLU 后，再次将特征图重复上述步骤 2 次，但是将其中的一步 stride 由 2 改为 1。

(5) 第三个残差模块，大致结构如图 7.7 所示。在 Inception 模块，先进行卷积分组，这里使用三个卷积组，三个卷积分组中，分别都使用 16 个窗口为 1×1 像素大小、stride 为 1 个像素的卷积核进行处理，经过 BN 层和非线性激活层后，再通过 16 个窗口为 3×3 像素大小、stride 为 2 个像素的卷积核处理，再经过 BN 层和非线性激活层，得到 16 个特征图，最后将三个卷积组分别得到的 16 个特征图叠加成 48 个特征图；接下来，使用 128 个窗口为 1×1 像素大小、stride 为 1 个像素的卷积核进行计算，经过 BN 层；然后通过 SE 模块；最后就是残差计算；最终输出 128 个特征图，通过 ReLU 后，再次将特征图重复上述步骤 2 次，但是将其中的一步 stride 由 2 改为 1。

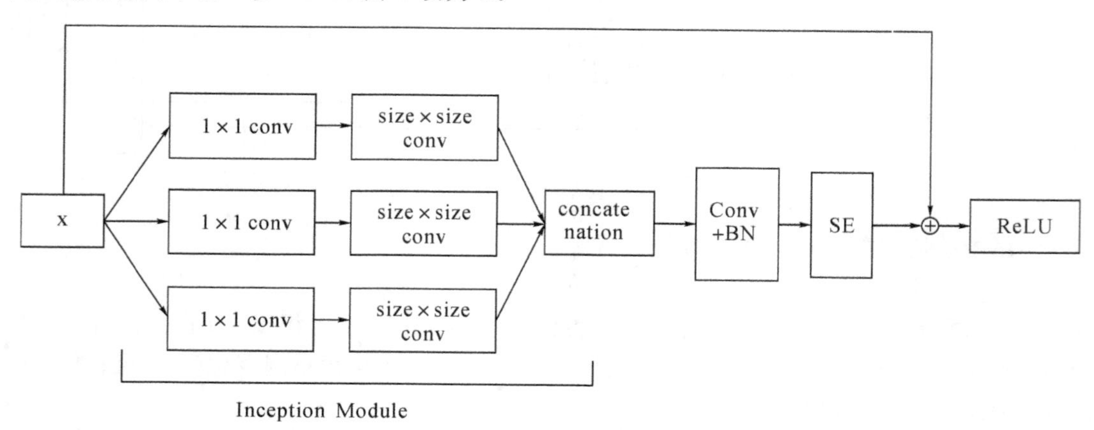


图 7.7　多层特征 SENet 网络中残差模块的结构示意图

（6）然后通过全局平均池化对特征图下采样为一个特征点，最后拉伸为一个特征列向量。

（7）考虑到网络的中间层也包含一定的信息，对图像具有一定的表现能力，比如较低层的特征图包含的细节信息比高层特征图丰富，可以将这些特征映射结果加以融合利用，组成更有表达能力的特征信息。因此将第一个残差模块的输出特征图和第二个残差模块的输出特征图进行全局平均池化，然后将得到的特征向量与网络最后的特征向量进行组合。

（8）将特征向量输入到Softmax进行分类。

**2. 训练分类模型**

将MSTAR数据采样及平移扩充后的数据集作为网络的训练样本，送入到构建好的网络中，通过求解模型输出类别与给定正确类别之间的误差并对误差进行反向传播来优化分类模型的网络参数，得到训练好的分类模型。

## 7.5 实验结果与分析

为了验证本章提出的SAR图像目标分类方法的有效性，在五组MSTAR数据集上使用五种其他的分类方法进行测试并与本章提出的算法进行对比，对比方法分别是SVM分类方法、MLP分类方法、CNN分类方法、DBN分类方法和ResNet分类方法。SVM方法首先使用PCA提取特征，然后使用SVM进行分类；MLP方法的实现也是首先通过PCA对图像进行降维提取特征，然后将特征输入到MLP中进行分类；DBN方法的实现也是先通过PCA进行降维提取特征，然后使用DBN进行分类；ResNet的模型使用的He等人提出的最原始的残差模型。在训练测试时，除了SVM方法，其他对比方法使用的训练数据都是数据增强后的数据集。

**1. 第一组实验**

该组实验采用的是MSTAR十类别车辆目标数据。如图7.8所示，是该组实验所用的样本示例图，其中图(a)是火箭发射车2S1，训练集中有299个样本，测试集中有274个样本。图(b)是装甲运兵车BRDM-2，训练集中有298个样本，测试集中有274个样本。图(c)是装甲运兵车BTR_60，训练集中有256个样本，测试集中有195个样本。图(d)是推土机D7，训练集中有299个样本，测试集中有274个样本。图(e)是坦克T72，训练集中有232个样本，测试集中有196个样本。图(f)是装甲运兵车BMP2，训练集中有233个样本，测试集中有195个样本。图(g)是装甲运兵车BTR_70，训练集中有233个样本，测试集中有196个样本。图(h)是坦克T62，训练集中有299个样本，测试集中有273个样本。图(i)是军用卡车ZIL131，训练集中有299个样本，测试集中有274个样本。图(j)是放空单元ZSU234，训练集中有299个样本，测试集中有274个样本。总体的训练样本集一共有2747

个 SAR 图像切片，测试样本集一共有 2425 个 SAR 图像切片。

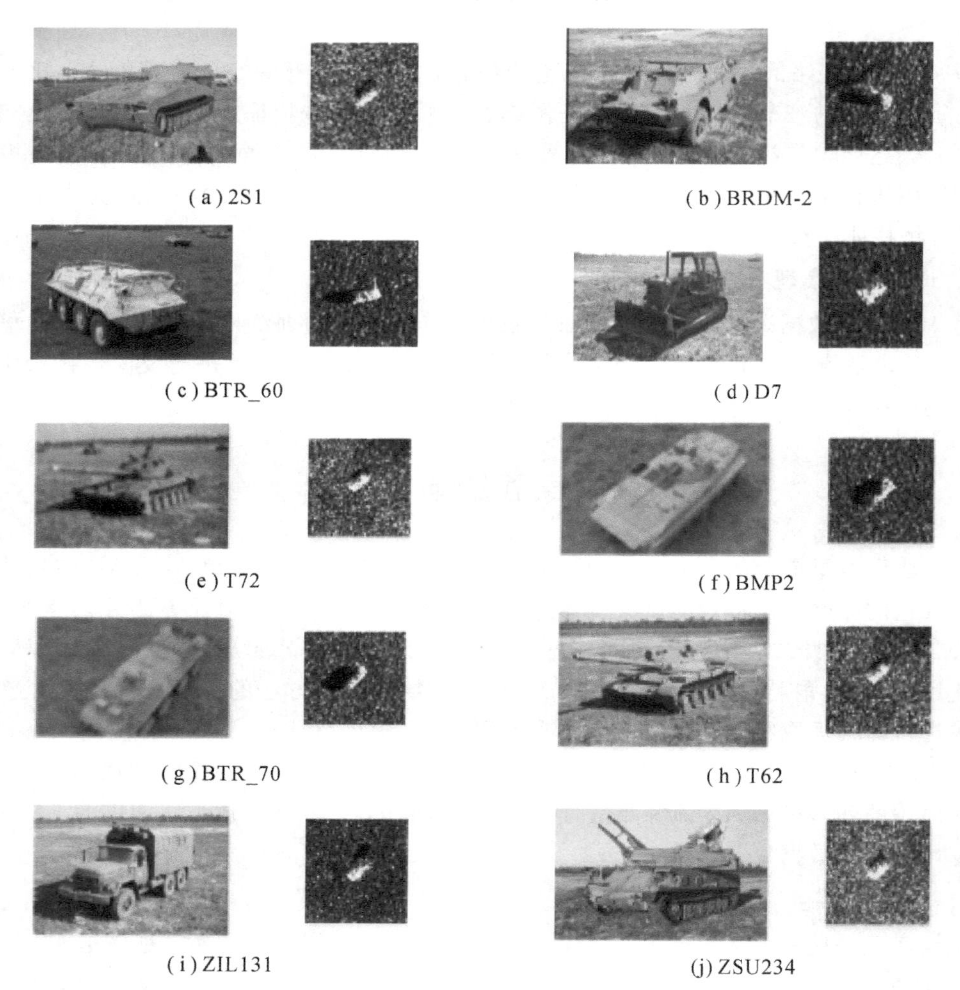

(a) 2S1　(b) BRDM-2　(c) BTR_60　(d) D7　(e) T72　(f) BMP2　(g) BTR_70　(h) T62　(i) ZIL131　(j) ZSU234

图 7.8　样本示例图

通过使用数据增强的平移变换方法之后，训练数据集扩增了十几倍，测试数据集不变。使用这些数据对本章分类网络进行训练和测试，得到图 7.9 所示的训练准确率和测试准确率变化图。从图中可以看出，分类网络随着网络迭代次数的增加，在第 15 次迭代左右就已经收敛，训练准确率和测试准确率基本不再变化，因为网络本身较为复杂，所以每一次迭代，泛化性能就会变好很多。

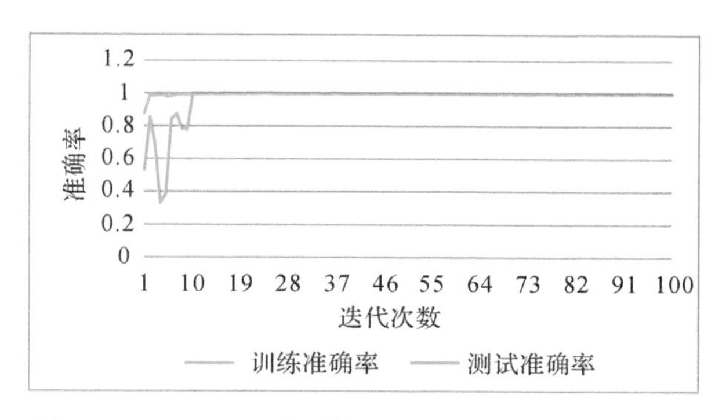


图 7.9 MSTAR 十类别数据集训练和测试分类准确率

将本章方法与机器学习中的经典分类方法 SVM、MLP 分类方法、DBN 分类方法、CNN 分类方法和 ResNet 分类方法得到的分类准确率进行对比，不同类别及总体的分类准确率的统计结果如表 7.1 所示。

**表 7.1 MSTAR 十类别数据集 10 次实验平均分类结果** %

| 类别 \ 算法 | SVM | MLP | CNN | DBN | ResNet | 本章算法 |
|---|---|---|---|---|---|---|
| 2S1 | 84.30 | 88.32 | 98.17 | 92.33 | 98.54 | 100 |
| BRDM-2 | 85.76 | 87.95 | 97.44 | 91.24 | 97.08 | 100 |
| BTR-60 | 86.15 | 89.23 | 93.84 | 92.82 | 96.41 | 96.92 |
| D7 | 95.62 | 97.44 | 99.27 | 98.17 | 100 | 100 |
| T72 | 93.36 | 96.93 | 100 | 97.95 | 100 | 100 |
| BMP2 | 72.82 | 78.97 | 98.46 | 82.05 | 97.43 | 97.95 |
| BTR-70 | 88.26 | 90.81 | 98.46 | 92.85 | 98.97 | 100 |
| T62 | 78.75 | 82.78 | 99.63 | 87.54 | 100 | 100 |
| ZIL131 | 93.43 | 94.89 | 99.63 | 97.44 | 99.63 | 99.63 |
| ZSU234 | 97.44 | 97.81 | 98.17 | 100 | 100 | 100 |
| 总体分类精度 | 87.91 | 90.72 | 98.58 | 93.27 | 98.88 | 99.54 |

通过对比实验发现，卷积神经网络 CNN、ResNet 网络还有本章算法，这三种方法在整个数据集上的效果都比较好，在每个类别上的分类准确率也都较高，尤其是有几个类别，有特别高的分类准确率，比如第 4 个类别推土机 D7，第 5 个类别坦克 T72，第 8 个类别坦克 T62，第 9 个类别军用卡车 ZIL131，第 10 个类别放空单元 ZSU234。其他三种方法在有的类别上的分类准确率比较高，但是并不是所有的类别上都能得到较好的准确率。总体上，在该组数据集上，深度神经网络都有较好的效果，但是本章算法在 7 个类别上都能做到完全正确的分类，这 7 个类别的分类准确率达到了 100%，只在 3 种类别中有极个别样本出现误判的情况，总体的分类精度是 99.54%，所以综合对比之下，本章方法得到的分类结果较优。

在 SAR 图像目标检测结果的基础上，对 SAR 场景图像中的目标进行分类，如图 7.10 所示。其中，图(a)是 SAR 场景图像，图(b)是人工标记图，不同颜色的方框代表不同种类，红色框表示类别 2S1，绿色框表示类别 BRDM-2，蓝色框表示类别 BTR-60，黄色框表示类别 D7，紫红色框表示类别 T72，浅蓝色框表示类别 BMP2，褐色框表示类别 BTR-70，粉色框表示类别 T62，深绿色框表示类别 ZIL131，深粉色框表示类别 ZSU234。

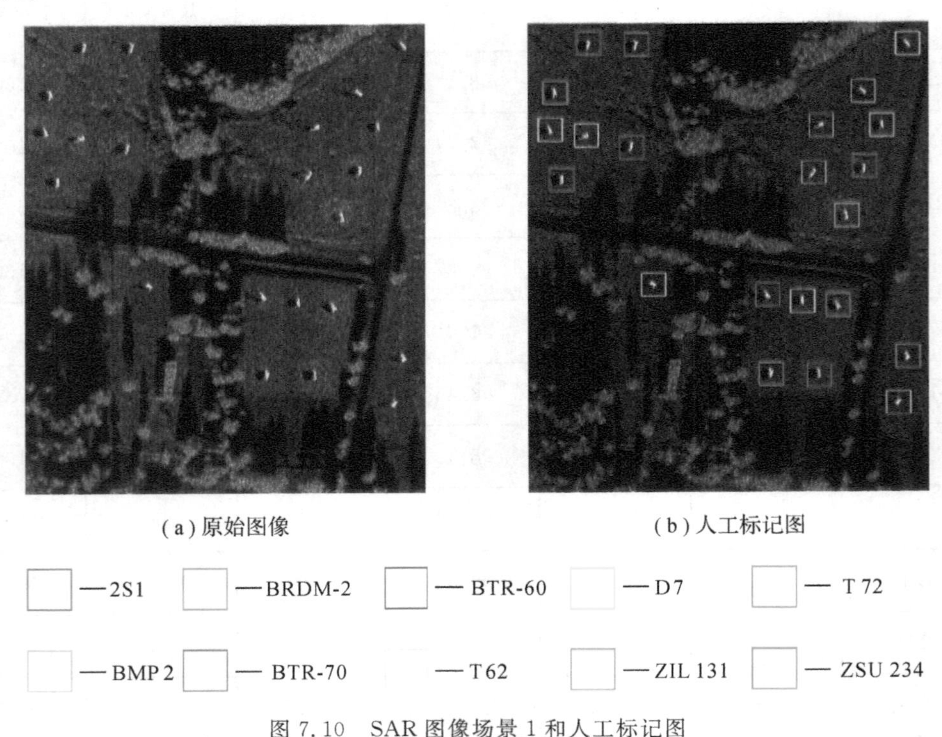


图 7.10　SAR 图像场景 1 和人工标记图

各对比算法在 SAR 场景图上的目标分类结果如图 7.11 所示，其中，图(a)所示是 SVM 的目标分类结果图；图(b)所示是 MLP 的目标分类结果图；图(c)所示是 CNN 的目标分类结果图；图(d)所示是 DBN 的目标分类结果图；图(e)所示是 ResNet 网络的目标分类结果图；图(f)所示是本章算法的目标分类结果图。

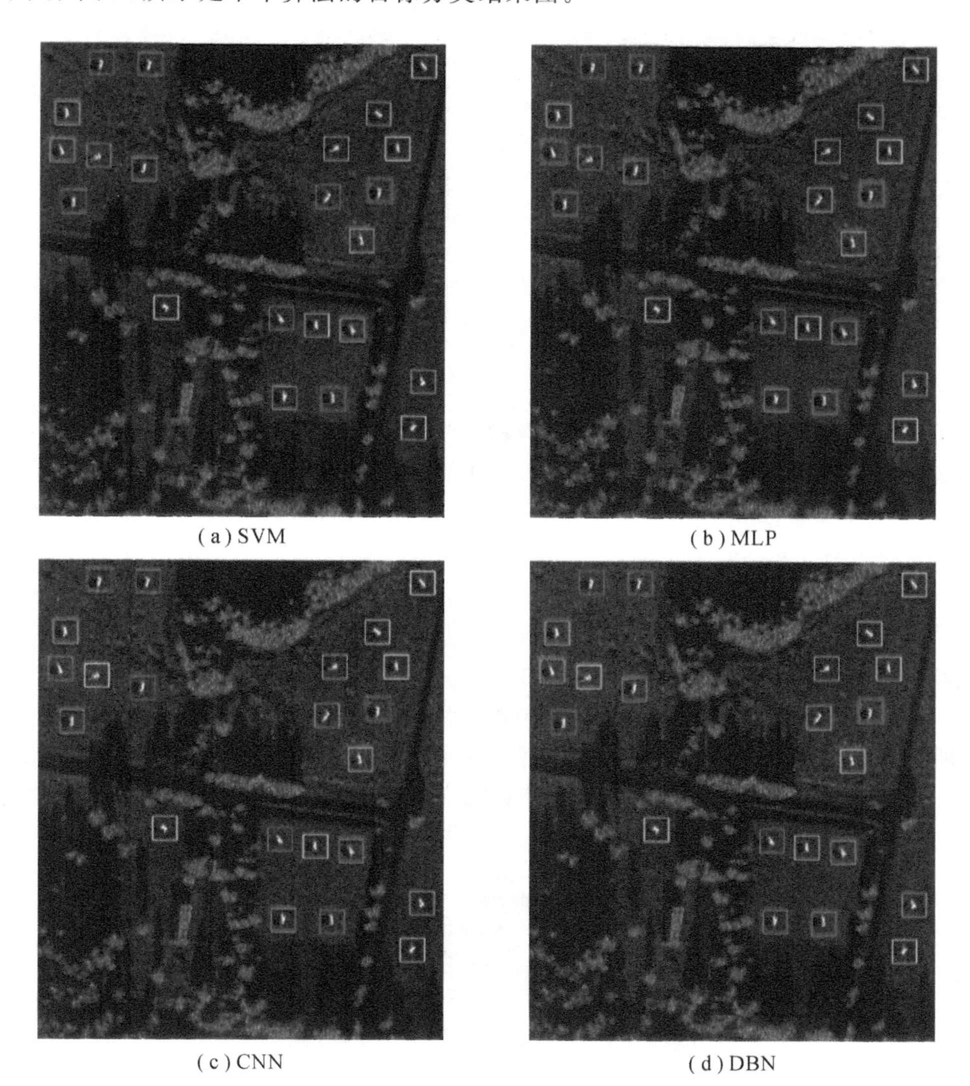

(a) SVM　　(b) MLP

(c) CNN　　(d) DBN

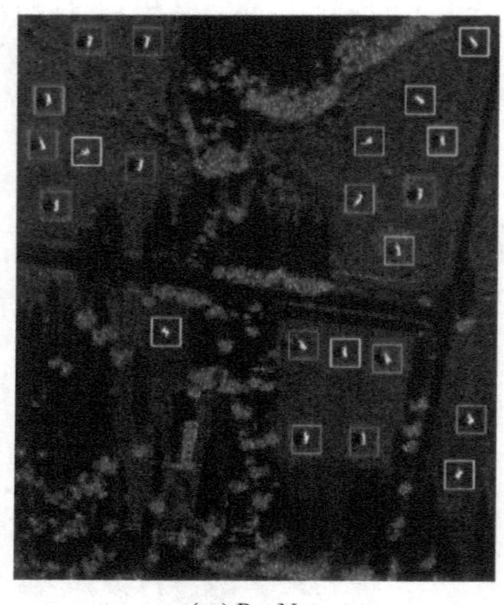

(e) ResNet

(f) 本章算法

图 7.11　SAR 图像场景 1 目标分类结果图

通过与人工标记图像对比，发现本章算法可以全部正确分类并识别 SAR 图像场景 1 中的所有目标，ResNet 网络有 1 个目标被误判，CNN 有 2 个目标被误判，其他几种方法的错误比较多，通过对比，证明本章提出的基于多层特征 SENet 的 SAR 图像分类方法具有较好的分类效果。

**2. 第二组实验**

该组实验数据采用的是装甲运兵车 BMP2 的三种变体型号，如图 7.12 所示，其中图(1)是型号 SN_9563，训练集有 232 个样本，测试集有 195 个样本；图(2)是型号 SN_9566，训练集中有 232 个样本，测试集中有 196 个样本；图(3)是型号 SN _C21，训练集中有 233 个样本，测试集有 196 个样本。总体训练样本集一共有 697 个 SAR 图像切片，测试样本集一共有 587 个 SAR 图像切片。

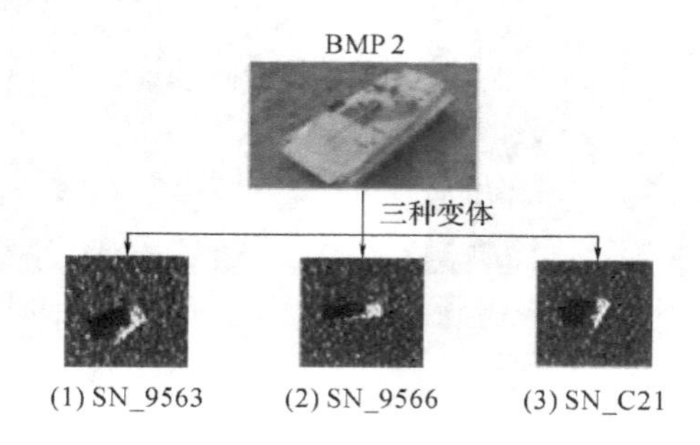


图 7.12　样本示例图

在数据增强之后，训练数据集扩增十几倍，测试数据集不变，使用这些数据对分类网络进行训练和测试，得到图 7.13 所示的训练准确率和测试准确率变化图。从图中可以看出，本章方法在 15 个迭代次数左右就已经收敛，训练准确率和测试准确率基本不再发生变化。

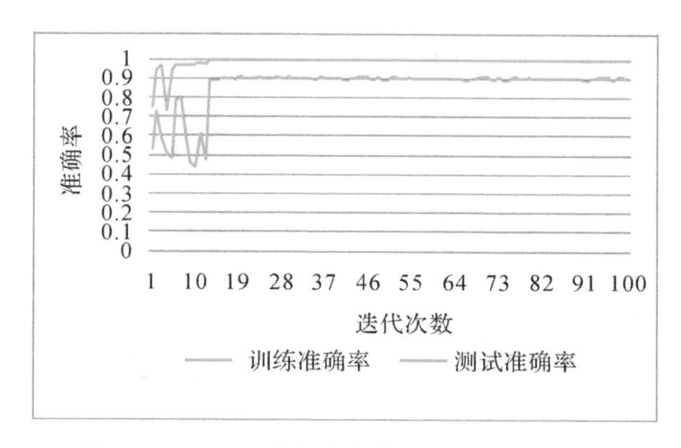


图 7.13 BMP2 数据集训练和测试分类准确率

将本章方法与机器学习中的经典分类方法 SVM、MLP 分类方法、DBN 分类方法、CNN 分类方法和 ResNet 分类方法在本组数据集上得到分类准确率进行对比，不同类别及总体的分类准确率的统计结果如表 7.2 所示。

**表 7.2 BMP2 数据集 10 次实验平均分类结果** %

| 类别 \ 算法 | SVM | MLP | CNN | DBN | ResNet | 本章算法 |
|---|---|---|---|---|---|---|
| SN_9563 | 65.64 | 68.20 | 81.53 | 72.82 | 87.69 | 95.89 |
| SN_9566 | 65.30 | 69.38 | 92.85 | 75.00 | 93.87 | 90.81 |
| SN_C21 | 77.04 | 76.02 | 76.53 | 86.22 | 81.63 | 85.20 |
| 总体分类精度 | 69.33 | 71.37 | 84.00 | 78.35 | 87.82 | 90.80 |

通过仿真实验发现，该组数据在所有的方法上的准确率都不是特别高，最好的结果是本章算法得到的，为 90.80%，因为该组数据集是装甲运兵车 BMP2 的三种具体的型号，本身相似性已经很大，所以很难对其进行识别分类，但是对比其他算法，本章算法的分类准确率结果要高于其他几个对比算法。

在 SAR 图像目标检测结果的基础上，对 SAR 场景图像中的目标进行分类，如图 7.14

所示。其中，图(a)是 SAR 场景图像，图(b)是人工标记图，不同颜色的方框代表不同种类，红色框表示类别 SN _9563，绿色框表示类别 SN_9566，蓝色框表示类别 SN_C21。

(a) 原始图像

(b) 人工标记图

□ —— SN_9563 □ —— SN_9566 □ —— SN_C21

图 7.14 SAR 图像场景 2 和人工标记图

各对比算法在 SAR 场景图上的目标分类结果如图 7.15 所示，其中，图(a)所示是 SVM 的目标分类结果图；图(b)所示是 MLP 的目标分类结果图；图(c)所示是 CNN 的目

(a) SVM

(b) MLP

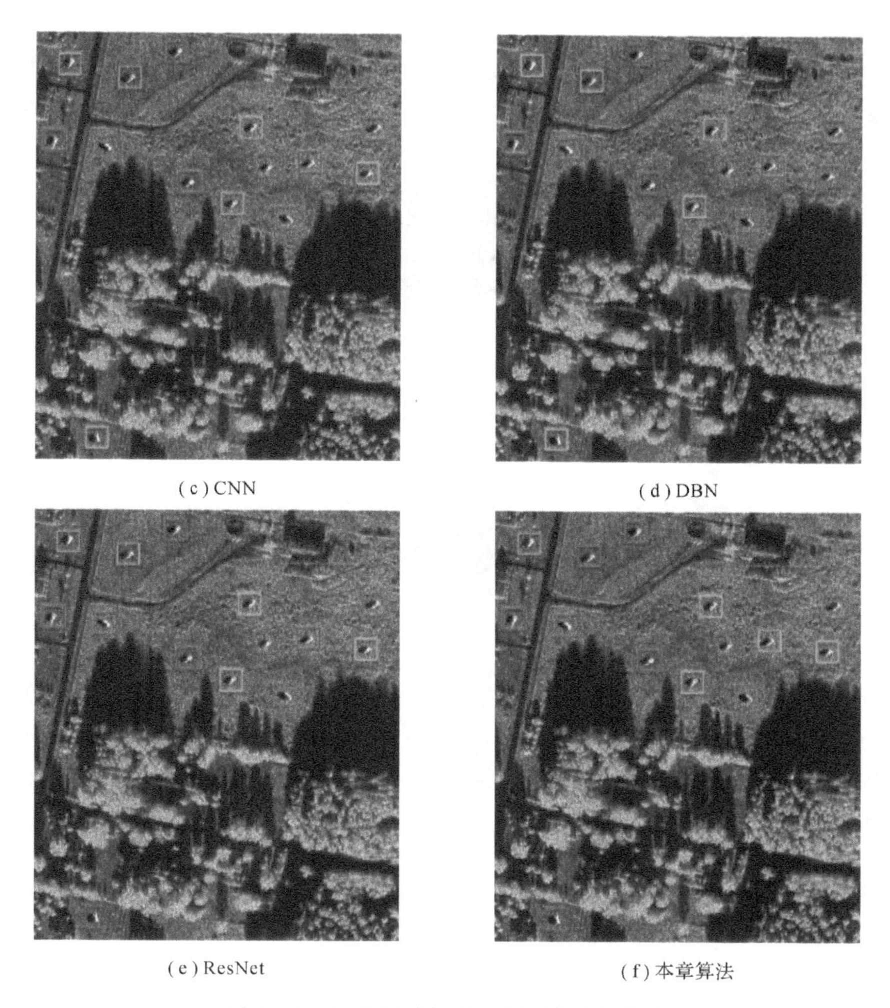

(c) CNN　(d) DBN　(e) ResNet　(f) 本章算法

图 7.15　SAR 图像场景 2 目标分类结果图

标分类结果图；图(d)所示是 DBN 的目标分类结果图；图(e)所示是 ResNet 的目标分类结果图；图(f)所示是本章算法的目标分类结果图。

SAR 图像场景 2 中一共有 14 个车辆目标，通过与对应的人工标记图像对比，可以发现各种算法在 SAR 场景图中的识别分类都存在错误，本章算法有 4 个目标被误判，其他算法误判情况更多，比如 SVM 方法有 9 个目标被误判，CNN 有 7 个目标被误判，这里就不一一列举每个方法的误判情况，对比之下，本章算法优于其他算法的识别效果。

**3. 第三组实验**

该组实验数据采用的是坦克 T72 的三种型号，如图 7.16 所示，其中，图(1)是型号 SN_132，训练集中有 232 个样本，测试集中有 196 个样本；图(2)是型号 SN_812，训练集中有 231 个样本，测试集中有 195 个样本；图(3)是型号 SN _S7，训练集中有 228 个样本，测试集中有 191 个样本。总体训练样本集一共有 691 个 SAR 图像切片，测试样本集一共有 582 个 SAR 图像切片。

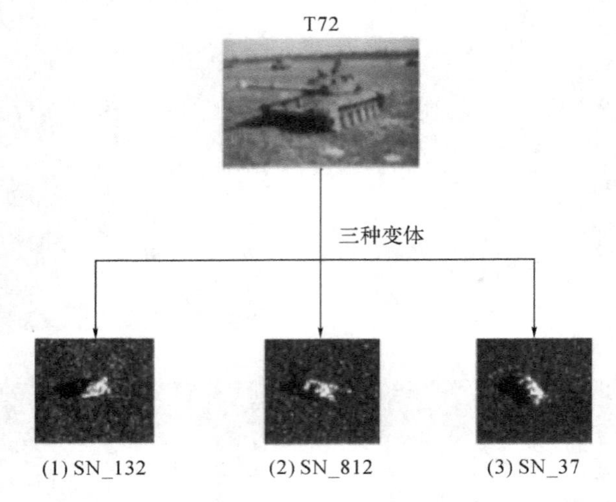


图 7.16 样本示例图

在进行平移和旋转之后，训练数据集扩增了十几倍，测数据集不变。使用这些数据对构建的分类网络进行训练和测试，得到图 7.17 所示的训练准确率和测试准确率变化图。从图中可以看出，本章算法在该数据集上比在前两个数据上收敛更快，在 10 次迭代之后，训练准确率和测试准确率基本不再发生变化。

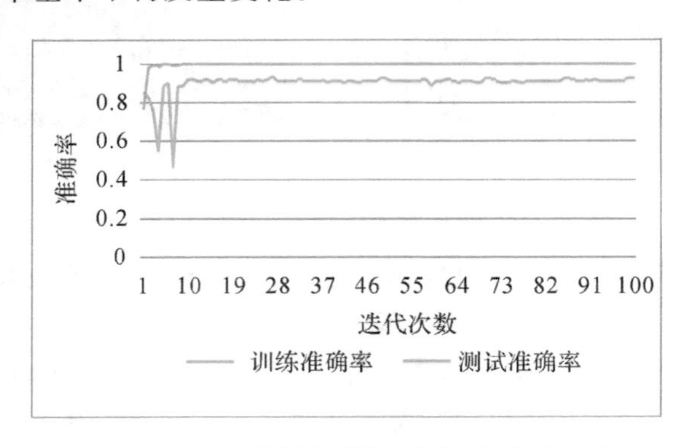


图 7.17 T72 数据集训练和测试分类准确率

将本章方法与机器学习中的经典分类方法 SVM、MLP 分类方法、DBN 分类方法、CNN 分类方法和 ResNet 分类方法在本组数据集上得到分类准确率进行对比，不同类别及总体的分类准确率的统计结果如表 7.3 所示。

表 7.3 T72 数据集 10 次实验平均分类结果 %

| 类别 \ 算法 | SVM | MLP | CNN | DBN | ResNet | 本章算法 |
|---|---|---|---|---|---|---|
| SN_132 | 87.75 | 82.65 | 80.10 | 86.22 | 81.12 | 80.10 |
| SN_812 | 89.23 | 86.66 | 95.89 | 89.74 | 97.94 | 99.48 |
| SN_S7 | 82.19 | 77.48 | 91.62 | 85.34 | 91.09 | 97.38 |
| 总体分类精度 | 86.42 | 82.32 | 89.45 | 87.13 | 90.03 | 92.26 |

从表 7.3 的分类结果对比可以看出，该组数据在六种算法上的准确率结果和第二组实验一样，都不是特别高。因为该组数据集是坦克 T72 的三种不同型号，三种数据属于一个大类别，三种数据本身相似性很大，所以对其再进行具体类别判断比较困难。SVM 和 DBN 在三种类别上得到的分类准确率比较平衡，CNN、ResNet 和本章算法在后两类数据 SN_812 和 SN_S7 上有较好的分类效果，特别是 SN_812 数据，本章算法的准确率高达 99%，但是对于第一类 SN_132，分类准确率都比较低，只有 80%左右，所以有的方法虽然总体分类准确率高，但是不同类别的分类准确率却没有别的方法好，两者是不一致的，总体对比之下，本章算法的分类准确率结果优于其他方法。

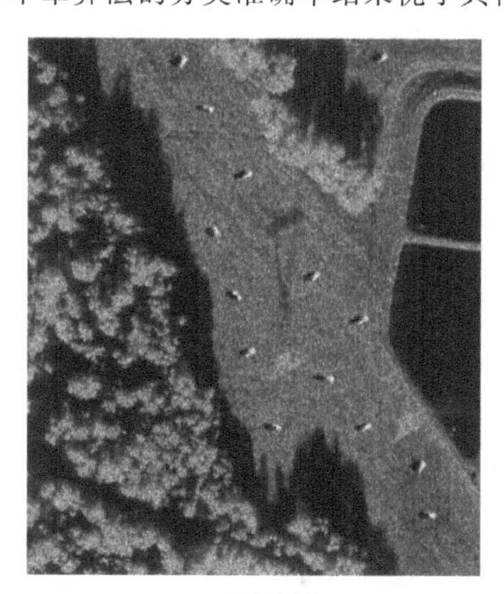

(a) 原始图像

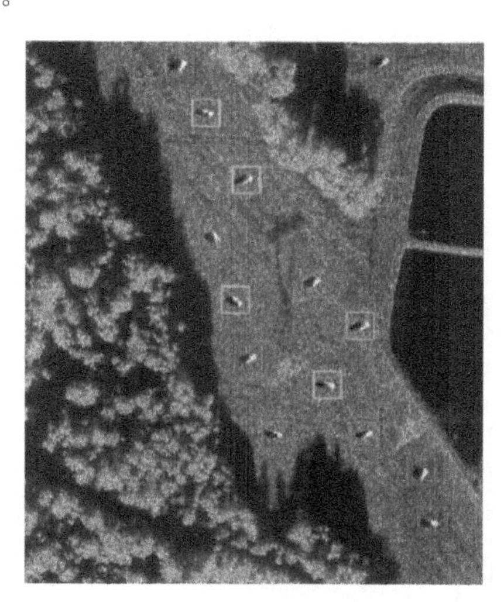

(b) 人工标记图

□ —— SN_132 □ —— SN_812 □ —— SN_S7

图 7.18 SAR 图像场景 3 和人工标记图

在 SAR 图像目标检测结果的基础上，对 SAR 场景图像中的目标进行分类，如图 7.18 所示。其中，图(a)是 SAR 场景图像，图(b)是人工标记的对应目标类别，不同颜色的方框代表不同的种类，红色框表示类别 SN _132，绿色框表示类别 SN_812，蓝色框表示类别 SN_S7。

各对比算法在 SAR 场景图上的目标分类结果如图 7.19 所示，其中，图(a)所示是 SVM 的目标分类结果图；图(b)所示是 MLP 的目标分类结果图；图(c)所示是 CNN 的目标分类结果图；图(d)所示是 DBN 的目标分类结果图；图(e)所示是 ResNet 的目标分类结果图；图(f)所示是本章算法的目标分类结果图。

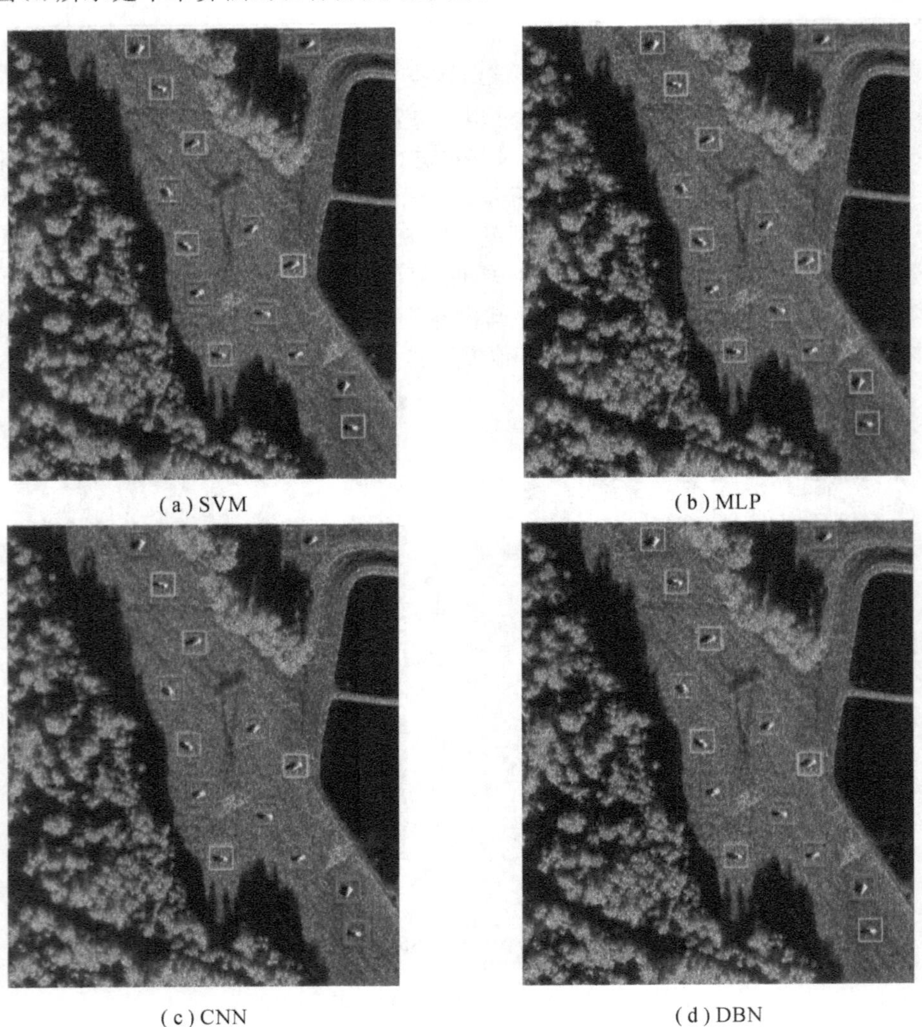

(a) SVM　　(b) MLP

(c) CNN　　(d) DBN

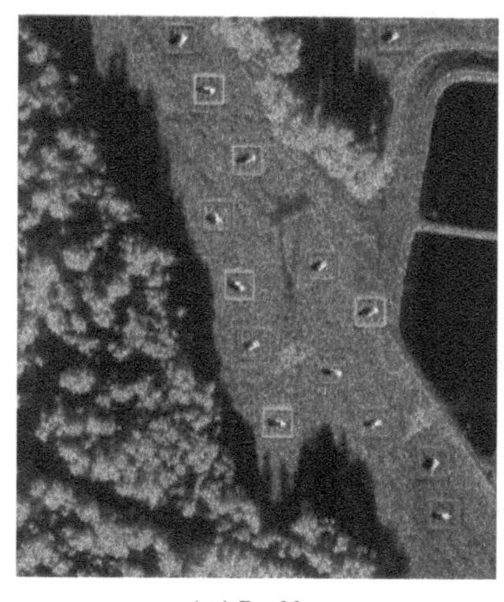

(e) ResNet

(f) 本章算法

图 7.19　SAR 图像场景 3 目标分类结果图

在 SAR 图像场景 3 中，一共有 14 个车辆目标，通过与人工标记图对比，发现本章算法正确识别了 10 个目标，存在 4 个误判情况，其他对比算法正确分类的车辆目标都比本章算法少，比如 MLP 正确分类 7 个目标，CNN 正确分类 9 个目标，ResNet 正确分类 9 个目标，相比之下，本章提出的目标分类方法的效果优于其他算法。

**4. 第四组实验**

该组实验数据采用的是 MSTAR 三类别数据集，如图 7.20 所示，图中，图(1)是装甲运兵车 BMP2，训练集中有 698 个样本，测试集中有 587 个样本，图(2)是装甲运兵车 BTR-70，训练集中有 233 个样本，测试集中有 196 个样本，图(3)是坦克 T72，训练集中有 691 个样本，测试集中有 582 个样本。总体训练样本集一共有 1622 个 SAR 图像切片，测试样本集一共有 1365 个 SAR 图像切片。

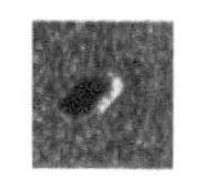

(1) BMP 2

(2) BTR_70

(3) T72

图 7.20　样本示例图

在使用数据增强的平移方法之后，训练数据集进行了扩增，测试数据集不变。使用这些数据对分类模型进行训练测试，得到图 7.21 所示的训练准确率和测试准确率变化图，从图中可以看出，在该组数据集上，本章算法在迭代次数达到 12 次之后就达到了收敛，训练准确率达到 100%，基本不再变化，测试准确率在 99.50%左右小幅度变化。

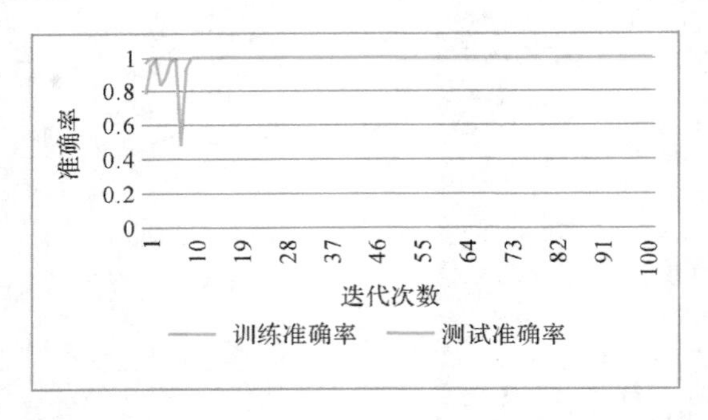


图 7.21 MSTAR 三类别数据集训练和测试分类准确率

将本章方法与机器学习中的经典分类方法 SVM、MLP 分类方法、DBN 分类方法、CNN 分类方法和 ResNet 分类方法在本组数据集上得到的分类准确率进行对比，不同类别及总体的分类准确率的统计结果如表 7.4 所示。

**表 7.4 MSTAR 三类别数据集 10 次实验平均分类结果** %

| 类别 \ 算法 | SVM | MLP | CNN | DBN | ResNet | 本章算法 |
|---|---|---|---|---|---|---|
| BMP2 | 80.91 | 82.96 | 98.80 | 92.33 | 99.32 | 99.31 |
| BTR70 | 94.38 | 91.83 | 98.97 | 94.89 | 100 | 100 |
| T72 | 99.82 | 99.31 | 100 | 97.42 | 99.83 | 100 |
| 总体分类精度 | 90.91 | 91.28 | 99.33 | 94.87 | 99.63 | 99.70 |

从表格 7.4 所示的不同算法得到的各个类别和总体的分类准确率可以看出，在该组数据上，每个算法都有很好的分类效果。卷积神经网络 CNN、ResNet 网络和本章方法的分类准确率都很高，分类准确率都在 99%以上，尤其是本章方法，分类准确率高达 99.70%，测试数据集中只在装甲运兵车 BMP2 上出现一两个误判情况，在装甲运兵车 BTR-70 和坦克 T72 数据集上的分类准确率是 100%，没有出现任何误判的情况。其他三种方法也取得了目前几组实验中最好的分类效果，但是分类精度低于本章提出的方法。相比之下，由于本章算法的多层特征融合利用的特点，提取的特征信息更加丰富，得到的分类效果略优。

在 SAR 图像目标检测结果的基础上，对 SAR 场景图像中的目标进行分类，如图 7.22 所示。其中，图(a)是 SAR 场景图像，图(b)是人工标记的对应目标类别，不同颜色的方框代表不同的种类，红色框代表类别 BMP2，绿色框代表类别 BTR－70，蓝色框代表类别 T72。

(a)原始图像

(b)人工标记图

□ —— BMP2　□ —— BTR70　□ —— T72

图 7.22　SAR 图像场景 4 和人工标记图

各对比算法在 SAR 场景图上的目标分类结果如图 7.23 所示，其中图(a)所示是 SVM 的目标分类结果图；图(b)所示是 MLP 的目标分类结果图；图(c)所示是 CNN 的目标分类结果图；图(d)所示是 DBN 的目标分类结果图；图(e)所示是 ResNet 的目标分类结果图；图(f)所示是本章算法的目标分类结果图。

(a)SVM

(b)MLP

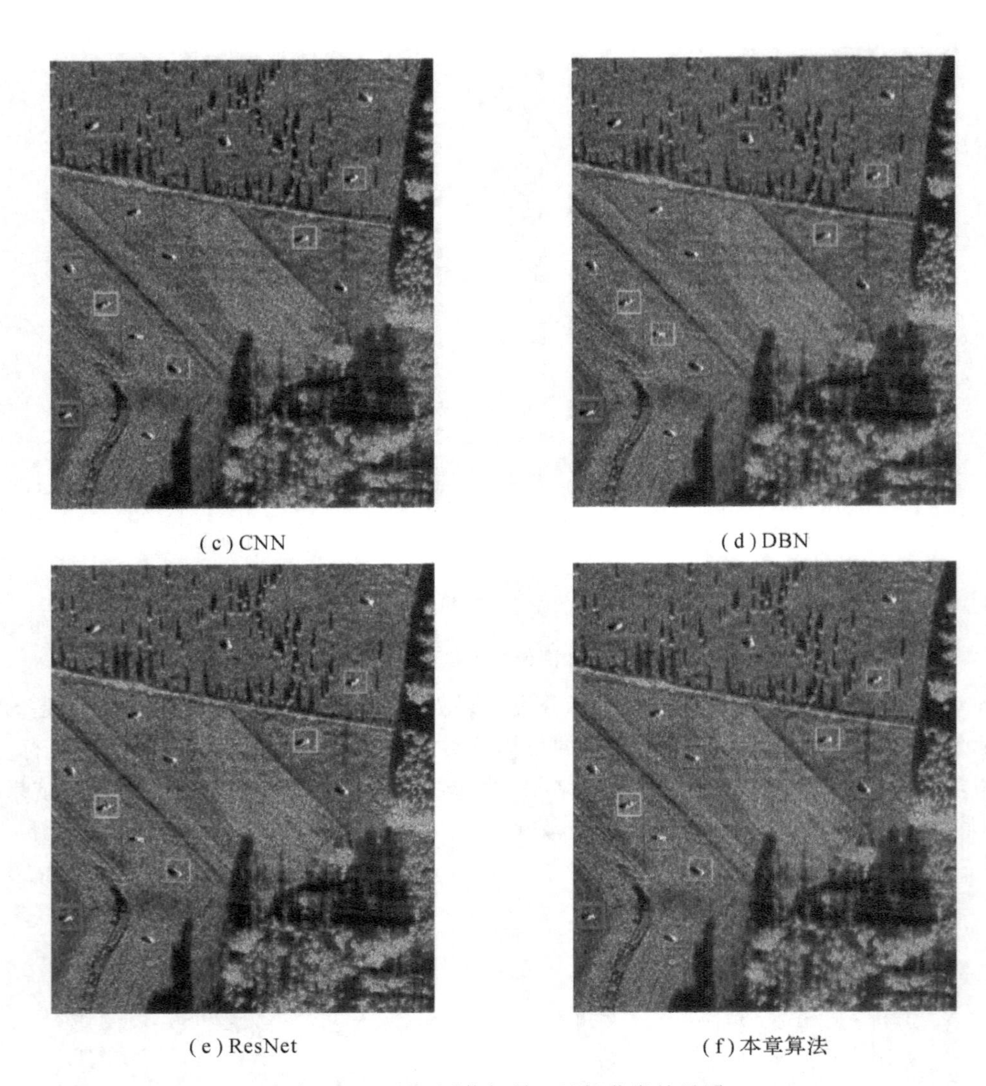


图 7.23　SAR 图像场景 4 目标分类结果图

通过将识别结果与人工标记图像进行对比，可以看出本章算法正确识别出 SAR 场景图中所有的目标，卷积神经网络 CNN 和 ResNet 网络也能够正确识别，因为这三种算法在数据集上的分类准确率都能达到 99%以上，所以在场景图中的识别中，基本上没有误判的情况，而 SVM 误判 4 个目标，MLP 和 DBN 也有个别目标误判的情况。

**5. 第五组实验**

该组实验数据采用的是火箭发射车 2S1，装甲运兵车 BRDM-2，放空单元 ZSU234。训练集是俯仰角 17 度的切片数据，测试集是俯仰角 30 度的切片数据。如图 7.24 所示，图(1)是 2S1，训练集中有 299 个样本，测试集中有 288 个样本；图(2)是 BRDM-2，训练集中有 298 个样本，测试集中有 287 个样本；图(3)是 ZSU234，训练集中有 298 个样本，测试集中有 288 个样本。总体训练集样本数是 896，测试集样本是 863。

(1) 2S1

(2) BEDM-2

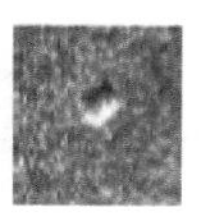

(3) ZSU234

图 7.24　样本示例图

在使用数据增强的平移方法之后，训练数据集进行了扩增，测试数据集不变。使用这些数据对分类模型进行训练测试，得到图 7.25 所示的训练准确率和测试准确率增长图，在这个数据集上，本章算法的收敛速度没有之前的几组数据快，在 33 次迭代之后才基本收敛。

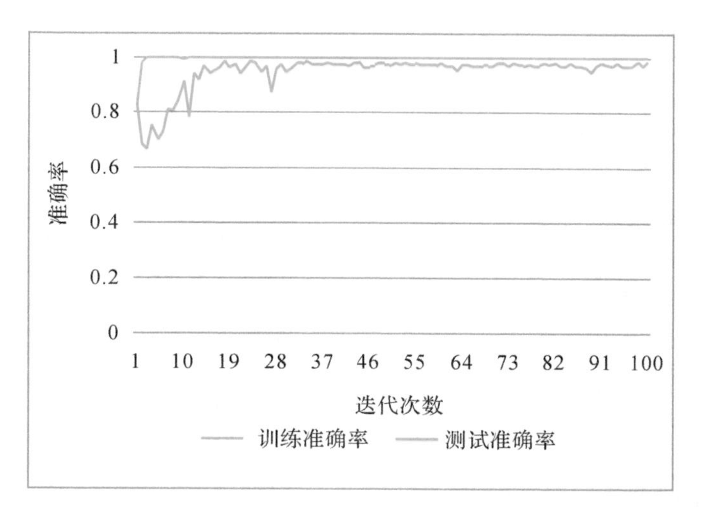


图 7.25　MSTAR 三类别不同仰角数据集训练和测试分类准确率

将本章方法与机器学习中的经典分类方法 SVM、MLP 分类方法、DBN 分类方法、CNN 分类方法和 ResNet 分类方法在本组数据集上得到的分类准确率进行对比，不同类别及总体的分类准确率的统计结果如表 7.5 所示。

表 7.5 MSTAR 三类别不同仰角数据集 10 次实验平均分类结果 %

| 类别 \ 算法 | SVM | MLP | CNN | DBN | ResNet | 本章算法 |
|---|---|---|---|---|---|---|
| 2S1 | 94.44 | 86.45 | 96.52 | 92.01 | 97.22 | 98.61 |
| BRDM－2 | 98.60 | 87.10 | 97.90 | 94.07 | 97.91 | 99.30 |
| ZSU234 | 92.70 | 88.19 | 95.83 | 90.62 | 96.18 | 97.56 |
| 总体分类精度 | 96.06 | 87.25 | 96.75 | 92.23 | 97.21 | 98.49 |

从对比实验的结果分析和分类结果对比图可以发现，在该组数据集上，每个方法的分类效果都较好，尤其是 SVM 方法，它在该组数据上的泛化性能比之前几组实验数据都要好，在三种不同类别中的分类准确率也比较平衡，总体的分类准确率达到 96.06%，比 MLP 和 DBN 的分类结果都要好。CNN 在本次实验中的分类准确率是 96.75%，ResNet 网络的分类准确率是 97.21%。

本章算法的分类模型组合了 Inception 模块、SE 模块及残差模块并且结合了多层的特征信息，使特征信息的表达能力更好，最后得到的分类准确率是 98.49%，这些对比充分说明了本章算法的有效性。

(a) 原始图像

(b) 人工标记图

□ —— 2S1　□ —— BRDM-2　□ —— ZSU234

图 7.26 SAR 图像场景 5 和人工标记图

在 SAR 图像目标检测结果的基础上，对 SAR 场景图像中的目标进行分类，如图 7.26 所示。其中，图(a)是 SAR 场景图像，图(b)是人工标记的对应目标类别，不同颜色的方框代表不同的种类，红色框代表类别 2S1，绿色框代表类别 BRDM-2，蓝色框代表类别 ZSU234。

各对比算法在 SAR 场景图上的目标分类结果如图 7.27 所示，其中图(a)所示是 SVM 的目标分类结果图；图(b)所示是 MLP 的目标分类结果图；图(c)所示是 CNN 的目标分类结果图；图(d)所示是 DBN 的目标分类结果图；图(e)所示是 ResNet 的目标分类结果图；图(f)所示是本章算法的目标分类结果图。

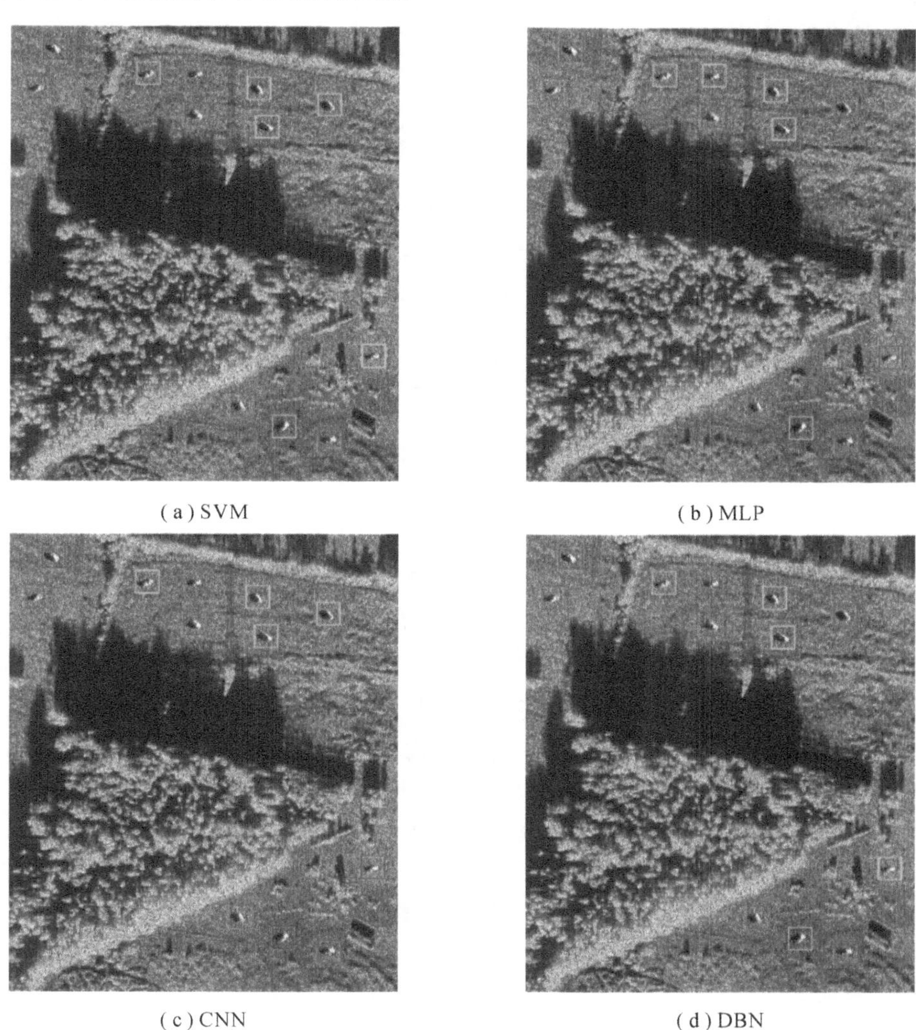

(a) SVM　　(b) MLP

(c) CNN　　(d) DBN

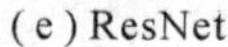

(e) ResNet

(f) 本章算法

图 7.27　SAR 图像场景 5 目标分类结果图

在本组实验的 SAR 场景图像的目标分类中，一共有 12 个车辆目标，与人工标记图像对比可以看出，本章算法有 1 个误判情况，将 1 个 ZSU234 类别判断成 2S1，对比发现，其他算法的误判情况都比本章算法多，本章算法的目标分类效果优于其他算法。

## 本章小结

在这一章中，首先概述了数据增强的几个简单方法，然后介绍了分类网络的相关模块，最后提出了一种基于多层特征 SENet 的 SAR 图像目标分类算法。该方法利用 Inception 模块、残差模块、Squeeze_and_exitation 模块以及全局平均池化等构建一个用于分类的多层特征深度学习网络。Inception 模块学习图像的多尺度信息；SE 模块学习图像特征通道的重要度，抑制无用的特征，提升有用的特征；残差模块增强网络的泛化性能，对 MSTAR 数据集进行数据增强后，对分类网络进行训练测试，得到训练好的分类模型，在 SAR 图像目标检测结果的基础上，对 SAR 场景图像中目标进行具体的类别识别。通过五组不同数据集的仿真对比实验，证明了该方法具有较好的分类效果。

## 参考文献

[1]　焦李成. 智能 SAR 图像处理与解译[M]. 北京：科学出版社，2008.

[2]　张澄波. 综合孔径雷达[J]. 中国科学院院刊，1987(4)：51－52.

[3] 吴良斌. SAR图像处理与目标识别[M]. 北京：航空工业出版社，2013.
[4] Jiao L, Liu F. Wishart Deep Stacking Network for Fast POLSAR Image Classification. [J]. IEEE Transactions on Image Processing, 2016, 25(7): 3273-3286.
[5] Liu F, Jiao L, Hou B, et al. POL-SAR Image Classification Based on Wishart DBN and Local Spatial Information[J]. IEEE Transactions on Geoscience & Remote Sensing, 2016, 54(6): 3292-3308.
[6] Viola P. Rapid Object Detection Using Boosted Cascade of Simple Features[J]. IEEE Conference on Computer Vision and Pattern Recognition. IEEE Computer Society, 2001.
[7] Felzenszwalb P F, Girshick R B, McAllester D, et al. Object detection with discriminatively trained part-based models[J]. IEEE Transactions on Pattern Analysis and Machine Intelligence, 2010, 32(9): 1627-1645.
[8] Ren X, Ramanan D. Histograms of Sparse Codes for Object Detection[C]// IEEE Conference on Computer Vision and Pattern Recognition. IEEE Computer Society, 2013: 3246-3253.
[9] Goldstein G B. False-Alarm Regulation in Log-Normal and Weibull Clutter[J]. IEEE Transactions on Aerospace & Electronic Systems, 1973, AES-9(1): 84-92.
[10] Burl M C, Owirka G J, Novak L M. Texture discrimination in synthetic aperture radar imagery [C]// Asilomar Conference on. IEEE, 2003: 399-404.
[11] 袁湛，何友，蔡复青. 基于改进扩展分形特征的SAR图像目标检测方法[J]. 宇航学报，2011，32(6)：1379-1385.
[12] Benyonssef L, Delignon Y, Ghorbel F. An optimal matched filter for target detection in images distorted by noise[M]. 1998.
[13] Marques R C P, Medeiros F N S D, Ushizima D M. Target Detection in SAR Images Based on a Level Set Approach[J]. IEEE Transactions on Systems Man & Cybernetics Part C, 2009, 39(2): 214-222.
[14] 徐丰，王海鹏，金亚秋. 深度学习在SAR目标识别与地物分类中的应用[J]. 雷达学报，2017，6(2)：136-148.
[15] Hecht-Nielsen R. Theory of backpropagation neural networks[C]// International Joint Conference on Neural Networks. IEEE Xplore, 1989, 1: 593-605.
[16] Hinton G E, Osindero S, Teh Y W. A fast learning algorithm for deep belief nets[J]. Neural computation, 2006, 18(7): 1527-1554.
[17] 李彦冬，郝宗波，雷航. 卷积神经网络研究综述[J]. 计算机应用，2016，36(9)：2508-2515.
[18] Jordan M I. Supervised learning and systems with excess degrees of freedom[M]. University of Massachusetts, 1988.
[19] Barlow H B. Unsupervised Learning[M]// Encyclopedia of Computational Chemistry. John Wiley & Sons, Ltd, 2002: 72-112.
[20] Sutton R S. Reinforcement Learning[J]. Springer International, 1998, 11(5): 126-134.
[21] Pan S J, Yang Q. A Survey on Transfer Learning[J]. IEEE Transactions on Knowledge & Data Engineering, 2010, 22(10): 1345-1359.

[22] Achim A, Kuruoĝlu E E, Zerubia J. SAR image filtering based on the heavy-tailed Rayleigh model. [J]. IEEE Transactions on Image Processing A Publication of the IEEE Signal Processing Society, 2006, 15(9): 2686 - 2693.

[23] Finn H M. Adaptive detection mode with threshold control as a function of spatially sampled-clutter-level estimates[J]. Rca Review, 1968, 29.

[24] Zitnick C L, Dollár P. Edge Boxes: Locating Object Proposals from Edges[M]// Computer Vision and Pattern Recognition. IEEE, 2014: 391 - 405.

[25] 张鹏. 图像信息处理中的选择性注意机制研究[D]. 国防科学技术大学, 2004.

[26] Hou X, Zhang L. Saliency Detection: A Spectral Residual Approach[C]// Computer Vision and Pattern Recognition, 2007. CVPR 07. IEEE Conference on. IEEE, 2007: 1 - 8.

[27] Achanta R, Estrada F, Wils P, et al. Salient region detection and segmentation[J]. Proc. ICVS, 2008, 5008: 66 - 75.

[28] Cheng M M, Zhang G X, Mitra N J, et al. Global contrast based salient region detection[C]// Computer Vision and Pattern Recognition. IEEE, 2011: 409 - 416.

[29] Schölkopf B, Platt J, Hofmann T. Graph-Based Visual Saliency[C]// International Conference on Neural Information Processing Systems. MIT Press, 2006: 545 - 552.

[30] Ruder S. An overview of gradient descent optimization algorithms[J]. 2017.

[31] Lu, Q. Weng. A survey of image classification methods and techniques for improving classification performance[J]. International Journal of Remote Sensing, 2007, 28(5): 823 - 870.

[32] 杨晓敏, 严斌宇, 李康丽, 等. 一种基于词袋模型的图像分类方法[J]. 太赫兹科学与电子信息学报, 2014(5): 726 - 730.

[33] Lecun Y, Kavukcuoglu K, Farabet C. Convolutional networks and applications in vision[C]// IEEE International Symposium on Circuits and Systems. IEEE, 2010: 253 - 256.

[34] Bamberger R H, Smith M J T. A filter bank for the directional decomposition of images: theory and design[J]. IEEE Transactions on Signal Processing, 1992, 40(4): 882 - 893.

[35] Da C A, Zhou J, Do M N. The nonsubsampled contourlet transform: theory, design, and applications[J]. IEEE Transactions on Image Processing, 2006, 15(10): 3089 - 3101.

# 第二部分

# 极化 SAR 图像分类与变化检测

# 第8章 基于GAN网络的极化SAR影像分类

## 8.1 引　言

众所周知，极化SAR数据散射特性和统计特性的分析非常复杂。同时，在极化SAR图像分类任务中，对像素点进行人工标记将耗费大量的人力劳动，因此需要研究出对人工标签样本需求量较少的算法，减少人力成本。在本章的研究内容中，我们利用一种新型网络结构对极化SAR进行自动分析，在人工标签样本极少的情况下，很好地完成分类任务。

在数据建模的任务中，GAN是最有效的工具之一。它无需提前对数据做任何假设，受到了众多学者的青睐。此种网络结构通常包含两个部分，生成器(Generator)和判别器(Discriminator)在互相竞争的过程中，判别器试图区分由生成器产生的伪数据和真实数据，而生成器则想要产生与真实数据更加相似的伪数据去扰乱判别器。最终，生成器就能够产生和真实数据拥有相同分布的伪数据，即可学习到真实数据的分布。在不同的任务中，研究人员已经提出了多种GAN模型，如针对图像生成任务的深度卷积GAN(Deep Convolutional GAN, DCGAN)；按类别标签产生数据的条件GAN(Conditional GAN, CGAN)，用于可解释表示学习的信息最大化GAN(Information maximizing Generative Adversarial Net, InfoGAN)；用于图像与图像间转化的对偶GAN(DualGAN)；用于判别性学习的类别GAN(Categorical Generative Adversarial Networks, GatGAN)等。在模型GatGAN中，判别器不仅被用于区分真实数据和伪数据，而且还被用于完成分类或者聚类任务。然而这样极大地加重了判别器的负担，因此考虑将判别器的分类或者聚类功能单独释放由其他部分完成。因此，我们提出了一种新型的GAN模型——面向任务的生成对抗网络(Task-Oriented GAN)。

在Task-Oriented GAN中，主要包含三个部分，生成器(Generator, G-Net)、判别器(Discriminator, D-Net)和任务网络(Task-Net, T-Net)。其中G-Net和D-Net的作用与传统GAN的作用相同，但T-Net却可以根据不同的任务设置为不同的形式，例如在分类或聚类任务中，它可以分别作为分类器(Classifier)或者聚类器(Cluster)。按照这个框架，Task-Oriented GAN中的每一个子网络有单一的目标，从而简化各子网络的训练过程。如在Task-Oriented GAN中无任何特殊设计，它可以直接被用于一般的数据，例如MNIST

或者 CIFAR 数据。但我们这里处理的是极化 SAR 数据，因此在设计网络时考虑到了其极化信息，以便更好地完成分类任务。针对于极化 SAR 数据的 Task-Oriented GAN，其各个子网络的介绍如下：

(1) G-Net：通过一个乘积操作，将极化 SAR 数据的共轭对称性质嵌入在 G-Net 的设计中，以此保证产生的伪数据更接近真实的极化 SAR 数据。

(2) D-Net：对真实极化 SAR 数据和伪数据进行区分。

(3) T-Net：此网络用于完成不同任务，这里只考虑分类任务。需要注意的是，由此网络得到的结果不能与传统的极化 SAR 算法冲突。换言之，具有相似极化性质的数据，更有可能属于同一类别。此外，由于空间信息能够在图像处理中起到抑制噪声的作用，它也应该在 T-Net 的设计中有所体现。综合考虑这两个因素，通过在 T-Net 的目标函数中增加相应的正则项来实现。

关于 Task-Oriented Task 的训练过程，首先需要交替训练 G-Net 和 D-Net，完成对真实数据的建模任务，用以产生真实可靠的伪数据。其次，需要对 G-Net 和 T-Net 进行联合训练，将真实数据用合适的形式表示，用以完成特定的任务。在第一步中，D-Net 的目标仅仅只是区分真实数据和伪数据，而不用关心具体的任务，因此在与 G-Net 进行竞争训练时，它能够使 G-Net 产生的数据更加真实。在第二步中，为了更好地完成特定任务，需要对 G-Net 进行调整，使产生的数据包含更多对任务有利的信息(例如包含更多的判别信息以便于分类任务的完成)。重复这两个训练步骤，最终得到的伪数据不仅与真实数据真假难辨，还更有利于任务的完成。

本章主要提出一种新型的 GAN 模型——Task-Oriented GAN，并将其应用于极化 SAR 图像的分类任务中。只需在原始 GAN 中增加一个额外的 T-Net，就能够很容易地得到一个简单的 Task-Oriented GAN，此时每一个子网络都有自己明确且单一的目标。Task-Oriented GAN的三个子网络会在训练过程中相互影响，使 G-Net 能够在对真实数据进行建模的同时，学习到有利于任务完成的特征表示。此外，针对极化 SAR 数据而专门设计的网络结构，能够更好地对极化 SAR 图像进行解释。不过对于其他应用来说，这种特殊设计是不需要的。

在下文中，首先对极化 SAR 数据进行简要分析，并对 GAN 的最新进展做了简要介绍。接着详细介绍了 Task-Oriented GAN 的框架结构，并针对极化 SAR 数据的特殊性对 G-Net 和 T-Net 进行了修改。随后，对三个子网络 G-Net、D-Net 和 T-Net 的目标函数进行详细说明，并对其训练过程进行分析。最后通过实验结果验证算法的有效性。

## 8.2 GAN 最新进展

GAN 中的两个对抗部分分别是生成模型 G-Net 和判别模型 D-Net。G-Net 用来对真实数据分布进行建模，用于产生更加像真实数据的伪数据。D-Net 则用于区分由训练集得到的真实数据和由 G-Net 产生的伪数据。实际上，GAN 的训练同二人零和博弈问题相似，它的优化问题如式(8－1)所示。

$$\min_G \max_D E_{x\sim P_r(x)}[\log(D(x))]+E_{z\sim P_n(z)}[\log(1-D(G(z)))] \tag{8-1}$$

其中，$G(\cdot)$和 $D(\cdot)$分别代表 G-Net 和 D-Net 对应的函数，$x$ 表示真实数据，$z$ 是先验噪声，$P_r$ 和 $P_n$ 分别对应真实数据分布和噪声分布。D-Net 和 G-Net 都可以设置为多层的神经网络，其对应的优化问题如式(8－2)和式(8－3)所示，其中 $x$ 表示从 G-Net 产生，且服从概率分布 $Pg$ 的伪数据。

$$\min_G E_{x\sim P_r(x)}[\log(D(x))]+E_{\hat{x}\sim P_g(\hat{x})}[\log(1-D(\hat{x}))] \tag{8-2}$$

$$\min_G -E_{z\sim P_n(z)}[-\log(D(G(z)))] \tag{8-3}$$

通过近似最小化搬土距离(Earth Mover Distance，EMD)，研究人员提出了 Wasserstein 生成对抗网络(Wasserstein GAN，WGAN)，此模型在很大程度上简化了 D-Net 和G-Net 的训练，同时缓解了数据多样性缺失的问题。在 WGAN 中，D-Net 和 G-Net的优化问题分别如式(8－4)和式(8－5)所示，其中 D-Net 网络中最后一层的 Sigmoid 函数需要删除。

$$\min_D E_{\hat{x}\sim P_g(\hat{x})}[D(\hat{x})-E_{x\sim P_r(x)}[D(x)]] \tag{8-4}$$

$$\min_G -E_{z\sim P_n(z)}[D(G(z))] \tag{8-5}$$

随后，又有研究人员通过惩罚 $D(\cdot)$梯度的范数，进一步提升了 WGAN 的性能。鉴于其优异的表现，在本章对极化 SAR 图像分类和距离问题的研究中，将提升了的 WGAN (Improved WGAN)作为基础的 GAN 模型，即当下文中提到 GAN 时，指的是 Improved WGAN。

## 8.3 面向任务的生成对抗网络

许多学者已经证明通过 GAN 训练得到的生成模型能够很好地抓取真实数据的分布，并产生看起来非常真实的伪样本。然而，此时保留在伪样本中的信息主要是用来迷惑 D-Net 的(也就是使伪样本和真实数据更加难辨)，而不是用于完成某个特定的任务(例如分类任务)。为使伪样本能够满足特定任务的需求，在 GAN 中额外增加了一个名为任务网络(TaskNet，T-Net)的部分，用于对 G-Net 产生的数据信息进行定向指导，并将此 GAN 模型称为面向任务的生成对抗网络(Task-Oriented GAN)。此外，在设计 G-Net 和 T-Net 时，充分考虑极化 SAR 数据的极化信息，以便产生更加可靠的伪数据，使训练过程更加高效。

### 8.3.1 模型框架

如图 8.1 所示，Task-Oriented GAN 主要包含三个部分，分别是 G-Net、D-Net 和 T-Net。同G-Net 和 D-Net 相似，T-Net 也可以被设置为多层的神经网络结构。在本章中，它被用于完成极化 SAR 图像的分类任务。对于 G-Net，极化 SAR 数据($\boldsymbol{T}$)作为输入数据的一部分，而输出层的输出数据为对应的伪数据 $\boldsymbol{T}$，而 D-Net 依然用于区分真实数据和伪数据。至于 T-Net，它主要是根据生成数据来完成分类任务的。总的来说，Task-Oriented GAN 中包含的信息不仅应该能够迷惑 G-Net，而且应该有利于分类任务的完成。在下面的小节中，将对每个子网络的细节进行详细讨论。

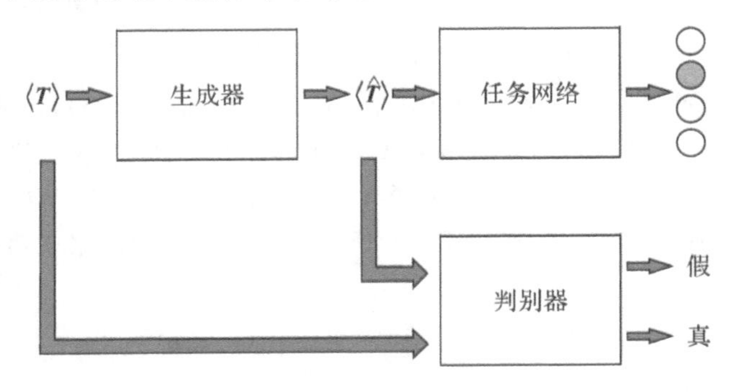


图 8.1 Task-Oriented GAN 框架图

### 8.3.2 极化 SAR 数据的生成对抗网(G-Net)

目前，研究人员已经开始尝试设计能够依据某些额外信息(例如，类别信息)产生特定样本的 G-Net，以此为多模态建模提供便利。对于极化 SAR 分类问题，我们将原始的极化 SAR 数据$\langle\boldsymbol{T}\rangle$作为辅助信息，将其与先验噪声 $\boldsymbol{z}$ 结合构成一个整体，并作为 G-Net 的输入数据。已知$\langle\boldsymbol{T}\rangle$是一个共轭对称矩阵，且能够通过一个 9 维向量 $\boldsymbol{t}$ 完全表示。将$\langle\boldsymbol{T}\rangle$表示为

$$\langle\boldsymbol{T}\rangle=\begin{bmatrix} \boldsymbol{t}_1 & \boldsymbol{t}_4+\boldsymbol{i}*\boldsymbol{t}_7 & \boldsymbol{t}_5+\boldsymbol{i}*\boldsymbol{t}_8 \\ \boldsymbol{t}_4-\boldsymbol{i}*\boldsymbol{t}_7 & \boldsymbol{t}_2 & \boldsymbol{t}_6+\boldsymbol{i}*\boldsymbol{t}_9 \\ \boldsymbol{t}_5-\boldsymbol{i}*\boldsymbol{t}_8 & \boldsymbol{t}_6-\boldsymbol{i}*\boldsymbol{t}_9 & \boldsymbol{t}_3 \end{bmatrix}$$

此时向量 $\boldsymbol{t}$ 即可被表示为 $\boldsymbol{t}=[\boldsymbol{t}_1, \boldsymbol{t}_2, \boldsymbol{t}_3, \boldsymbol{t}_4, \boldsymbol{t}_5, \boldsymbol{t}_6, \boldsymbol{t}_7, \boldsymbol{t}_8, \boldsymbol{t}_9]$，其各维元素 $t_u(u=1, 2, \cdots, 9)$均为实数。同时$\langle\boldsymbol{T}\rangle=[e \quad f \quad g][e^* \quad f^* \quad g^*]$，令 $\boldsymbol{k}=[k_1, k_2, k_3]=[e, f, g]$，且 $\boldsymbol{k}$ 中的每个复元素可表示为 $k_v=a_v+i*b_v$，$v=1, 2, 3$。由此易得 $t_u$和$\boldsymbol{k}$ 中各元素之间的关系，如式(8-6)所示。

$$
\begin{aligned}
t_1 &= a_1^2 + b_1^2 \quad & t_4 &= a_1 a_2 + b_1 b_2 \quad & t_7 &= a_2 b_1 - a_1 b_2 \\
t_2 &= a_2^2 + b_2^2 \quad & t_5 &= a_1 a_3 + b_1 b_3 \quad & t_8 &= a_3 b_1 - a_1 b_3 \\
t_3 &= a_3^2 + b_3^2 \quad & t_6 &= a_2 a_3 + b_2 b_3 \quad & t_9 &= a_3 b_2 - a_2 b_3
\end{aligned} \tag{8-6}
$$

为了能够生成尽可能合理的极化 SAR 数据，G-Net 的网络结构设计如下。用一个多层神经网络来定义 G-Net，其输入数据为极化 SAR 数据 $\boldsymbol{t}$ 和先验噪声 $\boldsymbol{z}$ 的组合向量，即 $\boldsymbol{in}=[\boldsymbol{t}, \boldsymbol{z}]$，其中 $\boldsymbol{z}$ 选取一个 3 维的均匀分布向量。将 G-Net 的一个子函数用 $e(\cdot)$表示，对应 G-Net 网络的中间输出$\hat{\boldsymbol{k}}$，即$\hat{\boldsymbol{k}}=e(\boldsymbol{in})$。令中间输出$\hat{\boldsymbol{k}}$对应于 $\boldsymbol{k}$ 中各元素的实部和虚部，参考式(8-6)，则可得到一个生成的 9 维向量$\hat{\boldsymbol{t}}$，并将其作为 G-Net 最终的输出数据。将与式(8-6)对应的函数用 $f(\cdot)$来表示，将$\hat{\boldsymbol{k}}$转变为 G-Net 的最终输出$\hat{\boldsymbol{t}}$，其可表达为$\hat{\boldsymbol{t}}=f(\hat{\boldsymbol{k}})$。此时，G-Net 网络对应的完整函数 $G(\boldsymbol{in})$可用如下公式表达，即$\hat{\boldsymbol{t}}=G(\boldsymbol{in})=f(e(\boldsymbol{in}))$。将$\hat{\boldsymbol{t}}$作为与 $\boldsymbol{t}$ 相对应并由 G-Net 产生的伪数据，此时生成的伪极化 SAR 数据$\langle\hat{\boldsymbol{T}}\rangle$即可由$\hat{\boldsymbol{t}}$恢复得到。由于函数 $f(\cdot)$对应于式(8-6)，如此这样设计的 G-Net 能够保证生成数据$\langle\hat{\boldsymbol{T}}\rangle$依然具有共轭对称的性质，也就使$\langle\hat{\boldsymbol{T}}\rangle$更加类似于真实的极化 SAR 数据。图 8.2 简单地展示了 G-Net 的内部结构，以便读者更好地理解其网络结构。

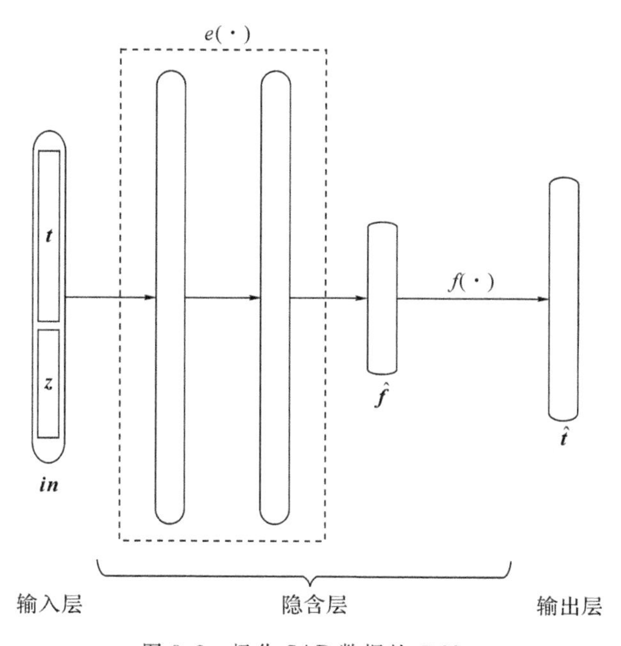


图 8.2　极化 SAR 数据的 G-Net

在上述 G-Net 中，由于每一个伪极化 SAR 数据$\langle \hat{\boldsymbol{T}} \rangle / \hat{\boldsymbol{t}}$都依赖于其原始数据$\langle \boldsymbol{T} \rangle / \boldsymbol{t}$，因而基于$\langle \hat{\boldsymbol{T}} \rangle / \hat{\boldsymbol{t}}$而完成的分类或者聚类任务，也可以看作是原始数据$\langle \boldsymbol{T} \rangle / \boldsymbol{t}$所对应的结果。换个角度说，我们把$\langle \hat{\boldsymbol{T}} \rangle$当作原始数据$\langle \boldsymbol{T} \rangle$另一种适合的表示形式，此表示形式比原数据更有利于后续任务的完成。

### 8.3.3 判别网络(D-Net)

将 D-Net 设置为具有多个隐含层的网络结构，用于区分伪极化 SAR 数据$\langle \hat{\boldsymbol{T}} \rangle$和真实的极化 SAR 数据$\langle \boldsymbol{T} \rangle$。简单来说，D-Net 的输入数据是真实数据或者伪数据的向量格式，即$\hat{\boldsymbol{t}}$或者$\boldsymbol{t}$，并将其对应输出用$D(\hat{\boldsymbol{t}})$或者$D(\boldsymbol{t})$表示，其中$D(\cdot)$表示 D-Net 结构对应的函数。式(8-7)展示了训练 D-Net 网络时的优化问题，它的目的是最大化$D(\boldsymbol{t})$而最小化$D(\hat{\boldsymbol{t}})$，与式(8-4)中的问题一致。

$$\min_{D} L_D = \sum_{t} D(\hat{\boldsymbol{t}}) - \sum_{t} D(\boldsymbol{t}) \tag{8-7}$$

除此以外，G-Net 的目标是生成足够真实的伪数据，最终使 D-Net 难以区分真实数据和伪数据。因此，训练 G-Net 网络时，需最大化$D(\hat{\boldsymbol{t}})$，也即最小化$-D(\hat{\boldsymbol{t}}) = -D(G(\boldsymbol{in}))$，其对应的优化问题如式(8-8)所示，与式(8-5)中的问题一致。

$$\min_{G} L_G = \sum_{in} D(G(\boldsymbol{in})) \tag{8-8}$$

通过对式(8-7)和式(8-8)中的两个问题进行交替优化，即可完成 G-Net 和 D- Net 的训练。最终，G-Net 产生的伪数据就足以和真实的极化 SAR 数据相媲美，使 D-Net 难以对它们进行区分。

### 8.3.4 任务网络(T-Net)

在极化 SAR 图像分类任务中，任务网络 T-Net 可被设置为一个分类器。此前，将极化 SAR 图像中所有样本的集合用$\Theta = \{\boldsymbol{t}_1, \boldsymbol{t}_2, \cdots, \boldsymbol{t}_N\}$表示，第$n$个像素点$\boldsymbol{t}_n$对应原始的相干矩阵$\langle \boldsymbol{T} \rangle_n$。根据本章的工作，将样本输入到 G-Net 中，产生与其对应的伪极化 SAR 数据，并用集合$\hat{\Theta} = \{\langle \hat{\boldsymbol{T}} \rangle_1, \langle \hat{\boldsymbol{T}} \rangle_2, \cdots, \langle \hat{\boldsymbol{T}} \rangle_N\}$表示，或用其向量形式$\hat{\Theta} = \{\hat{\boldsymbol{t}}_1, \hat{\boldsymbol{t}}_2, \cdots, \hat{\boldsymbol{t}}_N\}$表示。如图 8.1 所示，T-Net 网络的输入数据是由 G-Net 产生的伪数据，也即$\hat{\Theta}$中的数据。由于$\Theta$和$\hat{\Theta}$之间的对应关系，基于完成分类任务，也就是完成了原始极化 SAR 图像的分类任务。换言之，每一个原始数据都要经过 G-Net 进行特征提取，得到可作为各像素点特征的集合，并用于完成特定任务。

关于极化 SAR 数据的极化性质，可对每一个数据进行分解。同时，每个像素点的坐标选定为其空间信息。对于极化 SAR 图像的分类问题，T-Net 扮演的角色是分类器，并用一个输出层为 Sigmoid 层的多层网络对像素点的标签进行预测。在 T-Net 的输出向量中，其最大元素所在的位置，就是原始数据的预测标签。考虑到极化 SAR 数据的极化信息和空间信息，一般而言具有相同极化信息或者位置相近的像素点很有可能属于同一类，因此，在 T-Net 的设计中，应将这两个因素考虑在内，通过在 T-Net 的损失函数中增加额外的正则项来实现。

同集合 $\Theta$ 类似，将有标签像素点集合 $\boldsymbol{\Omega}$ 中的每一个样本 $\boldsymbol{t}_k^l$ 输入到 G-Net 中，得到对应的生成数据 $\hat{\boldsymbol{t}}_k^l$，并将其作为 T-Net 的输入数据。在分类任务中，令 $Classifier(\cdot)$ 对应 T-Net分类函数，则 T-Net 输出的预测类标向量为 $\boldsymbol{o}_k^l$，即 $\boldsymbol{o}_k^l = Classifier(\hat{\boldsymbol{t}}_k^l)$。通过对分类器 T-Net 进行合适的训练，就可用于对整幅极化 SAR 图像的分类，即 $\boldsymbol{o}_n = Classifier(\boldsymbol{t}_n)$，$n=1, 2, \cdots, N$。下面对 T-Net 的训练做详细的介绍。

首先，每一个有标签像素点的预测类标向量 $\boldsymbol{o}_k^l$ 必须逼近其真实类标向量 $\boldsymbol{y}_k^l$，如此才能够正确完成对有标签训练样本的分类任务。此目的可通过一个逼近项 $\frac{1}{K}\sum_k^K \widetilde{D}_{KL}(\boldsymbol{y}_k^l, \boldsymbol{o}_k^l)$ 来实现，其中 $\widetilde{D}_{KL}(\boldsymbol{y}_k^l, \boldsymbol{o}_k^l)$ 的定义为 $\widetilde{D}_{KL}(\boldsymbol{y}_k^l, \boldsymbol{o}_k^l) = D_{KL}(\boldsymbol{y}_k^l \parallel \boldsymbol{o}_k^l) + D_{KL}(\boldsymbol{o}_k^l \parallel \boldsymbol{y}_k^l)$，而 $D_{KL}(\boldsymbol{y}_k^l \parallel \boldsymbol{o}_k^l)$ 表示的是 $\boldsymbol{y}_k^l$ 和 $\boldsymbol{o}_k^l$ 之间的 Kullback-Leibler(KL) 散度。

其次，考虑到数据的极化信息和空间信息，需要额外的正则项对预测类标向量进行约束。对于极化 SAR 图像中的两个像素点 $\langle \boldsymbol{T} \rangle_u$ 和 $\langle \boldsymbol{T} \rangle_v$，它们通过 T-Net 得到的预测类标向量分别用 $\boldsymbol{o}_u$ 和 $\boldsymbol{o}_v$ 表示，其极化信息用各自的 $H-\alpha$ 分解 $(\alpha_u, H_u)$ 和 $(\alpha_v, H_v)$ 来表示，而空间信息则用 $(l_u^r, l_u^c)$ 和 $(l_v^r, l_v^c)$ 表示。若 $\langle \boldsymbol{T} \rangle_u$ 和 $\langle \boldsymbol{T} \rangle_v$ 具有相似的极化信息或位置信息，那么它们更有可能属于相同的类别，即此时 $\boldsymbol{o}_u$ 应该同 $\boldsymbol{o}_v$ 近似。数学上，可用正则项 $\frac{1}{N^2}\sum_n^N \sum_v^N w_{uv} * \widetilde{D}_{KL}(\boldsymbol{o}_u, \boldsymbol{o}_v)$ 实现这个约束，其中 $\widetilde{D}_{KL}(\boldsymbol{o}_u, \boldsymbol{o}_v)$ 的定义如前所述，而权值 $w_{uv}$ 的定义为 $w_{uv} = \frac{1}{|\alpha_u - \alpha_v| + |H_u - H_v| + cont_p} + \frac{1}{|l_u^r - l_v^r| + |l_u^c - l_v^c| + cpnt_s}$。在权值 $w_{uv}$ 中，$cont_p$ 和 $cont_s$ 是两个正值常数，用以避免分母为零。同时，通过选取不同的 $cont_p$ 和 $cont_s$，还能够控制极化信息和空间信息在正则项约束中作用的比例。若 $cont_p$ 设置为较大的值，那么极化信息在正则项约束中的作用较小；反之亦然。

综上所述，T-Net 的损失函数如式(8-9)所示。其中，第一项是逼近项，用于保证有标签的数据能够被正确的分类，而第二项对应于有关极化信息和空间信息的正则项，参数 $\lambda_{T-Net}$ 是用于平衡逼近项和正则项的权值。

$$L_{Classifier} = \frac{1}{M}\sum_m^M \widetilde{D}_{KL}(\boldsymbol{y}_k^l, \boldsymbol{o}_k^l) + \lambda_{T-Net} * \frac{1}{N^2}\sum_u^N \sum_v^N w_{uv} * \widetilde{D}_{KL}(\boldsymbol{o}_u, \boldsymbol{o}_v) \tag{8-9}$$

需要注意的是，在第一个逼近项中，只包含了具有人工标签的像素点；而在第二个正则项中，极化 SAR 图像中的所有像素点都被包含在内。这是因为在训练过程中，所有像素点的极化信息和空间信息都是可用的，为了保证更好的分类结果，自然要使所有像素点都尽量满足这个约束。

给定一幅极化 SAR 图像，首先获取其每个像素点数据、位置坐标及其 $H-\alpha$ 分解，然后即可利用 Task-Oriented GAN 来完成特定的任务。在不同的任务中，可以设置 T-Net 扮演不同的角色。在本节中，只讨论 Task-Oriented GAN 在分类任务中的学习过程。

由前文的分析可知，由 G-Net 产生的伪数据 $\hat{\boldsymbol{t}}$ 不仅需要能够迷惑 D-Net，还需要能够在 T-Net 中完成特定的任务，此处为分类任务。具体而言，$\hat{\boldsymbol{t}}$ 不仅需要服从真实极化 SAR 数据的数据分布，还需尽可能多地保留对分类任务有用的信息。在实际操作中，通过对 Task-Oriented GAN 进行两阶段的训练来达到此目的。第一阶段的训练同传统 GAN 的训练类似，即通过对 G-Net 和 D-Net 进行交替训练，使 G-Net 能够获取极化 SAR 数据的真实分布。在第二阶段中，需要将 T-Net 和 G-Net 结合起来进行训练，使 T-Net 能够更好地完成分类任务，同时调整 G-Net，使其产生的伪数据更有利于分类任务的完成。也可认为在第二阶段中，是通过将 G-Net 和 T-Net 组合成一个网络来进行训练的，其优化目标函数由两者的损失函数之和得到。将这两个阶段进行多次的交替训练，最终，由 G-Net 产生的伪数据就能通过 T-Net 得到很好的分类结果。

为了详细地解释 Task-Oriented GAN 的训练过程，将其分为几个不同的部分进行介绍，包括输入、准备工作、阶段一、阶段二和输出。具体内容如下所示。

---

**Algorithm 8.1：Task-Oriented GAN 的学习过程**

---

输入：

极化 SAR 图像像素点的集合 $\Theta=\{(\boldsymbol{T})_n \mid n=1, 2, \cdots, N\}$，每一个像素点的位置坐标$(l_n^r, l_n^c)$。人工标记像素点及其类标向量集合 $\Omega=\{(\boldsymbol{t}_k^l, \boldsymbol{y}_k^l) \mid k=1, 2, \cdots, K\}$，类别总数 $C$，两个平衡极化信息和空间信息作用的正值常数 $cont_p$ 和 $cont_s$，权重参数 $\lambda_{T\text{-}Net}$，G-Net，D-Net和 T-Net 对应的函数 $G(\cdot)$，$D(\cdot)$和 $Classifier(\cdot)$，各阶段的迭代次数 $iter_{stage1}$ 和 $iter_{stage2}$；

准备工作

1. 对每一个极化 SAR 数据进行 Entropy/Alpha 分解，得到$(\alpha_n, H_n)$，$n=1, 2, \cdots, N$；

2. 对每一对像素点$\langle\boldsymbol{T}\rangle_u$ 和$\langle\boldsymbol{T}\rangle_v$，计算权值 $\omega_{uv}=\dfrac{1}{|\alpha_u-\alpha_v|+|H_u-H_v|+cont_p}+\dfrac{1}{|l_u^r-l_v^r|+|l_u^c-l_v^c|+cont_s}$ 其中 $u, v=1, 2, \cdots, N$；

阶段一

3. Step1－1 对于 $\Theta$ 中的每一个像素点 $\langle \boldsymbol{T} \rangle$

将 $\langle \boldsymbol{T} \rangle$ 表示为向量形式 $\boldsymbol{t}$；

产生一个服从均匀分布的先验噪声向量 $\boldsymbol{z}$，将其与 $\boldsymbol{t}$ 结合组成 G-Net 的输入，即 $\boldsymbol{in}=[\boldsymbol{t}, \boldsymbol{z}]$；

4. Step1－2 产生伪极化 SAR 数据 $\hat{\boldsymbol{t}}=G\langle \boldsymbol{in} \rangle$；

5. Step1－3 最小化 D-Net 的损失函数。即 $\min\limits_{D} L_D = \sum\limits_{t} D(\hat{\boldsymbol{t}}) - \sum\limits_{t} D(\boldsymbol{t})$ ；

6. Step1－4 最小化 G-Net 的损失函数。即 $\min\limits_{G} L_G = -\sum\limits_{in} D(G(\boldsymbol{in}))$ ；

7. Step1－5 对步骤 Step1－2～Step1－4 重复执行 $iter_{stage1}$ 次；

阶段二(关于分类任务)

8. Step2－1 对 $\Omega$ 中的每一个有标签像素点 $\boldsymbol{t}_k^l$；

从当前 G-Net 中产生相应的伪数据 $\hat{\boldsymbol{t}}_k^l$；

将 $\hat{\boldsymbol{t}}_k^l$ 输入 T-Net，其输出数据为 $o_k^l = Classifier(\hat{\boldsymbol{t}}_k^l)$；

9. Step2－2 最小化任务网络 T-Net 的损失函数，即

$$L_{Classifier} = \frac{1}{M}\sum_{m}^{M} \widetilde{D}_{KL}(\boldsymbol{y}_k^l, \boldsymbol{o}_k^l) + \lambda_{T-Net} * \frac{1}{N^2}\sum_{u}^{N}\sum_{v}^{N} \omega_{uv} * \widetilde{D}_{KL}(\boldsymbol{o}_u, \boldsymbol{o}_v)$$

10. Step2－3 将 G-Net 同 T-Net 结合在一起进行训练，即最小化两者的损失函数之和，$\min\limits_{GT} L_G + L_{Classifier}$；

11. Step2－4 对步骤 Step2－1～Step2－3 重复执行 $iter_{stage2}$ 次；

输出：

对 $\Theta$ 中的每一个像素点，通过类似于 Step2－1 步骤获得 T-Net 的输出，并据此确定该像素点的类别标签，最终得到整幅图的分类或者聚类结果。

## 8.4 实验分析

在下面的实验中，我们着重探讨了 Task-Oriented GAN 在小样本分类问题上的表现。为了能够对分类结果进行定量分析，实验所用的数据集是 Flevoland 图像，并且每一类中只

选取 1‰有标签的样本作为训练样本。由于 Flevoland 图像中第 15 类的有标签像素点不到 1000 个，按照 1‰的比例将无法取到任何一个点，所以将此类删除。此外，我们还对生成的极化 SAR 数据进行了展示，用于分析 Task-Oriented GAN 能够更好地完成任务的原因。

针对小样本分类问题，对 Flevoland 图像按照 1‰比例选择训练样本，则总共只有 166 个像素点被选择为训练样本，用于类别总数为 14 类的分类问题。为了分析算法的鲁棒性，分别对算法重复执行 50 次，并对训练样本进行 50 次独立的重复采样，其对应准确率分别如图 8.3 和图 8.4 所示。

首先，图 8.3 展示了重复执行各个算法之后得到的总准确率。相比于前面章节的结果，此处由于有标签训练样本的数目较少，几乎所有的对比算法的准确率有了相当程度的降低，其不稳定性也被凸显出来。具体来说，SVM 算法和 RBF 算法的准确率下降程度最大，此处甚至低于 0.60，如图 8.3 所示。由于 Wishart 分类器的分类效果主要依赖于类别中心的好坏，受小样本问题的影响较小，所以其准确率依然能保持在 0.80。此外，RBM、WRBM 和 WBRBM 这三个算法的准确率也都受到了不同程度的影响，其中 RBM 的准确率最低，而由于 WRBM 和 WBRBM 是专门为极化 SAR 数据设计的，所以准确率稍高于 RBM，但也只是分别在 0.65 和 0.70 左右。由于 WN 是基于 Wishart 距离而设计的多层网络，它的结果是以 Wishart 分类器的结果为基础的，因而受小样本问题的影响也较小，这里的准确率依然在 0.82 左右。最后 Task-Oriented GAN 分类准确率是所有对比算法中最高的，其准确率能达到 0.85 左右。这是由于本章的 Task-Oriented GAN 网络能够产生更有利于分类的伪极化 SAR 数据，且在一定程度上增加了有标签样本的数量。

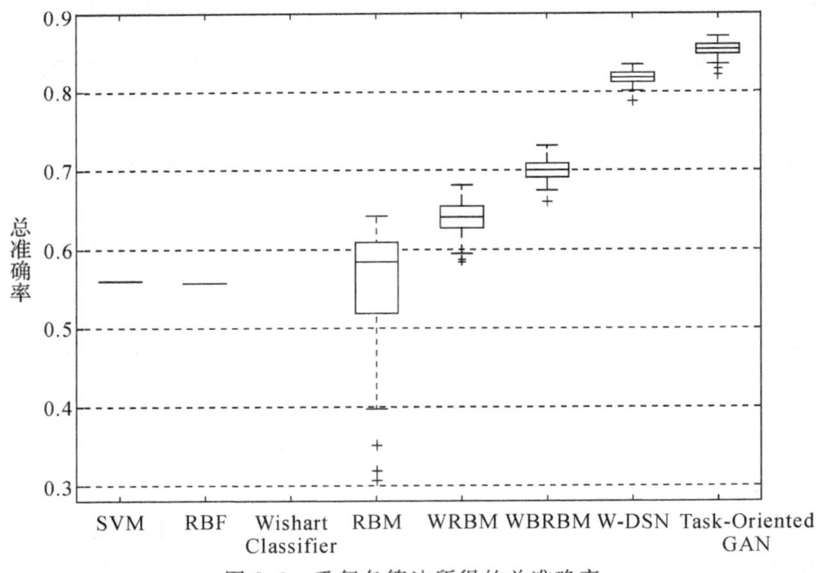


图 8.3　重复各算法所得的总准确率

接着，为了进一步分析算法对不同训练样本的鲁棒性，图 8.4 展示了对训练样本进行重复采样之后各算法的准确率。如图 8.4 所示，SVM 算法和 RBF 算法的准确率虽不高，但对不同训练样本的鲁棒性却很好。而 RBM、WRBM 和 WBRBM 这三个算法的准确率此时波动较大，即对不同训练样本的鲁棒性较差。Wishart 分类器和基于 Wishart 距离的 W-DSN算法的准确率的波动范围较小，最后的 Task-Oriented GAN 则能够以高准确率保持对不同训练样本的鲁棒性。总而言之，相比于传统分类算法，Task-Oriented GAN 在解决小样本问题上具有一定的优越性。

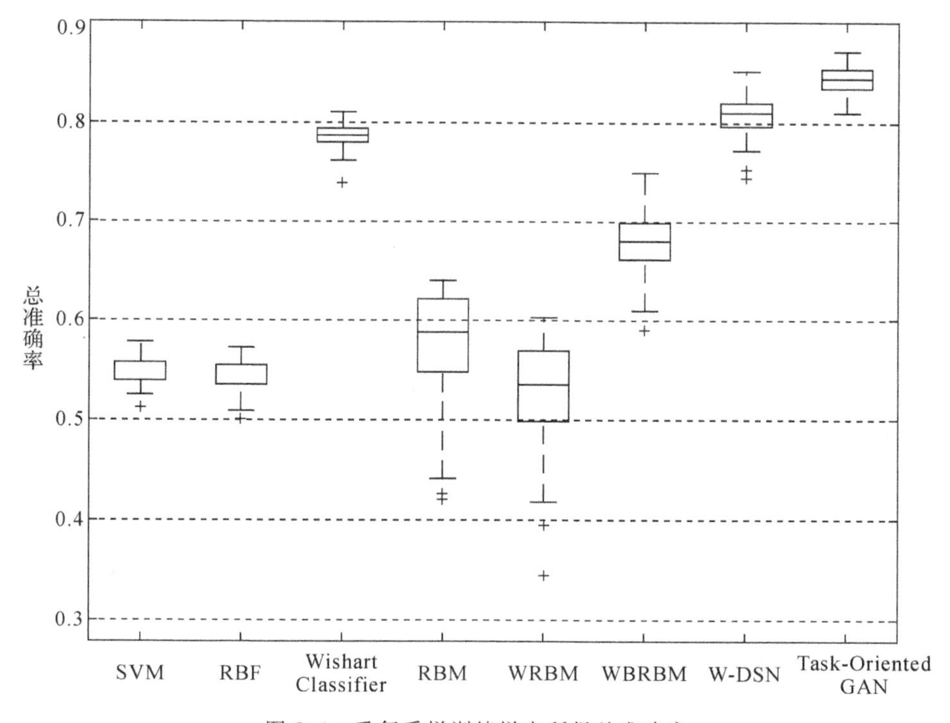


图 8.4　重复采样训练样本所得总准确率

最后，为了更加直观地观察算法在只有 1‰有标签训练样本时的分类结果，在图 8.5 中列出了不同算法的分类结果。由图(a)和(b)可知，虽然 SVM 算法和 RBF 算法的总准确率相当，但在各个类别的准确率上却大有不同，其中 SVM 算法把很多地物都误判成丛林，RBF 算法则把很多包括丛林在内的很多地物错误地判定为小麦，还把大片水域误分为裸露的土地。图(d)～(f)分别展示了 RBM、WRBM 和 WBRBM 算法的分类结果，其中 RBM 几乎没有检测出任何的马铃薯和豌豆，WRBM 把大片的地物都错误地判定为水域，而部分水域则被误判为小麦 3 号和苜蓿，最后的 WBRBM 比前两者的效果稍微好一点，但也把大部分裸露的土地错误地判定为水域，而部分水域又被误分成大麦，同时也几乎没有检测到任何的草地。此外，图(c)和(g)展示的是 Wishart 分类器和 W-DSN 算法的分类结果，相比于其他几个对比算法，这两者在小样本时还基本能保持不错的分类效果。而最后的 Task-Oriented GAN 则是这几个算法中表现最好的，虽然也有部分水域被误分为裸露的土地，但其整体分类图依然较为工整、干净，如图(h)所示。

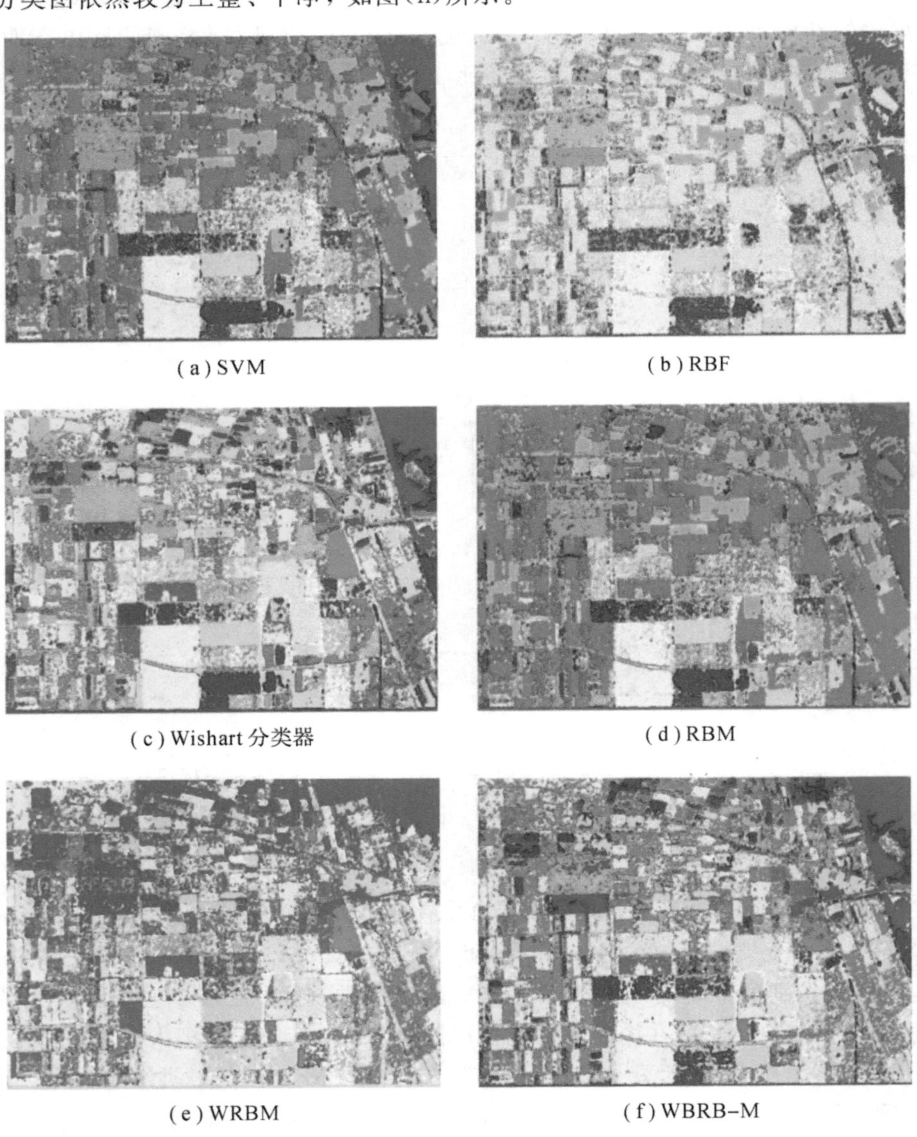

(a) SVM　(b) RBF

(c) Wishart 分类器　(d) RBM

(e) WRBM　(f) WBRB-M

(g) W-DSN

(h) Task-Oriented GAN 生成数据展示

图 8.5　不同算法的分类结果对比

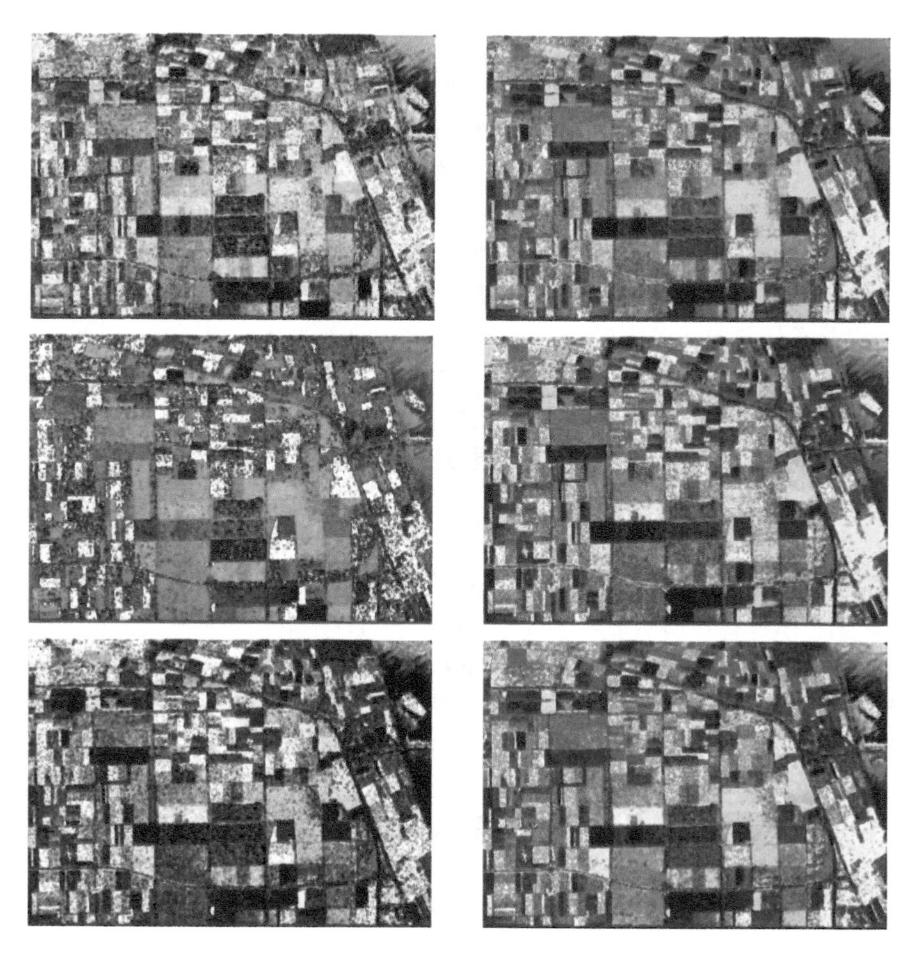

(a) GAN 生成数据

(b) Task-Oriented GAN 生成数据

图 8.6　GAN 生成数据

在这一小节中，对生成的极化 SAR 数据以伪彩图的形式进行了展示，用于分析 Task-Oriented GAN 能够缓解小样本问题的原因。如图 8.6 所示，图(a)和(b)分别展示了多次重复执行传统不包含 Task-Net 的 GAN 和本章中包含了 Task-Net 的 GAN 的生成数据结果。对比可知，如图(a)所示，多次训练过程中产生的生成数据差异非常大，即稳定性差，有些甚至跟原始数据相差甚远，因而不能作为原始数据有效的特征表示。由于 Task-Net 的存在，图(b)中的生成数据包含了部分的判别性，同类数据之间的差异性更小，如图中的豆类和丛林。换言之，在训练过程中 Task-Net 对生成器有一定程度的引导作用，使得生成器产生更加有利于分类任务的生成数据，将其作为额外的训练样本，即可在一定程度上缓解小样本问题。

## 本章小结

本章提出的面向任务的生成对抗网络是对传统生成对抗网络的一种有效拓展，使生成样本能够在保证服从真实数据分布的条件下，尽量朝着有利于任务进行的方向修正。在小样本的极化 SAR 图像处理问题中，它能够有效地增加样本数，从而使分类任务能够更好地完成。即便是在没有任何有标签样本的情况下，也能够做聚类任务来对极化 SAR 图像的地表覆盖物做分析，只需要对任务网络做相应的修改即可。此外，这个面向任务的生成对抗网络也能够被独立地应用于其他数据集对应的任务中。

## 参考文献

[1]　Goodfellow I J, Pouget-Abadie J, Mirza M, et al. Generative adversarial nets[C]// International Conference on Neural Information Processing Systems. MIT Press, 2014: 2672-2680.

[2] Fergus R, Fergus R, Fergus R, et al. Deep generative image models using a Laplacian pyramid of adversarial networks[C]// International Conference on Neural Information Processing Systems. MIT Press, 2015: 1486 - 1494.
[3] Ledig C, Theis L, Huszár F, et al. Photo-Realistic Single Image Super-Resolution Using a Generative Adversarial Network[C]// Computer Vision and Pattern Recognition. IEEE, 2017: 105 - 114.
[4] Reed S, Akata Z, Yan X, et al. Generative adversarial text to image synthesis[C]// International Conference on Machine Learning. JMLR. org, 2016: 1060 - 1069.
[5] Zhang H, Xu T, Li H. StackGAN: Text to Photo-Realistic Image Synthesis with Stacked Generative Adversarial Networks[J]. 2016: 5908 - 5916.
[6] Dong H, Neekhara P, Wu C, et al. Unsupervised Image-to-Image Translation with Generative Adversarial Networks[J]. 2017.
[7] Chidambaram M, Qi Y. Style Transfer Generative Adversarial Networks: Learning to Play Chess Differently[J]. 2017.
[8] Yang J, Kannan A, Batra D, et al. LR-GAN: Layered Recursive Generative Adversarial Networks for Image Generation[J]. 2017.
[9] Goodman J W, Narducci L M. Statistical Optics[J]. Physics Today, 1986, 39(10): 126.
[10] Hinton G E. Training products of experts by minimizing contrastive divergence[J]. Neural computation, 2002, 14(8): 1771 - 1800.
[11] Welling M, Rosen-Zvi M, Hinton G. Exponential family harmoniums with an application to information retrieval[C]// International Conference on Neural Information Processing Systems. MIT Press, 2004: 1481 - 1488.
[12] Larochelle H, Bengio Y, Louradour J, et al. Exploring Strategies for Training Deep Neural Networks. [J]. Journal of Machine Learning Research, 2009, 1(10): 1 - 40.
[13] Hinton G E. A Practical Guide to Training Restricted Boltzmann Machines[J]. Momentum, 2012, 9(1): 599 - 619.
[14] Salakhutdinov R, Hinton G E. Replicated Softmax: an Undirected Topic Model[C]// International Conference on Neural Information Processing Systems. Curran Associates Inc, 2009: 1607 - 1614.
[15] Bovik A C, Clark M, Geisler W S. Multichannel Texture Analysis Using Localized Spatial Filters [J]. IEEE Transactions on Pattern Analysis & Machine Intelligence, 2002, 12(1): 55 - 73.
[16] Chen S, Zhang D. Robust image segmentation using FCM with spatial constraints based on new kernel-induced distance measure[M]. IEEE Press, 2004.
[17] Lv Q, Dou Y, Niu X, et al. Urban Land Use and Land Cover Classification Using Remotely Sensed SAR Data through Deep Belief Networks[J]. Journal of Sensors, 2015: 1 - 10.
[18] Guo Y, Wang S, Gao C, et al. Wishart RBM based DBN for polarimetric synthetic radar data classification[C]// Geoscience and Remote Sensing Symposium. IEEE, 2015: 1841 - 1844.
[19] Ainsworth T L, Kelly J P, Lee J S. Classification comparisons between dual-pol, compact polarimetric and quad-pol SAR imagery[J]. Isprs Journal of Photogrammetry & Remote Sensing,

2009, 64(5): 464-471.
[20] Yu P, Qin A K, Clausi D A. Unsupervised Polarimetric SAR Image Segmentation and Classification Using Region Growing With Edge Penalty[J]. IEEE Transactions on Geoscience & Remote Sensing, 2012, 50(4): 1302-1317.
[21] Kiranyaz S, Ince T, Uhlmann S, et al. Collective Network of Binary Classifier Framework for Polarimetric SAR Image Classification: An Evolutionary Approach[J]. IEEE Transactions on Systems Man & Cybernetics Part B Cybernetics, 2012, 42(4): 1169-1186.
[22] Lee J S, Grunes M R, Pottier E, et al. Unsupervised terrain classification preserving polarimetric scattering characteristics[J]. Geoscience & Remote Sensing IEEE Transactions on, 2004, 42(4): 722-731.
[23] Pottier E, Lee J. Unsupervised classification scheme of POLSAR images based on the complex Wishart distribution and the'H/A/alpha' polarimetric decomposition theorem(polarimetricSAR)[C]. EUSAR, 2000: 265-268.
[24] Radford A, Metz L, Chintala S. Unsupervised Representation Learning with Deep Convolutional Generative Adversarial Networks[J]. Computer Science, 2015.
[25] Mirza M, Osindero S. Conditional Generative Adversarial Nets[J]. Computer Science, 2014: 2672-2680.
[26] Chen X, Duan Y, Houthooft R, et al. InfoGAN: Interpretable Representation Learning by Information Maximizing Generative Adversarial Nets[J]. 2016.
[27] Yi Z, Zhang H, Tan P, et al. DualGAN: Unsupervised Dual Learning for Image-to-Image Translation[J]. 2017: 2868-2876.
[28] Springenberg J T. Unsupervised and Semi-supervised Learning with Categorical Generative Adversarial Networks[J]. Computer Science, 2015.
[29] Arjovsky M, Chintala S, Bottou L. Wasserstein GAN[J]. 2017.
[30] Gulrajani I, Ahmed F, Arjovsky M, et al. Improved Training of Wasserstein GANs[J]. 2017.

# 第9章 基于阶梯网络模型的极化SAR影像分类

## 9.1 引　言

由于基于图的半监督学习算法简单直观，已成为当前半监督学习研究的热点。这类算法将训练集中的样本作为图的顶点，样本间的距离或相似性作为连接顶点的边权值，可以更好地利用大量无标记样本描述数据分布以及不同数据间的相似关系，提升模型的分类效果。鲁棒梯形网络只考虑了单个样本多次通过网络时的稳定性，本章在此基础上，提出了基于 Wishart 图正则的 Wishart 梯形网络模型，可以考虑流形结构上不同样本间的相似关系。其思想是基于半监督学习的流形假设，并结合极化 SAR 数据所服从的复 Wishart 分布特性，从而为训练样本集设计相应的 Wishart 图正则项。基于流形学习算法的构图方法可以充分考虑数据在流形结构上近邻点之间的线性几何关系以及数据潜在的分布规律，使数据在流形结构上具有光滑性，而利用 Wishart 距离构图可以更准确地度量极化 SAR 数据之间相似性。因此，通过引入 Wishart 图正则可以更好地利用无监督样本分布信息优化梯形网络分类决策函数，提高网络泛化性能，获得更好的分类效果。

此外，根据空间一致性假设，处于相邻空间位置的信息在很大概率上具有相同或相似的性质，因此，在特征构造方面引入待分类像素的空间邻域信息。在之前的研究中，分类任务主要针对单个像素点，并没有考虑到分类样本周围的像素信息对它的影响，导致这些信息一直被忽略，而邻域像素中包含了中心像素的丰富信息。本章在模型输入数据中引入局部空间邻域信息，很好地解决了极化 SAR 图像数据中存在相干斑噪声的影响，保证分类结果的区域一致性，提高了分类的准确率。

## 9.2 基于图的半监督学习算法

### 9.2.1 半监督学习假设

在半监督学习的分类方法中，通常都是基于两个常用的基本假设来描述样本和目标之间的关系，即聚类假设和流形假设。

聚类假设的主要思想是同一个聚类中的样本具有一致的类别属性，也叫做低密度分割假设，即学习到的分类超平面应该处在数据密度较小的区域，防止决策边界将同一聚类中的数据划分为不同的类别。该假设的原理是通过利用大量无标记样本来探索样本空间中数据分布的规律，使决策函数在保证标记样本分类正确的前提下尽可能经过数据较为稀疏的位置。基于聚类假设，Chapelle 提出了 LDS 算法，利用无标记样本有效地提高了模型的分类性能。

流形假设的主要思想为嵌入到低维流形结构并处于局部近邻中的样本更有可能具有相同的标签。这一假设通常认为处于局部邻域内的样本其物理性质也往往相似，因此它们的类别属性也应该是相同的。与聚类假设不同之处在于，流形假设主要着眼点在于数据的局部特性，旨在使模型的分类边界具有局部平滑的性质，而聚类假设则更关注数据整体特征。在该假设下，无标记样本的引入使数据空间变得更为密集，能够详细地描述数据的局部分布规律，从而使模型更准确地拟合数据分布，提高分类性能。基于流形假设的思想，很多相关的研究学者也纷纷提出不同的算法，比如 Zhu 提出的基于高斯随机场和调和函数的分类算法，Zhou 提出的全局和局部一致性半监督分类算法，以及 Fan 提出的基于稀疏正则化最小二乘分类算法 S-RLSC 等都是基于流形假设的。

### 9.2.2 基于图的半监督学习框架

基于图的半监督学习分类算法的核心思想在于：假设标记样本集为 $X_L=\{(x_1, y_1), \cdots, (x_l, y_l)\}$，$Y=\{1, 2, \cdots, c\}$，$c$ 表示样本集中的类别数目，$y_i \in Y$，$i=1, 2, \cdots, l$ 为标记样本 $x_i$ 的真实标记。无标记样本集表示为 $X_U=\{x_{l+1}, \cdots, x_n\}$，其中 $x_i \in X_U$，$i=l+1, \cdots, n$，利用所有标记样本和无标记样本组成的训练样本集构造一个无向加权图 $G=(V, E)$，其中$V$ 为图的顶点集合，一个训练样本对应图中的一个顶点，$E$ 为连接两两项点的边权值集合，表示两个样本点之间的相似程度，权值越大表示两个样本间越相似，反之越不相似。

通常情况下，基于图的半监督算法中的分类函数 $f$ 需要满足以下两个条件：① 当样本存在标签时，由决策函数 $f$ 得到的分类结果应尽量和样本的真实标签保持一致；② 决策函数 $f$ 在所构造的图上是平滑的。其中，条件①表示的是模型的损失函数项，在梯形网络中，一方面保证标记样本的分类结果尽可能接近样本的真实标签，一方面使网络的降噪解码结果逼近样本的原始输入特征。条件②表示模型的正则化项，用来惩罚决策函数 $f$ 在图上的不光滑性，所以目标函数为

$$J(f) = \text{损失函数} + \text{正则化} \tag{9-1}$$

由上式可以看出，模型的目标函数由损失函数和正则化项决定，因此构造损失函数和正则项的方法不同，就会得到不同的算法模型。

## 9.3 Wishart 距离测度

由文献[9.9]中证明，视数为 $n$ 的相干矩阵 $\boldsymbol{T}$ 服从复 Wishart 分布，其概率密度函数为

$$p(\boldsymbol{T}) = \frac{n^{qn} \mid \boldsymbol{T} \mid^{n-q} \exp(-\operatorname{Tr}(nE\boldsymbol{T}))}{k(n, q) \mid E \mid^{n}}$$

$$k(n, q) = \pi^{q(q-1)/2} \Gamma(n) \cdots \Gamma(n-q+1) \tag{9-2}$$

其中，$E$ 表示 $T$ 的数学期望，$k(\cdot)$表示归一化函数，$\Gamma$ 为 Gamma 函数，Tr 是矩阵的迹。

对于给定样本 $\boldsymbol{T}_i$，视数为 $n$ 的极化相干矩阵 $\boldsymbol{T}_i$ 的条件概率为

$$p(\boldsymbol{T}_j \mid \boldsymbol{T}_i) = \frac{n^{qn} \mid \boldsymbol{T}_j \mid^{n-q} \exp(-\operatorname{Tr}(n\boldsymbol{T}_i\boldsymbol{T}_j))}{k(n, q) \mid \boldsymbol{T}_i \mid^{n}} \quad j, i=1, 2, \cdots, N, \text{且 } j \neq i \tag{9-3}$$

为了简化计算，通常对上式取对数似然，得到相似度函数 $S(\boldsymbol{T}_j/\boldsymbol{T}_i)$，即

$$S(\boldsymbol{T}_j \mid \boldsymbol{T}_i) = qn\ln n + (n-q)\ln \mid \boldsymbol{T}_j \mid - n\operatorname{Tr}(\boldsymbol{T}_i^{-1}\boldsymbol{T}_j) - n\ln \mid \boldsymbol{T}_i \mid - \ln k(n, q) \tag{9-4}$$

由于所有样本的先验概率 $p(\boldsymbol{T})$均相等，根据最大似然准则，若满足

$$S(\boldsymbol{T}_j \mid \boldsymbol{T}_i) \geqslant S(\boldsymbol{T}_j \mid \boldsymbol{T}_k) \text{ 对任意 } j = 1, 2, \cdots, N, \text{ 且 } j \neq i, i \neq k \tag{9-5}$$

则样本 $\boldsymbol{T}_i$ 与 $\boldsymbol{T}_j$ 的相似度更高。将上式中的常数项和与 $\boldsymbol{T}_i$ 无关的项删除，并将相似度取反，即可表示样本间距离的关系，具体公式如下：

$$d(\boldsymbol{T}_j \mid \boldsymbol{T}_i) \leqslant d(\boldsymbol{T}_j \mid \boldsymbol{T}_k) \text{ 对任意 } j = 1, 2, \cdots, N, \text{ 且 } j \neq i, i \neq k \tag{9-6}$$

因此，样本 $\boldsymbol{T}_i$ 与样本 $\boldsymbol{T}_j$ 之间的 Wishart 距离可表示如下：

$$d(\boldsymbol{T}_j \mid \boldsymbol{T}_i) = \ln \mid \boldsymbol{T}_i \mid + \operatorname{Tr}(\boldsymbol{T}_i^{-1}\boldsymbol{T}_j) \tag{9-7}$$

## 9.4 梯形网络原理

深度无监督学习的目标往往是最小化输入与输出之间的误差，这种深度无监督学习的目的其实是为了学习输入数据的另一种特征表示，并且要求这个特征能够尽可能完整地保留原始数据的信息。而监督学习的方法则希望只保留与当前任务相关的信息，尽可能多地过滤掉与当前任务无关的信息。正是由于这两种学习方法在特征提取方面的冲突，导致无监督学习与监督学习不能很好地结合在一起，以至于无法充分利用无标记数据，限制了深度半监督学习的发展。试想设计一种双分支网络模型，让两个分支之间相互辅助，既可以将与分类任务相关和与分类任务无关的信息分开，又可以将这两种信息各有所用，从而将监督学习和无监督学习真正结合起来，更好地发挥无标记样本的作用。梯形网络正是利用了这种思想，实现了一种深度半监督学习的网络模型。

### 9.4.1 降噪自动编码器

降噪自动编码器(Denoising Auto Encoder，DAE)是 Vincent 于 2008 年在自动编码器的基础上，为了防止过拟合而对自动编码器进行改进的一种方法。降噪自动编码器和自动编码器具有相似的网络结构，都是由编码部分和解码部分构成的，两者的区别在于降噪自动编码器以一定的概率分布擦除原始输入数据 $x$ 的一部分，即每个值都随机置 0，这样就得到了带噪声的破损数据 $\tilde{x}$。然后利用破损数据作为网络的输入，并使输出信号尽可能逼近未加噪声的原始数据 $x$，从而迫使模型排除噪声的干扰，学习原始数据更加鲁棒的信息，使模型的泛化能力更强。

降噪自编码器的结构如图 9.1 所示，和自编码器类似，都是由编码层、隐藏层和解码层组成的。

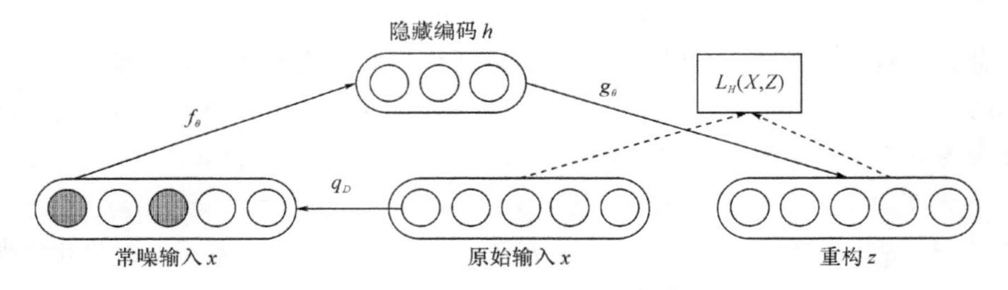


图 9.1 降噪自编码器的结构

从图 9.1 中可以看出，首先，降噪自动编码器在原始输入 $x$ 中加入随机噪声，得到破损数据 $\tilde{x}$，即

$$\tilde{x} \sim q_D(\tilde{x} \mid x) \tag{9-8}$$

其中，$D$ 表示数据集。加噪声后的数据集通过编码器编码操作得到隐藏层的特征表示，即

$$h = f_\theta(\tilde{x}) = s(w\tilde{x} + b) \tag{9-9}$$

其中，$s(\cdot)$表示激活函数，$w$ 为编码层的连接权值，$b$ 为编码层的偏置项，$\theta$ 为编码部分的网络参数。通过解码器对隐藏层的特征向量进行解码操作得到重构 $\boldsymbol{z}$，即

$$\boldsymbol{z} = g_\theta(h) = s(w'h + b') \tag{9-10}$$

其中，$w'$为解码层的连接权值，$b'$为解码层的偏置项，$\theta'$为解码部分的网络参数。最后通过最小化原始输入数据 $x$ 和重构向量 $\boldsymbol{z}$ 之间的误差来不断优化模型的网络参数，即

$$\theta^* = \arg\min_{\theta,\theta'} \frac{1}{n}\sum_{i=1}^{n} \| \boldsymbol{x}_i - \boldsymbol{z}_j \|^2 \tag{9-11}$$

为了实现分类，需要在上述编码网络的基础上增加一个分类器，分类器的学习有两种方式，一种是只用训练样本迭代学习分类器的权值和参数，其他层的参数保持不变。另一种方式是将分类器和编码网络作为一个整体，利用训练样本调整网络的所有参数，这种方

式被称为端到端的学习。在深度降噪自编码中，采用端到端的学习方式学习具有多个隐藏层的降噪自编码模型。

### 9.4.2 梯形网络结构

梯形网络结构是以降噪自动编码器为基础的，其无监督学习过程和降噪自动编码器类似，都是对噪声污染的破损数据编码并迫使模型的输出尽可能逼近无噪的原始输入，从而学习数据更加本质的特征。但与降噪自编码器只在输入层加入噪声的方式不同，梯形网络在每一层都加入随机噪声。更为重要的是，梯形网络在每层的编码向量和解码向量之间都建立横向连接，并对每层的解码向量都计算重构误差。Rasmus 证明了横向连接能够有效地将细节信息留在网络低层，从而减少在高层特征中表示细节信息的压力，这有利于模型在高层分类器部分更专注于数据的抽象不变特性，选择与当前分类任务有关的信息，这一优势体现了梯形网络的无监督学习可以很好地与监督学习兼容的性质。同时，通过横向连接，解码器可以恢复任何被编码器丢弃的细节信息，体现了深度无监督学习可以重构输入信号的特性。因此，与传统半监督学习方法相比，梯形网络的半监督结构具有更大的优势。

如图 9.2 所示，梯形网络的结构由三部分组成：① 两个前向编码路径，含噪编码路径(corrupted-encoder)与无噪编码路径(clean-encoder)，两条路径共享编码映射函数；② 解码降噪路径(decoder)，用于重构每层的无噪特征表示；③ 含噪编码路径到解码路径的横向连接。

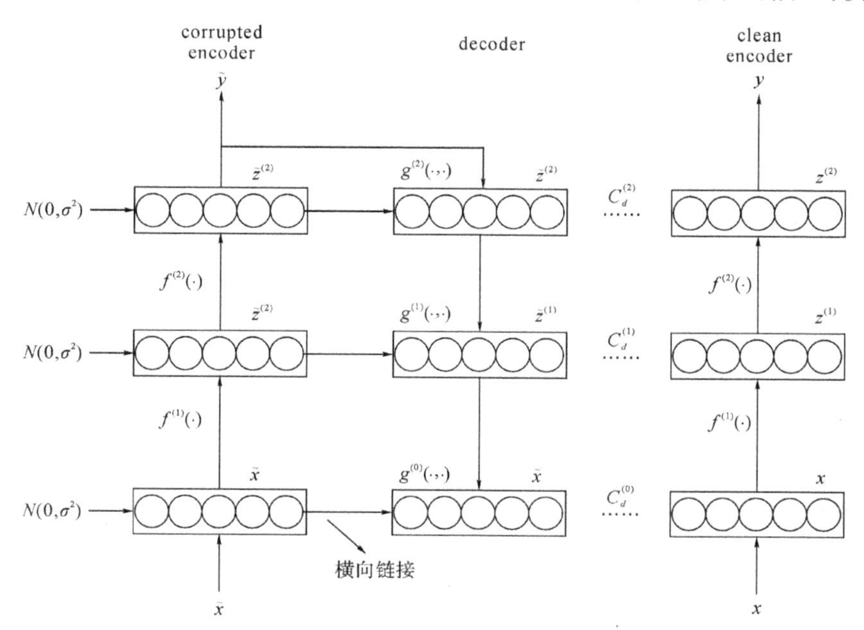


图 9.2 梯形网络结构图

在结构上，梯形网络可以看做是降噪自编码器 DAE 与降噪源分离模型(Denoising Source Separation，DSS)的结合，其结构关系如图 9.3 所示。

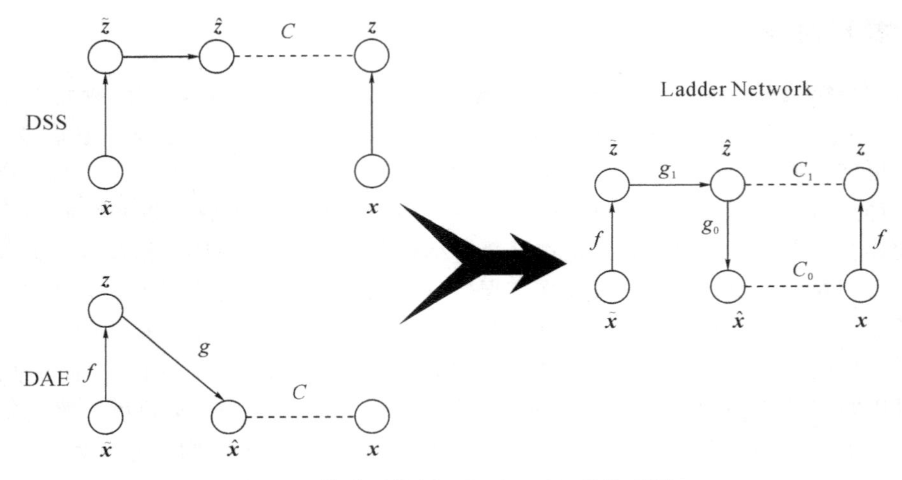


图 9.3　梯形网络与 DSS 和 DAE 的关系图

降噪自动编码器的学习过程为最小化重构信号 $\hat{\boldsymbol{x}}$ 与原始输入 $\boldsymbol{x}$ 的误差，即损失为 $\|\boldsymbol{x}-\hat{\boldsymbol{x}}\|$。降噪源分离模型通过最小化隐层变量之间的误差来训练编码映射 $\boldsymbol{z}=f(\boldsymbol{x})$，其损失函数可以表示为 $\|\boldsymbol{z}-\hat{\boldsymbol{z}}\|$。梯形网络结合两者的特性，在网络每一层均计算重构误差损失。

在功能上，梯形网络的学习过程可以分为监督学习和无监督学习。在监督学习过程中，由于训练样本存在真实标记，因此只需要使用含噪编码路径对极化 SAR 数据提取特征，并在最高层使用 Softmax 分类器对输入数据进行分类，利用分类结果计算监督学习的损失，最后通过反向传播算法更新网络参数。在无监督学习过程中，梯形网络在 DAE 的基础上结合 DSS 的思想，将重构损失从输入层扩展到网络的每一层，充分利用每层的重构向量来进行无监督学习，从而调整模型参数。

假设梯形网络需要的训练样本集为：标记样本集 $\{x_i, t_i \mid 1\leqslant i\leqslant N\}$ 和无标记样本集 $\{x_i \mid N+1\leqslant i\leqslant M\}$，$N\ll M$。其中 $x_i$ 和 $t_i$ 分别表示第 $i$ 个样本数据及其标签，$N$ 为标记样本的个数，$M$ 为训练集中所有样本的个数。构造梯形网络的步骤如下：

**1. 梯形网络的编码器**

在梯形网络中，编码路径可以使用任何前向神经网络，例如卷积神经网络、多层感知器等。在本书中，使用一个全连接的带有 Relu 激活函数的多层感知器作为编码路径来提取极化 SAR 数据的特征。在网络的每一层，首先利用编码路径中的映射函数提取数据特征，然后对其应用批规范化操作，最后利用激活函数对规范化后的特征进行非线性变换即为当前层的特征表示。根据图 9.3 和之前的描述可知，梯形网络包含两个前向编码路径，一个是每层输入不加噪声的无噪编码过程，即

$$h^{(0)} = x \tag{9-12}$$

$$z_{\text{pre}}^{(l)} = W^{(l)} h^{(l-1)} \tag{9-13}$$

$$z^{(l)} = N_B(z_{\text{pre}}^{(l)}) \tag{9-14}$$

$$h^{(l)} = \phi(r^{(l)}(z^{(l)} + \beta^{(l)})) \tag{9-15}$$

其中，$x$ 为原始输入数据，$h^{(l)}$ 为第 $l$ 层的输出，$W^{(l)}$ 为第 $l$ 层的编码权值，$z_{\text{pre}}^{(l)}$ 为第 $l$ 层未应用规范化时的隐层特征，$N_B(\cdot)$ 为批规范化操作，$z^{(l)}$ 为第 $l$ 层规范化后的特征表示，$\phi(\cdot)$ 为激活函数，$L$ 为网络层数总数，当 $l=1, \cdots, L-1$ 时，$\phi(\cdot)=\max(0, \cdot)$ 为 Relu 激活函数，当 $l=L$ 时，$\phi(\cdot)$ 为 softmax 分类器，此时 $y=h^{(L)}=\phi(\cdot)$ 表示输入 $x$ 属于各类别的概率向量，$\gamma^{(l)}$ 和 $\beta^{(l)}$ 为可训练的参数。

另一个编码路径是在网络的每层输入中都加入一定量的随机高斯噪声，称其为含噪编码路径，即

$$\tilde{h}^{(0)} = \tilde{x} = x + n^{(0)} \tag{9-16}$$

$$\tilde{z}_{\text{pre}}^{(l)} = W^{(l)} \tilde{h}^{(l-1)} \tag{9-17}$$

$$\tilde{z}^{(l)} = N_B(\tilde{z}_{\text{pre}}^{(l)}) + n^{(l)} \tag{9-18}$$

$$\tilde{h}^{(l)} = \phi(r^{(l)}(\tilde{z}^{(l)} + \beta^{(l)})) \tag{9-19}$$

其中，$n^{(l)}$ 为含噪编码路径在第 $l$ 层的高斯噪声，$\tilde{h}^{(l)}$ 为含噪编码路径在第 $l$ 层的输出，当 $l=L$ 时，输出层 $\tilde{y}=\tilde{h}^{(L)}$。$\tilde{z}_{\text{pre}}^{(l)}$ 和 $\tilde{z}^{(l)}$ 分别为含噪编码路径应用规范化前后的隐层特征。两个编码路径的映射函数保持实时一致，区别只是输入数据是否存在噪声。

由于样本存在标签，监督学习过程只需要利用含噪编码路径提取特征并输出分类结果，然后根据样本真实标记计算监督损失并反向传播调整网络参数。监督学习的损失函数 $J_s$ 可以表示如下：

$$J_s = -\frac{1}{N}\sum_{n=1}^{N}\log P(\tilde{y} = t_i \mid x_i) \tag{9-20}$$

其中，$P(\tilde{y}=t_i \mid x_i)$ 表示样本 $x_i$ 的分类结果与其真实标记 $t_i$ 一致的概率。

**2. 梯形网络的解码器**

Pezeshkei 分析了数据在不同的分布假设时降噪函数的性能，因此当构造一个合适的解码器进行无监督学习时，首先需要假设隐层变量的分布，在本章中，假设隐层变量为高斯分布，含噪编码路径中隐层变量的形式为 $\tilde{z}=z+n$，$z$ 服从方差为 $\sigma_z^2$ 的高斯分布，$n$ 是方差为 $\sigma_z^2$ 的高斯噪声。Valpola 指出，当噪声和隐层变量均为高斯分布时，使用线性形式的降噪函数 $\hat{z}=g(\tilde{z})$ 可以使降噪损失达到最小，因此构造降噪函数的形式为

$$\hat{z} = g(\tilde{z}) = v \cdot \tilde{z} + (1-v) \cdot \mu = (\tilde{z} - \mu) \cdot v + \mu \tag{9-21}$$

从图 9.3 中可以看出，第 $l$ 层的重构变量 $\hat{z}^{(l)}$ 是由含噪编码路径中第 $l$ 层的含噪编码向量 $\tilde{z}^{(l)}$ 与上一层的重构 $\hat{z}^{(l+1)}$ 经过降噪函数 $g(\cdot,\cdot)$ 得到的，上式中 $v$ 和 $\mu$ 为 $\hat{z}^{(l+1)}$ 的非线性函数，承担着从 $l+1$ 层的解码向量向第 $l$ 层传递信息的作用。首先对 $\hat{z}^{(l+1)}$ 进行解码映射和批规范化操作，即

$$u^{(l)} = N_B(V^{(l+1)}\hat{z}^{(l+1)}) \tag{9-22}$$

变量 $v$ 和 $\mu$ 通过变量 $u^{(l)}$ 依赖于 $\hat{z}^{(l+1)}$，因此降噪函数的最终形式为

$$\hat{z}^{(l)} = g(\hat{z}^{(l)}, u^{(l)}) = (\tilde{z}^{(1)} - \mu(u^{(l)}))v(u^{(1)}) + \mu(u^{(l)}) \tag{9-23}$$

其中

$$\mu(u^{(l)}) = a_1^{(l)} \text{sigmoid}(a_2^{(l)} u^{(l)} + a_3^{(l)}) + a_4^{(l)} u^{(l)} + a_5^{(l)} \tag{9-24}$$

$$v(u^{(l)}) = a_6^{(l)} \text{sigmoid}(a_7^{(l)} u^{(l)} + a_8^{(l)}) + a_9^{(l)} u^{(l)} + a_{10}^{(l)} \tag{9-25}$$

$a_1^{(l)}$，…，$a_{10}^{(1)}$ 为需要训练的参数。对于最低层，$\hat{x} = \hat{z}^{(0)}$，$\tilde{x} = \tilde{z}^{(0)}$；对于最高层，$u^{(L)} = \tilde{y}$。也就是说，模型最高层的降噪函数可以利用相互排斥的类别先验信息，这在只有少量标记样本的情况下提高了收敛性。

因为 $\hat{z}^{(l+1)}$ 可以通过 $u^{(l)}$ 影响对 $\hat{z}^{(l)}$ 的重构，促进解码器学习到和 $\hat{z}^{(l+1)}$ 有较高交互信息的 $\hat{z}^{(l)}$ 表示，这种结构允许监督学习在无监督解码器的学习中存在间接影响，即任何有监督学习到的抽象特征都可以影响低层找到更多和这种抽象特征相同的表示。

无监督学习的降噪损失 $J_u$ 可以表示如下：

$$J_u = \sum_{l=0}^{L} \lambda_l C_d^{(l)} = \sum_{l=0}^{L} \frac{\lambda_l}{(N-M)m_l} \sum_{n=M}^{N} \| z^{(l)}(n) - \hat{z}^{(l)}(n) \|^2 \tag{9-26}$$

其中，$m_l$ 为第 $l$ 层特征元素的个数，超参数 $\lambda_l$ 决定每层无监督损失的重要性。

最终，梯形网络整体的损失函数为

$$J = J_s + J_u \tag{9-27}$$

对损失函数采用反向传播算法，以随机梯度下降的策略最小化损失 $J$，训练得到最优的网络参数。最终训练好的网络对待测样本分类时只使用干净的无噪编码路径，分类结果为无噪编码路径中 Softmax 分类器的输出 $y$。

## 9.5 基于 Wishart 梯形网络的极化 SAR 地物分类

### 9.5.1 构造 Wishart 图正则

由 9.2.2 节所述，根据训练样本构建相似性图矩阵是基于图的半监督学习算法的核心

步骤，Maier 等人也证明了，对于同一个图算法，如果建立图时采用的策略不同，样本间相似度的计算方法不同，最后得到的分类结果也不同。恰当的构图方法能够更好地符合半监督学习假设，合理的度量方式更能准确地反映数据间的相互关系，所以在基于图的学习方法中，图的构建和度量方式的设计显得至关重要。因此基于图的半监督分类方法中有三个重要因素：① 构建图的策略；② 相似性度量方式；③ 正则项的表达方式。本章在鲁棒梯形网络的基础上，针对鲁棒梯形网络只考虑了单个样本的情况，提出了基于流形假设构建稀疏相似图，使模型在保证鲁棒性的基础上学习相似样本之间的关系，从而提高分类效果。本章构造图正则项的具体方法如下：

**1. 构建关系图**

在基于图的方法中，构造图的方式直接影响到最后的分类结果。传统构图的方法是将所有样本两两相连来构建全连通图，这种方式考虑了所有样本之间的关系，然而过多地考虑相异样本的关系并不能获得有用的效果，反而造成了计算冗余。本章所构造的关系图主要针对低维流形中局部区域的相似样本，在减少计算量的同时也可以较好地学习相似样本的共同性质。

在本章方法中，基于 $k$ 近邻算法构建近邻图。针对样本集中的每个样本点 $x_i$，以其为顶点，采用 $k$ 近邻算法确定其 $k$ 个邻近样本 $x_i^1$，…，$x_i^k$，并计算与 $x_i$ 的相似度 $w(x_i, x_j)$ 作为边权值，而其他不与 $x_i$ 相连接的边权值设置为 0，从而构建邻近关系图 $G(V,E)$。$k$ 近邻图中的每个顶点只和其近邻的 $k$ 个样本顶点连接，在这种构图方式中，每个顶点只与少量顶点之间存在边连接，是一种稀疏图结构，其能够有效地排除相异样本之间关系对模型学习的负面影响，也降低了计算复杂度。

**2. 权值度量方式**

选取合理的度量方式，能够更准确地刻画数据分布规律以及数据之间的相互关系，因此如何度量样本间的相似度，设置合理的边权值对半监督分类来说至关重要。由于欧式距离是一种传统的通用度量准则，计算简单，易于理解，大多数基于图的分类算法都采用欧氏距离来确定样本之间的关系，但对极化 SAR 图像这种分布相对复杂的数据进行度量时，欧式距离就不能很好地反映数据间的样本分布规律。由上一小节介绍可知，极化 SAR 图像数据符合 Wishart 分布，因此在本章中，采用由 Wishart 分布推导而来的 Wishart 距离度量样本之间的相似度。当 Wishart 为

$$d_{ij} = d(x_i, x_j) \tag{9-28}$$

时，利用高斯核函数定义两个样本点间的相似度为

$$w_{ij} = \begin{cases} \exp\left(-\dfrac{d_{ij}}{2\delta^2}\right) & \text{如果 } x_i \text{ 与 } x_j \text{ 是近邻} \\ 0 & \text{其他情况} \end{cases} \tag{9-29}$$

根据上述两个步骤，利用 Wishart 距离得到样本之间的相似度作为样本间的边权值，并结合 $k$ 近邻算法构建 Wishart 近邻图。

**3. 图正则表示**

根据构造的 Wishart 近邻图，并结合半监督学习的流形假设，设计基于 Wishart 近邻图的流形正则项，其可表示为

$$\| f \|_I = \sum_{i,\, j=1}^{n} (w_{ij} \| f(x_i) - f(x)_j \|^2) \tag{9-30}$$

其中，$w_{ij}$ 表示近邻样本 $x_i$ 和 $x_j$ 之间的相似度，$f(x_i)$ 和 $f(x_j)$ 分别表示决策函数对样本 $x_i$ 和 $x_j$ 的预测向量。由于目标函数为最小化模型的损失函数和正则项，当 $w_{ij}$ 的值较大时，即 $x_i$ 和 $x_j$ 为相似样本，模型迫使决策函数对样本的预测向量也相近，从而保证两个相似样本具有相似的预测标签。由于构建图时采用 $k$ 近邻算法构建稀疏图，当 $x_i$ 和 $x_j$ 不相似时，令 $w_{ij}=0$，从而减少不相似样本的关系对模型学习的负面影响。

### 9.5.2 Wishart 梯形网络

在 9.4 节所提出的鲁棒梯形网络的基础上，基于流形假设，并结合极化 SAR 图像数据所服从的复 Wishart 分布，设计了 Wishart 图正则项，继而提出了 Wishart 梯形网络模型。针对鲁棒策略中只考虑了单个样本的不足，该模型基于流形学习来设计构图方法，充分考虑数据近邻点之间的几何关系以及数据的潜在分布信息，使数据在流形结构上具有光滑性；而复 Wishart 分布可以更准确地刻画极化 SAR 数据之间的相似性，因此，通过引入 Wishart 图正则可以更好地利用无监督样本分布信息优化梯形网络分类决策函数，提高网络泛化性能，获得更好的分类效果。

鲁棒梯形网络的优化目标函数为

$$J = (J_s + \lambda_{ME} J_s^{ME}) + (J_u + \lambda_{ST} J_u^{ST}) \tag{9-31}$$

结合式(9-30)中的 Wishart 流形正则，基于 Wishart 梯形网络模型的目标函数可表示如下：

$$J_w = J + \lambda_w \| f \|_I \tag{9-32}$$

其中，$\lambda_w$ 为超参数，其值的选取取决于流形正则项在模型中的重要程度，起到平衡损失函数与正则项之间的关系的作用，经多次实验，选取 $\lambda_w=0.5$。

### 9.5.3 基于 Wishart 梯形网络的极化 SAR 地物分类

本章根据数据在不同空间的表示，将高维数据映射到低维流形结构中的同时保证流形上相邻近的样本其标签也尽可能相近，从而构造 Wishart 流形正则。另外，根据空间一致性假设，认为极化 SAR 图像中邻近的像素点包含了中心像素的丰富信息，对其分类有很大的影响，因此对每个像素均引入局部空间邻域信息，以保证分类结果的区域一致性，去除相

干斑噪声的影响。

根据前面的详细介绍，本章方法的具体步骤如下所示。

**算法　基于 Wishart 梯形网络的极化 SAR 地物分类算法**

(1) 数据预处理。对极化 SAR 图像数据进行 LEE 滤波，得到滤波后的相干矩阵 T，设置邻域块大小，并选取中心样本邻域内的数据共同作为该中心样本的表示，并构建输入特征，得到模型的输入数据。构建过程为：极化 SAR 图像数据中每个像素点可以用其极化相干矩阵来表示，该矩阵是一个 3×3 大小的复数矩阵，包含了该像素点的全部极化信息，但其复数形式对运算带来不便，不能直接作为深度网络的输入，因此合理构造输入数据特征是其重要步骤。本文中，我们构造一组 9 维的列向量代表一个像素点的特征：

$$\boldsymbol{F}=[\boldsymbol{T}_{11},\boldsymbol{T}_{22},\boldsymbol{T}_{33},\boldsymbol{Re}(\boldsymbol{T}_{12}),\boldsymbol{Im}(\boldsymbol{T}_{12}),\boldsymbol{Re}(\boldsymbol{T}_{13}),\boldsymbol{Im}(\boldsymbol{T}_{13}),\boldsymbol{Re}(\boldsymbol{T}_{23}),\boldsymbol{Im}(\boldsymbol{T}_{23})]$$

其中，$\boldsymbol{T}_{11}$、$\boldsymbol{T}_{22}$、$\boldsymbol{T}_{33}$分别表示相干矩阵 $\boldsymbol{T}$ 中主对角线的三个元素，$\boldsymbol{Re}(\cdot)$、$\boldsymbol{Im}(\cdot)$分别表示相干矩阵 $\boldsymbol{T}$ 中对应元素的实部值和虚部值，由于特征向量 $\boldsymbol{F}$ 包含了相干矩阵的所有元素信息，所以该转换仍然保持了极化 SAR 数据的固有物理散射特征。利用特征向量 $\boldsymbol{F}$ 和极化 SAR 图像数据的 $N$ 个像素点，得到一个 $9\times N$ 维的数据集 $\boldsymbol{U}$。

(2) 引入邻域信息。设置邻域块大小，并选取中心样本点周围邻域块大小的像素点作为模型的输入数据。

(3) 划分训练集和测试集。从样本集中选取 10％的样本作为训练集，其余作为测试集，并从训练集中每类选取 10 个标记样本用于监督学习，训练集剩余无标记样本用于无监督学习。

(4) 构造 Wishart 梯形网络。利用训练集和 9.5.1 节介绍的步骤构造 Wishart 近邻图，并结合鲁棒梯形网络得到 9.5.2 节所述的 Wishart 梯形网络。

(5) 采用反向传播算法多次迭代训练 Wishart 梯形网络模型，直至模型收敛。

(6) 利用训练好的 Wishart 梯形网络模型对待测样本进行分类，输出分类结果并计算正确率。

## 9.6　实验结果与分析

在本章中，实验数据选用四组极化 SAR 图像数据，分别为 NASA 在 1989 年使用 AIRSAR 系统获得的荷兰 Flevoland 地区 L 波段的农田小图数据，1991 年 NASA 使用 AIRSAR 机载平台在入射角为 30°～60°时获得的荷兰 Flevoland 地区的 L 波段的地物数据，

RADARSAR-2 系统于 2008 年获取的 San Francisco 地区的 C 波段地物数据子图以及 NASA/JPL AIRSAR 系统获得的 Flevoland 地区 L 波段的大图数据。

由于本章提出的 Wishart 梯形网络(WLN)是对鲁棒梯形网络(RLN)的进一步改进，因此除了选择鲁棒梯形网络 RLN 对比，还选取了堆叠自编码器 SAE、降噪自编码器 DAN 和 SVM 分类器，其中，SVM 选择 $rbf$ 核函数。为了更准确地对比不同方法的分类性能，设置 SAE、DAN 和 RLN 与本章方法 WLN 具有相同的网络层数和神经元数，均为 5 层隐藏层，隐层节点设置为 500－250－125－125－125，且对比方法与本章 WLN 方法的输入数据一致，均为邻域窗口为 3×3 的含邻域信息数据。

本章实验的评价指标除了全局分类准确率 OA、平均分类准确率 AA 以及 Kappa 系数，还给出了混淆矩阵，以便能够更直观地评价分类效果。接下来讨论在不同数据集下采用本章方法及相关对比方法得到的分类结果。

### 9.6.1 荷兰 Flevoland 地区 L 波段农田小图实验结果

由于农田小图表示的地物目标相对方整，可以清晰地体现不同分类效果的优劣，因此首先利用这组图进行实验。图 9.4 展示了荷兰农田小图对应的 Pauli 分解伪彩图和地物标记伪彩图。

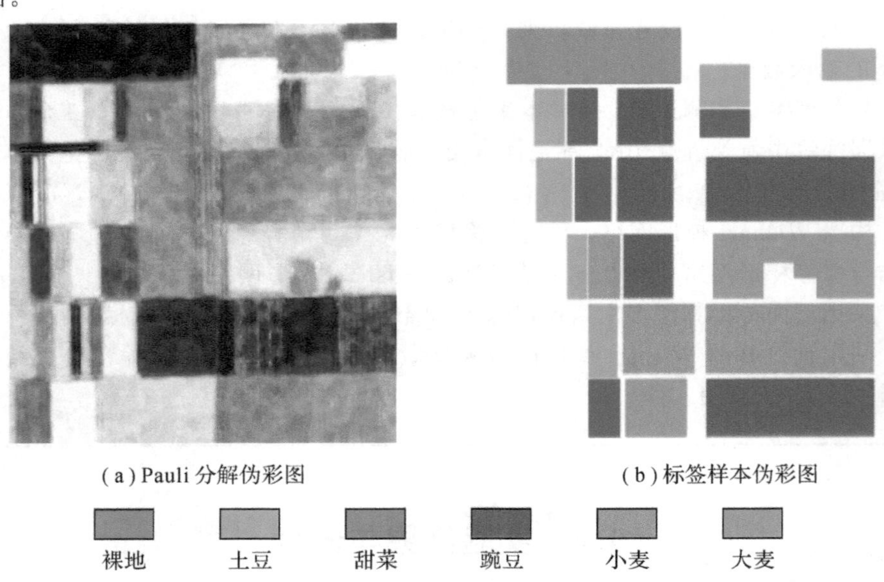


图 9.4 Flevoland 地区农田小图的地物分布图

在本章实验中，首先从样本集中选取 10%的样本作为训练集，其余作为测试集，并从训练集中每类选取 10 个标记样本用于监督学习，大约占样本集的 0.1%，训练集剩余样本用于无监督学习。接下来讨论其他参数的选择以及采用本章方法和其他对比方法得到的分类结果。

实验中，首先根据选取的训练集和 Wishart 距离构建 Wishart 相似近邻图。对每个像素引入邻域信息，设置邻域窗口大小为 $a\times a$，将极化 SAR 图像的每个像素点构造成一组 $9\times a\times a$ 维的列向量作为该中心像素点的特征。同理，将具有 $N$ 个像素点的极化 SAR 图像表示成 $9\times a\times a\times N$ 矩阵形式的数据集 $\boldsymbol{U}$。

**1. 分析邻域块的大小对分类结果的影响**

根据空间一致性假设，同一个邻域内的样本有很大概率具有相似的性质或相同的标签，中心像素周围的像素信息也被证明对中心像素具有一定的影响，近年来，不断有学者提出利用邻域信息的方法，并在图像分类和图像分割问题中取得了明显效果，其中最具代表性的卷积神经网络因为考虑了邻域块的影响使其在图像处理领域取得了很大的优势。为了验证邻域信息的有效性，同时选取邻域块的大小以确定超参数 $a$ 的值，对邻域块 $a$ 的大小进行了一组实验，如表 9.1 所示。

**表 9.1　不同邻域块大小下本章方法获得的分类准确率**

| 方法＼邻域块 | 1×1 | 3×3 | 5×5 | 7×7 |
|---|---|---|---|---|
| WLN | 0.9294 | **0.9338** | 0.9313 | 0.9235 |
| RLN | 0.9243 | **0.9285** | 0.9230 | 0.9105 |
| SAE | 0.8552 | **0.8694** | 0.8637 | 0.8554 |
| DAE | 0.8708 | **0.8829** | 0.8756 | 0.8675 |
| SVM | 0.8440 | 0.8524 | **0.8611** | 0.8517 |

$a=1$ 表示没有引入邻域信息的单一像素点，从表 9.2 中可以看出，当 $a=3$ 以及 $a=5$ 时的分类效果均比单个像素时的准确率高，但在选取 $a=7$ 时的分类效果却比单一像素点更差。这说明邻域信息确实对中心像素有一定的影响，但窗口大小的选取很重要，窗口太小或没有邻域信息会造成输入数据的特征不足，但也并非邻域块越大越好，例如邻域块选择 7×7 时分类效果反而更差，这是因为选择的邻域块过大导致输入数据中引入较多其他类别的噪声信息，对邻域的一致性造成干扰，这对位于类别边界的像素点表现得尤其明显，因此选择邻域信息来补充中心像素的信息时，块的大小不宜过大也不能过小。在本实验中，$a=3$ 和 $a=5$ 时的分类效果相对较好，为了减少计算量，在实验中选取 $a=3$。

**2. 分类结果及对比**

采用本章提出的 WLN 方法对 Flevoland 地区农田小图分类的混淆矩阵如图 9.5 所示。对比实验中，不同分类方法对 Flevoland 地区农田小图的分类准确率及各项评价指标如

表 9.2 所示。不同分类方法对 Flevoland 地区农田小图的分类结果全图和分类结果标签图如图 9.6 所示。

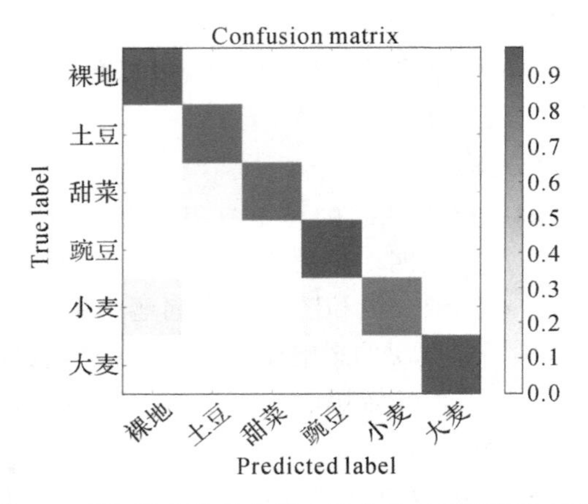


图 9.5　WLN 方法对农田小图分类的混淆矩阵结果

**表 9.2　不同方法在 Flevoland 地区农田小图中的分类准确率**

| 方法 \ 类别 | 裸地 | 土豆 | 甜菜 | 豌豆 | 小麦 | 大麦 | OA | AA | Kappa |
|---|---|---|---|---|---|---|---|---|---|
| SVM | **0.7578** | 0.0132 | 0.0284 | 0.0126 | 0.1856 | 0.0024 | 0.8524 | 0.8441 | 0.8868 |
| | 0.0000 | **0.9727** | 0.0182 | 0.0027 | 0.0013 | 0.0051 | | | |
| | 0.0000 | 0.1496 | **0.8304** | 0.0000 | 0.0000 | 0.0200 | | | |
| | 0.0000 | 0.0130 | 0.0230 | **0.9276** | 0.0034 | 0.0330 | | | |
| | 0.0010 | 0.0640 | 0.1067 | 0.1122 | **0.7003** | 0.0158 | | | |
| | 0.0000 | 0.1086 | 0.0133 | 0.0020 | 0.0000 | **0.8761** | | | |
| SAE | **0.8842** | 0.0000 | 0.0058 | 0.0066 | 0.1034 | 0.0000 | 0.8694 | 0.8719 | 0.9000 |
| | 0.0042 | **0.9115** | 0.0508 | 0.0096 | 0.0157 | 0.0083 | | | |
| | 0.0016 | 0.1118 | **0.8458** | 0.0253 | 0.0099 | 0.0056 | | | |
| | 0.0646 | 0.0001 | 0.0107 | **0.8531** | 0.0715 | 0.0000 | | | |
| | 0.0805 | 0.0007 | 0.0106 | 0.0277 | **0.8793** | 0.0012 | | | |
| | 0.0017 | 0.0255 | 0.0297 | 0.0827 | 0.0031 | **0.8572** | | | |

续表

| 方法 \ 类别 | 裸地 | 土豆 | 甜菜 | 豌豆 | 小麦 | 大麦 | OA | AA | Kappa |
|---|---|---|---|---|---|---|---|---|---|
| DAE | **0.7654** | 0.0000 | 0.0028 | 0.0154 | 0.2164 | 0.0000 | 0.8829 | 0.8561 | 0.9098 |
| | 0.0046 | **0.7948** | 0.1013 | 0.0228 | 0.0159 | 0.0607 | | | |
| | 0.0019 | 0.0514 | **0.8560** | 0.0764 | 0.0067 | 0.0077 | | | |
| | 0.0036 | 0.0000 | 0.0093 | **0.9761** | 0.0103 | 0.0006 | | | |
| | 0.0607 | 0.0004 | 0.0071 | 0.0838 | **0.8475** | 0.0004 | | | |
| | 0.0006 | 0.0053 | 0.0415 | 0.0533 | 0.0025 | **0.8968** | | | |
| **RLN** | **0.9048** | 0.0000 | 0.0004 | 0.0288 | 0.0646 | 0.0014 | 0.9243 | 0.9146 | 0.9418 |
| | 0.0040 | **0.9088** | 0.0358 | 0.0275 | 0.0150 | 0.0089 | | | |
| | 0.0029 | 0.0847 | **0.8834** | 0.0077 | 0.0083 | 0.0130 | | | |
| | 0.0002 | 0.0028 | 0.0072 | **0.9604** | 0.0139 | 0.0156 | | | |
| | 0.0349 | 0.0068 | 0.0050 | 0.0565 | **0.8920** | 0.0049 | | | |
| | 0.0002 | 0.0144 | 0.0263 | 0.0158 | 0.0052 | **0.9382** | | | |
| **WLN** | **0.9854** | 0.0000 | 0.0028 | 0.0028 | 0.0090 | 0.0000 | **0.9338** | **0.9346** | **0.9492** |
| | 0.0074 | **0.9492** | 0.0283 | 0.0062 | 0.0052 | 0.0035 | | | |
| | 0.0061 | 0.0442 | **0.9401** | 0.0035 | 0.0021 | 0.0040 | | | |
| | 0.0036 | 0.0001 | 0.0042 | **0.9891** | 0.0021 | 0.0009 | | | |
| | 0.1474 | 0.0054 | 0.0031 | 0.0409 | **0.8030** | 0.0003 | | | |
| | 0.0196 | 0.0069 | 0.0133 | 0.0161 | 0.0034 | **0.9407** | | | |

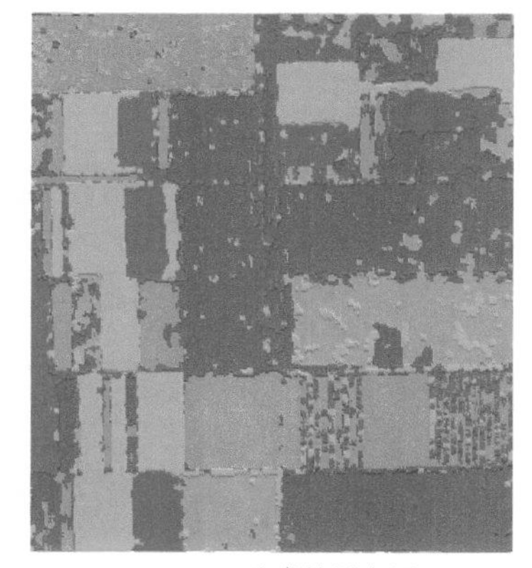

(a) SVM 分类结果全图

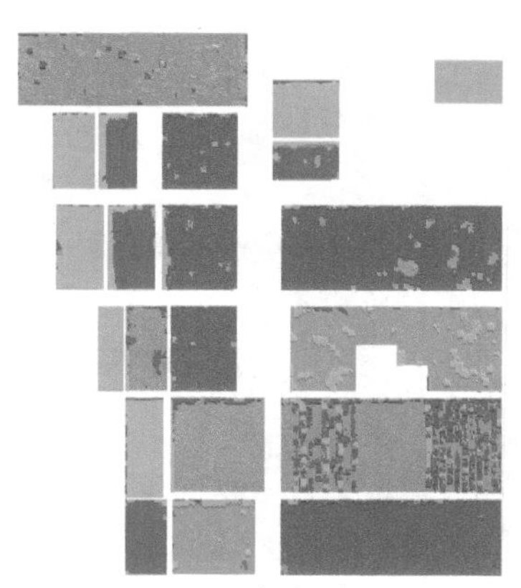

(b) SVM 分类结果标签图

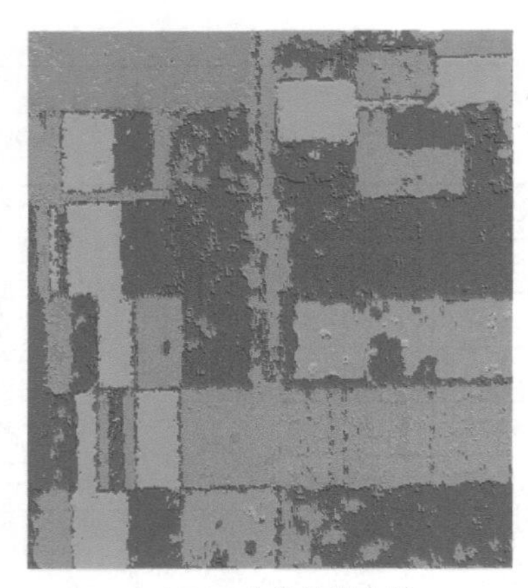
（c）SAE 分类结果全图

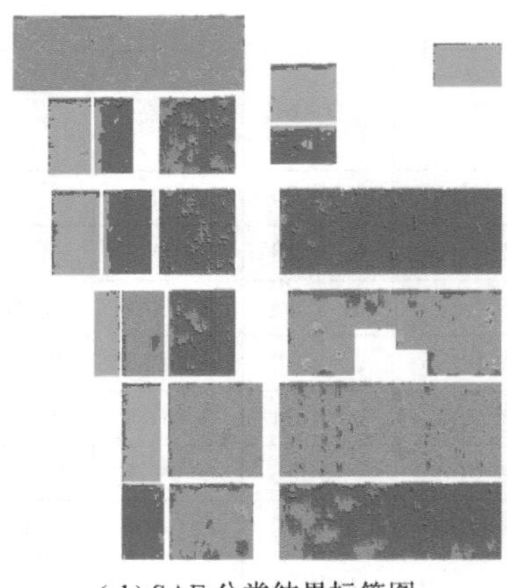
（d）SAE 分类结果标签图

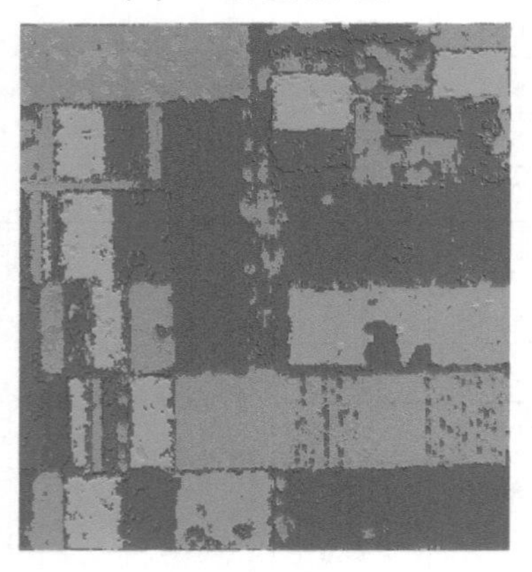
（e）DAE 分类结果全图

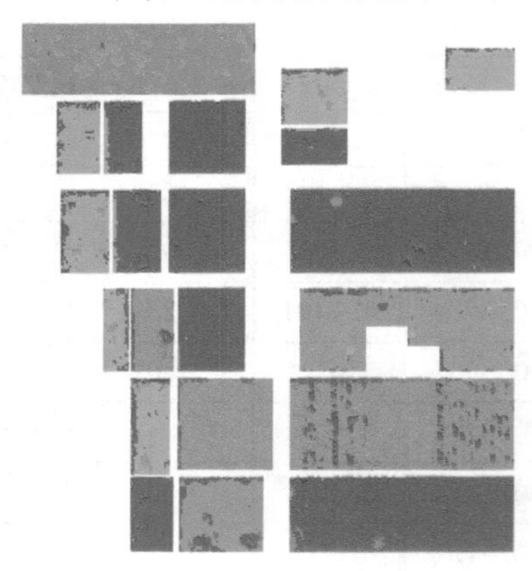
（f）DAE 分类结果标签图

（g）RLN 分类结果全图

（h）RLN 分类结果标签图

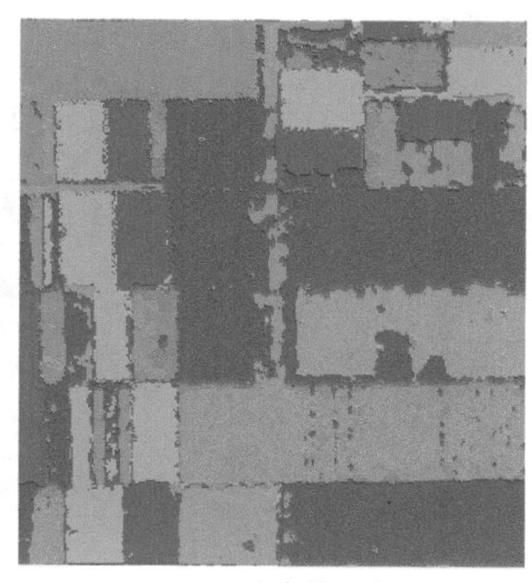

(i) WLN分类结果全图

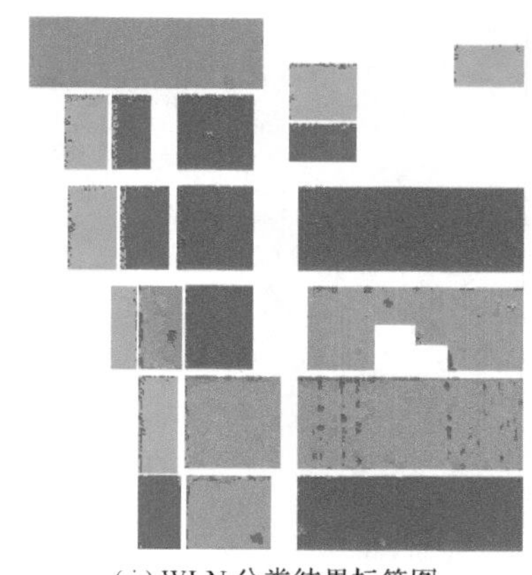

(j) WLN分类结果标签图

图 9.6 不同方法在 Flevoland 地区农田小图中的分类结果图

根据图 9.6 和表 9.3 给出的分类结果可以看出，在农田小图中本章方法 WLN 在总体分类精度 OA 以及平均分类精度 AA 上都远远高于其他对比方法，甚至在平均分类精度中比第三章提出的 RLN 方法高出 2 个百分点。图(b)和图(d)分别为 SVM 和 SAE 的分类结果标签图，由于训练样本量较少，SVM 和 SAE 没有得到充分学习，而又由于邻域信息的引入导致分类结果中的噪点呈大块形状，错误分类较为明显。降噪自编码器 DAE 通过在输入层加入噪声迫使模型学习数据更具有泛化性能特征，因此其模型性能相对于 SAE 存在一定程度的提高，但对于甜菜和土豆这种具有多种散射性质且散射很相似的地物依然难以区分。图(h)和图(j)分别为 RLN 和本章方法 WLN 对该数据集的分类结果标签图，相对于前三种算法，我们提出的两种方法分类结果更完整，对于最难分的土豆、甜菜和小麦都得到了比较细致的结果。本章 WLN 在两个不同的空间内分别考虑了半监督学习中的流形假设和空间一致性假设，相对于 RLN 分别在裸地、豌豆、小麦的分类更优，分类结果更加准确平滑，除小麦外其他类别都达到 90%以上，更在裸地和豌豆区域达到 98%以上。图 9.5 给出的 WLN 的分类混淆矩阵图除了小麦有部分误分外，其他类别均集中在对角线位置，直观地说明了 WLN 分类方法的有效性，在以方整形为主要特点的农田图像中具有很大的优势。

### 9.6.2 美国 San Francisco 地区数据子图实验结果

图 9.7 为采用 C 波段获取的美国 San Francisco 地区的极化成像数据子图。

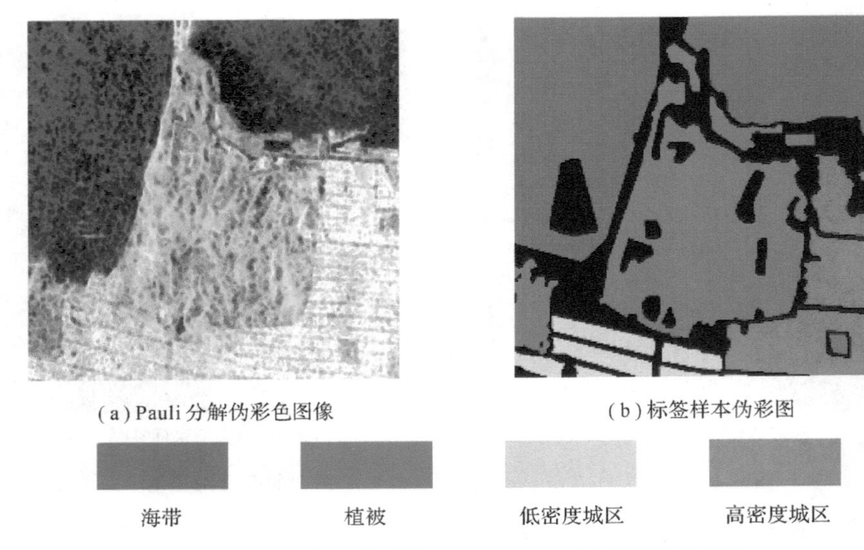


(a) Pauli 分解伪彩色图像　　(b) 标签样本伪彩图

图 9.7　C 波段下获取的 San Francisco 地区的数据子图

本节实验中，首先从样本集选取 10%的样本作为训练集，其余作为测试集，并从训练集中每类选取 10 个标记样本用于监督学习，大约占样本集的 0.01%，训练集剩余样本用于无监督学习。

**1. 不同的度量方式对分类结果的影响**

基于流形学习的构图方法可以充分考虑数据在低维流形中近邻点之间的线性几何关系以及数据潜在的分布信息，使数据在低维流形结构上表现得更光滑。然而在基于图的算法中，如何度量数据在流形中的相似性是最重要的步骤之一，采用不同的策略计算样本间的相似度，得到的分类结果会有很大差别，因此选择构图的度量方法就显得至关重要，针对这个问题，需要使用理论和实验一起进行探索。实验中，对比了两种在极化 SAR 分类任务中常用的距离度量方式，分类结果如表 9.3 所示。

**表 9.3　不同度量方式对分类结果的影响**

| 类别<br>方法 | 海洋 | 植被 | 低密度城区 | 高密度城区 | OA | AA | Kappa |
|---|---|---|---|---|---|---|---|
| 欧氏距离 | 0.9977 | 0.9329 | 0.5719 | 0.7373 | 0.9086 | 0.8100 | 0.9061 |
| Wishart 距离 | **0.9996** | **0.9420** | **0.6915** | **0.7627** | **0.9234** | **0.8489** | **0.9213** |

根据 9.3 节所述，极化 SAR 图像数据的相干矩阵服从复 Wishart 分布，并由此推导出 Wishart 距离，将其与常用的欧氏距离一起用于度量极化 SAR 数据之间的相似关系。

表 9.4 为利用欧氏距离和 Wishart 距离作为相似性度量构建相似近邻图时的分类结果，可以看出，相比于更普遍适用于众多数据的欧氏距离度量，利用 Wihart 距离构图能获得更好的模型性能，原因在于复 Wishart 分布可以更加准确地刻画极化 SAR 图像数据之间的相似性，使模型学习到相似样本之间的共性，从而更有利于分类的准确性，提高网络的泛化能力。

**2. 分类结果对比**

为了体现算法的稳定性和有效性，本节实验采用和其他小节相同的对比算法和等量的标记样本。表 9.4 中详细列举了在每类只有 10 个标记样本时各个分类算法在美国 San Francisco 地区数据子图中的分类准确率。不同方法在 San Francisco 地区获得的极化数据子图的分类结果图如图 9.8 所示。

**表 9.4 不同方法在 San Francisco 地区数据子图中的分类准确率**

| 类别/方法 | 海洋 | 植被 | 低密度城区 | 高密度城区 | OA | AA | Kappa |
|---|---|---|---|---|---|---|---|
| SVM | 0.9586 | 0.8285 | 0.7540 | 0.6076 | 0.8452 | 0.7872 | 0.8436 |
| SAE | 0.9961 | 0.8914 | 0.6223 | 0.5912 | 0.8724 | 0.7752 | 0.8691 |
| DAE | 0.9909 | 0.9347 | 0.6415 | 0.5739 | 0.8820 | 0.7852 | 0.8801 |
| **RLN** | 0.9993 | 0.9558 | 0.6742 | 0.6357 | 0.9055 | 0.8163 | 0.9030 |
| **WLN** | **0.9996** | **0.9420** | **0.6915** | **0.7627** | **0.9234** | **0.8489** | **0.9213** |

图 9.8 中给出了不同方法在 San Francisco 地区获得的极化数据子图的分类结果图。

(a) SVM 分类结果全图

(b) SVM 分类结果标签图

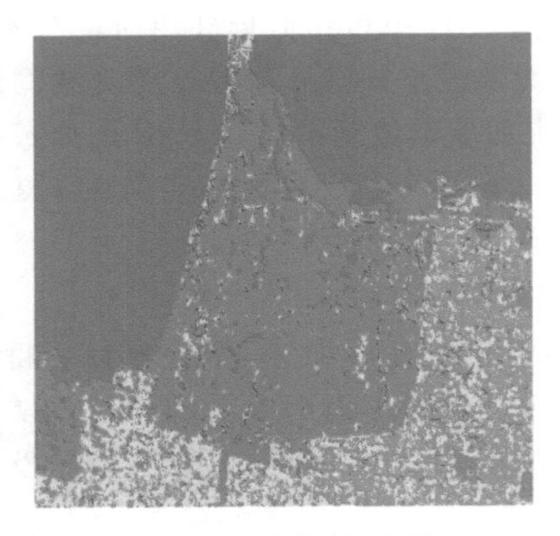

(c) SAE 分类结果全图

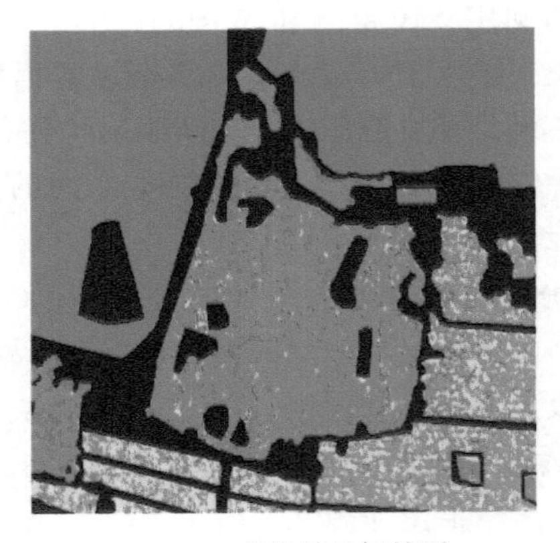

(d) SAE 分类结果标签图

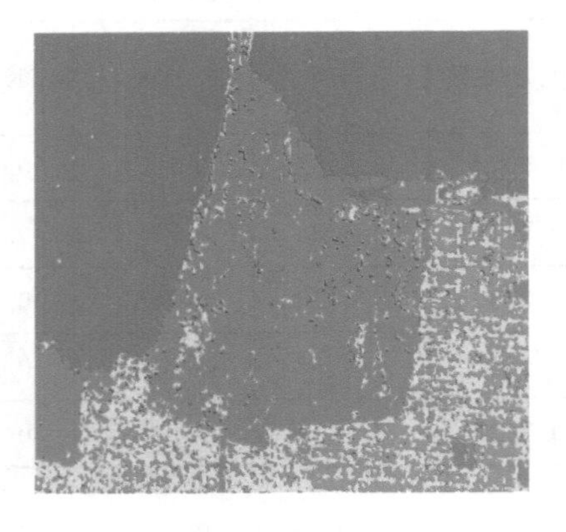

(e) DAE 分类结果全图

(f) DAE 分类结果标签图

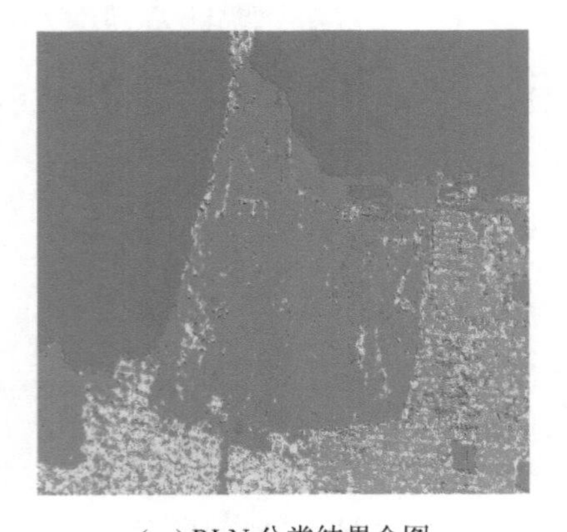

(g) RLN 分类结果全图

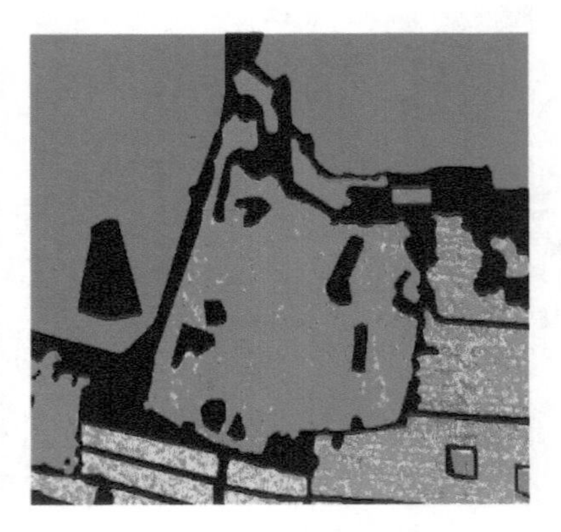

(h) RLN 分类结果标签图

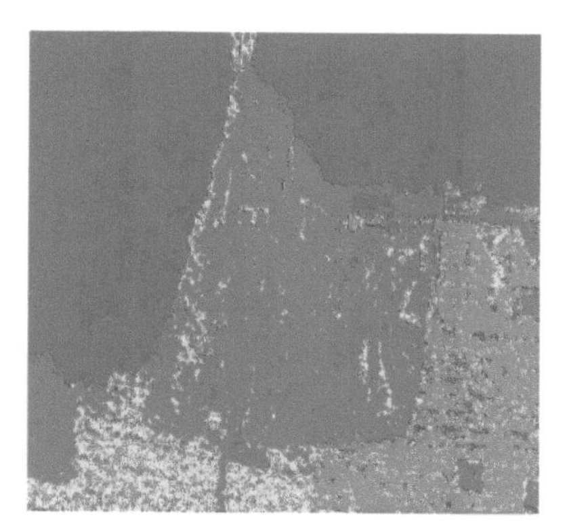

(i) WLN 分类结果全图

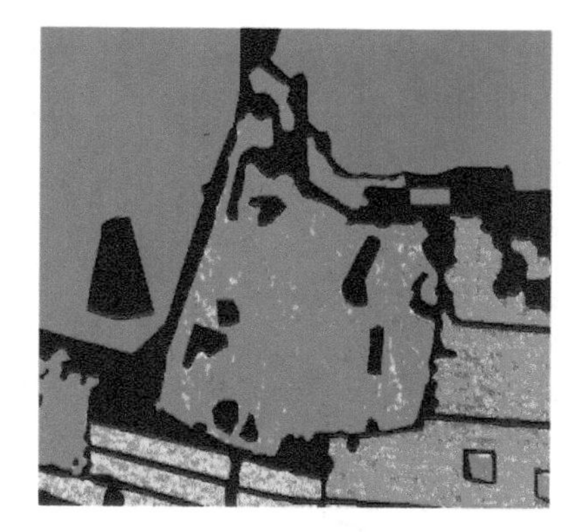

(j) WLN 分类结果标签图

图 9.8　不同方法在 San Francisco 地区数据子图中的分类结果图

首先从总体分类精度 OA 和平均分类精度 AA 上看，本章方法在几种评价指标上均为最高。在本章中，由于在输入时对样本引入邻域信息，因此整体分类效果比第三章有一定程度的提升，尤其是在两个城区区域，已经没有分类算法在城区地物的准确率不足 50%。RLN 和 WLN 在海洋区域的分类准确率几乎为 100%，且全部分类正确，但是由于低密度城区和高密度城区都是以建筑物为主，地物散射机制十分相似，都为二面角散射，而 WLN 根据能够体现极化 SAR 数据性质的 Wishart 距离构图，使模型能够在低维流形中找到相似样本，并迫使模型学习到相似的标签，故 WLN 学习到的特征更能表征数据特性，在较为难分的低密度城区和高密度城区获得相对更好的效果。因此本章方法的 Kappa 系数远好于其他方法，证明了 WLN 方法的有效性。

### 9.6.3　荷兰 Flevoland 地区 L 波段农田图像实验结果

图 9.9 展示了 1991 年获取荷兰 Flevoland 地区农田图对应的 Pauli 分解伪彩图和标签样本伪彩图。

按照本章实验介绍的模型结构和参数设置，在样本选取时依然从样本集选取 10% 的样本作为训练集，其余作为测试集，并从训练集中每类选取 10 个标记样本用于监督学习，大约占样本集的 0.08%，训练集剩余样本用于无监督学习。

不同分类方法对 Flevoland 地区 7 类农田图各类地物的分类准确率如表 9.5 所示，总体准确率 OA、平均准确率 AA 以及 Kappa 系数等评价指标如表 9.6 所示。

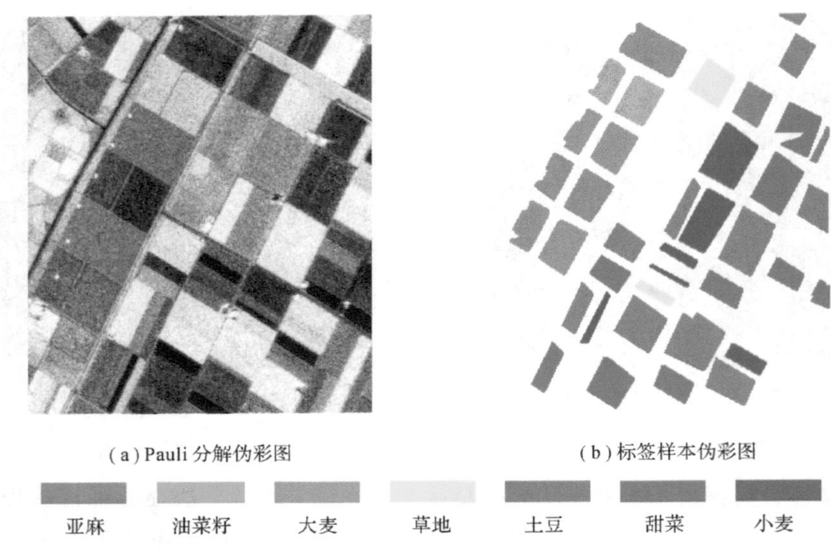


(a) Pauli 分解伪彩图　　(b) 标签样本伪彩图

图 9.9　Flevoland 地区 7 类农田图的地物表示

**表 9.5　不同分类方法在 Flevoland 地区 7 类农田图中的分类结果**

| 方法 \ 类别 | 亚麻 | 油菜籽 | 大麦 | 草地 | 土豆 | 甜菜 | 小麦 |
|---|---|---|---|---|---|---|---|
| SVM | 0.7460 | 0.8532 | 0.8449 | 0.9193 | 0.9997 | 0.7194 | 0.8605 |
| SAE | 0.9638 | 0.9634 | 0.9796 | 0.8080 | 0.9815 | 0.7814 | 0.6737 |
| DAE | 0.9966 | 0.9933 | 0.9700 | 0.9950 | 0.8358 | 0.9145 | 0.8207 |
| **RLN** | 0.9200 | 0.8970 | 0.9213 | 0.9386 | 0.9676 | 0.9382 | 0.8897 |
| **WLN** | 0.9900 | 0.9892 | 0.9856 | 0.9764 | 0.9826 | 0.9416 | 0.9767 |

**表 9.6　不同分类方法对 Flevoland 地区 7 类农田图分类的评价指标**

| 评价指标 \ 方法 | SVM | SAE | DAE | RLN | WLN |
|---|---|---|---|---|---|
| OA(%) | 86.18 | 88.49 | 90.01 | 93.50 | **97.46** |
| AA(%) | 84.90 | 87.88 | 93.23 | 92.46 | **97.74** |
| Kappa | 0.9162 | 0.9303 | 0.9391 | 0.9604 | **0.9843** |
| 时间(s) | 524 | 1263 | 1159 | 917 | **1581** |

在 10 个标记样本的情况下，本章提出的 WLN 分类方法和其他对比算法在 Flevoland 地区 7 类农田图的分类结果全图和分类结果标签图如图 9.10 所示。

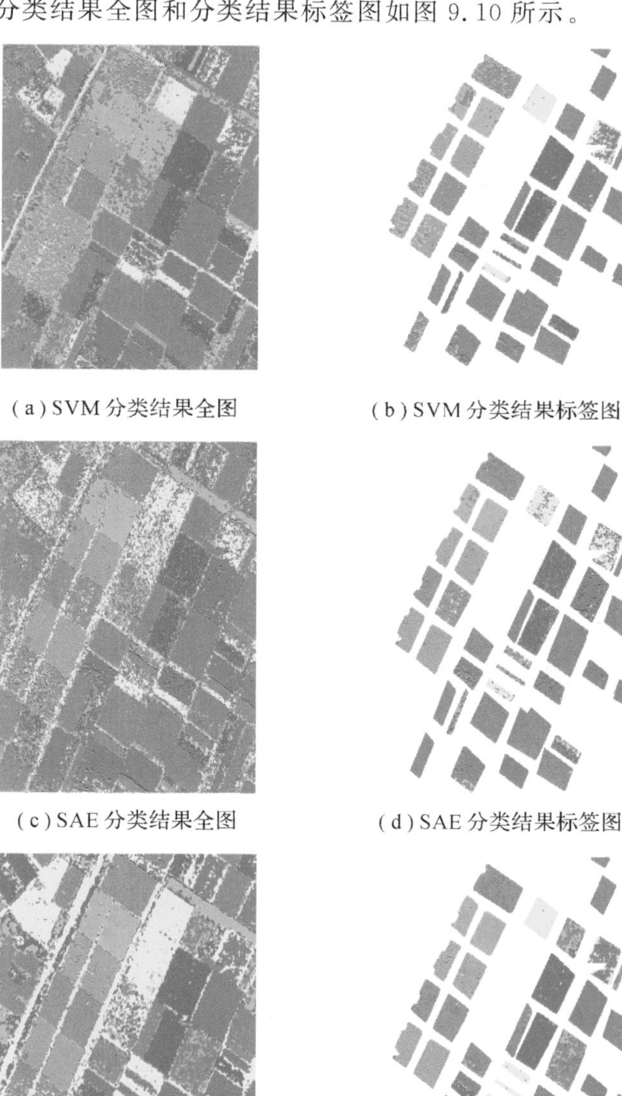

(a) SVM 分类结果全图

(b) SVM 分类结果标签图

(c) SAE 分类结果全图

(d) SAE 分类结果标签图

(e) DAE 分类结果全图

(f) DAE 分类结果标签图

(g) RLN 分类结果全图

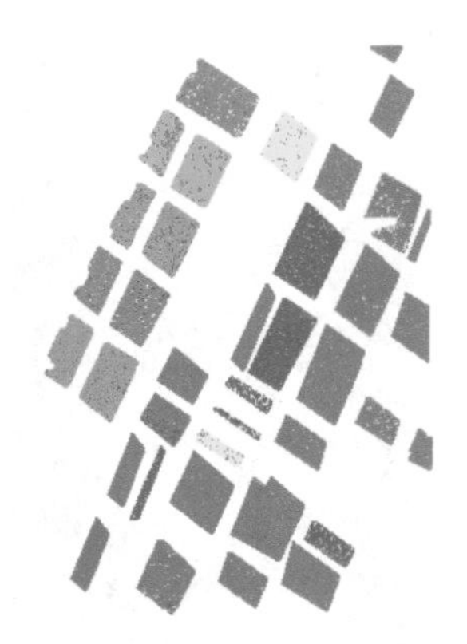

(h) RLN 分类结果标签图

(i) WLN 分类结果全图

(j) WLN 分类结果标签图

图 9.10 不同方法在 Flevoland 地区 7 类农田图中的分类结果图

从表 9.6 中的总体分类准确率和平均准确率可以看出，本章 WLN 相比于 RLN 分类方法，OA 提高了近 3.96%，AA 提高了 5.18%，Kappa 提高了 0.02。SVM 分类器与其他基于深层网络的分类方法相比并没有优势，由于草地和小麦、土豆和甜菜具有相似的性质，而且在散射机制上具有多种散射，信息较为相近且复杂，传统的 SAE 和 DAE 方法虽然在油菜籽、大麦等地物中具有较完整的分类，但仍然难以将这些散射信息类似的地物正确分类，例如 SAE 将大面积甜菜分成草地。普通的 RLN 算法虽然存在部分噪点，但是整体的分类相对均衡，每类都取得了较高的分类精度，甜菜的分类准确率在 94.16%，已经远远高于对比方法对该地物的分类，对其他地物的分类准确率均在 97%以上，因此 Kappa 系数明显提高。从图(j)和图(h)可以看出，本章提出的 WLN 分类方法和第三章的 RLN 算法像素的区域一致性均比较完整，但前者分类更为平滑，因此可以说明本章 WLN 的分类方法相比于其他方法性能更好。

### 9.6.4 荷兰 Flevoland 地区 L 波段农田大图

图 9.11 展示了 Flevoland 地区 15 类农田大图的 Pauli 分解伪彩图和标签样本伪彩图。

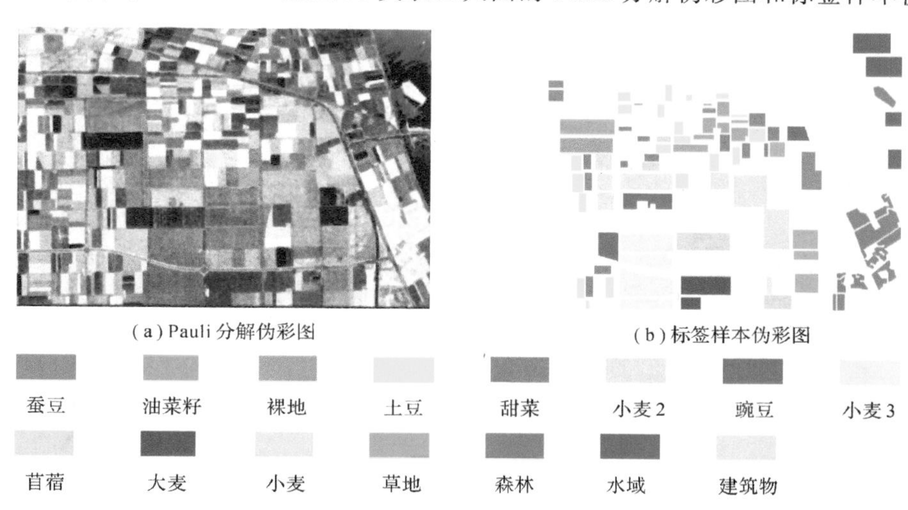


(a) Pauli 分解伪彩图　　(b) 标签样本伪彩图

图 9.11　Flevoland 地区农田大图的地物分布图

实验中，首先从样本集中选取 10%的样本作为训练集，其余作为测试集。由于该数据集中数据量大，待分类地物众多，因此从训练集中每类选取 100 个标记样本用于监督学习，占样本集的 0.8%，训练集剩余无标记样本用于无监督学习。

为了体现算法的稳定性和有效性，在该数据集中同样采用 SVM、SAE、DAE、RLN 和 WLN 作为对比方法，不同方法对 Flevoland 地区农田大图的各类别分类准确率以及总体分类准确率 OA 和 Kappa 系数如表 9.7 所示，不同方法对 Flevoland 地区农田大图分类的结果图如图 9.12 所示。

(a) SVM 分类结果全图

(b) SVM 分类结果标签图

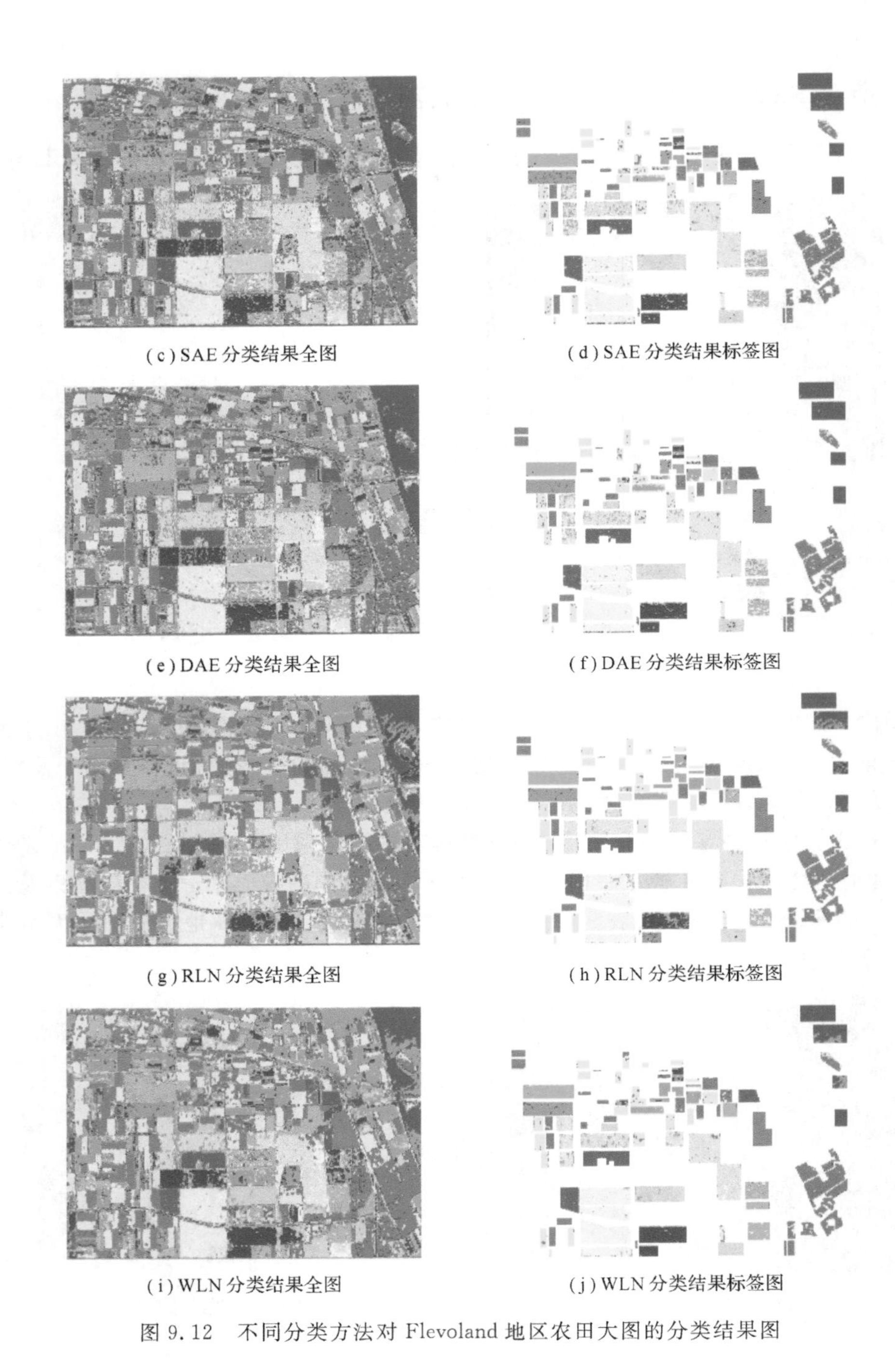


图 9.12　不同分类方法对 Flevoland 地区农田大图的分类结果图

表 9.7　不同分类方法对 Flevoland 地区农田大图的分类精度

| 方法 \ 类别 | 蚕豆 | 油菜籽 | 裸地 | 土豆 | 甜菜 | 小麦 2 | 豌豆 | 小麦 3 | 苜蓿 |
|---|---|---|---|---|---|---|---|---|---|
| SVM | 0.9572 | 0.7244 | 0.9235 | 0.8232 | 0.9364 | 0.6545 | 0.9250 | 0.8230 | 0.9550 |
| SAE | 0.9640 | 0.7321 | 0.9344 | 0.9088 | 0.9630 | 0.7204 | 0.9539 | 0.9367 | 0.9547 |
| DAE | 0.9817 | 0.7552 | 0.9720 | 0.9000 | 0.9680 | 0.7548 | 0.9524 | 0.9426 | 0.9401 |
| RLN | 0.9886 | 0.7403 | 0.9726 | 0.9717 | 0.9853 | 0.9063 | 0.9776 | 0.9498 | 0.9481 |
| WLN | 0.9572 | **0.9245** | 0.9520 | 0.9279 | 0.9442 | 0.8720 | 0.9751 | **0.9787** | 0.9363 |
| 方法 \ 类别 | 大麦 | 小麦 | 草地 | 森林 | 水域 | 建筑物 | OA | AA | kappa |
| SVM | 0.9177 | 0.9064 | 0.7608 | 0.8495 | 0.9069 | 0.8871 | 0.8520 | 0.8634 | 0.9161 |
| SAE | 0.8895 | 0.9022 | 0.7181 | 0.9104 | 0.9668 | 0.8054 | 0.8916 | 0.8840 | 0.9385 |
| DAE | 0.9002 | 0.9147 | 0.7341 | 0.9072 | 0.9871 | 0.8109 | 0.9005 | 0.8947 | 0.9436 |
| RLN | 0.6061 | 0.9435 | 0.9287 | 0.9403 | 0.7645 | 0.9483 | 0.9048 | 0.9048 | 0.9460 |
| WLN | **0.9756** | 0.8698 | 0.8512 | **0.9470** | 0.8562 | 0.6796 | **0.9248** | 0.9032 | **0.9574** |

从分类结果可以看出，本章方法中，由于邻域信息和流行正则项的引入，使模型可以充分利用相似样本的影响，这在以方整形为主要特点的农田大图中具有很大的优势，因此，在分类结果中，大部分地物均获得较好的分类效果，尤其是用其他方法较难正确分类的油菜籽地物，WLN 分类方法获得了 92.45%的准确率，且从小麦 3 和大麦的地物分类结果中可以较为明显地看出其区域一致性更好。

## 本章小结

本章提出了一种基于 Wishart 图正则和梯形网络的极化 SAR 图像地物分类方法。该方法考虑利用流形正则化，由于极化 SAR 图像数据服从复 Wishart 分布，在构建图时采用 Wishart 距离和 k -近邻算法构建相似近邻图，在网络能够学习相似样本的同时融合了极化 SAR 数据的特性，使其学到的特征更能表征数据特性，具有更好的分类效果；同时根据空间一致性假设，在网络的输入层引入中心像素的空间邻域信息，实验证明，与其他经典算法相比，该方法在分类精度和视觉效果上都具有明显的优势。

# 参考文献


[1] 焦李成，周伟达，张莉. 智能目标识别与分类[J]. 2010.

[2] 廖明生，林珲. 雷达干涉测量—原理与信号处理基础[M]. 北京：测绘出版社，2003.

[3] 朱良，郭巍，禹卫东. 合成孔径雷达卫星发展历程及趋势分析[J]. 现代雷达，2009，31(4)：5-10.

[4] Kong J A, Swartz A A, Yueh H A, et al. Identification of Terrain Cover Using the Optimum Polarimetric Classifier[J]. Journal of Electromagnetic Waves & Applications, 1988, 2(2): 171-194.

[5] Gomez-Chova L, Camps-Valls G, Munoz-Mari J, et al. Semisupervised Image Classification With Laplacian Support Vector Machines[J]. IEEE Geoscience & Remote Sensing Letters, 2008, 5(3): 336-340.

[6] 刘秀清，杨汝良，杨震. 双波段全极化 SAR 图像非监督分类方法及实验研究[J]. 电子与信息学报，2004，26(11)：1738-1745.

[7] 袁礼海，宋建社，薛文通，等. SAR 图像自动目标识别系统研究与设计[J]. 计算机应用研究，2006，23(11)：249-251.

[8] Sun W, Li P, Yang J, et al. Polarimetric SAR Image Classification Using a Wishart Test Statistic and a Wishart Dissimilarity Measure[J]. IEEE Geoscience & Remote Sensing Letters, 2017, PP(99): 1-5.

[9] SRIVASTAVA M S. On the Complex Wishart Distribution[J]. Annals of Mathematical Statistics, 1965, 36(1): 313-315.

[10] Chen S W, Tao C S. PolSAR Image Classification Using Polarimetric-Feature-Driven Deep Convolutional Neural Network[J]. IEEE Geoscience & Remote Sensing Letters, 2018, PP(99): 1-5.

[11] Chandar A P S, Lauly S, Larochelle H, et al. An autoencoder approach to learning bilingual word representations[C]// International Conference on Neural Information Processing Systems. MIT Press, 2014: 1853-1861.

[12] Odena A. Semi-Supervised Learning with Generative Adversarial Networks[J]. 2016.

[13] 吕启，窦勇，牛新等. 基于 DBN 模型的遥感图像分类[J]. 计算机研究与发展，2014，51(9)：1911-1918.

[14] Zhou Y, Wang H, Xu F, et al. Polarimetric SAR Image Classification Using Deep Convolutional Neural Networks[J]. IEEE Geoscience & Remote Sensing Letters, 2017, 13(12): 1935-1939.

[15] Wang F, Zhang C, Shen H C, et al. Semi-Supervised Classification Using Linear Neighborhood Propagation[C]// IEEE Computer Society Conference on Computer Vision and Pattern Recognition. IEEE Computer Society, 2006: 160-167.

[16] Goodfellow I J, Mirza M, Courville A, et al. Multi-prediction deep Boltzmann machines[C]// International Conference on Neural Information Processing Systems. Curran Associates Inc, 2013: 548-556.

[17] Rasmus A, Valpola H, Honkala M, et al. Semi-Supervised Learning with Ladder Networks[J]. Computer Science, 2015, 9 Suppl 1(1): 1-9.

[18] Vincent P, Larochelle H, Bengio Y, et al. Extracting and composing robust features with denoising autoencoders[C]// International Conference on Machine Learning. ACM, 2008: 1096 - 1103.
[19] Ioffe S, Szegedy C. Batch Normalization: Accelerating Deep Network Training by Reducing Internal Covariate Shift[J]. 2015: 448 - 456.
[20] Pezeshki M, Fan L, Courville A, et al. Deconstructing the ladder network architecture[C]// International Conference on Machine Learning. JMLR. org, 2016: 2368 - 2376.
[21] Valpola H. From neural PCA to deep unsupervised learning[J]. Eprint Arxiv, 2015.
[22] Belkin M, Niyogi P. Manifold regularization[J]. Machine Learning Research, 2006, 7(8): 31 - 42.
[23] Zhu X, Ghahramani Z, Lafferty J D. Semi-supervised learning using gaussian fields and harmonic functions[C]//Proceedings of the 20th International conference on Machine learning (ICML - 03). 2003: 912 - 919.
[24] Zhou D, Bousquet O, Lal T N, et al. Learning with local and global consistency[C]//Advances in neural information processing systems. 2004: 321 - 328.
[25] Fan M, Gu N, Qiao H, et al. Sparse regularization for semi-supervised classification[J]. Pattern Recognition, 2011, 44(8): 1777 - 1784.
[26] Maier M, Luxburg U V, Hein M. Influence of graph construction on graph-based clustering measures[C]//Advances in neural information processing systems. 2009: 1025 - 1032.
[27] Mnih V, Heess N, Graves A. Recurrent models of visual attention[C]//Advances in neural information processing systems. 2014: 2204 - 2212.
[28] Bahdanau D, Cho K, Bengio Y. Neural machine translation by jointly learning to align and translate [J]. arXiv preprint arXiv: 1409. 0473, 2014.
[29] Luong M T, Pham H, Manning C D. Effective Approaches to Attention-based Neural Machine Translation[J]. Computer Science, 2015.
[30] Liu H, Zhu D, Yang S, et al. Semisupervised Feature Extraction With Neighborhood Constraints for Polarimetric SAR Classification[J]. IEEE Journal of Selected Topics in Applied Earth Observations & Remote Sensing, 2016, 9(7): 3001 - 3015.

# 第10章 基于 Wishart 深度堆栈网络的极化 SAR 影像分类

## 10.1 引　　言

为了更加快速、直接地完成分类任务，我们注意到了另一种网络模型——DSN。DSN 通常由多个模块组合而成，是一种以任务为导向的模型。基于此，本章提出了一种专门处理极化 SAR 数据分类问题的 Wishart 深度堆栈网络（Wishart Deep Stack Network，W-DSN），极大地提高了分类算法的执行效率。

首先，利用一种简单的线性变换对 Wishart 距离进行快速计算，并据此设计一个单隐层的神经网络（WN）。相比于传统计算 Wishart 距离的方式，此线性变换的方式可以极大地提高计算效率，同时也为将极化 SAR 数据的先验信息加入网络设计提供了一种新的思路。实际上，基于 Wishart 距离设计的 WN，可以看作是将极化 SAR 数据信息嵌入神经网络设计中的一种具体方式。若 WN 作为 DSN 中的一个单独模块，即将 WN 进行堆叠组成 DSN，则可将其命名为 Wishart 深度堆栈网络（W-DSN））。实验结果证明，在保证较高分类准确率的条件下，W-DSN 能够极大地提高分类效率。如有需要，可以对 WN 和 W-DSN 的结构进行扩展，直接按需增加隐层节点数即可。

本章的主要工作是提出了针对处理极化 SAR 数据分类问题的 W-DSN 算法，建立了极化 SAR 数据分类和深度学习之间的初步联系。此外，Wishart 距离的快速计算方式，能够直接用于提高其他基于 Wishart 距离的传统算法的效率，而单隐层的 WN 通过有监督训练的方式提高了 Wishart 算法的分类准确率。实验结果表明，这些算法在实际应用中表现优异，同时在实验部分对 DSN 和 W-DSN 的表现单独进行对比，以此来说明 W-DSN 在极化 SAR 图像分类任务中的重要性。

本章首先介绍了传统的 DSN 和极化 SAR 图像的分类任务，其次找到了能够快速计算 Wishart 距离的线性变换，并将其应用于设计单隐层的神经网络 WN。把 WN 作为一个单独的子模块，将其堆叠构成 W-DSN，即可得到专门针对于极化 SAR 数据进行分类任务的深度网络模型。

## 10.2 从极化 SAR 数据到神经网络设计

### 10.2.1 Wishart 距离

为了能够设计一个专门针对于极化 SAR 图像分类任务的深度模型，需要考虑极化 SAR 数据的特殊性。并考虑将 Wishart 距离作为指导来设计网络，从而将极化 SAR 数据的信息嵌入到网络中。Wishart 距离的快速计算方式如前所述，极化 SAR 像素点的相干矩阵和协方差矩阵均服从复 Wishart 分布，由此研究人员设计了最大似然分类器对极化 SAR 数据进行分类。据此产生了一个衡量像素点差异性的指标，即 Wishart 距离，它已经被广泛地应用于众多的研究中。在本章中，依然用具有共轭对称性质的相干矩阵来表示一个极化 SAR 像素点。为方便起见，将其元素写成如下形式，即

$$\boldsymbol{T}=\begin{bmatrix} T_{11} & T_{12} & T_{13} \\ \overline{T_{12}} & T_{22} & T_{23} \\ \overline{T_{13}} & \overline{T_{23}} & T_{33} \end{bmatrix}$$

其中，$T_{11}$、$T_{22}$和 $T_{33}$是实数，$\overline{T}_{ij}$代表对 $T_{ij}$ 的共轭操作，其余的元素均是复数。

根据最大似然分类器，一个多视数的极化 *SAR* 像素点 $\boldsymbol{T}$ 可以按照下面的 Wishart 距离 $d\ (\boldsymbol{T}|\boldsymbol{T}_m)$来进行分类，即

$$d(\boldsymbol{T}\mid\boldsymbol{T}_m)=\mathrm{Trace}(\boldsymbol{T}_m^{-1}\boldsymbol{T})+\ln|\boldsymbol{T}_m| \tag{10-1}$$

式中，Trace 表示矩阵的迹，$\boldsymbol{T}_m^{-1}$ 表示矩阵 $\boldsymbol{T}_m$ 的逆，$|\boldsymbol{T}_m|$表示矩阵 $\boldsymbol{T}_m$ 的行列式，$|\boldsymbol{T}_m|$通常是由第 $m$ 类中全体训练样本估计得到，常被认为是第 $m$ 类样本的聚类中心。计算像素点距离每一个聚类中心的 Wishart 距离，最小的距离所对应的类别被认定为是此像素点的类别。

尽管 Wishart 距离最初是为有监督分类算法设计的，但它在无监督分类算法中也有很多应用。例如，J. S. Lee 等人先通过极化分解对极化 SAR 像素点进行聚类，而后用各类的样本均值作为此类的聚类中心，即

$$\boldsymbol{T}_m=E[\boldsymbol{T}\mid\boldsymbol{T}\in\Omega_m]=\frac{1}{|\Omega_m|}\sum_{T\in\Omega_m}\boldsymbol{T} \tag{10-2}$$

式中，$\Omega_m$ 表示第 $m$ 类样本点的集合，$|\Omega_m|$表示 $\Omega_m$ 中的样本数目。在有监督的分类算法中，有标签样本集合表示为 $\Omega=\Omega_1\cup\Omega_2\cup\cdots\cup\Omega_M$，其中 $M$ 为类别数。根据此有标签样本集，各类别的类中心可以直接通过式(10-2)计算得到。

尽管 Wishart 距离已经被广泛应用于众多的研究中，但很少有人去尝试降低 Wishart 距离的计算量。在传统算法中，通常需要计算每一个像素点到所有类中心的距离。由于计

算 Wishart 距离的公式(10-1)含有矩阵操作，该过程通常需要由一个两层的循环完成，其中一层循环对应类别总数，另一层循环对应像素点总数。由于极化 SAR 图像中像素点的数目非常多，所以提高 Wishart 距离的计算效率是亟待解决的重要问题。2006 年，W·Wang 等人提出了一种快速的 $H-\alpha$Wishart 分类算法，然而它只是减少了用于估算新的类别中心所需的像素点数目，并没有从真正意义上提高计算 Wishart 距离的效率。本节采用了一种准确计算 Wishart 距离的线性形式，极大地提高了计算效率。

如式(10-1)所示，Wishart 距离中的两项分别是 $\text{Trace}(\boldsymbol{T}_m^{-1}\boldsymbol{T})$ 和 $ln|\boldsymbol{T}_m|$。在第一项计算过程中，通常由 $\boldsymbol{T}_m^{-1}$ 和 $\boldsymbol{T}$ 相乘先得到矩阵 $\boldsymbol{T}_m^{-1}\boldsymbol{T}$，再计算矩阵的迹而得到 $\text{Trace}(\boldsymbol{T}_m^{-1}\boldsymbol{T})$。在已经计算出 $\boldsymbol{T}_m^{-1}$ 的情况下，上述过程依然需要 27 个乘法操作和 20 个加法操作。令 $\boldsymbol{\Gamma}=\boldsymbol{T}_m^{-1}\boldsymbol{T}$，易知 $\boldsymbol{T}_m^{-1}$ 和 $\boldsymbol{T}$ 都是 $3\times3$ 的复数矩阵，所以 $\boldsymbol{\Gamma}$ 也是一个复数矩阵。实际上，一个矩阵的迹等于其对角线元素之和，而跟其它位置上的元素无关。换言之，在实际计算中无需获得完整的 $\boldsymbol{\Gamma}$，只需其对角线元素即可。基于此，将其中的冗余计算去掉，即可找到一种提高 Wishart 距离计算效率的方法。

令 $\boldsymbol{\sigma}=f(\boldsymbol{\Sigma})$，表示一个将矩阵 $\boldsymbol{\Sigma}$ 中的所有元素转化成列向量的函数，即 $\boldsymbol{f}(\boldsymbol{T})=[T_{11}, T_{12}{}^{*}, T_{13}{}^{*}, T_{12}, T_{22}, T_{23}{}^{*}, T_{13}, T_{23}, T_{33}]'$。$\boldsymbol{\Sigma}=f^{-1}(\boldsymbol{\sigma})$ 表示函数 $\boldsymbol{\sigma}=f(\boldsymbol{\Sigma})$ 的反函数。在下文的表示中，极化 SAR 图像中的第 $n$ 个像素点用 $\boldsymbol{t}_n$，$n=1, 2, \cdots, N$ 来表示，其中 $N$ 是极化 SAR 图像中像素点的总数。令 $\boldsymbol{T}=[\boldsymbol{t}_1, \boldsymbol{t}_2, \cdots, \boldsymbol{t}_N]$，其中 $\boldsymbol{t}_n=f(\boldsymbol{T}_n)$ 是相干矩阵 $\boldsymbol{T}_n$ 的列向量形式。此外，令 $W=[\boldsymbol{w}_1, \boldsymbol{w}_2, \cdots, \boldsymbol{w}_M]$，$\boldsymbol{w}_m=f(\boldsymbol{T}_m^{-1})$，$m=1, 2, \cdots, M$。注意到 $\text{Trace}(\boldsymbol{T}_m^{-1}\boldsymbol{T}_n)=(\boldsymbol{w}_m)'\boldsymbol{t}_n$，其中 $\boldsymbol{w}_m$ 和 $\boldsymbol{t}_n$ 均为 9 维的复数列向量，$(\boldsymbol{w}_m)'$ 仅为向量 $\boldsymbol{w}_m$ 的转置操作，不包含共轭操作。计算 $(\boldsymbol{w}_m)'\boldsymbol{t}_n$ 需要 9 个乘法操作和 8 个加法操作，此计算量仅占传统算法计算 $\text{Trace}(\boldsymbol{T}_m^{-1}\boldsymbol{T}_n)$ 所需计算量的三分之一。

此外，令 $\boldsymbol{b}=[\ln(|\boldsymbol{T}_1|, \ln(|\boldsymbol{T}_2|, \cdots, \ln(|\boldsymbol{T}_M|)]'$ 为一个列向量，那么像素点 $\boldsymbol{t}$ 距离各类的聚类中心的 Wishart 的距离可以通过以下的线性变换来计算，即 $\boldsymbol{W}'\boldsymbol{t}+\boldsymbol{b}$，其中 $\boldsymbol{t}=f(\boldsymbol{T})$。据此方式，每个像素点距离各个类别中心的 Wishart 距离可以用一个 Wishart 距离矩阵来表示，即

$$\boldsymbol{D}=\boldsymbol{W}'\boldsymbol{T}+\boldsymbol{B} \tag{10-3}$$

式中，矩阵 $\boldsymbol{B}=[\boldsymbol{b}, \boldsymbol{b}, \cdots, \boldsymbol{b}]$，由 $\boldsymbol{M}$ 个 $\boldsymbol{b}$ 进行列组合得到，Wishart 距离矩阵为

$$\boldsymbol{D}=\begin{bmatrix} \mathrm{d}(T_1 \mid T_1) & \mathrm{d}(T_2 \mid T_1) & \cdots & \mathrm{d}(T_N \mid T_1) \\ \mathrm{d}(T_1 \mid T_1) & \mathrm{d}(T_2 \mid T_1) & \cdots & \mathrm{d}(T_N \mid T_1) \\ \vdots & \vdots & \vdots & \vdots \\ \mathrm{d}(T_1 \mid T_1) & \mathrm{d}(T_2 \mid T_1) & \cdots & \mathrm{d}(T_N \mid T_1) \end{bmatrix} \tag{10-4}$$

式中，$\boldsymbol{D}(m, n)$ 表示第 $n$ 个像素点 $\boldsymbol{T}_n$ 距离第 $m$ 类聚类中心 $\boldsymbol{T}_m$ 的 Wishart 距离。若按照式

(10-3)来计算每个像素点距离任一聚类中心的 Wishart 距离，则无需采用传统算法公式(10-1)中两层的循环计算，只需要将矩阵元素的位置进行重新排列即可。Wishart 距离的线性计算方式如式(10-3)所示，它在计算机上实现较简单，能够高效地完成 Wishart 距离的计算。

图 10.1 采用伪代码的形式对 Wishart 距离的传统算法和快速算法做了对比。由于快速算法省去了对完整 $\boldsymbol{\Gamma}$ 的计算，因此 Wishart 距离矩阵的计算可以通过一个特殊的线性变换来实现，其计算效率得到了极大的提升。像素点或者类别数越大，此快速算法的提升效果则越明显。Wishart 距离的线性计算形式是构建 WN 的重要前提，具体内容将在后面做详细阐述。

```
for  m=1:M
  b(m)=ln|T_m|;
  for  n=1:N
    Γ=T_m^{-1} T_n;
    D(m, n)=d(T_n|T_m)=Trace(Γ)+b(m);
  end
end
```

VS.

```
for  m=1:M
  W(:, m)=f((T_m^{-1})');
  b(m)=ln|T_m|;
end
B=[b, b, …, b];
D=WT+B
```

(a)传统执行过程　　　　(b)快速执行过程

图 10.1　传统算法与快速算法比较

实验部分的结果验证了此快速算法的有效性：一幅含有 768 000 个像素点的极化 SAR 图像，若被分为 15 类，此过程用快速算法只需要 0.53 s，而传统算法所需时间则大于 330 s。

## 10.2.2　Wishart 网络

尽管上述算法提高了计算 Wishart 距离的效率，但其分类结果与传统 Wishart 分类算法完全相同，并未提高算法的分类准确率。事实上，Wishart 分类器的分类准确率主要依赖于各类的聚类中心的优劣，而快速计算 Wishart 距离并没有改善各类的聚类中心，因此并不能提高分类准确率。在有监督的极化 SAR 图像分类任务中，第 $m$ 类的聚类中心常常是通过计算第 $m$ 类的样本均值得到的，如式(10-2)所示。而在一般的机器学习算法中，通常会有一个学习的过程，于是尝试着设计了一个名为 WN 的算法，用以学习更好的聚类中心，提高极化 SAR 图像的分类准确率。

**1. 定义 Wishart 网络**

如式(10-3)所示，Wishart 距离矩阵 $\boldsymbol{D}$ 可以通过将 $\boldsymbol{T}$ 进行线性变换得到，其中 $\boldsymbol{W}$ 和 $\boldsymbol{B}$ 分别为权重参数和偏置参数。在矩阵 $\boldsymbol{D}$ 的第 $n$ 列中，最小元素所在的行数被认定为第 $n$ 个

像素点所属的类别。在用 Wishart 分类器对极化 SAR 图像进行有监督的分类时，若能找到各类合适的类中心，就能够对有标签的训练样本进行正确的分类。将有标签训练样本的集合表示为 $\Omega=\{(\boldsymbol{t}_1^l, \boldsymbol{y}_1^l), (\boldsymbol{t}_2^l, \boldsymbol{y}_2^l), \cdots, (\boldsymbol{t}_k^l, \boldsymbol{y}_k^l)\}$，其中 $\boldsymbol{t}_k^l$，$k=1, 2, \cdots, K$ 代表第 $k$ 个有标签的像素点，此时类标被表示为单位列向量 $\boldsymbol{y}_k^l$，其中唯一的非零元素所在的位置指示了 $\boldsymbol{t}_k^l$ 的类别，而 $K$ 表示 $\Omega$ 中有标签训练样本的总数。

令 $W=[w_1, w_2, \cdots, w_M]$，则每一个聚类中心对应 $W$ 中的一列，如前所述。给定一个像素点 $t$，可以按照下列公式对其进行分类，即

$$y=g(t)=U\text{sigm}(Wt+b)+c \tag{10-4}$$

式中，sigm 代表 Sigmoid 函数，$U$ 和 $c$ 分别是权重参数和偏置参数，$y$ 为预测类标向量，其最大元素所在的位置被看作是预测标签。而且当不对 $W$ 进行更新操作时，$Wt+b$ 只是计算了像素 $t$ 到每一个聚类中心的 Wishart 距离。根据上述内容，可以考虑通过参数学习来找到更好的聚类中心，从而提高分类准确率。在有监督的分类任务中，训练样本的预测标签应该与其真实标签足够接近。对于有标签训练样本集合 $\Omega$ 来说，$e_k=\|\boldsymbol{y}_k^l-\boldsymbol{y}_k\|^2$ 表示第 $k$ 个样本的预测标签和真实标签之间的误差，其中 $\boldsymbol{y}_k=g(\boldsymbol{t}_k^l)$。因此，式(10-4)中参数学习的目标可以是最小化所有训练样本的标签误差总和，如式(10-5)所示。

$$\min E=\sum_{K=1}^{K}e_k=\sum_{K=1}^{K}\|y_k^l-y_k\|^2 \tag{10-5}$$

为了实现参数学习的目的，将式(10-4)和(10-5)中的有监督算法可以用神经网络的形式来完成，具体如图 10.2 所示。此网络的输入层为极化 SAR 相干矩阵的列形式 $\boldsymbol{t}$，隐含层的输入和输出分别是 $\boldsymbol{Wt}+\boldsymbol{b}$ 和 $\boldsymbol{h}=\text{sigm}(\boldsymbol{Wt}+\boldsymbol{b})$，而输出层的输出为预测类标向量 $\boldsymbol{y}$，其

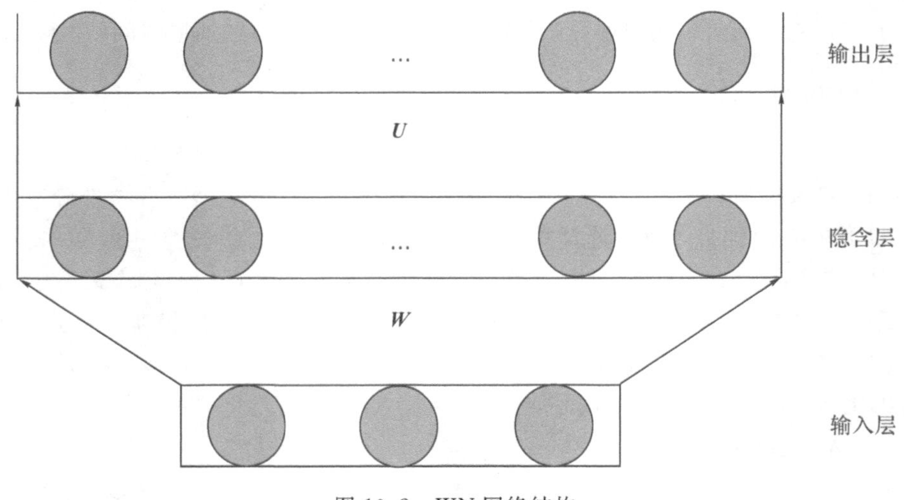


图 10.2　WN 网络结构

中 $y=U'\mathrm{sigm}(W't+b)+c$。输入层的节点个数为 9，与数据 $\boldsymbol{t}$ 的维数相同（即 $t$ 中的元素个数）；隐含层中的节点个数等于聚类中心的个数（即 $\boldsymbol{W}$ 所包含的列数）；输出层的节点个数等于类别总数（即类标向量 $\boldsymbol{y}$ 的维数）。连接输入层和隐含层的权重矩阵为 $\boldsymbol{W}$，隐含层的偏置为 $\boldsymbol{b}$，隐含层的激活函数为 Sigmoid 函数，$\boldsymbol{U}$ 是连接隐含层和输出层的权重矩阵，$\boldsymbol{c}$ 为输出的偏置参数。一般地，将 WN 定义为 $\boldsymbol{y}=g(\boldsymbol{t})$，也就是 $g(t)=U\mathrm{sigm}(Wt+b)$。在训练 WN 时，需要寻找合适的参数，以正确分类有标签的训练样本。因此，训练 WN 的目标函数和式(10-5)是一致的。

需要注意的是，WN 中包含的数值不仅有复值，还有实值。给定一个由复值的列向量表示的极化 SAR 像素点 $\boldsymbol{t}$，$\boldsymbol{W}$ 是一个在列向量中包含聚类中心信息的复值矩阵，而 $\boldsymbol{b}=[\ln(|\boldsymbol{T}_1|),\ \ln(|\boldsymbol{T}_2|),\ \cdots,\ \ln(|\boldsymbol{T}_M|)]'$ 是一个实值的列向量，$\boldsymbol{W}'\boldsymbol{t}+\boldsymbol{b}$ 是一个指示 Wishart 距离的实值列向量（即隐含层的输入是每个像素点距离各个聚类中心的 Wishart 距离）。$\boldsymbol{U}$ 和 $\boldsymbol{c}$ 分别是实值矩阵和实值偏置向量。令 $\tilde{t}=[t;\ l]$，$\tilde{w}=[w;\ b']$，$\tilde{h}=[h;\ l]$ 以及 $\tilde{U}=[U;\ c']$，那么 WN 的输出可以表示为 $y=g(t)=\tilde{U}'\mathrm{sigm}[\tilde{w}'\tilde{t}]$。与之对应的最优化问题可描述为

$$\min E=\sum_{k=1}^{K}e_k=\sum_{k=1}^{K}\|y_k^t-y_k\|^2=\sum_{k=1}^{K}\|y_k^t-\tilde{U}'\tilde{h}_k\|^2 \tag{10-6}$$

式中，$\tilde{h}_k=[h_k;\ 1]=[\mathrm{sigm}(\tilde{W}'\tilde{t}_k);\ 1]$，$\tilde{t}_k=[t_k;\ 1]$。

**2. 有监督训练**

给定训练样本集合 $\Omega$，对 $\boldsymbol{W}$ 的初始化可以通过计算各类的聚类中心来进行，即组成 $\boldsymbol{W}$ 的每个列向量为 $\boldsymbol{w}_m=f[(\boldsymbol{T}_m^{-1})']$。向量 $\boldsymbol{b}$ 中的元素，可被初始化为各个聚类中心矩阵行列式的自然对数，即有 $\boldsymbol{b}=[\ln(|\boldsymbol{T}_1|),\ln(|\boldsymbol{T}_2|),\cdots,\ln(|\boldsymbol{T}_m|)]'$。于是，可得到 $\tilde{\boldsymbol{W}}=[\boldsymbol{W};\ \boldsymbol{b}']$。此初始化方式同上节讨论的内容相同，它在训练过程中扮演了非常重要的角色。实际上，通过此初始化方式，可将有监督的训练起点置于 Wishart 算法之上，在减少对随机初始化依赖的同时，提高训练效率。对 $\boldsymbol{W}$ 和 $\boldsymbol{b}$ 进行上述初始化后，式(10-6)中所示的最优化问题即成为了一个凸优化问题。易知 $\tilde{U}=\sum^{K}(\tilde{h}_k\tilde{h}'_k)^{-1}\tilde{h}_k y_k^{t'}$，随后 $\tilde{W}$ 便可通过公式 $\tilde{W}=\tilde{W}-\lambda\dfrac{\partial E}{\partial\tilde{W}}$ 进行更新，其中 $\lambda$ 为更新步长。

需要注意的是，聚类中心 $\boldsymbol{T}_m$ 和 $\boldsymbol{W}$ 中第 $m$ 列的前 9 个元素之间的对应关系，即 $\boldsymbol{w}_m=\tilde{\boldsymbol{W}}(1:9,\ m)=\boldsymbol{W}(:,\ m)=f[(\boldsymbol{T}_m)^{-1}]'$。向量 $\boldsymbol{b}$ 中的第 $m$ 个元素对应于 $\tilde{\boldsymbol{W}}$ 中第 $m$ 列的第 10 个元素，即 $\boldsymbol{b}_m=\tilde{\boldsymbol{W}}(10,\ m)$。然而由于 $b_m=\ln(|\boldsymbol{T}_m|)$ 以及 $\boldsymbol{T}_m=[(f^{-1}(\boldsymbol{w}_m))']^{-1}$，所以向量 $\boldsymbol{b}$ 是根据 $\boldsymbol{W}$ 的更新而变化的，但并未用到 $\tilde{\boldsymbol{W}}(10,\ m)$。这是由于向量 $\boldsymbol{b}$ 完全是由 Wishart 距离公式中的相干矩阵决定的，这一点不能被破坏。对向量 $\boldsymbol{b}$ 的更新是 WN 训练中的关键步骤，

它与 WN 特殊的设计方式有关。令 $\boldsymbol{T}^l=[\boldsymbol{t}_1^l, \boldsymbol{t}_2^l, \cdots, \boldsymbol{t}_k^l]$以及 $\boldsymbol{y}^l=[\boldsymbol{y}_1^l, \boldsymbol{y}_2^l, \cdots, \boldsymbol{y}_k^l]$。算法10.1对 WN 的训练过程进行了总结，如下所示。

---

**算法 10.1：训练 WN**

---

输入：

有标签的训练样本集合 $\Omega=\{(\boldsymbol{t}_1^l, \boldsymbol{y}_1^l), (\boldsymbol{t}_2^l, \boldsymbol{y}_2^l), \cdots, ((\boldsymbol{t}_K^l, \boldsymbol{y}_K^l)\}$，其中 $\boldsymbol{t}_k^l$ 是相干矩阵$(\boldsymbol{T})_k^l$ 的列向量形式，即 $\boldsymbol{t}_k^l=f(\boldsymbol{T}_k^l)$，$k=1, 2, \cdots, K$，类别总数为 $M$，最大迭代次数为 iter_max=100，迭代步长为 $\lambda=0.2$；

**训练准备：**

1. 用 find(•)表示找到向量非零元素所处位置的函数；
2. For $m=1$ to $M$ do

$$\boldsymbol{T}_m=\frac{1}{|\Omega_m|}\sum_{\boldsymbol{T}\in\Omega_m}\boldsymbol{T}\text{，其中 }\Omega_m=\{\boldsymbol{T}_k^l\,|\,\mathrm{find}(y_k^l)=m\}；$$

$$\boldsymbol{w}_m=f((\boldsymbol{T}_m)^{-1})\text{，}\boldsymbol{b}_m=\ln(|\boldsymbol{T}_m|)；$$

End For

**训练步骤：**

3. $\boldsymbol{W}=[\boldsymbol{w}_1, \boldsymbol{w}_2, \cdots, \boldsymbol{w}_M]$，$\boldsymbol{b}=[b_1, b_2, \cdots, b_M]'$，$\widetilde{W}=[\boldsymbol{W}; \boldsymbol{b}']$；
4. For iter=1 to iter_max

$\widetilde{\boldsymbol{H}}=[\mathrm{sigm}(\widetilde{\boldsymbol{W}}'\boldsymbol{T}^l); 1]$；

$\widetilde{\boldsymbol{U}}=(\widetilde{\boldsymbol{H}}\widetilde{\boldsymbol{H}}')^{-1}\widetilde{\boldsymbol{H}}\boldsymbol{y}^{l'}$；

$\widetilde{\boldsymbol{W}}=\widetilde{\boldsymbol{W}}-\lambda\dfrac{\partial E}{\partial\boldsymbol{W}}$；

For$m=1$ to $M$

$\boldsymbol{w}_m=\widetilde{\boldsymbol{W}}(1:9, m)$；

$\boldsymbol{T}_m=((f^{-1}(\boldsymbol{w}_m))')^{-1}$；

$b_m=\ln(|\boldsymbol{T}_m|)$；

End

$\boldsymbol{b}=[b_1, b_2, \cdots, b_M]'$；

$\widetilde{\boldsymbol{W}}=[\boldsymbol{W}; \boldsymbol{b}']$；

End For

输出：

$\widetilde{\boldsymbol{U}}$，$\widetilde{\boldsymbol{W}}$

---

尽管图 10.2 中展示的 WN 结构和普通的单隐层神经网络非常相似，但它们之间的主要区别在于，WN 的输入数据是复值向量 $\boldsymbol{t}$，其权重矩阵 $\boldsymbol{W}$ 的含义很明确，偏置向量 $\boldsymbol{b}$ 的更新也与传统做法不同，它取决于上步更新的 $\boldsymbol{W}$。

学习参数 $\widetilde{\boldsymbol{W}}$ 以及 $\widetilde{\boldsymbol{U}}$ 之后，即可得到极化 SAR 图像中的像素点 $\boldsymbol{t}$ 的预测类标向量，即 $\boldsymbol{y}=g(\boldsymbol{t})=\widetilde{\boldsymbol{U}}'\mathrm{sigm}(\widetilde{\boldsymbol{W}}'\tilde{t})$，其中 $\tilde{t}=[\boldsymbol{t};1]$。$\boldsymbol{y}$ 中最大元素所在的位置被认定为 $\boldsymbol{t}$ 的预测标签。实验结果表明，WN 的确能够提高分类准确率。

**3. WN 拓展**

上述 WN 包含了 9 个输入单元(对应于输入数据的维数)，$M$ 个隐层单元(对应于聚类中心的个数)和 $M$ 个输出单元(对应于类别总数从函数拟合的角度，训练 WN 的目的是学习一个函数 $\boldsymbol{y}=g(\boldsymbol{t})$，使得它能够对训练数据进行正确的分类。当 WN 包含的隐层单元越多时，其对应的参数就越多，因而此函数的表示能力就越强，对分类函数的逼近就越接近。换言之，若只包含 $M$ 个隐层单元的 WN 不能使得总误差降低到令人满意的地步，可通过增加隐层单元数目的方式，进一步降低总误差。与新增隐层单元相对应的权重通过随机选取不同类别的极化 SAR 像素点来确定，而其像素点需要通过函数 $f(\cdot)$进行元素重排序。将包含 $M$ 个隐层单元的 WN 称之为基础 WN，而包含更多隐层单元的 WN 称之为拓展的 WN。实验结果表明，增加隐层单元能够有效地提高分类准确率。

## 10.3 Wishart 深度堆栈网络

如前所述，单隐层的神经网络结构 WN 已经获得比 Wishart 算法更好的分类结果。本节要讨论的是基于 WN 的一种深度模型，以此来进一步提升分类效果。事实上，WN 被作为基础模块进行堆叠，从而组成一个 DSN，我们称之为 Wishart 深度堆栈网络(W-DSN)。它就是本章最终寻求的，专门针对于极化 SAR 图像分类的深度学习模型。

### 10.3.1 深度堆栈网络

与生成模型 DBN 相比，DSN 是一种判别模型，它通常由多个判别式的子模块堆叠而成。一般而言，每个子模块均是一个结构相同的三层神经网络，包括一个线性输入层、一个非线性隐含层和一个线性输出层。在图 10.3 中，展示了一个包含了三个子模块的 DSN 的网络结构，其中子结构 $T-H-Y$ 作为一个子模块。在最下面的模块中，只有原始的训练数据可作为模块的输入，在更上层的模块中，需要将原始训练数据和下面相邻模块的输出联合，一起作为模块的输入数据。每个模块的输出是对输入数据的一次标签预测，因此上层模块的预测标签可以作为下层模块预测标签的一个纠正版本。此外，DSN 的训练是逐模块进行的有监督训练，不需要反向传播至所有的模块。

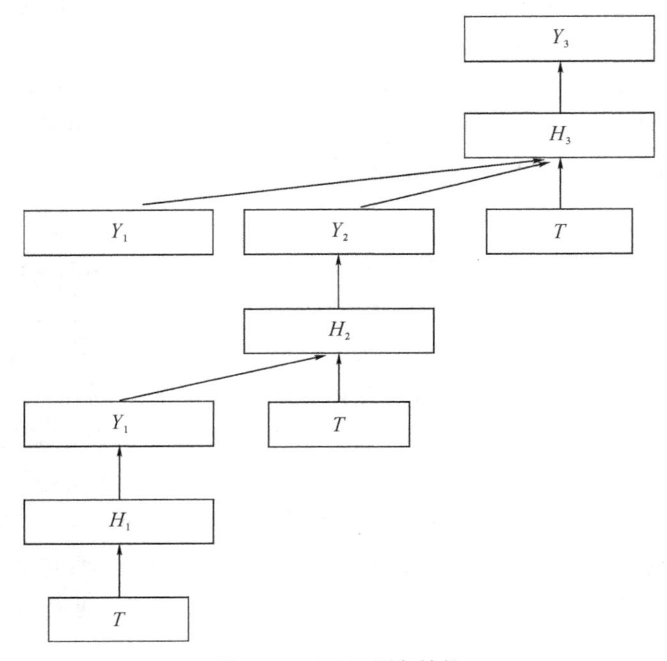


图 10.3　DSN 基本结构

### 10.3.2　构建 W-DSN

将 WN 作为 DSN 中的一个基础模块，其输入数据是复值的，且输入层和隐含层之间的权重矩阵也是复值的，还可以通过聚类中心来进行初始化。W-DSN 的结构和图 10.3 中 DSN 的结构是相同的，细节差别是 W-DSN 中把 WN 作为基础模块，且参数初始化是专门设计好的。若 W-DSN 中只包含一个模块，那么它就是 WN 本身。

参考图 10.3，第 $i$ 个 WN 模块中的参数为 $\{\widetilde{\boldsymbol{W}}_i, \widetilde{\boldsymbol{U}}_i\}$，其中 $\widetilde{\boldsymbol{W}}_i = [\boldsymbol{W}_i; \boldsymbol{b}'_i]$ 以及 $\widetilde{\boldsymbol{U}}_i = [\boldsymbol{U}_i; \boldsymbol{c}'_i]$。三个模块的输入分别是 $\boldsymbol{t}$，$[\boldsymbol{t}; \boldsymbol{y}_1]$ 和 $[\boldsymbol{t}; \boldsymbol{y}_1; \boldsymbol{y}_2]$，对应的输出分别是 $\boldsymbol{y}_1$，$\boldsymbol{y}_2$ 和 $\boldsymbol{y}_3$，具体如公式(10-7)～(10-9)所示。最下面的模块是 WN 本身，它包含的分参数为 $\{\widetilde{\boldsymbol{W}}_1, \widetilde{\boldsymbol{U}}_1\}$，其训练方法如算法 10.1 所述。当训练与之连接的第二个模块时，参数 $\widetilde{\boldsymbol{W}}_2$ 可以通过已训练好的 $\widetilde{\boldsymbol{W}}_1$ 和一些实数值组合来进行初始化，其中实数值部分连接的是 $\boldsymbol{y}_1$ 和第二个模块的隐层单元。换言之，$\boldsymbol{y}_1$ 在第二个模块中也是输入数据的一部分，对 $\widetilde{\boldsymbol{W}}_3$ 的初始化与对 $\widetilde{\boldsymbol{W}}_2$ 的初始化相似。这样每一个模块都可以按照算法 10.1 逐一进行训练。为了完整起见，算法 10.2 对 W-DSN 的整个训练过程进行了总结。在算法 10.2 的输入部分，除需要给定同

算法 10.2 一样的参数外，还需要指定 W-DSN 中模块的个数。

$$y_1 = \widetilde{U}_1' \operatorname{sigm}(\widetilde{W}_1' t) \tag{10-7}$$

$$y_2 = \widetilde{U}_2' \operatorname{sigm}(\widetilde{W}_2' [t;\ y_1]) \tag{10-8}$$

$$y_3 = \widetilde{U}_3' \operatorname{sigm}(\widetilde{W}_3' [t;\ y_1;\ y_2]) \tag{10-9}$$

---

**算法 10.2**：W-DSN **训练**

---

输入：

有标签的训练样本集合 $\Omega=\{(t_1^l, y_1^l), (t_2^l, y_2^l), (t_K^l, y_K^l)\}$，类别总数为 $M$，最大迭代次数为 iter－max＝100，迭代步长为 $\lambda=0.2$，组成 W-DSN 的 WN 模块的个数为 $N_{\text{module}}$：

1. 通过算法 3 对最下面的 WN 模块进行训练，得到参数 $\widetilde{W}_1=[W_1;\ b_1']$ 和 $\widetilde{U}_1=[U_1;\ c_1']$；

2. For $i=2$；$N_{\text{module}}$

将第 $i$ 个 WN 模块的参数初始化为 $\widetilde{W}_i=[\widetilde{W}_{i-1};\ P]$，其中 $P$ 是一个大小为 $M\times M$ 的随机实值矩阵，它对应于上一个紧邻模块的输出与当前模块隐层单元的连接权重；

通过式(10－8)和式(10－9)计算得到 $y_{i-1}$，并把它作为第 $i$ 个模块输入数据的一部分，以此得到第 $i$ 个模块的输入数据，即$[t;\ y_1;\ \cdots;\ y_{i-1}]$；

根据算法 10.1，用$[t;\ y_1;\ \cdots;\ y_{i-1}]$来训练第 $i$ 个模块，得到 $\widetilde{W}_i=[W_i;\ b'_i]$和 $\widetilde{U}_i=[U_i;\ c'_i]$

End For

输出：

$\{\widetilde{W}_1, \widetilde{U}_1\}, \cdots, \{\widetilde{W}_{N_{\text{module}}}, \widetilde{U}_{N_{\text{module}}}\}$

---

由于下层模块的预测类标向量被用作上层模块输入数据的一部分，那么上层模块输出的预测标签向量可以看作是对下层预测标签向量的修正版本。在训练的过程中，当下层模块输出 $y_1$ 和原始数据 $t$ 组成在一起构成上层模块的输入数据$[t;\ y_1]$，此时 $y_1$ 仅仅只是下层模块隐单元输出的线性组合，而不用进行标签估计操作。也就是说，只有在测试过程中，最上层的模快的输出 $y_3$ 用来对样本标签进行预测。

需要注意的是，W-DSN 中的模块可以是只包含有 $M$ 个隐层单元的基础 WN，也可以是包含更多隐层单元的拓展的 WN。隐层单元的个数越多，WN 表示复杂函数的能力就越强，那么与之相关的 W-DSN 的能力也就越强。如果类别数目太大或者各类训练样本之间的差别较难区分，那么将它们进行正确分类所需的分类函数就越复杂，此时就需要比较多的隐层单元。

本章所提出的 W-DSN 是专门针对于极化 SAR 数据而设计的，它与传统 DSN 的最大区别在于其基础模块为 WN。W-DSN 的初始化和训练过程也是较为特殊的，能够更好地完成极化 SAR 数据的分类任务。这种针对特殊数据和特殊任务而设计网络的想法，能在很大程度上提高算法的执行效率。

### 10.3.3 W-DSN 分析

在前面的讨论中，曾提到可将上层模块的预测标签向量作为对下层模块预测标签向量的修正版本，但缺少严格的数学证明。为了弥补这个不足，本节用一个简单的例子对上述观点进行数学证明。

假设某个 W-DSN 只包含了两个 WN，那么当对最下面的 WN 进行训练时，需要解决的优化问题为

$$\min E_1 = \sum_{k=1}^{K} \| y_k^l - \widetilde{\boldsymbol{U}}_1' \mathrm{Sigm}(\widetilde{\boldsymbol{W}}_1 \tilde{\boldsymbol{t}}_{k,1}) \|^2 \tag{10-10}$$

式中，$\tilde{\boldsymbol{t}}_{k,1}=[\tilde{\boldsymbol{t}}_k;\ 1]$，与公式(10－6)中的表示相同。当对第二个 WN(即与最下面 WN 紧邻的上面的 WN)进行训练时，需要解决的优化问题是

$$\min E_2 = \sum_{k=1}^{K} \| y_k^l - \widetilde{\boldsymbol{U}}_2' \mathrm{Sigm}(\widetilde{\boldsymbol{W}}_2 \tilde{t}_{k,2}) \|^2 \tag{10-11}$$

式中，$\boldsymbol{t}_{k,2}=[\boldsymbol{t}_{k,1};\ \boldsymbol{y}_{k,1}]$。权重初始化为 $\widetilde{\boldsymbol{W}}_2=[\widetilde{\boldsymbol{W}}_1;\ \boldsymbol{P}]$，其中 $\boldsymbol{P}$ 是一个大小为 $M\times M$ 的实值的随机矩阵，它是连接 $\boldsymbol{y}_{k,1}$ 和隐层单元的权重。

$$E_2 = \sum_{k=1}^{K} \| y_k^l - \widetilde{\boldsymbol{U}}_2' \mathrm{Sigm}(\widetilde{W}_1 \tilde{t}_{k,1} + \boldsymbol{P}' y_{k,1}) \|^2$$

如果 $\boldsymbol{P}$ 是一个零矩阵，那么式(10－10)和(10－11)中的优化问题即为同一个问题，也就是说，$\min E_1$ 完全等价于 $\min E_2$。然而在第二个优化问题中，$\boldsymbol{P}$ 并非一个零矩阵，而是一个可调的参数变量，所以第二个优化问题是第一个优化问题的推广形式。因此 $E_2$ 最终获得总误差值很有可能比 $E_1$ 低，这样最小化 $E_2$ 可能能够获得比最小化 $E_1$ 更好的预测标签。换言之，第二个模块能够提供比最下面模块更准确的预测标签。若存在更多的模块，这个结论依然是成立的。所以当 W-DSN 包含更多的 WN 时，能进一步提高训练样本的分类准确率。不论是 W-DSN(包含不止一个 WN 模块)，还是拓展的 WN，都比基础 WN 表示一个复杂的分类函数的能力更强。当 W-DSN 中的模块为拓展的 WN 时，它的表现应该更好。在下面将通过实验对此结论进行验证。

## 10.4 实验分析

为了能够定量对实验结果进行分析，这里只用 Flevoland 图像作为实验数据集。对比算

法包括 SVM，径向基函数(Radial Basis Function，RBF)Wishart 分类器，基于 RBM 的 DBN，基于 WRBM 的 DBN 和基于 WBRBM 的 DBN。在最后的小节中，单独对 W-DSN 和传统的 DSN 进行对比，以此来说明 W-DSN 对于极化 SAR 数据分类任务的重要性和有效性。

下面的实验结果验证了本章研究内容的主要贡献，包括 Wishart 距离的快速计算方式、专门为极化 SAR 数据分类任务而设计的单隐层的 WN 及其深度学习模型 W-DSN。最后，对其进行了综合评价。本章的实验平台为 MATLAB，主机主频为 3.20 GHz、内存为4.00 GB。

### 10.4.1 传统算法与快速算法对比较

通过省略冗余计算和两层迭代，Wishart 距离可以通过一个简单的线性变换而得到，下面在有监督分类中分别测试两种计算方式的效率。最简单地，可对 Wishart 分类器进行评估，它是根据 Wishart 距离直接进行分类的一种算法。根据算法 10.1 中的“训练准备”部分，在 Wishart 距离的快速算法中需要对数据进行重排序预处理(构建 $\boldsymbol{W}$ 和 $\boldsymbol{b}$，与图 10.1(b)的第一个循环对应)，将该步骤所花费的时间称之为“准备时间”。对包含 768 000 个像素点的整幅极化 SAR 图像进行分类，所消耗的时间称之为“分类时间”。

表 10.1 列出了两种计算方式的运行时间和准确率。快速计算方式花费了 0.0003 s 去构建 $\boldsymbol{W}$ 和 $\boldsymbol{b}$，但此操作不存在于传统的计算方式中。在对整幅图进行分类时，传统计算方式所花费的时间是 336.4 s，而快速计算方式所花费的时间仅仅为 0.5288 s，几乎只是前者的 1/600。尽管在快速计算方式中需要一个额外的“训练准备”这步操作，但是它的工作效率却非常高，因为“训练准备”所花费的时间几乎可以忽略不计(0.0003 s)，速度提升高达 600 倍。不过，这两种方式得到的分类准确率是完全一致的，这是由于快速计算方式只是提升了计算速度，并未对 Wishart 距离值进行更改。

**表 10.1 传统算法与快速算法的比较**

| 时间<br>算法 | 准备时间/s | 分类时间/s | 准确率 |
|---|---|---|---|
| 传统算法 | 0 | 336.40 | 0.8504 |
| 快速算法 | 0.0003 | 0.5288 | 0.8504 |

### 10.4.2 WN 的有效性

通过有监督训练，本章所提的 WN 算法以极化 SAR 相干矩阵的列向量形式为输入数据，并用各类聚类中心对其参数进行初始化，以便在 Wishart 分类器的基础上进一步提高分类准确率。在接下来的实验中，将 WN 的分类结果和 SVM、RBF、Wishart 分类器、基于 RBM 的 DBN、基于 WRBM 的 DBN 和基于 WBRBM 的 DBN 进行对比。为公平起见，在每个 DBN 中只有一个隐含层，且输出层只用到了线性分类器，这些设置同基础 WN 的设置一致。在下面的表述中，简单地将后三个 DBN 算法分别称为 RBM、WRBM 和 WBRBM。

(1) 为了分析各个算法对参数初始化的鲁棒性，在不改变有标签训练样本和的前提下，将所有的算法都重复执行了 50 遍，并对所有得到的总准确率进行了统计。图 10.3 展示了各算法总准确率的图。从图 10.4 可以看出，SVM、RBF、Wishart 分类器和本章提出的 WN 算法的表现是比较稳定的，较少受随机参数的影响。RBM、WRBM 和 WBRBM 相对来说对随机参数比较敏感，其中 RBM 的敏感度最高，也就是鲁棒性最差；由于 WRBM 中包含了部分极化信息，其表现比 RBM 稳定，这得益于它更加严格的数学理论支撑，WBRBM 在后三个算法中的稳定性最好。

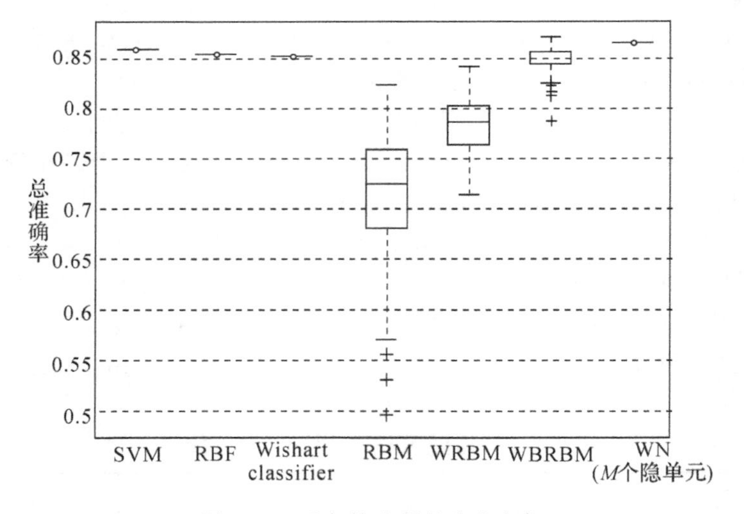


图 10.4 重复算法所得总准确率

(2) 为了分析各个算法对随机样本的鲁棒性，对 5%的有标签训练样本集进行了 50 次独立的重新采样，并对每次采样后的样本集中的各个算法进行测试，其总准确率的统计结果如图 10.5 所示。根据图 10.5 可知，与之前的分析一样，SVM、RBF、Wishart 分类器和本章所提的 WN 对不同的训练样本集都比较鲁棒，而其他三个对比算法鲁棒性一般，原因在于它们不是以任务为导向的算法。实验表明，WRBM 比 RBM 的鲁棒性要差，而 WBRBM 依然比其他算法的表现都要稳定(RBM、WRBM 和 WBRBM 的总准确率较低，这是由于公平起见，本章的实验中只设置了少量的隐层单元，也未在输出层采用非线性激活函数）。图 10.4 和图 10.5 中展示的实验结果表明，本章提出的 WN 对随机参数和不同训练样本的鲁棒性均较高，所得总准确率也较高。

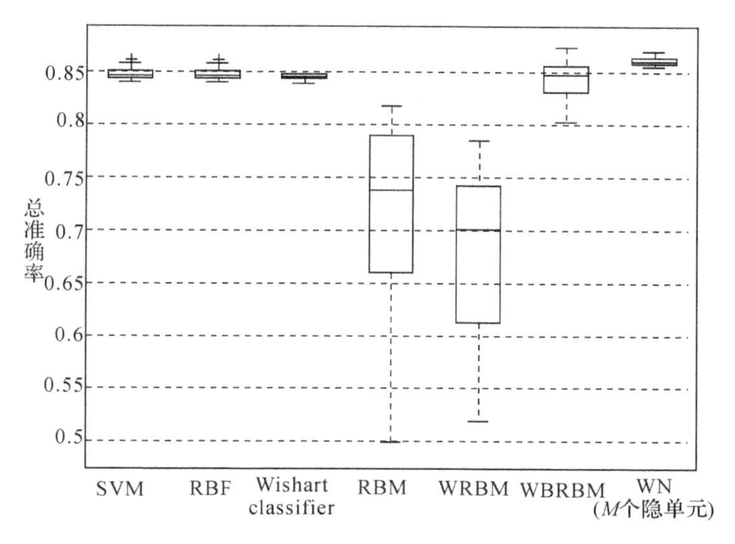


图 10.5　重复采样所得总准确率

（3）为了更好地分析各算法的分类表现，表 10.3 中列出了每个类别单独的类准确率。除了上述实验结果，这里还增加了拓展 WN 的分类结果，包括拥有 2M、3M 和 4M 个隐层单元的拓展 WN。按照这种方式，可以验证增加隐层单元是否真的能够提高分类准确率这个问题。

在分析各类单独的类准确率时，需要注意的一个前提是，在整个有标签样本的训练集合中，不同类别的训练样本所占训练样本总数的比例分别是 7.89％、10.77％、6.08％、4.20％、5.72％、4.52％、3.04％、5.98％、6.65％、13.27％、3.77％、8.27％、9.78％、0.43％和 9.63％，这个顺序对应表 10.2 中各类别的排列顺序。从表 10.2 中可以看出，尽管 SVM、RBF 和 Wishart classifier 分类器的总准确率非常接近，但 SVM 和 RBF 对“建筑物”的误分特别严重(此类的训练样本较少，仅为 0.43％)，而 Wishart 分类器的表现就较好。这是由于 SVM 和 RBF 对小样本训练集较为敏感，它们有限的计算资源被分配给其他占比例较大的训练样本上，以此来找到更好的最优方案。与此相似，RBM、WRBM 和 WBRBM 首先通过无监督训练对数据进行建模，而后通过有监督的微调来完成分类任务，所以它们对小样本的敏感度也较高。实际上，RBM、WRBM 和 WBRBM 除了不能识别“建筑物”，也不能够识别“裸露的土地”，其中“裸露的土地”在占训练样本总数的比例(3.04％)仅比“建筑物”所占比例(0.43％)高一点点，但比其他类的比例低太多。与前面几个算法不同，Wishart 分类器的表现主要依赖于各类的聚类中心的好坏，因此它对小样本的敏感度一般较低，在对小样本进行分类时其表现就比较稳定(例如“建筑物”和“裸露的土地”)。对应的一个例子是，“水域”没能被 Wishart 分类器很好的识别，尽管“水域”这类样本在全体训练样本中的比例高达 7.89%。此外，WN 也是基于 Wishart 距离而设计的，所以它和 Wishart 分类器一样，对小样本的敏感度也较低。即便如此，与 Wishart 分类器相比，由于 WN 有一个有监督的训练过程，它受各类训练样本数目的影响也要更大一点。这个训练过程提升了“水域”的准确率，但是却降低了“裸露的土地”这类的准确率。对于拓展的 WN 的分类结果，总准确率均得到了提升，而各类类别准确率也都相当，即分别包含有 $2M$、$3M$ 和 $4M$ 个隐层单元的拓展的 WN 都比基础 WN 的分类表现更好。

**表 10.2　分类准确率**

| 方法 \ 类别 | 水域 | 丛林 | 苜蓿 | 草地 | 豌豆 | 大麦 | 裸地 | 甜菜 |
|---|---|---|---|---|---|---|---|---|
| SVM | 0.9782 | 0.9382 | 0.9604 | 0.8759 | 0.7894 | 0.9717 | 0.9658 | 0.9091 |
| RBF | 0.9681 | 0.9288 | 0.9560 | 0.8424 | 0.8377 | 0.9770 | 0.9695 | 0.9250 |
| Wishart classifier | 0.5175 | 0.8791 | 0.9293 | 0.7246 | 0.9628 | 0.9526 | 0.9920 | 0.9513 |
| RRBM | 0.9943 | 0.8651 | 0.8595 | 0.2101 | 0.7697 | 0.6871 | 0.0000 | 0.8252 |
| WRBM | 0.9820 | 0.9089 | 0.9485 | 0.6969 | 0.9074 | 0.9622 | 0.0000 | 0.4731 |
| WBRBM | 0.9971 | 0.8971 | 0.9849 | 0.3697 | 0.9646 | 0.9816 | 0.0014 | 0.9444 |
| WN($M$ 个隐层单元) | 0.8695 | 0.8966 | 0.9647 | 0.6940 | 0.8776 | 0.9764 | 0.5148 | 0.9564 |
| WN($2M$ 个隐层单元) | 0.9231 | 0.8948 | 0.9635 | 0.7116 | 0.9017 | 0.9774 | 0.4712 | 0.9544 |
| WN($3M$ 个隐层单元) | 0.9312 | 0.8991 | 0.9628 | 0.7602 | 0.9507 | 0.9452 | 0.9913 | 0.9457 |
| WN($4M$ 个隐层单元) | 0.9839 | 0.8946 | 0.9613 | 0.7818 | 0.9555 | 0.9723 | 0.9833 | 0.9606 |
| **方法 \ 类别** | **小麦 2** | **小麦 3** | **豆类** | **油菜** | **小麦** | **建筑** | **马铃薯** | **总准确率** |
| SVM | 0.8115 | 0.9548 | 0.6355 | 0.8128 | 0.9079 | 0.0043 | 0.5397 | 0.8587 |
| RBF | 0.8003 | 0.9594 | 0.7321 | 0.7940 | 0.8999 | 0.0072 | 0.4742 | 0.8542 |
| Wishart classifier | 0.8272 | 0.8864 | 0.9508 | 0.7484 | 0.8622 | 0.8340 | 0.8775 | 0.8504 |
| RRBM | 0.0090 | 0.9775 | 0.8036 | 0.4901 | 0.9491 | 0.0000 | 0.8115 | 0.7290 |

续表

| 方法 \ 类别 | 小麦 2 | 小麦 3 | 豆类 | 油菜 | 小麦 | 建筑 | 马铃薯 | 总准确率 |
|---|---|---|---|---|---|---|---|---|
| WRBM | 0.0510 | 0.9693 | 0.9233 | 0.6963 | 0.9235 | 0.0000 | 0.8085 | 0.7783 |
| WBRBM | 0.6931 | 0.9699 | 0.9130 | 0.7248 | 0.9167 | 0.7668 | 0.8982 | 0.8552 |
| WN($M$ 个隐层单元) | 0.6581 | 0.9371 | 0.8544 | 0.7603 | 0.9545 | 0.8412 | 0.8804 | 0.8650 |
| WN($2M$ 个隐层单元) | 0.6775 | 0.9452 | 0.8414 | 0.7381 | 0.9575 | 0.8283 | 0.8826 | 0.8702 |
| WN($3M$ 个隐层单元) | 0.7356 | 0.9398 | 0.8486 | 0.7659 | 0.9399 | 0.8212 | 0.8851 | 0.8955 |
| WN($4M$ 个隐层单元) | 0.7208 | 0.9455 | 0.8519 | 0.7723 | 0.9448 | 0.8455 | 0.8853 | 0.9018 |

此外，图 10.6 展示了包含有不同个数隐层单元的 WN 在训练过程中的总误差，其中横轴和纵轴分别指示的是迭代次数和总误差。显然，随着迭代次数的增加，总误差越来越小。更重要的是，当 WN 包含的隐层单元数越多时，在同样的迭代次数上，其对应的总误差就越小。这些结果表明，额外增加的隐层单元确实能够加强 WN 预测标签的能力，也就能够得到更高的分类准确率，如表 10.2 所示。

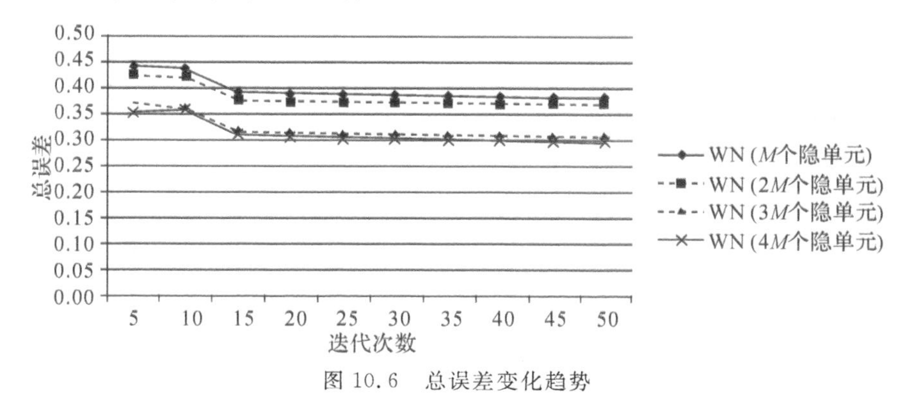


图 10.6　总误差变化趋势

### 10.4.3　W-DSN 的有效性

将 WN 进行堆叠组成深度结构 W-DSN，能够进一步提高分类准确率。具体来说，只包含一个 WN 模块的 W-DSN 就是 WN 本身，而包含有 2 个或 3 个 WN 模块的 W-DSN 可以通过图 10.2 中的形式组合得到。如前所述，W-DSN 的参数初始化和训练是逐模块进行的。

在表 10.3 中，拥有不同数目 WN 模块、不同隐层单元的 W-DSN 的分类准确率被放在一起进行比较。显然，WN 的模块数越多或者 WN 中的隐层单元数越多时，W-DSN 的总准

表 10.3 不同模块获得的准确率

| 算法 \ 准确率 | 水域 | 丛林 | 苜蓿 | 草地 | 豌豆 | 大麦 | 裸地 | 甜菜 |
|---|---|---|---|---|---|---|---|---|
| W-DSN(1 个模块)(*M* 个隐单元) | 0.8695 | 0.8966 | 0.9647 | 0.6940 | 0.8776 | 0.9764 | 0.5148 | 0.6581 |
| W-DSN(2 个模块)(*M* 个隐单元) | 0.9866 | 0.8948 | 0.9724 | 0.6408 | 0.9283 | 0.9512 | 0.9436 | 0.7135 |
| W-DSN(3 个模块)(*M* 个隐单元) | 0.9867 | 0.9022 | 0.9390 | 0.8759 | 0.9717 | 0.9554 | 0.9763 | 0.8006 |
| W-DSN(1 个模块)(4*M* 个隐单元) | 0.9839 | 0.8946 | 0.9613 | 0.7817 | 0.9555 | 0.9723 | 0.9833 | 0.9606 |
| W-DSN(2 个模块)(4*M* 个隐单元) | 0.9877 | 0.8791 | 0.9529 | 0.8846 | 0.9636 | 0.9674 | 0.9899 | 0.9459 |
| W-DSN(3 个模块)(4*M* 个隐单元) | 0.9888 | 0.9085 | 0.9605 | 0.9013 | 0.9681 | 0.9705 | 0.9926 | 0.9622 |

| 方法 \ 类别 | 小麦 2 | 小麦 3 | 豆类 | 油菜 | 小麦 | 建筑 | 马铃薯 | 总准确率 |
|---|---|---|---|---|---|---|---|---|
| W-DSN(1 个模块)(*M* 个隐单元) | 0.9371 | 0.8544 | 0.7603 | 0.9545 | 0.8412 | 0.8804 | 0.9564 | 0.8650 |
| W-DSN(2 个模块)(*M* 个隐单元) | 0.9469 | 0.9040 | 0.7193 | 0.9167 | 0.7625 | 0.8851 | 0.9316 | 0.8855 |
| W-DSN(3 个模块)(*M* 个隐单元) | 0.9374 | 0.9359 | 0.8229 | 0.9286 | 0.7425 | 0.8690 | 0.9672 | 0.9138 |
| W-DSN(1 个模块)(4*M* 个隐单元) | 0.7208 | 0.9455 | 0.8519 | 0.7723 | 0.9448 | 0.8455 | 0.8853 | 0.9018 |
| W-DSN(2 个模块)(4*M* 个隐单元) | 0.7912 | 0.9535 | 0.9648 | 0.8303 | 0.9213 | 0.8298 | 0.8847 | 0.9163 |
| W-DSN(3 个模块)(4*M* 个隐单元) | 0.8120 | 0.9579 | 0.9600 | 0.8618 | 0.9322 | 0.8412 | 0.8763 | 0.9268 |

确率就越高，大部分类别的类准确率也越高。具体来说，若每个 WN 中只包含 $M$ 个隐层单元，那么拥有 1 个、2 个和 3 个 WN 模块的 W-DSN 得到的总准确率分别为 0.8650、0.8855 和 0.9138。若每个 WN 中包含 $4M$ 个隐层单元，那么拥有 1 个、2 个和 3 个 WN 模块

的 W-DSN得到的总准确率分别为 0.9018、0.9163 和 0.9268。由此可以看出，模块越多越有利于分类任务的完成。同时当拥有的模块数相同时(例如都包含 2 个模块)，那么哪个 W-DSN 中的 WN 所含有的隐层单元数越大，则总准确率越高(例如每个模块含有 $4M$ 个和 1 个隐层单元 的 W-DSN 获得总准确率分别为 0.9163 和 0.8855 )。这些结果表明，本章提出的深度模型 W-DSN 是完成极化 SAR 图像分类任务的一种有效算法。

与图 10.6 的作用类似，图 10.7 展示了在训练的过程中，拥有不同模块数目的 W-DSN 的总误差变化。图中横轴和纵轴分别表示模块数目和总误差的值。从图中可以看出，随着模块数目的增加，总误差也在逐渐减小，因而能够得到更好的分类结果，这些与表10.3中的结果一致。在模块数目相同的情况下，隐层单元个数越多，对应的总误差将越低，此时总准确率越高。此现象同之前的讨论一致，即当 WN 包含的隐层单元数越多时，它就越能提高分类准确率，如表 10.3 所示。

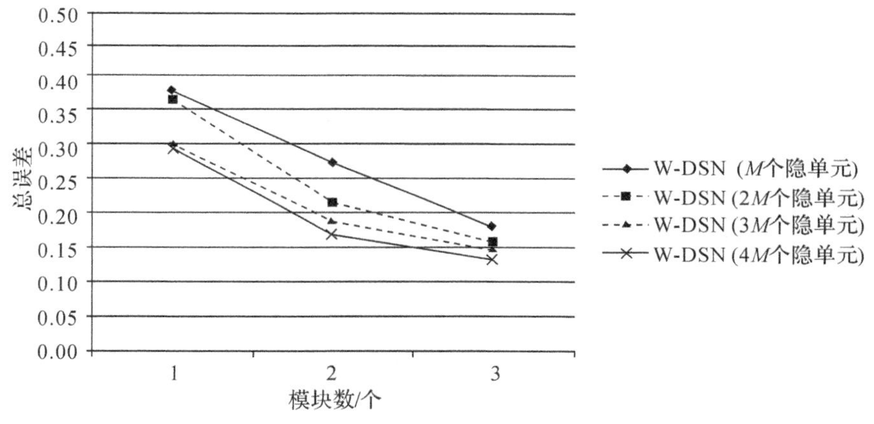


图 10.7　不同模块情况下总误差变化情况

### 10.4.4　W-DSN 与传统 DSN 算法比较

为了说明 W-DSN 在极化 SAR 图像分类任务中的重要性，在本节单独对 W-DSN 和传统 DSN 的分类效果进行对比。之前的讨论中已经提到，在 W-DSN 的设计中包含了极化 SAR 数据的极化信息，而 DSN 则没有。公平起见，此处用到的 DSN 拥有 3 个模块，每个模块中包含 $M$ 个隐层单元，这些设置与 W-DSN 中的设置相同，只不过 DSN 中的每个模块只是单纯的单隐层网络而非 WN。也就是说，DSN 中所有单元和所有权值参数都是实值的，它只是将极化 SAR 数据当成一个普通的数据。事实上，DSN 的输入数据只是一个 9 维实数向量，同 SVM、RBF、RBM、WRBM 和 WBRBM 的输入数据相同。图 10.8 为W-DSN 和传统 DSN 的总分类准确率的对比。

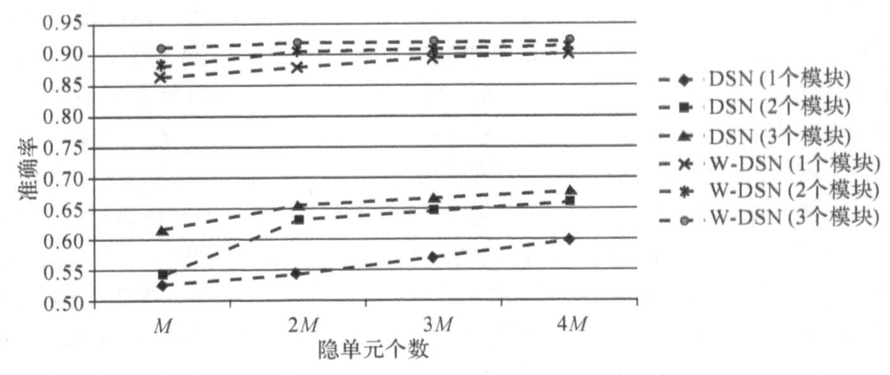


图 10.8　W-DSN 和 DSN 总分类准确率比较

与 W-DSN 一样，若 DSN 拥有的模块数越多，则每个模块包含的隐层单元数目越多，那么此 DSN 获得的准确率就越高，如图 10.8 所示。然而 DSN 的准确率比 W-DSN 的准确率要低很多。事实上，由于 WN(即只包含一个模块的 W-DSN)是一种基于 Wishart 分类器的学习算法，它的起点就是 Wishart 分类器。因此只包含一个模块的 W-DSN 的准确率在训练最开始的时候就能够和 Wishart 分类器准确率一样高(0.8504)。这显示了极化信息在分类任务中有效的导向作用。与之对应的是，只包含一个模块的 DSN 的参数初始化通常是完全随机的，它在训练最开始时得到的准确率就相当低($1/M\approx0.0667$)。因此，若 W-DSN和 DSN 都只包含一个模块，那么在有监督训练之后，前者的准确率会比后者高。若它们包含了更多的模块，前者的准确率依然会比后者高，原因与前述分析类似。另一个明显的发现是，拥有 3 个模块，每个模块包含 $4M$ 个隐层单元的 DSN，它的准确率甚至比最简单的 W-DSN 还要低，其中前者的准确率低于 0.70，而后者的准确率高于 0.85。这个实验结果表明，本章所提出的 W-DSN 对极化 SAR 图像的分类任务非常必要。

### 10.4.5　综合评价

在本节中，从分类准确率和运行时间两方面来对各个算法进行综合评价，具体内容如表 10.4 所示。对于 WN 算法，只列出了其包含 $M$ 个和 $4M$ 个隐层单元的准确率。表 10.4 中的 W-DSN 拥有 3 个模块，且每个模块包含 $4M$ 个隐层单元。为简明起见，只有总准确率被列在表10.4中进行比较。每个算法的训练时间和对整个极化 SAR 图像进行分类时分别被称作“训练时间”和“分类时间”，总时间即为两者之和。在 Wishart 分类器中，由于用到了求取 Wishart 距离的快速算法，会有对应的“准备时间”，但为了与其他算法保持一致，此处也称之为“训练时间”。对于 RBM、WRBM 和 WBRBM 来说，无监督训练时间和有监督微调的时间都被计算在“训练时间”之内。此外，由于 DSN 的表现太差(如上节所述)，此处没有对它的结果进行列举。

表 10.4 准确率和运行时间

| 时间 / 算法 | 总准备率 | 训练时间/s | 分类时间/s | 总时间/s |
|---|---|---|---|---|
| SVM | 0.8587 | 3.4700 | 291.8600 | 295.3300 |
| RBF | 0.8542 | 931.9800 | 56.9100 | 988.8900 |
| Wishart 分类器（传统算法） | 0.8504 | 0 | 336.40 | 336.40 |
| Wishart 分类器（快速算法） | 0.8504 | 0.0003 | 0.5288 | 0.5291 |
| RBM | 0.7290 | 60.7980 | 0.5426 | 61.3407 |
| 58.7656WRBM | 0.7783 | 69.0504 | 0.5068 | 69.5572 |
| WBRBM | 0.8552 | 58.2921 | 0.4735 | 58.7656 |
| WN($M$个隐单元) | 0.8650 | 2.2851 | 0.7109 | 2.9961 |
| WN($4M$个隐单元) | 0.9018 | 14.0694 | 2.4567 | 16.5261 |
| W-DSN(3个模块)($4M$个隐单元) | 0.9258 | 41.4890 | 8.2893 | 49.7783 |

根据表 10.4 可知，Wishart 距离的快速计算方式非常有效，相比于传统的计算方式能够大大地减少运行时间。作为基于 Wishart 距离而设计的最原始的学习算法，只包含 $M$ 个隐层单元的 WN 能够获得比 Wishart 分类更高的准确率，所需的代价仅仅只是 2.2851 s 的训练时间。在拥有相同数目的隐层单元的前提下，WN 比 RBM、WRBM 和 WBRBM 花费的时间都要少(3 s 比 61.34 s，69.56 s 和 58.77 s 都要少)，但它仍然能够获得更高的准确率。当 WN 的隐层单元数增多时，准确率也变得更高(例如，包含 $4M$ 个和 $M$ 个隐层单元的 WN 的准确率分别是 0.9018 和 0.8650)，所需的时间较少(17 s)。当 W-DSN 拥有更多的模块时，所得到的准确率也会更高(例如，拥有 3 个和 1 个 WN 模块的 W-DSN 的准确率分别为 0.9258 和 0.9018)。尽管在 WN 包含更多隐层单元或者 W-DSN 拥有更多的模块时，会需要更多的时间去训练模型，然而其总时间依然远小于其他对比算法所需的时间。具体来说，拥有 3 个模块的 W-DSN 需要花费 50 s 去完成整个分类任务，而 Wishart 分类器(传统计算方式)、SVM 和 RBF 则分别需要 336.40 s、295.33 s 和 988.89 s。简而言之，本章所提出的 WN 和 W-DSN 能够用更少的时间获得更高的准确率。

图 10.9 用图片的形式展示了各类算法的分类结果。显然，图 10.9(g)比图 10.9(a)～

(f)的分类结果要好，这与上段的分析结论一致。将图 10.9(g)、(h)和(i)进行对比，可以看出，当 WN 包含有更多的隐层单元或者 W-DSN 拥有更多的模块数目时，得到的分类结果更好，与表 10.3 中的数值结果一致。

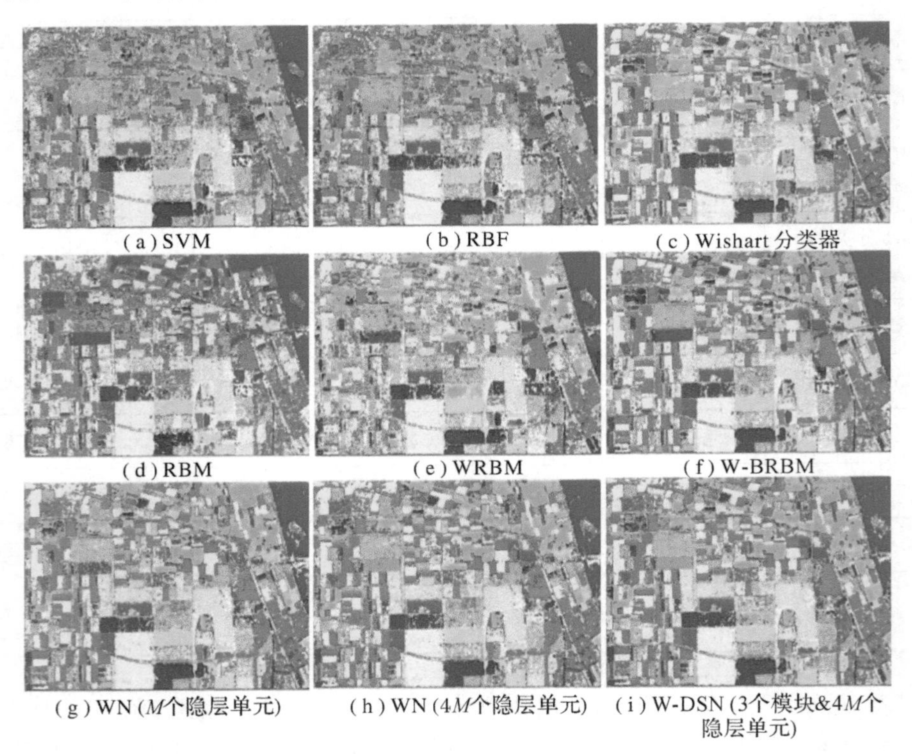


图 10.9　不同算法的分类结果对比

## 本章小结

本章提出了一种专门针对于极化 SAR 图像分类任务的深度模型 W-DSN。在构造 W-DSN的过程中，Wishart 距离的快速计算方式和基于 Wishart 距离的单隐层神经网络 WN 是本章工作的重要角色。前者可以直接被应用于其他基于 Wishart 距离的分类算法，提高执行效率；后者作为一个单隐层神经网络能够在 Wishart 分类器的基础上，快速提高分类准确率。最重要的是，W-DSN 作为专门为极化 SAR 数据设计的深度模型，能够高效地对分类准确率进行进一步的提高，这对于极化 SAR 图像的分类任务具有非常重要的意义。

# 参考文献


[1] Cloude S R, Papathanassiou K P. Polarimetric SAR interferometry[J]. IEEE Transactions on geoscience & remote sensing, 1998, 36(5): 1551 - 1565.

[2] Papathanassiou K P, Cloude S R. Single-baseline polarimetric SAR interferometry[J]. IEEE Transactions on Geoscience & Remote Sensing, 2001, 39(11): 2352 - 2363.

[3] Lee J S, Grunes M R, Grandi G D. Polarimetric SAR speckle filtering and its implication for classification[J]. IEEE Transactions on Geoscience & Remote Sensing, 2002, 37(5): 2363 - 2373.

[4] Novak L M, Burl M C. Optimal speckle reduction in polarimetric SAR imagery[J]. IEEE Transactions on Aerospace & Electronic Systems, 1990, 26(2): 293 - 305.

[5] Cloude S R, Papathanassiou K P. Three-stage inversion process for polarimetric SAR interferometry [J]. IEE Proceedings-Radar, Sonar and Navigation, 2003, 150(3): 125 - 134.

[6] Lee J S, Schuler D L, Ainsworth T L. Polarimetric SAR data compensation for terrain azimuth slope variation[J]. IEEE Transactions on Geoscience & Remote Sensing, 2000, 38(5): 2153 - 2163.

[7] Hajnsek I, Pottier E, Cloude S R. Inversion of surface parameters from polarimetric SAR[J]. IEEE Transactions on Geoscience & Remote Sensing, 2003, 41(4): 727 - 744.

[8] Doulgeris A P, Anfinsen S N, Eltoft T. Classification with a non-Gaussian model for PolSAR data [J]. IEEE Transactions on Geoscience & Remote Sensing, 2008, 46(10): 2999 - 3009.

[9] Skriver H, Dall J, Le Toan T, et al. Agriculture classification using POLSAR data[C]. ESA Special Publication. 2005, 586: 32.

[10] Atwood D K, Small D, Gens R. Improving PolSAR land cover classification with radiometric correction of the coherency matrix[J]. IEEE Journal on Selected Topics in Applied Earth Observations and Remote Sensing, 2012, 5(3): 848 - 856.

[11] Gou S, Qiao X, Zhang X, et al. Eigenvalue analysis-based approach for POL-SAR image classification[J]. IEEE Transactions on Geoscience & Remote Sensing, 2014, 52(2): 805 - 818.

[12] Cheng X, Huang W, Gong J. An unsupervised scattering mechanism classification method for PolSAR images[J]. IEEE Geoscience and Remote Sensing Letters, 2014, 11(10): 1677 - 1681.

[13] Huynen J R. Physical reality of radar targets[C]. Radar Polarimetry. International Society for Optics and Photonics, 1993, 1748: 86 - 97.

[14] Goodman N R. Statistical analysis based on a certain multivariate complex Gaussian distribution (an introduction)[J]. The Annals of mathematical statistics, 1963, 34(1): 152 - 177.

[15] Lee J S, Hoppel K W, Mango S A, et al. Intensity and phase statistics of multilook polarimetric and interferometric SAR imagery[J]. IEEE Transactions on Geoscience & Remote Sensing, 1994, 32 (5): 1017 - 1028.

[16] Lee J S, Grunes M R, Kwok R. Classification of multi-look polarimetric SAR imagery based on complex Wishart distribution[J]. International Journal of Remote Sensing, 1994, 15(11): 2299 -

2311.
[17] Cao F, Hong W, Wu Y R, et al. An Unsupervised Segmentation With an Adaptive Number of Clusters Using the SPAN/H alpha/A Space and the Complex Wishart Clustering for Fully Polarimetric SAR Data Analysis[J]. IEEE Transactions on Geoscience & Remote Sensing, 2007, 45(11): 3454 - 3467.
[18] Lee J S, Grunes M R, Ainsworth T L., et al. Unsupervised classification using polarimetric decomposition and the complex Wishart classifier[J]. IEEE Transactions on Geoscience & Remote Sensing, 1999, 37(5): 2249 - 2258.
[19] Du L J, Lee J S. Polarimetric SAR image classification based on target decomposition theorem and complex Wishart distribution[C]. Geoscience Remote Sensing Symposium IEEE, 1996. IGARSS 96. Remote Sensing for a Sustainable Future., International. IEEE, 1996, 1: 439 - 441.
[20] Zhou G, Cui Y, Chen Y, et al. Pol-SAR images classification using texture features and the complex Wishart distribution[C]. Radar Conference, IEEE, 2010: 491 - 494.
[21] Liu M, Zhang H, Wang C, et al. Change detection of multilook polarimetric SAR images using heterogeneous clutter models[J]. IEEE Transactions on Geoscience & Remote Sensing, 2014, 52(12): 7483 - 7494.
[22] Moser G, Serpico S B. Generalized minimum-error thresholding for unsupervised change detection from SAR amplitude imagery[J]. IEEE Transactions on Geoscience & Remote Sensing, 2006, 44(10): 2972 - 2982.
[23] Conradsen K, Nielsen A A, Schou J, et al. A test statistic in the complex Wishart distribution and its application to change detection in polarimetric SAR data[J]. IEEE Transactions on Geoscience & Remote Sensing, 2003, 41(1): 4 - 19.
[24] Carotenuto V, De Maio A, Clemente C, et al. Forcing scale invariance in multipolarization SAR change detection[J]. IEEE Transactions on Geoscience and Remote Sensing, 2016, 54(1): 36 - 50.
[25] Haboudane D. Deforestation detection and monitoring in cedar forests of the moroccan Middle-Atlas mountains [C]. Geoscience and Remote Sensing Symposium, 2007. IGARSS 2007. IEEE International. IEEE, 2007: 4327 - 4330.
[26] Radke R J, Andra S, Al-Kofahi O, et al. Image change detection algorithms: a systematic survey[J]. IEEE transactions on image processing, 2005, 14(3): 294 - 307.
[27] Marino A, Cloude S R, Lopez-Sanchez J M. A new polarimetric change detector in radar imagery[J]. IEEE Transactions on Geoscience & Remote Sensing, 2013, 51(5): 2986 - 300.

# 第11章 基于复数轮廓波卷积神经网络的极化SAR影像分类

## 11.1 复数卷积神经网络

极化SAR图像通常表示为极化相干矩阵 $\boldsymbol{T}$，包含丰富的幅度和相位信息。针对极化SAR图像传统的特征提取方法，均将极化相干矩阵 $\boldsymbol{T}$ 中的复数元素分为实部以及对应的虚部，分别对实部、虚部进行处理以得到最终的分类特征。这些特征提取方法没有利用复数极化SAR数据的相位信息，因而对背景复杂的极化SAR图像难以取得较高的分类精度。

将经典的深度卷积神经网络延拓至复数域，在复数域中重新定义卷积层、池化层、全连接层等的运算规则，构造得到的网络命名为复数卷积神经网络。把复数极化SAR数据作为整体，用作复数卷积神经网络的输入直接进行运算，可充分利用极化SAR图像的相位信息，减少由复数域到实数域转化过程中的信息损失，增强网络的泛化能力，显著提高待分类极化SAR图像的分类精度。

深度卷积神经网络中的核心模块为卷积流（卷积、池化、非线性、批量归一化）和全连接层，将深度卷积神经网络从实数域向复数域延拓，各个模块的运算规则改进如下：

(1) 复数域卷积：输入数据为复数形式，即 $x=a+\mathrm{i}\cdot b\in\mathbf{C}^{n\times m}$，卷积核定义为 $w=u+\mathrm{i}\cdot v\in\mathbf{C}^{u\times v}$。对应 $x$ 与 $w$ 的卷积运算如下：

$$x*w=(a*u-b*v)+\mathrm{i}\cdot(a*v+b*u)\in\mathbb{C}^{(n-u+1)\times(m-v+1)} \tag{11-1}$$

式中，符号 i 为虚数单位，这里描述的卷积属性为 valid。

在 valid 卷积下，使用下式来计算特征映射图每一维度的尺寸：

$$\text{newsize}=\left\lfloor\frac{\text{inputsze}-\text{kernelsize}+2\cdot\text{padding}}{\text{stride}}\right\rfloor+1 \tag{11-2}$$

式中，操作[·]为向下取整，kernelsize 为滤波器的尺寸，inputsize 为输入图像块的尺寸。式(11-2)中，选取的 stride 为 1，padding 为 0。

另外，设偏置为 $c=\alpha+\mathrm{i}\cdot\beta\in\mathbf{C}^{1\times1}$。

(2) 复数域非线性：假设复数域卷积操作完成后的输出为 $\Gamma=x*w+c$，复数域非线性函数 $\varphi$ 与实数域上非线性函数的取法相同，但需对数据的实部和虚部分别运算，即

$$\varphi(\Gamma)=\varphi(\mathrm{Re}(\Gamma)+\mathrm{i}\cdot\varphi(\mathrm{Im}(\Gamma))\in\mathbf{C}^{(n-u+1)\times(m-v+1)} \tag{11-3}$$

(3) 复数域池化：设卷积非线性处理得到的输出为 $\Omega=\varphi(\Gamma)$。复数域池化类似于实数

域池化，但注意仍需要分别对实部和虚部操作，即

$$P = \mathrm{Mp}(\mathrm{Re}(\Omega), r) + \mathrm{i} \cdot \mathrm{Mp}(\mathrm{Im}(\Omega), r) \in \mathbf{C}^{n_1 \times n_2} \tag{11-4}$$

式中，$r$ 为池化半径，Mp 为最大池化操作，则

$$\begin{cases} n_1 = \left\lceil \dfrac{n-u+1}{r} \right\rceil \\ n_2 = \left\lceil \dfrac{m-v+1}{r} \right\rceil \end{cases} \tag{11-5}$$

（4）复数域批量归一化：归一化操作与实数域上的归一化方式一样，都是加速计算并保持拓扑结构对应性。对 $P$ 的实部和虚部分别归一化，记为

$$F = \mathrm{Norm}(\mathrm{Re}(P)) + \mathrm{i} \cdot \mathrm{Norm}(\mathrm{Im}(P)) \tag{11-6}$$

（5）复数域全连接层：复数域批量归一化后的特征映射为 $F \in \mathbf{C}^{M@n_S \times m_S}$。这里，$S$ 为卷积流模块个数，$M$ 为特征映射图个数。当获取到若干卷积流处理的特征映射后，通常会经由拉伸或向量化操作得到相应的特征，再通过全连接层进行进一步处理。$F$ 向量化后记为 $\mathrm{Vector}(F) \in \mathbf{C}^{(M \cdot n_S \cdot m_S)}$。将 $F$ 映射到 $K$ 维，记得到的深层复特征映射为 $F_S \in \mathbf{C}^{K \times 1}$。其中，$K$ 是待分类极化 SAR 图像的类别数。

（6）分类器设计：将输入的深层抽象特征的实部与虚部堆栈作为分类器的输入，构成实数域上的特征，则此时的网络输出可以不用扩展为复数域。在实数域上进行 Softmax 分类器设计用于极化 SAR 图像的逐像素分类。

将复数卷积层、复数非线性层、复数池化层、复数全连接层和分类器按照设定的次序依次堆叠，可构造得到复数卷积神经网络。其数据传输方向设定如下：

输入层→复数卷积层→复数池化层→复数卷积层→复数池化层→复数卷积层→复数池化层→复数全连接层→复数全连接层→Softmax 分类器。

其中，箭头"→"是指输入数据的传输方向。

给定复数卷积神经网络各层的特征映射图，并设置复数卷积层的滤波器尺寸以及复数池化层的池化半径如下：

对于输入层，设置特征映射图数目为 18；

对于第 1 层复数卷积层，设置特征映射图数目为 72；

对于第 2 层复数池化层，设置池化半径为 2；

对于第 3 层复数卷积层，设置特征映射图数目为 48，设置滤波器尺寸为 4；

对于第 4 层复数池化层，设置池化半径为 2；

对于第 5 层复数卷积层，设置特征映射图数目为 16，设置滤波器尺寸为 4；

对于第 6 层复数池化层，设置池化半径为 2；

对于第 7 层复数全连接层，设置特征映射图数目为 128；

对于第 8 层复数全连接层，设置特征映射图数目为 50；

对于第 9 层 Softmax 分类器，设置特征映射图数目为 $K$。

在网络的训练过程中，复数卷积神经网络与传统的深度卷积神经网络需要学习的参数的量级相同，但是由于在复数卷积层中存在交叉运算，故复数卷积神经网络的计算复杂度相对较高。

## 11.2 复数轮廓波卷积神经网络的设计及数学分析

### 11.2.1 复数轮廓波卷积神经网络的框架设计

用非下采样轮廓波变换中的尺度滤波器和方向滤波器构造多尺度深度轮廓波滤波器组，并替换复数卷积神经网络第一个复数卷积层中随机初始化的滤波器，可得到复数轮廓波卷积神经网络。该网络能够有效利用极化 SAR 图像包含的相位信息，并且提取具有多方向、多尺度、多分辨特性的判别特征。

针对本章待分类极化 SAR 图像的地物特征，设定复数轮廓波卷积神经网络的结构为：输入层→多尺度深度轮廓波滤波器层→复数池化层→复数卷积层→复数池化层→复数卷积层→复数池化层→复数全连接层→复数全连接层→Softmax 分类器。设置复数轮廓波卷积神经网络各层的参数如下：

输入层，特征映射图数目为 18；

第 1 层多尺度深度轮廓波滤波器层，特征映射图数目为 72；

第 2 层复数池化层，池化半径为 2；

第 3 层复数卷积层，特征映射图数目为 48，滤波器尺寸为 4；

第 4 层复数池化层，池化半径为 2；

第 5 层复数卷积层，特征映射图数目为 16，滤波器尺寸为 4；

第 6 层复数池化层，池化半径为 2；

第 7 层复数全连接层，特征映射图数目为 128；

第 8 层复数全连接层，特征映射图数目为 50；

第 9 层 Softmax 分类器，特征映射图数目为 $K$。

复数轮廓波卷积神经网络的网络结构如图 11.1 所示。

复数轮廓波卷积神经网络中多尺度深度轮廓波滤波器组的滤波器值是固定的，在网络训练过程中不需要反向传播修改滤波器值，即可减弱复数卷积层中交叉运算导致的计算复杂度提高的影响。且该滤波器组继承了非下采样轮廓波变换的非下采样特性，卷积运算不会改变输入图像块的大小，能够保持极化 SAR 图像的旋转不变性。

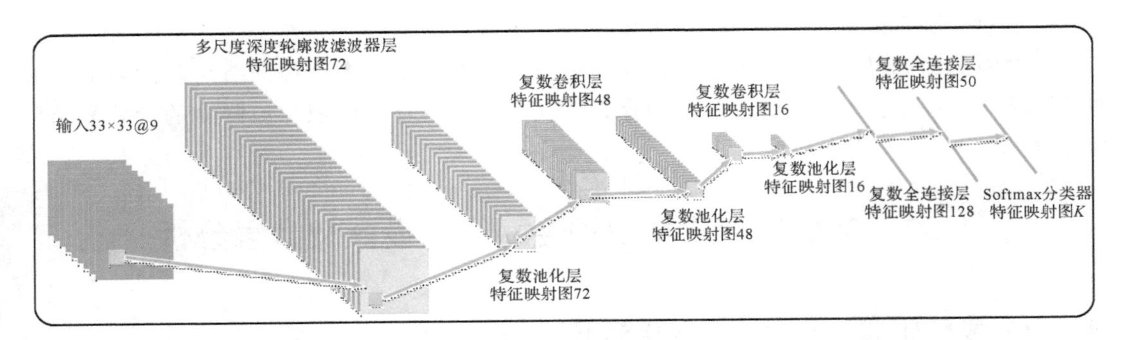


图 11.1 复数轮廓波卷积神经网络的网络结构

## 11.2.2 复数轮廓波卷积神经网络的数学分析

复数轮廓波卷积神经网络的输入为极化 SAR 图像 $x=\{x_{\mathrm{Re\_i}}^{m}, x_{\mathrm{Im\_i}}^{m}\}_{i=1\sim N, m=1\sim 9}$。网络的输出为各像素的预测类别$\{Y_i\}_{i=1\sim N}$，$Y_i\in\mathbf{R}^K$，$N$ 为待分类极化 SAR 图像的像素总数，$K$ 为待分类极化 SAR 图像的类别数。

网络参数为：nlevels=[0, 1]，shift=[1, 1]，$I_2\begin{bmatrix}1&0\\0&1\end{bmatrix}$，$L=2$。

pfilter='maxflat'，dfilter='dmaxflat7'。

$h_0\in\mathbf{R}^{13\times13}$，$h_1\in\mathbf{R}^{19\times19}$，$g_0\in\mathbf{R}^{19\times19}$，$g_1\in\mathbf{R}^{13\times13}$，$f_1\in\mathbf{R}^{29\times29}$，$f_2\in\mathbf{R}^{43\times43}$。

(1) 第 1 层：多尺度深度轮廓波滤波器层。

$y_0^m=\mathrm{conv2}(\mathrm{symext}(x_{\mathrm{Re\_}i}^m, h_0, \mathrm{shift}), h_0, '\mathrm{valid}')$

$y_1^m=\mathrm{conv2}(\mathrm{symext}(x_{\mathrm{Re\_}i}^m, h_1, \mathrm{shift}), h_1, '\mathrm{valid}')$

$y_2^m=\mathrm{conv2}(\mathrm{symext}(x_{\mathrm{Re\_}i}^m, h_0, \mathrm{shift}), h_0, '\mathrm{valid}')$

$y_3^m=\mathrm{conv2}(\mathrm{symext}(x_{\mathrm{Re\_}i}^m, h_1, \mathrm{shift}), h_1, '\mathrm{valid}')$

$y_{11}^m=\mathrm{efilter2}(y_1^m, f_1)$

$y_{12}^m=\mathrm{efilter2}(y_1^m, f_2)$

$y_{13}^m=\mathrm{efilter2}(y_3^m, f_1)$

$y_{14}^m=\mathrm{efilter2}(y_3^m, f_2)$，$m=1, 2, \cdots, 9$

$x_{01}^m=\mathrm{symext}(y_0^m, \mathrm{upsampled2}df(h_0,1), \mathrm{shift})$

$x_{02}^m=\mathrm{symext}(y_0^m, \mathrm{upsampled2}df(h_1,1), \mathrm{shift})$

$x_{03}^m=\mathrm{symext}(y_2^m, \mathrm{upsampled2}df(h_0,1), \mathrm{shift})$

$x_{04}^m=\mathrm{symext}(y_2^m, \mathrm{upsampled2}df(h_1,1), \mathrm{shift})$

$y_{01}^m=\mathrm{atrousc}(x_{01}^m, h_0, I_2*L)$

$$y_{02}^{m}=\text{atrousc}(x_{02}^{m}, h_0, I_2 * L)$$

$$y_{03}^{m}=\text{atrousc}(x_{03}^{m}, h_0, I_2 * L)$$

$$y_{04}^{m}=\text{atrousc}(x_{04}^{m}, h_1, I_2 * L), m=1, 2, \cdots, 9$$

$$\begin{aligned}a^{L1} &= \{a_j^{L1}\}_{j=1\sim 72} \\ &= \bigoplus_{m=1}^{9}(y_{01}^{m}, y_{02}^{m}, y_{03}^{m}, y_{04}^{m}, y_{11}^{m}, y_{12}^{m}, y_{13}^{m}, y_{14}^{m}) \\ &= \bigoplus_{m=1}^{9}(y_{01}^{m}, y_{02}^{m}, y_{11}^{m}, y_{12}^{m})+\bigoplus_{m=1}^{9}(y_{03}^{m}, y_{04}^{m}, y_{13}^{m}, y_{14}^{m}) \\ &= \text{Re}(a^{L1})+\text{Im}(a^{L1})\end{aligned}$$

其中，$(y_{01}^{m}, y_{02}^{m}, y_{11}^{m}, y_{12}^{m})_{m=1\sim 9}$和$(y_{03}^{m}, y_{04}^{m}, y_{13}^{m}, y_{14}^{m})_{m=1\sim 9}$分别为极化 SAR 图像与多尺度深度轮廓波滤波器组卷积之后得到的实部分解子带和虚部分解子带。

(2) 第 2 层：复数池化层。

$$z_j^{L2}\{u, v\}=a_j^{L1}\cdot \text{mask}\{r, u, v\}$$

$$z_j^{L2}\{u, v\}\in \mathbf{R}^{r\times r}$$

$$a_j^{L2}=\max\{z_j^{L2}\{u, v\}\}, j=1, 2, \cdots, 72$$

其中，$[m, n]=\text{size}\{a_j^{L1}\}$，$u=m./r$，$v=n./r$。

$$a^{L2}=\text{Re}(a^{L2})+\text{Im}(a^{L2})$$

(3) 第 3 层：复数卷积层。

$$z^{L3}=(\text{Re}(a^{L2}))*\mu-\text{Im}(a^{L2})*v)+j\cdot(\text{Re}(a^{L2})*v+\text{Im}(a^{L2})*\mu)$$

$$a_j^{L3}=\tanh(z_j^{L3}), j=1, 2, \cdots, 48$$

(4) 第 4 层：复数池化层。

$$z_j^{L4}\{u, v\}=a_j^{L3}\cdot \text{mask}\{r, u, v\}$$

$$z_j^{L4}\{u, v\}\in \mathbf{R}^{r\times r}$$

$$a_j^{L4}=\max\{z_j^{L4}\{u, v\}\}, j=1, 2, \cdots, 48$$

其中，$[m, n]=\text{size}\{a_j^{L3}\}$，$u=m./r$，$v=n./r$。

$$a^{L4}=\text{Re}(a^{L4})+\text{Im}(a^{L4})$$

(5) 第 5 层：复数卷积层。

$$z^{L5}=(\text{Re}(a^{L4})*\mu-\text{Im}(a^{L4})*v)+j\cdot(\text{Re}(a^{L4})*v+\text{Im}(a^{L4})*\mu)$$

$$a_j^{L5}=\tan h(z_j^{L5}), j=1, 2, \cdots, 16$$

(6) 第 6 层：复数池化层。

$$z_j^{L6}\{u, v\}=a_j^{L5}\cdot \text{mask}\{r, u, v\}$$

$$z_j^{L6}\{u, v\}\in \mathbf{R}^{r\times r}$$

$$a_j^{L6}=\max\{z_j^{L6}\{u, v\}\}, j=1, 2, \cdots, 16$$

其中，$[m, n]=\text{size}\{a_j^{L5}\}$，$u=m./r$，$v=n./r$。

$a^{L6}=\text{Re}(a^{L6})+\text{Im}(a^{L6})$

(7) 第 7 层：复数全连接层。

$f_v^{L7}=[\text{reshape}(a_1^{L6}, 22), \cdots, \text{reshape}(a_{16}^{L6}, 22)]^T$

$z_j^{L7}=\omega_1 \cdot f_v^{L7}+b_1$，$\omega_1 \in \mathbf{R}^{128\times(22\times22\times16)}$

$a_j^{L7}=\tanh(z_j^{L7})$，$j=1, 2, \cdots, 128$

(8) 第 8 层：复数全连接层。

$z_j^{L8}=\omega_2 \cdot a_j^{L7}+b_2$，$\omega_2 \in \mathbf{R}^{50\times128}$

$a_j^{L8}=\tanh(z_j^{L8})$，$j=1, 2, \cdots, 50$

(9) 第 9 层：输出层。

$z_j^{L9}=\omega_3 \cdot a_j^{L8}+b_3$，$\omega_3 \in \mathbf{R}^{K\times50}$

$\text{Output}=\text{Softmax}(z_j^{L9})$，$j=1, 2, \cdots, K$

激活函数公式如下：

$\tanh(x)=(\exp(x)+\exp(-x))/(\exp(x)-\exp(-x))$

$$\text{Softmax}(x)=\frac{1}{1+\exp(-\lambda^T x)}$$

其中，参数 $\lambda$ 为 Softmax 回归中待学习的参数。

## 11.3 基于复数轮廓波卷积神经网络的极化 SAR 图像分类算法

基于复数轮廓波卷积神经网络的极化 SAR 图像分类算法的具体实现步骤如下：

(1) 输入待分类极化 SAR 图像的极化相干矩阵 $\boldsymbol{T}$。

(2) 将极化相干矩阵 $\boldsymbol{T}$ 分为实部特征矩阵 $\boldsymbol{T}_1$ 和虚部特征矩阵 $\boldsymbol{T}_2$，分别将实部特征矩阵 $\boldsymbol{T}_1$ 和虚部特征矩阵 $\boldsymbol{T}_2$ 中的元素值归一化到[0, 1]之间，得到归一化后的实部特征矩阵 $\boldsymbol{F}_1$ 和归一化后的虚部特征矩阵 $\boldsymbol{F}_2$。

常用的归一化方法有：特征线性缩放法、特征标准化和特征白化。本章中采用特征线性缩放法，即先分别求出实部特征矩阵 $\boldsymbol{T}_1$ 的最大值 $\max(\boldsymbol{T}_1)$ 和虚部特征矩阵 $\boldsymbol{T}_2$ 的最大值 $\max(\boldsymbol{T}_2)$；再将实部特征矩阵 $\boldsymbol{T}_1$ 和虚部特征矩阵 $\boldsymbol{T}_2$ 中的每个元素分别除以对应的最大值 $\max(\boldsymbol{T}_1)$ 和 $\max(\boldsymbol{T}_2)$，得到归一化后的实部特征矩阵 $\boldsymbol{F}_1$ 和归一化后的虚部特征矩阵 $\boldsymbol{F}_2$。

(3) 构成基于图像块的实部特征矩阵 $\boldsymbol{F}_3$ 和基于图像块的虚部特征矩阵 $\boldsymbol{F}_4$。

① 在归一化后的实部特征矩阵 $\boldsymbol{F}_1$ 的每个元素周围取 $33\times33$ 的块代表中心元素，构成基于图像块的实部特征矩阵 $\boldsymbol{F}_3$。

② 在归一化后的虚部特征矩阵 $\boldsymbol{F}_2$ 的每个元素周围取 $33\times33$ 的块代表中心元素，构成

基于图像块的虚部特征矩阵 $\boldsymbol{F}_4$。

(4) 获取训练数据集和测试数据集的特征矩阵的方法：

① 将待分类的极化 SAR 图像地物分为 $K$ 类。

② 在基于图像块的实部特征矩阵 $\boldsymbol{F}_3$ 中的每个类别中随机选取 $Q$ 个有标记的元素作为训练样本，其余作为测试样本，得到训练数据集的实部特征矩阵 $\boldsymbol{W}_1$ 和测试数据集的实部特征矩阵 $\boldsymbol{W}_2$。

③ 在基于图像块的虚部特征矩阵 $\boldsymbol{F}_4$ 中的每个类别中随机选取 $Q$ 个有标记的元素作为训练样本，其余作为测试样本，得到训练数据集的虚部特征矩阵 $\boldsymbol{W}_3$ 和测试数据集的虚部特征矩阵 $\boldsymbol{W}_4$。

(5) 构造复数卷积神经网络：在复数域中重新定义卷积层、非线性层、池化层、全连接层等的运算规则。将复数卷积层、复数非线性层、复数池化层、复数全连接层和分类器按照设定的次序依次堆叠，构造得到复数卷积神经网络。

(6) 构造复数轮廓波卷积神经网络：用非下采样轮廓波变换中的尺度滤波器和方向滤波器构造多尺度深度轮廓波滤波器组，并替换复数卷积神经网络第一个复数卷积层中随机初始化的滤波器，可得到复数轮廓波卷积神经网络。

(7) 用训练数据集对复数轮廓波卷积神经网络进行训练，得到训练好的模型：

① 将训练数据集的实部特征矩阵 $\boldsymbol{W}_1$ 和虚部特征矩阵 $\boldsymbol{W}_3$ 作为复数轮廓波卷积神经网络的输入，表示为 $x=\boldsymbol{W}_1+i\cdot\boldsymbol{W}_3$；网络的输出则为训练数据集中每个像素点的类别。

② 通过求解上述类别与人工标记正确类别之间的误差，并对误差进行反向传播，来优化复数轮廓波卷积神经网络的网络参数，得到训练好的模型。

(8) 利用训练好的模型对测试数据集进行分类：将测试数据集的实部特征矩阵 $\boldsymbol{W}_2$ 和虚部特征矩阵 $\boldsymbol{W}_4$ 作为步骤(7)训练好模型的输入，该模型的输出即为测试数据集中每个元素分类得到的分类结果，并给出伪彩图输出。

## 11.4 实验条件以及实验结果分析

衡量分类性能的标准为分类准确率，对比模型选择深度卷积神经网络。所有仿真实验都在 HP 840 工作站上基于 Ubuntu 14.04 系统实现的。

硬件平台：Intel(R) Xeon(R) CPU E5-2630，2.40 GHz×16，GeForce GTX TITAN X；

软件平台：MXNet。

### 11.4.1 Flevoland 数据集

在此，本章做了一组对比实验来选取最优的图像块尺寸，图像块尺寸分别设置为 25、

29、31、33、35、41，见表11.1。本组实验分别从Flevoland地区的极化SAR图像的每个类别中随机选取600个有标记的像素点作为训练样本(训练样本占样本总数的5%)，将其余有标记的像素点作为测试样本，用于验证复数轮廓波卷积神经网络在极化SAR图像分类任务上的有效性。

**表11.1　Flevoland地区不同图像块尺寸、不同地物类别分类精度对比　(%)**

| 地物类别＼图像块尺寸 | 25 | 29 | 31 | **33** | 35 | 41 |
|---|---|---|---|---|---|---|
| 1 | 99.35 | 99.62 | 99.77 | **99.81** | 99.74 | 99.30 |
| 2 | 99.43 | 99.36 | 98.34 | **99.00** | 99.68 | 99.47 |
| 3 | 99.60 | 100 | 99.89 | **100** | 100 | 99.98 |
| 4 | 98.79 | 98.90 | 98.25 | **99.18** | 98.75 | 97.92 |
| 5 | 98.47 | 99.35 | 98.49 | **99.25** | 99.10 | 98.64 |
| 6 | 97.65 | 98.58 | 98.16 | **99.59** | 98.34 | 99.19 |
| 7 | 99.49 | 99.77 | 99.75 | **99.86** | 99.55 | 99.68 |
| 8 | 98.60 | 99.45 | 98.99 | **99.43** | 99.14 | 99.10 |
| 9 | 99.57 | 99.38 | 99.79 | **99.55** | 99.48 | 99.57 |
| 10 | 99.60 | 99.76 | 99.59 | **99.77** | 99.80 | 99.59 |
| 11 | 98.80 | 99.40 | 99.22 | **99.39** | 99.16 | 99.44 |
| 12 | 99.21 | 99.58 | 99.67 | **99.85** | 99.63 | 99.24 |
| 13 | 97.19 | 99.19 | 98.39 | **98.98** | 98.07 | 97.92 |
| 14 | 99.83 | 99.24 | 98.97 | **99.58** | 99.03 | 99.34 |
| 15 | 100 | 100 | 100 | **99.26** | 100 | 99.26 |
| OA | 98.82 | 99.33 | 98.93 | **99.42** | 99.11 | 99.04 |

对比不同图像块尺寸下，是基于复数轮廓波卷积神经网络对Flevoland地区的极化SAR图像进行分类得到的分类精度。可以看出：随着图像块尺寸的增加，分类精度总体上满足先增加再减小的趋势；当图像块尺寸设置为33时，分类精度最高。

对此结果的分析如下：随着图像块尺寸的增加，代表该像素图像块中包含的空间信息和细节信息越多，能够提取到越丰富的信息；由于极化 SAR 图像中包含的地物较复杂，尤其在空间分辨率不高的极化 SAR 图像分类任务中，一个像素点会代表实际中很大区域范围内的地物。选取较大的图像块会增加冗余信息甚至错误信息，会增大模型的训练时间且难以有效提升整体图像的分类精度。因此，要根据地物特性选择合适的图像块尺寸来代表分类像素点。在本实验中，选取的图像块尺寸为 33，即对每个像素点取其周围 33×33 的图像块来代表该像素点。

在上述仿真条件下，按照 11.3 节的步骤构造复数轮廓波卷积神经网络，并基于构造得到的网络对 Flevoland 地区的极化 SAR 图像进行分类。对比模型为深度卷积神经网络。复数轮廓波卷积神经网络与深度卷积神经网络在测试数据集上的各类分类精度对比如表 11.2 所示。

**表 11.2　Flevoland 地区分类结果——各类分类精度对比　　(%)**

| 地物名称(所占比例) | 深度卷积神经网络分类精度 | 本章算法分类精度 |
|---|---|---|
| 黄豆(3.78%) | 97.74 | 99.75 |
| 油菜籽(8.27%) | 98.49 | 98.11 |
| 裸地(3.05%) | 100 | 100 |
| 马铃薯(9.63%) | 97.23 | 99.12 |
| 甜菜(5.98%) | 98.36 | 98.61 |
| 小麦 1(6.65%) | 100 | 100 |
| 豌豆(5.71%) | 99.25 | 99.37 |
| 小麦 2(13.26%) | 99.75 | 100 |
| 苜蓿(6.07%) | 99.50 | 100 |
| 大麦(4.53%) | 99.75 | 99.50 |
| 小麦 3(9.77%) | 98.86 | 99.75 |
| 草(4.21%) | 98.61 | 98.74 |
| 森林(10.76%) | 97.98 | 98.61 |
| 水域(7.89%) | 100 | 100 |
| 高楼(0.44%) | 99.62 | 99.62 |
| OA | 99.00 | 99.41 |

由表 11.2 可以看出：复数轮廓波卷积神经网络在 15 种地物上的分类精度均达到了

98%以上，其中 11 种地物上的分类精度超过了 99%，裸地、小麦 1、小麦 2、苜蓿、水域等 5 种地物上的分类精度已达到 100%。这表明复数轮廓波卷积神经网络对农作物反射回波的特征捕捉能力较强，能够有效区分不同种类的农作物，适用于对规整的极化 SAR 农田数据进行分类。

将复数轮廓波卷积神经网络的分类精度与深度卷积神经网络的分类精度进行对比，可以发现：本章方法在 13 种地物上的分类精度都高于深度卷积神经网络，实现了对深度卷积神经网络的改进，且在黄豆、马铃薯、小麦 3、森林等地物上分类精度提升较大。

再依次减少训练样本，从每类样本中选取 100 个、50 个有标记的像素点作为训练样本，验证在小样本条件下复数轮廓波卷积神经网络的鲁棒性。按照如上所述的训练样本比例，基于复数轮廓波卷积神经网络和深度卷积神经网络对 Flevoland 农田数据进行分类，并将两种模型的分类结果进行对比，结果如表 11.3 所示。

**表 11.3　不同训练样本比例下的分类精度对比**

| 每类训练样本数目/个 | 训练样本所占比例/% | 深度卷积神经网络分类精度/% | 本章算法分类精度/% |
|---|---|---|---|
| 200 | 1.8 | 99.00 | 99.41 |
| 100 | 0.9 | 97.60 | 97.94 |
| 50 | 0.5 | 95.33 | 96.37 |

从表 11.3 可见，每类选取 100 个、50 个有标记的像素点作为训练样本，即当训练样本占样本总数的 1.8%、0.9%、0.5%时，复数轮廓波卷积神经网络的分类精度均明显高于深度卷积神经网络，分别提升了 0.41%、0.34%、1.04%。在训练样本数目较少的情况下，优势明显(例如，在训练样本占样本总数的 0.5%时，复数轮廓波卷积神经网络的分类精度为 96.37%，较深度卷积神经网络提升了 1.04%)。表明本章算法在标记样本较少的情况下，仍可以实现准确的极化 SAR 图像地物分类，从而减少了人工标记样本的负担，扩大了提出模型在实际生活中的应用范围。

### 11.4.2　San Francisco Bay 数据集

在本实验中，选取的图像块尺寸仍为 33。分别从 San Francisco Bay 地区的极化 SAR 图像的每个类别中随机选取 10 500 个有标记的像素点作为训练样本(训练样本占样本总数的 5%)，其余有标记的像素点作为测试样本。训练样本是随机选取的，分别将复数轮廓波卷积神经网络与深度卷积神经网络在相同条件下运行 10 次，取平均分类结果进行比较。复数轮廓波卷积神经网络与深度卷积神经网络在测试数据集上的各类分类精度对比如表 11.4 所示。

表 11.4　San Francisco Bay 地区分类结果——各类分类精度对比　　(%)

| 地物名称(所占比例) | 深度卷积神经网络 | 本章算法 |
| --- | --- | --- |
| 海洋(47.23%) | 98.15 | 99.80 |
| 植被(13.15%) | 93.67 | 97.79 |
| 城市(19.47%) | 88.20 | 98.61 |
| 高楼(15.69%) | 87.18 | 99.06 |
| 裸地(4.47%) | 97.79 | 99.68 |
| 总体分类精度(OA) | 93.89 | 99.18 |

由表 11.4 可以看出：复数轮廓波卷积神经网络对整幅极化 SAR 图像的划分较好，在 MXNet 平台上分类精度达到了 99.18%，海洋和裸地可以几乎被完全准确划分(分类精度分别为 99.80%、99.68%)。与深度卷积神经网络相比，整体分类精度提升非常明显(提升了 5.29%)。

### 11.4.3　Germany 数据集

在本实验中，选取的图像块尺寸仍为 33。分别从 Germany 地区的极化 SAR 图像的每个类别中随机选取 10 000 个有标记的像素点作为训练样本(训练样本占样本总数的 5%)，其余有标记的像素点作为测试样本。由于训练样本是随机选取的，因此分别将复数轮廓波卷积神经网络与深度卷积神经网络在相同条件下运行 10 次，取它们平均分类结果进行比较。复数轮廓波卷积神经网络与深度卷积神经网络在测试数据集上的各类分类精度对比如表 11.5 所示。

表 11.5　Germany 地区分类结果——各类分类精度对比　　(%)

| 地物名称(所占比例) | 深度卷积神经网络 | 本章算法 |
| --- | --- | --- |
| 城市(24.72%) | 94.87 | 98.40 |
| 林地(19.50%) | 98.42 | 98.33 |
| 开放区域(55.77%) | 97.52 | 96.84 |
| OA | 97.04 | 97.52 |

从表 11.5 可看出：在 MXNet 平台上，复数轮廓波卷积神经网络对整幅极化 SAR 图像的分类精度达到了 97.52%，较深度卷积神经网络提升了 0.48%。本章算法对城市区域的分类精度提升较为明显(提升了 3.53%)，但在林地和开放区域两种地物上分类精度有所降

低，需要进一步加以改进。

综上所述，通过将深度卷积神经网络延拓至复数域进行运算，并引入多尺度深度轮廓波滤波器组提取极化 SAR 图像中具有多方向、多尺度、多分辨特性的特征，能有效提高图像特征的表达能力，显著提升待分类极化 SAR 图像的分类精度。

## 本章小结

本章提出了基于复数轮廓波卷积神经网络的极化 SAR 图像分类方法。为了利用极化 SAR 数据中的相位信息，将定义在实数域上的深度卷积神经网络延拓至复数域，复数域上重新定义的深度卷积神经网络简记为复数卷积神经网络。可将复数极化 SAR 数据视为一个整体，并直接作为复数卷积神经网络的输入，减少由复数域到实数域转化过程中的信息损失。同样，极化 SAR 图像分类的关键在于如何提取图像中的重要特征。用非下采样轮廓波变换中的尺度滤波器和方向滤波器构造多尺度深度轮廓波滤波器组，并替换复数卷积神经网络第一个复数卷积层中随机初始化的滤波器，得到复数轮廓波卷积神经网络用于极化 SAR 图像分类。复数轮廓波卷积神经网络在不同尺度、不同方向上逼近待分类的极化 SAR 图像，可以得到对图像更稀疏的表示，在小样本条件下也可以得到较高的分类精度，减小了标记样本的负担。

本章的主要工作点如下：

(1) 将深度卷积神经网络延拓至复数域，在复数域中重新定义卷积层、池化层、全连接层等的运算规则，得到复数卷积神经网络。该网络可以直接处理复数极化 SAR 数据，有效利用其中的相位信息，最大限度地减少信息损失。

(2) 用非下采样轮廓波变换中的尺度滤波器和方向滤波器构造多尺度深度轮廓波滤波器组。该滤波器组可以提取极化 SAR 图像中具有多方向、多尺度、多分辨特性的重要特征，得到对高维极化 SAR 数据完备、稀疏的描述。

(3) 用多尺度深度轮廓波滤波器组替换复数卷积神经网络第一个复数卷积层中随机初始化的滤波器，得到复数轮廓波卷积神经网络。结合了复数神经网络的思想和多尺度几何分析理论，该网络能够有效利用极化 SAR 图像包含的空间信息和相位信息，并且提取具有多方向、多尺度、多分辨特性的特征，实现对整幅极化 SAR 图像准确、快速的分类。

(4) 由于多尺度深度轮廓波滤波器组的值是固定的，在网络训练过程中不需要反向传播来修改滤波器的值，可以减弱复数卷积层中交叉运算导致的计算复杂度提高的影响。

实验结果例证：复数轮廓波卷积神经网络能够提取极化 SAR 图像中丰富相位信息以及多尺度信息，更好地描述图像中的边缘信息以及关键点，实现对经典深度卷积神经网络的改进，分类精度显著提升。

但是，复数轮廓波卷积神经网络的时间复杂度较高，模型的训练时间较长。后续工作可以在减少需要学习的模型参数的方向上进行。同时，尝试基于 Keras 平台实现复数轮廓波卷积神经网络，并增加对比算法。

## 参考文献

[1] LeCun Y, Bottou L, Bengio Y, et al. Gradient-based learning applied to document recognition[J]. Proceedings of the IEEE, 1998, 86(11): 2278-2324.

[2] Q. Zhang and A Benveniste. Wavelet networks. IEEE Transactions on Neural Networks, 3(6): 889, 1992.

[3] Do M N, Vetterli M. The contourlet transform: an efficient directional multiresolution image representation[J]. IEEE Transactions on image processing, 2005, 14(12): 2091-2106.

[4] D. Y. Po and M. N. Do. Directional multiscale modeling of images using the contourlet transform. IEEE Transactions on Image Processing, 15(6): 1610-1620, 2006.

[5] Wu Y, Ji K, Yu W, et al. Region-based classification of polarimetric SAR images using Wishart MRF [J]. IEEE Geoscience and Remote Sensing Letters, 2008, 5(4): 668-672.

[6] Zhang J. Multi-source remote sensing data fusion: status and trends[J]. International Journal of Image and Data Fusion, 2010, 1(1): 5-24.

[7] Liu F, Yang S, Jiao L. Fusion of multi-sensor SAR images via adaptive selection of wavelet and contourlet coefficients[C]. Radar, 2006. CIE' 06. International Conference on. IEEE, 2006: 1-4.

[8] J. Bouvrie. Notes on Convolutional Neural Networks. Neural Nets, 2006.

[9] F. Chollet. Keras. https://github.com/fchollet/keras, 2015.

[10] W. Kong, D. Zhang, and W. Li. Palmprint feature extraction using 2-D Gabor filters. Pattern Recognition, 36(10): 2339-2347, 2003.

[11] Jie Z, Yan S. Robust scene classification with cross-level LLC coding on CNN features[C]. Asian Conference on Computer Vision. Springer, Cham, 2014: 376-390.

[12] Sermanet P, Eigen D, Zhang X, et al. Overfeat: Integrated recognition, localization and detection using convolutional networks[J]. arXiv preprint arXiv: 1312.6229, 2013.

[13] Jarrett K, Kavukcuoglu K, LeCun Y. What is the best multi-stage architecture for object recognition? [C]. Computer Vision, 2009 IEEE 12th International Conference on. IEEE, 2009: 2146-2153.

[14] O. Russakovsky, J. Deng, H. Su, J. Krause, S. Satheesh, S. Ma, Z. Huang, A. Karpathy, A. Khosla, M. Bernstein, A. C. Berg, and Li. Fei-Fei. ImageNet Large Scale Visual Recognition Challenge. International Journal of Computer Vision (IJCV), 115(3): 211-252, 2015.

[15] 邹同元. 多极化 SAR 图像分类技术研究[D]. 武汉：武汉大学，2009.

[16] Li J, Khodadadzadeh M, Plaza A, et al. A discontinuity preserving relaxation scheme for spectral-spatial hyperspectral image classification[J]. IEEE Journal of Selected Topics in Applied Earth Observations and Remote Sensing, 2016, 9(2): 625-639.

[17] Iku N, Tomoshi K. Complex neural networks[C]. Neural Networks, 1991. IJCNN-91-Seattle International Joint Conference on. IEEE, 2007: 341 - 348 vol. 2.
[18] 徐丰，王海鹏，金亚秋．深度学习在 SAR 目标识别与地物分类中的应用[J]．雷达学报，2017，6(2)：136 - 148.
[19] Levie R, Monti F, Bresson X, et al. CayleyNets: Graph Convolutional Neural Networks with Complex Rational Spectral Filters[J]. 2017.
[20] Guberman N. On Complex Valued Convolutional Neural Networks[J]. 2016.
[21] Zhang Z, Wang H, Xu F, et al. Complex-Valued Convolutional Neural Network and Its Application in Polarimetric SAR Image Classification[J]. IEEE Transactions on Geoscience & Remote Sensing, 2017, PP(99): 1 - 12.

# 第12章 基于加权卷积神经网络与主动学习的极化SAR影像分类

## 12.1 卷积神经网络

卷积神经网络(Convolutional Neural Network，CNN)是一类前向传播人工神经网络，目前也是深度学习的一种最常用算法框架，尤其适用于处理结构化的信息，已经广泛应用于图像处理、机器视觉、自然语言处理等领域。卷积神经网络的最大特点是有卷积层，其中相邻两层网络的连接处理方式为卷积操作，即通过卷积滤波器对上一层数据进行滤波操作，注意其中滤波器的参数不是人工设定的固定值，而是通过监督学习的方式进行参数的学习，学习得到的滤波器可以更好地提取图像特征。池化层也是基于卷积操作处理，但需要经过一定的下采样。通过复合连接卷积层和池化层，能够进行更深层次的信息映射，达到高层次特征表示的能力，最终有助于提高网络模型的泛化性能。除此之外，卷积方式较传统的全连接方式的前向传播人工神经网络有更实用的模型策略。卷积层中有三种策略尤为重要——局部连接、空间尺度调整、权值共享。局部连接是指该层的神经单元，相比于传统的全连接方式，它只连接上层的局部区域，这不仅能够减少参数，更能够充分提取空间的结构信息。局部连接方式也有一定的生物机理，符合生物神经元的局部感受野特性。空间尺度调整是指滤波器的尺度是可以改变的，可变的参数有卷积核的尺寸大小；步伐，是指局部连接区域每次移动的范围；零填充，是指对输入边界用数值0去填充，有时要保持输入和输入特征图的大小相同需要做这样处理。权值共享是指每个神经单元的卷积层操作使用同一种卷积滤波器参数，包括连接权值和偏置。如图12.1中所示，在此卷积层操作中，下一层的每一个神经单元局部连接5×5的区域，因此卷积核的尺寸大小为5，其中步伐为1，不进行零填充。

卷积神经网络不仅有卷积层，还有激活函数层、池化层(pooling layer)，最后的全连接层和损失层。激活函数层利用非线性变换来提高模型的映射能力，常见的激活函数有ReLU。池化层常接在卷积层之后的激活函数层，该层主要是对上层数据进行非线性下采样，常见的下采样方式为最大池化(max pooling)。池化层可以起到减少参数、减少计算量、控制过拟合问题等作用，此外还能获得旋转不变特征。通过一些卷积层和池化层，最后的全连接层主要用于高级任务处理，比如图像分类问题。损失层的任务是构建一个评价模型的损失函数，将最后全连接层的输出和真实标记进行关系映射，Softmax损失常用于解决图像分类问题。由于卷积神经网络具有以上优良的结构和特性，2012 年，Krizhevsky 等人首次将 CNN 应用于 ImageNet 大规模图像分类竞赛，取得了较好成绩，效果远超过其他传统方法。

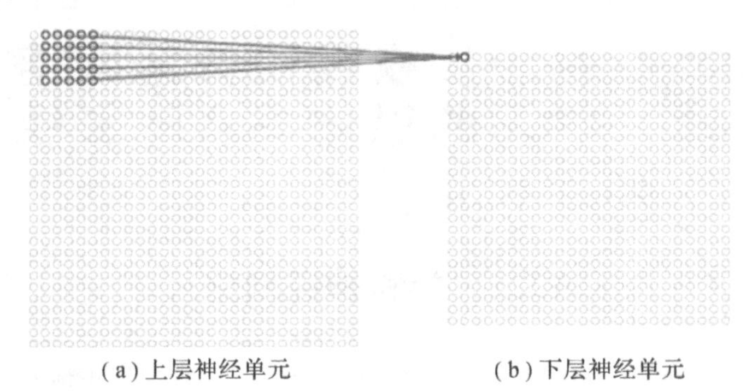


图 12.1　卷积层操作示意图

给定一组训练数据集$\aleph=\{(\boldsymbol{x}_i,\ \boldsymbol{y}_i)\}_{i=1}^N$，其中有 $N$ 个标记样本，$\boldsymbol{x}_i$ 为输入样本数据特征，$x_i\in\mathbf{R}^n$，$\boldsymbol{y}_i$ 是对应的类别向量，$\boldsymbol{y}_i\in\mathbf{R}^m$，其中 $n$ 是特征个数，$m$ 为类别个数，同时也是最后一层输出单元的个数。输入数据 $x$ 经过卷积、池化、激活函数变换、全连接这一系列变换，最后全连接层输出的值为 $\Phi(x)$，以上一系列非线性变换可表述为映射 $\Phi$。则预测结果为

$$h_\theta(\Phi(\boldsymbol{x}))=\frac{1}{1+\exp(-\theta^{\mathrm{T}}\Phi(x))} \tag{12-1}$$

式中，参数 $\theta$ 为最后一层网络的参数。

构建的 Softmax 损失函数可以表示为

$$L(\theta,\ \Phi)=-\frac{1}{N}\Big[\sum_{i=1}^{N}\sum_{j=1}^{m}\boldsymbol{y}_i^{(j)}\log h_\theta(\Phi(\boldsymbol{x}_i))^{(j)}+(1-\boldsymbol{y}_i^{(j)})\log(1-h_\theta(\Phi(\boldsymbol{x}_i))^{(j)})\Big] \tag{12-2}$$

对于第 $i$ 个样本，$\boldsymbol{y}_i^{(j)}$ 代表类别 $j$ 的真实标记，数值 0 代表不发生，1 代表发生。对于第 $i$ 个样本，$h_\theta(\Phi(x_i)^{(j)}$ 代表类别 $j$ 的预测发生概率。通过优化损失函数，获得训练好的网络参数即为卷积神经网络模型。基于反向传播 BP 的迭代优化方法是训练神经网络的主流方法，其中随机梯度下降方法较为常用。

## 12.2　基于加权卷积神经网络的主动学习算法

损失函数中，一般对每个样本的权重都是相同的，这意味着对待每个样本都是同等重要。可实际情况却往往不是这样，有的样本对于分类模型的信息含量很低，比如很容易区分的样本，而不太容易区分的样本的信息含量就相对较高。可以通过修改损失函数中不同样本的权重来调整对相应样本的在意程度。在不平衡类别问题中，常常会通过对样本进行过采样和欠

采样的方式来平衡数据的分布，相当于修改样本在目标函数中的损失。本章文献[9]中总结了采用代价敏感神经网络的方法来解决不平和数据问题。本章的一个重点是根据模型对样本预测情况来自适应地设置CNN模型损失函数中的样本权重，目的是将难以被分类的样本的损失增加，容易被分类的样本的损失相对减少。通过改变样本损失项的系数来调整模型对样本的关注程度，难分类的样本关注程度相对较高，容易分类的样本关注程度相对较低。

类别的预测结果为：

$$\text{label}(\boldsymbol{x}) = \arg\max\{h_\theta(\Phi(\boldsymbol{x}))^{(j)}\},\ j \in 1, \cdots, m. \tag{12-3}$$

对于任意示例 $x$ 的预测类别为 $j$，那么对应该类别的 $h_\theta(\Phi(\boldsymbol{x}))^{(j)}$ 比其他类别的相应值更大。同时 $h_\theta(\Phi(\boldsymbol{x}))^{(j)}$ 就是预测类别为 $j$ 的概率，该值越大说明模型已经能够以较大的可信度将该示例进行区分，即该样本信息量较小，那么损失函数对应该样本的反应程度也相对减小。反之，如果 $h_\theta(\Phi(\boldsymbol{x}))^{(j)}$ 的值越小，说明模型对该样本越难以区分，样本反过来就对模型的训练有更大的学习价值，则损失函数对应该样本的反应程度应该要相对增大。该权重和 $h_\theta(\Phi(\boldsymbol{x}))^{(j)}$ 是反相关的，而 $h_\theta(\Phi(\boldsymbol{x}))^{(j)}$ 作为概率输出，其范围在[0，1]之间。因此对于任意样本 $\boldsymbol{x}_i$ 的损失函数权重 $W_i$ 可以设置为

$$W_i = 1 - h_\theta(\Phi(\boldsymbol{x}_i))^{(j)} \tag{12-4}$$

那么相应的损失函数可以修改为

$$L(\theta, \Phi) = -\frac{1}{N}\left[\sum_{i=1}^{N} W_i \sum_{j=1}^{m} y_i^{(j)} \log h_\theta(\Phi(\boldsymbol{x}_i))^{(j)} + (1 - y_i^{(j)})\log(1 - (h_\theta(\Phi(\boldsymbol{x}_i))^{(j)})\right] \tag{12-5}$$

式中，内部累加项目为样本 $i$ 的损失，$W_i$ 为样本对应的损失权重。

若要将主动学习策略应用于卷积神经网络，可以通过差额采样的方法来实现。因为使用了Softmax损失的卷积神经网络，其输出为不同类别的概率预测值，从而可以直接使用主动学习的常用差额采样方法去选择更不确定性的样本用于训练。差额采样方法通过计算差额来衡量示例的不确定性，差额的计算公式为

$$M(\boldsymbol{x}) = h_\theta(\Phi(\boldsymbol{x}))^{(a)} - h_\theta(\Phi(\boldsymbol{x}))^{(b)} \tag{12-6}$$

式中，$a$ 和 $b$ 分别是最可能和第二可能的类别。若 $M(\boldsymbol{x})$ 较小，则示例 $x$ 的不确定性会较高。

**算法 12.1：基于加权卷积神经网络的主动学习算法**

输入：$\aleph_0 = \{(\boldsymbol{x}_i, \boldsymbol{y}_i)\}_{i=1}^{N_0}$：初始标记样本集，

$U = \{\boldsymbol{x}_i\}_{i=1}^{N_U}$：未标记的数据池集，

$N_K$：每次迭代选择的示例数量，

$K$：迭代次数，$k=0, 1, \cdots, K$。

输出：学到的CNN模型以及对应的权值参数 $W^k$。

**1. 初始阶段**

(1) 构建一个 CNN 模型，随机设置 CNN 中网络权值参数，样本权重均为 1。

(2) 以$\mathcal{L}$作为输入训练 CNN，保存权值参数为 $W^0$，其中$\mathcal{L}=\mathcal{L}_0$。

(3) 设置 $k=0$。

**2. 在线迭代阶段**

(4) 循环：

① 用权值参数为 $W^k$ 的 CNN 模型去预测数据集 $U$ 的概率输出。

② 利用差额采样的方法去选择 $N_k$ 个示例，作为数据集 $S_{k+1}=\{\boldsymbol{x}_i\}_{i=1}^{N_{k+1}}$，同时从 $U$ 中删除，即 $U=U/S_{k+1}$。

③ 标记 $S_{k+1}$构建新训练数据集$\mathcal{L}_{k+1}=\{(\boldsymbol{x}_i, \boldsymbol{y}_i)\}_{i=1}^{N_{k+1}}$。

④ 将新旧标记数据集混合在一起，即$\mathcal{L}=\mathcal{L}\cup\mathcal{L}_k$。

⑤ 用最新的 CNN 模型去预测数据集$\mathcal{L}$的概率输出，再计算每个样本权重。

⑥ 以$\mathcal{L}$作为输入，在上一次模型参数的基础上更新训练 CNN 模型，并且在损失函数上对样本加权重，训练好后保存权值参数为 $W^{k+1}$。

⑦ 设置 $k=k+1$。

(5) 直到 $k>K$，或者满足其他的停止条件。

---

AL－WCNN 算法是一个迭代学习范式，改进了 CNN 分类模型的损失函数，而且可以主动选择信息丰富的样本用于提高分类效果。最初，用一些随机选择的样本用于训练 CNN，随后，未标记数据集的类概率可以由训练过的 CNN 模型进行预测。其中，可以使用边缘采样来选择信息丰富的样本。用新选择的样本和之前的老训练样本同时更新训练 CNN 模型，这时损失函数中样本权重可通过模型预测以及公式(12－5)来进行计算。算法 12.1 中详细说明了 AL-WCNN 的实现步骤。

## 12.3 极化 SAR 影像分类

该实验所在的实验环境为：Windows 7，64 位系统，i5-3230 CPU @2.6 GHz，8 G RAM，Nvidia 610M 显卡，2 GB 显存。

采用的软件为：Matlab R2014b，Python，Keras 1.1.2，CUDA。

### 12.3.1 PolSAR 数据集 FN15

**1. 数据集介绍和实验设置**

(1) 数据集 FN15：本数据集源于荷兰的弗莱福兰地区，主要包括 15 类地物。数据集

FN15 是 1989 年 8 月中旬获得的，这是全极化 L 波段图像，通过 Pauli 分解编码获得的伪彩色图像，如图 12.2 所示，(b)图为标记的真实地物类别图，每类地物和类别标号也已经给出。实验图像大小为 1024 像素×750 像素，分辨率是 12 米×6 米。其中包括 15 个类别，如水域、建筑、森林、不同作物等。该农田地物数据被广泛应用于土地和作物分类的研究中。

（2）实验设置：标记了 167 712 个样本，它们被随机打乱。在迭代学习过程中，初始样本为 1000 个，迭代次数为 4，每次选择 500 个新样本，测试样本为 50 000 个，100 000 个作为待选池。

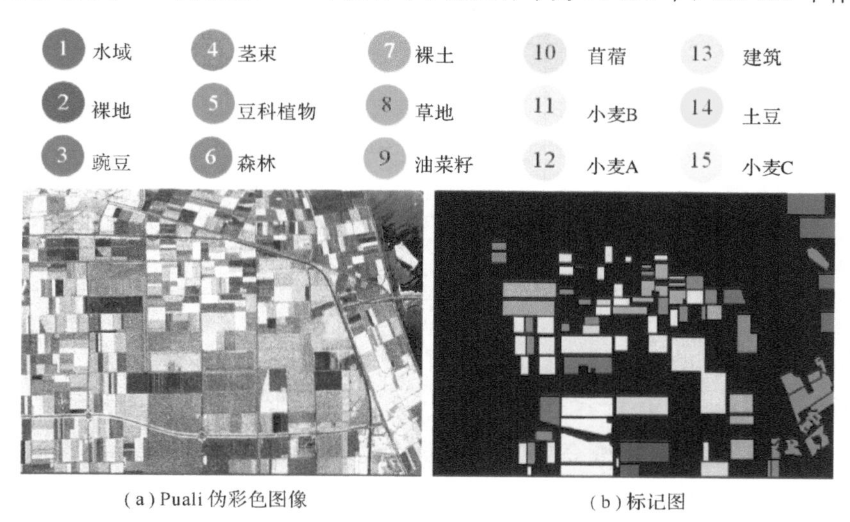

(a) Puali 伪彩色图像 (b) 标记图

图 12.2 PolSAR 数据集 FN15

**2. 分类泛化性能**

从图 12.3 中可以直观地看出，随着训练样本数量的增加，不同算法的整体准确率的变化趋势。首先基于 CNN 的算法均高于其他三种对比算法（AL-MRL，AL-SVM 和 AL-ELM），这说明 CNN 模型的泛化性能非常好。下面分析产生这种现象的原因：

（1）从模型角度分析，CNN 的模型复杂度更高，非线性能力更强，对数据拟合学习能力也更好。

（2）从数据特征的角度来说，CNN 的数据输入为以像素点为中心的 5×5 大小图像块，而其他对比算法都是以像素点作为数据输入，结果是 CNN 的数据特征较为丰富，包含了邻域信息，从而也能提高 CNN 的分类结果。

（3）分析三种对比算法的分类性能，AL-ELM 和 AL-SVM 的效果均比较好，而 AL-MRL 较差。因为 ELM 和 SVM 的模型复杂性和泛化性能较 MRL 强。

（4）对比分析三种基于 CNN 的算法，AL-CNN 和 AL-WCNN 两者性能较为接近，都比基本 CNN 要高，这说明结合主动学习策略后会提高 CNN 的泛化性能。其原因是主动学习选取了更具有信息量的样本用于训练，从而提高了分类性能。从趋势上看，在数据集FN15上，AL-WCNN仅比AL-CNN稍好。

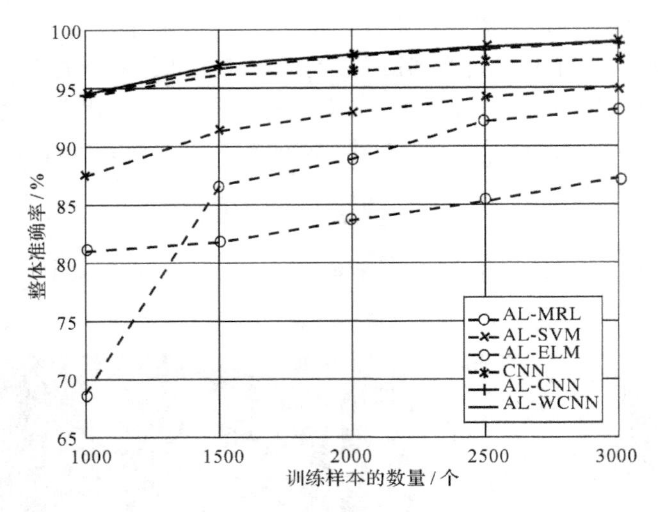


图 12.3　不同算法在数据集 FN15 上的分类准确率

各种算法的测试准确率如表 12.1 所示，仅从最后一次测试准确率来看，三种基于CNN的算法均比其他对比算法高好几个百分点。AL-WCNN 比 AL-CNN 高 0.2%，比CNN 高 1.5%。不同算法分类结果的视觉效果图如图 12.4 所示，可以看出，本章所提出的AL-CNN 和 AL-WCNN 算法的分类效果是最好的。

**表 12.1　各种算法的测试准确率**　(%)

| 算法 | AL-MRL | AL-SVM | AL-ELM | CNN | AL-CNN | AL-WCNN |
|---|---|---|---|---|---|---|
| 准确率 | 87.34 | 95.032 | 93.19 | 97.454 | 98.869 | 99.042 |

(a) AL-MRL

(b) AL-SVM

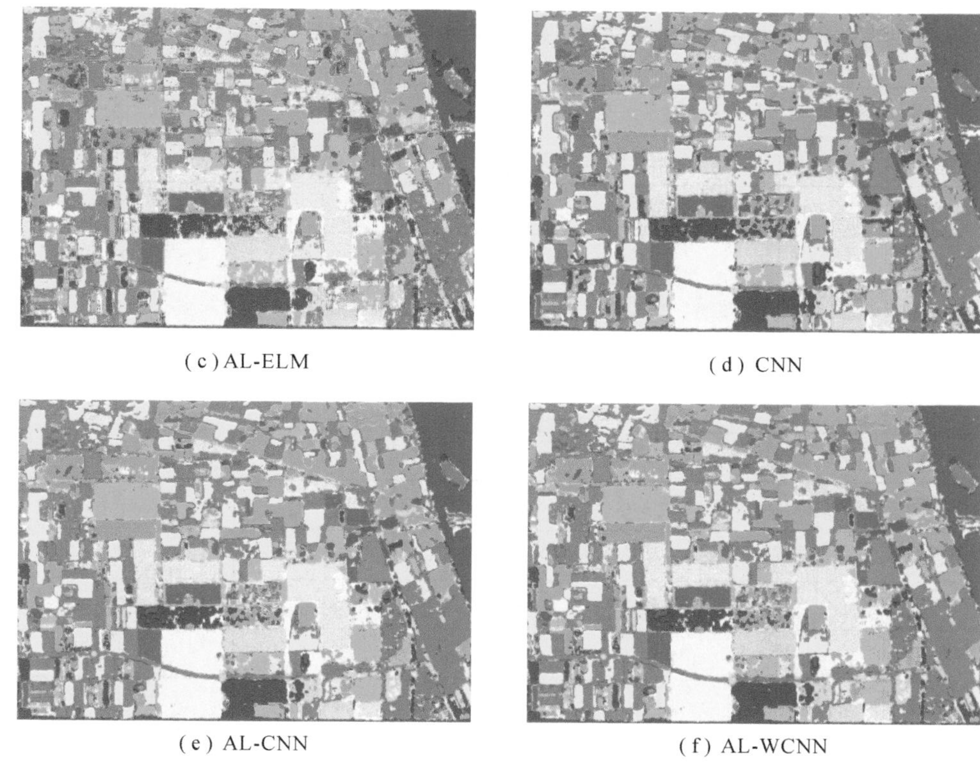

(c) AL-ELM

(d) CNN

(e) AL-CNN

(f) AL-WCNN

图 12.4 不同算法在 PolSAR 图像 FN15 上的分类效果图

为了进一步对比提出的 AL-WCNN 和 AL-CNN 算法的分类性能，这里分别记录了不同类别的准确率以及对应的整理准确率，见表 12.2。相比 CNN，从表 12.2 可以看出，AL-WCNN和 AL-CNN 算法都对部分准确率较低的类别有了较好的分类，比如类别 9、11、12、15。对于类别 3，CNN 算法获得 98.200%，AL-CNN 稍提高，达到 98.740%；AL-WCNN算法又进一步提高了，达到 99.244%。对于类别 13，AL-WCNN 算法获得的准确率为 89.055%，而 AL-CNN 算法获得的准确率仅为 50.746%，CNN 算法获得准确率为 66.169%。可以看出，AL-WCNN 对类别 13 的分类效果有了很大的改进。不同类别准确率变化不同，但是从整体准确率来看，AL-WCNN 的效果最好。

**表 12.2 三种基于 CNN 算法对不同类别准确率的比较** (%)

| 算 法 | CNN | AL-CNN | AL-WCNN |
| --- | --- | --- | --- |
| 类别 1 | 99.948 | 100.000 | 99.923 |
| 类别 2 | 99.516 | 99.560 | 99.692 |

续表

| 算　法 | CNN | AL-CNN | AL-WCNN |
|---|---|---|---|
| 类别 3 | 98.200 | 98.740 | 99.244 |
| 类别 4 | 98.353 | 99.787 | 99.787 |
| 类别 5 | 96.094 | 99.239 | 99.404 |
| 类别 6 | 97.797 | 99.093 | 99.500 |
| 类别 7 | 99.807 | 100.000 | 100.000 |
| 类别 8 | 97.025 | 99.197 | 99.197 |
| 类别 9 | 94.090 | 98.213 | 96.926 |
| 类别 10 | 99.664 | 99.530 | 99.564 |
| 类别 11 | 95.836 | 97.386 | 98.146 |
| 类别 12 | 97.316 | 99.657 | 99.374 |
| 类别 13 | 66.169 | 50.746 | 89.055 |
| 类别 14 | 96.249 | 97.576 | 98.052 |
| 类别 15 | 98.510 | 99.714 | 99.518 |
| 整体准确率 | 97.454 | 98.869 | 99.042 |

**3. 算法运行效率**

通过记录训练和测试过程的时间消耗来评价各算法的运行复杂度，见表 12.3。从表 12.3 可以看出，AL-ELM 算法和 AL-MRL 算法综合来说，训练和测试都较快，而 AL-SVM算法的训练时间较快，但测试较慢，因为其测试数据量比训练数据更大。这几个方法运行时间都在 1 min 之内。而三种基于 CNN 算法的训练和测试时间都相对较长，并且相差不大。因为主要的计算复杂度在网络结构上，CNN 模型复杂度较高，需要消耗大量的计算资源，因此相比其他算法最为耗时。卷积神经网络通过 Nvidia 610M 显卡并行加速，训练时间在 5 min 之内，测试时间在 1 min 之内。

**表 12.3　不同算法的训练和测试时间**　　(s)

| 算法 | AL-MRL | AL-SVM | AL-ELM | CNN | AL-CNN | AL-WCNN |
|---|---|---|---|---|---|---|
| 训练时间 | 4.15 | 5.12 | 0.59 | 256.85 | 253.71 | 260.46 |
| 测试时间 | 0.21 | 26.81 | 3.98 | 48.46 | 49.76 | 48.69 |

## 12.3.2 PolSAR 数据集 SU5

### 1. 数据集介绍

（1）数据集 FN15：来自于美国的旧金山金门大桥附近地区，主要包括 5 类地物。该地区已被广泛应用在极化分类的文献研究当中。该极化 SAR 数据于 2008 年 4 月，是通过 RADARSAT-2 设备在 C 波段获取的。实验图像大小为 1400×1800 像素，分辨率为 10 米×5 米。通过 Puali 分解的伪彩色图像和真实人工标记图如图 12.5 所示，该地区主要包含五类：水域，植被，发达地区，高、低密度城区。

（2）实验设置：标记了 1 804 087 个样本，它们被随机打乱。在迭代学习过程中，初始样本为 500 个，迭代次数为 4，每次选择 500 个新样本，测试样本为 100 000 个，500 000 个作为待选池。

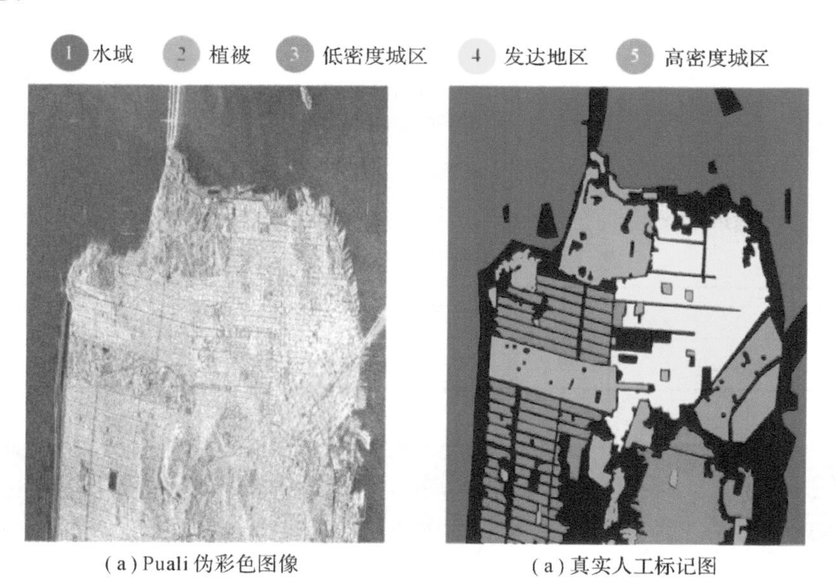


图 12.5　PolSAR 数据集 SU5

### 2. 分类泛化性能

从图 12.6 显示的结果可以得知，三种基于 CNN 的算法准确率均较好，其中提出的 AL-CNN 比基本 CNN 准确率要高，所提出的 AL-WCNN 算法比 AL-CNN 要稍高，这种现象是因为主动学习能通过选择更重要样本来调高分类性能，而为样本修改权重的 AL-WCNN 会更好地利用样本信息。从图 12.7 中可以看出，AL-SVM、AL-ELM 和 AL-MRL 这三种对比算法的分类性能较低，主要是因为它们都是只用像素点的特征作为训练，而 CNN 算法是用图像块所涵盖的特征作为训练的。其中，AL-ELM 和 AL-SVM 分类效果较好，比 AL-MRL 要稍高。

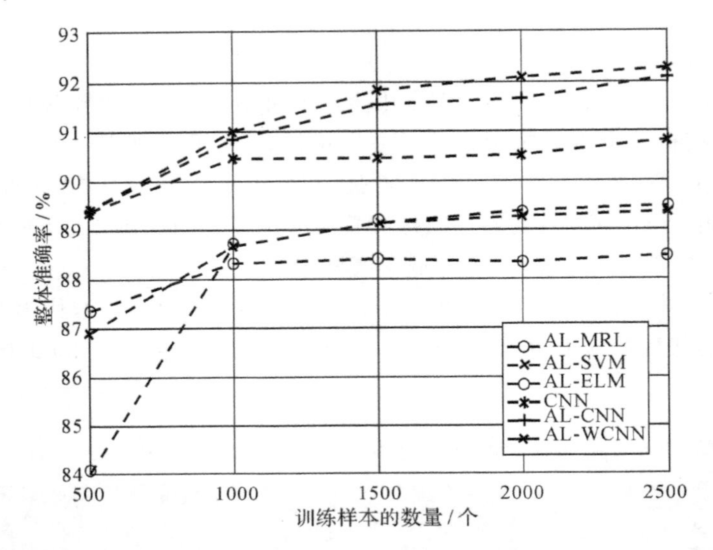


图 12.6　不同算法在数据集 SU5 上的分类准确率

表 12.4 记录了最后一次的分类结果。从表中可以看出，AL-SVM 和 AL-ELM 算法的

**表 12.4　各种算法的测试准确率**　(%)

| 算法 | AL-MRL | AL-SVM | AL-ELM | CNN | AL-CNN | AL-WCNN |
|---|---|---|---|---|---|---|
| 准确率 | 88.462 | 89.369 | 89.476 | 90.796 | 92.066 | 92.265 |

(a) AL-MRL

(b) AL-SVM

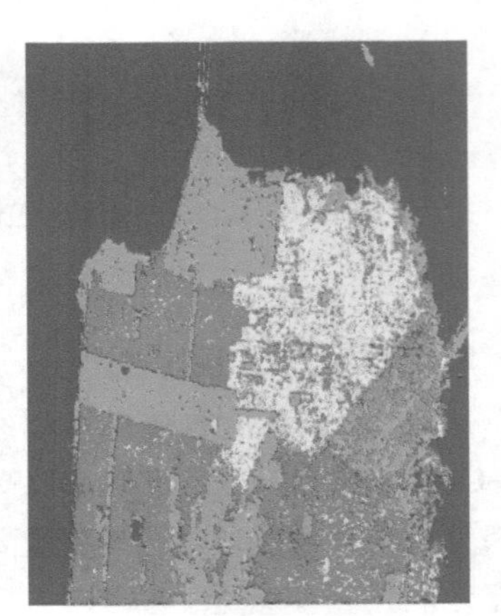

(c) AL-ELM

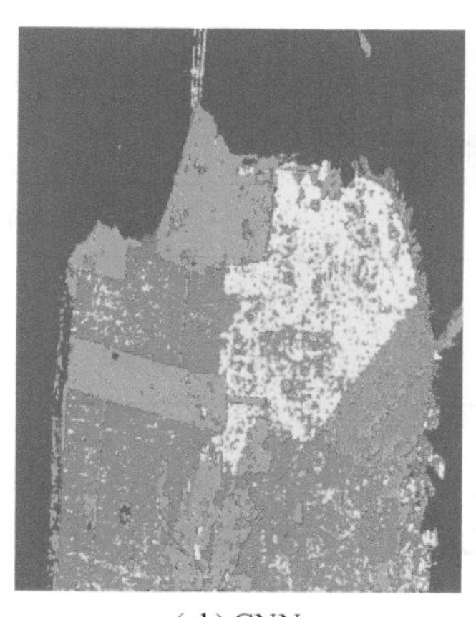
(d) CNN

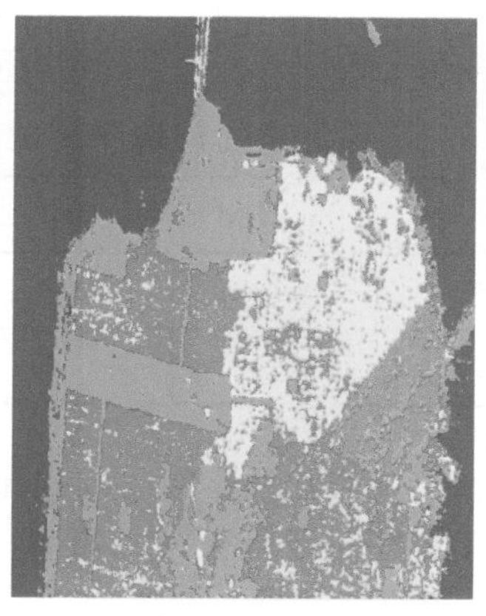
(e) AL-CNN

(f) AL-WCNN

图 12.7　不同算法在 PolSAR 图像 SU5 上的分类结果图

准确率均在 89%以上，比 AL-MRL 的 88.4%要高一个百分点。而 CNN 算法准确率达到了 90.796%，AL-CNN 算法通过主动学习再提高一个多百分点，AL-WCNN 算法比AL-CNN 算法提高了 0.6%。各类算法的分类视觉效果如图 12.7 所示。从图 12.7 可以看出，AL-WCNN 算法分类结果图的效果是最好的。

为了进一步分析所提出的 AL-WCNN 的分类性能，表 12.5 中记录了每个类别的准确率。相比于 CNN，AL-WCNN 较所有类别的准确率都有所提高。相比于 AL-CNN，类别 3 有显著的提高，从 83.53%提高到 86.759%，其他有些类别准确率反而降低了一点，这些现象主要是因为修改样本权重造成的。

**表 12.5　三种基于 CNN 算法对不同类别准确率的比较　(%)**

| 算　法 | CNN | AL-CNN | AL-WCNN |
|---|---|---|---|
| 类别 1 | 99.996 | 99.796 | 99.962 |
| 类别 2 | 87.899 | 93.350 | 92.632 |
| 类别 3 | 86.938 | 83.530 | 86.759 |
| 类别 4 | 73.722 | 80.811 | 78.670 |
| 类别 5 | 80.134 | 84.370 | 82.698 |
| 整体准确率 | 90.796 | 92.066 | 92.265 |

### 3. 算法运行时间

不同算法的训练时间和测试时间见表 12.6。

表 12.6　不同算法的训练和测试时间　(s)

| 算　法 | AL-MRL | AL-SVM | AL-ELM | CNN | AL-CNN | AL-WCNN |
|---|---|---|---|---|---|---|
| 训练时间 | 3.08 | 3.25 | 0.18 | 53.44 | 52.67 | 54.16 |
| 测试时间 | 0.02 | 2.93 | 0.23 | 6.67 | 6.49 | 6.37 |

通过表 12.6 可以看出，基于 CNN 算法的运行时间相比于对比算法要长很多，训练时间快 1 min，测试时间约 7 s，而其他算法运行时间只需要几秒钟。因为 CNN 的模型较复杂，计算资源消耗也会相对较多。同样在该数据集上表明，AL-WCNN 算法的主要计算量是在 CNN 模型上，而改进方法的计算量并不大。

## 本章小结

本章介绍了卷积网络的算法理论和发展现状，提出了根据样本重要性来修改样本损失函数权重的方法，还将基于差额采样的主动学习应用于卷积神经网络中。在两幅 PolSAR 图像的实验中，验证了本章所提出的 AL-WCNN 算法有非常好的分类性能的结论。

## 参考文献


[1] Lillesand T M, Kiefer R W. Remote sensing and image interpretation [M]. Wiley, 1979.

[2] 王超，张红，陈曦，等. 全极化合成孔径雷达图像处理[J]. 2008.

[3] Girshick R, Donahue J, Darrell T, et al. Rich feature hierarchies for accurate object detection and semantic segmentation [C]. Proceedings of the IEEE conference on computer vision and pattern recognition. 2014: 580 - 587.

[4] Crawford M M, Tuia D, Yang H L. Active learning: Any value for classification of remotely sensed data [J]. Proceedings of the IEEE, 2013, 101(3): 593 - 608.

[5] Settles B. Active learning literature survey[J]. University of Wisconsin, Madison, 2010, 52(55 - 66): 11.

[6] Lee J S, Pottier E. Polarimetric Radar Imaging : From basics to applications. [M]. 2009.

[7] Lee J S, Grunes M R, Ainsworth T L, et al. Unsupervised classification using polarimetric decomposition and the complex Wishart classifier[J]. IEEE Transactions on Geoscience & Remote Sensing, 1999, 37(5): 2249 - 2258.

[8] Shah C A, Arora M K, Varshney P K. Unsupervised classification of hyperspectral data: an ICA

mixture model based approach[J]. International Journal of Remote Sensing, 2004, 25(2): 481 - 487.
[9] He H, Garcia E A. Learning from imbalanced data[J]. IEEE Transactions on knowledge and data engineering, 2009, 21(9): 1263 - 1284.
[10] Heermann P D, Khazenie N. Classification of multispectral remote sensing data using a back-propagation neural network[J]. IEEE Transactions on Geoscience & Remote Sensing, 1992, 30(1): 81 - 88.
[11] Weston J, Watkins C. Multi-class support vector machines[R]. Technical Report CSD-TR-98-04, Department of Computer Science, Royal Holloway, University of London, May, 1998.
[12] Gualtieri J A, Cromp R F. Support vector machines for hyperspectral remote sensing classification [C]//27th AIPR Workshop: Advances in Computer-Assisted Recognition. International Society for Optics and Photonics, 1999, 3584: 221 - 233.
[13] Fukuda S, Hirosawa H. Support vector machine classification of land cover: Application to polarimetric SAR data[C]. Geoscience and Remote Sensing Symposium, 2001. IGARSS'01. IEEE 2001 International. IEEE, 2001, 1: 187 - 189.
[14] Friedl M A, Brodley C E. Decision tree classification of land cover from remotely sensed data[J]. Remote sensing of environment, 1997, 61(3): 399 - 409.
[15] Pal M. Random forest classifier for remote sensing classification[J]. International Journal of Remote Sensing, 2005, 26(1): 217 - 222.
[16] Lee S. Application of logistic regression model and its validation for landslide susceptibility mapping using GIS and remote sensing data[J]. International Journal of Remote Sensing, 2005, 26(7): 1477 - 1491.
[17] LeCun Y, Bengio Y, Hinton G. Deep learning[J]. Nature, 2015, 521(7553): 436 - 444.
[18] Chen Y, Lin Z, Zhao X, et al. Deep learning-based classification of hyperspectral data[J]. IEEE Journal of Selected topics in applied earth observations and remote sensing, 2014, 7(6): 2094 - 2107.
[19] Chen Y, Jiang H, Li C, et al. Deep feature extraction and classification of hyperspectral I mages based on convolutional neural networks[J]. IEEE Transactions on Geoscience & Remote Sensing, 2016, 54(10): 6232 - 6251.
[20] Camps-Valls G, Marsheva T V B, Zhou D. Semi-supervised graph-based hyperspectral I mage classification[J]. IEEE Transactions on Geoscience & Remote Sensing, 2007, 45(10): 3044 - 3054.
[21] Tuia D, Camps-Valls G. Semisupervised remote sensing image classification with cluster kernels[J]. IEEE Geoscience and Remote Sensing Letters, 2009, 6(2): 224 - 228.
[22] Cohn D, Atlas L, Ladner R. Improving generalization with active learning[J]. Machine learning, 1994, 15(2): 201 - 221.
[23] Mitra P, Shankar B U, Pal S K. Segmentation of multispectral remote sensing images using active support vector machines[J]. Pattern recognition letters, 2004, 25(9): 1067 - 1074.
[24] Tuia D, Ratle F, Pacifici F, et al. Active learning methods for remote sensing image classification

[J]. IEEE Transactions on Geoscience & Remote Sensing, 2009, 47(7): 2218-2232.
[25] Li J, Bioucas-Dias J M, Plaza A. Hyperspectral image segmentation using a new Bayesian approach with active learning[J]. IEEE Transactions on Geoscience & Remote Sensing, 2011, 49(10): 3947-3960.
[26] Pasolli E, Melgani F, Tuia D, et al. SVM active learning approach for image classification using spatial information[J]. IEEE Transactions on Geoscience & Remote Sensing, 2014, 52(4): 2217-2233.
[27] Samat A, Gamba P, Du P, et al. Active extreme learning machines for quad-polarimetric SAR imagery classification[J]. International Journal of Applied Earth Observation and Geoinformation, 2015, 35: 305-319.
[28] Schmidhuber J. Deep Learning in neural networks: An overview. [J]. Neural Networks the Official Journal of the International Neural Network Society, 2014, 61: 85-117.
[29] Bengio Y, Courville A, Vincent P. Representation learning: a review and new perspectives[J]. IEEE Transactions on Pattern Analysis & Machine Intelligence, 2013, 35(8): 1798-1828.
[30] Zhou Z H, Liu X Y. Training cost-sensitive neural networks with methods addressing the class imbalance problem[J]. IEEE Transactions on Knowledge & Data Engineering, 2006, 18(1): 63-77.
[31] Benediktsson J, Swain P H, Ersoy O K. Neural Network Approaches Versus Statistical Methods in Classification of Multisource Remote Sensing Data[J]. IEEE Trans. geosci. & Remote Sensing, 1990, 28(4): 489-492.

# 第13章 基于多尺度深度 Directionlet 网络的极化 SAR 图像分类



## 13.1 多尺度卷积神经网络

传统的 CNN 是由卷积层、下采样层和全连接层组成的。初始图像经过和卷积层的滤波器卷积，可以得到很多特征图，然后通过下采样层对特征图进行模糊处理，最后通过全连接层输出图像的最后特征。

可以看出，传统的卷积神经网络都是单通路的，这就造成了卷积层的滤波器尺寸和下采样层的采样间隔只能是单一设定的，从而限制了参数的灵活性，并且不能同时对全局特征和局部特征进行提取。而多尺度卷积神经网络是在传统卷积神经网络的基础上构造了多个通路，不同的通路中滤波器的尺寸和采样间隔不同，这样就合理地解决了上述问题。

多尺度卷积神经网络结构如图 13.1 所示。其中，$C_n$ 和 $C'_n$ 表示与不同尺寸的滤波器卷积，$S_n$ 和 $S'_n$ 表示使用不同的采样间隔进行下采样。使用三种不同尺寸形成三个通路，对三个通路分别进行卷积和下采样，在全连接层将三通路合并。

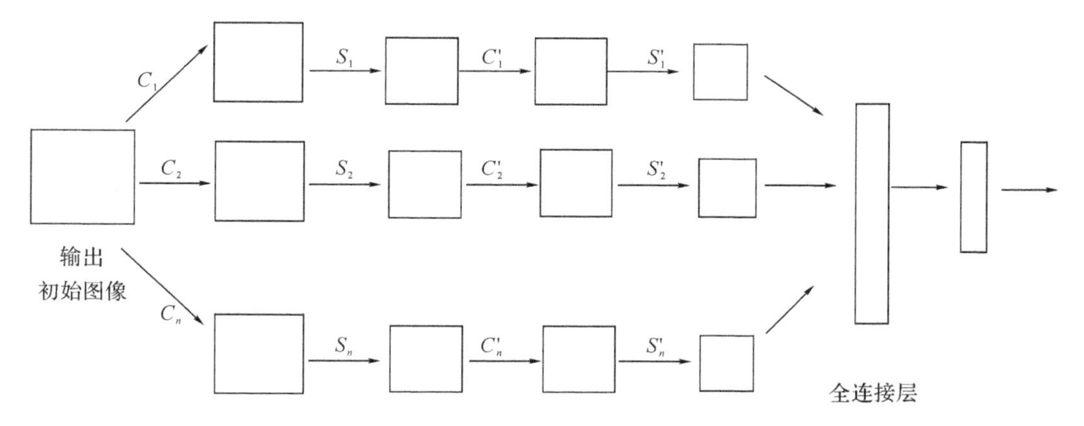


图 13.1 多尺度卷积神经网络结构

## 13.2 基于多尺度深度方向波网络的极化 SAR 图像分类

在本算法中，首先从待分类的极化 SAR 图像的伪彩色图中获取每个像素点的 RGB

值，归一化作为每个样本点的特征，然后选取一部分样本点作为训练样本集，输入到多尺度深度 Directionlet 网络中去，再对网络进行训练，得到最优权重和偏差，然后利用训练好的网络对所有样本点进行深层次的特征学习，最后得到最终的分类结果。

实现本算法具体步骤如下：

(1) 输入一幅待分类极化 SAR 图像的 Pauli 分解伪彩色图。

(2) 提取 Pauli 分解伪彩色图中每个像素点的 RGB 值作为特征值。将从待分类的极化 SAR 图像的每个像素点中提取的 RGB 三个特征值分别归一到[0，1]之间。

(3) 提取训练样本的特征向量。从待分类的极化 SAR 图像的每类地物中任意选出相等数量的像素点作为训练样本。以训练样本中的每个像素点为中心，选取该中心周围的 21×21 大小的正方形区域中的所有像素点，将从该正方形区域中的每个像素点提取的 RGB 三个特征值，组成训练样本中的每个像素点的 21×21×3 大小的特征向量。

(4) 初始化多尺度深度 Directionlet 网络。按照下式产生的 4×4 大小的矩阵作为初始滤波器：

$$x = (\mathrm{rand}(4,4) - 0.5) * 2 * \mathrm{sqrt}(6/f) \tag{13-1}$$

式中，$x$ 表示初始滤波器，rand 表示随机产生矩阵的操作，$*$ 表示相乘操作，sqrt 表示开方操作，/表示除法操作，$f$ 表示滤波器参数，$f=\begin{cases}144,\ l=2\\288,\ l=4\end{cases}$，$l$ 表示神经网络的层序号。

将初始滤波器通过如下的高斯小波基函数：

$$y = -\,x\mathrm{e}^{\frac{-x^2}{2}} \tag{13-2}$$

式中，均值为 0，标准差为 1，e 表示自然底数。

然后逆时针旋转不同的角度：

$$z = \begin{cases}\mathrm{rot0}(y),\ i\%3 = 1\\ \mathrm{rot90}(y),\ i\%3 = 2\\ \mathrm{rot80}(y),\ i\%3 = 0\end{cases} \tag{13-3}$$

式中，$z$ 表示方向波滤波器，rot0 表示逆时针旋转 0 度，rot90 表示逆时针旋转 90 度，rot180 表示逆时针旋转 180 度，%表示取余运算，$i=1, 2, 3, \cdots, M$，$i$ 表示滤波器的序号，$M$ 表示卷积层的滤波器的总数。

将方向滤波器作为多尺度卷积神经网络的滤波器，得到初始化的多尺度深度 Directionlet 网络。

多尺度深度 Directionlet 网络由 7 层组成：第 1 层为输入层，第 2 层和第 4 层为卷积层，卷积层由多个方向波滤波器组成，第 3 层和第 5 层为下采样层，第 6 层为全连接层，第 7 层为线性回归分类器。

(5) 训练多尺度深度 Directionlet 网络。将训练样本中的每个像素点的 21×21×3 大小的特征向量输入到初始化的多尺度深度 Directionlet 网络中。训练初始化的多尺度深度 Directionlet 网络，得到训练好的多尺度深度 Directionlet 网络。训练初始化的多尺度深度 Directionlet 网络的具体步骤如下：

① 将训练样本的每个像素点的特征向量作为多尺度深度 Directionlet 网络的输入层的输入，经过前向传播，得到多尺度深度 Directionlet 网络的输出层的输出类标。

② 将多尺度深度 Directionlet 网络的输出层的输出类标和极化 SAR 图像中的物体类标的均方误差作为训练误差。

③ 采用反向传播算法，使得训练误差最小化，训练得到训练好的多尺度深度 Directionlet 网络。

(6) 提取测试样本的特征向量。从极化 SAR 图像的每类地物里选取所有像素点作为测试样本。以测试样本中的每个像素点为中心，选取该中心周围的 21×21 大小的正方形区域中的所有像素点，将该正方形区域中的每个像素点提取的 RGB 三个特征值，组成测试样本中的每个像素点的 21×21×3 大小的特征向量。

(7) 得到测试样本中每个像素点的类标。将测试样本中的每个像素点的 21×21×3 大小的特征矩阵输入到训练好的多尺度深度 Directionlet 网络中，得到测试样本中每个像素点的类标。

(8) 计算极化 SAR 图像的分类精度。将测试样本中每个像素点的类标与真实物体类标进行对比，将类标一致的像素点总数与测试样本中像素点总数个数相比得到的值作为极化 SAR 图像的分类精度。

(9) 上色。将分类后的极化 SAR 图像像素点的类标排列成与待分类的极化 SAR 图像大小相等的标签矩阵，将该标签矩阵表示为一幅图像，得到分类后的结果图。

在分类后的极化 SAR 图像上，将红、蓝、绿三种颜色作为三基色，按照三基色原理进行上色，得到彩色的分类效果图。

(10) 输出上色后的极化 SAR 图像。

## 13.3 实验结果与分析

### 13.3.1 实验环境与数据

本章算法的仿真实验是在主频 2.8 GHz 的 Six-Core AMD Opteron(tm) Processor 2439 SE、内存 64 GB 的硬件环境和 Matlab R2012b 的软件环境中进行编程实现的。

本实验使用的三组极化 SAR 数据如下：

(1) 第一幅极化 SAR 图像是 1989 年美国宇喷气推进实验室的 AIRSAR 系统获取的荷

兰 Flevoland 地区的 L 波段全极化图像，大小为 750×1024，该极化 SAR 图像区域中的地表覆盖物为各种农作物和水域等 15 类地物。

(2) 第二幅极化 SAR 图像是 DLRE-SAR 系统获取的德国地区的全极化图像，位于 L 波段，大小为 1300×1200，该极化 SAR 图像区域中的地表覆盖物为城市、森林和开阔区域 3 类地物。

(3) 第三幅极化 SAR 图像是美国喷气推进实验室的 AIRSAR 系统获取的旧金山 San Francisco 地区的全极化图像，位于 L 波段，是一个四视的全极化数据，大小为 1800×1380。该区域包含 5 类地物：高密度城区(High-Density Urban)、低密度城区(Low-Density Urban)、水域(Water)、植被(Vegetation)和开发区(Developed)5 类地物。

### 13.3.2 Flevoland 数据集

每一类地物中随机选取 1200 个点作为训练样本，图中一共有 15 类地物。实验结果如图 13.2 所示。其中，图 13.2(a)是本章方法仿真实验中使用的极化 SAR 图像；图 13.2(b)是采用现有技术的支持向量机 SVM 分类方法的仿真结果图；图 13.2(c)是采用现有技术的稀疏 SVM 分类方法的结果图；图 13.2(d)是采用现有技术的深度 SVM 分类方法的结果图；图 13.2(e)是采用现有技术的自编码器分类方法的结果图；图 13.2(f)是采用现有技术的卷积神经网络 CNN 分类方法的结果图；图 13.2(g)是本章方法的仿真结果图。

本章算法的仿真实验是将待分类的极化合成孔径雷达图像分成 15 类。分别将图 13.2(b)、图 13.2(c)、图 13.2(d)、图 13.2(e)、图 13.2(f)和图 13.2(g)进行对比，可以看出，采用本章算法的方法，相比于采用现有技术的支持向量机 SVM 分类方法、采用现有技术的稀疏 SVM 分类方法、采用现有技术的深度 SVM 分类方法、采用现有技术的自编码器分类方法和采用现有技术的卷积神经网络 CNN 分类方法，区域内错分杂点较少，提高了分类精度。

(a) Pauli 分解图

(b) SVM

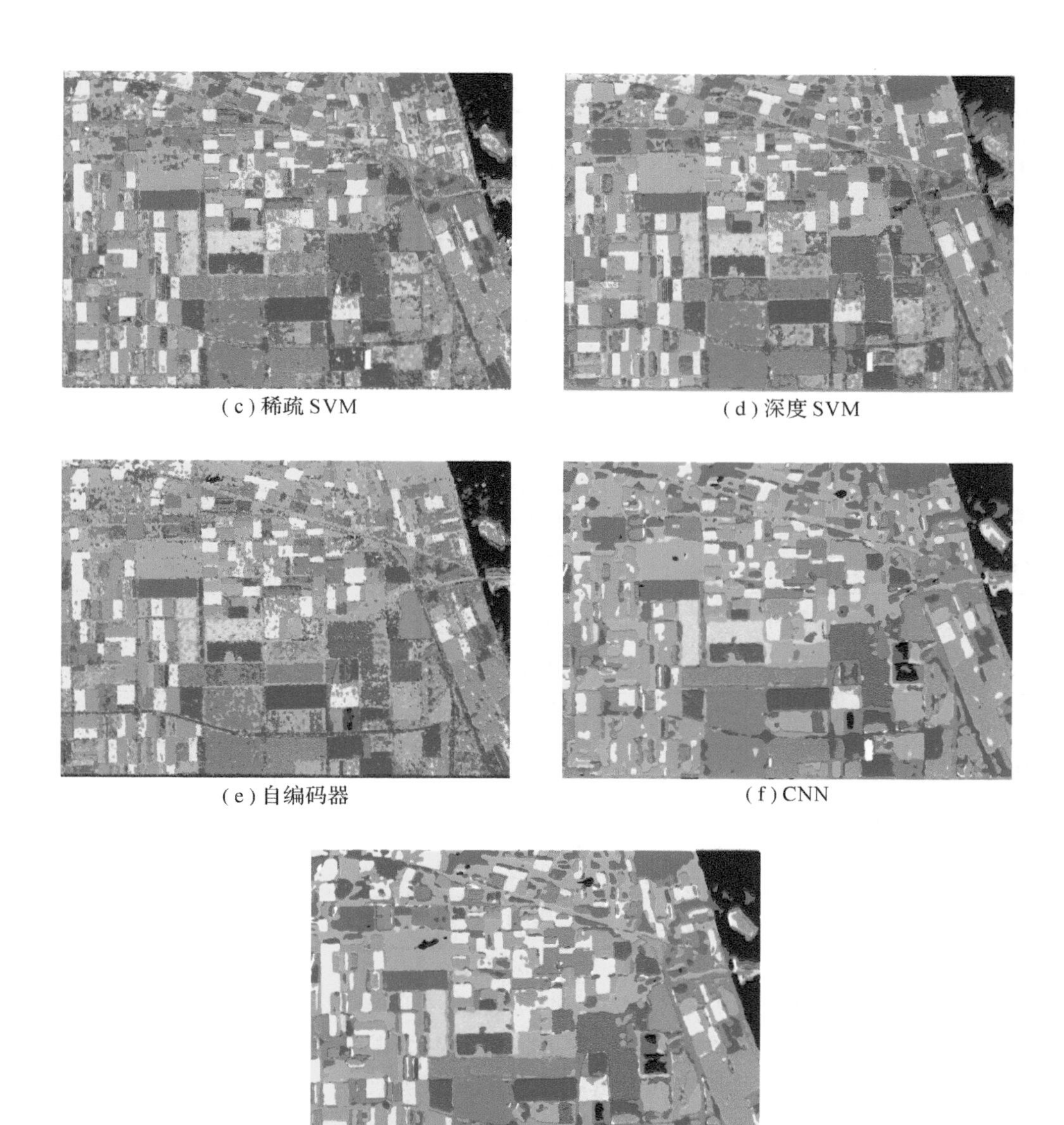

(c) 稀疏 SVM

(d) 深度 SVM

(e) 自编码器

(f) CNN

(g) 本章算法

图 13.2 Flevoland 的实验结果

采用现有技术的支持向量机 SVM 分类方法、采用现有技术的稀疏 SVM 分类方法、采用现有技术的深度 SVM 分类方法、采用现有技术的自编码器分类方法和采用现有技术的卷积神经网络 CNN 分类方法和本章算法对分类正确率进行统计，结果见表 13.1。

表 13.1　Flevoland 地区分类精度统计表　(%)

| 算法 | SVM | 稀疏 SVM | 深度 SVM | 自编码器 | CNN | 本章算法 |
|---|---|---|---|---|---|---|
| 水域 | 98.44 | 95.29 | 97.88 | 98.91 | 90.98 | 96.20 |
| 豌豆 | 69.39 | 83.20 | 75.22 | 90.27 | 95.32 | 93.10 |
| 油菜籽 | 97.55 | 97.33 | 98.29 | 98.25 | 99.11 | 99.98 |
| 苜蓿 | 90.20 | 87.88 | 90.19 | 89.83 | 74.04 | 98.08 |
| 小麦 A | 97.73 | 96.03 | 95.92 | 98.82 | 97.92 | 97.34 |
| 森林 | 89.94 | 83.82 | 89.25 | 73.72 | 97.43 | 94.98 |
| 草地 | 96.63 | 92.39 | 97.21 | 95.22 | 87.24 | 99.44 |
| 黄豆 | 84.59 | 88.90 | 95.30 | 87.78 | 92.43 | 98.75 |
| 贫瘠地 | 95.13 | 92.11 | 95.33 | 96.11 | 91.98 | 95.24 |
| 小麦 B | 97.00 | 92.85 | 97.10 | 97.42 | 97.39 | 99.20 |
| 裸地 | 91.75 | 86.82 | 93.03 | 76.64 | 85.32 | 98.50 |
| 甜菜 | 82.63 | 86.33 | 83.02 | 85.93 | 93.21 | 96.27 |
| 建筑 | 92.45 | 91.53 | 92.73 | 91.92 | 90.46 | 97.77 |
| 马铃薯 | 67.71 | 95.83 | 70.10 | 93.91 | 90.22 | 95.95 |
| 小麦 C | 88.84 | 92.06 | 90.21 | 98.53 | 97.51 | 99.46 |
| 平均精度 | 89.30 | 90.02 | 90.14 | 89.83 | 90.58 | 97.22 |

从表 13.1 中可以看出，用本章算法相比于其他五种算法，不仅在平均精度上有较大的提高，在每类精度上也有大幅度提高。这主要是因为本章算法不仅可以很好地保留图像中像素点的方向特征信息，而且可以同时提取图像的全局特征和局部特征，从而提高了图像分类的计算效率。

### 13.3.3　Germany 数据集

从每一类地物中随机选取 20 000 个点作为训练样本，图中一共有 3 类地物。实验结果如图 13.3 所示。其中，图 13.3(a)是本章算法仿真实验中使用的极化 SAR 图像；图 13.3(b)是基于支持向量机 SVM 分类方法的仿真结果图；图 13.3(c)是基于稀疏 SVM 分类方法的结果图；图 13.3(d)是基于深度 SVM 分类方法的结果图；图 13.3(e)是基于自编码器分类方法的结果图；图 13.3(f)是基于卷积神经网络 CNN 分类方法的结果图；图 13.3(g)是本章算法的仿真结果图。

本章算法的仿真实验将待分类的极化合成孔径雷达图像分成 3 类。分别将图 13.3(b)、图 13.3(c)、图 13.3(d)、图 13.3(e)、图 13.3(f)与图 13.3(g)进行对比，可以看出，采用本章算法的方法，相比于基于支持向量机 SVM 分类方法、基于 SVM 分类方法、基于深度 SVM 分类方法、基于自编码器分类方法和基于卷积神经网络 CNN 分类方法，区域内错分杂点较少，而且提高了分类精度。

将基于支持向量机 SVM 分类方法、基于稀疏 SVM 分类方法、基于深度 SVM 分类方法、基于自编码器分类方法和基于卷积神经网络 CNN 分类方法和本章算法方法对分类精度进行统计，结果见表 13.2。

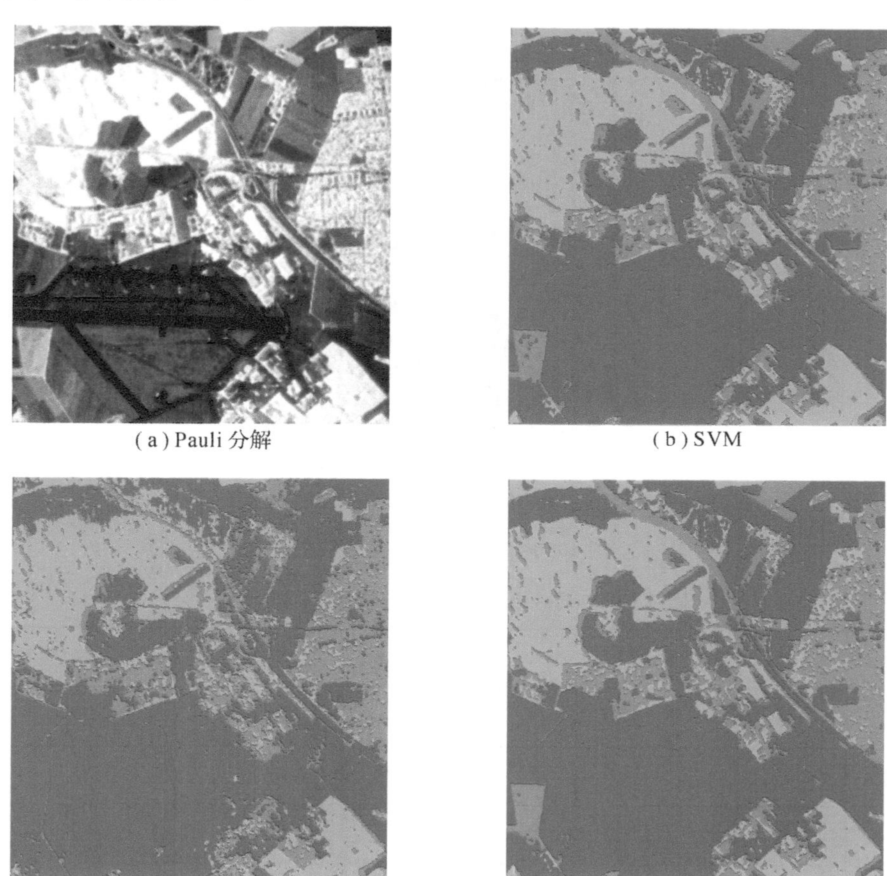

(a) Pauli 分解　(b) SVM

(c) 稀疏 SVM　(d) 深度 SVM

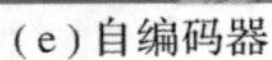

(e) 自编码器

(f) CNN

(g) 本章算法

图 13.3　Germany 的实验结果

**表 13.2　Germany 地区分类精度统计表**　　(%)

| 算法 | SVM | 稀疏 SVM | 深度 SVM | 自编码器 | CNN | 本章算法 |
|---|---|---|---|---|---|---|
| 城市 | 65.44 | 69.77 | 64.78 | 59.98 | 79.12 | 85.84 |
| 森林 | 85.22 | 88.67 | 86.55 | 90.66 | 90.88 | 93.08 |
| 开阔区域 | 91.29 | 90.57 | 91.56 | 92.88 | 93.10 | 95.03 |
| 平均精度 | 83.72 | 85.06 | 83.96 | 84.31 | 89.21 | 92.38 |

从表 13.2 中可以看出，用本章算法相比于其他五种算法，不仅在平均精度上有较大的提高，而且在每类精度上也有大幅度提高，这主要是因为本章算法不仅可以很好地保留图像中像素点的方向特征信息，而且可以同时提取图像的全局特征和局部特征，从而提高了图像分类的计算效率。

### 13.3.4 San Francisco 数据集

从每一类地物中随机选取 20 000 个点作为训练样本，图中一共有 5 类地物。实验结果如图 13.4 所示。其中，图 13.4(a)是本章算法仿真实验中使用的极化 SAR 图像；图 13.4(b)是基于支持向量机 SVM 分类方法的仿真结果图；图 13.4(c)是基于稀疏 SVM 分类方法的结果图；图 13.4(d)是基于深度 SVM 分类方法的结果图；图 13.4(e)是基于自编码器分类方法的结果图；图 13.4(f)是基于卷积神经网络 CNN 分类方法的结果图；图 13.4(g)是本章算法的仿真结果图。

本章算法的仿真实验将待分类的极化合成孔径雷达图像分成 5 类。分别将图 13.4(b)、图 13.4(c)、图 13.4(d)、图 13.4(e)、图 13.4(f)与图 13.4(g)进行对比，可以看出，本章算法相比于采用基于支持向量机 SVM 分类方法、基于稀疏 SVM 分类方法、基于深度 SVM 分类方法、基于自编码器分类方法和基于卷积神经网络 CNN 分类方法，区域内错分杂点较少，提高了分类精度。

(a) Pauli 分解图

(b) SVM

(c) 稀疏 SVM

(d) 深度 SVM

(e) 自编码器

(f) CNN

(g) 本章算法

图 13.4 San Francisco 的实验结果

基于支持向量机 SVM 分类方法、基于稀疏 SVM 分类方法、基于深度 SVM 分类方法、基于自编码器分类方法和基于卷积神经网络 CNN 分类方法和本章方法方法对分类正确率进行统计，结果见表 13.3。

**表 13.3 San Francisco 地区分类精度统计表** (%)

| 算法 | SVM | 稀疏 SVM | 深度 SVM | 自编码器 | CNN | 本章算法 |
|---|---|---|---|---|---|---|
| 高密度城区 | 99.78 | 99.54 | 99.42 | 99.13 | 99.67 | 100 |
| 低密度城区 | 84.11 | 79.57 | 84.78 | 86.32 | 90.11 | 96.18 |
| 水域 | 68.44 | 70.99 | 68.98 | 79.01 | 90.34 | 95.78 |
| 植被 | 67.23 | 78.46 | 68.05 | 61.92 | 90.65 | 93.21 |
| 开发区 | 71.48 | 76.88 | 69.05 | 68.22 | 95.29 | 95.71 |
| 平均精度 | 85.25 | 87.04 | 85.29 | 85.74 | 95.02 | 97.42 |

从表 13.3 中可以看出，用本章算法方法相比于其他五种算法，不仅在平均精度上有较

大的提高，在每类精度上也有大幅度提高。这主要是因为本章算法不仅可以很好地保留图像中像素点的方向特征信息，而且可以同时提取图像的全局特征和局部特征，从而提高了图像分类的计算效率。

## 本章小结

本章主要讨论了基于多尺度深度 Directionlet 网络的极化 SAR 图像分类。首先介绍了多尺度卷积神经网络的基础理论知识，然后详细介绍了多尺度深度 Directionlet 网络的具体实现步骤，最后分析对比了该算法和其他几种算法的实验结果。本章提出的多尺度深度 Directionlet 网络，不仅可以很好地保留图像中像素点的方向特征信息，而且可以同时提取图像的全局特征和局部特征，因此本章算法相比于其他算法取得了更好的分类效果。

## 参考文献


[1] Jong-SenLee，EricPottier. 极化雷达成像基础与应用[M]. 北京：电子工业出版社，2013.

[2] 王超，张红，陈曦，等. 全极化合成孔径雷达图像处理[M]. 北京：科学出版社，2008.

[3] 李飞. 雷达图像目标特征提取方法研究[D]. 西安电子科技大学，2014.

[4] Graves C D. Radar polarization power scattering matrix[J]. Proceedings of the IRE，1956，44(2)：248 - 252.

[5] Zebker H A，Van Zyl J J. Imaging radar polarimetry：A review[J]. Proceedings of the IEEE，1991，79(11)：1583 - 1606.

[6] 张澄波. 综合孔径雷达原理、系统分析与应用[M]. 北京：科学出版社，1989.

[7] 裴静静. 基于 Freeman 分解的极化 SAR 图像分类研究[D]. 西安电子科技大学，2012.

[8] 吴永辉. 极化 SAR 图像分类技术研究[D]. 国防科学技术大学，2007.

[9] Angluin D，Laird P. Learning from noisy examples[J]. Machine Learning，1988，2(4)：343 - 370.

[10] Efron B，Tibshirani R J. An introduction to the bootstrap[M]. CRC press，1994.

[11] Zhou Z H，Li M. Tri-Training：Exploiting Unlabeled Data Using Three Classifiers[J]. IEEE Transactions on Knowledge & Data Engineering，2005，17(11)：1529 - 1541.

[12] 牛东. 基于散射分解和图像纹理特征的极化 SAR 图像分类[D]. 西安电子科技大学，2014.

[13] 刘秀清. 全极化合成孔径雷达极化信息处理技术研究[D]. 中国科学院电子学研究所，2004.

[14] Moore A P，Prince S J D，Warrell J，et al. Superpixel lattices[C]. IEEE Conference on Computer Vision and Pattern Recognition (CVPR)，2008：1 - 8.

[15] Levinshtein A，Stere A，Kutulakos K N，et al. Turbopixels：Fast superpixels using geometric flows[J]. IEEE transactions on pattern analysis and machine intelligence，2009，31(12)：2290 - 2297.

[16] Comaniciu D，Meer P. Mean shift：A robust approach toward feature space analysis[J]. IEEE Transactions on pattern analysis and machine intelligence，2002，24(5)：603 - 619.

[17] Vincent L, Soille P. Watersheds in digital spaces: an efficient algorithm based on immersion simulations [J]. IEEE Transactions on Pattern Analysis & Machine Intelligence, 1991 (6): 583 - 598.
[18] Shi J, Malik J. Normalized cuts and image segmentation[J]. IEEE Transactions on pattern analysis and machine intelligence, 2000, 22(8): 888 - 905.
[19] Liu M Y, Tuzel O, Ramalingam S, et al. Entropy rate superpixel segmentation[C]. IEEE Conference on Computer Vision and Pattern Recognition (CVPR), 2011: 2097 - 2104.
[20] 徐庆伶，汪西莉. 一种基于支持向量机的半监督分类方法[J]. 计算机技术与发展，2010，20(10)：115 - 117.
[21] 蔡娟，蔡坚勇，廖晓东，等. 基于卷积神经网络的手势识别初探[J]. 计算机系统应用，2015，24(4)：113 - 117.

# 第 14 章 基于局部受限卷积神经网络的极化 SAR 影像变化检测



## 14.1 引　　言

前文提到，CNN 主要应用于图像处理领域，它的优点主要是对不同模式的辨别能力，以及对空间信息的保持能力。尽管 CNN 已经在很多领域都有成功的应用，但却甚少被用于极化 SAR 图像的变化检测任务中。在本章的研究中，通过对极化 SAR 数据的合理利用，运用 CNN 解决极化 SAR 图像变化检测任务中的难点问题。

在极化 SAR 图像中的变化检测任务中，变化区域和非变化区域分别对应于变化像素点和非变化像素点的集合，因此图像中的所有像素点都需要被判别出是否发生了变化。换言之，极化 SAR 图像的变化检测实际上是一个像素级的任务。当 CNN 被用于自然图像的像素级任务(例如，语义分割、深度估计)时，其训练过程通常由两个重要部分构成：有监督的预训练和全卷积的微调。有监督的预训练需要大量的人工标注像素点，而全卷积微调需要全图真实类标。在极化 SAR 图像的变化检测任务中，几乎不可能获得足够的人工标记像素点和全图真实类标。可用的资源是极化 SAR 数据本身所具有的极化信息，因此它被当作一种特殊的知识用于 CNN 的训练中。

在对 CNN 进行训练之前，首先需要对极化 SAR 图像进行分析。给定同一地区、不同时刻获取的两幅极化 SAR 图像，可根据一个相似度量求得其对应的差异图(Difference Image，DI)，DI 中每一个值的大小表示这两幅图中相应的两个像素点之间的差异程度，此地区的变化区域可通过 DI 确定，差异越大的像素点对应的像素点变化的可能性越大。最近，有研究人员精心设计一个非均匀杂波模型 HCM，用于对极化 SAR 数据建模，并由此得到一个相似度量。其模型参数通过最大化对数似然函数而得到，相似度量则可通过计算对数似然函数值降低的多少来确定。为了满足 CNN 的训练要求，在估计参数的基础上提出了一种较简单的相似性度量，以此来获得 DI。此外，通过多层的参数估计得到其层次差异图(Layered Difference Images，LDIs)。在实际操作中，需在 LDIs 中加入判别信息，将其转变为判别式增强层次差异图(Discriminative Enhanced LDIs，DELDIs)，以利于 CNN 的训练过程。

基于 DELDIs，即可便捷地完成 CNN 在极化 SAR 分类任务中的训练过程。训练中的两个主要步骤是回归形式的预训练和分类微调。在第一步中，通过逐一增加 CNN 的隐含层对 DELDIs 进行建模。在第二步中，根据 DELDIs 选取部分具有伪标签的像素点作为训练样本，对 CNN 进行分类微调。在 CNN 的训练中未用到任何人工标签像素点，极大地降低了人力成本。训练之后，变化检测的结果即可直接从 CNN 的输出层得到，此结果图被称之为变化检测图，它展示了变化区域所在的位置。

此外，空间信息也在图像处理中扮演了重要的角色，近邻的像素点通常会具有相似的性质。它在很多研究中有了成功的应用，通常被称作“局部相似性(Local Similarity)”。在本章的研究中，将此性质作为一种空间约束强加在 CNN 的输出层，并命名为“局部受限(Local Restriction，LR)”约束。实现此 LR 约束的方式是在损失函数中增加一个额外的正则项。具有 LR 约束的 CNN 被称之为局部受限卷积神经网络(Local Restricted CNN，LRCNN)，其训练过程与 CNN 的训练过程类似。

本章提出的 LRCNN 通过巧妙的方式，将极化 SAR 图像的分类检测任务和优异的 CNN 进行结合，融合了极化信息和 CNN 各自的优势，以此更好地完成变化检测任务。本章算法的主要内容有如下几个方面。

(1) 将 CNN 通过合适的方式应用于极化 SAR 图像的变化检测任务中，充分利用极化信息协助 CNN 的训练过程。

(2) 在考虑空间约束的条件下提出了 LRCNN，由此得到的变化检测结果能够在保证变化区域细节的前提下，提高对噪声的鲁棒性。

(3) 本章提出的 LDIs 比传统的 DI 具有更强的判别特性，能够单独被用于其他的变化检测算法中。在运用 CNN 解决极化 SAR 变化检测问题的过程中，LDIs 的提出是对在训练过程中加入极化信息的一种初步尝试。

本章内容的组织结构如下：首先，通过合适的方式将 CNN 用于变化检测任务中，并以此建立 LRCNN；接着，提出 LDIs 和 DELDIs，并介绍 CNN 和 LRCNN 的训练算法；随后，讨论 LRCNN 和传统变化检测算法之间的差异和联系；在最后的实验部分，验证了 LRCNN 在极化 SAR 图像变化检测任务中的有效性。

## 14.2 局部受限卷积神经网络

在本节内容中，首先对极化 SAR 图像变化检测的任务进行简单介绍；接着运用 CNN 完成基本的检测任务，其变化检测图则可直接从 CNN 的输出层得到；最后将 LR 强加于 CNN 的输出层，从而得到 LRCNN。

### 14.2.1 任务描述

对于在同一地区不同时刻获取的两幅极化 SAR 图像，需要提前将其进行位置校准，而后才可对其进行变化检测。若两幅图中的两个像素点位置相同，却代表了不同的地物类型，则该点被认为是变化像素点。换言之，此位置的地物在获取这两幅图的时间内发生了变化，所有变化像素点的集合就构成了变化区域。下述操作的前提是图像均已完成位置校准，只关注实行变化检测的算法。为了详细描述极化 SAR 图像的变化检测任务，此处利用两幅模拟极化 SAR 图像 I1 和 I2 做具体的例子，其视数均为 $L(L=4)$。

在本章内容中，每个极化 SAR 像素点依然使用具有明确物理含义的相干矩阵来表示。在互易的条件下，相干矩阵 $\boldsymbol{T}$ 是一个 3×3 的共轭对称矩阵。借鉴研究人员的最新成果，可以生成这两幅图中的模拟数据，其中包括服从修正的 K 分布(Modified k-distributed)数据和服从 Wishart 分布的数据。具体而言，假设 $\boldsymbol{T}=\frac{1}{L}\tau \cdot \boldsymbol{Z}\boldsymbol{Z}^{H}=\frac{1}{L}\tau \cdot \boldsymbol{\Lambda}$，其中纹理参数 $\tau$ 服从形状为 $S$、均值为 $\mu$ 的伽马分布 $\Gamma(S, \mu)$，$\boldsymbol{Z}$ 服从循环复数多变量高斯分布，且 $\boldsymbol{\Lambda}=\boldsymbol{Z}\boldsymbol{Z}^{H}$ 代表的是斑点噪声信息。为了更好地模拟极化 SAR 数据，可以从真实数据中提取 $\boldsymbol{\Lambda}$。

如图 14.1 所示，每个模拟图像均包含 Mr×Mc (Mr＝Mc＝192)个像素点，且被分为 9 个区域。图 14.1(a)和(b)中的两个伪彩图分别是通过两个图 $I_1$ 和 $I_2$ 中相干矩阵 $\boldsymbol{T}$ 的对角线元素生成的，图 14.1(c)标明了各个区域的标号，图 14.1(d)和(e)分别展示了图 $I_1$ 和 $I_2$ 中各个区域内极化 SAR 数据的参数，真实的变化检测图如图 14.1(f)所示，其中非变化区域和变化区域分别用黑色和白色表示。

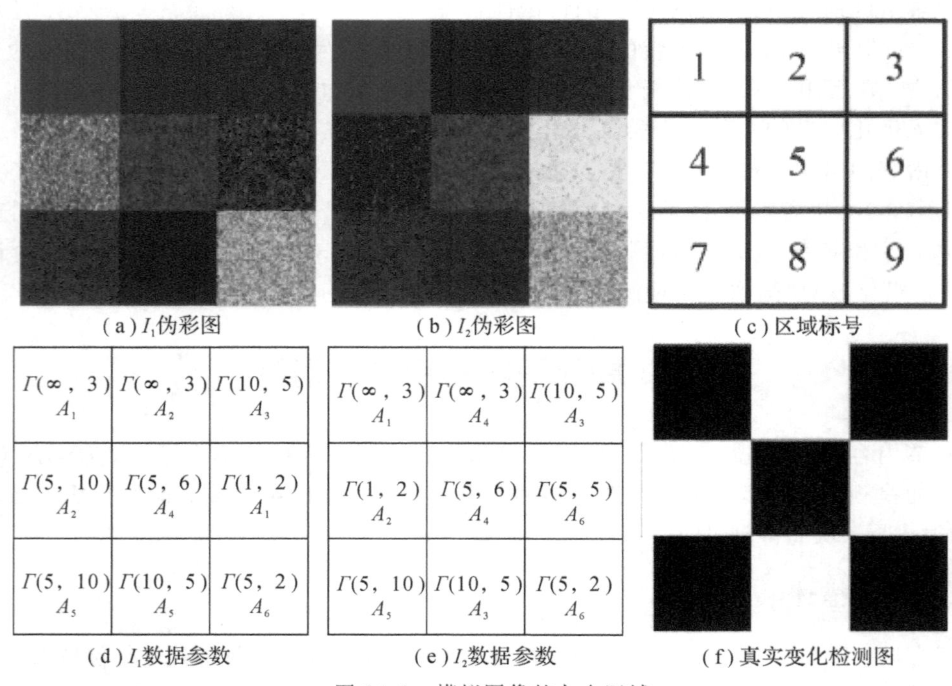


(a) $I_1$伪彩图　(b) $I_2$伪彩图　(c) 区域标号

(d) $I_1$数据参数　(e) $I_2$数据参数　(f) 真实变化检测图

图 14.1　模拟图像的九个区域

为了能够对变化检测算法进行全面的评价，产生的模拟数据中需包含多种不同类型的变化和非变化区域。在上述模拟数据集中，共包含了 5 种类型的变化数据和 4 种类型的非变化数据。变化数据和非变化数据构成的区域分别被称为变化区域和非变化区域。当且仅当两种数据的分布完全一样时，才可认定此种数据为非变化数据；否则，不论是分布不同还是参数不同，都被认定为变化数据。模拟图像 $I_1$ 和 $I_2$ 的详细信息如下。

区域 1 代表的是非变化的 Wishart 分布数据，其中 $\Gamma(\infty, 3)$ 和 Dirac 分布是相同的，区域 3、5、7 和 9 代表的都是非变化的 K 分布数据，区域 2 则代表的是变化的 Wishart 分布数据，其中两幅图中 Dirac 纹理一致，但斑点噪声 $\Lambda$ 不同，区域 4、6 和 8 代表的是变化的 $K$ 分布数据。在区域 4 中，纹理参数未发生改变，但斑点噪声发生了改变；在区域 6 中，纹理参数和斑点噪声均发生了改变；在区域 8 中，只有斑点噪声发生了改变。只有当某算法能够识别所有类型的变化和非变化区域，它才能被称作一个出色的变化检测算法。

### 14.2.2 基于 CNN 的变化检测

在本节变化检测的任务中，CNN 仅由卷积层构成，不包含池化层和全连接层，这与传统的 CNN 稍有不同。在此结构中，可将整幅的图像 $I_1$ 和 $I_2$ 输入到 CNN 中，并从输出层直接得到完整的变化检测图，即通过级联方式将两幅极化 SAR 图像合并为一个整体，作为 CNN 的输入数据。已知，相干矩阵 $\boldsymbol{T}$ 可以通过一个 9 维的列向量 $\boldsymbol{t}$ 完全表示，于是大小为 $M_r \times M_c$ 的图像 $I_1$ 和 $I_2$ 都可以用一个大小为 $M_r \times M_c \times 9$ 的三维矩阵来表示。通过在第三维上进行级联，可以将图像 $I_1$ 和 $I_2$ 组合成一个大小为 $M_r \times M_c \times 18$ 的矩阵 $\boldsymbol{I}$，以此作为 CNN 的输入数据。

在变化检测的任务中，所用 CNN 的结构如图 14.2 所示，CNN 包含了一个输入层，两

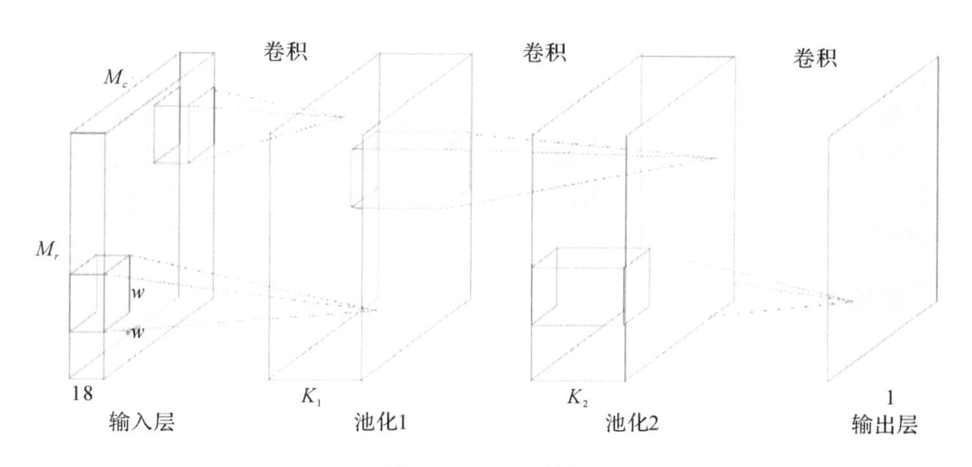


图 14.2　CNN 结构

个隐含的卷积层和一个输出层。第一个隐含层中包含有 $K_1$ 个大小为 $w\times w\times 18$ 的卷积核，第二个隐含层中包含有 $K_2$ 个大小为 $w\times w\times K_1$ 的卷积核，输出层中只包含一个大小为 $w\times w\times K_2$ 的卷积核。每个卷积滤波的步长均为一个像素点，通过对滤波后的数据进行函数激活，可得到各个特征图。两个隐含卷积层的特征图分别用池化 1 和池化 2 来表示。注意，在卷积滤波的执行过程中，每个图的边界提前都进行了拓展，从而保证在所有层中特征图的大小都是相同的。

如图 14.2 所示，此 CNN 的设计初衷是在输入层接收级联矩阵 $\boldsymbol{I}$，并最终从输出层得到变化检测图。由于变化检测实际上是一个像素级的任务，所以输出层中的每一个节点都被作为一个单独的输出。

将 CNN 的输出图用 $O=\{o_{ij}\mid i=1, 2, \cdots, M_r; j=1, 2, \cdots, M_c\}$ 表示，其中 $o_{ij}$ 对应 $I$ 中位置为 $(i, j)$ 的像素点 $I_{ij}$，其数值指示了 $I_{ij}$ 是一个变化像素点的概率。数学上，输出图可通过公式 $O=h_{\text{out}}(h_2(h_1(I)))$ 计算，或者 $O$ 中的每个值可通过下面公式来计算：

$$o_{ij}=h_{\text{out}}(h_2(h_k(\boldsymbol{I}_{ij}^b))) \tag{14-1}$$

式中，$\boldsymbol{I}_{ij}^b$ 包含了所有位于 $\boldsymbol{I}_{ij}$ 的邻域内的像素点；$h_k$ 对应第 $k(k=1, 2)$ 个隐含层中由卷积核滤波和激活函数构成的复合函数；而 $h_{\text{out}}$ 对应的则是最后输出层的复合函数。此处，所有层的激活函数都取为 Sigmoid 函数。为简单起见，可将式(14-1)写为式(14-2)，其中函数 $f$ 表示一个复合函数，而 $W$ 表示 CNN 中所有参数(包括卷积核参数和偏置等)。

$$o_{ij}=f(\boldsymbol{I}_{ij}^b; W) \tag{14-2}$$

若输出图中每个节点真实的目标输出用 $y_{ij}$ 表示，此时 CNN 的损失函数为

$$\begin{aligned} L_{\text{CNN}} &= \sum_{i=1}^{M_r}\sum_{j=1}^{M_c}(o_{ij}-y_{ij})^2 \\ &= \sum_{i=1}^{M_r}\sum_{j=1}^{M_c}(f(\boldsymbol{I}_{ij}^b; W)-y_{ij})^2 \end{aligned} \tag{14-3}$$

在 14.3 节中，将会得到真实目标输出 $y_{ij}$ 的方法，同时详细阐述 CNN 完整的训练过程。网络训练之后，对于每个像素点 $I_{ij}$，可以根据其对应输出的值 $o_{ij}$ 来判断它是否为一个变化像素点：若 $o_{ij}>0.5$，则它更有可能对应一个变化像素点；否则，它更可能对应一个非变化像素点。在变化检测结果图中，变化像素点和非变化像素点分别用 1 和 0 表示。实验部分的结果验证了用 CNN 完成变化检测任务的有效性。

### 14.2.3 构建 LRCNN

在像素级的任务中，CNN 研究人员通常会将输出层的空间信息考虑在内。在做图像分割的任务中，研究人员利用条件随机场(Conditional Random Field，CRF)对分割结果进行了后处理的操作，以达到保护目标细节的目的。在做深度估计的任务中，研究人员是从整幅的真实结果图中学习得到的 CRF。而在本章的研究中，是将空间信息嵌入到了 CNN 的

损失函数中，这样既保持了与具体任务的紧密联系，又避免了对整幅真实结果图的依赖。涉及到空间信息，图像处理问题中所谓的“局部相似性(Localsimilarity)”指的是像素点和其邻域内的像素点很有可能具有相似的性质。对于变化检测图来说，和变化(非变化)像素点邻近的像素点较有可能也是一个变化(非变化)的像素点。基于此，我们将这种空间约束命名为“局部受限(Local Restriction，LR)”，强加于 CNN 的输出层中，将这样的 CNN 称之为局部受限卷积神经网络(Local Restricted CNN，LRCNN)。数学上，这种约束可通过在 CNN 的损失函数中增加一个额外的正则项来实现。在输出层强加一个 LR 约束的优点之一是解除了对整幅真实的变化检测图的依赖。实际上，在极化 SAR 图像的变化检测任务中，几乎不可能得到整幅真实的变化检测图。

具体而言，LRCNN 输出层中的每一个元素 $o_{ij}$ 与其邻域像素具有相似数值的可能性较大。此性质对应于 LRCNN 的损失函数 LLRCNN 中的正则项部分，如式(14-4)所示。参数 $R_{ij,pq}$ 表示 $o_{ij}$ 和 $o_{pq}$ 之间的 LR 指数，且有 $R_{ij,pq}=R_{pq,ij}(i，p=1，2，\cdots，M_r；j，q=1，2，\cdots，M_c)$，参数 $\lambda$ 则用于平衡损失函数中第一个保真项和第二个正则项之间的作用权重。

$$L_{\mathrm{LRCNN}}=\sum_{i=1}^{M_r}\sum_{j=1}^{M_c}(o_{ij}-y_{ij})^2+\frac{1}{2}\lambda\sum_{i=1}^{M_r}\sum_{j=1}^{M_c}\sum_{p=1}^{M_r}\sum_{q=1}^{M_r}(o_{ij}-o_{pq})^2R_{ij,pq} \tag{14-4}$$

对于 LR 指数而言，它必须满足的条件：$o_{ij}$ 和 $o_{pq}$ 之间的距离越近，则与其对应的 $R_{ij,pq}$ 值越小，即距离越近的输出值相似的可能性越大。一般地，可利用高斯核对 LR 指数进行简单定义，即 $R_{ij,pq}=\exp\left(-\dfrac{\|\mathrm{pos}_{ij}-\mathrm{pos}_{pq}\|^2}{2\sigma^2}\right)$，其中 $\mathrm{pos}_{ij}$ 和 $\mathrm{pos}_{pq}$ 分别表示 $o_{ij}$ 和 $o_{pq}$ 各自的位置坐标，参数 $\sigma$ 则用于控制核函数的形状。在只考虑局部邻域像素点的情况下，当位置坐标满足 $\|\mathrm{pos}_{ij}-\mathrm{pos}_{pq}\|>\beta_{\max}$ 时，可将 LR 指数 $R_{ij,pq}$ 设定为 0，其中 $\beta_{\max}$ 表示定义邻域大小时的最远距离。按照这种定义，输出层中的数值 $o_{ij}$ 和 $o_{pq}$ 对应的大多数 LR 指数 $R_{ij,pq}$ 均为 0。

为方便起见，将输出层 $\boldsymbol{O}$ 中的所有元素 $o_{ij}$ 放入一个大小为 $C\times1$ 的列向量中，即 $\boldsymbol{o}=[o_1，o_2，o_3，\cdots，o_C]^{\mathrm{T}}$，其中 $C=M_r\times M_c$。类似地，真实输出图中的所有元素 $y_{ij}$ 也可用一个列向量表示，即 $\boldsymbol{y}=[y_1，y_2，y_3，\cdots，y_C]^{\mathrm{T}}$。同时，将 $\lambda$ 嵌入到 LR 指数 $R_{ij,pq}$ 中，即令 $\boldsymbol{R}_{ij,pq}=\lambda\exp\left(-\dfrac{\|\mathrm{pos}_{ij}-\mathrm{pos}_{pq}\|^2}{2\sigma^2}\right)$。令 $\boldsymbol{R}$ 表示一个大小为 $C\times C$ 的稀疏对称矩阵，其中每一个元素 $\boldsymbol{R}_{uv}$ 都对应了一个 LR 指数，即有 $\boldsymbol{R}_{uv}=R_{ij,pq}$，$u=1，2，\cdots，C$；$v=1，2，\cdots，C$。此时，CNN 和 LRCNN 的损失函数分别如式(14-5)和式(14-6)所示。

$$L_{\mathrm{CRNN}}=\sum_{u=1}^{C}(o_u-y_u)^2 \tag{14-5}$$

$$L_{\mathrm{LRCRNN}}=\sum_{u=1}^{C}(o_u-y_u)^2+\frac{1}{2}\sum_{u=1}^{C}\sum_{v=1}^{C}(o_u-o_y)^2R_{uv} \tag{14-6}$$

与 $L_{CNN}$ 相比，$L_{LRCRNN}$ 中增加了一个额外的正则项，可看出对式(14－5)的优化比对式(14－6)的优化要复杂很多。为了简化训练，在下节的介绍中，可将其转为一个更加简单的格式。在实验部分，强加 LR 约束的有效性得到了验证。

## 14.3 LDIs 和 DELDIs

为了更好地训练 CNN 和 LRCNN，考虑在此过程中利用数据的极化信息。因此在本节内容中，首先对极化 SAR 数据进行分析，以此 CNN 和 LRCNN 的训练过程作准备。然后根据一种新的相似度度量产生 LDIs 和 DELDIs，并根据 DELDIs 自动地选取部分伪标签像素点。在训练过程中，CNN 先对 DELDIs 进行建模，再利用上步中选取的伪标签像素点对网络参数进行微调。LRCNN 的训练过程同 CNN 类似。

### 14.3.1 数据分析

为了衡量两幅极化 SAR 图像之间统计特征的差异性，研究人员基于非均匀杂波模型设计了一个相似度度量。此模型描述了一系列不同的统计过程，特例包括 Wishart 分布和多视数 K 杂波分布等(Multilook K Clutter Distribution)。式(14－7)列出了它的概率密度函数(Probability Density Function，PDF)，其中 $|\cdot|$ 表示矩阵的行列式，$p_\tau$ 表示纹理参数 $\tau$ 的概率密度函数，$L$ 为极化 SAR 数据的视数，$\boldsymbol{\Sigma}$ 指的是斑点噪声的协方差矩阵，$p$ 表示散射向量的维数(这里 $p=3$)，Trace 表示矩阵的迹。

$$p_T\left(\boldsymbol{T};\tau,L,\boldsymbol{\Sigma}\right)=\frac{L^{Lp}\ |\boldsymbol{T}|^{L-p}}{\Gamma_p(L)\left|\boldsymbol{\Sigma}\right|^{L}}\int_0^{\infty}\frac{1}{\tau pL}\exp\left\{-L\cdot\mathrm{trace}\left(\frac{\boldsymbol{\Sigma}^{-1}\boldsymbol{T}}{\tau}\right)\right\}\cdot p_\tau(\tau)\mathrm{d}\tau \tag{14-7}$$

一个像素点所服从的概率分布可根据其周围的邻域像素点估计得到，即通过 $N_\epsilon$ 个邻域像素点 $\boldsymbol{T}_n(n=1,2,\cdots,N_\epsilon)$ 估计得到。一般而言，可以取其周围的 $w\times w$ 大小的块作为其邻域，这样就有 $N_\epsilon=w^2$(在实验中设定 $w=3$)。按照最大似然(Max-Likelihood，ML)估计算法，可以通过最大化似然函数 $\prod_{n=1}^{N_\epsilon}p_T(\boldsymbol{T}_n;\tau_n,L,\boldsymbol{\Sigma})$ 来估计参数，并设这 $N_\epsilon$ 个邻域像素点 $\boldsymbol{T}_n(n=1,2,\cdots,N_\epsilon)$ 之间是独立同分布的。式(14－8)列出了一个利用递归算法来估计 $\boldsymbol{\Sigma}$ 的办法：

$$\hat{\boldsymbol{\Sigma}}_{t+1}=g(\hat{\boldsymbol{\Sigma}}_t)=\frac{p}{N_\epsilon}\sum_{n=1}^{N_\epsilon}\frac{\boldsymbol{T}_n}{\mathrm{Trace}(\boldsymbol{\Sigma}_t^{-1}(\boldsymbol{T}_n))} \tag{14-8}$$

式中，$\hat{\boldsymbol{\Sigma}}_t$ 为第 $t$ 次迭代之后的估计结果。研究人员已经证明，无论怎样初始化，此递归算法总会收敛到一个唯一的点。在实验过程中，用 $N_\delta$ 个邻域像素点的均值对其进行初始化，即 $\frac{1}{N_\delta}\sum_{n=1}^{N_\delta}(\boldsymbol{T}_n)$。得到估计值 $\hat{\boldsymbol{\Sigma}}$ 之后，参数 $\tau_n$ 可通过 $\hat{\tau}_n=\frac{1}{p}\mathrm{Trace}(\hat{\boldsymbol{\Sigma}}^{-1}(\boldsymbol{T}_n))$ 得到。

### 14.3.2 构建层次差异图 LDI

令 $\boldsymbol{X}$ 和 $\boldsymbol{Y}$ 分别表示图像 $I_1$ 和 $I_2$ 中的相同位置坐标的两个像素点。对于变化检测任务而言，需要衡量每一对像素点 $\boldsymbol{X}$ 和 $\boldsymbol{Y}$ 之间的差异性来获得 DI，并以此判断它们是否代表的同一种地物。根据文献中的定义，研究人员首先计算了一个最大化的对数似然函数，即 $\boldsymbol{\Sigma}\ \ln(p_T(\boldsymbol{T}_n))$，然后像素点之间的差异性可通过测量 MLL 减小的量来定义。然而，此种方法还需要对概率密度函数 $p_\tau(\cdot)$ 中的参数进行估计，这就带来了繁琐的计算过程。此外，由于需要将原始数据 $\boldsymbol{T}_n$ 重新引入计算过程，所以此度量方式鲁棒性较差。为了降低计算量并提高鲁棒性，用 $\hat{\boldsymbol{\Sigma}}_X$ 和 $\hat{\boldsymbol{\Sigma}}_Y$ 之间的距离定义像素点 $\boldsymbol{X}$ 和 $\boldsymbol{Y}$ 之间的相似性，其中 $\hat{\boldsymbol{\Sigma}}_X$ 和 $\hat{\boldsymbol{\Sigma}}_Y$ 分别是从 $\boldsymbol{X}$ 和 $\boldsymbol{Y}$ 估计得到的参数。换言之，定义差异性度量为 $S(\boldsymbol{X}, \boldsymbol{Y})=\mathrm{Dist}(\hat{\boldsymbol{\Sigma}}_X, \hat{\boldsymbol{\Sigma}}_Y)$，其值越大，意味着 $\boldsymbol{X}$ 和 $\boldsymbol{Y}$ 之间的差异性越大。为简单起见，$\mathrm{Dist}(\hat{\boldsymbol{\Sigma}}_X, \hat{\boldsymbol{\Sigma}}_Y)$ 可以采用 Wishart 距离函数，对应的差异性度量如式(14－9)所示，其中 $\ln(\cdot)$ 为取自然对数操作。由于 $S(\boldsymbol{X}, \boldsymbol{Y})$ 中用到的估计参数 $\hat{\boldsymbol{\Sigma}}$ 比原始数据要更稳定，因而此差异性度量对斑点噪声具有更强的鲁棒性。

$$S(\boldsymbol{X}, \boldsymbol{Y}) = \mathrm{Dist}(\hat{\boldsymbol{\Sigma}}_X, \hat{\boldsymbol{\Sigma}}_Y) = \mathrm{L}\left(2\ln\left|\frac{\hat{\boldsymbol{\Sigma}}_X + \hat{\boldsymbol{\Sigma}}_Y}{2}\right|\right) - \ln(|\hat{\boldsymbol{\Sigma}}_X|) - \ln(|\hat{\boldsymbol{\Sigma}}_Y|)) \tag{14-9}$$

需要注意的是，每一个像素点都会对应一个估计参数 $\hat{\Sigma}$，因而图像 $I_1$ 和 $I_2$ 中的所有像素点产生的估计参数，可重新组成两幅图 $I_X^1$ 和 $I_Y^1$，并把它们作为第二层的图像数据。若在这两幅新图像上进行参数估计，又可得到更高层的图像。可以用符号 $I_X^l$ 和 $I_Y^l$ 来表示第 $l$ 层的图像数据，其中 $l=0, 1, \cdots, L_\in -1$，总层数为 $L_\in$（实验中取 $L=3$）。而各层图像中的像素点分别用 $\boldsymbol{X}_\Sigma^l$ 和 $\boldsymbol{Y}_\Sigma^l$ 表示。当 $l=0$ 时，有 $I_X^0=I_1$，$I_Y^0=I_2$，$\boldsymbol{X}_\Sigma^0=\boldsymbol{X}$ 和 $\boldsymbol{Y}_\Sigma^0=\boldsymbol{Y}$。这样就可以产生层次差异图(Layered Difference Images, LDIs)，$\mathrm{LDI}_l$($l=0, 1, L_\in -1$)，其中 $\mathrm{LDI}_l$ 表示 $I_X^l$ 和 $I_Y^l$ 之间的 DI。换言之，$\mathrm{LDI}_1$ 中的每个值通过式(14－9)计算得到，$\mathrm{LDI}_0$ 完全是基于 Wishart 距离得到的最原始的差异图。参考图 14.6 的上半部分，可对上述过程有更好的理解。

为了方便地对 LDIs 的有效性进行分析，在图 14.3(a)～(c)中展示了模拟数据集的三个层次差异图，即 $\mathrm{LDI}_l$，$l=0, 1, 2$。同时将其直方图和方差列于对应差异图的正下方，如图 14.3(d)～(f)所示。显然，随着层数的增加，其判别性变得越来越强：$\mathrm{LDI}_1$ 比 $\mathrm{LDI}_0$ 具有更强的判别性，而 $\mathrm{LDI}_2$ 又比 $\mathrm{LDI}_1$ 有更强的判别性。它们各自的直方图和方差也验证了这个说法，其方差分别为 0.0044、0.0246 和 0.0389。差异图的方差越大，意味着差异图内部数值的可分性越强，也即更容易通过 LDIs 对变化像素点和非变化像素点进行区分。

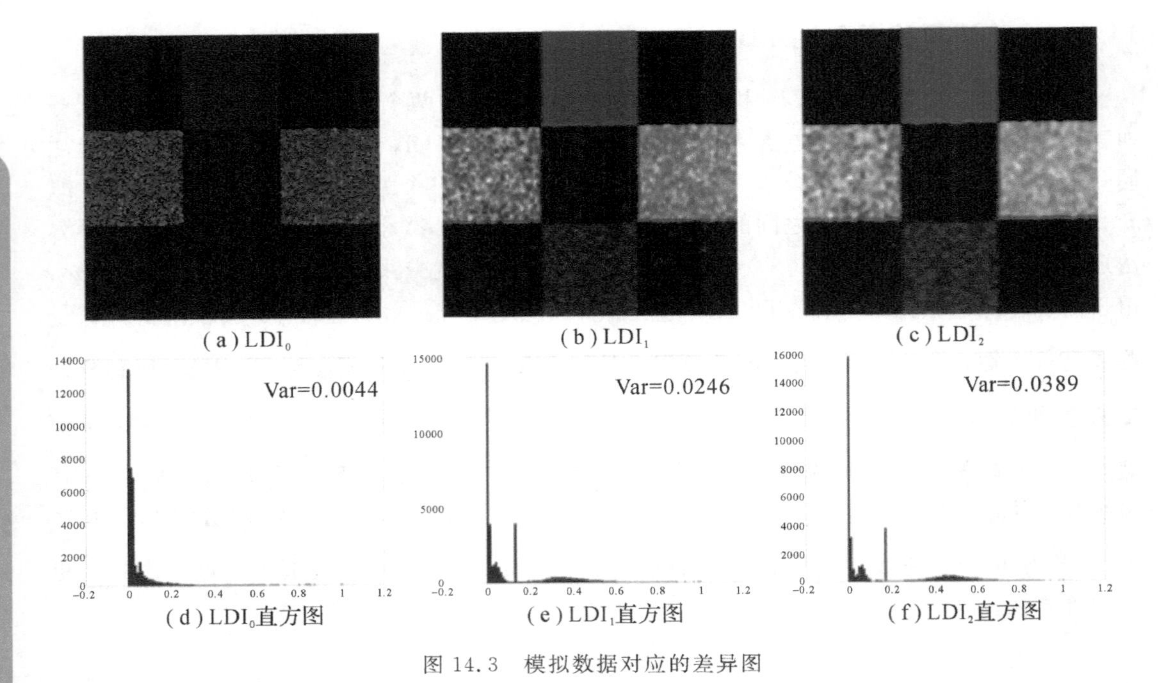


图 14.3 模拟数据对应的差异图

### 14.3.3 构建 DELDI

鉴于 LDIs 强大的判别性，对它们进行简单的分析即可得到不错的变化检测结果，如图 14.7 所示。然而，这其中仍有部分噪声影响检测结果。为此，上文提出运用 CNN/LRCNN 来完成变化检测任务。为便于 CNN/LRCNN 的训练过程，需要将 LDIs 增强为 DELDIs，详细内容如下。

将 $\mathrm{LDI}_l$ 中数值进行归一化操作，并将其每一个数值用 $d$ 来表示，其中 $0 \leqslant d \leqslant 1$，且 $d$ 越大表明它所对应的两个像素点之间的差异性越大。令 Enhance 表示一个增强函数，增强数据 $ed$ 通过增强函数 $ed = \mathrm{Enhance}(d)$ 得到。此处增强函数需满足以下三个条件：① 单调递增；② 当 $0 \leqslant d \leqslant 1$ 时，有 $0 \leqslant \mathrm{Enhance}(d) \leqslant 1$；③ $ed > 0.5$ 更有可能指示的是变化像素点，而 $ed \leqslant 0.5$ 更有可能指示的是非变化像素点。第一个条件保证的是，对于两个差异很大的像素点，其 $d$ 和 $ed$ 均需具有更大的值；后两个条件保证的是，增强数据 $ed$ 对应于一个变化像素点的概率。

可用一个幂函数对增强函数进行简单定义，即 $\mathrm{Enhance}(\cdot) = \cdot^{a}$，其中 $a$ 为一个正的实值常数。幂函数天然满足上段中提及的前两个条件，为满足最后一个条件，可令 $a = \dfrac{1}{-\log_2(\theta)}$，其中是一个阈值参数。一般地，可通过 $K\&I$ 算法，或者其他阈值算法来确定 $\theta$

的值，使得 $d>\theta$ 指示的是一个变化像素点，而 $d\leqslant\theta$ 指示的是一个非变化像素点。当 $d>\theta$ 时，则有 $\mathrm{Enhance}(d)=d^a=d^{\frac{1}{-\log_2(\theta)}}=(d^{\log_\theta(2)})^{-1}>(\theta^{\log_\theta(2)})^{-1}=0.5$，其中 $0<\theta<1$。类似地，当 $d\leqslant\theta$ 时，有 $\mathrm{Enhance}(d)=d^a\leqslant 0.5$。这样，通过式(14-10)中的增强函数，即可在 LDI 中加入了更为特殊的判别信息。通过增强函数作用的 LDIs 被称之为判别增强的 LDIs (Discriminative Enhanced LDIs，DELDIs)，并用式(14-10)来表示。根据图 14.3 中的 LDIs，将其增强版本及其直方图列于图 14.4 中。

$$ed=\mathrm{Enhance}(d)=d^{\frac{1}{-\log_2(\theta)}} \tag{14-10}$$

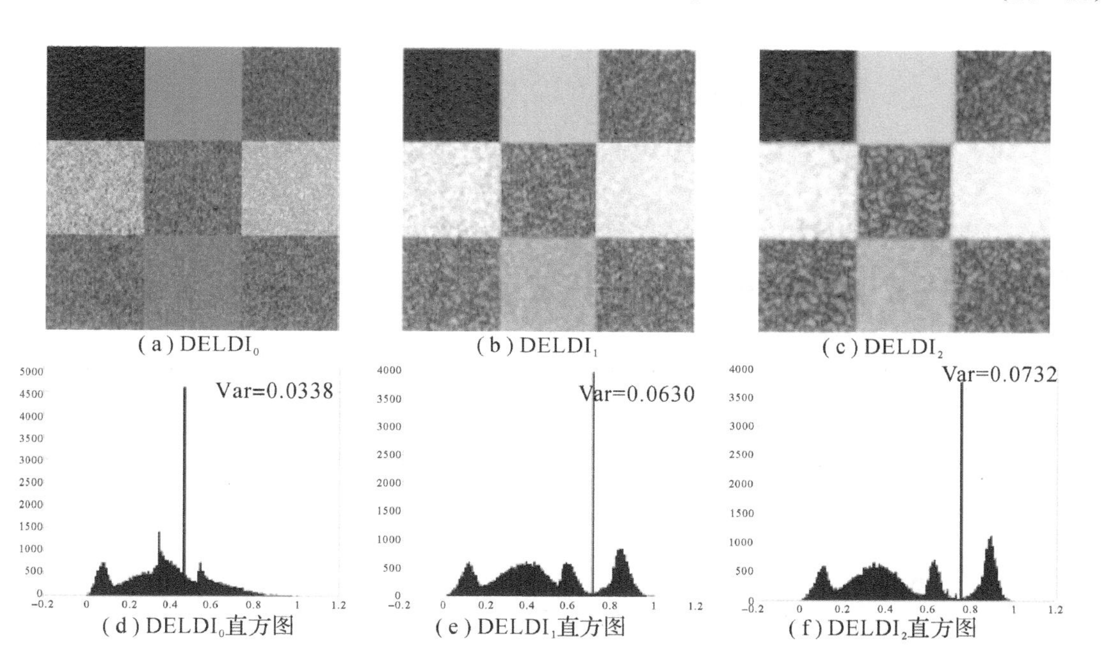

(a) $\mathrm{DELDI}_0$　(b) $\mathrm{DELDI}_1$　(c) $\mathrm{DELDI}_2$

(d) $\mathrm{DELDI}_0$直方图　(e) $\mathrm{DELDI}_1$直方图　(f) $\mathrm{DELDI}_2$直方图

图 14.4　模拟数据对应差异图的增强版本

通过比较图 14.3(a)和图 14.4(a)，图 14.3(b)和图 14.4(b)，图 14.3(c)和图 14.4(c)，可以看出，经过增强函数作用之后，变化像素点和非变化像素点变得更加容易区分了。图 14.4(d)～(f)也定量地揭露了其判别性得到了增强这个事实。事实上，三组差异图的方差分别从 0.0044 上升到 0.0338，从 0.0246 上升到 0.0630，从 0.0389 上升到 0.0732。此外，此增强操作也是将 LDIs 应用于 CNN/LRCNN 训练的一个关键步骤，详细的训练过程将在下节中讨论。

在算法 14.1 中，对 LDIs 和 DELDIs 的产生过程进行了总结，如下所示。

**算法 14.1**：LDIs 生成及其增强

输入：

两幅经过了位置校准之后的极化 SAR 图像 $I_1$ 和 $I_2$，图像块的大小 $w$(即有 $N_c=w^2$)，迭代次数 $t^{\text{iter}}$，总层数 $L_\in$：

准备工作：

(1) 第 $l$ 层中的图像分别用 $I_X^l$ 和 $I_Y^l$ 表示，其中 $l=0, 1, \cdots, L_\in-1$，且 $I_X^0=I_1$ 和 $I_Y^0=I_2$位于最原始层；图像 $I_X^0$ 和 $I_Y^0$ 中的像素点分别用 $\boldsymbol{X}_\Sigma^1$ 和 $\boldsymbol{Y}_\Sigma^1$ 表示。

生成过程：

(2) For $l=0$ to $L_\in-1$ do

For 每一对像素点 $\boldsymbol{X}_\Sigma^1$ 和 $\boldsymbol{Y}_\Sigma^1$ do

通过式(14-9)计算其差异度；

End For

全部的差异度构成第 $l$ 层的差异图 $\text{LDI}_l$；

通过 K&I 算法为 $\text{LDI}_l$ 确定阈值 $\theta$；

利用式(14-10)中的增强函数将 $\text{LDI}_l$ 转变为 $\text{DElDI}_l$；

If $l+1<L_\in-1$ do

For $I_X^l$ 中的每个像素点 $\boldsymbol{X}$ 和 $I_Y^l$ 中的每个像素点 $\boldsymbol{Y}$ do

选取 $\boldsymbol{X}$ 的 $N_\in$ 个邻域像素点，并通过式(14-8)进行 $t^{\text{iter}}$ 次迭代得到估计参数$\hat{\boldsymbol{\Sigma}}_X$；

选取 $\boldsymbol{Y}$ 的 $N_\in$ 个邻域像素点，并通过式(14-8)进行 $t^{\text{iter}}$ 次迭代得到估计参数$\hat{\boldsymbol{\Sigma}}_Y$；

令 $\boldsymbol{X}_\Sigma^{l+1}=\hat{\boldsymbol{\Sigma}}_X$，以及 $\boldsymbol{Y}_\Sigma^{l+1}=\hat{\boldsymbol{\Sigma}}_Y$；

End For

将估计得到的 $\boldsymbol{X}_\Sigma^{l+1}$ 组成图像 $I_X^{l+1}$；

将估计得到的 $\boldsymbol{Y}_\Sigma^{l+1}$ 组成图像 $I_Y^{l+1}$；

End If

End For

输出：

$\text{DELDI}_l$，其中 $l=0, 1, \cdots, L_\in-1$。

## 14.4 学习策略

### 14.4.1 CNN 训练分析

由于在变化检测任务中不能获取整幅的真实变化检测图，而 LDIs 和 DELDIs 又和变化检测结果关系紧密，所以可以利用 DELDIs 对 CNN 进行训练。如上节内容所述，DELDIs 中的每一个值都指示了某个像素点是变化像素点的概率。因此，可基于 DELDIs 对 CNN 进行两步训练 —— 回归预训练和分类微调。

第一步是利用 CNN 的输出层对 DELDIs 进行建模。DELDI 中的每一个值都可作为 CNN 输出层的一个真实目标输出，即作为式(14 - 3)中的 $y_{ij}$。CNN 输出图中的所有数据 $o_{ij}$ 及其真实目标输出 $y_{ij}$ 都是可用的，因此对式(14 - 3)中损失函数的最小化计算非常方便。同时，大量训练数据 $o_{ij}$ 和 $y_{ij}$ 的使用，也保证了网络能够学习到合适的参数 $W$。经过回归训练之后，CNN 的输出图即可像 DELDI 一样包含判别性信息。

第二步是对 CNN 进行微调之后，即可得到变化检测图。为使得微调操作能够顺利执行，需要根据 DELDI 选取部分伪标签的像素点作为微调的训练样本。具体而言，若 DELDI 中的 $y_{ij}$ 及其邻域的数值都大于 0.5，则选取与之对应的像素点 $I_{ij}$ 作为变化像素点的训练数据，其伪标签用 1 表示。相反地，若 $y_{ij}$ 及其邻域的数值都小于 0.5，则选取与之对应的像素点 $I_{ij}$ 作为非变化像素点的训练数据，其伪标签用 0 表示。用符号 $\Phi$ 来表示所有具有伪标签的样本集合，即 $\Phi=\{(I_{ij}, t_{ij}) \mid t_{ij}=0, 1\}$，其中 $t_{ij}$ 表示 $I_{ij}$ 的伪标签，$t_{ij}=0$ 指示了一个非变化像素点，而 $t_{ij}=1$ 指示了一个变化像素点。根据这些伪标签样本，对 CNN 进行微调，从而使得 CNN 能够对这些样本进行正确的分类。此微调过程可通过解决式(14 - 11)中的优化问题来实现。

$$\min_{W} L_{\mathrm{CNN}} = \sum_{(I_{ij}, t_{ij}) \in \Phi} (o_{ij} - t_{ij})^2 \tag{14-11}$$

上述回归预训练和分类微调均可通过梯度算法来进行。前者将 CNN 的参数值设定到一个合适的初始值，而后者则通过对参数的进一步调整得到更好的变化检测结果。整个训练完成之后，即可从 CNN 的输出层获得最终的变化检测图：将输出图中大于 0.5 的值都设为 1，其余的设为 0，并把它作为最终的变化检测图。换言之，在最终的变化检测图中，变化像素点和非变化像素点分别用 1 和 0 来表示。

### 14.4.2 LRCNN 训练分析

对于 LRCNN，上述训练方式依然适用，其中最大的区别在于梯度算法中的偏导数形式。为简单起见，将式(14 - 6)中的损失函数 $L_{\mathrm{LRCNN}}$ 转化成另一种格式，以利于 LRCNN 的训练过程，如式(14-12)所示。新格式中的 $\boldsymbol{F}$ 为一个对角矩阵，其第 $v$ 个对角元素是矩阵 $\boldsymbol{R}$ 中第 $v$ 行元素之和。同时，$\boldsymbol{E}$ 表示一个单位矩阵，且有 $\boldsymbol{A}=\boldsymbol{E}+\boldsymbol{F}-\boldsymbol{R}$。这样，回归预训练中所需要的偏导数可以通过式(14-13)得到。

$$\begin{aligned} L_{\mathrm{LRCNN}} &= \sum_{u=1}^{C} y_u^2 - 2\sum_{u=1}^{C} o_u y_u + \left(\sum_{u=1}^{C} o_u^2 + \sum_{u=1}^{C}\sum_{v=1}^{C} o_u^2 \boldsymbol{R}_{uv} - \sum_{u=1}^{C}\sum_{v=1}^{C} o_u o_v \boldsymbol{R}_{uv}\right) \\ &= y^T y - 2o^T y + (o^T o + o^T F o - o^T R o) \\ &= y^T y - 2o^T y + o^T A o \\ &= \sum_{u=1}^{C} y_u^2 - 2\sum_{u=1}^{C} o_u y_u + \sum_{u=1}^{C}\sum_{u=1}^{C} o_u o_v \boldsymbol{A}_{uv} \end{aligned} \tag{14-12}$$

$$\frac{\partial L_{\mathrm{LRCNN}}}{\partial W} = 2\sum_{u=1}^{C}\left(\sum_{v=1}^{C} o_v \boldsymbol{A}_{uv} - y_u\right)\frac{\partial o_u}{\partial W} \tag{14-13}$$

前文提到，$\boldsymbol{R}$ 是一个稀疏矩阵，所以 $\boldsymbol{A}$ 也是稀疏矩阵，$\sum_{v=1}^{C} o_v \boldsymbol{A}_{uv}$ 中只有少数项为非零项。事实上，在只考虑邻域信息的情况下，当且仅当 $\| \mathrm{pos}_u - \mathrm{pos}_v \| \leqslant \beta_{\max}$ 时，其对应项 $o_v A_{uv}$ 才是非零的，也就才能影响预训练的过程。在极端的情况下，当 $\beta_{\max}=0$ 时，有 $\boldsymbol{F}=\boldsymbol{R}$。此时，有 $\boldsymbol{A}=\boldsymbol{E}$，且 $\frac{\partial L_{\mathrm{LRCNN}}}{\partial W}$ 退化为 $\frac{\partial L_{\mathrm{CNN}}}{\partial W}$，$L_{\mathrm{LRCNN}}$ 也退化为 $L_{\mathrm{CNN}}$。

至于 LRCNN 的分类微调过程，其优化问题如式(14-14)所示。在第一项的保真项中，只包含了具有伪标签的样本。由于输出图 $\boldsymbol{O}$ 中的所有数据都是可用的，因此空间约束 LR 需要在整个输出图上得到满足，即在第二项的正则项中，将 LR 正则对所有输出数据进行约束。至于 LRCNN 的分类微调过程，其优化问题如式(14-14)所示。在第一项的保真项中，只包含了具有伪标签的样本。由于输出图 $O$ 中的所有数据都是可用的，因而空间约束 LR 需要在整个输出图上得到满足，即在第二项的正则项中，将 LR 正则对所有输出数据进行约束。

$$\min_{W} L_{\mathrm{LRCNN}} = \sum_{(I_u,\, t_u)\in\Phi} (o_u - t_u)^2 + \frac{1}{2}\sum_{u=1}^{C}\sum_{v=1}^{C} (o_u - o_v)^2 R_{uv} \tag{14-14}$$

令 $\boldsymbol{Q}$ 表示一个大小为 $C\times C$ 的对角矩阵，其中当且仅当 $(I_u, t_u)\in\Phi$ 时，才有 $\boldsymbol{Q}_{uu}=1$，否则 $\boldsymbol{Q}_{uu}=0$。同时，令 $\boldsymbol{B}=\boldsymbol{Q}+\boldsymbol{F}-\boldsymbol{R}$，则式(14-14)中的损失函数可以写成如下形式：

$$\begin{aligned} L_{\mathrm{LRCNN}} &= \sum_{u=1}^{C} \boldsymbol{Q}_{uu}(o_u - t_u)^2 + \frac{1}{2}\sum_{u=1}^{C}\sum_{v=1}^{C}(o_u - o_v)^2 \boldsymbol{R}_{uv} \\ &= \sum_{u=1}^{C} \boldsymbol{Q}_{uu} t_u^2 - 2\sum_{u=1}^{C} \boldsymbol{Q}_{uu} o_u t_u + \sum_{u=1}^{C}\sum_{v=1}^{C} o_u o_v \boldsymbol{R}_{uv} \end{aligned} \tag{14-15}$$

式(14-16)展示了式(14-15)中损失函数的偏导，用于 LRCNN 的分类微调过程。最终，同 CNN 类似地，就可以从 LRCNN 的输出层得到最后的变化检测图。

$$\frac{\partial L_{\text{LRCNN}}}{\partial W} = 2\sum_{u=1}^{C}\left(\sum_{v=1}^{C} o_v \boldsymbol{B}_{uv} - \boldsymbol{Q}_{uu} t_u\right)\frac{\partial o_u}{\partial W} \tag{14-16}$$

### 14.4.3 训练算法

如上所述，LRCNN 只有通过合适的训练过程才能完成变化检测任务，训练过程包括回归预训练和分类微调两个步骤。此外，DELDIs 的层次结构也需对应于 LRCNN 的层次结构，这样在第一步的回归预训练中，即可逐步增加 LRCNN 的层数。具体而言，第 l 层的 DELDI(即 $\text{DELDI}_l$)，用于训练含有 l 个隐含卷积层的 LRCNN。在最后一个隐层后，增加另一个随机初始化的隐含卷积层，构成含有 $l+1$ 个隐含卷积层的 LRCNN，并在输出层对 $\text{DELDI}_{l+1}$ 进行建模，即用 $\text{DELDI}_{l+1}$ 进行训练。重复此过程，直至最后一层的 DELDI 也被用于训练 LRCNN。最后，利用部分具有伪标签的样本点对 LRCNN 进行微调。在算法14.2 中，对 LRCNN 训练整体的过程进行了总结，如下所示。

**算法 14.2：LRCNN 训练**

输入：

两幅极化 SAR 图像的级联矩阵 $\boldsymbol{I}$，其大小为 $M_r \times M_c \times 18$；所有层的 DELDIs，即 $\text{DELDI}_l$，$l=1, 2, \cdots, L_{\in}-1$；第 $l$ 层的核函数的个数 $K_l$ 及其大小 $w \times w \times K_{l-1}$；$R_{u,v}$ 中的参数 $\lambda$ 和 $\sigma$。

准备工作：

1. 第 $l$ 层的参数用 $W_l$ 表示，连接输出层的参数用 $W_{\text{out}}$ 表示；

训练步骤：

2. 对 $W_{\text{out}}$ 随机初始化；

3. For $l=1$ to $L_{\in}-1$ do

 对 $W_l$ 随机初始化；

 包含 $l$ 个隐含卷积层的 LRCNN 具有的参数是用 $W_l$，$W_{\text{out}}$ 和上步学到的 $W_1$，…，$W_{l-1}$，通过最小化式(14-12)中的损失函数对其进行训练，其中将 $\text{DELDI}_l$ 作为训练中的真实输出；

 根据 $\text{DELDI}_l$ 选取伪标签样本，当且仅当 $\text{DELDO}_l$ 中某个点及其周围 3×3 邻域内的值都大于 $l$ 小于 0.5 时，此点所对应的像素点才被选择作为具有伪标签的样本；

 将所有选取的样本用集合 $\Phi_l$ 表示；

End For

4. 将所有层中的伪标签样本集 $\Phi_l$ 的交集用 $\Phi$ 表示，即 $\Phi=\Phi_1 \cap \Phi_2 \cap \cdots \cap \Phi_{L_{\in}-1}$；

5. 利用层中的伪标签样本，通过最小化式(5－15)中的损失函数对 LRCNN 进行微调；输出：

参数为 $W_l$，$l=1,2,\cdots,L_{\in}-1$ 和 $W_{out}$ 的 LRCNN。

为了更加直观地解释整个训练过程，在图 14.5 中对算法 14.2 进行了图解。图 14.5 的上半部分展示的是逐层的回归预训练过程，下半部分展示的是分类微调过程。

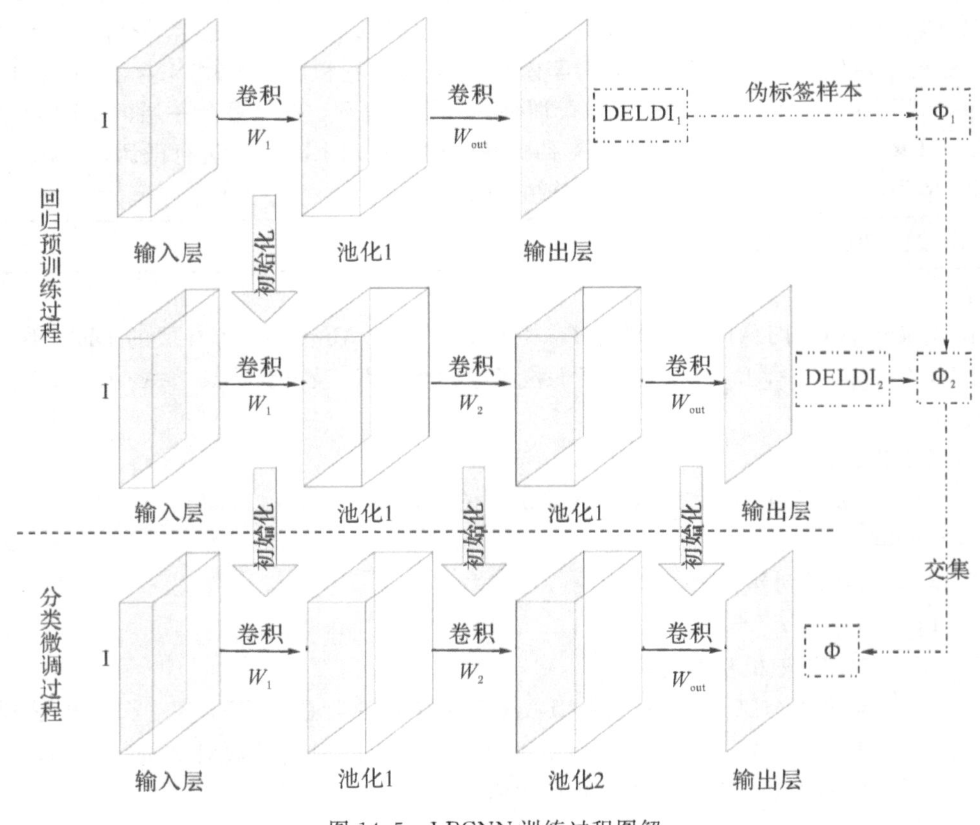


图 14.5　LRCNN 训练过程图解

## 14.5　LRCNN 与传统变化检测算法对比

传统的变化检测算法通常有两类：第一类算法是分别对两幅图像做基于像素点的分类，然后逐像素点对比两幅图的分类结果，类别发生变化的区域被认为是变化区域；第二类算法通常基于两幅图的 DI，其变化检测图可通过分析 DI 获得。

本章所提出的算法与第二类传统算法类似，如图 14.6 所示，图 14.6 的上半部分展示了为网络训练做准备的阶段，对应传统算法中 DI 的生成阶段；图 14.6 的下半部分则展示了 LRCNN 的训练过程，对应传统算法中 DI 的分析阶段。

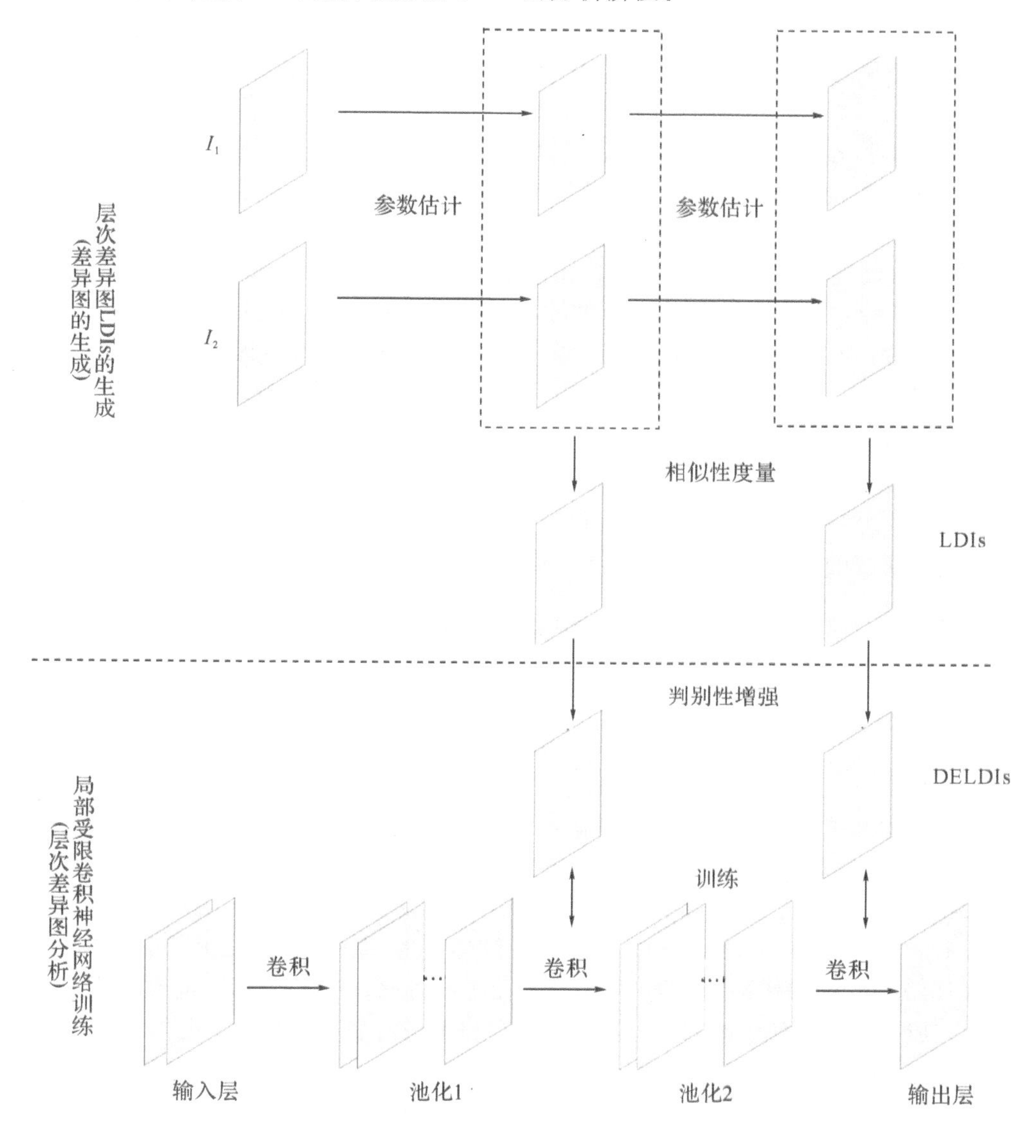


图 14.6　基于 LRCNN 的变化检测算法框架

表面上看，CNN/LRCNN 只是在输出层上对 DELDI 的模拟，但实际上 CNN/LRCNN 确实比原始 DELDI 在变化检测任务上具有更好的表现，现将其原因分析如下。

(1) 在 CNN/LRCNN 的训练过程中，对 DELDIs 进行模拟的过程本质上是将局部信息压缩到了卷积特征图中，也就是在欧式空间对区域相似性进行度量，而非原始的相干矩阵空间。由于卷积操作的实际计算步骤是在欧式空间进行的，所以此操作也就为引入更高层的卷积层提供了可能。通过引入更高层的卷积层，其感受野越来越大，后续卷积层获取的局部信息覆盖范围也就越大。然而 DELDIs 中的每一个值都是由式(14-9)得到的，所以它的感受野较小。

(2) 通过最小化 LCNN/LLRCNN，式(14-2)中的函数 $f(\cdot)$最终得到确定，其中所有像素点都在参数调整过程中发挥了作用。由于可用的计算资源有限，在用函数 $f(\cdot)$对 DELDIs 进行建模的过程中，需要将资源分配给所有的像素点，以达到对其建模的目的。于是，此网络将自动地优先满足某些重要像素点的需求，而后才会将资源分配给其他次要的像素点。按照这种方式，CNN/LRCNN 的输出可以看作是一个全局决定，此决定只保护那些最重要的信息，而把不重要的信息作为噪声忽略掉。式(14-9)是提前定义的，没有经过一个学习的过程，因此 DELDIs 中的每一个值都是独立且含噪的，故从 CNN/LRCNN 获得的变化检测图比从原始 DELDIs 获得的更加干净、清楚。

(3) 从去噪滤波的角度来看，CNN/LRCNN 所做的是从 DELDI 观测信号 $y_{ij}$ 中估计真实信号 $o_{ij}$，其中假设 $y_{ij}=o_{ij}+n_{ij}$，$o_{ij}=f(I_{ij}^{b}; W)$，$n_{ij}$ 为加性噪声。可以通过最小化其平方误差完成去噪滤波的任务，即 $\min\sum_{M_r}\sum_{M_c}(o_{ij}-y_{ij})^2$，此过程与损失函数 $L_{\mathrm{CNN}}/L_{\mathrm{LRCNN}}$ 中的第一项保真项是一致的，如式(14-3)和式(14-4)所示。而 LLRCNN 中额外的正则项可以使估计信号更加准确。

## 14.6 实验分析

为了验证本章算法 LRCNN 对于极化 SAR 图像变化检测任务的有效性，可采用一个模拟数据集合和两个真实数据集作为实验数据。所用的对比算法有 K&I 算法、比例检测器(Ratio Detector，RD)、Wishart 检测器(Wishart Detetor，WD)、极化变化检测器(Polarimetric Change Detector，PCD)、广义似然比检验(Generalized Likelihood Ratio Test，GLRT)、DBN、HCM 和原始的 CNN。在这些对比算法中，DBN 是另一种尝试用深度学习来完成变化检测任务的算法，但是它没有利用任何的极化信息，也未充分考虑空间信息。在下面的讨论中，当提到 LRCNN/CNN 时，指的是整个基于 LRCNN/CNN 的变化检测系统，包含了 DLIs 的完成过程和 CNN/LRCNN 的训练过程，如图 14.6 所示。由于 LRCNN/CNN 训练中所使的伪标签像素点是自动产生的，无人工干预过程，所以此系统整体在一定程度上是无监督的。

如前所述，模拟数据集的真实变化检测图是可用的，因此对变化检测结果的定量和视觉评价均可在模拟数据集上进行。由于所有的算法都是无监督的，下文中提及的准确率是根据真实变化检测图在所有像素点上计算得到的。不过对于真实数据集，由于没有对应的真实变化检测图，只能对其进行视觉评价。CNN 和 LRCNN 中核的个数分别为 $K_1=10$ 和 $K_2=20$。对于 LRCNN，除特殊说明以外，我们设置平衡参数 $\lambda=1$，最大邻域距离 $\beta_{max}=4$，形状参数 $\sigma=\sqrt{2}/2$。对于每一个对比算法，首先可将其参数设置为不同的值，然后再选取能够获得最好结果的参数作为最终参数。这种选取方法能够保证对比算法的结果更具有参考性。

## 14.6.1 评价指标

首先对四个与评价指标相关的量做如下说明：

(1) 真正(Truepositives，TP)：变化像素点被正确地检测到的数目。

(2) 假正(Falsepositives，FP))：非变化像素点被错误地判定为变化像素点的数目。

(3) 真负(Truenegatives，TN)：非变化像素点被正确地检测到的数目。

(4) 假负(Falsenegatives，FN)：变化像素点被错误地判定为非变化像素点的数目。

据此可定义四个评价变化检测算法有效性的指标，包括正确分类百分比(Percentage Correct Classification，PCC)，Jaccard 系数(Jaccard Coefficient，JC)，Yule 系数(Yule Coefficient，YC)和 Kappa 系数(Kappa Coefficient，KC)。评价指数的值越大，说明算法的效果越好。详细定义如下式所示：

$$\mathrm{PCC}=(\mathrm{TP}+\mathrm{TN})/N$$

$$\mathrm{JC}=\mathrm{TP}/(\mathrm{TP}+\mathrm{FP}+\mathrm{FN})$$

$$\mathrm{YC}=|\mathrm{TP}/(\mathrm{TP}+\mathrm{FP})+\mathrm{TN}/(\mathrm{TN}+\mathrm{FN})-1|$$

$$\mathrm{KC}=(\mathrm{PCC}-\mathrm{PRE})/(1-\mathrm{PRE})$$

式中，$N=\mathrm{TP}+\mathrm{FP}+\mathrm{TN}+\mathrm{FN}$ 表示像素点的总数，$N_c=\mathrm{TP}+\mathrm{FN}$ 表示真正的变化像素点个数，$N_u=\mathrm{TN}+\mathrm{FP}$ 表示真正的非变化像素点的个数。

## 14.6.2 模拟数据集

### 1. LDIs 的有效性

本节主要讨论由 LDIs 直接得到的变化检测图。为了把关注点放在 LDIs 的判别性上，只用最简单的 K&I 算法来得到最终的变化检测图。由于 DELDIs 是从 LDIs 中通过 K&I 算法而产生的，所以 DELDIs 的变化检测结果同 LDIs 的结果相同，不再重复展示。

在图 14.7(a)～(c)中，分别展示了 $\mathrm{LDI}_0$、$\mathrm{LDI}_1$ 和 $\mathrm{LDI}_2$ 的变化检测图，其 K&I 阈值分别为 0.0350、0.0150 和 0.0150。由图 14.7 可知，$\mathrm{LDI}_0$ 的结果图最差，具有很多的噪声点，变化区域 2 和 8 几乎没有被检测到。其他两个结果(尤其是最后一个)不仅识别出了所有的变化和非变化区域，对噪声的抑制作用也很明显，如图 14.7(b)和(c)所示。

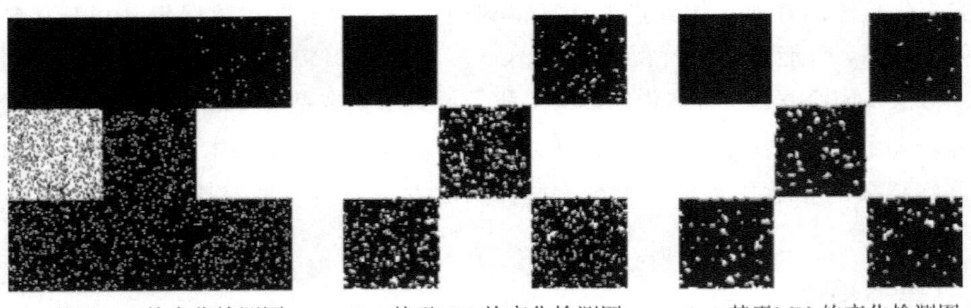

(a) 基于$LDI_0$的变化检测图　(b) 基于$LDI_1$的变化检测图　(c) 基于$LDI_2$的变化检测图

图 14.7　$LDI_0$、$LDI_1$ 和 $LDI_2$ 变化检测图

除视觉评价外，表 14.1 列出了各个变化检测结果图的评价指标，以便对其进行定量的分析，其中最好的结果用加粗的字体表示。由表 14.1 可知，$LDI_1$ 和 $LDI_2$ 的评价指标值比原始 $LDI_0$ 的评价指标值高很多，其中 $LDI_2$ 的指标全部大于 0.90。换言之，本章提出的 LDIs 确实能够更容易地区分变化和非变化像素点。这也表明，LDIs 能够被单独应用于其他的变化检测算法中。

**表 14.1　定 量 分 析**

| 指标<br>算法 | PCC | JC | YC | KC |
|---|---|---|---|---|
| $LDI_0$ +K&I | 0.7285 | 0.4222 | 0.5695 | 0.4215 |
| $LDI_1$ +K&I | 0.9415 | 0.8831 | 0.8825 | 0.8829 |
| $LDI_2$ +K&I | **0.9555** | **0.9087** | **0.9086** | **0.9107** |

**2. LRCNN 的有效性**

在对 LRCNN 有效性的验证实验中，实验对多层结构的作用、CNN 的作用和 LR 的作用分别作了探讨。基于 $LDI_1$ 和 $LDI_2$，并通过 K&I 算法得到的变化检测结果分别如图 14.8(a)和(d)所示，而图 14.8(b)和(c)中展示的分别是包含一个隐含卷积层的 CNN 和 LRCNN 的变化检测结果图。与此相似，图 14.8(e)和(f)中展示的分别是包含两个隐含卷积层的 CNN 和 LRCNN 的变化检测结果图。具体分析如下所述。

(1) 分别对比图 14.8(a)和(d)、(b)和(e)、(c)和(f)可知，当有较多的层数时，变化检测的结果图会越好。

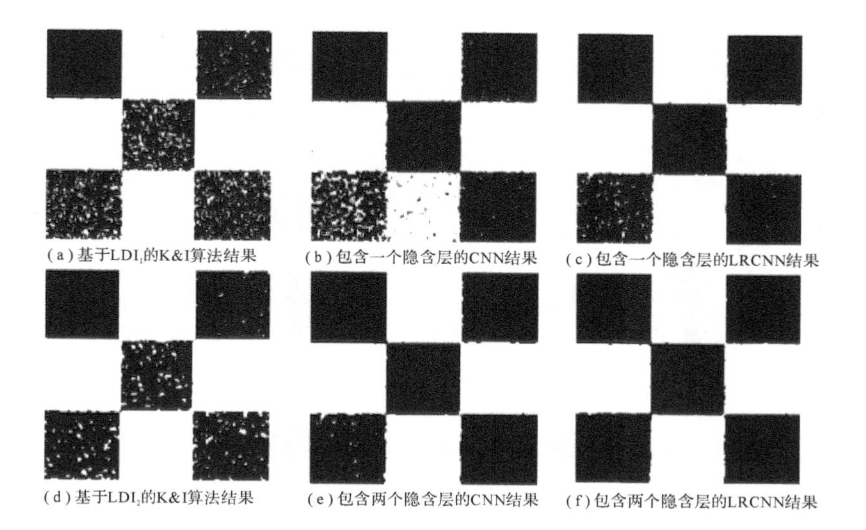

(a) 基于LDI$_1$的K&I算法结果　(b) 包含一个隐含层的CNN结果　(c) 包含一个隐含层的LRCNN结果

(d) 基于LDI$_2$的K&I算法结果　(e) 包含两个隐含层的CNN结果　(f) 包含两个隐含层的LRCNN结果

图 14.8　变化检测结果图

图 14.9 展示了各个结果的评价指标数值，这些指标进一步印证了源于多层结构的效果提升。从图中可以看出，LRCNN 中指标的提升幅度比 CNN 低，这是因为强加在输出层的 LR 在一定程度上减弱了多层结构的作用。

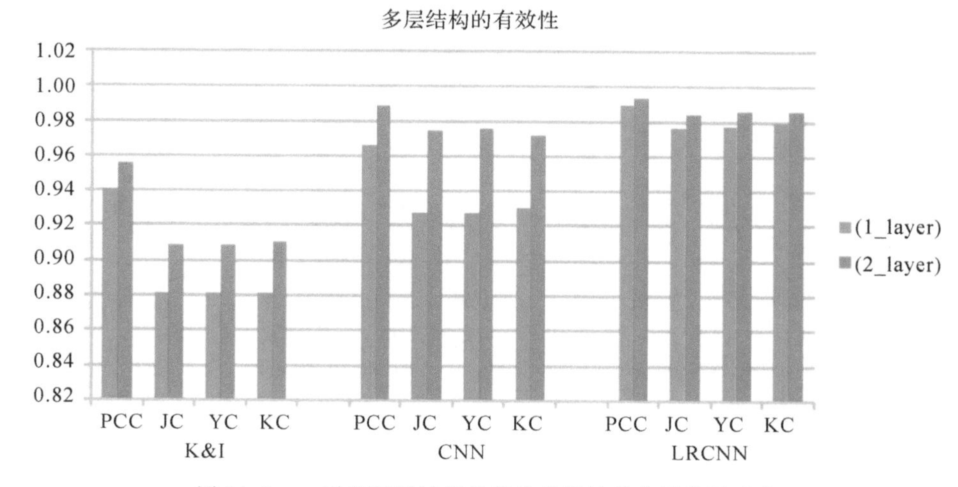


图 14.9　一层和两层结构的变化检测结果定量分析对比

(2) 通过对比图 14.8(a)和(b)可知，原始的 CNN 能够产生噪声较少的检测结果，这主要是源于它对噪声的鲁棒性和强大的分类能力。通过对比图 14.8(d)和(e)，也可以得出同样的结论，其定量分析结果如图 14.10 所示。

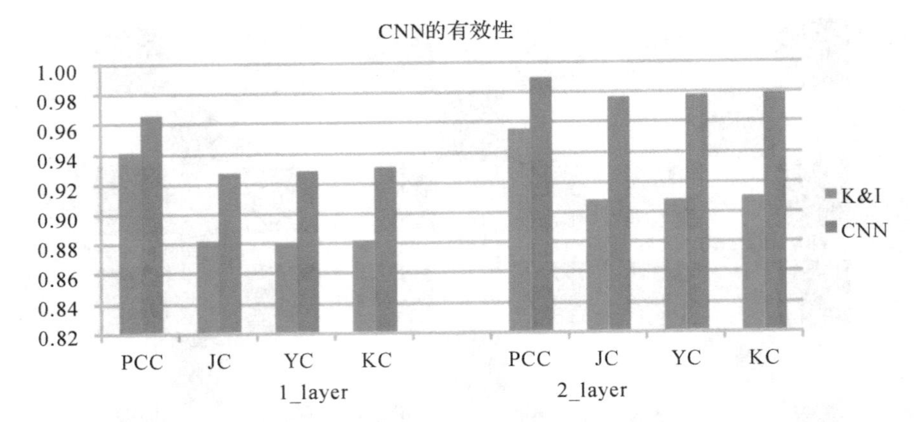


图 14.10　K&I 算法和 CNN 算法变化检测结果定量分析对比

(3) 分别对图 14.8(b)和(c)，图 14.8(e)和(f)进行对比。由此可知，强加的 LR 能够在保持变化区域细节的同时抑制噪声。同时，在图 14.11 中列出了各个检测结果的定量分析对比图。分析图可知，LRCNN 中强加的 LR 在网络包含一个隐层时的提升作用，比包含两个隐层时的提升作用更大。这是由于层数较少的网络结构对噪声更加敏感，强加的 LR 约束在这里能够发挥更重要的作用。

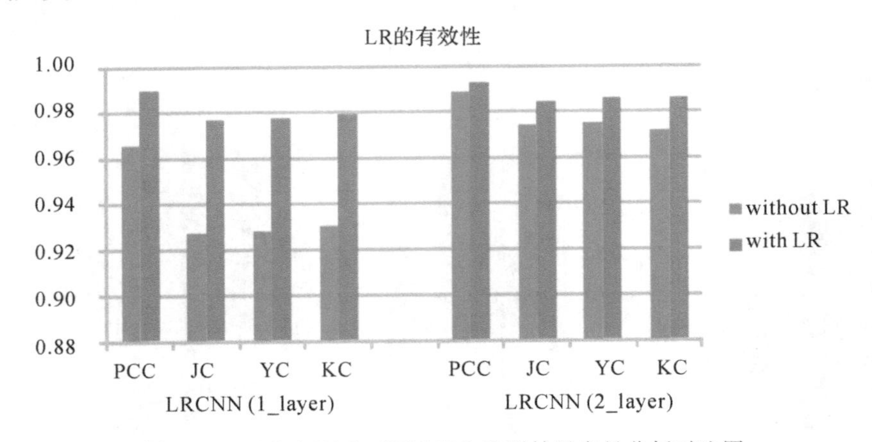


图 14.11　LRCNN 和 CNN 变化检测结果定量分析对比图

**3. LRCNN 和传统算法对比**

现将对 LRCNN 和传统算法的效果进行对比。图 14.12(a)～(i)分别展示了算法 RD、WD、PCD、GLRT、DBN、HCM、K&I、CNN 和 LRCNN 的变化检测结果图。算法 K&I 和 WD 的阈值分别为 0.0044 和 0.0002，算法 PCD 中的角度设定为 $\Delta\alpha=6°$，算法 GLRT 中的参数设为 $T=70$，算法 RD 中的两个参数为 0.5 和 1.5。

DBN 中使用的伪标签像素点与 CNN 和 LRCNN 中使用的相同。此外，算法 K&I 指示的是基于 $LDI_2$ 的结果。

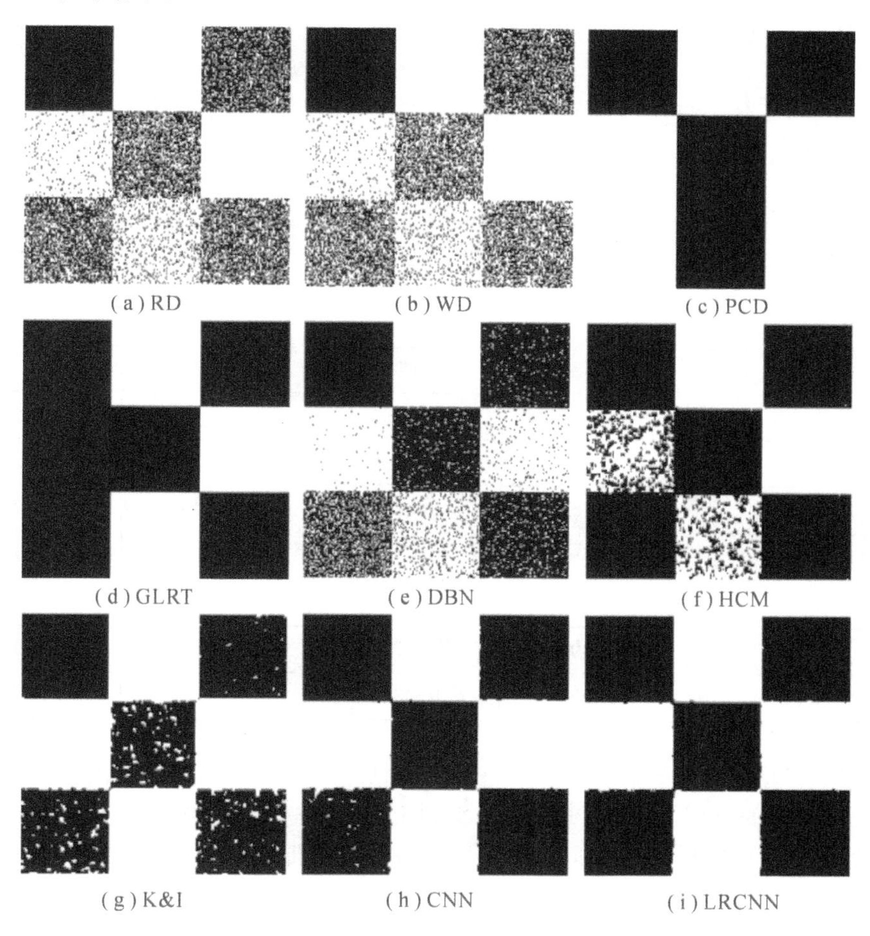


图 14.12 不同算法的变化检测结果图

如前所述，模拟数据集中每一个区域都代表一种类型的变化或者非变化数据。若某个区域被误分，则说明当前算法不能够识别此区域对应类型的变化/非变化数据，不能满足此区域的变化检测需求。如图 14.12 所示，算法 RD 和 WD 取得了相似的检测结果，其中大部分的变化和非变化区域都被识别出来，但某些区域存在大量的噪声。算法 PCD 和 GLRT 对噪声的鲁棒性较好，但前者将最后三个区域(区域 7～9)完全错分，后者将变化区域 4 完全错分为非变化区域。在识别区域 3～5 上，算法 DBN 比 RD 和 WDDBN 的表现要好，但它依然不能很好地抑制最后三个区域内的噪声。在图 14.12(f)中，除了区域 4 和 8 中间的噪声，算法 HCM 的变化检测结果较差。鉴于 LDIs 突出的判别性，基于 LDIs 的 K&I 算法比其他的对比算法获得了更好的结果，其中大部分的变化和非变化区域都被正确地识别，包含了少量噪声。CNN 抑制了大部分的噪声，而 LRCNN 在所有算法中的检测结果是最好的。

在 LRCNN 变化检测结果图中，主要的误分像素点出现在变化区域和非变化区域之间的边界上。

表 14.2 列出了各个算法相应的评价指标，其中最好的结果以黑体字体标明。此表从定量分析角度验证了上一段中对各个算法的讨论。

**表 14.2 算法评价指标**

| 算法 \ 指标 | PCC | JC | YC | KC |
|---|---|---|---|---|
| RD | 0.8109 | 0.6884 | 0.6566 | 0.6285 |
| WD | 0.7831 | 0.6598 | 0.6238 | 0.5769 |
| PCD | 0.6667 | 0.5000 | 0.3500 | 0.3415 |
| GLRT | 0.8889 | 0.7500 | 0.8333 | 0.7692 |
| DBN | 0.9191 | 0.8378 | 0.8346 | 0.8372 |
| HCM | 0.9181 | 0.8172 | 0.8659 | 0.8313 |
| K&I | 0.9555 | 0.9087 | 0.9086 | 0.9107 |
| CNN | 0.9894 | 0.9767 | 0.9775 | 0.9787 |
| LRCNN | **0.9929** | **0.9842** | **0.9855** | **0.9857** |

此外，由于 DBN、CNN 和 LRCNN 这三个算法中有随机初始化参数的操作，为了探索它们对随机初始化的鲁棒性，对 DBN、CNN 和 LRCNN 进行了 50 次重复实验，将结果以置信区间的形式列于表 14.3 中。同时，为了验证 CNN 训练中第一步回归预训的有效性，对不包含回归预训练的 CNN 也进行了测试。表 14.3 列出了在置信水平为 95%时，与各个算法对应的各项评价指标的置信区间。

**表 14.3 各项评价指标的置信区间**

| 算法 \ 指标 | PCC | | JC | |
|---|---|---|---|---|
| | Lower Bound | Upper Bound | Lower Bound | Upper Bound |
| DBN | 0.8927 | 0.9436 | 0.7998 | 0.8912 |
| CNN(无预训练) | 0.9369 | 0.9667 | 0.8841 | 0.9355 |
| CNN(有预训练) | 0.9879 | 0.9883 | 0.9734 | 0.9742 |
| LRCNN(有预训练) | 0.9892 | 0.9894 | 0.9761 | 0.9766 |

续表

| 算法＼指标 | YC | | KC | |
|---|---|---|---|---|
| | Lower Bound | Upper Bound | Lower Bound | Upper Bound |
| DBN | 0.8255 | 0.8963 | 0.7835 | 0.8866 |
| CNN(无预训练) | 0.8869 | 0.9381 | 0.8750 | 0.9335 |
| CNN(有预训练) | 0.9740 | 0.9747 | 0.9756 | 0.9763 |
| LRCNN(有预训练) | 0.9758 | 0.9773 | 0.9781 | 0.9786 |

从表14.3中可以看出，算法DBN和不进行回归预训练的CNN，比包含回归预训练的CNN和LRCNN具有更宽的置信区间，即后两个算法比前两个对随机初始化的鲁棒性更强。甚至不包含回归预训练的CNN，其置信区间上界比包含回归预训练的CNN的置信区间的下界更低。这些结果印证了本章算法是可行的，而且训练过程中的回归预训练也是非常必要的。

**4. LRCNN学到的是什么**

在前文的讨论中，验证了LRCNN在极化SAR变化检测任务中的优异表现，却未探索LRCNN学到的到底是什么，才使得它具有这么好的表现。在图14.13和14.14中，分别展示了第一个隐含卷积层和第二个隐含卷积层所学到的特征(池化1和池化2)。从图14.13可知，在第一个隐含层中9个不同的区域得到了基本的区分。而在第二个隐含层中，所有的变化区域更趋向于拥有相似的值，且所有的非变化区域也更趋向于拥有相似的值，如图14.14所示。这意味着所有的变化区域更倾向于被分为同一类，而所有的非变化区域也更倾向于被分为另一类，即变化区域和非变化区域更容易被区分开来。总而言之，可认为第一个隐含层学到的特征是将不同类型的数据进行了区分，而第二个隐含层学到的特征是将变化区域和非变化区域进行区分。LRCNN最终的输出是基于有明确特征的第二个隐含层的，因而能够得到较好的变化检测结果。

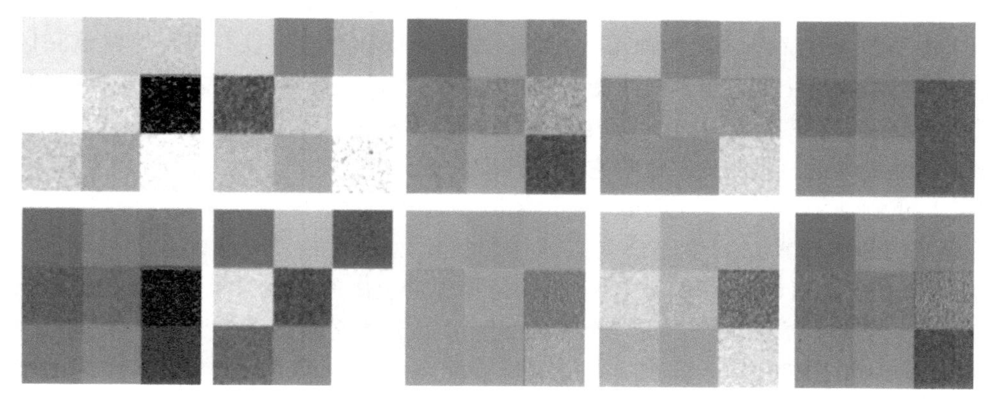

图14.13　第一个隐含层特征

图 14.14　第二个隐含层特征

**5. 参数分析**

从式(14-4)可知，LRCNN 的损失函数中包含了几个需要提前设置的参数，并将对变化检测结果造成不同的影响。例如，当 LRCNN 包含有更多的核数目或者更多的隐含层数时，它会有更强的建模能力，但同时也意味着包含了更多的参数，需要更复杂的训练。由于变化检测任务是一个像素级的任务，在本章中同时也被看作是一个二分类问题，它对于深度框架 LRCNN 来说是一个较为简单的任务。为了降低计算复杂度，同时保留检测区域的细节信息，在本实验中，只包含两个隐含层的 LRCNN 已经能够很好地完成极化 SAR 图像的变化检测任务。在实际应用中，若极化 SAR 图像含有更多不同类型的变化区域或者非变化区域，则需更多的核数目，以便对它们进行准确区分。

在 LR 正则项中，包含了 $\sigma$ 和 $\beta_{max}$ 两个参数。$\sigma$ 越小，对应的高斯函数峰值越大，也就意味着近距离的邻域像素点对中心像素点的作用要比远距离的邻域像素点大得越多。相反地，$\sigma$ 越大，对应的高斯函数峰值越小，也就意味着近距离的邻域像素点对中心像素点的作用与远距离的邻域像素点相似。第二个参数 $\beta_{max}$ 用于定义局部邻域的大小。参数 $\beta_{max}$ 越大，在提到“空间约束 LR”时就会需要越多的邻域像素点受此约束。平衡参数 $\lambda$ 控制的是中心像素点受其邻域像素点的影响的敏感度。参数 $\lambda$ 越大，中心像素点与其邻域像素点的关系就越紧密，最终得到的检测结果也就更平滑。当 $\lambda=0$ 时，相当于不在 LRCNN 的输出层强加空间约束 LR，即此时的 LRCNN 退化成了原始的 CNN。

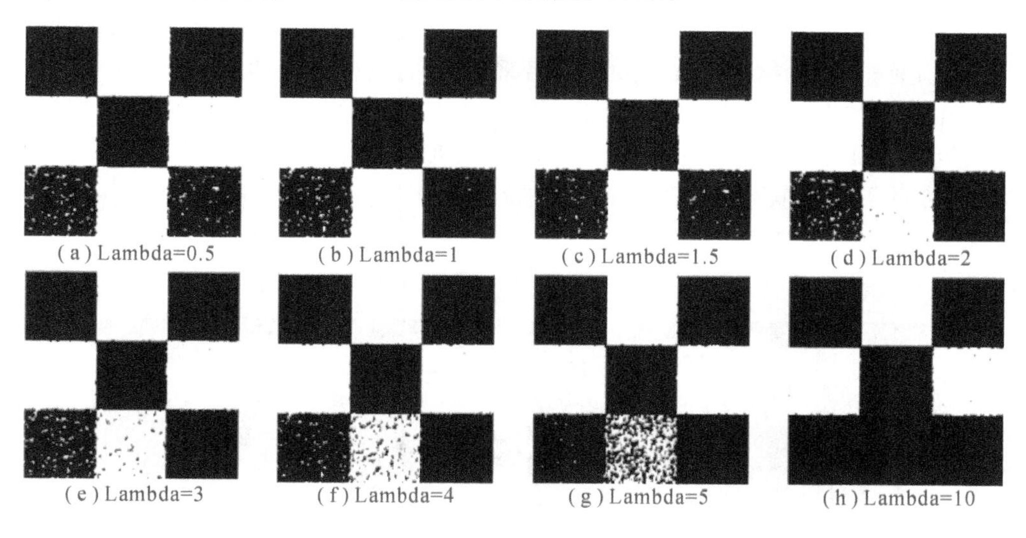


图 14.15　不同 $\lambda$ 下 LRCNN 检测结果

此外，实验对 LRCNN 平衡参数 $\lambda$ 的鲁棒性进行了分析，并令 $\lambda$ 的值从 0 逐步变化到 10。相应的变化检测图展示在图 14.15 中，为简单起见，这里的 LRCNN 均只包含一个隐含卷积层。其对应的定量分析结果如图 14.16 所示，从图中可以看出，LRCNN 对小数值的 $\lambda$ 较为鲁棒，在区间 $0.5\leqslant\lambda\leqslant3$ 中的任意一个值都能得到较好的结果。但当 $\lambda\geqslant4$ 时，LRCNN 的表现迅速下降，原因是 $\lambda$ 值越大意味着对局部信息的过分强调。

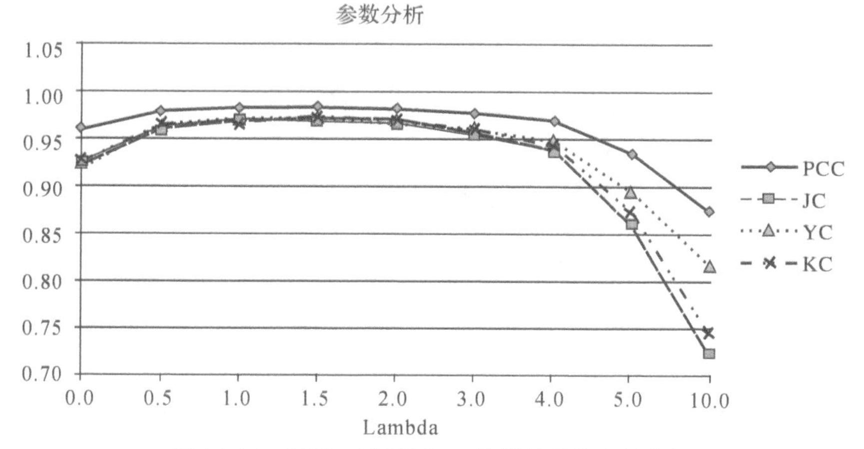


图 14.16　不同 $\lambda$ 下 LRCNN 检测结果的定量分析

### 14.6.3 东京数据集

实验中用到的第一个真实数据集是包含了两个东京地区的L波段极化SAR图像，其视数为4，分别于2006年7月和2009年4月采集得到。图中包含的地物包括海洋、城区和森林等。在图14.17中，分别展示了两个极化SAR图像对应的Pauli-RGB，其分辨率大小为2290×1050。由于原图的尺寸较大，不易展示其变化检测结果，实验中选取了三个大小为300×200的子区域作为测试数据集，具体位置如图14.17中的红框所示。在第一个子区域R1中，变化区域主要源于第四跑道和国际候机楼的建设，在另外两个子区域中，变化区域则大多是由季节交替导致的，因为植被会随着季节的变化而变化。

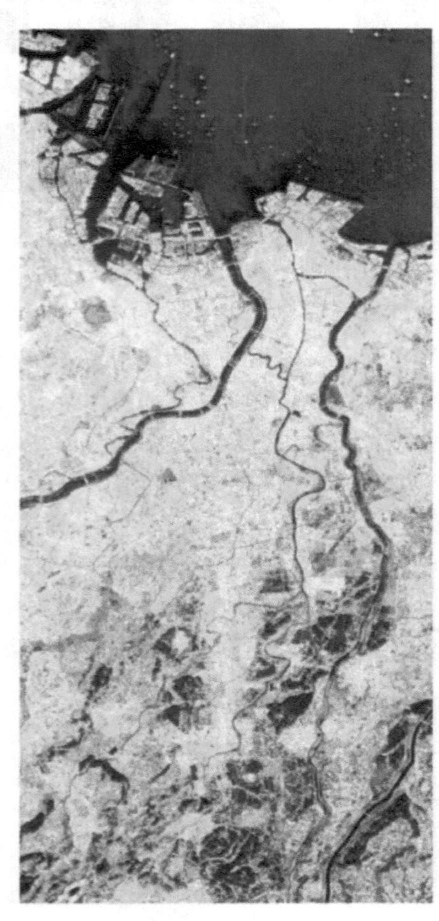

(a) 2006年7月

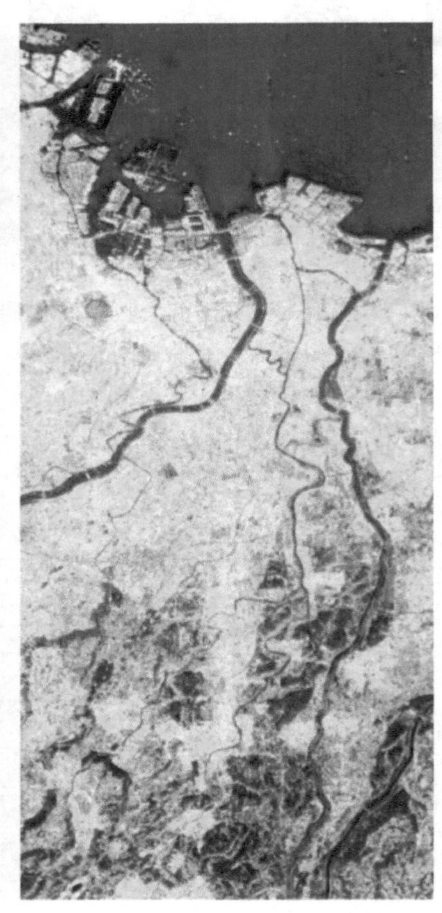

(b) 2009年4月

图 14.17 东京地区 Pauli-RGB 图

### 14.6.4 贵州数据集

三个子区域的 Pauli-RGB 图及其变化检测结果图，分别被展示在图 14.18～图 14.20 中。在这些实验中，WD 的阈值设置为 0.9。

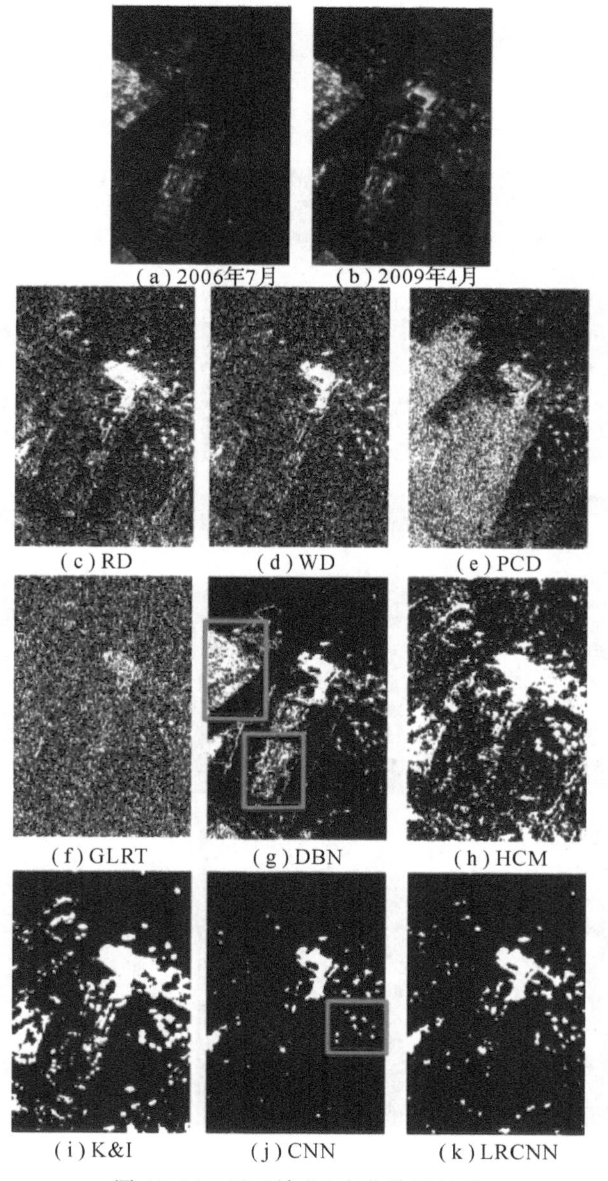


图 14.18 子区域 R1 变化检测结果

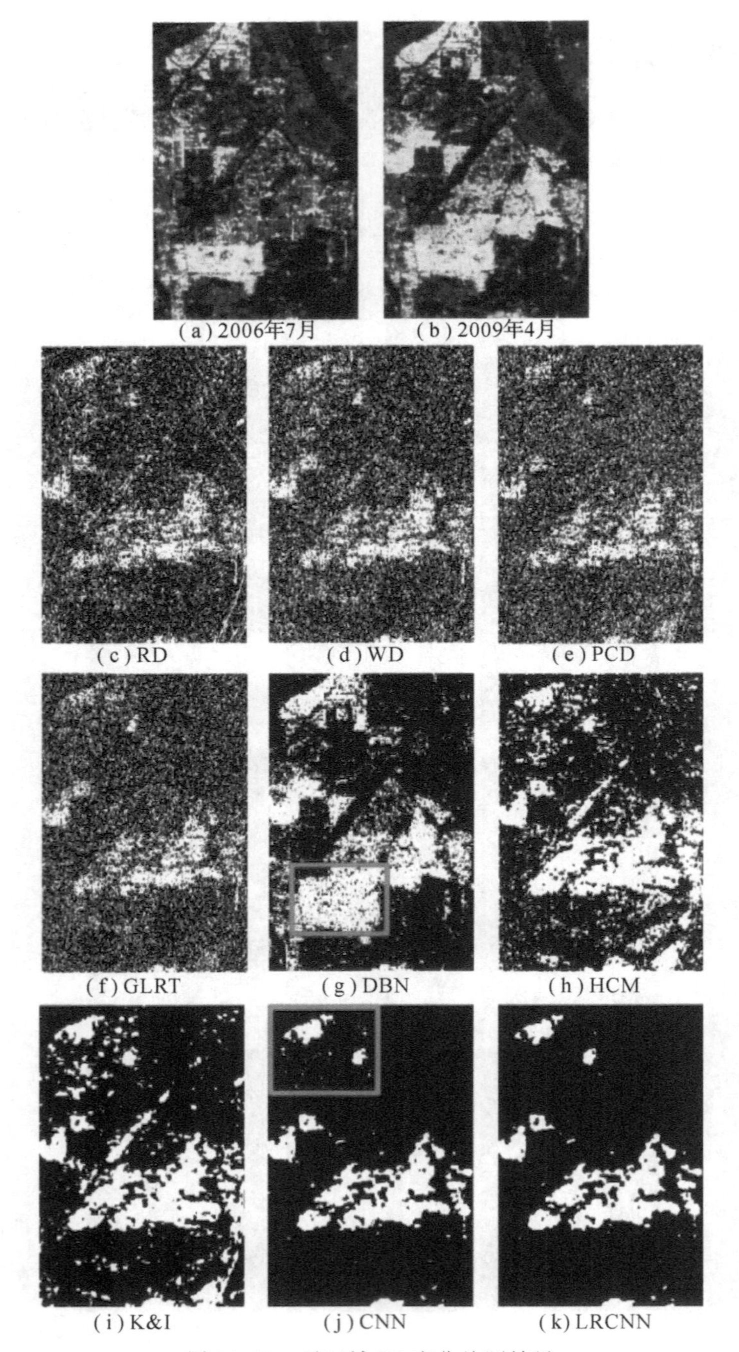


图 14.19　子区域 R2 变化检测结果

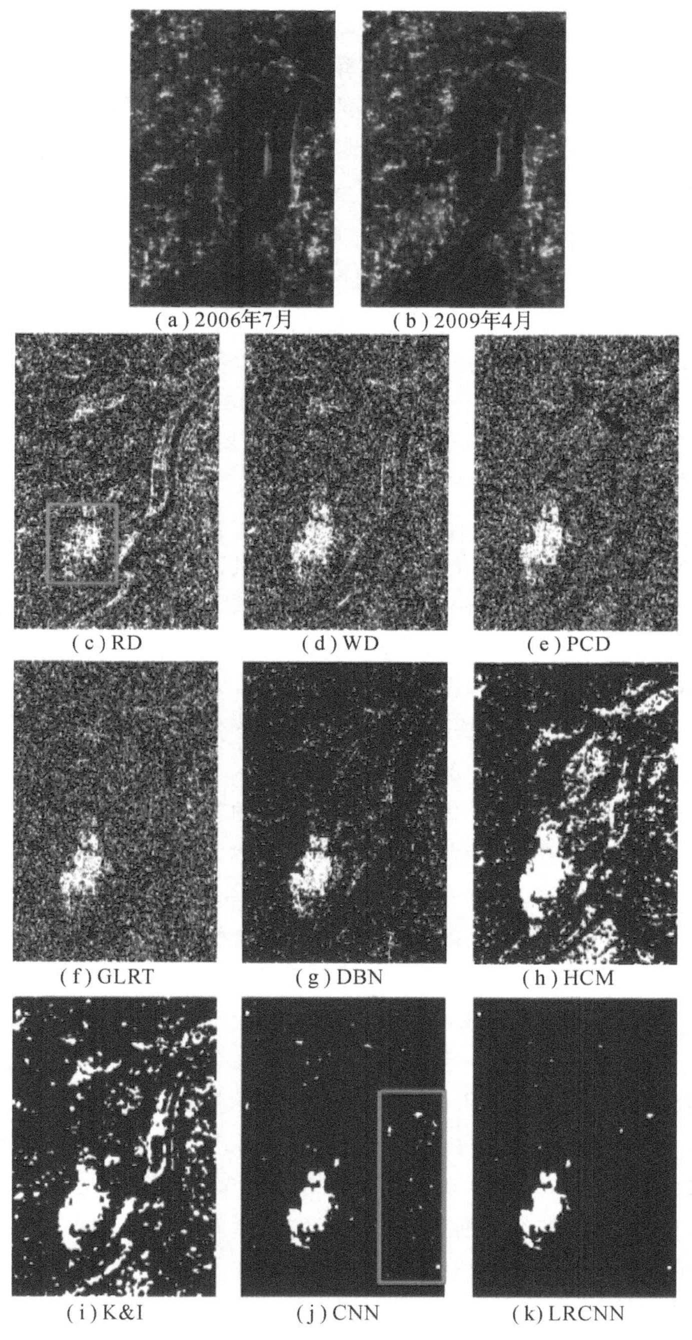

图 14.20 子区域 R3 变化检测结果

在子区域 R1 中，除了人工建筑造成的变化，海上船只的出现也带来了变化，如图 14.18(a)和(b)所示。在参数设置方面，K&I 算法的阈值为 0.0356，RD 算法中的 $\sigma$、$\beta_{\max}$ 两个参数分别为 0.05 和 0.1，PCD 算法中的角度设定为 $\Delta\alpha=25°$，而 GLRT 算法中的参数为 $T=700$。此外，在此子区域中，为了保护细节信息，将 LRCNN 中的形状参数设定为 $\sigma=\sqrt{5}/5$。如图 14.18(c)～(h)所示，前六个对比算法的检测结果具有非常多的噪声，算法 RD 和 WD 能够检测到变化区域的基本形状，但是噪声几乎到处都是。算法 PCD 对海上的噪声进行了一定程度的抑制，但它几乎把所有的陆地区域误分为变化区域，算法 GLRT 的检测结果几乎是所有结果中最差的，因为它几乎未能识别出任何一个变化区域。在图 14.18(g) 的检测结果中，DBN 比其他对比算法的表现稍好，海上变化区域的检测结果较好，但它却将陆地上的一些非变化区域误分为了变化区域，如图 14.18(g)中的红框所示。算法 HCM 的检测结果噪声较多，且变化区域的边缘也很不规则。鉴于 LDI 的作用，K&I 算法能够将大部分的变化区域检测出来，只丢失了部分细节信息。与其他算法相比，图 14.18(j)中 CNN 的变化检测结果相对较干净、清晰，但遗失了部分海上船只所处位置的变化区域，如图中红框所示。LRCNN 获得了最好的变化检测结果，它不仅能够很好保留细节信息，还能将大部分的海上船只造成的变化正确地检测出来，如图 14.18(k)所示。换言之，LRCNN 能够在保持细节信息的同时极大地抑制噪声。

对于子区域 R2，其 Pauli-RGB 图像和变化检测结果图在图 14.19 中进行展示。这里 K&I 算法的阈值为 0.0760，RD 算法中的 $\sigma$、$\beta_{\max}$ 两个参数的值为 0.2 和 10，PCD 算法中的角度设置为 $\Delta\alpha=35°$，GLRT 算法中的参数为 $T=1000$。如图 14.19(c)～(f)所示，前四个对比算法的检测结果互相之间比较相似，其变化区域的轮廓都被检测了出来，但仍有大量的噪声存在。DBN 算法能够在一定程度上抑制噪声，然而左下角的一部分非变化区域被误分为了变化区域，如图 14.19(g)中的红框所示。在图 14.19(h)和(i)检测结果中，HCM 算法和 K&I 算法基本都能检测出变化区域，前者包含了较多的点状噪声，后者包含了较多的块状噪声。CNN 算法可将大部分的变化区域检测出来，只有左上角部分有一些噪声未被去除，如图 14.19(j)中的红框所示。在最后的 LRCNN 检测结果中，变化区域均被完整地检测出来，同时背景噪声也得到了进一步抑制。

图 14.20 展示了子区域 R3 的 Pauli-RGB 图像及其变化检测结果。这里 K&I 算法的阈值为 0.1166，RD 算法中的 $\sigma$、$\beta_{\max}$ 两个参数值为 0.2 和 10，PCD 算法的角度为 $\Delta\alpha=35°$，GLRT 算法的参数为 $T=1000$。RD 算法的检测结果包含了很多的噪声，左下角的变化区域轮廓模糊，如图 14.20(c)中的红框所示。接下来的三个对比算法(即 WD、PCD 和 GLRT)产生了相似的检测结果，变化区域得到了基本被检测，然而却有大量噪声。HCM 算法和 K&I 算法能够很好地检测到变化区域，然而却有许多非变化区域被误分为非变化区域，同时块状噪声几乎遍布全图，如图 14.20(h)和(i)所示。与其他算法相比，CNN 算法的变化

检测结果整体较好，只是背景中的噪声依然存在，如图 14.20(j)中的红框所示；LRCNN 算法的变化检测结果较干净、清晰，如图 14.20(k)所示。

实验中第二个真实数据集是两幅贵州地区的单视数 L 波段极化 SAR 图像，分别于 2007 年 5 月和 2009 年 3 月获取，并选取分辨率大小为 200×200 的图像作为测试数据。

Pauli-RGB 图如图 14.21(a)和(b)所示。这里，地面的覆盖物包括森林、山地等。由于此数据集中含有大量噪声，故较难从这里检测出变化区域。在此实验中，K&I 算法和 WD 算法的阈值分别设定为 0.1970 和 0.99，RD 算法中的 $\sigma$、$\beta_{max}$ 两个参数设定为 0.001 和 10，PCD 算法中的角度为 $\Delta\alpha=60°$，而 GLRT 算法中的参数为 $T=5000$。

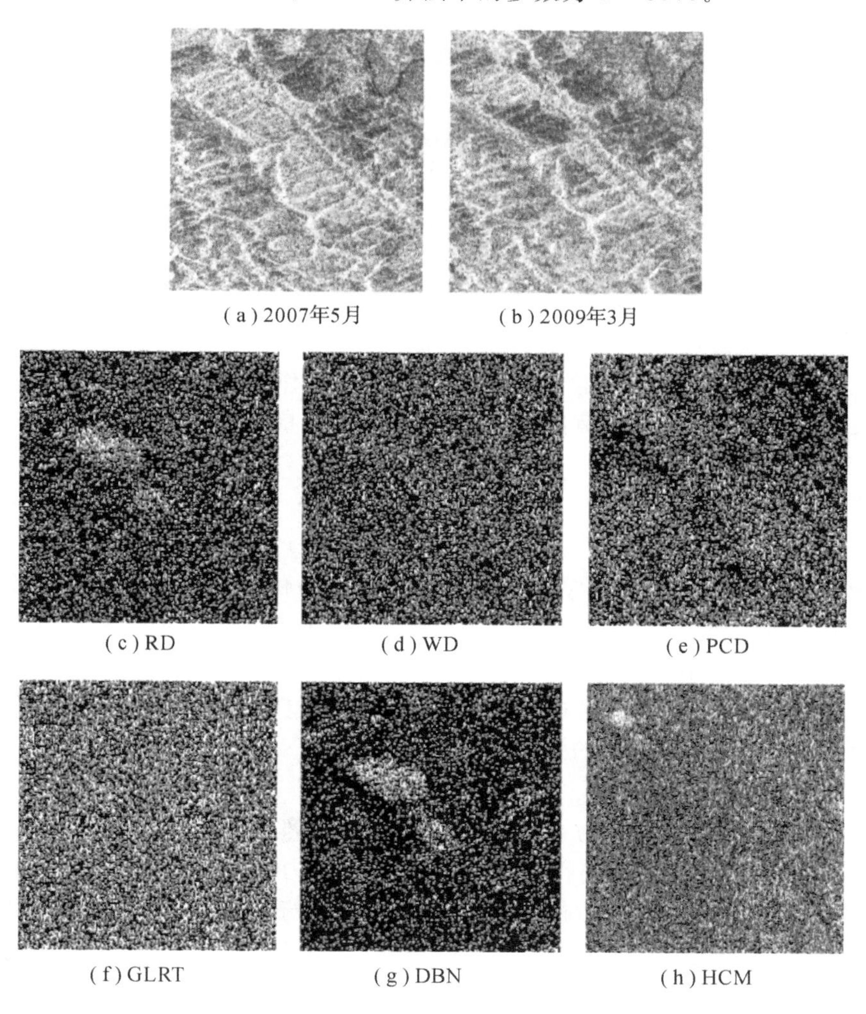

(a) 2007年5月　(b) 2009年3月

(c) RD　(d) WD　(e) PCD

(f) GLRT　(g) DBN　(h) HCM

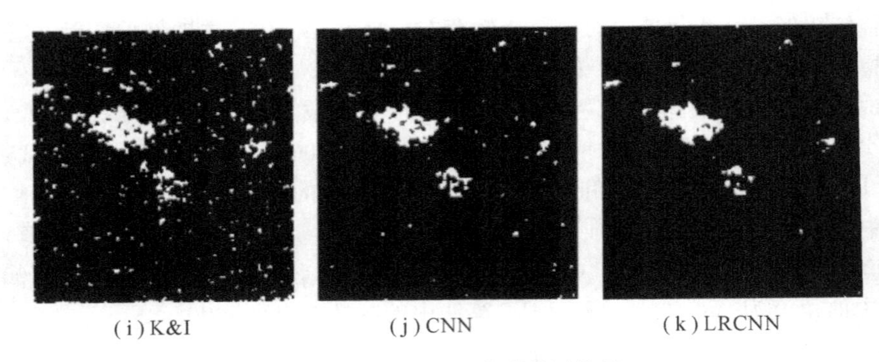


图 14.21　贵州地区变化检测结果

在图 14.21(c)～(k)中，分别展示了不同算法的变化检测结果图。RD 算法的检测结果中，变化区域的轮廓若隐若现，同时包含大量噪声。算法 WD、PCD、GLRT 和 HCM，几乎未检测到任何的变化区域。DBN 算法的变化检测结果比 RD 算法稍好，但噪声依然布满全图，如图 14.21(g)所示。由于 K&I 算法是基于 $LDI_2$ 执行的，噪声得到了一定程度的抑制，然而剩余的噪声依然很多，如图 14.21(i)所示。CNN 算法得到的结果比前面所有的对比算法都要好，然而最好的检测结果还是由 LRCNN 算法得到的，如图 14.21(k)所示，其中变化区域得到了完全检测，背景噪声也得到了去除。

这些实验结果表明，本章所提出的 LRCNN 算法可作为变化检测任务的一个有力工具，它不仅能保留检测区域的细节信息，也对噪声有较好的抑制作用。

## 本章小结

针对极化 SAR 图像的变化检测任务，本章提出了一种新型的算法 CNN，并将其称之为局部受限卷积神经网络 LRCNN。在训练 LRCNN 的过程中，初步尝试了将极化数据的极化信息和训练过程相结合，逐层地学习网络的参数，以便获得更加鲁棒的检测结果。总的来说，在本章的研究工作中，最初尝试的是用传统不包含池化 CNN 来完成变化检测任务，接着为了强调检测结果图中的空间约束性质，在 CNN 的输出层增加空间约束 LR，得到了局部受限卷积神经网络 LRCNN，从而产生变化区域边界细节清晰、背景干净且低噪声的变化检测结果图。同时，作为 CNN/LRCNN 训练的准备工作，可依据一种新的相似性度量产生 LDIs，并通过一个判别性增强函数将其增强为 DELDIs。然后利用 DELDIs 对 CNN/LRCNN 进行回归预训练，并用伪标签样本对其进行分类微调，最终完成网络的整个训练过程。最后，本章通过多个数据的实验结果验证了 LRCNN 算法对于变化检测任务的有效性。

此外，LRCNN 算法也能够被应用于其他的图像处理任务中，例如图像分割和深度估计。本章提出的 LDIs 亦可自由地应用于其他变化检测算法中。

## 参考文献

[1] 焦李成，侯彪，尚荣华，等. 智能 SAR 影像变化检测 [M]. 北京：科学出版社，2017.

[2] Chen L C, Papandreou G, Kokkinos I, et al. Semantic Image Segmentation with Deep Convolutional Nets and Fully Connected CRFs[J]. Computer Science, 2014(4): 357-361.

[3] Kalchbrenner N, Grefenstette E, Blunsom P. A convolutional neural network for modelling sentences[J]. arXiv preprint arXiv: 1404.2188, 2014.

[4] Hu B, Lu Z, Li H, et al. Convolutional neural network architectures for matching natural language sentences[C]// International Conference on Neural Information Processing Systems. MIT Press, 2014: 2042-2050.

[5] Maturana D, Scherer S. VoxNet: A 3D Convolutional Neural Network for real-time object recognition [C]// Ieee/rsj International Conference on Intelligent Robots and Systems. IEEE, 2015: 922-928.

[6] Shi W, Caballero J, Huszár F, et al. Real-Time Single Image and Video Super-Resolution Using an Efficient Sub-Pixel Convolutional Neural Network[C]// Computer Vision and Pattern Recognition. IEEE, 2016: 1874-1883.

[7] Prasoon A, Petersen K, Igel C, et al. Deep Feature Learning for Knee Cartilage Segmentation Using a Triplanar Convolutional Neural Network[M]// Medical Image Computing and Computer-Assisted Intervention - MICCAI 2013. Springer Berlin Heidelberg, 2013: 246-253.

[8] Rama Varior R, Haloi M, Wang G. Gated Siamese Convolutional Neural Network Architecture for Human Re-Identification[M]// Computer Vision - ECCV 2016. Springer International Publishing, 2016: 791-808.

[9] Poria S, Cambria E, Gelbukh A. Deep convolutional neural network textual features and multiple kernel learning for utterance-level multimodal sentiment analysis [C]//Proceedings of the 2015 conference on empirical methods in natural language processing. 2015: 2539-2544.

[10] Cai Z, Fan Q, Feris R S, et al. A unified multi-scale deep convolutional neural network for fast object detection[C]//European Conference on Computer Vision. Springer, Cham, 2016: 354-370.

[11] Liu F, Shen C, Lin G. Deep convolutional neural fields for depth estimation from a single image[C]// Proceedings of the IEEE Conference on Computer Vision and Pattern Recognition. 2015: 5162-5170.

[12] Yu M, Shao L, Zhen X, et al. Local feature discriminant projection[J]. IEEE transactions on pattern analysis and machine intelligence, 2016, 38(9): 1908-1914.

[13] Ahmed M N, Yamany S M, Mohamed N, et al. A modified fuzzy C-means algorithm for bias field estimation and segmentation of MRI data. [J]. IEEE Transactions on Medical Imaging, 2002, 21 (3): 193-199.

[14] Mishra N S, Ghosh S, Ghosh A. Fuzzy clustering algorithms incorporating local information for change detection in remotely sensed images[J]. Applied Soft Computing, 2012, 12(8): 2683-2692.

[15] Cai W, Chen S, Zhang D. Fast and robust fuzzy-means clustering algorithms incorporating local information for image segmentation[J]. Pattern Recognition, 2007, 40(3): 825-838.
[16] Anfinsen S N, Eltoft T. Application of the Matrix-Variate Mellin Transform to Analysis of Polarimetric Radar Images[J]. IEEE Transactions on Geoscience & Remote Sensing, 2011, 49(6): 2281-2295.
[17] Beaulieu J M, Touzi R. Segmentation of textured polarimetric SAR scenes by likelihood approximation[J]. IEEE Transactions on Geoscience & Remote Sensing, 2004, 42(10): 2063-2072.
[18] Rosin P L, Ioannidis E. Evaluation of global image thresholding for change detection[J]. Pattern Recognition Letters, 2003, 24(14): 2345-2356.
[19] American Microscopical Society. Transactions of the American Microscopical Society[M]. American Microscopical Society, 1922.
[20] Cohen J. A coefficient of agreement for nominal scales. [J]. Educational & Psychological Measurement, 1960, 20(1): 37-46.

# 第15章 基于Looking-Around-and-Into网络的极化SAR影像变化检测



## 15.1 引　　言

在处理大场景的变化检测问题时，研究人员通常将大图分割为几个不同的子图，然后分别对各个子图中的差异部分进行分析找到多个阈值，然后将所有阈值综合分析得到整幅图的阈值，并根据此阈值完成整幅图的变化检测任务。在这类方法中，选择候选区域的方法是对大图进行均匀分割或者根据地物内容进行分割，前者操作由于毫无目的性，会大大增加后续分析的工作量，后者操作需要首先对大图进行聚类操作或者形状捕捉，工作量也非常大。在上一章的工作中，LRCNN展示了它在局部区域变化检测任务中的有效性，若将其直接应用于大场景的变化检测任务中，则需更多的参数以及更复杂的训练，不易得到较好的检测结果。

在本章的研究中，通过一个Looking-Around-and-Into的模式选择候选区域，当且仅当某个区域可能存在变化地物的情况下，才可能被选定为候选区域，这就大大提高了搜索效率。在对候选区域分析时，对其做多尺度的处理，这使得检测结果更加准确。在每次进行候选区域选取时，利用了注意力建议卷积自编码网络(Attention Proposal Convolutional Auto-Encode，APCAE)，它不仅能够自动地选择高可信度的候选区域，也能够有效地降低噪声和不确定因素带来的影响。在对候选区域进行多尺度分析时，主要工具用到了递归卷积神经网络，能够在保证检测结果准确的前提下，从不同的尺度都提供清晰的检测结果。实验表明，本章算法在大场景下的极化SAR变化检测中具有较好的表现。

本章首先对Looking-Around-and-Into(Looking-Around-and-Into，LAaI)模式进行了简单介绍，然后分别详细讨论了递归卷积神经网络(Recurrent CNN)，完成大场景的变化检测任务。

## 15.2 LAaI网络

当人们利用谷歌、百度、高德等电子地图在全球范围内进行地标(如天安门)搜索时，首先会将包含全球范围的地图缩小在一个平面内，此时地图上显示的是不同国家的名字，据此先找到中国的位置；然后对此位置进行放大，使得中国领土内的每一个省市的名字在地图上显示出来，再从这些省市中找到北京的位置；接着放大北京所在的位置，使得北京地区内各个主要地标的名称在地图上显示出来，从而找到自己所寻找的地标(如天安门)位置。简单来说，在当前显示地图中定位(中国—北京—天安门)的过程需要在当前地图上四处寻找，我们称之为 Look Around 过程；对特定位置(中国—北京)进行放大，相当于更加靠近目标的操作，我们称之为 Look Into 过程。于是，这种搜索方式的整个过程被命名为 Looking-Around-and-Into 模式。

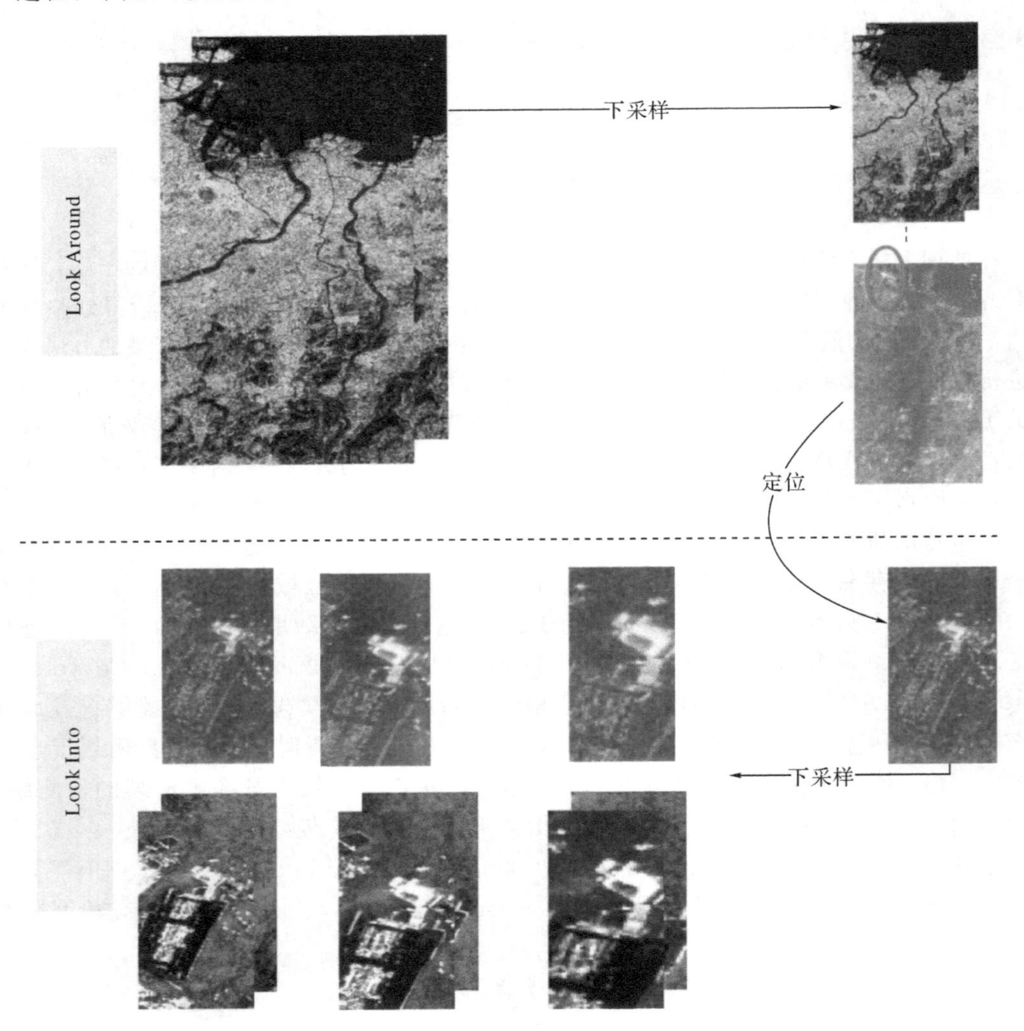


图 15.1 基于 LAaI 模式的变化检测算法框图

在本章中，此模式主要被用于定位存在变化地物的候选区域，并对此区域进行放大，以利于检测变化地物的真实位置。在图 15.1 中，对本章算法的流程做了简要的展示。总的来说，为了提高计算效率，首先需要对大场景的极化 SAR 图像进行下采样操作，并根据相似度度量得到对应低分辨率图像的差异图；然后在差异图中定位包含变化地物的候选区域，此过程对应于 Look Around 过程；最后对候选区域进行多尺度的放大处理，从而得到更加精准的变化检测结果，此过程对应于 Look Into 过程。

## 15.3 基于 LAaI 网络的变化检测

本节阐述了注意力建议卷积自编码网络（Attention Proposal Convolutional Auto-Encode，APCAE）和递归神经网络（RecurrentCNN），并将它们分别用于完成 Looking Around 部分和 Looking Into 部分，最终实现对大场景极化 SAR 图像的变化检测任务。

### 15.3.1 注意力建议卷积自编码网络

当需要从大场景中寻找某个关注点时，最常用的办法就是将大场景图缩小到某个范围，以便于得到完整图像的粗略内容，并根据最吸引注意力的位置提出建议，指出关注点可能所处的位置。相应地，对大场景极化 SAR 图像 Ilarge 和 Ilarge 进行 Nsub 采样操作，通过相似度度量计算出采样之后的极化 SAR 图像对应的差异图，并将其用符号 $DI_{whole}$ 表示。为了便于后面的分析，本章中所提到的差异图都进行了第 14 章中判别性增强的操作，使得差异图中接近 0 或者 1 的数值更有可能表示非变化或者变化地物的像素点，而接近 0.5 的数值更有可能表示不确定是否为变化地物的像素点，且增强后的差异图仍用原符号（例如 $DI_{whole}$）表示。接着，需要从 $DI_{whole}$ 中选取可能包含变化地物的候选区域，以便进行更加精确的检测。

通过注意力建议卷积自编码网络（Attention Proposal Convolutional Auto-Encode，APCAE）来完成候选区域的选取。从结构上来看，APCAE 是一个只包含了几个卷积层的简单网络，其重点在于对输出的控制。具体而言，假设 APCAE 中的所有参数可以用 WA 来表示，此网络的输入为 $DI_{whole}$，输出为与 $DI_{whole}$ 大小相同的单层图像 $DI_A$，即 $DI_A = gA(DI_{whole}; WA)$，其中 gA 对应 APCAE 网络的函数。对于一般的自编码网络，其损失函数应为 $\| DI_{whole} - DI_A \|_2^2$。但此网络的作用是选取可能包含变化地物的候选区域，因此在网络输出 $DI_A$ 中，某些明确指示着变化或者非变化像素点的数据需要被着重强调，而其他含义模糊的点则需要尽可能地被忽略。由于经过了判别性增强操作，在当前 $DI_{whole}$ 中，具有相对明确含义的数值是接近 0 或者 1（即远离 0.5）的像素点，因而它们更应该被强调；数值接近0.5的含义较为模糊，故这类像素点应该被忽略。于是，此处将 APCAE 的损失函数设置为 $LAPCAE = \| abs(DI_{whole} - 0.5) \odot (DI_{whole} - DI_A) \| 2$，其中$\odot$为矩阵逐元素的点乘符号，abs 为取绝对值的符号，设置权重 $abs(DI_{whole} - 0.5)$的目的是满足上述强调或者忽略某些数值拟合的条件。这样，卷积自编码网络能将注意力集中于对含义明确的数值的拟合，从而在 $DI_A$ 中很容易地挑选出可能包含变化地物的候选区域。综上所述，APCAE 的优化问题如下：

$$\min_{W_A} L_{\text{APCAE}} = \| \text{abs}(\text{DI}_{\text{whole}} - 0.5) \odot (\text{DI}_{\text{whole}} - \text{DI}_{\text{A}}) \|_2^2$$
$$= \| \text{abs}(\text{DI}_{\text{whole}} - 0.5) \odot (\text{DI}_{\text{whole}} - g_{\text{A}(\text{DI}_{\text{whole}}, W_A)}) \|_2^2 \quad (15-1)$$

图 15.2 展示了原始的 $\text{DI}_{\text{whole}}$，及其通过 APCAE 网络学习得到的 $\text{DI}_{\text{A}}$，并给出了 6 个可能包含变化地物的区域。对比可知，$\text{DI}_{\text{A}}$ 中的突出亮点区域比 $\text{DI}_{\text{whole}}$ 中的亮点区域更容易定位，这些区域是最有可能包含变化地物的区域(实验中对比了分别基于 $\text{DI}_{\text{A}}$ 和 $\text{DI}_{\text{whole}}$ 得到

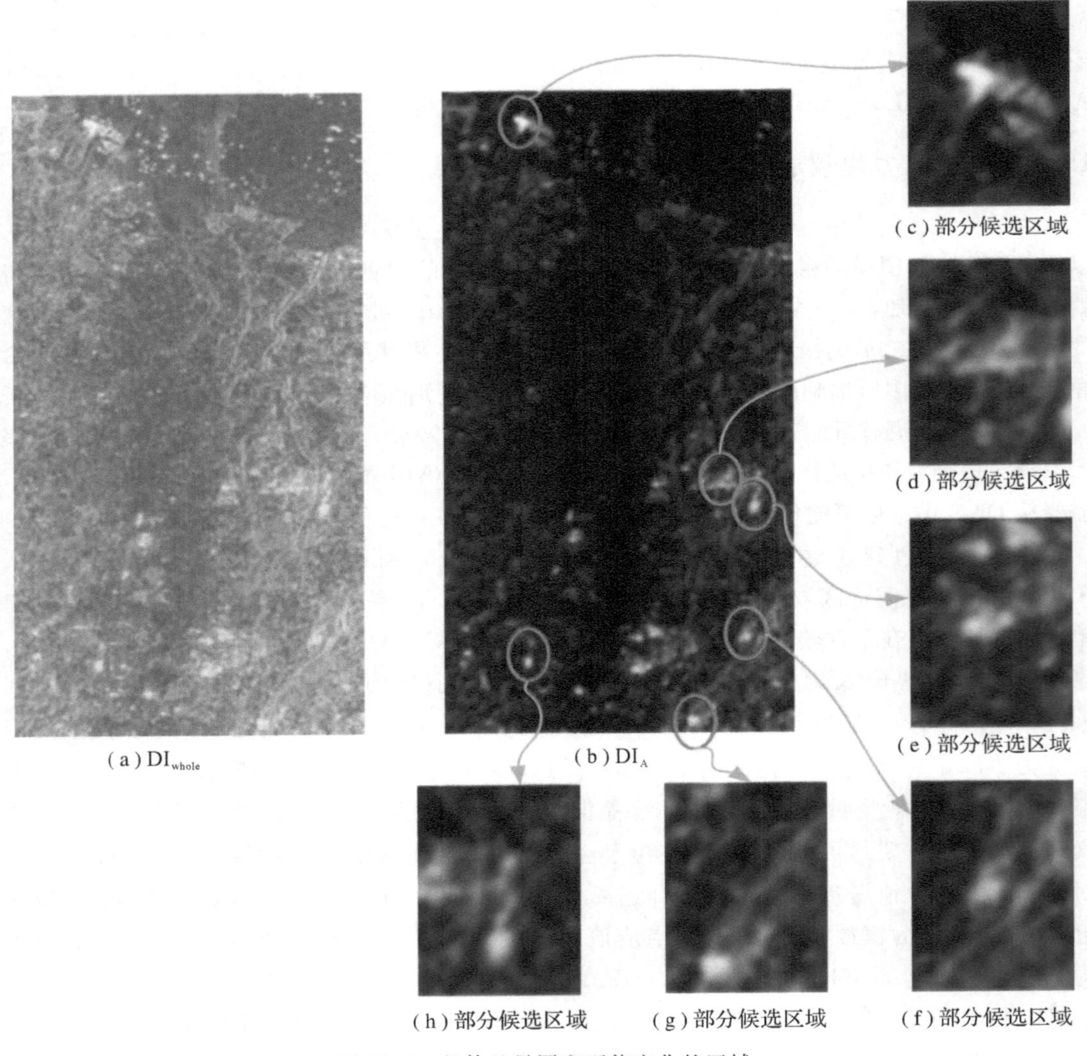


图 15.2　整体差异图和可能变化的区域

的候选区域，以此证明了 APCAE 网络的有效性)。由于经过了判别性增强算法的作用，$DI_A$ 中小于 0.5 的数值指示变化像素点的可能性较小，因此可以将其小于 0.5 的数值全部简单地设置为 0。然后再用简单线性迭代聚类算法(Simple Linear Iterative Cluster，SLIC)对其进行超像素分割。根据各超像素块内所有像素值总和对其进行排序，像素值总和较大的超像素块即是更有可能包含变化区域的位置，并根据此超像素块的质心位置来选取候选区域。为简单起见，此处设定每一个候选区域的大小均相同，其重要性指标对应于它所依赖的超像素块内所有像素值的总和，像素值总和越大则说明越重要。最后对所有候选区域按其重要性从大到小排序为 $R_1$，$R_2$，…，$R_{N_c}$，其中 $N_c$ 为候选区域的总个数。

上述过程实际是采用 APCAE 完成了 Look Around 的部分。为了对变化地物的检测更加精确，需要对候选区域进行多尺度的处理，并通过递归卷积神经网络来完成多尺度的变化检测。

### 15.3.2 递归卷积神经网络

为了能够对候选区域进行多尺度的处理，首先需要从原始大图中选取对应的极化 SAR 图。选取 $DI_{whole}/DI_A$ 的中心为横轴和纵轴的交叉原点，令 $t_x$ 和 $t_y$ 分别表示候选区域中心点的横坐标($x$ 轴)和纵坐标($y$ 轴)，$l_h$ 和 $l_w$ 分别表示候选区域的高度和宽度的一半，那么候选区域的位置可用($t_x$，$t_y$，$l_h$，$l_w$)表示。选定某个候选区域 $R_n$($n=1, 2, \cdots, N_c$)，根据其中心点的位置坐标($t_x^n$，$t_y^n$，$l_h^n$，$l_w^n$)，计算得到其对应大图中的位置坐标为($N_{sub}t_x^n$，$N_{sub}t_y^n$，$N_{sub}l_h^n$，$N_{sub}l_w^n$)。从 $\boldsymbol{I}_1^{large}$ 和 $\boldsymbol{I}_2^{large}$ 中选择候选区域，可用以下公式完成，即

$$\boldsymbol{I}_1^n = \boldsymbol{I}_1^{large} \odot \text{Mask}(N_{sub}t_x, N_{sub}t_y, N_{sub}t_h, N_{sub}t_w) \tag{15-2}$$

$$\boldsymbol{I}_2^n = \boldsymbol{I}_2^{large} \odot \text{Mask}(N_{sub}t_x, N_{sub}t_y, N_{sub}t_h, N_{sub}t_w) \tag{15-3}$$

式中，Mask(·)为掩模函数，$\boldsymbol{I}_1^n$ 和 $\boldsymbol{I}_2^n$ 为获得的第 $n$ 个候选区域的极化 SAR 图像，并计算 $\boldsymbol{I}_1^n$ 和 $\boldsymbol{I}_2^n$ 之间的差异图。在下面的多尺度操作中，只需将 $\boldsymbol{I}_1^n$ 和 $\boldsymbol{I}_2^n$ 分别进行相应的尺度缩放即可得到。

在第 14 章中，CNN 已经被应用于小区域极化 SAR 图像的变化检测任务中。对于此处的大场景变化检测问题，由于应用了 LAaI 模式来选择包含变化地物的候选区域，所以期望得到在各个尺度都清晰可靠的变化检测结果图。鉴于此，将 CNN 改进为递归卷积神经网络(Recurrent CNN)，其中每一个子结构对应极化 SAR 图像的一个尺度，且每个子结构之间存在信息交互。图 15.3 展示了一个包含有三个子结构的 Recurrent CNN，从左到右分别对应候选区域图像的放大尺度越来越大。每一个子结构的输入层对应于候选区域的两个不同时刻的极化 SAR 图像的级联，输出层则对应各自的差异图。

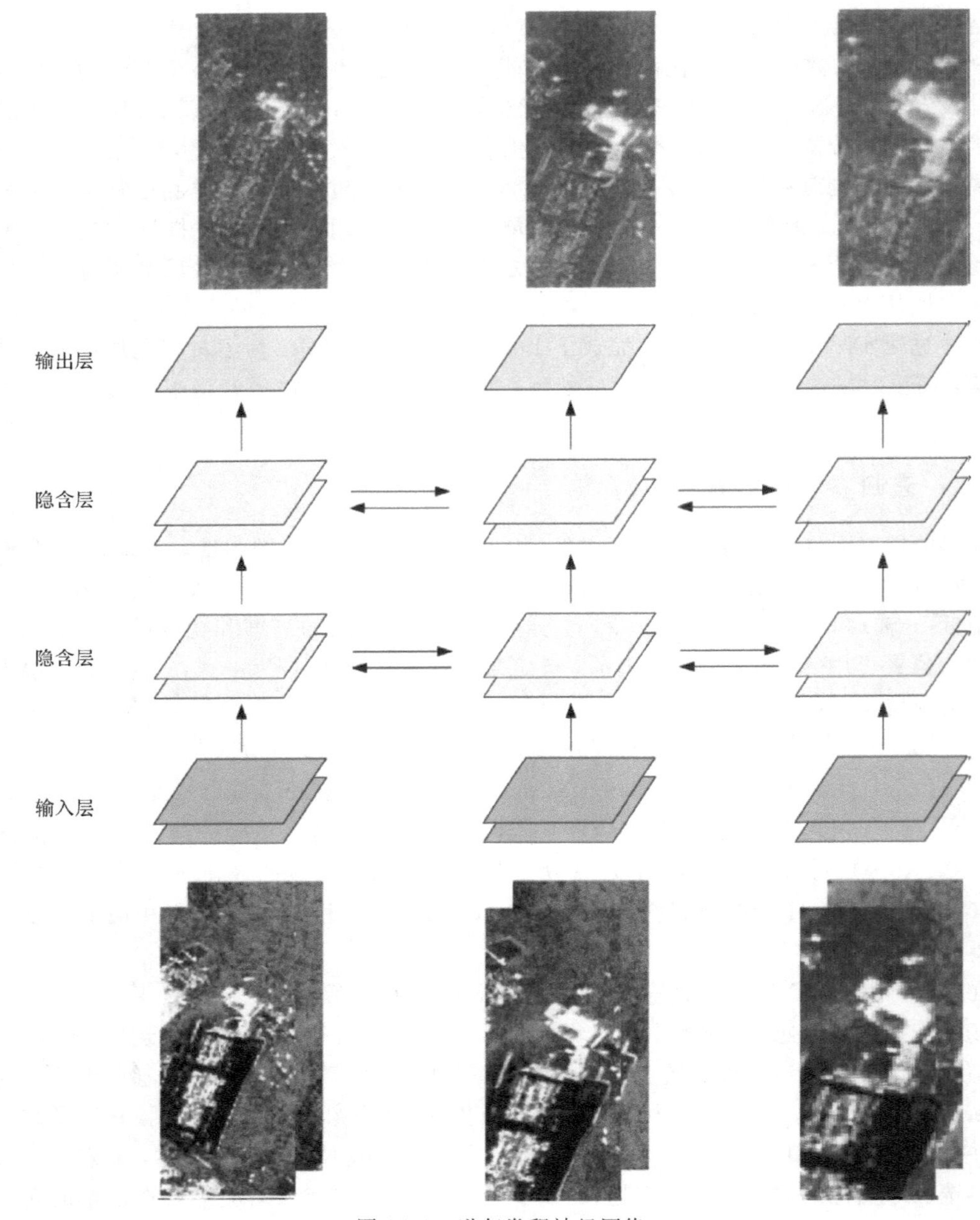


图 15.3 递归卷积神经网络

如图 15.3 所示，Recurrent CNN 的每一个子结构都是一个只包含卷积层的 CNN。但在此处的子结构中，每一个隐含卷积层所得到的信息不仅包含了当前子结构的上一层信息，也包含了相邻子结构的同层信息。换言之，通过相同隐含层之间的信息交互，这些子结构整体又构成了一个 RNN，因而被称为 Recurrent CNN。尺度 $s=1$ 的输出结果不仅受当前尺度的图像影响，也会受到尺度 $s=2$ 的图像的影响。同理，尺度 $s=2$ 的输出结果同时受 $s=1$、2、3三个尺度图像的影响，而尺度 $s=3$ 的输出结果同时受 $s=2$、3 两个尺度图像的影响。从尺度 $s=1$ 到 $s=3$，这是一个对检测结果进行逐步精细的过程；反之，从 $s=3$ 到 $s=1$，这是一个环顾检测结果整体布局的过程。它们之间互相影响、互相指导，能够保证在不同尺度的检测结果均具有较好的鲁棒性和精准度。

在训练的初始阶段，可以分别对三个子结构做预训练，得到基本稳定的结果后，再增加各自之间的互相影响，从而减少随机初始化参数对网络训练的干扰。经过合适的训练之后，就能够对几个最有可能包含变化地物的区域进行多尺度的变化检测操作。同时，还能够按照用户的兴趣，选择一个任意尺度、任意区域进行变化检测的任务。此外，子结构 CNN 也可被替换为 LRCNN。

### 15.3.3 学习过程

根据 Looking-Around-and-Into 模式，对大场景极化 SAR 图像的变化检测任务主要分为两个部分：Look Around 过程和 Look Into 过程，并分别由 APCAE 和 Recurrent CNN 来完成。算法 15.1 对整个训练过程进行了总结。

---

**算法 15.1：基于 LAaI 模式的大场景极化 SAR 图像变化检测**

---

输入：

两幅不同时刻的大场景极化 **SAR** 图像 $\boldsymbol{I}_1^{\text{large}}$ 和 $\boldsymbol{I}_2^{\text{large}}$，下采样阶数 $N_{\text{sub}}$，候选区域百分比 $r_A$，长方形候选区域高度和宽度 $N_{\text{sub}}l_{\text{h}}$ 和 $N_{\text{sub}}l_{\text{w}}$，候选区域总数 $N_c$，设定尺度 $s_1$ 和 $s_2$，迭代次数 $\text{iter}_R$；

Look Around 过程：

1. Step1-01，对 $\boldsymbol{I}_1^{\text{large}}$ 和 $\boldsymbol{I}_2^{\text{large}}$ 进行下 $N_{\text{sub}}$采样，得到下采样之后的图像多对应的差异图 $\text{DI}_{\text{whole}}$(隐含已经进行了判别性增强操作)。

2. Step1-2，利用 APCAE，对差异图 $\text{DI}_{\text{whole}}$ 进行重构，通过优化式(6－1)来得到 $\text{DI}_A$。

3. Step1-3，用超像素算法 SLIC 对 $\text{DI}_{\text{A}}$ 进行分割，并统计每块超像素内所有像素值的总和，记为 $\bar{\omega}_n$，作为其是否被选定为候选区域的指标。

4. Step1-4，将 $\text{DI}_{\text{A}}$ 中所有超像素块按照其内部像素值总和 $\bar{\omega}_n$ 大小排序，并选取前 $r_A\%$个超像素块，总个数记为 $N_c$。

5. Step1-5，计算上述 $N_c$ 个超像素块各自的质心坐标，并将其作为 $N_c$ 个候选区域

---

的中心坐标位置，加上候选区域的高度和宽度信息，就能够将其记为$[t_x^n; t_y^n; t_h^n; t_w^n]$。

6. Step1-6，对上述 $N_c$ 个候选区域的中心坐标位置，将各自对应超像素块的 $\bar{\omega}_n$ 作为自身的重要性指标，$\bar{\omega}_n$ 越大则越重要，并按重要性从大到小的顺序对其编号 $n=1, 2, \cdots, N_c$。

Look Into 过程：

7. Step2-1，对上面的 $N_c$ 个候选区域，对其执行步骤 Step2-2～Step2-7；

8. Step2-2，根据位置坐标$[t_x^n; t_y^n; t_h^n; t_w^n]$，通过式(15－2)和式(15－3)选取第 $n$ 个候选区域的极化 SAR 图像 $\boldsymbol{I}_1^n$ 和 $\boldsymbol{I}_2^n$，并计算其相应的差异图 $DI^n$；

9. Step2-3，将上述极化 SAR 图像 $\boldsymbol{I}_1^n$ 和 $\boldsymbol{I}_2^n$ 作为原始尺度 $s_0$(此时差异图可表示为 $DI_{s_0}^n$)，根据给定尺度 $s_1$ 和 $s_2$ 分别对其做尺度缩放，得到对应尺度的极化 SAR 图像 $I_{1,s_1}^n$，$I_{2,s_2}^n$，$I_{1,s_0}^n$ 和 $I_{2,s_0}^n$ 之后，尺度 $s_1$ 和 $s_2$ 各自所对应的计算差异图 $\mathrm{DI}_{s_1}^n$ 和 $\mathrm{DI}_{s_2}^n$。

10. Step2-4，对尺度 $s_0$、$s_1$ 和 $s_2$，分别利用三个结构相同的 LRCNN 各自完成对 $\mathrm{DI}_{s_0}^n$、$\mathrm{DI}_{s_1}^n$ 和 $\mathrm{DI}_{s_2}^n$ 的建模，此步骤相当于 Recurrent CNN 的预训练过程；

11. Step2-5，将上述三个 LRCNN 的对应权值做均值处理，使得每一个 LRCNN 都拥有相同的参数，并作为 Recurrent CNN 的三个子结构，利用递归网络的算法对其进行综合训练。

12. Step2-6，将 Recurrent CNN 的子结构作为 LRCNN 的初始化。

13. Step2-7，对步骤 Step2-4～Step2-6 重复执行 $\mathrm{iter}_R$ 次。

14. Step2-8，利用训练好的 Recurrent CNN 对候选区域进行变化检测(也可以对任何用户所感兴趣的区域和位置进行检测)。

输出：

各区域的变化检测结果图。

---

在第一阶段的 Look Around 过程中，预先对大场景图像进行下采样，并得到对应的差异图，以减少计算量。利用 APCAE 在大场景差异图上寻找可能包含变化地物的重点区域，并根据超像素分割算法，选取重点区域的超像素块，每个超像素块被定为候选区域的可能性与其块内像素均值成正比，并与超像素块本身的大小相关，于是可以选取超像素块内像素值总和最大的 $R_{Nc}$ 个超像素块。求取每个选定超像素块的质心，并将此质心坐标确定为一个候选区域的中心位置。设定候选区域的高度和宽度，联合其中心位置坐标记为 $t_x^n$，$t_y^n$，$l_h^n$，$l_w^n$。至此，$R_N$ 个候选区域就被选定为最有可能包含变化地物的重点区域。

在第二阶段的 Look Into 过程中，需要对每一个候选区域进行多尺度的变化检测任务。首先，按照每个候选区域的位置信息 $t_x^n$，$t_y^n$，$l_h^n$，$l_w^n$，在大场景极化 SAR 图像中确定对应的子图，并选取不同尺度的图像数据，计算各自尺度对应的差异图。然后再利用子结构相同的 Recurrent CNN 对其进行训练建模，完成候选区域多尺度的变化检测任务。此外，用户还可以指定某个特定区域，并对其进行检测。最终即能得到大场景中所有重点区域的多尺度变化检测结果图。

## 15.4 实验分析

本章的实验数据采用东京数据集分辨率为2290×1050的整幅图像，以实现在大场景中进行变化检测的目的。在下面的实验中，首先探索了APCAE在选择候选区域过程中的作用，接着展示了在Look Into过程中，对候选区域的多尺度变化检测结果。最后，展示了各传统算法在不同尺度候选区域的检测结果，以验证Recurrent CNN在多尺度检测中的有效性。

### 15.4.1 候选区域的选取

为了验证APCAE在Look Around过程中的有效性，可用LRCNN作为对比算法，将$DI_{whole}$作为输入，通过APCAE和LRCNN学习得到的结果分别用$DI_A$和$DI_{LR}$来表示。在图15.4～图15.6中，分别展示了基于$DI_{whole}$、$DI_{LR}$和$DI_A$做超像素分割的结果。由于候选区域的选取完全依赖于超像素的分割结果，因此分割结果的好坏也就代表了候选区域的质量。在做超像素分割之前，对$DI_{whole}$，$DI_{LR}$和$DI_A$进行阈值处理，小于某个阈值的数值都设置为0，以此来减小分割算法的计算量，同时保证分割结果对变化像素点的关注。图15.4～图15.6的子图(a)指示的是对$DI_{whole}$、$DI_{LR}$和$DI_A$分别进行了阈值处理之后的图像，阈值选取分别为0.70、0.58和0.60；子图(b)则分别展示的是相应超像素分割结果；子图(c)分别展示的是根据分割结果选定的超像素块，颜色越亮，表示此块内像素值总和越大，则重要性越大。

通过对比图15.4～图15.6的子图(a)可知，原始的差异图$DI_{whole}$通常包含较多的噪声，简单的阈值操作得到的显著像素点分散性较大，不利于定位包含变化区域。在图15.5(a)中，由于LRCNN的作用，噪声在一定程度上得到了很好的抑制，但在此过程中每个像素点在网络训练中的权重完全相同，没有着重强调最有可能是变化像素点的位置，因此损失了很多可能是变化区域的位置。但在图15.6(a)中，由于APCAE将目标函数锁定于高概率是变化/非变化区域的像素点，因此可能使得网络的计算资源优先满足这些重要像素点的需求，从而达到自动筛选重点区域的目的，也就能够在抑制噪声的条件下，尽可能地保证关注所有变化区域。从图15.4～图15.6的子图(c)可以看到，通过原始差异图选定的超像素块较多，很多都是噪声引起的，而通过$DI_{LR}$选定的超像素块则太小，很多微小的变化区域被忽略，图15.6(c)中的超像素块则能够在一定程度上抑制噪声，且较为完整地覆盖所有可能的变化区域，验证了APCAE在寻找候选区域过程中的有效性。

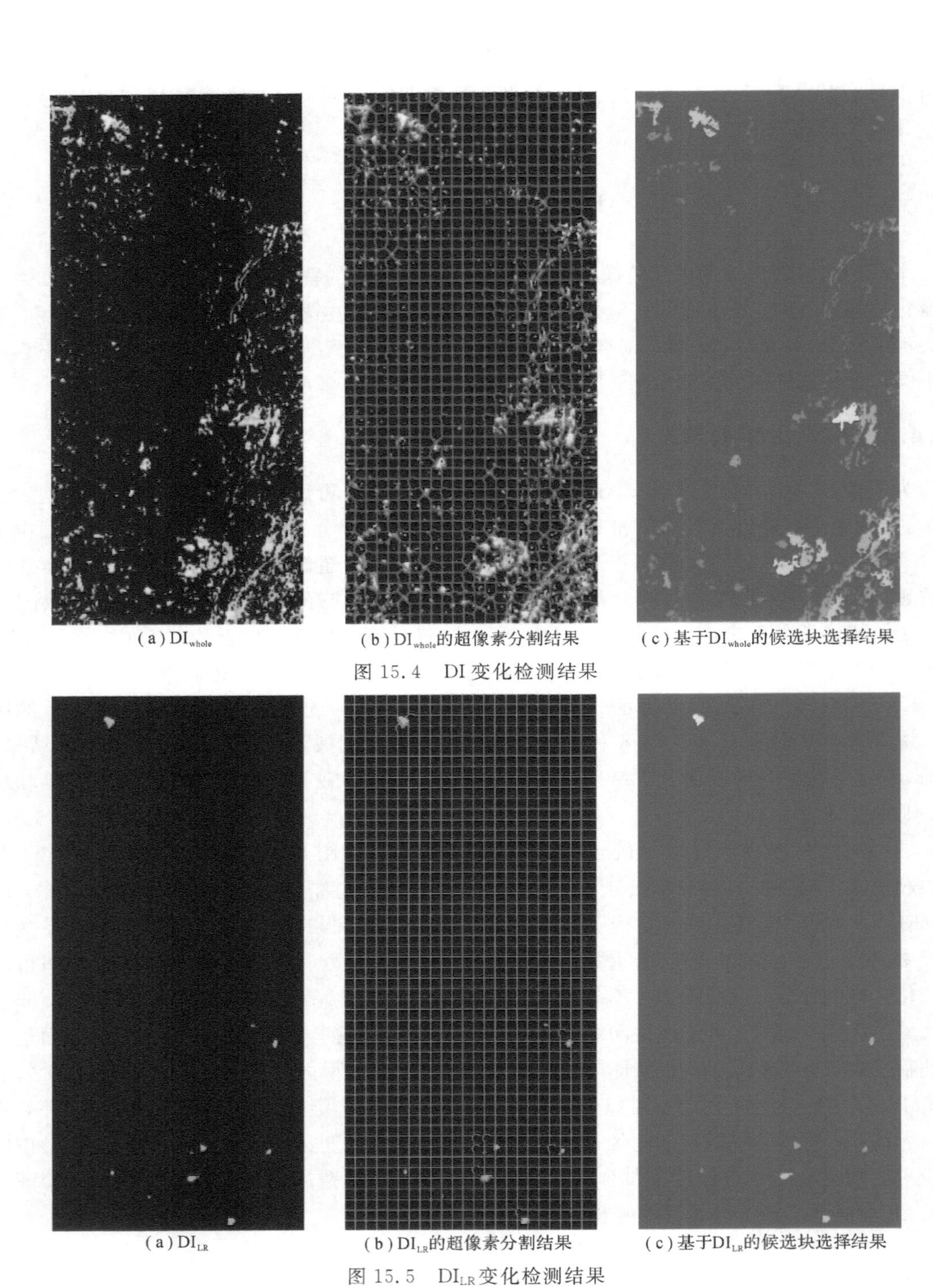

(a) $DI_{whole}$　(b) $DI_{whole}$的超像素分割结果　(c) 基于$DI_{whole}$的候选块选择结果

图 15.4　DI 变化检测结果

(a) $DI_{LR}$　(b) $DI_{LR}$的超像素分割结果　(c) 基于$DI_{LR}$的候选块选择结果

图 15.5　$DI_{LR}$变化检测结果

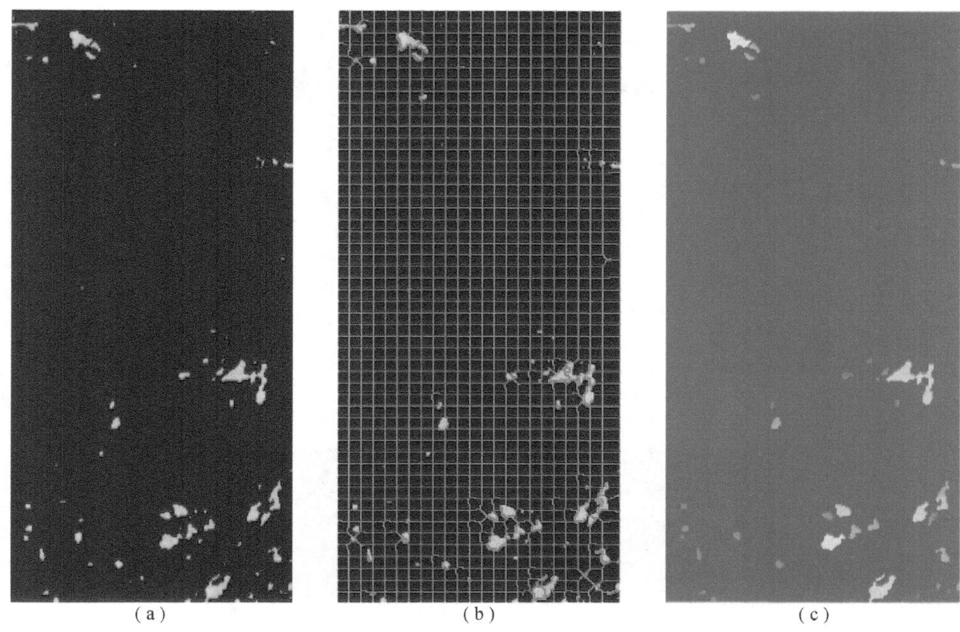



图 15.6 基于 $DI_A$ 的候选块选择结果

图 15.6 中的超像素块，可将对应的 $DI_A$ 均值作为其重要性程度的指标，并求得每个超像素块的质心，将其作为候选区域的中心，再根据原始大图选择多尺度的候选区域。每一个尺度候选区域的分辨率大小都设定为 300×200，与第 14 章中的实验设置相同。在图 15.7～图 15.9 中，列出了前 6 个最重要的候选区域及其对应的差异图，分别表示为 $R_1$，$R_2$，…，$R_6$，这时 $N_c=6$。可以看出，这些候选区域包含了大场景中大部分的重点变化区域，也就是说，通过 Look Around 过程可为重点区域重点检测提供了合理的数据源。

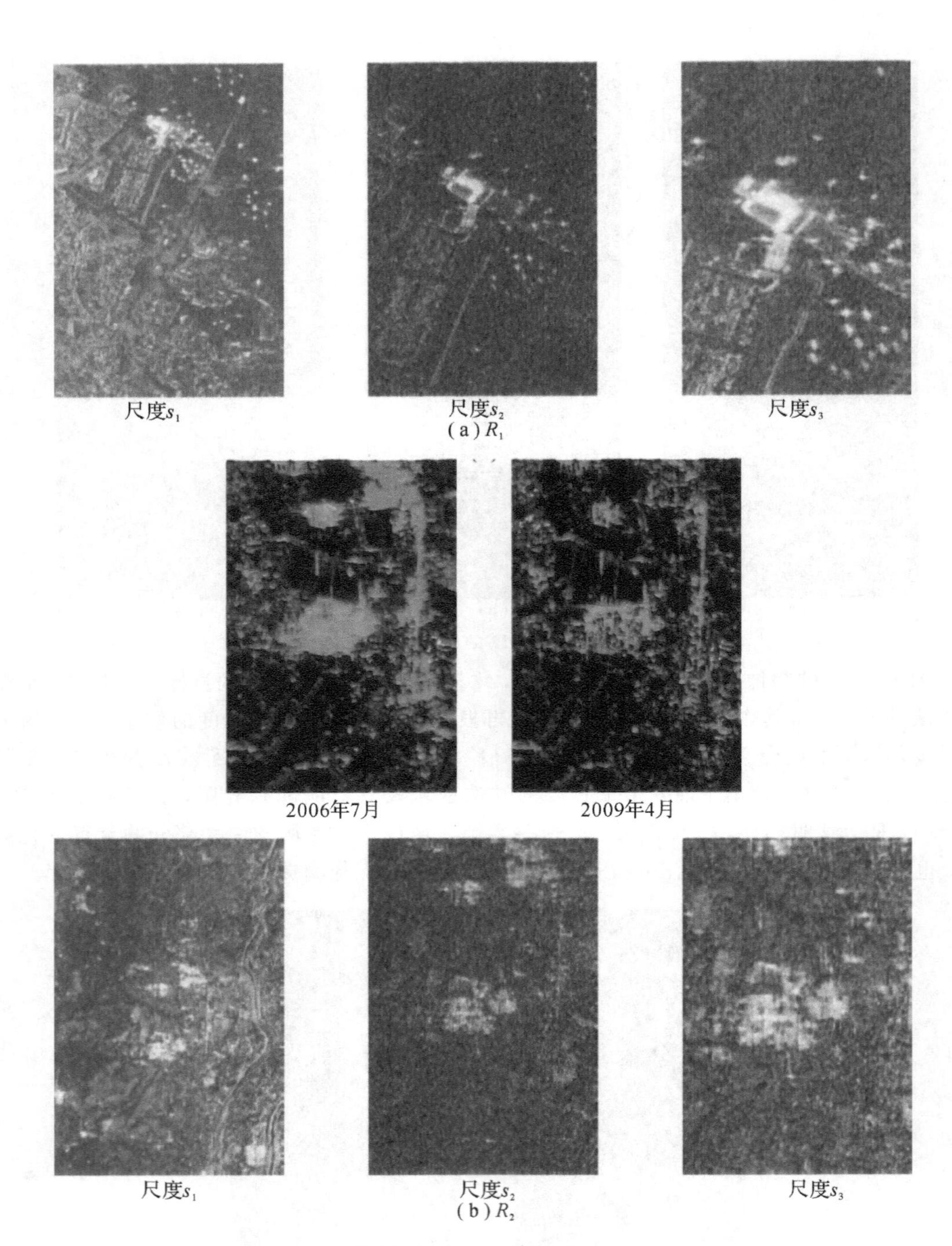

(a) $R_1$

(b) $R_2$

图 15.7　候选区域 $R_1$ 和 $R_2$

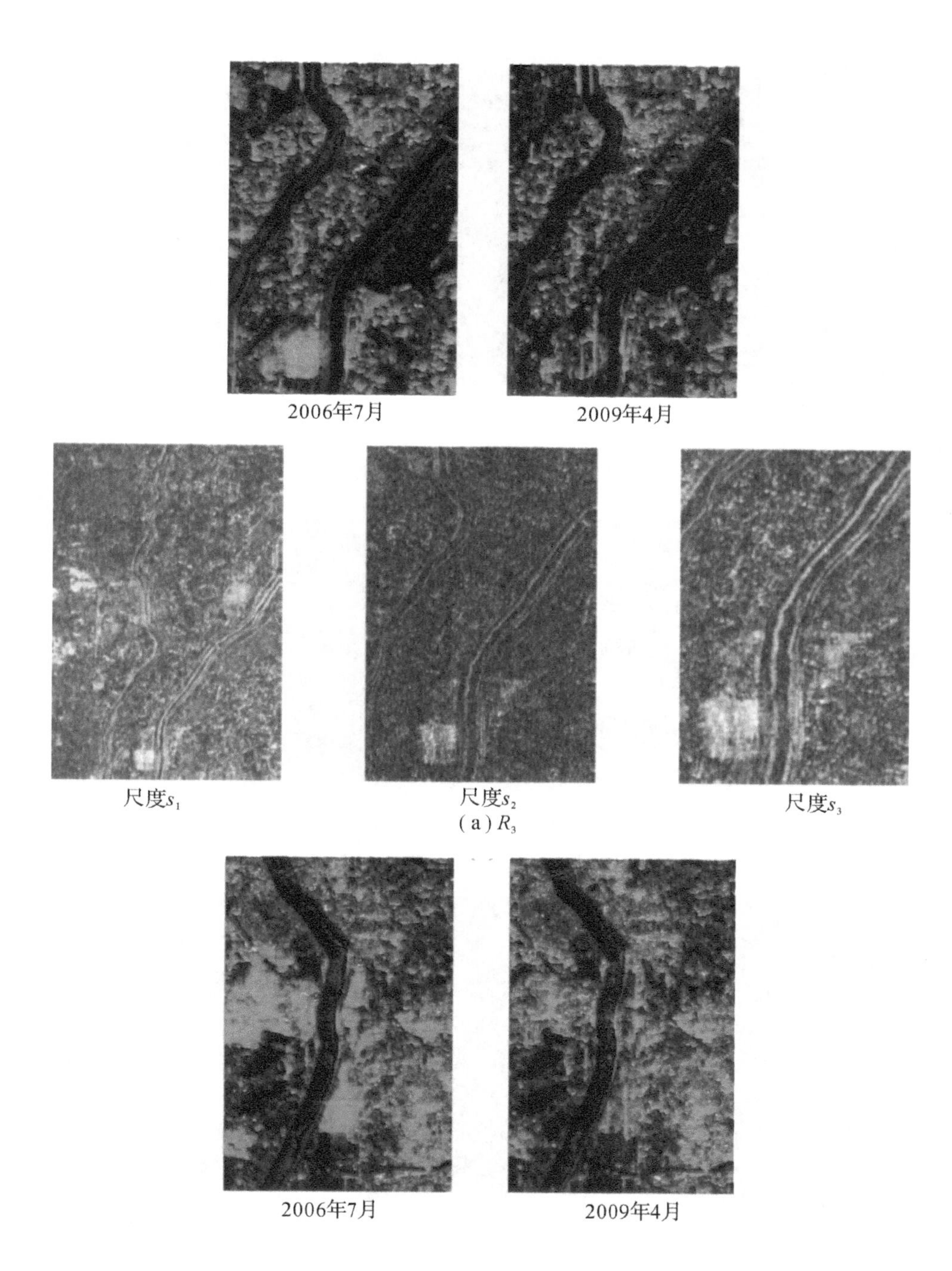

2006年7月　2009年4月

尺度$s_1$　尺度$s_2$　尺度$s_3$

(a) $R_3$

2006年7月　2009年4月

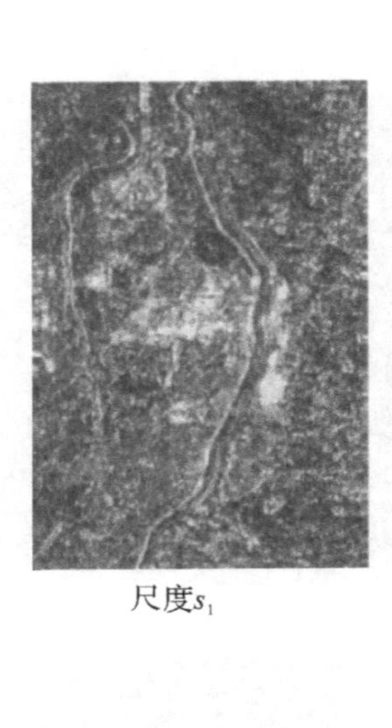
尺度$s_1$

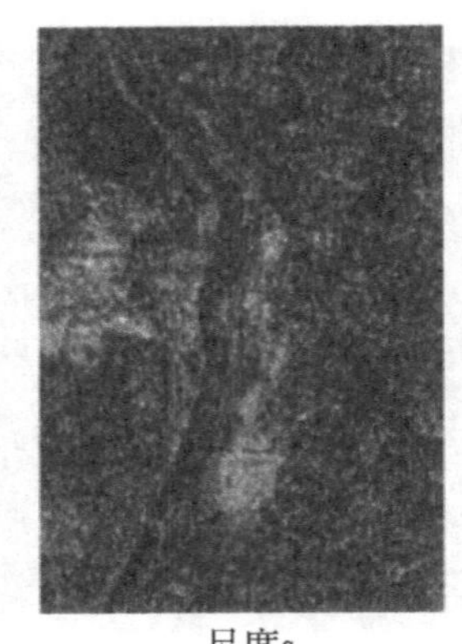
尺度$s_2$

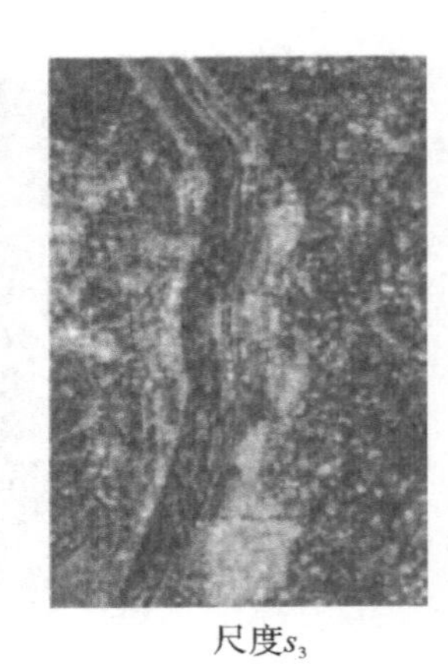
尺度$s_3$

(b) $R_4$

图 15.8 候选区域 $R_3$ 和 $R_4$

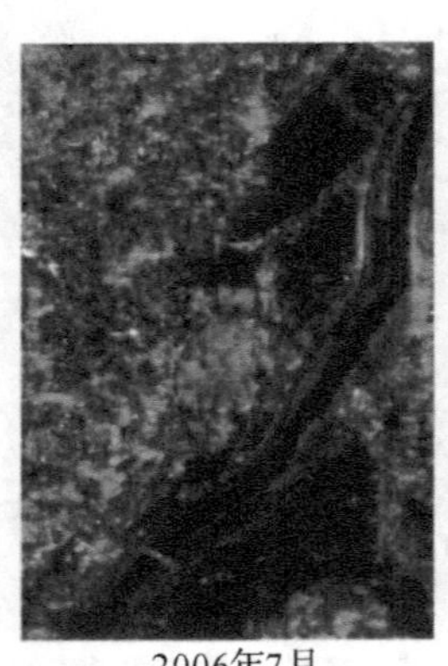
2006年7月

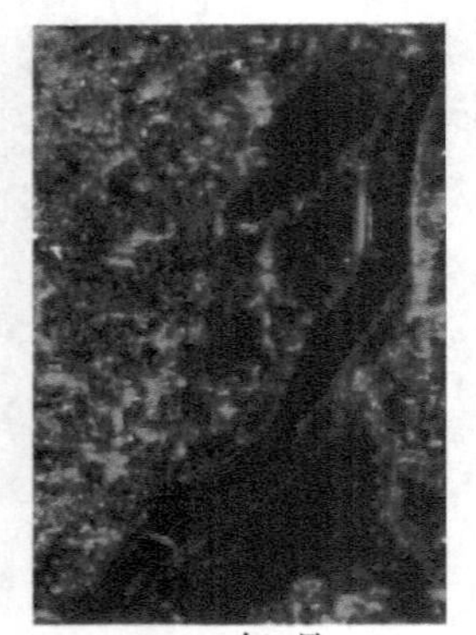
2009年4月

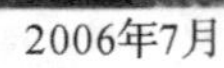

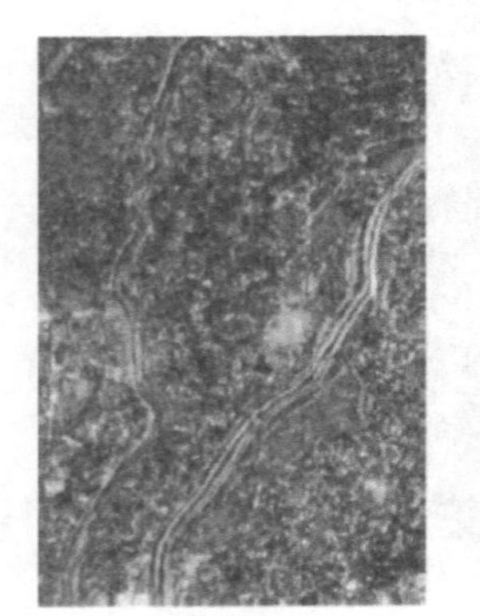
尺度$s_1$

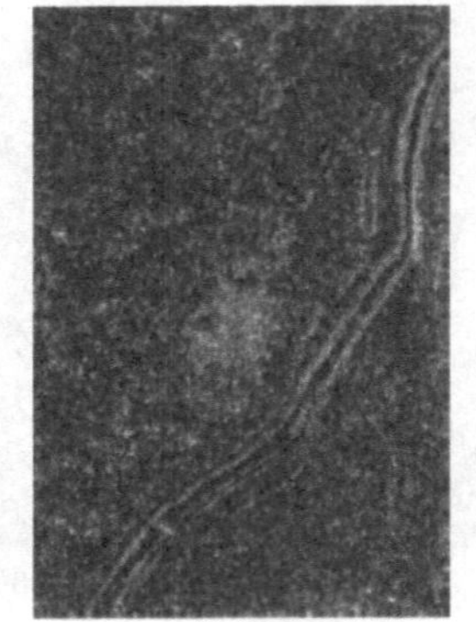
尺度$s_2$

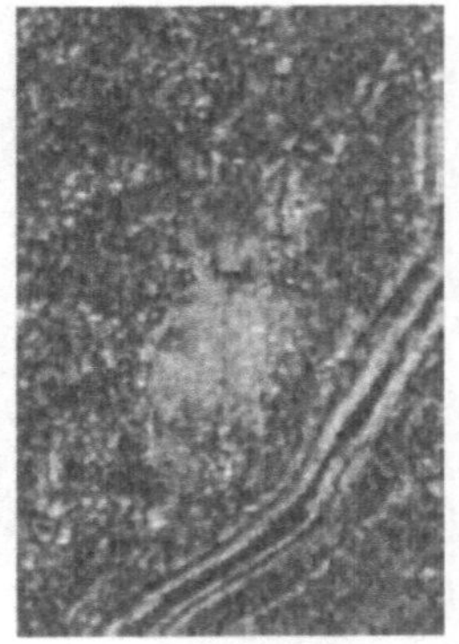
尺度$s_3$

(a) $R_5$

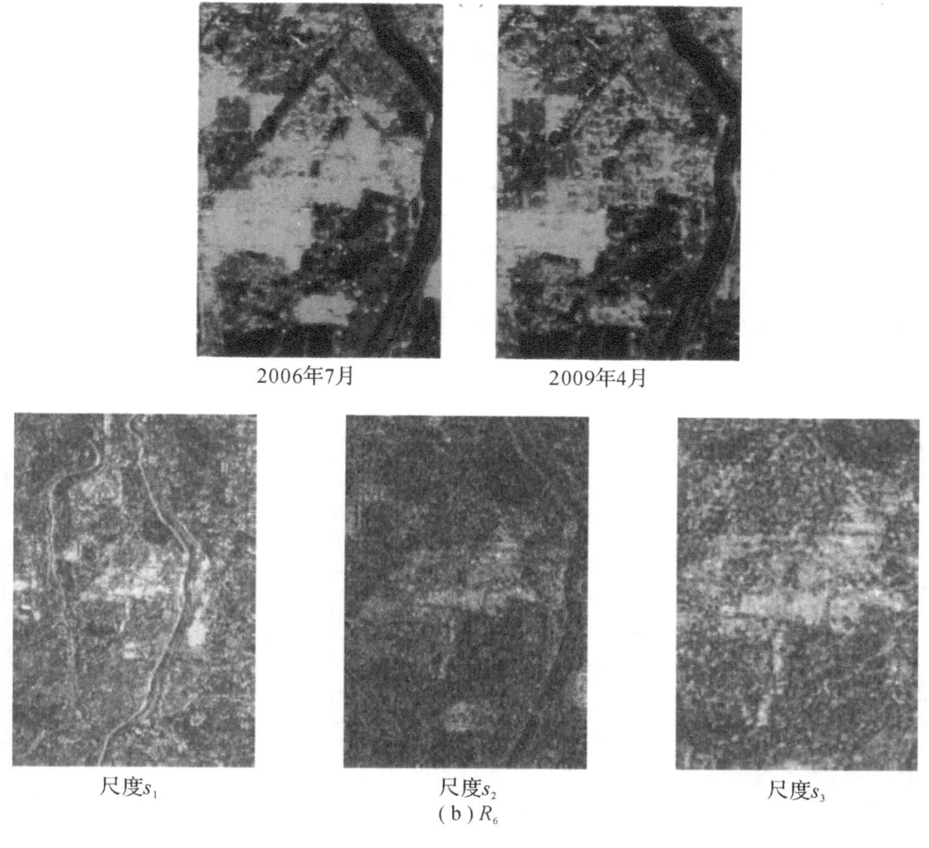


(b) $R_6$

图 15.9　候选区域 $R_5$ 和 $R_6$

此外，图 15.7～图 15.9 中展示的差异图包括了三个尺度，分别对应于此候选区域三个不同尺度。若某个尺度的候选区域超出了大场景图像的边界，则可对候选区域做相应的位移，使之处于大场景之内。这种多尺度的候选区域不仅能够为用户提供多尺度的检测结果，更是发现隐藏变化区域的一种重要手段，如图 15.8 中区域 $R_3$ 和图 15.9 中区域 $R_5$ 所示，在某个尺度不明显的变化像素可能会在其他尺度中显现出来。

### 15.4.2　重点区域的多尺度变化检测结果

上述选取的候选区域，是大场景中需要着重关注的重点区域，接下来需要利用 Recurrent CNN 对它们进行多尺度的检测，将检测结果在图中进行展示。同时，为了验证 Recurrent CNN 在多尺度检测过程中的作用，使用了 5 个传统算法的检测结果作对比，包括 RD、GLRT、WD、HCM 以及 DBN。各对比算法和 Recurrent CNN 的检测结果分别列于图 15.10(a1)～(a3)，(b1)～(b3)，(c1)～(c3)，(d1)～(d3)，(e1)～(e3)和(f1)～(f3)中。从图 15.10 中的结果可以看出，对同一地区进行不同尺度的缩放，能够逐步获得变化地物更加详细的信息，即更能满足用户多方位、多尺度的检测需求。对比可知，算法 RD、GLRT 和 WD 的检测结果通常包含大量的噪声，并且不能显示出变化区域的边界，而算法 HCM 和 DBN 又常常将非变化区域错误地判定为变化区域，同时背景也包含较多的噪声。此外，由于不同尺度之间没有关联，这些算法在每个尺度的检测均需要重新调整参数，以便产生较好的检测结果，这就极大地增加了检测过程所需的计算量，不利于大场景中的变化检测任务。在 Recurrent CNN 的结果中，由于各尺度之间的信息可以进行相互交流，从而增强了不同尺度之间数据的联系，因此它可以在简化了网络训练过程的同时，使得网络训练结果更加鲁棒，并得到更加稳定的检测结果。

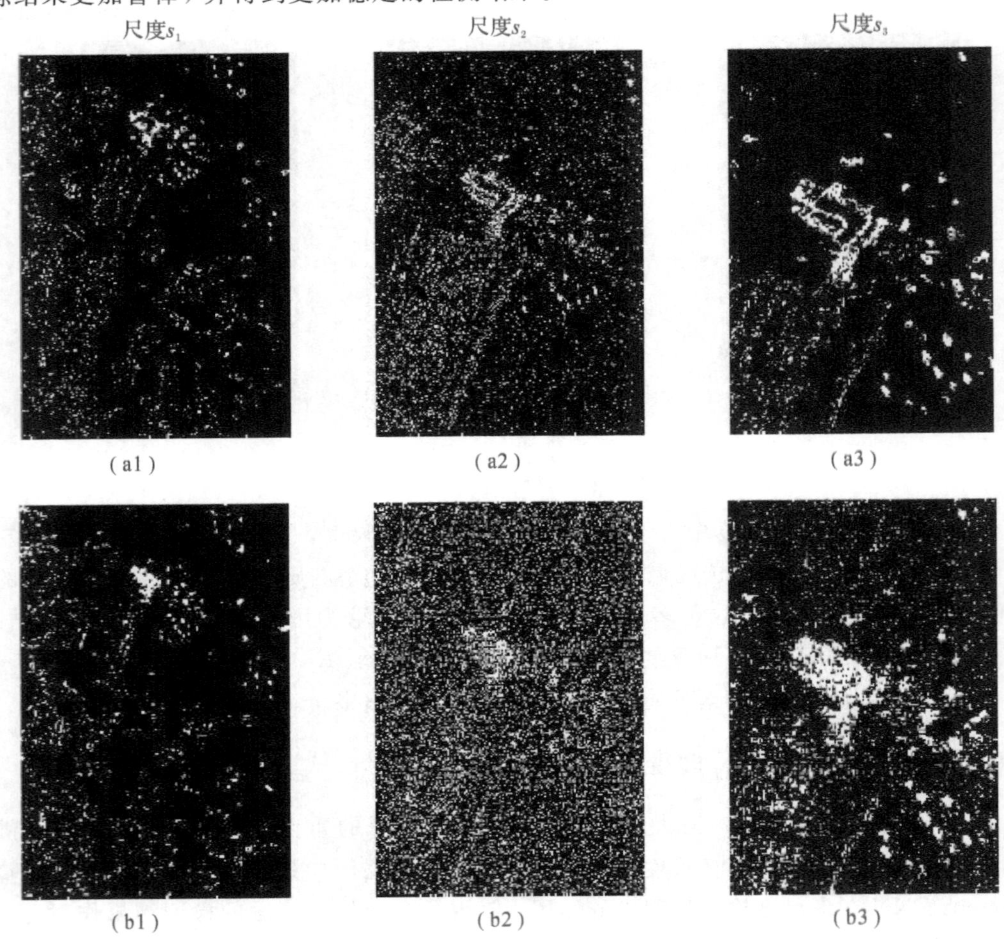

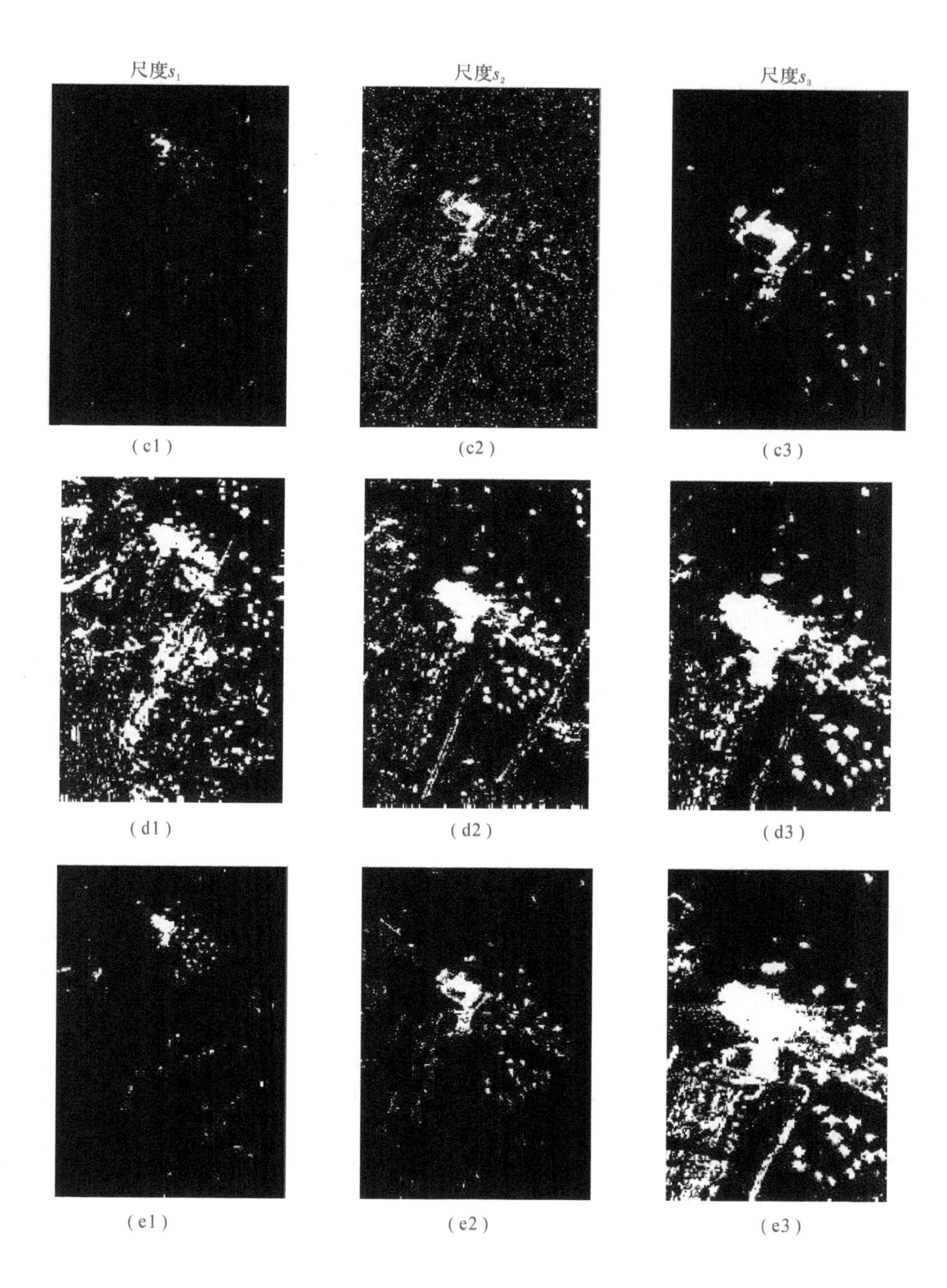
尺度$s_1$
尺度$s_2$
尺度$s_3$
(c1)
(c2)
(c3)
(d1)
(d2)
(d3)
(e1)
(e2)
(e3)

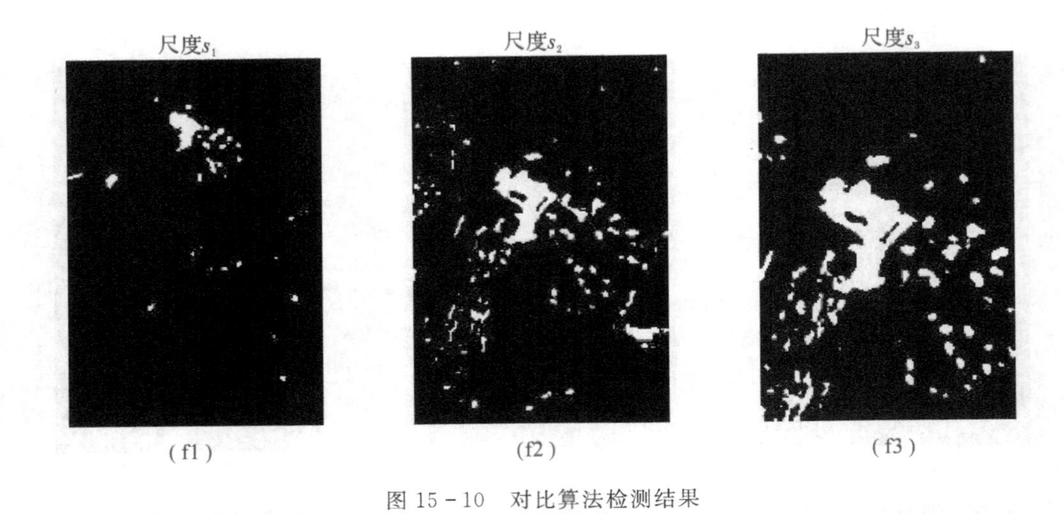


图 15-10　对比算法检测结果

## 本章小结

针对大规模的极化 SAR 图像变化检测问题，借鉴视觉注意力机制提出了一种重点区域重点检测的算法。通过 Look Around 和 Look Into 两个步骤，分别完成定位重点候选区域和对候选区域进行多尺度变化检测的过程，从而能够高效地完成大规模图像中的检测任务。

## 参考文献

[1] Simonyan K, Zisserman A. Very Deep Convolutional Networks for Large-Scale Image Recognition[J]. Computer Science, 2014.

[2] Lawrence S, Giles C L, Tsoi A C, et al. Face recognition: a convolutional neural-network approach [J]. IEEE Transactions on Neural Networks, 1997, 8(1): 98-113.

[3] Li H, Lin Z, Shen X, et al. A convolutional neural network cascade for face detection[C]// Computer Vision and Pattern Recognition. IEEE, 2015: 5325-5334.

[4] Dan C C, Meier U, Gambardella L M, et al. Convolutional Neural Network Committees for Handwritten Character Classification[C]// International Conference on Document Analysis and Recognition. IEEE, 2011: 1135-1139.

[5] Yin W, Schütze H, Xiang B, et al. ABCNN: Attention-Based Convolutional Neural Network for Modeling Sentence Pairs[J]. Computer Science, 2015.

[6] Dong C, Chen C L, Tang X. Accelerating the Super-Resolution Convolutional Neural Network[J].

2016: 391 - 407.

[7] Liang M, Hu X. Recurrent convolutional neural network for object recognition[C]// Computer Vision and Pattern Recognition. IEEE, 2015: 3367 - 3375.

[8] Shen Y, He X, Gao J, et al. Learning semantic representations using convolutional neural networks for web search[J]. Proc Www, 2014: 373 - 374.

[9] Xu L, Ren J S J, Liu C, et al. Deep convolutional neural network for image deconvolution[C]// International Conference on Neural Information Processing Systems. MIT Press, 2014: 1790 - 1798.

[10] Noh H, Seo P H, Han B. Image Question Answering Using Convolutional Neural Network with Dynamic Parameter Prediction[J]. 2015: 30 - 38.

[11] Ma L, Lu Z, Li H. Learning to Answer Questions From Image Using Convolutional Neural Network [J]. Computer Science, 2015.

[12] Howard A G. Some Improvements on Deep Convolutional Neural Network Based Image Classification [J]. Computer Science, 2013.

[13] Xu P, Sarikaya R. Convolutional neural network based triangular CRF for joint intent detection and slot filling[C]// IEEE Workshop on Automatic Speech Recognition and Understanding. IEEE, 2014: 78 - 83.

[14] Bovolo F, Bruzzone L. A split - based approach to unsupervised change detection in large-size SAR images[J]. Proceedings of SPIE-The International Society for Optical Engineering, 2006, 6365.

[15] Hu H, Ban Y. Unsupervised Change Detection in Multitemporal SAR Images Over Large Urban Areas[J]. IEEE Journal of Selected Topics in Applied Earth Observations & Remote Sensing, 2014, 7(8): 3248 - 3261.

[16] Lu D, Mausel P, Brondizio E, et al. Change detection techniques. Int J Remote Sens[J]. International Journal of Remote Sensing, 2004, 25(12): 2365 - 2401.

[17] Bruzzone L, Prieto D F. Automatic analysis of the difference image for unsupervised change detection [J]. IEEE Transactions on Geoscience & Remote Sensing, 2000, 38(3): 1171 - 1182.

[18] Chen K, Zhou Z, Lu H, et al. A Change Detection Approach in Large-Size Images based on Spatial Segmentation: Application To TSUNAMI-Damage Assessment[J]. Contamination Control & Air-Conditioning Technology, 2010.

[19] Koller O, Zargaran S, Ney H. Re-Sign: Re-Aligned End-to-End Sequence Modelling with Deep Recurrent CNN-HMMs[C]// Computer Vision and Pattern Recognition. IEEE, 2017: 3416 - 3424.

[20] Yin W, Ebert S, Schütze H. Attention-Based Convolutional Neural Network for Machine Comprehension[J]. 2016.

# 第三部分

# 高光谱影像分类

# 第16章 基于胶囊网络的高光谱影分类

胶囊网络(Capsnet)是深度学习之父 Geoff Hinton 提出的一种新型网络结构，它理论上弥补了 CNN 网络的缺陷。就 CNN 的工作方式来说，主要的部分是卷积层，用于检测图像中的重要的具有代表性的特征，浅层的卷积层(更接近输入层)将会学习到诸如颜色边缘之类的特征，而高层的特征是将这些浅层的特征进行简单的线性加权组合在一起形成高层的一些特征，最后由网络顶部的致密层组合高层特征并输出分类预测。值得注意的是，更高级别的特征是以加权的形式将较低级的特征组合在一起的，即前一层的激活与下一层神经元的权重相乘并相加，然后传递到激励函数中去，在这一设置中，没有任何地方在构成更高级特征的简单特征之间存在姿态(平移或旋转)关系。CNN 解决这一问题的方法是用最大池化或连续卷积来减少流经网络的数据的空间大小，从而增加高层神经元的“视野”，允许他们检测输入图像的较大区域的高阶特征。虽然 CNN 比之前的任何模式都要好，但是最大池化会失去有用的信息。

胶囊网络与 CNN 最大的区别是 CNN 的神经单元输入、输出都是标量，而胶囊网络的神经单元输入、输出都是向量，Hinton 称之为 Capsule。这样在构成更高级的特征时，能够表示简单特征之间的姿态关系，其长度表征了某个实例(物体，视觉概念或者它们的一部分)出现的概率，其方向(长度无关部分)表征了物体的某些图形属性(位置、颜色、方向、形状，等等)，增强物体的识别能力。胶囊网络由普通卷积层、Primary Caps 层、Digit Caps 层和重构与表示层构成。

## 16.1 普通卷积层

普通卷积层是指该层采取的是常规的卷积操作，如图 16.1 所示，做一次卷积操作然后传递到 ReLU 激励函数中，主要作用是在原先的图像上做一次局部特征检测。另外，如果输入的是灰度图像，每一个像素是标量，就不符合 Capsule 输入、输出都是向量的要求。该卷积层使用 256 个 7×7 的卷积核，步幅为 1，且使用了 ReLU 激活函数，并没有使用 padding，输出的张量为 17×17×256。

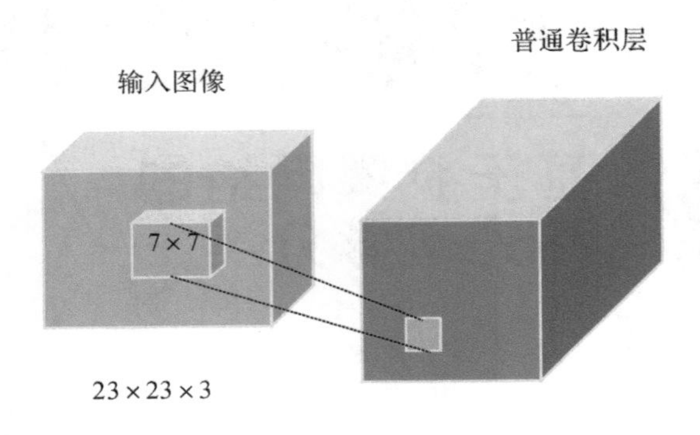

图 16.1　普通卷积操作示意图

## 16.2　Primary Caps 层

这一层是开始使用 Capsule 的层，其结构如图 16.2 所示。其输出张量维度为 6×6×8×32。如果使用 32 个大小为 7×7、步长为 2 的卷积核对输入做卷积操作，那么得到的张量是 6×6×32，可以把它看做 6×6×1×32。常规的卷积操作得到的是一个标量，而 Primary Caps 得到的却是长度为 8 的向量。现在的关键问题是如何将三维张量 6×6×1×32 转化为四维张量 6×6×8×32。过程如图 16.3 所示，Primary Caps 层所做的是对 17×17×256 的输入张量执行了 8 次不同权重的二维卷积操作，而每次的卷积都是使用 32 个大小为 7×7、步长为 2 的卷积操作。结果会产生 8 个 6×6×1×32 的张量，将这 8 个张量在第三个维度合并起来就形成了四维张量 6×6×8×32。于是 Primary Caps 可以理解为是一个深度为 32 的普通卷积层，不同的是每一通道上的标量值变成了长度为 8 的向量值，这封装成的向量就是新的 Capsule 单元。

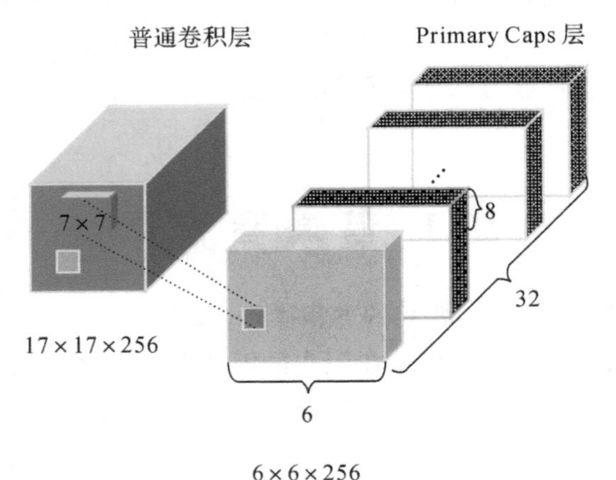

图 16.2　Primary Caps 层示意图

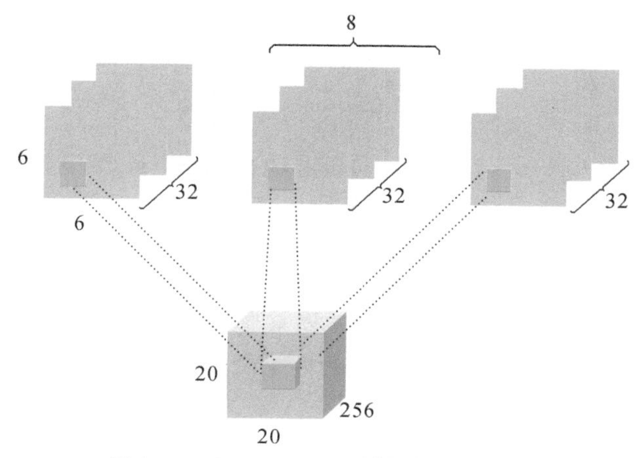


图 16.3 Primary Caps 层的卷积操作图

## 16.3 Digit Caps 层

Digit Caps 层是连接在最后一个 Capsule 层后面的，本章中只有一个 Capsule 层，即 Primary Caps 层，因此 Digits Caps 层与 Primary Caps 层相邻。Digit Caps 层中的每个 Capsule 代表一种实物，其激活情况代表着该实物的各种属性，比如姿态、纹理、边缘信息，等等，其结构示意图如图 16.4 所示，图中有 9 个 Capsule，表示分类任务中存在 9 类地物，该参数根据实际数据的变化而改变。

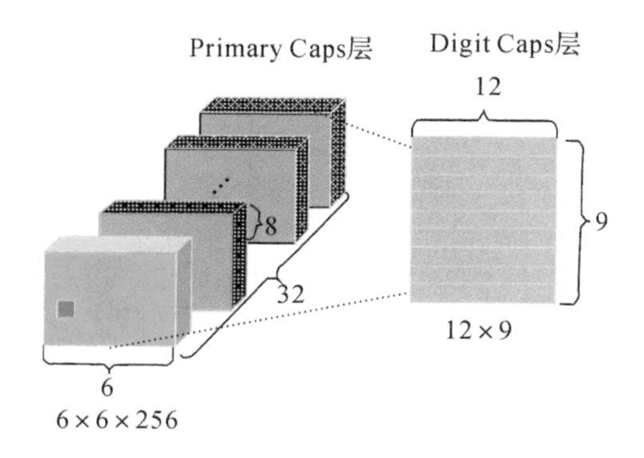


图 16.4 Digits Caps 结构示意图

### 16.3.1 层级间的传播与分配过程

Digit Caps 层中的 Capsule 向量的长度表示某个类别出现的概率，因此它的值必须介于 0～1 之间。为了满足这种要求，并实现 Primary Caps 层级的激活功能，Hinton 等人采用了名为 Squashing 的非线性函数。其函数表达式如下：

$$\boldsymbol{v}_j = \frac{\|\boldsymbol{s}_j\|^2}{1+\|\boldsymbol{s}_j\|^2} \cdot \frac{\boldsymbol{s}_j}{\|\boldsymbol{s}_j\|} \tag{16-1}$$

式中，$\boldsymbol{s}_j$ 和 $\boldsymbol{v}_j$ 分别表示 Capsule $j$ 的输入向量和输出向量，$\boldsymbol{s}_j$ 实际上是上一层所有输出到 Capsule $j$ 的向量加权和。公式中的前一部分所代表的物理意义是输入向量 $\boldsymbol{s}_j$ 的缩放尺度，第二部分表示 $\boldsymbol{s}_j$ 的单位向量。该 Squashing 函数在保证了输入向量的取值范围在 0～1 之间的同时，也将输入向量的方向保留了下来。当 $|\boldsymbol{s}_j|$ 为零时，$\boldsymbol{v}_j$ 也能取到 0；当 $|\boldsymbol{s}_j|$ 无穷大时，$\boldsymbol{v}_j$ 无限接近 1。该非线性函数可以认为是对向量长度的压缩与重分配，也可以被认为是对输入向量进行激活。对输入向量的计算可分为两个阶段进行，即线性组合和 Routing，这两个过程分别如下所示：

$$\boldsymbol{s}_j = \sum_i c_{ij}\boldsymbol{x}_{j|i}, \quad \boldsymbol{x}_{j|i} = \boldsymbol{W}_{ij}\boldsymbol{u}_i \tag{16-2}$$

式中，$\boldsymbol{x}_{j|i}$ 为 $\boldsymbol{u}_{j|i}$ 的线性组合，这点与神经网络的全连接层的计算方式相同，不同的是，这里都是向量的相乘，而传统神经元是标量的线性加权求和。确定 $\boldsymbol{x}_{j|i}$ 后，使用 Routing 进行第二个阶段的分配以计算输出节点 $\boldsymbol{s}_j$，这个过程涉及动态路由的迭代更新 $\boldsymbol{c}_{ij}$。通过 Routing 可以获取下一层 Capsule 的输入 $\boldsymbol{s}_j$，然后将 $\boldsymbol{s}_j$ 投入到 Squashing 非线性函数，即能得到下一层 Capsule 的输出。此时，从 Primary Caps 层到 Digit Caps 层的传播与分配过程完成，如图 16.5 所示。

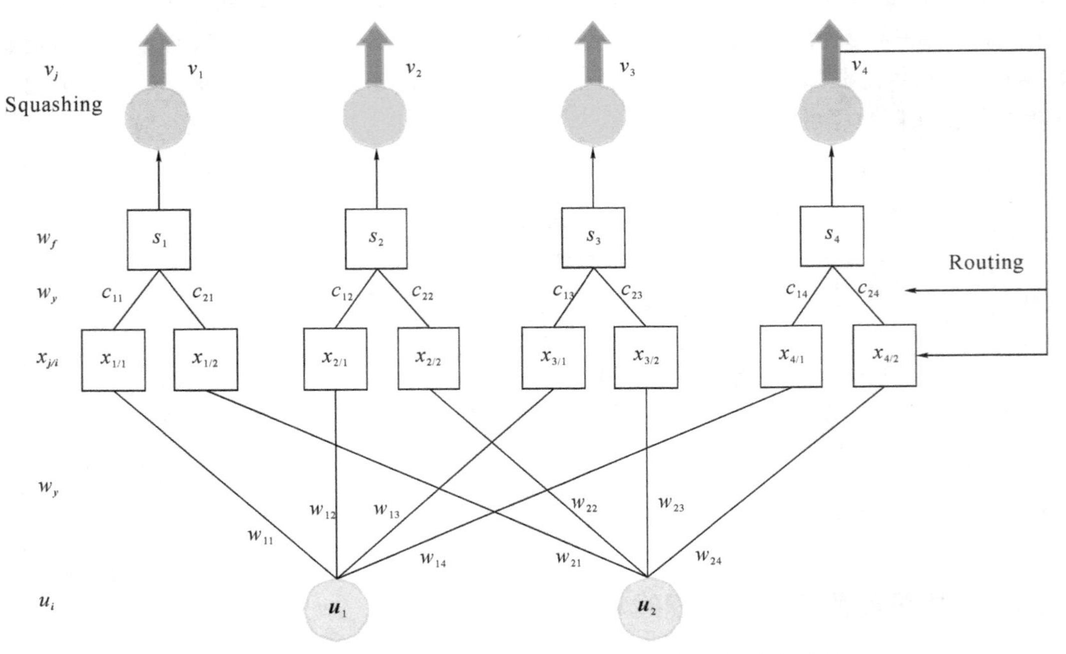


图 16.5　Primary Caps 层到 Digit Caps 层的传播与分配过程

### 16.3.2 Dynamic Routing 算法

按照 Hinton 所说，找到了最好的组合方式即 Capsule 间的传播路径，那么就正确地处理了图像。其核心的思想是在 Capsnet 中加入 Routing 机制，目的是希望找到一组系数 $c_{ij}$，Hinton 等人称之为耦合系数，让预测向量 $\boldsymbol{x}_{j|i}$ 最能符合输出向量 $\boldsymbol{v}_j$，即最符合输出的输入向量，即找到最好的路径。其中，$c_{ij}$ 通过迭代动态 Routing 过程确定。Capsule $i$ 与后一层所有的 Capsule 之间的耦合系数相加和为 1，在图 16.5 中，前一层只有 2 个 Capsule，后一层有 4 个 Capsule，即 $w_{11}+w_{12}+w_{13}+w_{14}=1$。$c_{ij}$ 是由"Routing softmax"函数来计算的，即

$$c_{ij}=\frac{\exp(b_{ij})}{\sum_k \exp(b_{ik})} \tag{16-3}$$

式中，$b_{ij}$ 是 Capsule $i$ 耦合下一层 Capsule $j$ 的先验概率，初始化为 0。$b_{ij}$ 的迭代更新方式如下：

$$b_{ij} \leftarrow b_{ij}+\boldsymbol{x}_{j|i}\cdot v_j \tag{16-4}$$

$b_{ij}$ 的计算与当前的输入图像无关，它取决于两个 Capsule 的位置和类型，然后通过测量上述层中的每个 Capsule 的当前输出 $v_j$ 与预测向量 $\boldsymbol{x}_{j|i}$ 之间的一致性来迭代地改进初始耦合系数。

### 16.3.3 损失函数

如前所述，Digit Caps 层的 Capsule 向量的长度表示所属类别的概率，如果类别 $k$ 出现在了图像中，希望代表类别 $k$ 的输出 Capsule 向量长度很大。每种类别 $k$ 都采用 Marginloss 损失，该损失函数如下：

$$L_k = T_k\max(0,\ m^+ - \|\boldsymbol{v}_k\|)+\lambda(1-T)\max(0,\ \|\boldsymbol{v}_k\|-m^-)^2 \tag{16-5}$$

式中，$T_k$ 代表分类指示函数，即 $k$ 存在时为 1，不存在时为 0；$m^+$ 为上边界，取值为0.9；$m^-$ 为下边界，取值为 0.1。

## 16.4 重构与表示层

在 Digit Caps 层得到表征所属实例概率的向量后，希望可以通过重构还原出输入图像。具体做法是将该代表实例的向量送入到表示与重构网络中，如图 16.6 所示，最终可以得到一个完整的重构输入图像。为了促进 Digits Caps 层对输入图像的编码，这里加入了额外的重构损失。在训练期间，除了特定的 Capsule 输出向量，其他的输出向量应该被遮住，然后

把这个特定的向量馈送至包含 3 个全连接层的解码器中，以图 16.6 方式进行重构。该重构损失可以通过 FC Sigmoid 层的输出与原始输入图像之间的欧几里何距离来计算，并且以 0.0005的比例缩小重构损失，以防止在训练过程中主导了 Marginloss。其结构示意图如图 16.6 所示。

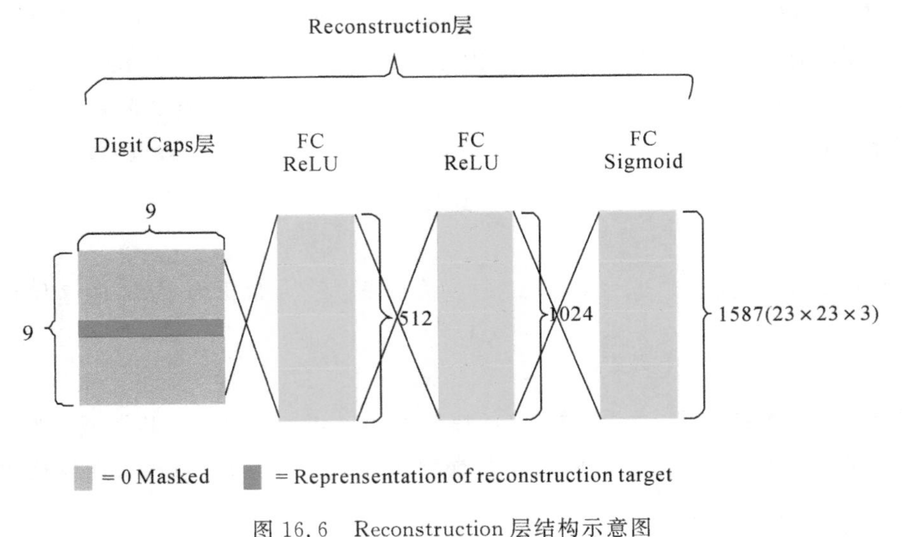


图 16.6　Reconstruction 层结构示意图

## 16.5　基于胶囊网络的高光谱影像分类(HSICC)

从胶囊网络的理论上分析，该网络适合做分类任务，可将胶囊网络应用到高光谱影像分类任务上。前面叙述部分提到了高光谱图像的特殊性，它是由成百个窄波段组成的，因此它具有较高的光谱分辨率，为地物的识别提供了较重要的信息，但同时以这么高的维度为数据的计算带来很大的计算复杂度，造成“维数灾难”，最主要的是造成了 Hughes 现象。因为形成高光谱图像的各个波段之间往往存在着相关性，这导致产生很多的冗余信息。而这些冗余信息对于数据的分析是无用的，因此可以去掉，这样可大大降低计算量。在这里，我们用 PCA 算法将 3 个实验数据集都降到三维，同时保留了其主要信息。另外，网络的训练是需要大量的样本来支持的，而拥有的 3 个实验数据集都只有一张场景图，不适合网络训练。因此在降维后的图像基础上去掉背景像素，用扫描的方式将高光谱图像分成许许多多的图像块，标签是图像块中心像素所属的类别标签。然后再将这些数据块分成训练集和测试集，用于胶囊网络的训练和测试。3 个实验数据集最终选取的数据块大小均为 23×23×3，输入到网络后的结构流程图如图 16.7 所示。

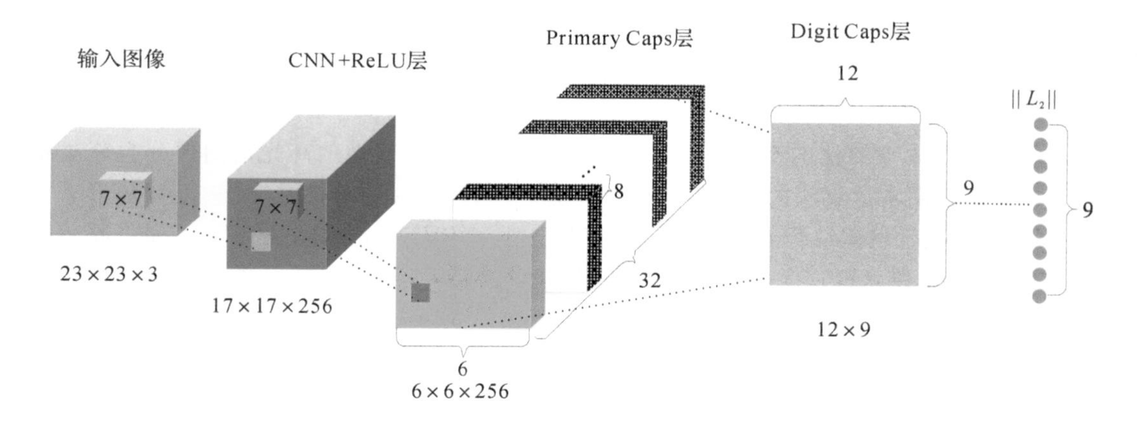


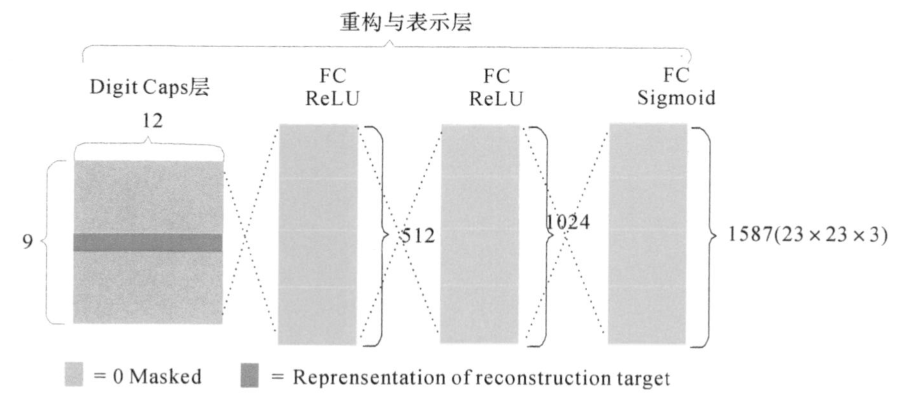


图 16.7　胶囊网络结构流程图

### 16.5.1　实验设置

用于证明该网络有效性的实验数据集有 3 个，即 Indian Pines、the University of Pavia 和 Salinas。它们都是降维到三维，划分的数据块大小均是 23×23×3，batch_size 取 100，Dynamic Routing 迭代的次数为 3 次，网络学习率为 0.001。不同的是：① Indian Pines 的 epochs 为 70，而 the University of Pavia 和 Salinas 的 epochs 为 50；② 在普通卷积层中，Indian Pines 的同质区域比较小，对 Indian Pines 进行两次卷积操作，卷积核大小为 3×3，而 the University of Pavia 和 Salinas 则是进行一次卷积核为 7×7 的卷积操作；③ 在 Primary Caps 层中，Indian Pines 采用的是 5×5 的卷积核，而 the University of Pavia 和 Salinas 的卷积核为 7×7。

该实验的运行环境是 ubuntu 16.04LTS，框架采用的 keras 版本为 2.0.9，其后端 tensorflow 的版本为 1.2.1。电脑内存为 64 G，处理器为 Inter® Xeon(R) cpuE5-2640u4@

2.4GHz×20，图形处理器为 GeForeGTX1080Ti/PCIe/SSE2@10G×2。

### 16.5.2 实验结果与分析

本节将给出本章算法的实验结果，并将之与三种具有代表性的高光谱图像分类算法相比较，以此来证明本章算法的有效性。它们分别是基于 SVM 的分类方法、基于扩展形态学方法(EMP)和基于空谱结合的 CNN 方法。其中，基于 SVM 的分类方法中，可先将原始高光谱数据降到 20 维，然后将特征向量送入 SVM 分类器，其中 SVM 分类器采用多项式核将。基于扩展形态学方法是提取降维后的图像的 EMPs(Extended Morphological Profiles)特征，然后将这些特征送入 SVM 再进行分类。基于空谱结合的 CNN 方法则是利用 PCA 提前原始高光谱数据的前 $c$ 个主成分，然后对降维后图像的每个像素点取块作为样本送入 CNN 中进行训练和测试。

本章算法是先将数据集降维，然后取数据块，最终再送入胶囊网络进行训练与测试。由于之前无人将胶囊网络用于高光谱图像分类任务中，没有先验知识，所以这里存在很多不确定因素，故在调整网络参数的基础上，做了一组关于训练样本集的大小对实验结果影响的实验。3 种数据集的结果如图 16.8 所示。

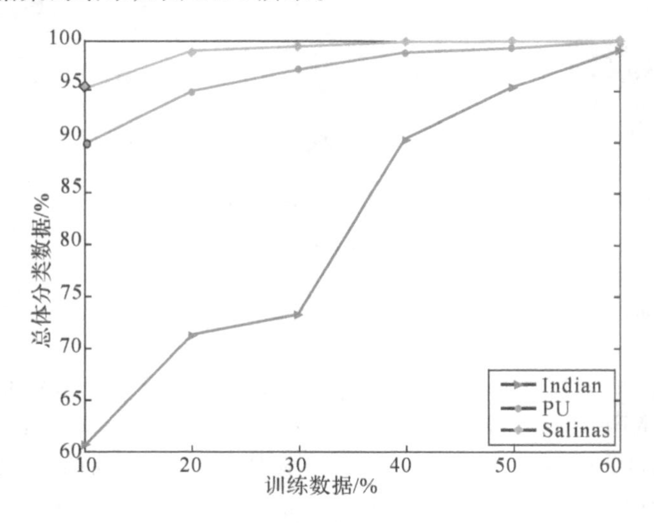


图 16.8　不同训练比例对实验结果的影响

从图 16.8 可以看出，在小样本的训练比例下，胶囊网络在这 3 个数据集上表现并不是很出色，尤其是在 Indian Pines 数据集上。这一点跟 Indian Pines 数据特点有关，因为 Indian Pines 图像中同质区域较小，在进行特征提取时不够精确。另外一个很重要的原因是高光谱图像与自然图像是不同的，在高光谱数据中，目标只是一个像素点，最好的特征就是其丰富的光谱特征，但只利用其光谱特征效果往往差强人意。虽然也采用滑窗取图像块的形式提取了目标的空间特征，但是在同质区域较小的情况下，空间信息往往受限。而在样本较多的情况下，胶囊网络就能展现其优势。

**1. Indian Pines 数据集的实验结果与分析**

在与对比实验相比较时，实验可采用60%的训练样本集，不同算法的实验结果如表16.1和图16.9所示。

**表 16.1 不同算法在 Indian Pines 数据集上的分类精度 (%)**

| 类别＼算法 | TRAIN | TEST | SVM | EMP | CNN | HSICC |
|---|---|---|---|---|---|---|
| Alfala | 30 | 16 | 93.33 | **100.00** | 68.18 | **100.00** |
| Corn-notill | 809 | 559 | 71.53 | 92.59 | 95.82 | **97.67** |
| Corn-min | 296 | 208 | 73.83 | 96.91 | 98.09 | **99.52** |
| Corn | 82 | 54 | 79.27 | **95.92** | **100.00** | 92.59 |
| Grass/Pasture | 184 | 140 | 92.27 | 95.98 | 99.24 | **99.29** |
| Grass/Trees | 434 | 296 | 90.76 | 98.97 | 97.95 | **99.66** |
| Grass/Pasture-mowed | 20 | 8 | 84.62 | 100.00 | 83.33 | **100.00** |
| Hay-windrowed | 190 | 141 | 97.94 | 100.00 | **100.00** | **100.00** |
| Oats | 10 | 10 | 66.67 | **100.00** | **100.00** | **100.00** |
| Soybeans-notill | 500 | 340 | 67.37 | 97.93 | 97.10 | **97.94** |
| Soybeans-min | 1333 | 899 | 71.62 | 97.84 | 99.24 | **99.66** |
| Soybean-clean | 289 | 178 | 74.89 | 98.69 | **99.53** | 99.43 |
| Wheat | 131 | 74 | 97.50 | **100.00** | 98.77 | **100.00** |
| Woods | 613 | 433 | 91.60 | **100.00** | 99.78 | **100.00** |
| Building-Grass-Trees-Drives | 73 | 57 | 74.56 | 98.09 | **100.00** | **100.00** |
| Stone-steelTowers | 56 | 37 | **100.00** | **100.00** | 72.22 | **100.00** |
| Total | 5050 | 3450 | — | — | — | — |
| OA | — | — | 78.92 | 97.46 | 97.97 | **99.10** |
| AA | — | — | 82.99 | 98.31 | 94.33 | **99.11** |
| Kappa | — | — | 75.80 | 97.11 | 97.65 | **98.96** |

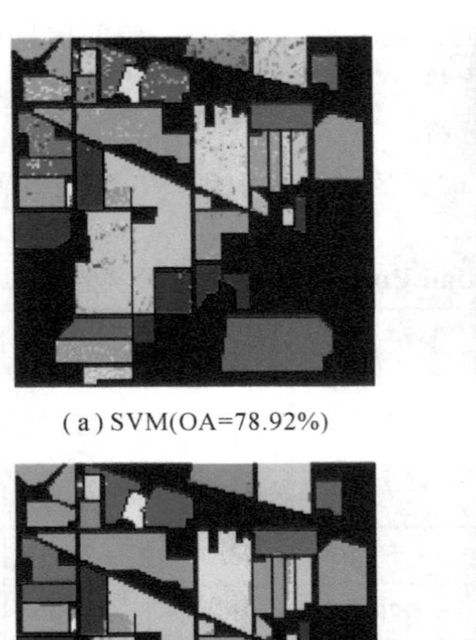

(a) SVM(OA=78.92%)　　(b) EMP(OA=97.46%)

(c) CNN(OA=97.97%)　　(d) HSICC(OA=99.10%)

图 16.9　Indian Pines 的各实验结果图

图 16.9 给出两个对比实验以及本章算法实验的分类结果图，从图中可以发现 SVM 算法效果非常不理想，即使是 60％的训练样本，图中仍然存在着大量的斑点，即错分的情况很严重，这是因为 SVM 只是利用了光谱信息，而忽略了其空间信息。而在光谱空间中，虽是两种不同的地物，但组成成分相似，所以它们的光谱曲线也许会很接近，仅仅挖掘光谱信息导致特征空间不完备，所以 SVM 算法无法正确找到区别各类别的超平面。从图中看出 EMP 算法分类效果稍好，与 SVM 算法仅仅利用光谱信息相比，效果提升了许多，这是因为 EMP 算法用开操作和闭操作提取了 Indian Pines 的空间特征。但存在的问题也很明显，主要是 Corn-notill 与相邻的 Soybeans-min 之间的相互错分。这很有可能是这两种地物之间存在着某种相似性的特征，而提出的扩展形态学特征不能完全地区分这两种地物。基于空谱结合的 CNN 算法也出现类似问题，总体结果和 EMP 算法差不多。但在应用本章提出的基于胶囊网络的高光谱图像分类算法中，这些问题都没有出现，说明胶囊网络对目标特征的提取存在着很大的优势，找到了目标的高层具有代表性的特征，以便更好的识别。

不同算法在 Indian Pines 数据集上的各种分类精度结果指标见表 16.1。从表中可以看出，本章节提出的算法具有较明显的优势。从 OA 这一指标上看，本章算法的结果比 SVM 算法的结果高了 20％以上，相比较 CNN 算法，指标 OA 也从 97.97％提升到 99.10％。从

Kappa 这一指标上看，本章算法的结果也比 SVM 的高出了 23%以上，相比较 CNN，指标 Kappa 也从 0.9765 提升到了 0.9896。从 AA 上看，本章算法基本在每一类别的分类结果都达到了最优，甚至不少都达到了 100%。由此可见，本章提出的算法具有一定的优势。

**2. the University of Pavia 数据集的实验结果与分析**

表 16.2 和图 16.10 分别给出了各算法在 the University of Pavia 数据集上的分类精度和分类结果图。从中可以发现，除 SVM 算法外，EMP 算法、CNN 算法以及本章算法都有非常好的表现。由于 SVM 只利用光谱信息，即使 the University of Pavia 的同质区域块稍大，结果仍很差强人意。也正是因为 the University of Pavia 的同质区域大，从而导致 EMP 提取的空间特征十分高效，使其分类结果较好。而 CNN 同样采用空谱结合的方式，在大样本的支持下，其效果也非常好。从 OA 上看，EMP 算法、CNN 算法以及本章提出的算法都比 SVM 高出 9%，而本章算法相比较 EMP 算法，OA 有略微的提升，从 99.39% 到 99.89%。从 Kappa 上看，CNN 算法和本章算法均比 SVM 高出 14%，而本章算法也将 CNN 的 0.9936 提升到了 0.9986。从 AA 上看，本章算法在每一类的分类精度上都达到了最优。本实验再次证明了本章算法的高效性。

**表 16.2 不同算法在 the University of Pavia 数据集上的分类精度 (%)**

| 类别 | TRAIN | TEST | SVM | EMP | CNN | HSICC |
|---|---|---|---|---|---|---|
| Asphalt | 3616 | 2334 | 81.05 | 98.91 | 98.80 | **100.00** |
| Meadows | 8993 | 5839 | 90.76 | 99.71 | **100.00** | **100.00** |
| Gravel | 1050 | 692 | 84.13 | 99.05 | 98.70 | **99.57** |
| Trees | 1725 | 1125 | 96.59 | 98.44 | 98.22 | **99.38** |
| Paintedmetal sheets | 777 | 568 | 99.81 | **100.00** | 99.11 | **100.00** |
| BareSoil | 3045 | 1984 | 94.89 | 99.80 | 99.60 | **99.90** |
| Bitumen | 800 | 530 | 88.37 | 99.44 | **100.00** | **100.00** |
| Self_BlockingBricks | 2239 | 1443 | 80.13 | 98.85 | 98.82 | **99.72** |
| Shadows | 555 | 385 | **100.00** | 99.47 | 98.18 | **100.00** |
| TOTAL | 22800 | 14900 | — | — | — | — |
| OA | — | — | 88.94 | 99.39 | 99.37 | **99.89** |
| AA | — | — | 90.64 | 99.30 | 99.05 | **99.84** |
| Kappa | — | — | 85.02 | 99.19 | 99.36 | **99.86** |

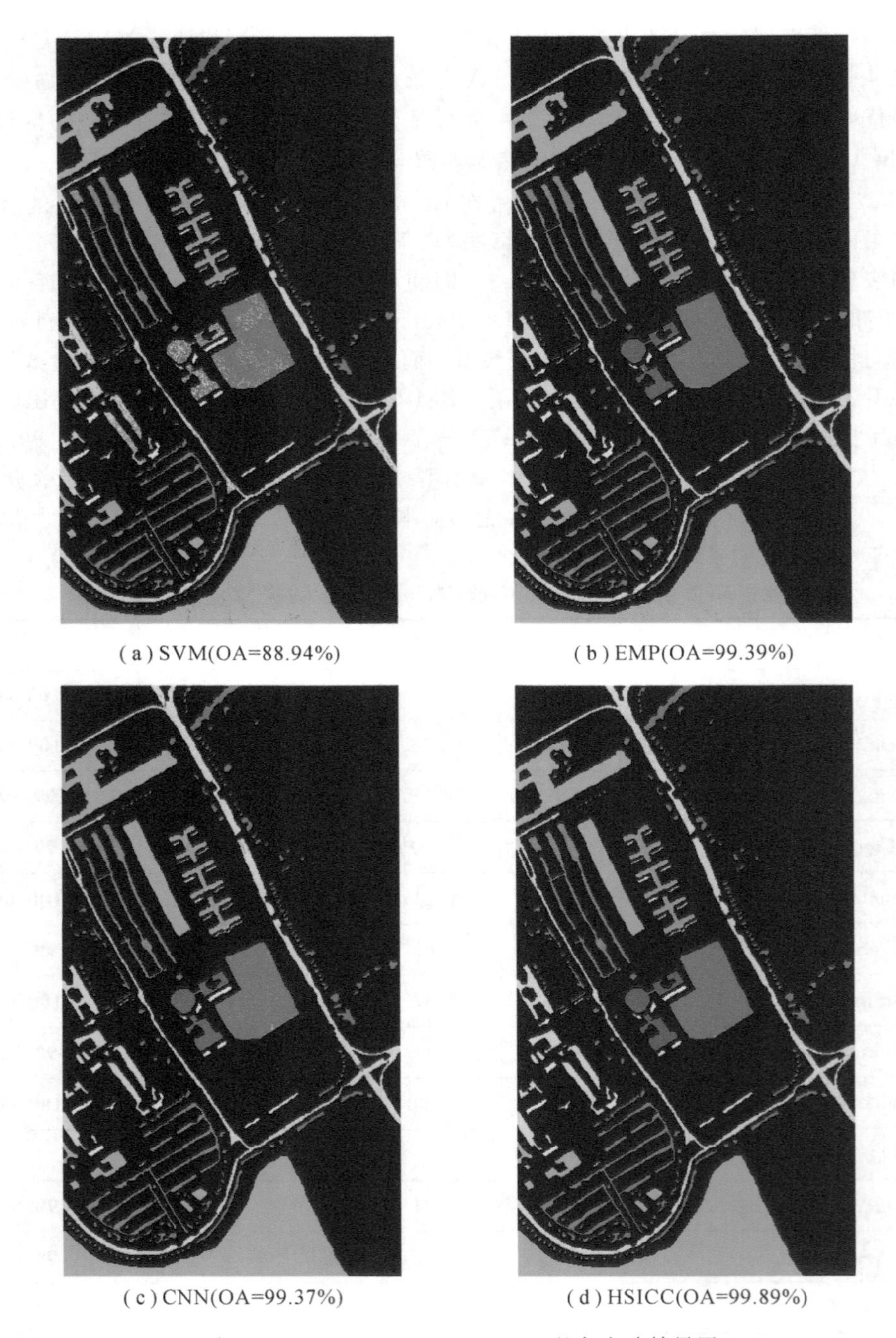


图 16.10　the University of Pavia 的各实验结果图

**3. Salinas 数据集的结果与分析**

表 16.3 和图 16.11 分别给出了各算法在 the University of Pavia 数据集上的分类结果指标和分类结果图。

**表 16.3　不同算法在 Salinas 数据集上的分类精度　　(%)**

| 类别 | TRAIN | TEST | SVM | EMP | CNN | HSICC |
|---|---|---|---|---|---|---|
| Brocoli_green_weeds_1 | 1011 | 663 | **100.00** | **100.00** | **100.00** | **100.00** |
| Brocoli_green_weeds_2 | 2225 | 1501 | **100.00** | **100.00** | **100.00** | **100.00** |
| Fallow | 1116 | 791 | 99.87 | 99.62 | **100.00** | **100.00** |
| Fallow_rough_plow | 779 | 540 | 99.29 | 98.58 | 99.26 | **100.00** |
| Fallow_smooth | 1539 | 1028 | 99.07 | 99.44 | **100.00** | 99.81 |
| Stubble | 2234 | 1440 | 99.04 | 99.69 | 99.93 | **100.00** |
| Celery | 2011 | 1331 | **100.00** | **100.00** | **100.00** | **100.00** |
| Grapes_untrained | 6403 | 4623 | 81.05 | 97.96 | 99.24 | **100.00** |
| Soil_vinyard_develop | 3626 | 2417 | 99.52 | 99.96 | **100.00** | **100.00** |
| Corn_senesced_gren_weeds | 1737 | 1226 | 98.17 | 99.54 | 99.92 | **100.00** |
| Lettuce_romaine_4wk | 582 | 373 | 98.83 | **100.00** | **100.00** | **100.00** |
| Lettuce_romaine_5wk | 1052 | 674 | 99.61 | 99.74 | **100.00** | **100.00** |
| Lettuce_romaine_6wk | 515 | 318 | **100.00** | 97.85 | 98.43 | **100.00** |
| Lettuce_romaine_7wk | 586 | 382 | 99.06 | 98.82 | **100.00** | **100.00** |
| Vinyard_untrained | 3649 | 2445 | 84.34 | 91.22 | 99.51 | **100.00** |
| Vinyard_vertical_trellis | 535 | 348 | **100.00** | 99.86 | 99.43 | **100.00** |
| TOTAL | 29600 | 19800 | — | — | — | — |
| OA | — | — | 93.58 | 98.13 | 99.71 | **99.99** |
| AA | — | — | 97.42 | 98.89 | 99.73 | **99.99** |
| Kappa | — | — | 92.83 | 97.92 | 99.67 | **99.99** |

从图中可以看出，SVM 算法的结果存在最多的错分，而且主要集中到 Grapsuntrained 与 Vinyard_untrained 之间的错分。这是因为 SVM 仅仅利用光谱信息的缘故，导致分类结果不理

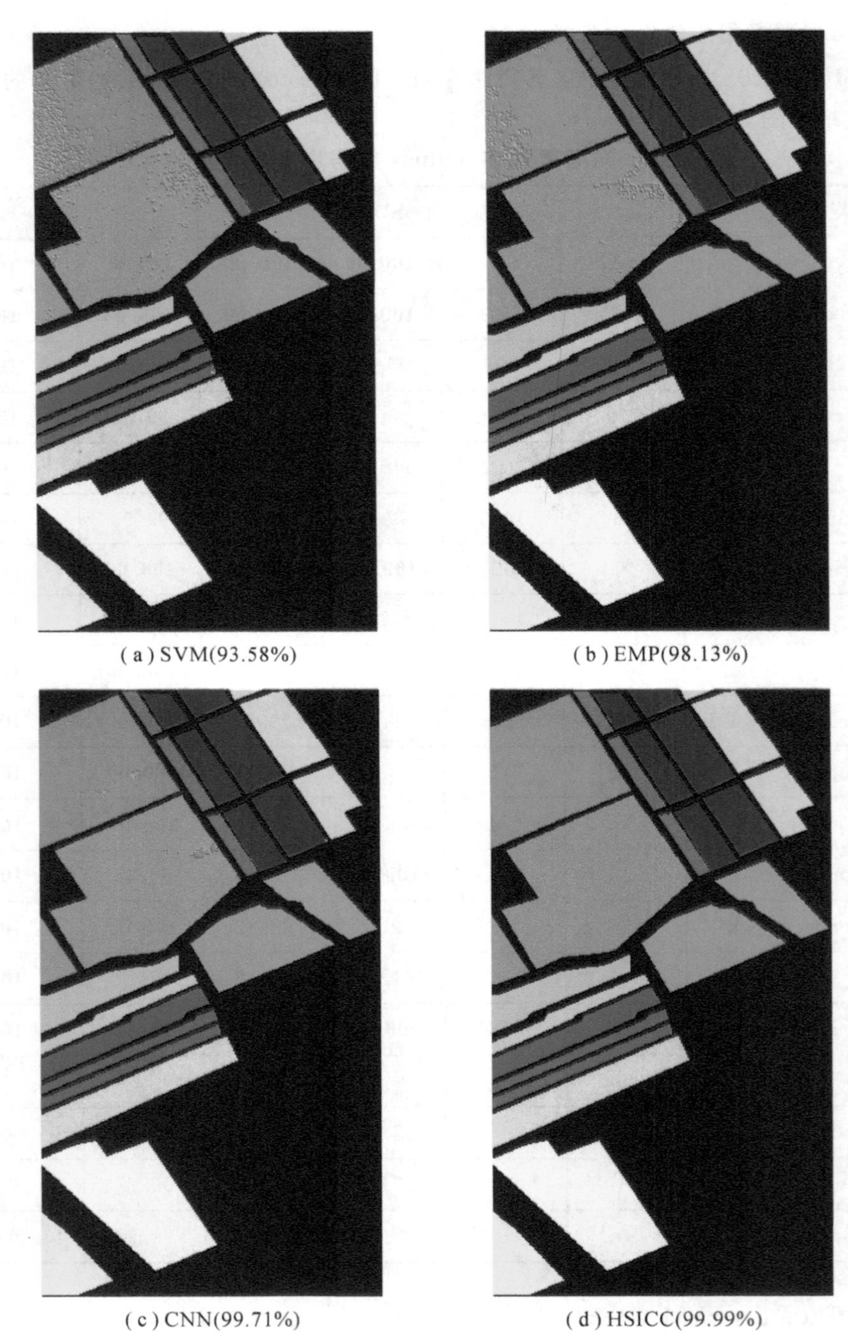
(a) SVM(93.58%)
(b) EMP(98.13%)
(c) CNN(99.71%)
(d) HSICC(99.99%)

图 16.11　Salinas 的各实验结果图(OA)

想。EMP 算法提取了空间信息后效果有明显的提升，但 Grapsuntrained 与 Vinyard_untrained 之间的错分问题仍然存在，也是主要错分所在。这说明 Grapsuntrained 与 Vinyard_untrained 在特征空间存在着很多的相似性，导致 EMP 提取的特征不能很好地区别这两种地物。CNN 算法同时利用光谱信息和空间信息，再加上大样本的支持，其效果有明显的提升，但仍存在上述问题。而在本章提出的算法中，这些问题都得到了很好的解决。从结果上看，本章算法相比较 SVM 算法，OA 提高了 6%以上，Kappa 提高了 7%以上。与 CNN 算法相比，OA 从 99.71%提升到了 99.99%，Kappa 也从 0.9967 提升到了 0.9999。而从指标 AA 上看，本章算法在每一种类别上的分类精度都达到了最优，而且基本都全部预测正确。本实验结果再次证明了本章算法的高效性。

基于胶囊网络的高光谱图像分类实验中，除了得到各数据集的分类精度结果外，同时也记录了对输入图像的重构结果，如图 16.12 所示。

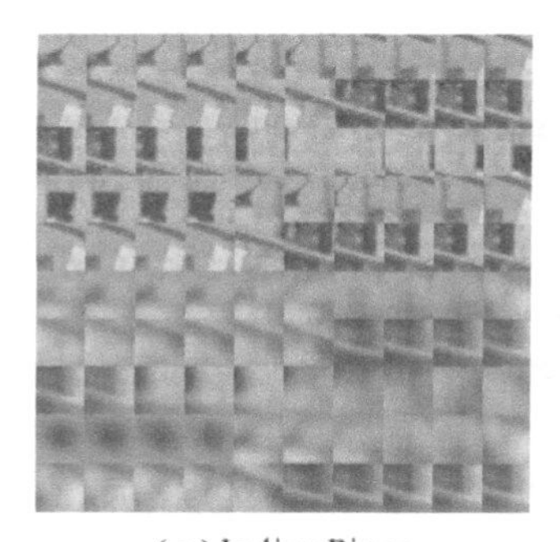
(a) Indian Pines

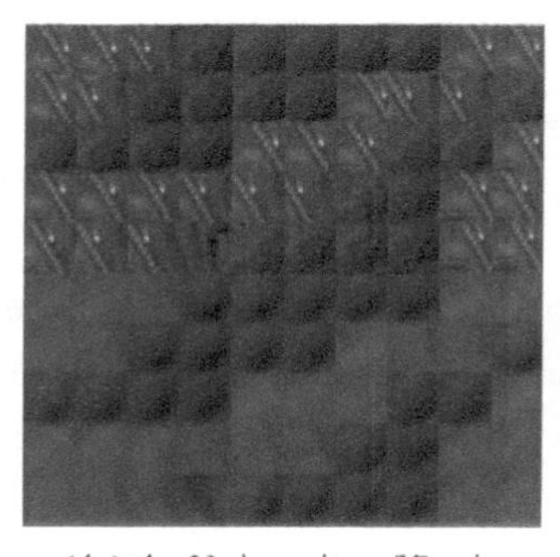
(b) the University of Pavia

(c) Salians

图 16.12　三种数据集的重构结果图

对每一种数据集，实验选择 10×5 个输入样本，如图 16.12 中(a)、(b)、(c)所示的上面 50 个样本，而下面的 50 个样本是对应的重构结果。从图中可以看出重构后的样本基本能还原输入图像块的纹理结构，但是在细节上却无法做到与输入图像同步。这是因为输入图像块中包含除中心像素外的其他像素，而重构层的输入是代表该输入图像所属类别的特征，即中心像素所属类别的特征，故在重构显示时会有所偏差。

## 本章小结

本章针对算法 CNN 中没有任何地方在构成更高级特征的简单特征之间存在姿态(平移或旋转)关系，或者用最大池化丢失信息的问题，提出了基于新型网络胶囊网络的高光谱图像分类。在介绍了其结构、功能后，通过将高光谱数据集降维并划分成数据块后，成功将胶囊网络引入高光谱图像分类工作中。与此同时，通过不同比例的训练样本可以发现，胶囊网络对某些高光谱数据的训练集要求较高。另外，由于 Indian Pines 的同质区域比 the University of Pavia 和 Salinas 的小，在普通卷积层时，采用两次 3×3 的卷积操作来代替5×5的卷积操作。在 Primary Caps 层中，Indian Pines 的卷积核为 5×5，也比 the University of Pavia 和 Salinas 的 7×7 要小，这样使得网络能够提取到更多的局部信息。故胶囊网络作为一种新型的网络结构，有着巨大的潜力。随着科研人员的挖掘，其适应性将会越来越强。

## 参考文献


[1] 焦李成，冯婕，刘芳，等. 高分辨遥感影像学习与感知[M]. 北京：科学出版社，2017.

[2] 张良培，张立福. 高光谱遥感[M]. 武汉：武汉大学出版社，2005.

[3] 王立国，赵春晖. 高光谱图像处理技术[M]. 北京：国防工业出版社，2013.

[4] Keshava N, Mustard J F. "Spectral unmixing," IEEE Signal Process. Mag., vol. 19, no. simplex algorithm 1, pp. 44-57, 2002.

[5] J M P Nascimento, J M. Bioucas-Dias. "Vertex component analysis: A fast algorithm to unmix hyperspectral data," IEEE Transactions on Geoscience & Remote Sensing, vol. 43, no. 4, pp. 898-910, Apr. 2005.

[6] Bioucas-Dias J M, Plaza A, Dobigeon N, et al. Hyperspectral Unmixing Overview: Geometrical, Statistical, and Sparse Regression-Based Approaches[J]. IEEE Journal of Selected Topics in Applied Earth Observations & Remote Sensing, 2012, 5(2): 354-379.

[7] Chan T H, Chi C Y, Huang Y M, et al. Convex analysis based minimum-volume enclosing simplex algorithm for hyperspectral unmixing[J]. IEEE Transactions on Signal Processing, 2009, 57(11): 4418-4432.

[8] Miao L, Qi H. Endmember Extraction From Highly Mixed Data Using Minimum Volume Constrained Nonnegative Matrix Factorization[J]. IEEE Transactions on Geoscience & Remote Sensing, 2007, 45(3): 765-777.

[9] Craig M D. Minimum Volume Transforms for Remotely Sensed Data[J]. IEEE Transactions on Geoscience & Remote Sensing, 1994, 32(3): 542-552.

[10] Li J, Agathos A, Zaharie D, et al. Minimum Volume Simplex Analysis: A Fast Algorithm for Linear Hyperspectral Unmixing[J]. IEEE Transactions on Geoscience & Remote Sensing, 2015, 53(9): 5067-5082.

[11] Li J, Bioucas-Dias J M, Plaza A, et al. Robust collaborative nonnegative matrix factorization for hyperspectra unmixing (R-CONMF)[C]// The Workshop on Hyperspectral Image & Signal Processing: Evolution in Remote Sensing. IEEE, 2017: 1-4.

[12] Lu X, Wu H, Yuan Y, et al. Manifold Regularized Sparse NMF for Hyperspectral Unmixing[J]. IEEE Transactions on Geoscience & Remote Sensing, 2013, 51(5): 2815-2826.

[13] Nascimento J M P, Dias J M B. Does Independent Component Analysis Play a～Role in Unmixing

Hyperspectral Data? [M]. Pattern Recognition and Image Analysis. Springer Berlin Heidelberg, 2003: 175 - 187.

[14] Parra L. Unmixing hyperspectral data[J]. Advances in Neural Information Processing Systems, 1999, 12: 942 - 948.

[15] Bioucas-Dias J M, Figueiredo M A T. Alternating direction algorithms for constrained sparse regression: Application to hyperspectral unmixing[C]// The Workshop on Hyperspectral Image & Signal Processing: Evolution in Remote Sensing. IEEE, 2010: 1 - 4.

[16] Zhong Y, Wang X, Zhao L, et al. Blind spectral unmixing based on sparse component analysis for hyperspectral remote sensing imagery[J]. Isprs Journal of Photogrammetry & Remote Sensing, 2016, 119: 49 - 63.

[17] Hughes G. On the mean accuracy of statistical pattern recognizers[J]. IEEE Transactions on Information Theory, 1968, 14(1): 55 - 63.

[18] Wang J, Chang C I. Independent component analysis-based dimensionality reduction with applications in hyperspectral image analysis[J]. IEEE Transactions on Geoscience & Remote Sensing, 2006, 44(6): 1586 - 1600.

[19] Agarwal A, El-Ghazawi T, El-Askary H, et al. Efficient Hierarchical-PCA Dimension Reduction for Hyperspectral Imagery[C]// IEEE International Symposium on Signal Processing and Information Technology. 2008: 353 - 356.

[20] Ren H, Chang Y L. Feature extraction with modified Fisher's linear discriminant analysis[C]. Chemical and Biological Standoff Detection III. International Society for Optics and Photonics, 2005: 56 - 62.

[21] Li H, Jiang T, Zahng K. Efficient robust feature extraction by maximum margin criterion[J]. IEEE Transaction Neural Networks, 2006, 17(1): 157 - 165.

[22] Schölkopf B, Smola A, Müller K R. Kernel principal component analysis[M]// Artificial Neural Networks - ICANN'97. Springer Berlin Heidelberg, 1997: 555 - 559.

[23] Kuo B C, Li C H, Yang J M. Kernel Nonparametric Weighted Feature Extraction for Hyperspectral Image Classification[J]. IEEE Transactions on Geoscience & Remote Sensing, 2009, 47(4): 1139 - 1155.

[24] Bue B D, Thompson D R, Gilmore M S, et al. Metric learning for hyperspectral image segmentation[C]// Hyperspectral Image and Signal Processing: Evolution in Remote Sensing. IEEE, 2011: 1 - 4.

[25] Roweis S T, Saul L K. Nonlinear Dimensionality Reduction by Locally Linear Embedding[J]. Science, 2000, 290(5500): 2323 - 6.

[26] Breiman L, J Friedman, C J Stone, R A Olshen. (1984). Classification and Regression Trees. Chapman & Hall/CRC, Boca Raton, FL.

[27] P K Gotsis, C C Chamis, L Minnetyan. Classification of hyperspectral remote sensing images with support vector machines[J]. IEEE Transactions on Geoscience & Remote Sensing, 2004, 42(8): 1778 - 1790.

[28] Fauvel M, Benediktsson J A, Chanussot J, et al. Spectral and Spatial Classification of Hyperspectral Data Using SVMs and Morphological Profiles[J]. IEEE Transactions on Geoscience & Remote Sensing, 2008, 46(11): 3804 - 3814.

# 第17章 空谱解耦合双通道卷积神经网络的高光谱影像分类



为了利用像素周围的图像块对每一个高光谱像素点进行独立、准确地分类，本章设计了一个解耦合的双通道空谱卷积神经网络，其中光谱特征通过一维卷积操作来提取；还设计了自顶向下的空间特征提取模型，首先使用一般的自底而上的残差网络，从较小的感知域到较大的感知域，学习更加高级的空间轮廓特征。然后使用一个 ROIAlign 模块，将多种可能的同类别区域映射为固定尺寸的特征图，输入 Softmax 分类器进行分类。最终，将这两个模块学到的特征级联到一个 Softmax 分类器中，学习空谱深度集成模型的训练。

## 17.1 卷积神经网络

卷积运算，即由卷积核对输入做特征映射。卷积运算具有稀疏连接，卷积核的规模远远小于输入的规模。通过小尺寸的卷积核来探测一些小且有意义的特征，通过不断地加深网络，将简单的特征组合成复杂的抽象特征。卷积神经网络每一阶段都由三种操作组成：卷积、池化和非线性激活函数。

### 17.1.1 全卷积神经网络

2014 年，加州大学伯克利分校的 Long 等人提出全卷积网络(FCN)，这使得卷积神经网络无需全连接层即可进行密集的像素预测，CNN 从而得到普及。Convnet 中的每一层数据都是大小为 $h$ 的三维数组 $h\times w\times d$，其中 $h$ 和 $w$ 是空间维度，$d$ 是特征或通道维度。第一层是图像，像素大小为 $h\times w$ 和 $d$ 颜色通道。较高层中的位置对应于它们的感知域。Convnets 建立在变换不变性的基础上。它们的基本组件(卷积、池化和激活函数)在局部输入区域上操作，并且仅依赖于相对空间坐标。为特定层中的位置$(i, j)$处的数据矢量写为 $x_{ij}$，并且紧接着后一层中的 $y_{ij}$，这些函数通过下式来计算输出：

$$y_{ij} = f_{ks}(\{x_{si+\delta i,\ sj+\delta j}\}) \quad 0\leqslant \delta i,\ \delta j \leqslant k \tag{17-1}$$

式中，$k$ 为核大小，$s$ 是步长，$f_{ks}$决定输出层类型：矩阵乘法对应卷积层或平均池化层，空间最大值操作对应最大池化操作，或非线性单元对应激活层，其他类型的图层也是如此。图 17.1 是全卷积神经网络和全连接层的区别，分类网络中的全连接层可视为使用卷积核覆盖整个输入区域的卷积操作。全卷积神经网络对于保持空间信息有很重要的作用。

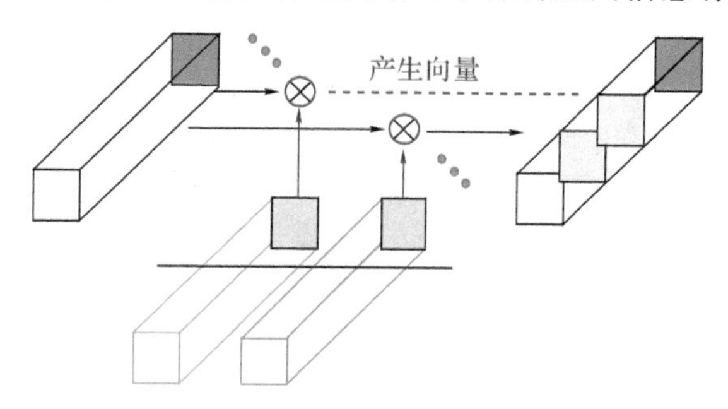


图 17.1　全卷积神经网络示意图

### 17.1.2　残差网络

VGGNets 证明了加深网络层次是提高分类精度的有效手段，但是由于梯度弥散的问题导致网络深度无法持续加深。梯度弥散问题是指由于在返向传播过程中误差不断累积，导致在最初的几层梯度值几乎为 0，从而无法收敛。

残差网络是一种为了避免梯度消失的更容易优化的模型结构，如图 17.2 所示。残差网络可以表示为

$$X_{k+1} = \max\{X_k + F(X_k, W_k)\} \tag{17-2}$$

式中，$X_k$ 是第 $k$ 个单位的输出，$W_k$ 表示残差结构的参数。堆叠的非线性层旨在构造函数 $F(X_k, W_k)$，而不是直接映射期望的 $W_{k+1}$。与 CNN 相比，深度残差网络更易于优化，具有更多的代表性能力，能提供更高层次的识别精度。

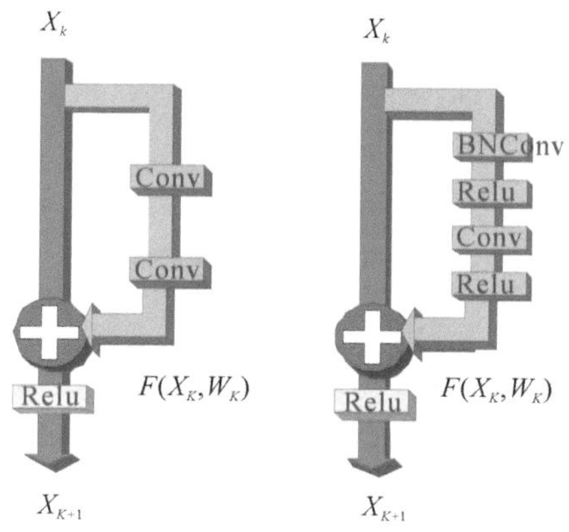


(a) 未加入Batch normalization的残差块　(b) 加入Batch normalization的残差块

图 17.2　基本残差网络结构

### 17.1.3 ROI Align

在常见的两级检测框架(例如 Fast-RCNN、Faster-RCNN、RFCN)中，ROI Pooling 的作用是根据预选框的位置坐标在特征图中将相应区域池化为固定尺寸的特征图，以便进行后续的分类和边框回归操作。由于预选框的位置通常是由模型回归得到的，一般来讲是浮点数，而池化后的特征图要求尺寸固定，故 ROI Pooling 这一操作存在两次量化的过程。第一次量化是将候选框边界量化为整数点坐标值，第二步量化是将量化后的边界区域平均分割成 $k\times k$ 个单元(bin)，对每一个单元的边界进行量化。事实上，经过上述两次量化，此时的候选框已经和最开始回归出来的位置有一定的偏差，该偏差会影响检测或者分割的准确度。

为了解决 ROI Pooling 的上述缺点，Kaiming He 等提出了 ROI Align 这一改进的方法。ROI Align 的思路很简单：取消量化操作，使用双线性内插的方法获得坐标为浮点数的像素点上的图像数值，从而将整个特征聚集过程转化为一个连续的操作。值得注意的是，在具体的算法操作上，ROI Align 并不是简单地补充候选区域边界上的坐标点，再将这些坐标点进行池化，而是重新设计了一套流程，如图 17.3 所示。

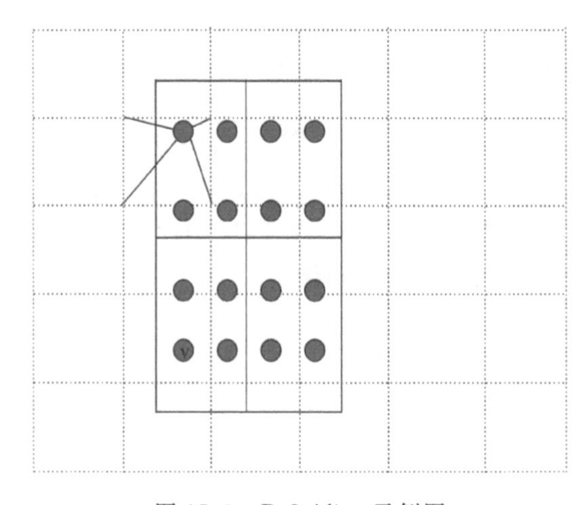

图 17.3　RoI Align 示例图

从图 17.3 可以看出：

(1) 遍历每一个候选区域，保持浮点数边界不做量化。

(2) 将候选区域分割成 $k\times k$ 个单元，每个单元的边界也不做量化。

(3) 在每个单元中计算固定四个坐标位置，用双线性内插的方法计算出这四个位置的值，然后再进行最大池化操作。这个固定位置是指在每一个矩形单元(bin)中按照固定规则确定的位置。例如，如果采样点数是 1，那么该固定位置即为这个单元的中心点；如果采样点数是 4，那么该固定位置即为将这个单元平均分割成四个小方块后它们各自的中心点。

显然，图中这些采样点的坐标通常是浮点数，所以需要使用插值的方法得到其像素值。灰线是整幅图学习到的特征图，实线部分表示在原始图中 ROI(感兴趣区域)对应的空间坐标映射到特征图的区域部分。

## 17.2　空谱解耦合双通道 CNN

本章设计的深度空谱集成模型主要由两个部分组成，一个是用来判别式地对光谱进行特征提取的光谱降维模块，另一个是深层次的由 PCA 降维、残差网络和 ROI Align 模块组成的空间模块，主要用于学习中级以及高级空间特征表示。对这两个模块，分别进行训练、分类，学习其模型参数，然后将学到的空谱特征级联成一个特征，送入 Softmax 模块中，进行集成模型的主要参数学习步骤。

### 17.2.1　光谱模块

如图 17.4 所示，为光谱分支，本章构建了三层一维卷积、池化再卷积池化神经网络。考虑到卷积神经网络具有平移不变性，可能会混淆光谱特征提取，为此，设计了卷积 1 为一般的一维卷积，卷积 2 和卷积 3 这两个卷积模块是使用局部连接的一维卷积滤波。主要学习对光谱波段敏感的光谱特征，每个卷积层上进行批量归一化，以规范学习过程，提高训练模型的分类性能。

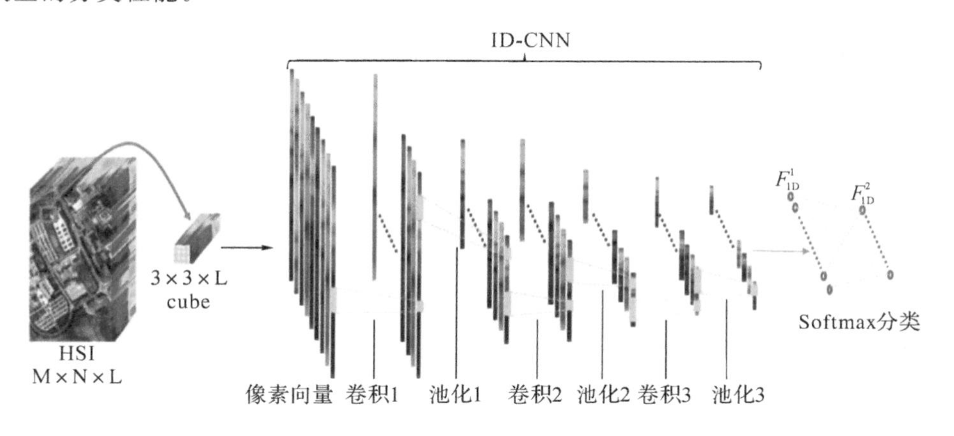


图 17.4　光谱卷积模型

### 17.2.2　二维空间卷积神经网络

使用 PCA 进行降维，然后对降维后的数据进行平移，差值后可以去除目标内部的一些噪声，而凸显出不同类别的空间边界特征，因此本章设计的空间模块是以这一轮廓信息为输入，主要来学习每个区域的边界轮廓特征，同时，设计的这个模块隐式考虑到了空间的上下文信息，将会自适应地为各个类别区域内的像素点学习近乎相同的高级空间特征，保持了分类模型中良好的空间一致性。下面详细介绍本章该框架模型的具体组成部分。

图 17.5 为本章的空间特征提取模块。首先要对高光谱数据做 PCA 降维，将降维后的数据与该数据本身向左、向下平移三个像素点的数据计算差值，求得 1 范数，得到该数据的边界图，再将得到的边界图送入残差网络学习，不断地卷积池化来学习更加复杂、深层次的高级空间特征，采用的残差网络结构如前一节所述。随后，将得到的特征图送入 ROI Align 模块，对有标记的样本，可能不同尺寸的 ROI 区域学习固定大小的特征表示。在整个模型过程中，可将学到的每个卷积层进行批量归一化，以规范学习过程，提高训练模型的分类性能。

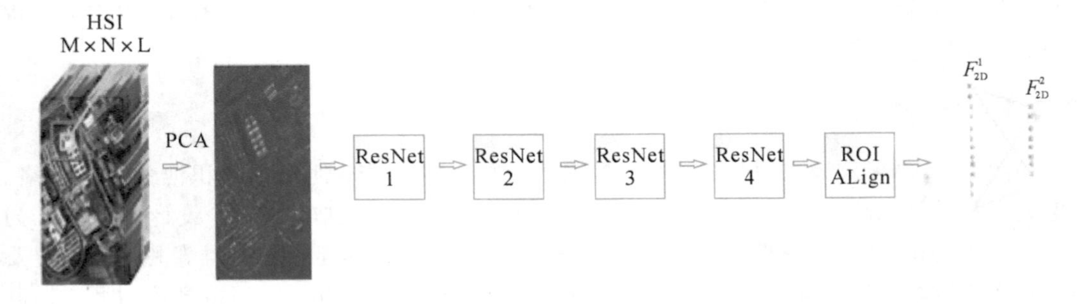


图 17.5　二维空间卷积神经网络

## 17.2.3　整体模型

如图 17.6 所示，当空谱特征提取结束后，本章将空谱特征结合起来，送入 Softmax 模型来分类。在每个卷积层上进行批量归一化，以规范学习过程，提高训练模型的分类性能。由于本章使用的是一般的前馈卷积神经网络，故选择随机梯度进行优化，学习率参数设为0.001。

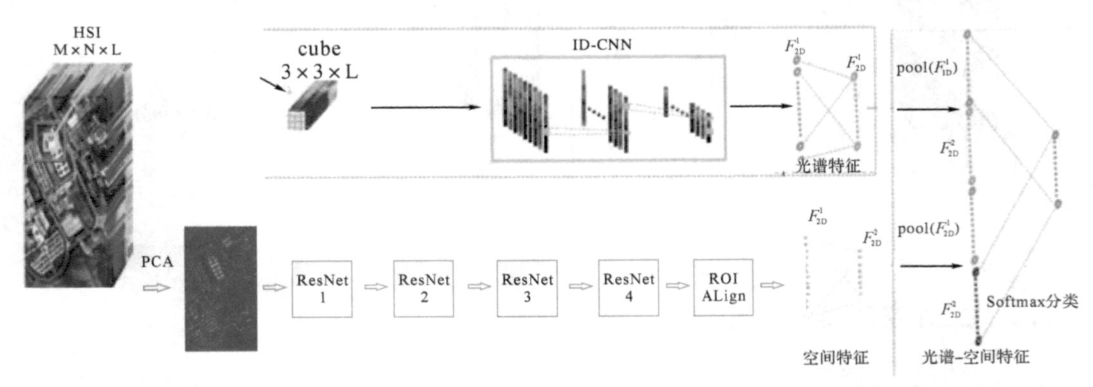


图 17.6　整体模型

## 17.3 实验结果与分析

对本章提出的算法及对比算法在 Indian Pines、Pavia University、Salinas-A 高光谱数据集上进行仿真，使用总分类精度 OA 和 Kappa 系数作为评价标准，选用的对比算法有 SADL、MPM_LBP、MLRflml、MPM_LBP_AL，以验证本章提出的基于空谱深度集成的高光谱分类方法的性能。实验结果显示：本章算法能够更好地处理不同大小的区域，且能提高高光谱数据的分类识别率。

### 17.3.1 Indian Pines 数据集

表 17.1 给出了在每类选取 5～30 个标记样本是本章算法与对比方法的分类结果，10 次实验结果的平均精度。图 17.7 所示为每类 10 个训练样本时的分类结果图。从表 17.1 中可以看出，本章算法明显优于其他对比方法。整体的分类模型能保持一定的空间一致性，不会出现特别大的椒盐噪声。

**表 17.1 Indian Pines 不同标记样本分类结果的平均精度** (%)

| 评价指标 | 算法 | 每类标记样本数/个 | | | | |
|---|---|---|---|---|---|---|
| | | 5 | 10 | 15 | 20 | 30 |
| OA | DCCNN | 70.21 | 83.99 | 88.66 | 91.80 | 93.64 |
| | MPM_LBP_AL | — | 80.46 | 89.92 | 92.87 | 98.59 |
| | SADL | 68.19 | 77.69 | 82.26 | 89.85 | 92.65 |
| | MPM_LBP | 65.31 | 75.74 | 80.43 | 84.83 | 89.02 |
| | MLRflml | 67.60 | 80.43 | 84.51 | 89.07 | 92.48 |
| Kappa | DCCNN | 66.75 | 81.91 | 87.14 | 90.67 | 92.75 |
| | MPM_LBP_AL | — | 77.34 | 88.47 | 91.84 | 98.39 |
| | SADL | 63.32 | 73.47 | 79.67 | 85.96 | 90.14 |
| | MPM_LBP | 61.06 | 72.66 | 77.9 | 82.81 | 87.52 |
| | MLRflml | 63.49 | 77.95 | 82.48 | 87.64 | 91.49 |

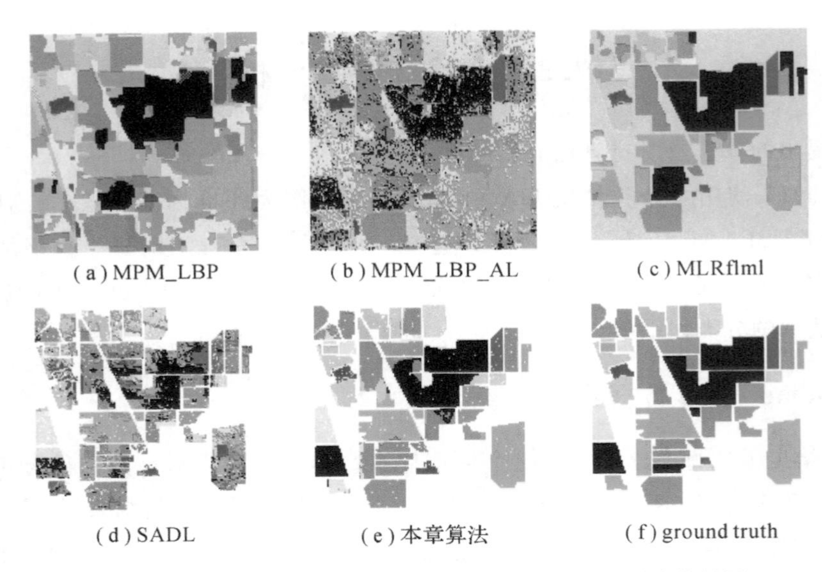
(a) MPM_LBP　(b) MPM_LBP_AL　(c) MLRflml
(d) SADL　(e) 本章算法　(f) ground truth

图 17.7　Indian Pines 数据：每类标记 10 个样本的分类结果图

### 17.3.2　Pavia University 数据集

表 17.2 给出了在每类选取 5～30 个标记样本本章算法与对比方法的分类结果，10 次实验结果的平均精度。图 17.8 是每类 10 个训练样本的分类结果图。观察分类结果图，可知本章算法具有较好的空间一致性，但局部地区仍因卷积核设置具有误分现象。从表 17.3 中可以看出，对于 Pavia University 数据来说，本章算法也有一定的准确度的提升。Pavia University 数据相比于 Indian 数据集，区域更加离散，形状轮廓信息也更为复杂。虽然如此，本章的模型与上一章算法相比，也有了一个稳步提升。

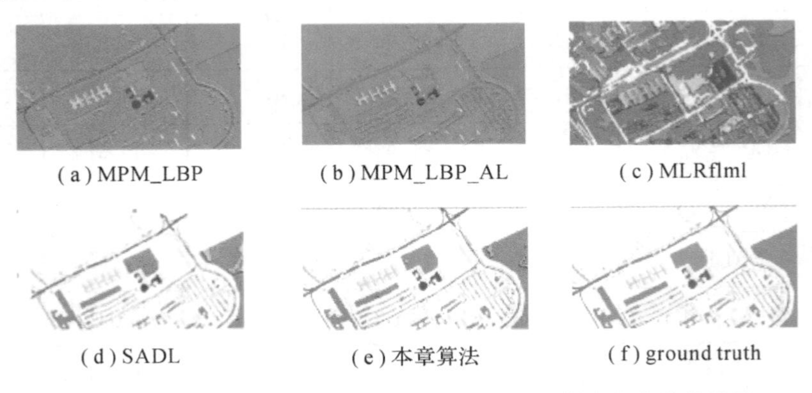
(a) MPM_LBP　(b) MPM_LBP_AL　(c) MLRflml
(d) SADL　(e) 本章算法　(f) ground truth

图 17.8　Pavia University 数据：每类标记 10 个样本的分类结果图

表 17.2 Pavia Universtiy 不同标记样本分类结果的平均精度 (%)

| 评价指标 | 算法 | 每类标记样本数/个 | | | | |
|---|---|---|---|---|---|---|
| | | 5 | 10 | 15 | 20 | 30 |
| OA | DCCNN | 74.25 | 88.76 | 92.28 | 94.61 | 95.8 |
| | MPM_LBP_AL | — | 82.04 | 92.90 | 95.23 | 97.25 |
| | SADL | 62.01 | 73.91 | 76.20 | 81.78 | 85.94 |
| | MPM_LBP | 72.60 | 79.74 | 85.18 | 88.2 | 91.38 |
| | MLRflml | 66.39 | 77.16 | 83.52 | 85.72 | 90.25 |
| Kappa | DCCNN | 67.9 | 85.5 | 89.96 | 92.93 | 94.48 |
| | CNN | 67.3 | 78.2 | 82.6 | 86.3 | 89.8 |
| | SADL | 53.54 | 67.22 | 69.84 | 76.59 | 81.77 |
| | MPM_LBP | 65.25 | 74.31 | 80.96 | 84.74 | 88.76 |
| | MLRflml | 57.35 | 71.19 | 78.92 | 81.49 | 87.26 |

### 17.3.3 Salinas-A 数据集

表 17.3 给出了在每类选取 5～30 个标记样本是本章算法与对比方法的分类结果，10 次实验结果的平均精度。图 17.9 是每类 10 个训练样本的分类结果图。从图 17.9 中可以看出，由于卷积核尺寸大小原因，本章算法在边界处会有误分类现象，在区域内，具有良好的空间一致性。

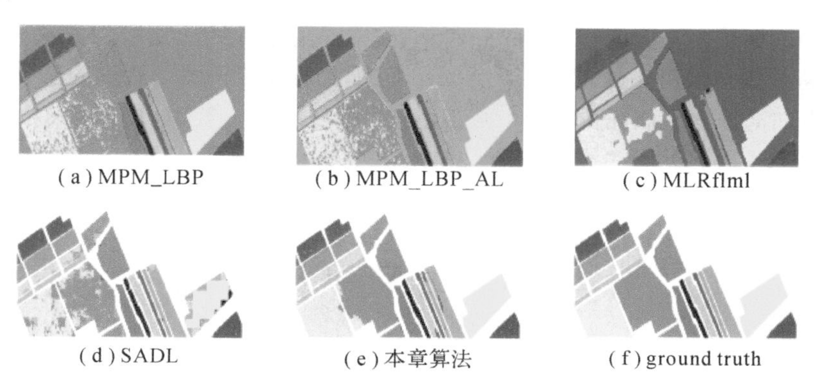
(a) MPM_LBP (b) MPM_LBP_AL (c) MLRflml
(d) SADL (e) 本章算法 (f) ground truth

图 17.9 Salinas-A 数据：每类标记 10 个样本的分类结果图

表 17.3　Salinas-A 不同标记样本分类结果的平均精度　　(%)

| 评价指标 | 算法 | 每类标记样本数/个 | | | | |
|---|---|---|---|---|---|---|
| | | 5 | 10 | 15 | 20 | 30 |
| OA | DCCNN | 90.95 | 96.54 | 97.91 | 98.61 | 98.90 |
| | MPM_LBP_AL | — | 89.34 | 93.87 | 95.87 | 99.39 |
| | SADL | 86.58 | 90.07 | 93.23 | 94.87 | 95.06 |
| | MPM_LBP | 85.42 | 90.63 | 91.10 | 93.23 | 93.69 |
| | MLRflml | 86.87 | 87.53 | 89.93 | 91.76 | 94.78 |
| Kappa | DCCNN | 89.97 | 96.15 | 97.68 | 98.45 | 98.78 |
| | MPM_LBP_AL | — | 88.14 | 93.18 | 95.40 | 99.32 |
| | SADL | 85.10 | 0.89 | 92.47 | 94.30 | 94.51 |
| | MPM_LBP | 83.79 | 89.59 | 90.11 | 92.47 | 92.98 |
| | MLRflml | 85.37 | 86.18 | 90.87 | 88.87 | 94.21 |

## 本章小结

本章在传统的深度残差网络中加入 ROI Align，用来学习对区域更加敏感的深度模型。为了利用像素周围的图像块对每一个高光谱像素点进行独立、准确地分类，本章设计了一个解耦合的双通道空谱卷积神经网络，其中光谱特征通过一维卷积操作来提取。相比于一般的，直接对以训练样本为中心固定窗口的图像块直接进行特征提取的方法，设计了自顶向下的空间特征提取模型，首先使用一般的自底而上的残差网络，从小的感知域到大的感知域，学习更加高级的空间轮廓特征。紧接着，我们使用一个 ROI Align 模块，将多种可能的同类别区域映射为固定尺寸的特征图，输入进 Softmax 分类器进行分类。最终，将这两个模块学到的特征级联到一个 Softmax 分类器中，学习空谱深度集成模型的训练。

## 参考文献


[1] HE L. LI，J，LIU C，& LI S. Recent advances on spectral-spatial hyperspectral image classification：an overview and new guidelines. IEEE Transactions on Geoscience & Remote Sensing，2017，PP(99)，1－19.

[2] Drozyner A. Geometric interpretation of a covariance matrix[J]. Artificial Satellites, 1981, 16: 31 - 40.
[3] Valero S, Salembier P, Chanussot J. Hyperspectral Image Representation and Processing With Binary Partition Trees[J]. IEEE Transactions on Image Processing, 2013, 22(4): 1430 - 1443.
[4] Zhong P, Wang R. Learning conditional random fields for classification of hyperspectral images[J]. IEEE Transactions on Image Processing, 2010, 19(7): 1890 - 1907.
[5] Zhong P, Wang R. Jointly Learning the Hybrid CRF and MLR Model for Simultaneous Denoising and Classification of Hyperspectral Imagery[J]. IEEE Transactions on Neural Networks & Learning Systems, 2014, 25(7): 1319 - 1334.
[6] Zhong P, Wang R. Modeling and Classifying Hyperspectral Imagery by CRFs With Sparse Higher Order Potentials[J]. IEEE Transactions on Geoscience & Remote Sensing, 2011, 49(2): 688 - 705.
[7] Veganzones M A, Tochon G, Dalla-Mura M, et al. Hyperspectral image segmentation using a new spectral unmixing-based binary partition tree representation[J]. IEEE Transactions on Image Processing, 2014, 23(8): 3574 - 89.
[8] Daugman J G. Uncertainty relation for resolution in space, spatial frequency, and orientation optimized by two-dimensional visual cortical filters. Journal of the Optical Society of America A Optics & Image Science, 1985, 2(7), 1160 - 9.
[9] Clausi D A, Jernigan M E. Designing Gabor filters for optimal texture separability[J]. Pattern Recognition, 2000, 33(11): 1835 - 1849.
[10] Chen Y, Nasrabadi N M, Tran T D. Hyperspectral Image Classification Using Dictionary-Based Sparse Representation[J]. IEEE Transactions on Geoscience & Remote Sensing, 2011, 49(10): 3973 - 3985.
[11] Ni D, Ma H. Hyperspectral Image Classification via Sparse Code Histogram[J]. IEEE Geoscience & Remote Sensing Letters, 2015, 12(9): 1843 - 1847.
[12] Li C, Ma Y, Mei X, et al. Hyperspectral Image Classification With Robust Sparse Representation [J]. IEEE Geoscience & Remote Sensing Letters, 2017, 13(5): 641 - 645.
[13] Yuan H, Tang Y Y. Sparse Representation Based on Set-to-Set Distance for Hyperspectral Image Classification[J]. IEEE Journal of Selected Topics in Applied Earth Observations & Remote Sensing, 2015, 8(6): 2464 - 2472.
[14] Liu J, Wu Z, Wei Z, et al. Spatial-Spectral Kernel Sparse Representation for Hyperspectral Image Classification[J]. IEEE Journal of Selected Topics in Applied Earth Observations & Remote Sensing, 2013, 6(6): 2462 - 2471.
[15] Fang L, Li S, Kang X, et al. Spectral - Spatial Classification of Hyperspectral Images With a Superpixel-Based Discriminative Sparse Model[J]. IEEE Transactions on Geoscience & Remote Sensing, 2015, 53(8): 4186 - 4201.
[16] Peng J, Zhang L, Li L. Regularized set-to-set distance metric learning for hyperspectral image classification☆[J]. Pattern Recognition Letters, 2016, 83: 143 - 151.

[17] Yang L, Yang S, Jin P, et al. Semi-Supervised Hyperspectral Image Classification Using Spatio-Spectral Laplacian Support Vector Machine[J]. IEEE Geoscience & Remote Sensing Letters, 2013, 11(3): 651-655.

[18] Zhang L, Yang M. Sparse representation or collaborative representation: Which helps face recognition? [C]// International Conference on Computer Vision. IEEE, 2012: 471-478.

[19] Li J, Zhang H, Huang Y, et al. Hyperspectral Image Classification by Nonlocal Joint Collaborative Representation With a Locally Adaptive Dictionary[J]. IEEE Transactions on Geoscience & Remote Sensing, 2014, 52(6): 3707-3719.

[20] Yang J, Qian J. Hyperspectral Image Classification via Multiscale Joint Collaborative Representation With Locally Adaptive Dictionary[J]. IEEE Geoscience & Remote Sensing Letters, 2017, 15(1): 112-116.

[21] Goetz A F, Vane G, Solomon J E, et al. Imaging spectrometry for Earth remote sensing. [J]. Science, 1985, 228(4704): 1147-1153.

[22] Bioucas-Dias J M, Plaza A, Camps-Valls G, et al. Hyperspectral Remote Sensing Data Analysis and Future Challenges[J]. IEEE Geoscience & Remote Sensing Magazine, 2013, 1(2): 6-36.

[23] He K, Gkioxari G, Dollár P, et al. Mask R-CNN[C]// IEEE International Conference on Computer Vision. IEEE Computer Society, 2017: 2980-2988.

# 第四部分

# 遥感影像解译描述与分类

# 第18章 基于快速区域卷积神经网络的遥感语义描述

## 18.1 引　　言

传统遥感影像内容是通过统计学习的方法得到的，首先得到图像中隐含的语义信息，然后根据低级特征与语义特征的对应关系，对图像进行进一步分析。这种方法能够得到辅助识别的浅层语义信息，但是做法不够系统深入，且停留在目标的定位与识别阶段。近年来，随着机器学习特别是深度学习的大范围兴起，一些在以往看来难以实现的技术渐渐崭露头角，这些技术的出现也带来了巨大的商业价值，而目标识别、目标检测、图像视频内容的自动描述无疑是引人注目的前沿研究领域之一。本课题借助自然语言处理技术，对遥感影像场景内容进行理解与描述。由于深度神经网络在图像、文本分析两个领域表现出卓越的性能，通过深度神经网络对图像中的目标进行提取识别，进而将图像所反映的视觉信息转化为一句描述性的文字，从而实现从像元级、目标级解译到语义文本级认知的提升。如何让计算机自动、鲁棒、精确地检测出遥感影像中的目标，进而合理地对遥感场景进行文本描述，是实现高分辨率遥感影像从解译到认知的关键，同时也可以为军事、民用提供决策支持，具有非常重要的研究意义和实用价值。

基于快速区域卷积递归神经网络的遥感语义描述方法，充分考虑遥感影像目标复杂、种类繁多的特征，构建快速区域卷积神经网络，用于高分辨遥感影像的视觉特征提取，综合考虑文本的上下文信息，构建双向递归神经网络实现文本特征提取，将图像特征和文本特征统一到相同的维度空间进行相似对比，构建基于长短时记忆模型实现对高分辨遥感影像的描述。实验表明，该方法充分考虑了高分辨遥感影像地物信息丰富、场景复杂多样的特点，结合目标检测方法区域更加有效的视觉特征，进而生成更加准确、多样的文本语义描述。

## 18.2 快速区域卷积神经网络

快速区域卷积网络在目标检测领域被广泛应用。简单网络目标检测速度可以达到 17 f/s，在 PASCAL VOC 上准确率为 59.9%；复杂网络达到 5f/s，准确率为 78.8%。在 Faster

RCNN 工作中，目标检测的四个基本步骤：候选区域的生成、区域特征提取、区域分类以及位置精修，被统一到深度网络框架中。所有计算没有重复，完全在 GPU 中完成，大大提高了运行速度。Faster RCNN 可以直观地看做“RPN 网络＋fast RCNN“的系统，用 RPN 网络替代 Fast RCNN 中的 Selective Search 方法，如图 18.1 所示。

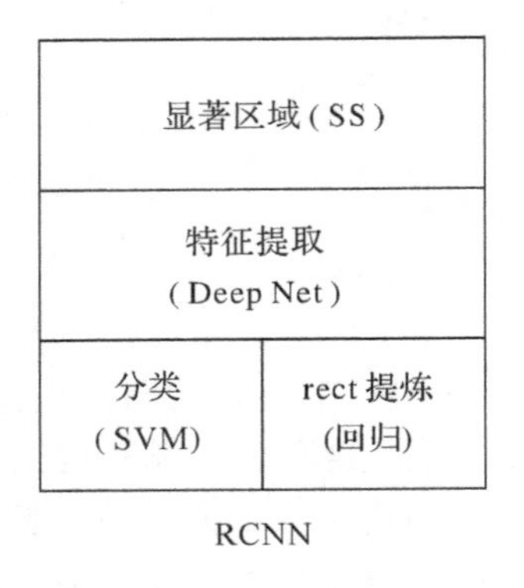

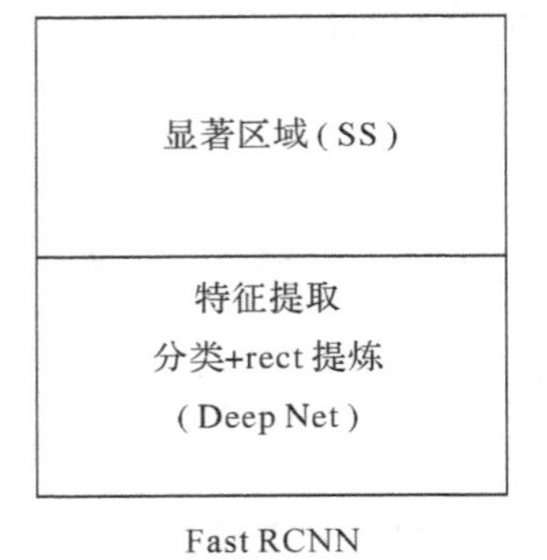

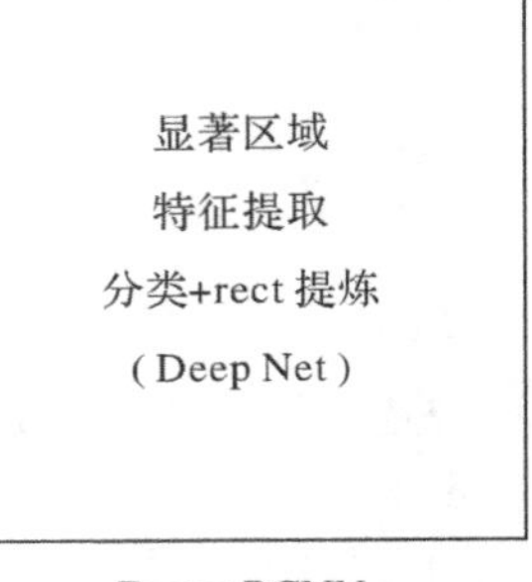


图 18.1　目标检测发展流程

RPN 网络结构是在提取好的特征图上，对所有可能的候选框开始初步判别。因为其后还有位置精修过程，因此候选框实际上相对稀疏。如图 18.2 所示。

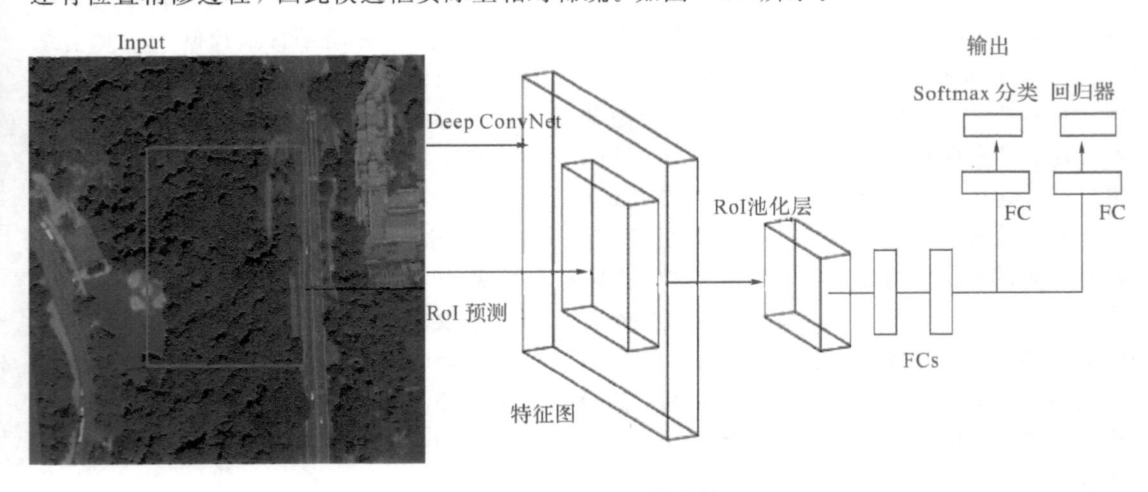


图 18.2　区域生成网络结构

窗口分类和位置精修分类层输出每一个位置中 9 个候选区域分别属于前景和背景的概率；窗口回归层输出每一个位置中 9 个候选区域所对应窗口所需平移缩放的参数。对于每个位置，分类层从 256 维特征中输出属于前景和背景的概率；窗口回归层从 256 维特征中输出 4 个评议缩放参数。如图 18.3 所示。

从局部角度来看，该两层都是全连接层；针对总体来说，由于模型在所有位置(共 51＊39 个)的参数相同，所以实际是用尺寸为 1＊1 的卷积网络来实现。

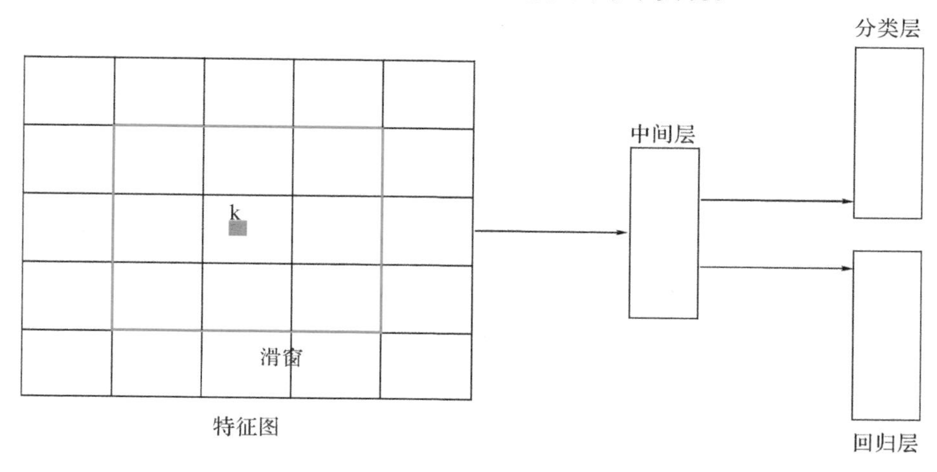


图 18.3　区域的选取

RPN 网络训练，对于左支路，ground truth 为候选区域是不是目标，用 0/1 表示。假设某候选区域与任一目标区域的 IOU 最大，则该候选区域判定是有目标；假设某个候选区域和任一目标区域的 IOU＞0.7，则判定是有目标；假设某个候选区域与任一目标区域的 IOU＜0.3，则判定是背景。所谓 IOU，即预测 box 和真实 box 的覆盖率，其值等于两个 box 的交集除以两个 box 的并集。其他候选区域不参与训练。

因此，代价函数定义为

$$L(\{p_i\}, \{t_i\}) = \frac{1}{N_{\text{cls}}}\sum_i (p_i, p_i^*) + \lambda \frac{1}{N_{\text{reg}}}\sum_i p_i^* L_{\text{reg}}(t_i, t_i^*) \tag{18-1}$$

代价函数分为两部分，其对应 RPN 两条支路，即目标与否的分类误差和 bounding box (bbox)的回归误差，其中 $\text{Leg}(t_i, t_i^*) = R(t_i - t^*)$ 采用在 Fast-RCNN 中提出的平滑 L1 函数，注意到回归误差中 Leg 与 $p_i$ 相乘，所以 bbox 回归只对包括物体的 anchor 计算误差。也就是说，如果 anchor 不包含目标，则 box 输出位置随机。所以对于(bbox)的 ground truth，只考虑判定为有目标的 anchor，并将其标注的坐标作为 ground truth。此外，计算 bbox 误差时，不是比较 4 个角的坐标，而是比较 $t_x$、$t_y$、$t_w$、$t_h$ 的值。具体计算如下：

$$\begin{cases} t_x = \dfrac{x - x_a}{w_a}, \ t_y = \dfrac{y - y_a}{h_a}, \ t_w = \log(\dfrac{w}{w_a}), \ t_h = \log(\dfrac{h}{h_a}) \\ t_x^* = \dfrac{x^* - x_a}{w_a}, \ t_y^* = \dfrac{y^* - y_a}{h_a}, \ t_w^* = \log(\dfrac{w^*}{w_a}), \ t_h^* = \log(\dfrac{h^*}{h_a}) \end{cases} \tag{18-2}$$

# 18.3 基于语义嵌入的快速区域卷积神经网络模型

## 18.3.1 基于快速区域卷积神经网络的特征提取

高分辨率遥感影像中包括多种复杂的不同种类的目标，各目标之间存在很大的尺度差异和多样的位置信息。此外，在不同分辨率下，同一种类物体的特征也存在一定差异。在进行内容理解与描述前，有必要对场景中的物体进行检测识别，考虑高分辨遥感图像的局部特征，以确保能对遥感场景进行精确的描述。

该模型的最终目的是生成图像的描述，在训练过程中，对模型的输入是一组图像及相应句子的描述。本章首先提出一个模型，将句子片段与通过多模式嵌入的区域视觉特征对齐，然后再将这些对应的训练集作为第二个多模态递归神经网络模型的输入，学习生成句子片段。

该对齐模型基于包括高分辨遥感场景以及描述该场景相应的数据集，该模型建立在人们写句子一些特定的习惯之上，总是会提到一些特定的但是不知道位置的单词，这时需要推断这些潜在的对应关系，最终学习如何通过图像区域生成这些句子片段，该模型使用双向递归神经网络来计算语句中的词向量，分配计算依赖树的需求，并允许在句子中充分考虑单词的上下文关系。该方法首先用神经网络将描述高分辨遥感图像的描述语句以及图像区域映射到一个共同的多模态的嵌入空间，然后使语义相似的概念在该空间中处于相近区域，得到图像区域和文本信息的匹配，如图 18.4 所示。

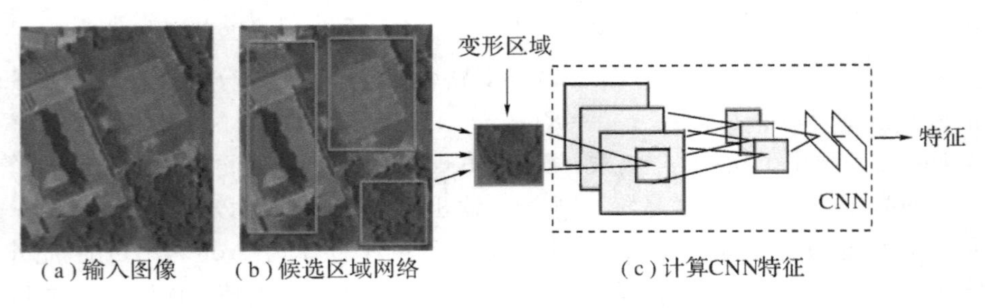


图 18.4　Faster RCNN 提取特征框架

可以看到，句子描述频繁地引用高分辨遥感图像中的目标以及其属性，因此，可以使用快速区域卷积神经网络监测每个高分辨遥感图像的目标，除了整个图像外，还采用了前 19 个检测到位置的全连接层特征，并根据每个 bounding box 中的像素 $I_b$ 将图像表示为

$$v = W_m[\mathrm{CNN}_{\theta_c}(I_b)] + b_m \tag{18-3}$$

式中，CNN($I_b$)表示 bounding box $I_b$ 通过快速区域卷积神经网络全连接层的向量；$\theta_c$ 表示 CNN 的网络参数。因此每个高分辨遥感图像可以表示为一个 $h$ 维的向量：$\{v_i | i=1, 2, \cdots, 20\}$。

高分辨遥感影像中包括多个不同种类、不同分辨率的目标，各目标间包含很重要的位置关系信息，如果能够合理地利用这些遥感场景的特点，则可以得到更多的场景信息。针对遥感场景进行快速区域卷积神经网络建模，在遥感场景中选取若干候选区域，对各区域进行评分，并对相关相邻区域进行整合，从而对遥感场景中的目标进行特征提取。

### 18.3.2 基于双向循环神经网络的文本特征提取

文本中句子的特征表示有许多经典方法，例如简单直接的词袋(bag of words)模型，它简单且易于实现，并且能取得一定的效果，但是相对而言并不能满足实际使用的要求。主要原因在于词袋模型的一些缺点，如向量的高维和稀疏性。高维导致了神经网络类模型学习的复杂性和耗时，稀疏导致了任意词单元之间的独立性。词向量能够解决传统词袋模型中存在的高维、稀疏的缺点，时序神经网络能够提供传统的前馈神经网络所不具有的时序信息传递的特性，文本中的句子是一种较富有逻辑性的信息载体，采用时序神经网络来处理能恰好满足句子中存在的逻辑性和顺序性这些隐含特点。例如，循环神经网络以及更有效的 LSTM 模型，在自然语言处理的一些任务中都已验证了其有效性。

相比于词袋表示的高维、稀疏而言，词向量表示具有低维、稠密的特点，通常用 50、100 或 200 维的长度即能很好地表示一个庞大的文本数据词汇库，而稠密的好处体现在任意两个词的词向量表示其具有的距离特性，语义信息越相似的词单元在词向量距离上也越近。这种更有效的初级特征表示方法来处理遥感文本句子，在模型前期提供了更好的保障。Skip-gram 模型是利用当前词的特征向量来表示邻域的其他词，通过求解所有词的最小误差得到最佳参数，目标函数为

$$\frac{1}{T}\sum_{t=1}^{T}\sum_{-c\leqslant j\leqslant c,\ j\neq 0}\log p(w_{t+j} \mid w_t) \tag{18-4}$$

式中，$w_1$，$w_2$，$w_3$，…，$w_T$ 表示一个序列的训练单词；$c$ 是训练时上下文单词窗口的大小。

由于经典的循环神经网络(RNN)在时序上处理序列，它们往往忽略了相关的上下文信息。一种直接的解决策略是在输入数据和目标之间增设延迟，进而可以给网络一些时间来加入上下文信息，即在 $M$ 时间帧的下一时刻信息来共同预测输出。理论上，$M$ 可以非常大，来捕获所有的可用信息，但实际情况下发现如果 $M$ 太大，预测结果将会变差。这是因为网络把工作都集中在记忆大量的输入信息，而造成不同输入向量的预测知识联合的建模能力下降。因此，$M$ 的具体数值需要手动调节。

双向循环神经网络(BRNN)的基本思想是每个训练数据向前和向后分别是两个循环神经

网络(RNN)，并且这两个都连接一个相同的输出层。该模型可以供给输出层输入数据中每一个点完备的之前时刻和之后时刻相关的上下文信息。图 18.5 展示了双向循环神经网络的框架图。六个特定的权重在每个时刻被重复的使用，六个权重分别对应：输入到向前和向后隐含层($w_1$，$w_3$)，隐含层到隐含层自己($w_2$，$w_5$)，向前和向后隐含层到输出层($w_4$，$w_6$)。值得注意的是，向前和向后隐藏层之间没有信息流，这保证了展开图是循环的。

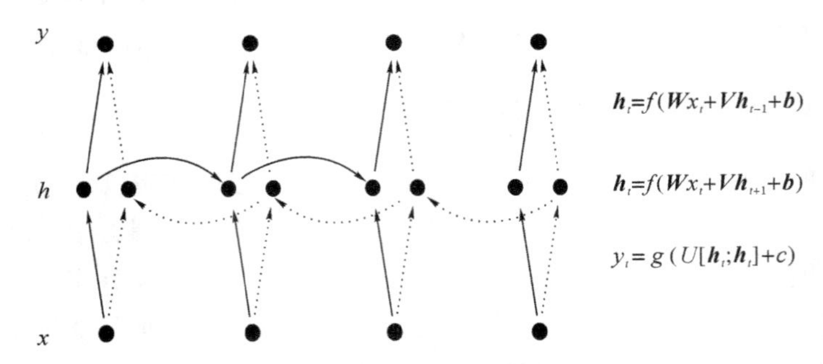


图 18.5　双向循环神经网络框架图

对于整个双向循环神经网络(BRNN)的计算流程如下：

前项运算(Forward pass)：对于双向循环神经网络(BRNN)的隐藏层，前项计算跟单向循环神经网络(RNN)相同，除了输入序列对于两个隐含层是相反的之外，输出层直到两个隐含层处理完所有的输入序列才更新。

后项运算(Backward pass)：双向循环神经网络(BNN)的后项运算与标准的循环神经网络(RNN)通过反向时间传播相似，计算所有的输出层，然后返回给两个不同方向的隐含层。

为了建立图像和文本之间的关系，本章期望将描述该图像句子中的单词映射到与图像特征相同的维度空间，最简单的方法是直接将每个单词映射到该空间中，但是这种做法不考虑句子中的任何顺序和上下文信息，为了解决这些问题，可以采用一个双向递归神经网络，计算每个单词的表示，BRNN 的输入为一个序列为 $N$ 的单词序列，将每个单词表示为一个 $h$ 维向量，每个单词的表示是围绕该单词周围且大小可变的上下文信息，利用 1 为 $N$ 表示一个句子中每个单词的位置。BRNN 的表示形式如下：

$$\begin{cases} x_t = \boldsymbol{W}_w(\boldsymbol{\Phi}) \\ e_t = f(\boldsymbol{W}_e x_t + \boldsymbol{b}_e) \\ \boldsymbol{h}_t^f = f(e_t + \boldsymbol{W}_f \boldsymbol{h}_{t-1}^f + \boldsymbol{b}_f) \\ \boldsymbol{h}_t^b = f(e_t + \boldsymbol{W}_b \boldsymbol{h}_{t+1}^b + \boldsymbol{b}_b) \\ s_t = f(\boldsymbol{W}_d(\boldsymbol{h}_t^f + \boldsymbol{h}_t^b) + \boldsymbol{b}_d) \end{cases} \tag{18-5}$$

式中，$\boldsymbol{\Phi}$ 表示一个指示列向量，表示词汇表中单词的索引，权重 $\boldsymbol{W}_w$ 为指定单词的嵌入矩阵，初始化 300 维的 word2vec 权重并且保持固定用以解决过拟合问题，BRNN 是由两个独立的数据流处理，一个从左到右，一个从右到左，最后，第 $t$ 个单词的 $h$ 维向量表示 $s_t$ 是一个关于该单词的位置，以及前后文信息的函数。通过训练学习网络参数 $\boldsymbol{W}_e$、$\boldsymbol{W}_f$、$\boldsymbol{W}_b$、$\boldsymbol{W}_d$ 以及偏移项 $\boldsymbol{b}_e$、$\boldsymbol{b}_f$、$\boldsymbol{b}_b$、$\boldsymbol{b}_d$，选择 ReLU 作为激活函数。

文本的特征表示常用的模型是词袋模型，由于该模型存在一些缺点，其不能满足实际使用的要求。高维向量使得神经网络类模型学习过程复杂且耗时，稀疏性则导致了任意词单元之间的独立性。BRNN 模型具有传统的前馈神经网络所不具有的时序信息传递特性，使用 BRNN 模型处理文本能很好地应用到句子中存在的逻辑性和顺序性等隐含特点。利用更有效的 BRNN 模型进行文本表示有利于充分挖掘文本的逻辑关系。

### 18.3.3 基于概率模型的图文匹配

将每一组高分辨遥感影像和相应的描述句子用向量表示并统一到相同的维度空间。因为是在整个图像以及句子层面上进行评价的，因此规定图像-句子的得分应该是独立的区域-单词得分的加权和，直观地说，一个图像-句子对应该匹配一个高的得分，如果区域中的单词起支持作用，使用点积 $v_i^t s_t$ 表示第 $i$ 个区域以及第 $t$ 个单词的相似度，计算图像 $k$ 和句子 $l$ 之间的匹配程度，表示如下：

$$S_{kl} = \sum_{t \in gl} \sum_{i \in gk} \max(0,\ v_i^t,\ s_t) \tag{18-6}$$

式中，$g_k$ 表示在图像 $k$ 中的一系列图像块，$g_l$ 表示在句子 $l$ 中的一系列短语，在图像和句子上遍历 $k$ 和 $l$ 即构成训练集，除了附加了多实例学习目标外，这个分数还解释了当点积为正时，图像片段和句子区域匹配。简化模型如下：

$$S_{kl} = \sum_{t \in gl} \max_{i \in gk} v_i^t s_t \tag{18-7}$$

每一个单词 $s_t$ 匹配最佳的图像区域，简化模型也改进了最终的排序，假设 $k=$ 表对应的图像和句子对，保留结构化的损失函数如下：

$$\zeta(\theta) = \sum_k \left[ \sum_l \max(0,\ S_{kl} - S_{kk} + 1) + \sum_l \max(0,\ S_{lk} - S_{kk} + 1) \right] \tag{18-8}$$

该目标函数保证匹配的句子和图像对拥有较高的分数。如图 18.6 所示。

考虑训练集中的一个高分辨遥感影像以及相应的描述语句，$v_i^t s_t$ 可以解释为第 $t$ 个单词描述高分辨遥感影像中任意区域的对数概率，其最终感兴趣的是完整的句子而不是每一个单词，可将扩展的、连续的单词序列匹配到每个 bounding box 中，判断每个单词独立得分最高的区域是不够的，这种不一致可能导致单词分散到不同的区域。

高分辨率遥感影像包括了丰富的视觉信息，文本特征包括了该图像相应的语义信息，对图像特征和文本特征进行分析，寻找两者之间的关联性。针对遥感场景中的各目标以及相关位置关系建立深度卷积生成网络建模，分析视觉信息文本信息的相关性，将图像特征统一到文本特征的维度，进而实现对遥感场景描述语句的生成。

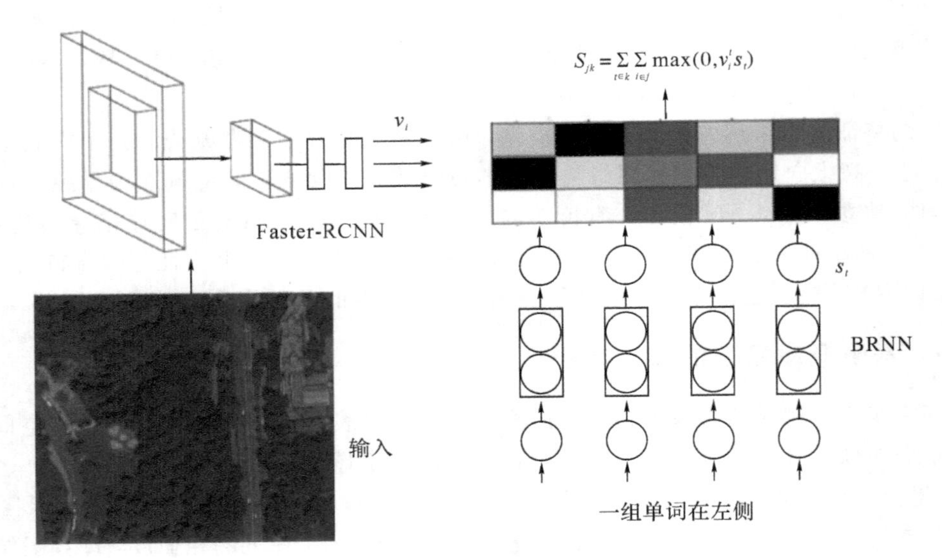


图 18.6　图文匹配框架

### 18.3.4　基于长短时记忆模型的文本预测

本节假设输入是一系列图像和文本描述，这些可以是文章的图像以及它们的句子表示，也可以是图像区域和文本片段，该模型的关键挑战在于设计可变大小序列的模型，在给定图像时，输出一个对该图像的描述，通过以前时间步长的单词和上下文语境信息，定义该序列中下一个单词的概率分布形式。在训练 RNN 模型的过程中，用 $I$ 表示图像，一系列输入向量用$(x_1, \cdots, x_t)$表示，计算每一个序列的隐藏单元用$(h_1, \cdots, h_t)$表示，一系列的输出向量用$(y_1, \cdots, y_t)$表示，可得如下方程：

$$\begin{cases} b_v = W_{hi}[\mathrm{CNN}_{\theta_c}(I)] \\ h_t = f(W_{hx}x_t + W_{hh}h_{t-1} + b_h + \Theta(t=1)\odot b_v) \\ y_t = \mathrm{Softmax}(W_{oh}h_t + b_0) \end{cases} \tag{18-9}$$

在上述方程中，$W_{hi}$、$W_{hx}$、$W_{hh}$、$W_{oh}$、$x_i$ 以及 $b_h$、$b_0$ 是需要学习的参数，$\mathrm{CNN}_{\theta_c}(I)$是 CNN 的最后一层，输出向量 $y_t$ 表示单词的概率输出以及一个额外维度的结束标志，我们只在第一次迭代时输入图片的上下文相关向量 $b_v$，RNN 隐层单元典型的尺寸是 512。

RNN 的训练过程，RNN 的训练是结合一个词 $x_t$，采用以前的上下文信息 $h_{t-1}$ 来预测下一个单词 $y_t$，本章通过在第一步输入图像的上下文信息 $b_v$ 影响 RNN 网络的预测结果。在训练过程中，设置 $h_0=\vec{0}$，$x$ 为一个特殊的开始向量，类标 $y_1$ 作为序列中的第一个单词，最后，当 $x_t$ 代表最后一个单词时，类标指向一个特殊的结束标志。使用 Softmax 分类器，损失即为是最大化目标类别的对数概率。如图 18.7 所示。

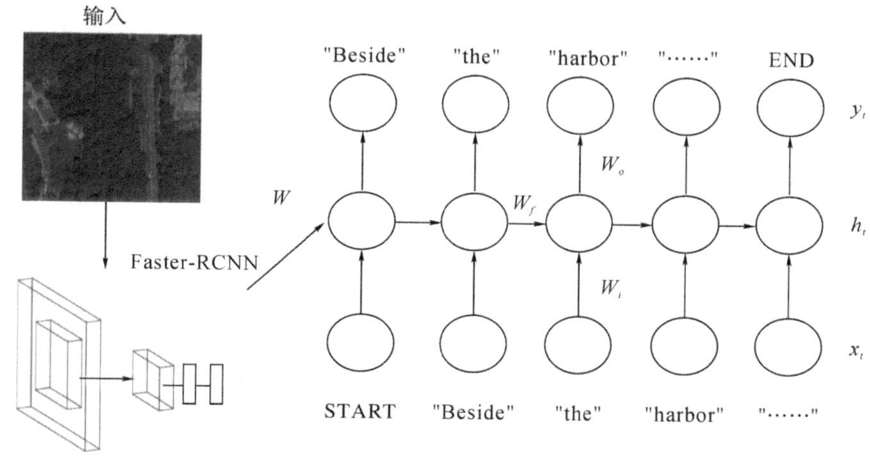


图 18.7 文本预测框架

在 RNN 的测试阶段，当要预测一句话时，本章计算图像的特征向量 $b_v$，设置 $h_0=0$，$x_1$ 为开始向量，计算第一个单词 $y_1$，选择概率最高的词作为 $x_2$，然后重复这个过程，直到出现结束标志为止。

## 18.4 实验设计与结果分析

### 18.4.1 实验设计

介绍了实验中所用的数据集，以及实验结果的评价指标，并在三个数据集上进行模多态神经网络的测试。

**1. UCM-Captions Data Set**

该数据集是基于 UC Merced 的土地利用数据集提出的，其中包含了 21 类土地利用的图像，包括：农田、飞机、棒球场、沙滩、建筑、丛林、密集住宅区、森林、高速公路、高尔夫球场、港口、路口、中型住宅林、公园、立交桥、停车场、河、跑道、稀疏的住宅、油罐和网球场，每类各有 100 张图片，每个图像的分辨率为(256×256)像素，这些图像的像素分辨率均为 0.3048 m，UC Merced 的土地利用数据集图像的收集大多来自于美国地质调查局。在上述图像的基础上，用 5 个不同的句子来描述每个图像，一幅图像中 5 个连贯句子的多样性是完全不同的，但同一类图像之间的句子差别很小。如图 18.8 所示。

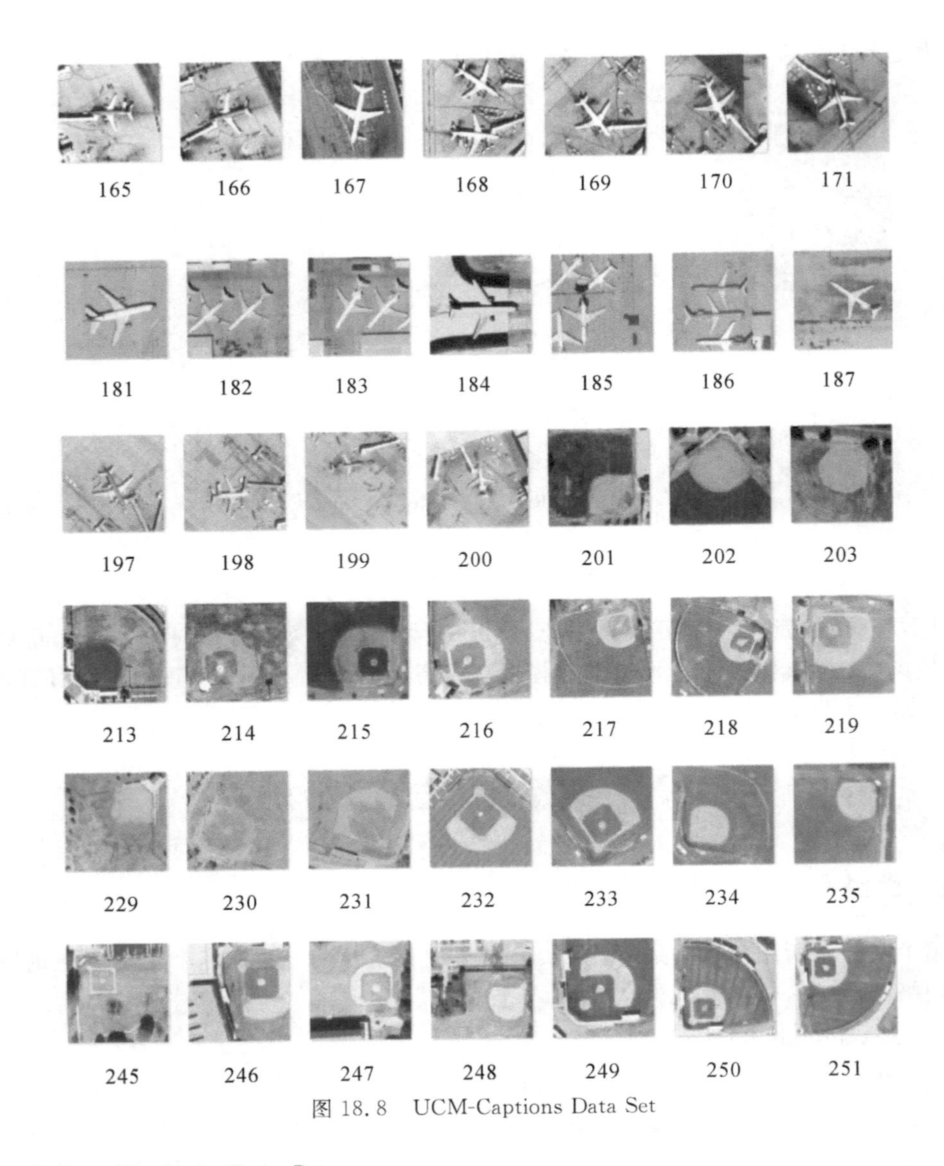


图 18.8　UCM-Captions Data Set

**2. Sydney-Captions Data Set**

该数据集基于 Sydney Data Set，一张从谷歌地球上截取的悉尼地区的 18 000×14 000 的巨大图像，该图像的像素分辨率为 0.5 m，该数据集包括 7 个类别，分别为住宅、机场、草甸、河流、海洋、工场和跑道。与 UCM-Captions Data Set 类似，用 5 个不同的句子对每张图像进行描述，为了更详细地对遥感图像进行描述，该数据集收集过程中考虑不同的人对图像和不同句型的理解。如图 18.9 所示。

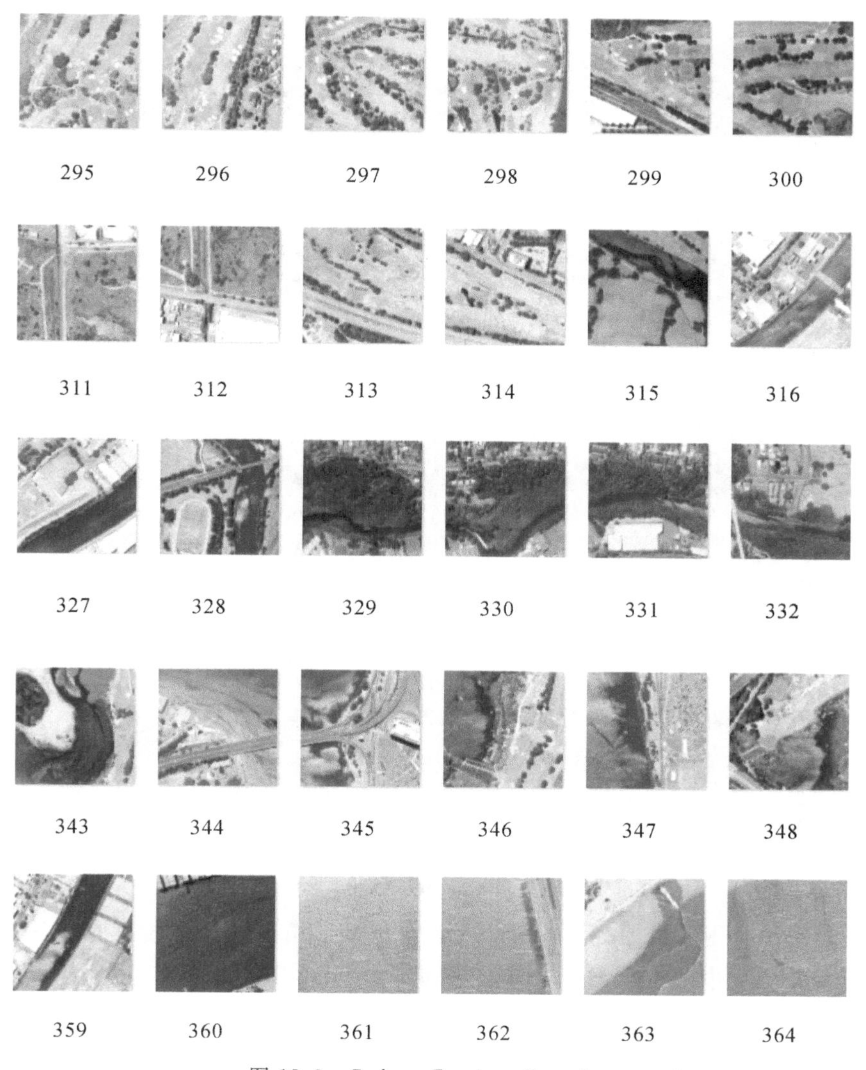


图 18.9　Sydney-Captions Data Set

**3. RSICD**

该数据集从谷歌地图、百度地图、MapABC、天地图(Tianditu)收集了数以万计的遥感影像。图像固定为224×224像素，但具有不同的分辨率。遥感影像总数为10 921个，每个影像有5个描述句子。该数据集是遥感影像描述任务中最大的数据集。数据集中的样本图像具有较高的类内多样性和较低的类间差异性，如图18.10所示。

图 18.10　RSICD Data Set

BLEU 是一种流行的机器翻译评价指标，它是基于精度的相似度度量方法，用于分析选择译文和参考译文中 $n$ 元组共同出现的程度，由 IBM 于 2002 年提出。对于一个待评价的文本，待评价文本可以表示为 $c_t$，而对应的一组参考文本可以表示为 $S_i=\{s_{i1}, s_{i2}, \cdots, s_{im}\}\in S$，$n$-gram 表示 $n$ 个单词长度的词组集合，令 $w_k$ 表示第 $k$ 组可能的文本，$h_k(c_t)$表示 $w_t$ 在候选译文 $c_i$ 中出现的次数，$h_k(s_{ij})$表示 $w_k$ 在参考译文中 $s_{ij}$ 中出现的次数，BLEU 则按式(18－10)计算相应文本中语言层面上的重合精确度：

$$CP_n(C, S)=\frac{\sum_i\sum_k \min(h_k(c_i), \max_{j\in m}h_k(s_{ij}))}{\sum_i\sum_k h_k(c_i)} \tag{18-10}$$

式中，$k$ 表示可能存在的 $n$-gram 序号，容易看出，$CP_n(C, S)$是一个精确度度量，但因为普

通的 $CP_n$ 值估算并不能评价翻译的完整性，但是该属性对于评价翻译的质量不可或缺，因此在 $\mathrm{BLEU}_n$ 之前加入了 BP 惩罚因子：

$$b(C, S)=\begin{cases}1, & l_c < l_s \\ \mathrm{e}^{1-\frac{l_s}{l_c}}, & l_c \geqslant l_s\end{cases} \tag{18-11}$$

式中，$l_c$ 表示候选译文 $c_i$ 的长度，$l_s$ 表示参考译文 $s_{ij}$ 的有效长度，可以看出 BP 惩罚因子是被用来调节待评价译文对参考译文的完整性和充分性的。

本质上，BLEU 是一个 $n$-grams 精确度的加权几何平均，最后的结果是待评价译文的统计候选翻译结果中 $n$ 元组正确匹配次数与其中所有 $n$ 元组出现次数的比值，按照下式计算：

$$\mathrm{BLEU}_n(C, S)=b(C, S)\exp(\sum_{n=1}^{N} w\log CP_n(C, S)) \tag{18-12}$$

式中，$N$ 可取 1、2、3、4，而 $w_n$ 一般对所有 $n$ 取 1。随着 $n$ 的变大，在文本级别上匹配逐渐变差，因此，BLEU 在个别文本上可能表现一般。

ROUGE 是一种基于召回率的相似性度量方法，主要考察翻译的充分性和忠实性无法评价参考译文的流畅度，其计算的是 $N$ 元组在参考译文和待评测译文的共现概率，ROUGE-$N$ 的公式如下所示：

$$\text{ROUGE-}N=\frac{\sum_{(S\in RS)}\sum_{\mathrm{gram}_n\in S}\mathrm{count}_{\mathrm{match}}(\mathrm{gram}_n)}{\sum_{(S\in RS)}\sum_{\mathrm{gram}_n\in S}\mathrm{count}(\mathrm{gram}_n)} \tag{18-13}$$

$n$ 代表 $n$ 元组，$\mathrm{count}(\mathrm{gram}_n)$是带测评句子中出现最大匹配 $n$-grams 的个数，从分子可以看出 ROUGE-$N$ 是一个基于 Recall 的度量指标。

总体来说，参考译文越多，则证明待测评译文的 ROUGE 与人类测评相关，同理待测评译文越多，相关性也越高，单文件任务比多任务的关联性更大。

**4. METEOR 度量方法**

2004 年由 Lavir 发现在评价指标中召回率的意义后提出了 METEOR 度量方法，其研究发现，基于召回率的标准将对于那些仅仅基于精度的准则(BLUE)，其结果和人为判定的结果有较高关联性；METEOR 测度基于单精度的加权调和平均数和单字召回率，其目的是完善一些 BLUE 标准中固有的不足；计算 METEOR 需要提前给定一组校准 $m$，而这一校准基于 WordNet 的同义词库，根据最小化对应语句中连续有序的块 $ch$ 来得出；则 METEOR 计算为对应最优候选文本和参考文本之间的准确率和召回率的调和平均，即

$$\mathrm{Pen}=\gamma\left(\frac{ch}{m}\right)^{\theta} \tag{18-14}$$

$$F_{\text{mean}} = \frac{P_m R_m}{\alpha P_m + (1-\alpha) R_m} \tag{18-15}$$

式中，$P_m = \dfrac{|m|}{\sum_k h_k(c_i)}$。

$$R_m = \frac{|m|}{\sum_k k h_k(s_{ij})} \tag{18-16}$$

$$\text{METEOR} = (1-\text{Pen}) F_{\text{mean}} \tag{18-17}$$

$\alpha$、$\gamma$ 和 $\theta$ 都是用于评价的默认参数，因此 METEOR 的最终评价是基于块的分解匹配和表征分解匹配质量的一个调和平均，并包含一个惩罚系数 Pen 和 BLEU 不同，METEOR 同时评价了基于整个语料库上的精度和召回率，最终得出测度。

CIDEr 的基本工作原理是通过度量带测评语句与其他大部分人工描述句之间的相似性，首先通过将 $n$-grams 在参考句中的出现频率进行编码，$n$-grams 在数据集所有图片中经常出现的图片的权重应该减少，因为其包含的信息量更少，将句子用 $n$-grams 表示向量形式，每个参考句和带测评之间通过计算 TF－IDF 向量的余弦距离来度量其相似性。假设 $c_i$ 是待评价句，参考句子集合为 $S_i = \{s_{i1}, s_{i2}, \cdots, s_{im}\}$，则

$$\text{CIDE}r_n(c_i, S_i) = \frac{1}{m} \sum_j \frac{g^n(c_i) g^n(s_{ij})}{\| g^n(c_i) \| \, \| g^n(S_{ij}) \|} \tag{18-18}$$

令 $w_k$ 表示第 $k$ 组可能的 $n$-grams，$h_k(c_i)$表示 $w_k$ 在候选译文 $c_i$ 中表现的次数，$h_k(s_{ij})$ 表示 $w_k$ 在参考译文 $s_{ij}$ 中出现的次数，则对 $w_k$ 计算权重 TF-IDF 向量 $g_k(s_{ij})$为

$$g_k(s_{ij}) = \frac{h_k(s_{ij})}{\sum_{\omega l \in \Omega} h_l(s_{ij})} \log \left( \frac{|I|}{\sum_{Ip \in I} \min(1, \sum_{Ip \in I} h_k(s_{pq}))} \right) \tag{18-19}$$

第一项是 TF 项，第二项是 IDF 项，理由 IDF 度量 $w_k$ 的稀缺性。TF 与 IDF 作用是相互制约的，如果 TF 较高，则 IDF 会减少 $w_k$ 的权重。

### 18.4.2 实验结果及分析

为了评价基于不同 CNN 特征生成句子的特点，本实验选择 AlexNet、VGG16、VGG19 以及 GoogleNet 进行特征提取，并分别在上述三个数据集上进行测试，结果如表 18.1～表 18.3 所示。

表 18.1　UCM 实验结果

| CNN | BLEU1 | BLEU2 | BLEU3 | BLEU4 | METEROR | ROUGE_L | CIDEr |
|---|---|---|---|---|---|---|---|
| AlexNet | 0.793 | 0.765 | 0.715 | 0.651 | 0.460 | 0.735 | 0.322 |
| VGG16 | 0.804 | 0.768 | 0.718 | 0.657 | 0.458 | 0.739 | 0.322 |
| VGG19 | 0.831 | 0.786 | 0.723 | 0.664 | 0.462 | 0.757 | 0.325 |
| GoogleNet | 0.817 | 0.772 | 0.720 | 0.662 | 0.457 | 0.744 | 0.324 |

表 18.2　SYDNEY-CAPTIONS DATA SET 实验结果

| CNN | BLEU1 | BLEU2 | BLEU3 | BLEU4 | METEROR | ROUGE_L | CIDEr |
|---|---|---|---|---|---|---|---|
| AlexNet | 0.703 | 0.603 | 0.583 | 0.516 | 0.326 | 0.593 | 0.238 |
| VGG16 | 0.709 | 0.608 | 0.586 | 0.523 | 0.331 | 0.604 | 0.301 |
| VGG19 | 0.721 | 0.614 | 0.587 | 0.532 | 0.336 | 0.634 | 0.346 |
| GoogleNet | 0.705 | 0.611 | 0.584 | 0.526 | 0.334 | 0.607 | 0.323 |

表 18.3　RSICD 实验结果

| CNN | BLEU1 | BLEU2 | BLEU3 | BLEU4 | METEROR | ROUGE_L | CIDEr |
|---|---|---|---|---|---|---|---|
| AlexNet | 0.679 | 0.533 | 0.441 | 0.353 | 0.313 | 0.614 | 0.201 |
| VGG16 | 0.684 | 0.542 | 0.445 | 0.357 | 0.317 | 0.617 | 0.204 |
| VGG19 | 0.694 | 0.543 | 0.446 | 0.367 | 0.331 | 0.623 | 0.212 |
| GoogleNet | 0.691 | 0.537 | 0.444 | 0.356 | 0.324 | 0.620 | 0.209 |

从上述表格可以看出，RSICD 数据集上的结果各项指标略低于 UCM 以及 Sydney 数据集，AlexNet、VGG16、VGG19 以及 Google Net 四个特征得到的结果几乎相似，各项指标中 VGG19 存在优势。

为了验证训练比例对高分辨遥感图像语义描述结果的影响，本章可使用 10%的图像作为验证集，在 VGG16 上通过改变训练集和测试集的比例，对此进行验证，结果如图 18.11～图 18.13 所示。

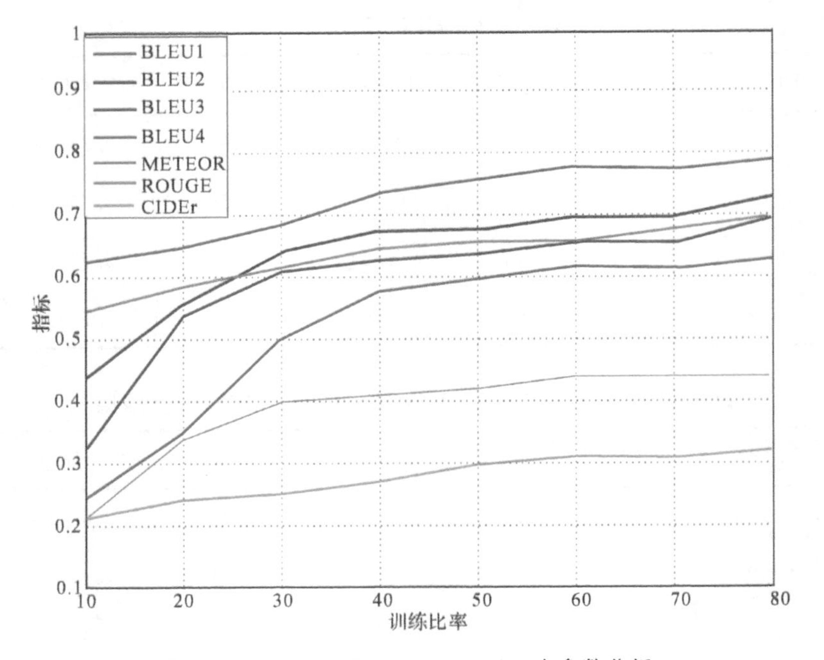


图 18.11　UCM-Captions Data Set 中参数分析

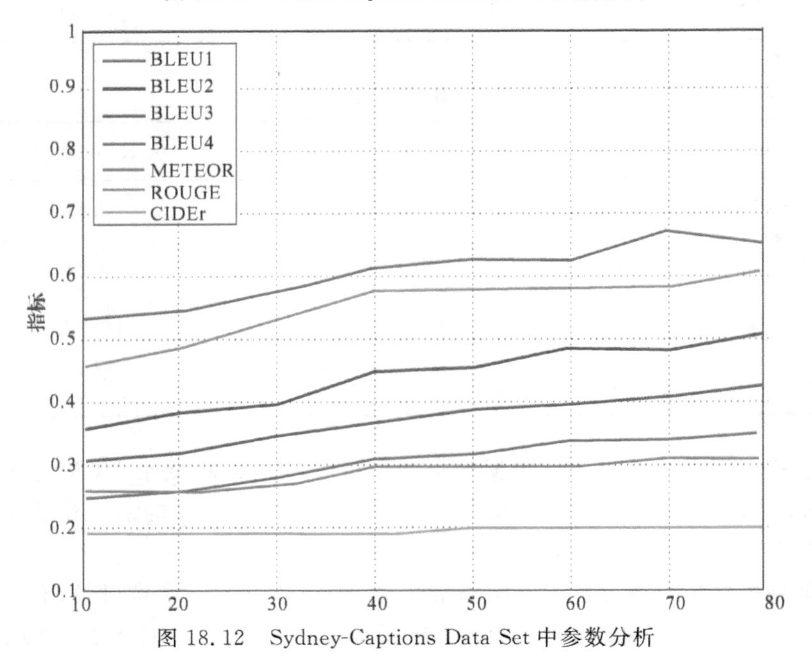


图 18.12　Sydney-Captions Data Set 中参数分析

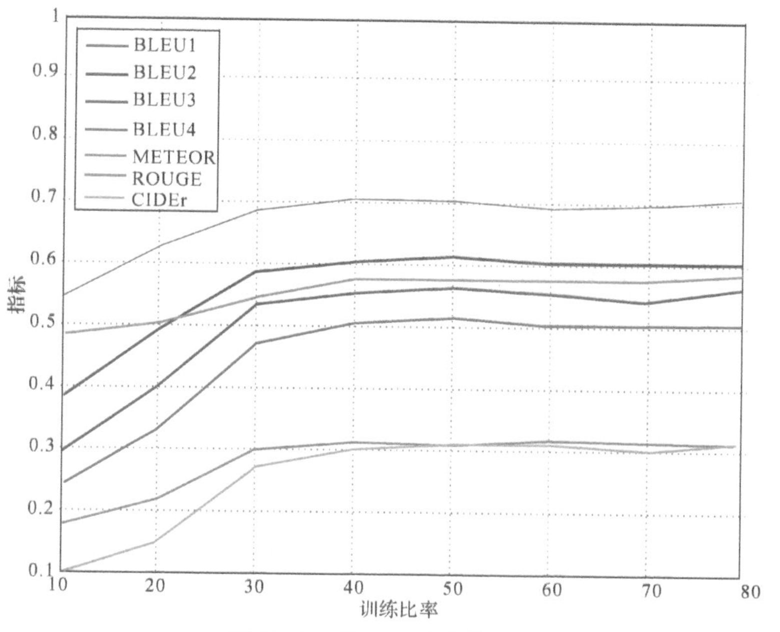

图 18.13　RSICD 中参数分析

以上三幅图显示了基于不同数据集的基于快速区域卷积神经网络的遥感语义描述的结果，横坐标代表训练集的比例，纵坐标代表相应的结果，不同的度量用不同的颜色和形状来表示。随着训练集的增加，UCM 中各项指标都有所增加，然后逐渐趋于稳定；在 Sydney 中，各项指标在初始阶段逐渐增加，在训练比例达到 40%之后，几乎趋于稳定，通过数据集分析原因，主要是因为该数据集分布不平衡造成的，大部分该数据集中的句子涉及“residential area”，在 RSICD 数据集中，随着训练比例的增加，各项指标随之增加，综合指标略低，是因为训练集中句式表达更加丰富引起的。

在进行客观指标评价的同时，主观评价可以给生成句子更好的评价，在主观标准上对生成句子进行评价，生成句子分为三个层次：“related to image”“unrelated to image”和“totally depict image”。“related to image”表示句子能够捕捉到图像的主体，并可能出现一些错误；“unrelated to image”表示生成的句子与图像主体无关；“totally depict image”表示生成的句子能够正确地描述图像的主要含义。评价如表 18.4 所示。

**表 18.4　主观评价结果**　(%)

| 主观标准对生成句子评价 | UCM | Sydney | RSICD |
|---|---|---|---|
| related to image | 17 | 50 | 46 |
| unrelated to image | 22 | 18 | 28 |
| totally depict image | 61 | 32 | 26 |

图 18.14 所示为直观地展示了一些较好高分辨遥感图像的生成结果，可以看出能很好地描述并识别出图像中的对象，然而还是能发现一些错误，原因在于训练集不够丰富，模型还有待进一步完善。

(a) Many buildings and some green trees are around a playground

(b) Many buildings are in an industrial area

(c) Many buildings are in a commercial area

(d) Many storage tanks are surrounded by bareland

(e) Many green trees are in two sides of a river with a bridge over it

(f) Several planes are parked near a terminal in an airport

图 18.14 实验结果展示

# 本章小结

本章提出了基于快速区域卷积神经网络的遥感语义描述方法，介绍了快速区域卷积神经网络，并将其推广到遥感领域，用于高分辨遥感影像的特征提取，然后进行基于双向循环神经网络的文本特征提取、基于概率模型的图文匹配以及基于循环神经网络的文本预测。介绍了实验所用的三个数据集，以及相关评价指标。使用 BLEU、METEOR、ROUGEL 和 CIDEr 指标对数据集进行基准测试，实验表明，该方法充分考虑了高分辨遥感影像地物信息丰富、场景复杂多样的特点，结合目标检测方法提取有效的视觉特征，进而生成准确多样的文本语义描述。

# 参考文献


[1] 戴昌达. 遥感图像应用处理与分析[M]. 北京：清华大学出版社，2004.

[2] 王珏，周志华，周傲英. 机器学习及其应用[M]. 北京：清华大学出版社，2006.

[3] He K, Zhang X, Ren S, et al. Deep Residual Learning for Image Recognition[J]. 2015: 770 - 778.

[4] Levy O, Goldberg Y, Neural word embedding as implicit matrix factorization [C]//Advances in neural information processing systems. 2014: 2177 - 2185.

[5] Zaremba W, Sutskever I, Vinyals O, Recurrent neural network regularization[J]. arXiv preprint arXiv: 1409.2329, 2014.

[6] Koseki A, Momose H, Kawahito M, et al. Compiler: US, US6944852[P]. 2005.

[7] Sadeghi M A, Sadeghi M A, Sadeghi M A, et al. Every picture tells a story: generating sentences from images[C]// European Conference on Computer Vision. Springer-Verlag, 2010: 15 - 29.

[8] Fang H, Platt J C, Zitnick C L, et al. From captions to visual concepts and back[J]. Cpmputer vision and Pattern Recognition, 2015: 1473 - 1482.

[9] Socher R, Fei-Fei L. Connecting modalities: Semi-supervised segmentation and annotation of images using unaligned text corpora[C]// IEEE Conference on Computer Vision and Pattern Recognition (CVPR), 2010: 966 - 973.

[10] Li L J, Socher R, Fei-Fei L, Towards total scene understanding: Classification, annotation and segmentation in an automatic framework[C]// IEEE Conference on Computer Vision and Pattern Recognition (CVPR), IEEE, 2009: 2036 - 2043.

[11] Karpathy A, Fei-Fei L. Deep Visual-Semantic Alignments for Generating Image Descriptions, IEEE Transactions on Pattern Analysis and Machine Intelligence, 39(4): 664 - 676, 2017.

[12] Vinyals O, Toshev A, Bengio S, et al. Show and tell: A neural image caption generator[C]// IEEE Conference on Computer Vision and Pattern Recognition (CVPR), 2015: 3156 - 3164.

[13] 刘婷婷，李平湘，张良培，等. 一个基于语义挖掘的遥感影像检索模型[J]. 武汉大学学报：信息科学版，2009，34(6)：684－687.

[14] 李德仁，李熙. 论夜光遥感数据挖掘[J]. 测绘学报，2015.

[15] 陈克朋，周志鑫. 面向语义场景理解的高分辨率遥感图像变化分析. 高分辨率对地观测学术年会，2013.

[16] Schlegl T，Waldstein S M，Vogl W D，et al. Predicting Semantic Descriptions from Medical Images with Convolutional Neural Networks[C]// International Conference on Information Processing in Medical Imaging. Springer，Cham，2015：437－448.

[17] Yang Y，Newsam S，Bag-of-visual-words and spatial extensions for land-use classification[C]// Sigspatial International Conference on Advances in Geographic Information Systems. ACM，2010：270－279.

[18] Volpi M，Tuia D. Dense Semantic Labeling of Subdecimeter Resolution Images With Convolutional Neural Networks[J]. IEEE Transactions on Geoscience & Remote Sensing，2016，PP(99)：1－13.

[19] Yang H F，Lin K，Chen C S. Supervised Learning of Semantics-Preserving Hash via Deep Convolutional Neural Networks. [J]. IEEE Transactions on Pattern Analysis & Machine Intelligence，2018，PP(99)：437－451.

[20] Fonseca E R，Rosa J L G. A two-step convolutional neural network approach for semantic role labeling[C]// International Joint Conference on Neural Networks. IEEE，2014：1－7.

[21] Papineni K，Roukos S，Ward T，et al. IBM Research Report Bleu：a Method for Automatic Evaluation of Machine Translation[J]. Acl Proceedings of Annual Meeting of the Association for Computational Linguistics，2002，30(2)：311－318.

# 第19章 基于局部响应卷积递归神经网络的遥感语义描述

## 19.1 引　　言

最基本的Seq2Seq模型包含一个编码器和一个解码器，通常的处理方法是把一个输入文本编码为一个固定大小的state，然后作为编码器的初始状态，但是该状态对于编码器中的所有时间都是相同的。attention即为注意力，人脑对于不同位置的注意力是不同的。需要attention的原因是非常直观的，传统的模型与所有部分的attention是相同的，而这里的Attention-based Model对于不同的区域，重视的程度则不一样。针对Seq2Seq任务考虑，在不包含attention机制时，decoder在各个时间对接收到的信息进行解码并转换为词语时，对接收到的encoder vector也是相同的。但实际上，在生成不同的词时，所应注意的信息是不同的。attention机制是为了实现在成一个词时，去注意当前所需要注意的salient信息这一目的，方法是对输入信息的各个局部赋予权重。对于局部响应机制的引入能够很好地解决在编码过程中输入序列不论长短都会被编码成一个固定长度的向量表示，而解码则受限于该固定长度的向量表示的问题，能够很好地提升高分辨遥感图像语义描述的效果。

## 19.2 视觉响应机制

Attention-based Model本质是一个相似度的衡量，目前的输入与目标状态越接近，那么在当前输入的权值就会更大，表明目前的输出取决于当前的输入。严格来说，Attention是在以往的模型中加入了attention的思想，所以Attention-based Model或者Attention Mechanism是比较合理的称谓，而非Attention Model。没有attention机制，encoder-decoder结构往往将encoder的最后时刻的状态作为decoder的输入(既可以作为初始化，也可以作为每一时刻的输入)，但是encoder的state还是有限的，无法存储过多的信息，对于decoder流程，每一个过程都和以前的输入无关了，只与这个输入的state有关。attention机制加入后，decoder根据时序的不同，让每一时刻的输入都有所不同。如

图 19.1 所示。

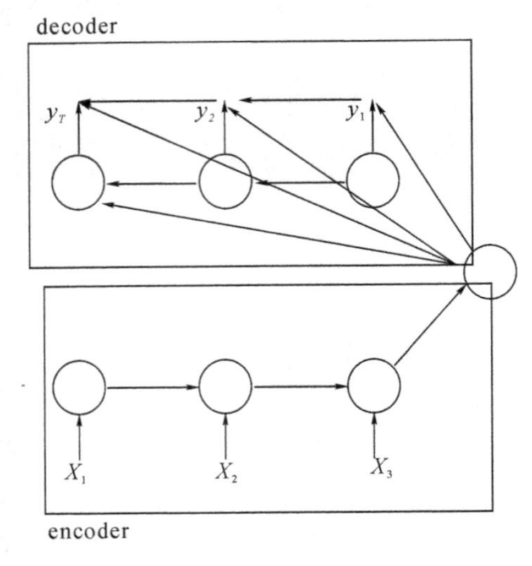


图 19.1 encode-decoder 模型

在该框架中，encoder 只是将最终的输出传递给 decoder，如此，decoder 等意味着对输入只粗略了解，而不能获取过多输入细节，例如输入的位置信息等。如果输入的句子比较短、意思比较简单，则翻译效果较好，句子过长就会变得很差。如图 19.2 所示。

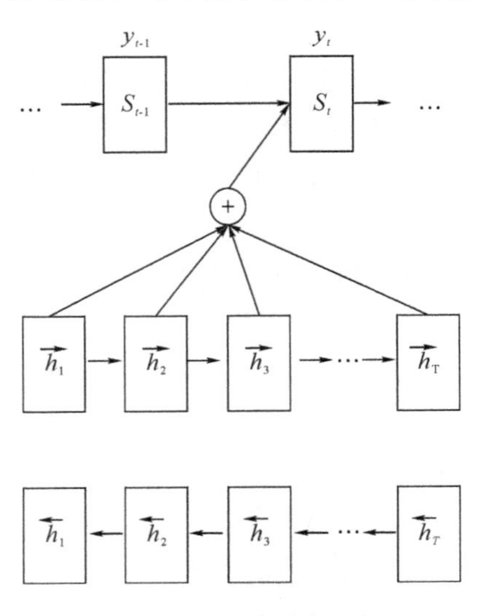


图 19.2 局部响应机制

从输出端，即 decoder 部分看，

$$S_t = f(S_{t-1}, y_{t-1}, c_t) \tag{19-1}$$

式中，$S_t$ 是指 decoder 在 $t$ 时刻的状态输出；$S_{t-1}$是指 decoder 在 $t-1$ 时刻的状态输出，是 $t-1$ 时刻的 label。公式如下：

$$c_t = \sum_{j=1}^{T_x} a_{tj} h_j \tag{19-2}$$

$h_j$ 为第 $j$ 个输入在 encoder 中的输出，$a_{tj}$ 为其权值。即

$$a_{tj} = \frac{\exp(e_{tj})}{\sum_{k=1}^{T_x} \exp(e_{tk})} \tag{19-3}$$

式(19-3)与 Softmax 类似，原理相同，是为了得到条件概率 $P(a|e)$，这个 $a$ 的意义是目前这一步 decoder 对应第 $j$ 个输入的程度，即

$$e_{tj} = g(S_{t-1}, h_j) \tag{19-4}$$

该 $g$ 可以用一个小型的神经网络来逼近。将上述 4 个公式连到一起看，attention 机制可以概括为一句话，“前一步输出应该对齐下一步输入，主要取决于前一步输出 $s_{t-1}$ 和这一步输入的 encoder 结果 $h_j$”。

## 19.3 基于局部响应的卷积递归神经网络

### 19.3.1 模型结构

**1. encoder：卷积特征**

在 encoder 中，模型通过 CNN 来获取 $L$ 个 $D$ 维 vector，每一个都对应影像的一个区域：

$$a = \{a_1, \cdots, a_L\}, a_i \in R^D \tag{19-5}$$

与此前应用的 Softmax 前的那层 vector 作为图像特征不同，该工作所提取的特征来自低级的卷积层次，这促使 decoder 可以根据提取所有特征向量的子集来选择性聚焦于影像的某些区域。

**2. decoder：LSTM**

用 RNN 来解码并生成词序列，模型生成的一句描述被表示为各个词的 one-hot 编码所构成的集合时，

$$y = \{y_1, \cdots, y_c\}, y_i \in R^k \tag{19-6}$$

式中，$k$ 是词表大小，$c$ 是句子长度。

LSTM 的数学模型如下：

$$\begin{pmatrix} i_t \\ f_t \\ o_t \\ g_t \end{pmatrix} = \begin{pmatrix} \sigma \\ \sigma \\ \sigma \\ \tanh \end{pmatrix} T_{D+m+n,\ n} \begin{pmatrix} Ey_{t-1} \\ h_{t-1} \\ \hat{z}_t \end{pmatrix}$$

$$c_t = f_t \odot c_{t-1} + i_t \odot g_t$$

$$h_t = o_t \tanh(c_t) \tag{19-7}$$

式(19－7)本质上是4个公式，分别获得输入单元、遗忘单元、输出单元和被输入单元控制的候选向量。其中，3个单元通过Sigmoid函数激活，结果是数值都在0到1之间的向量，可以将单元控制的值认为是保留概率；候选向量由tanh激活，结果是数值均在－1到1之间的向量。$T_{s,t}$代表的是从$R^s$到$R^t$的映射。

式(19－7)右侧的3个变量分别为上述4个公式共有的3个输入值：$Ey_{t-1}$是look-up得到词$y_{t-1}$的$m$维词向量；$h_{t-1}$是上一时刻的隐状态；$\hat{z}_t \in R^D$是LSTM实际意义上的“输入”，表示获取了特定区域视觉信息的上下文特征向量，既然它与时刻$t$有关，这说明它是动态变化的，在不同的时间可以获取到与本时刻相关的相关影像区域。这个量通过attention机制计算获得，解码过程除了在首个时刻输入了图像特征之外，随后并没有输入，而该工作的结构则与经典的encoder-decoder结构相同，把encoder中获得的信息在所有时刻都输入decoder。

式(19－7)是指改变前的CELL状态，element-wise的计算说明3个控制单元要对各自控制向量的每个值做选择：0到1分别代表完全抛弃和完全保留。

式(19－7)的第三个式子是指得到隐含状态。式(19－8)给出了隐含状态和CELL状态的初始值的计算方法，通过两个互相独立的多层感知机，得到多层感知机的输入是各影像区域特征的平均值：

$$c_0 = f_{\text{init},c}\left(\frac{1}{L}\sum_{i=1}^{L} a_i\right)$$

$$h_0 = f_{\text{init},h}\left(\frac{1}{L}\sum_{i=1}^{L} a_i\right) \tag{19-8}$$

通过隐含状态，即可获得词表中词的概率值，那么选择概率值最大的那个作为当前时间获得的词，并将其作为下一时刻的输入。其实就是一个全连接层，即

$$p(y_t \mid a, y_1, \cdots, y_{t-1}) \propto \exp(L_0(Ey_{t-1} + L_h h_t + L_z \hat{z}_t)) \tag{19-9}$$

### 19.3.2 基于局部响应的卷积递归神经网络

通过attention机制计算出的$\hat{z}_t$叫做context vector，是获取了特定区域视觉信息的上下文向量。

首先解释说明，attention 要完成的是在解码的不同时刻注意不同的影像区域，进而可以产生较恰当的单词。在 attention 中有两个比较关键的量，一个是和时刻 $t$ 相关的，即解码时刻；另一个是输入序列的区域 $a_i$，对应图像的一个区域。

完成 attention 机制的方法是在时刻 $t$，为输入序列的各个区域 $i$ 计算一个权值 $\alpha_{ti}$。因为必须保证输入序列的各个区域的权值是加和为一的，该工作可通过 Softmax 来完成。Softmax 应该输入的信息如上所述，要求包括两个部分：一个是被计算的区域 $a_i$，另一个是 $t-1$ 时刻的信息 $h_{t-1}$，即

$$e_{ti} = f_{\text{att}}(a_i, h_{t-1})$$

$$\alpha_{ti} = \frac{\exp(e_{ti})}{\sum_{k=1}^{L}\exp(e_{tk})} \tag{19-10}$$

式中，$f_{\text{att}}$是耦合计算区域 $i$ 和时刻 $t$ 这两项信息的得分函数。计算 $\hat{z}_t$ 得

$$\hat{z}_t = \phi(\{a_i\}, \{\alpha_{ti}\}) \tag{19-11}$$

函数 $\phi$ 表示上文中讲述的两个 attention 机制，匹配将权重施加到影像区域到两种不同的策略。

**1. 基于随机注意响应的卷积递归神经网络**

在随机注意响应机制中，权重 $\sigma_{ti}$ 所扮演的角色是图像区域 $a_i$ 在时刻 $t$ 被选中作为输入 decoder 信息的概率，有且仅有一个区域会被选中。为此，引入变量 $S_{t,i}$，当区域 $i$ 被选中时取值为 1，否则为 0。则有

$$\hat{z}_t = \sum_t S_{t,i} a_i \tag{19-12}$$

此处尚未解决的问题是 $s_{t,i}$ 如何求，将 $s_t$ 视作隐变量，为参数是$\{\alpha_i\}$的多元贝努利分布：

$$p(s_{t,i} = 1 \mid s_{j<t}, a) = \alpha_{t,i} \tag{19-13}$$

为了使用极大似然估计，需要将隐变量，然后用 marginal log-likelihood 的下界(variational lower bound)来作为目标函数 $L_s$，这一思路即为 EM 算法的思路：

$$\log p(y \mid a) = \log\sum_s p(s \mid a)p(y \mid s, a) \geqslant \sum_s p(s \mid a)\log(y \mid s, a)$$

$$L_s = \sum_s p(s \mid a)\log(y \mid s, a) \tag{19-14}$$

式中，$y$ 是由图像 $a$ 生成的一句，由一系列 one-hot 编码构成的词序列。不等号那部分是 Jensen 不等式。对目标函数求梯度为

$$\frac{\partial L_s}{\partial W} = \sum_s P(s \mid a)\left[\frac{\partial \log p(y \mid s, a)}{\partial W} + \log p(y \mid s, a)\frac{\partial \log p(s \mid a)}{\partial W}\right] \tag{19-15}$$

用 $N$ 次蒙特卡洛采样来近似：

$$\tilde{s} \sim \text{Multioulli}_L(\{\alpha_i\})$$

$$\frac{\partial L_s}{\partial W} \approx \frac{1}{N}\sum_{n=1}^{N} p(\tilde{s^n} \mid a)\left[\frac{\partial \log p(y \mid \tilde{s^n}, a)}{\partial W} + \log p(y \mid \tilde{s^n}, a)\frac{\partial \log p(\tilde{s^n} \mid)}{\partial W}\right] \tag{19-16}$$

此外，使用蒙特卡洛方法估算梯度时，可以通过滑动平均梯度减小的方差。在第 $k$ 个 mini-batch 时，滑动平均被估算为之前对数似然伴随指数衰减的累积和。

$$b_k = 0.9 b_{k-1} + 0.1 \log p(y \mid \tilde{s}^k, a) \tag{19-17}$$

为进一步降低方差，利用多元贝努利分布的熵 $H_s$；对于一张给定影像，0.5 的概率将 $\tilde{s}$ 设定为它的期望值 $\alpha$。这两个技术提升了随机算法的鲁棒性。最终的学习规则为

$$\frac{\partial L_s}{\partial W} \approx \frac{1}{N}\sum_{n=1}^{N} p(\tilde{s}^n \mid a)\left[\frac{\partial \log p(y \mid \tilde{s}^n, a)}{\partial W}\right.$$
$$\left. + \lambda_r(\log(y \mid \tilde{s}^n, a) - b)\frac{\partial \log p(\tilde{s}^n \mid a)}{\partial W} + \lambda_e \frac{\partial H[\tilde{s}^n]}{\partial W}\right] \tag{19-18}$$

其中的两个系数是超参数，这个规则等价于 REINFORCE：attention 选取的一部分 action 的 reward 是与在采样 attention 轨迹下目标文本的对数似然成比例的。

**2. 基于确定注意响应的卷积递归神经网络**

相比之下，在确定注意响应机制中，权重 $\alpha_{ti}$ 所扮演的角色是图像区域 $a_i$ 在时刻 $t$ 输入 decoder 信息中所占的比例。既然如此，可将各区域 $a_i$ 与对应的权重 $\alpha_{ti}$ 做加权求和，即可以得到 $\hat{z}_t$：

$$E_{p(s_t \mid a)}[\hat{z}_t] = \sum_{i=1}^{L} \alpha_{t,i}\alpha_i \tag{19-19}$$

类似于机器翻译中十分经典的 end-to-end 训练方式，整个模型平滑、可微，通过反向传播来进行 end-to-end 的训练。

## 19.4 实验设计与分析

### 19.4.1 实验设计

为了评估基于不同 CNN 注意机制的模型，可进行如下实验，由于基于注意机制的模型是基于 CNN 卷积特征的，所采用的特征都是从不同的算法 CNN 中提取出来的，具体来说，VGG16 中使用 conv5 层大小为 14×14×512 的特征，AlexNet 中使用了 conv5 层大小为 13×13×512 的特征，GoogleNet 中使用了 inception_4c/3×3 中大小为 14×14×256 的特征。在 3 个数据集中进行实验，结果如表 19.1～表 19.3 所示。

**表 19.1 UCM-Captions Data Set 实验结果**

| CNN | Model | BLEU1 | BLEU2 | BLEU3 | BLEU4 | METEOR | ROUGE_L | CIDEr |
|---|---|---|---|---|---|---|---|---|
| VGG19 | Soft | 0.745 | 0.659 | 0.594 | 0.538 | 0.398 | 0.724 | 0.263 |
| | Hard | 0.784 | 0.707 | 0.653 | 0.606 | 0.427 | 0.765 | 0.285 |
| VGG16 | Soft | 0.745 | 0.654 | 0.585 | 0.525 | 0.388 | 0.723 | 0.261 |
| | Hard | 0.817 | 0.731 | 0.672 | 0.618 | 0.426 | 0.765 | 0.299 |
| CNN | Model | BLEU1 | BLEU2 | BLEU3 | BLEU4 | METEOR | ROUGE_L | CIDEr |
| AlexNet | Soft | 0.797 | 0.713 | 0.651 | 0.598 | 0.415 | 0.769 | 0.283 |
| | Hard | 0.785 | 0.708 | 0.653 | 0.601 | 0.431 | 0.749 | 0.301 |
| GoogleNet | Soft | 0.763 | 0.676 | 0.611 | 0.553 | 0.401 | 0.773 | 0.286 |
| | hard | 0.837 | 0.762 | 0.704 | 0.651 | 0.449 | 0.193 | 0.302 |

**表 19.2 SYDNEY-Captions Data Set 实验结果**

| CNN | Model | BLEU1 | BLEU2 | BLEU3 | BLEU4 | METEOR | ROUGE_L | CIDEr |
|---|---|---|---|---|---|---|---|---|
| VGG19 | Soft | 0.728 | 0.638 | 0.563 | 0.500 | 0.386 | 0.715 | 0.212 |
| | Hard | 0.738 | 0.639 | 0.564 | 0.502 | 0.375 | 0.697 | 0.205 |
| VGG16 | Soft | 0.732 | 0.667 | 0.622 | 0.582 | 0.394 | 0.715 | 0.250 |
| | Hard | 0.759 | 0.660 | 0.588 | 0.525 | 0.389 | 0.718 | 0.218 |
| AlexNet | Soft | 0.741 | 0.654 | 0.590 | 0.531 | 0.396 | 0.721 | 0.218 |
| | Hard | 0.740 | 0.653 | 0.584 | 0.525 | 0.370 | 0.697 | 0.220 |
| GoogleNet | Soft | 0.713 | 0.623 | 0.552 | 0.492 | 0.367 | 0.691 | 0.203 |
| | hard | 0.768 | 0.661 | 0.584 | 0.516 | 0.371 | 0.684 | 0.198 |

**表 19.3 RSICD 实验结果**

| CNN | Model | BLEU1 | BLEU2 | BLEU3 | BLEU4 | METEOR | ROUGE_L | CIDEr |
|---|---|---|---|---|---|---|---|---|
| VGG19 | Soft | 0.646 | 0.507 | 0.411 | 0.339 | 0.333 | 0.616 | 0.181 |
| | Hard | 0.679 | 0.531 | 0.429 | 0.359 | 0.328 | 0.617 | 0.189 |
| VGG16 | Soft | 0.675 | 0.531 | 0.433 | 0.361 | 0.326 | 0.611 | 0.196 |
| | Hard | 0.667 | 0.518 | 0.416 | 0.340 | 0.320 | 0.608 | 0.179 |

续表

| CNN | Model | BLEU1 | BLEU2 | BLEU3 | BLEU4 | METEOR | ROUGE_L | CIDEr |
|---|---|---|---|---|---|---|---|---|
| AlexNet | Soft | 0.656 | 0.514 | 0.417 | 0.344 | 0.329 | 0.610 | 0.184 |
| | Hard | 0.689 | 0.544 | 0.443 | 0.368 | 0.335 | 0.626 | 0.189 |
| GoogleNet | Soft | 0.674 | 0.530 | 0.432 | 0.359 | 0.333 | 0.621 | 0.197 |
| | hard | 0.688 | 0.545 | 0.447 | 0.372 | 0.332 | 0.628 | 0.202 |

从上述实验结果可以看出，大多数情况下，hard attention 的结果要优于 soft attention 的结果，在 UCM 以及 RSICD 中，Google Net 提取的基于随机注意机制的特征最好，在 SYDNEY 中，VGG16 提取的基于确定性随机注意机制的特征最好。

### 19.4.2 实验结果与分析

为了验证训练比例对高分辨遥感图像语义描述结果的影响，我们使用 10%的图像作为验证集，在 VGG16 上通过改变训练集和测试集的比例，对此进行验证，结果如图 19.3～图 19.5 所示。

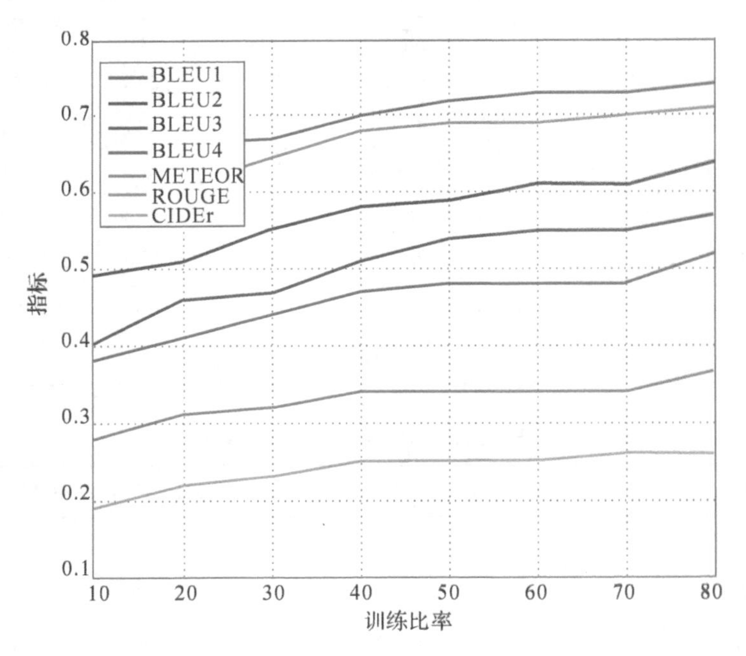


图 19.3 UCM-Captions Data Set 中参数分析

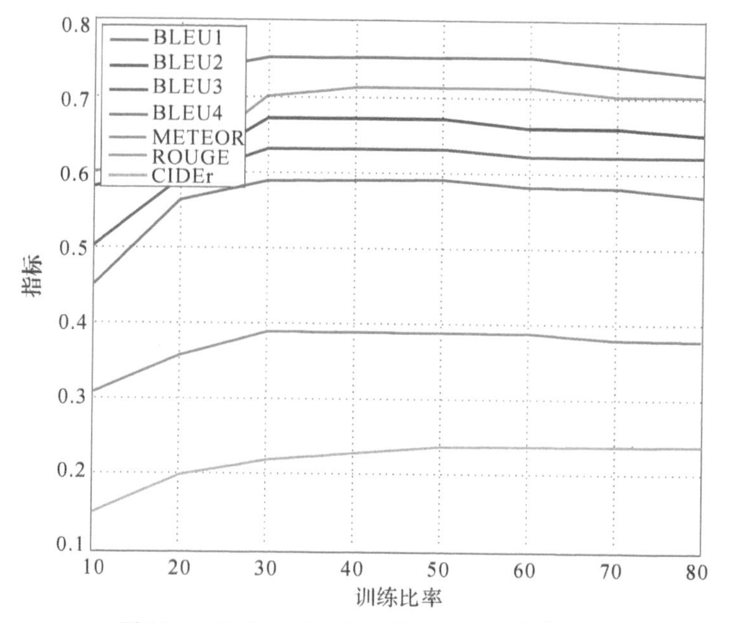


图 19.4 Sydney-Captions Data Set 中参数分析

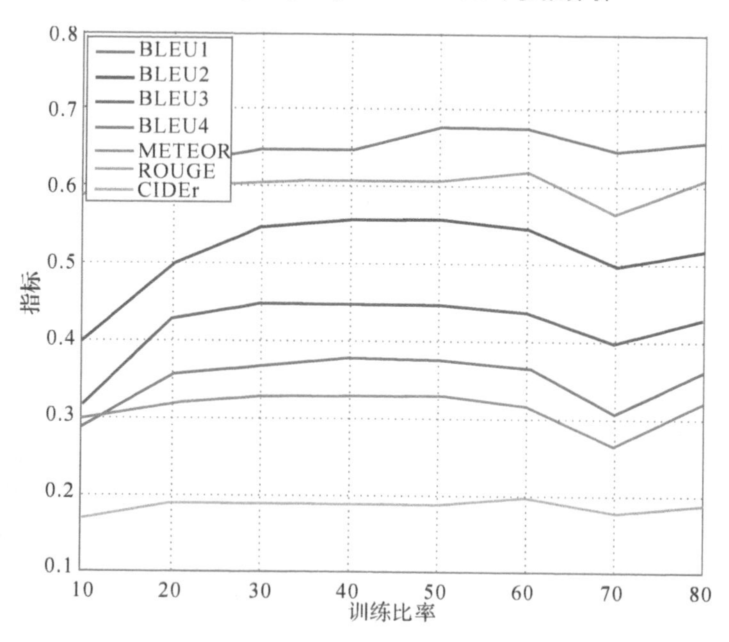


图 19.5 RSICD 中参数分析

图 19.3～图 19.5 显示了不同数据集的基于局部相应卷积递归神经网络的遥感语义描述的结果，横坐标代表训练集的比例，纵坐标代表相应的结果，不同的度量方法采用不同的颜色和形状来表示，随着训练集的增加，UCM 中各项指标都有增加，但是在 Sydney 中，各项指标在初始阶段增加，然后几乎趋于稳定，分析其原因是由于该数据集分布不平衡造成的，大部分该数据集中的句子涉及“residential area”，在 RSICD 数据集中，随着训练比例的增加，各项指标随之增加，当训练比例在 60%～80%之间时会出现波动，这是因为该数据集中的一些句子是通过复制得到的。而在基于快速区域卷积神经网络的遥感语义描述是没有出现这样的波动的，是因为在过程中有图文匹配的过程，而基于局部相应卷积递归神经网络的遥感语义描述是直接完成端对端的训练。

在进行客观指标评价的同时，主观评价可以给生成句子更好的评价，在主观标准上对生成句子进行评价。评价如表 19.4 所示。

**表 19.4　主观评价结果**　(%)

| 训练比例 \ 算法 | UCM | Sydney | RSICD |
| --- | --- | --- | --- |
| related to image | 21 | 52 | 48 |
| unrelated to image | 19 | 18 | 27 |
| totally depict image | 60 | 30 | 25 |

如图 19.6 所示，直观地展示了一些高分辨遥感图像的生成结果，不仅能很好地描述并识别出图像中的对象，而且还能发现一些错误，原因在于训练集不够丰富，模型还有待进一步完善。

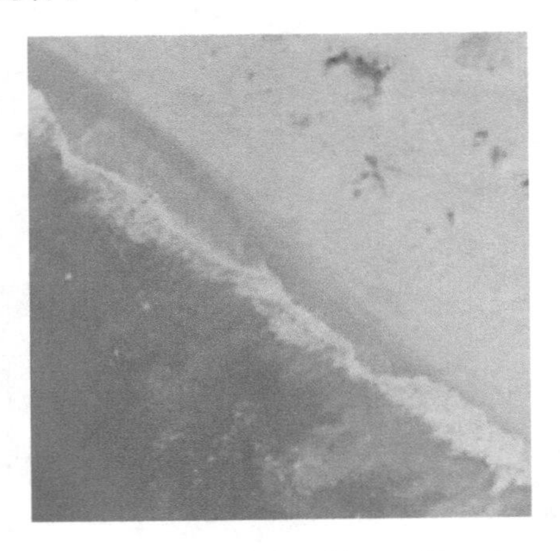

(a) Waves slapping a white sand beach

(b) There is an airplane in the airport

(c) There are some straight freeways with cars on the roads

(d) There is a piece of cropland

(e) There are some buildings pressed together.

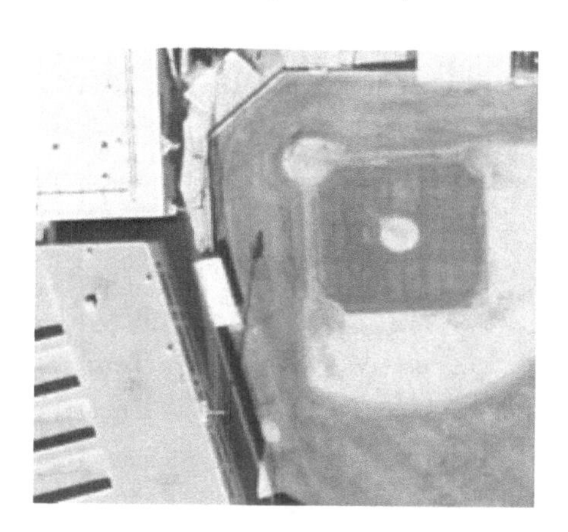

(f) This is a baseball diamond.

图 19.6　实验结果展示

## 本章小结

本章提出了基于局部响应卷积递归神经网络的遥感语义描述，引入了“视觉注意机制”，在生成文本描述时，不仅要考虑目标检测问题，而且还要考虑目标之间的关系，隐式的存储了长期和短期的视觉信息以及文本信息，优化网络结构，完成端对端的训练。本章使用 BLEU、METEOR、ROUGE L 和 CIDEr 指标对数据集进行基准测试，实验表明，该方法更加充分地考虑视觉信息中目标的位置相关性，记忆文本上下文相关性，进而生成更加准确且丰富的文本语义描述。

# 参考文献


[1] 焦李成. 神经网络系统理论[M]. 西安：西安电子科技大学出版社，1990.

[2] 周晓光，匡纲要，万建伟. 极化 SAR 图像分类综述[J]. 信号处理，2008，24(5)：806-812.

[3] 张永生. 高分辨率遥感卫星应用[M]. 北京：科学出版社，2004.

[4] 胡利平. 合成孔径雷达图像目标识别技术研究[D]. 西安电子科技大学，2009.

[5] 李航. 统计学习方法[M]. 北京：清华大学出版社，2012.

[6] Szegedy C，Liu W，Jia Y，et al. Going deeper with convolutions[C]//Proceedings of the IEEE conference on computer vision and pattern recognition (CVPR). 2015：1-9.

[7] Redmon J，Divvala S，Girshick R，et al. You only look once：Unified，real-time object detection[C]//Proceedings of the IEEE conference on computer vision and pattern recognition. 2016：779-788.

[8] Wallach H. Topic modeling：beyond bag-of-words[C]//Proceedings of the 23rd international conference on Machine learning. ACM，2006：977-984.

[9] Maas A，Daly R，Pham P，et al. Learning word vectors for sentiment analysis[C]//Proceedings of the 49th annual meeting of the association for computational linguistics：Human language technologies-volume 1. Association for Computational Linguistics，2011：142-150.

[10] Hochreiter S，Schmidhuber J. Long short-term memory[J]. Neural computation，1997，9(8)：1735-1780.

[11] Ordonez V，Kulkarni G，Berg T L. Im2text：Describing images using 1 million captioned photographs[C]//Advances in neural information processing systems. 2011：1143-1151.

[12] Grandi G D D，Lee J S，Schuler D L. Target Detection and Texture Segmentation in Polarimetric SAR Images Using a Wavelet Frame：Theoretical Aspects[J]. IEEE Transactions on Geoscience & Remote Sensing，2007，45(11)：3437-3453.

[13] Chong W，Blei D，Li F，Simultaneous image classification and annotation[C]//Computer Vision and Pattern Recognition，2009. CVPR 2009. IEEE Conference on. IEEE，2009：1903-1910.

[14] Donahue J，Anne Hendricks L，Guadarrama S，et al. Long-term recurrent convolutional networks for visual recognition and description[C]//Proceedings of the IEEE conference on computer vision and pattern recognition. 2015：2625-2634.

[15] Zeng K H，Chen T H，Niebles J C，et al. Generation for user generated videos[C]//European conference on computer vision. Springer，Cham，2016：609-625.

[16] 龚健雅，钟燕飞. 光学遥感影像智能化处理研究进展[J]. 遥感学报，2016.

[17] Schuster M，Paliwal K，Bidirectional recurrent neural networks[M]. IEEE Press，1997.

[18] Zhang F，Du B，Zhang L. Saliency-Guided Unsupervised Feature Learning for Scene Classification[J]. IEEE Transactions on Geoscience & Remote Sensing，2015，53(4)：2175-2184.

[19] Oldham N, Thomas C, Sheth A, et al. METEOR-S Web Service Annotation Framework with Machine Learning Classification[C]// International Conference on World Wide Web, WWW 2004, New York, Ny, Usa, May. DBLP, 2004: 553-562.
[20] Vedantam R, Zitnick C L, Parikh D. CIDEr: Consensus-based image description evaluation[C]// Computer Vision and Pattern Recognition. IEEE, 2015: 4566-4575.

# 第20章 语义空间和像素空间信息交互联合推理框架

近年来，在提出的层次视觉语义模型、语义空间、语义空间和像素空间信息交互联合推理框架的基础上，在高分辨SAR图像相干斑抑制、目标检测、语义分割及解译方面做了一些有特色的研究工作。相关研究成果发表在包括《IEEE Trancactions on Geoscience and Remote Sensing》、《Pattern Recognition》、《IEEE Geoscience and Remote Sensing Letters》等国内外该领域的主流期刊上。本章主要描述了我们将Marr的视觉计算理论框架引入到抑制SAR图像相干斑的动机。通过借鉴朱松纯团队提出的初始素描模型和初始素描图提取方法的研究思路，针对SAR图像所具有的统计分布特性、成像时固有的相干特性和不同于一般光学图像的几何特征，在研究SAR图像边、线检测方法的基础上，给出了SAR图像的素描模型，设计并实现了SAR图像素描图的提取方法。在不同分辨率SAR图像的实验中，该方法所提取的SAR图像素描图可以有效地表示SAR图像中场景目标亮度变化处的几何结构特性。同时，实验结果还表明，该方法对SAR图像中所存在的相干斑噪声具有一定的鲁棒性。

## 20.1 SAR图像相干斑抑制研究现状和研究动机

SAR系统是主动式成像系统，它通过主动发射电磁波并接收后向散射电磁波来实现对场景目标的观测；由于SAR系统所采用的电磁波具有较大的波长，因此它可以穿透云层及烟雾，且不受光照条件的限制，做到全天时、全天候地在目标地域上空工作。SAR图像是利用成像过程中的距离和方向信息将SAR系统的回波信号进行处理所得到的关于照射场景的二维图像数据。通常雷达的回波数据是由实部和虚部两部分组成，其幅值信息体现了每一个分辨单元内多个散射元后向散射电磁波的平均能量强度，通常用来形成可视的SAR图像。因此，同一分辨单元内不同散射元的回波信号之间或同一散射元具有不同路径的回波信号之间会产生相互干涉作用，如具有相同相位的回波信号叠加会产生强化作用，而具有相反相位的回波信号叠加会产生抵消作用。正是这些强化和抵消导致在生成的SAR图像中出现一系列明暗剧烈变化的斑点，这就是SAR图像因成像机制带来的相干斑。图像中相干斑的存在降低了地面目标的可检测性，模糊了表面特征的空间模式，降低了自动图像分类的精度。在数字图像处理和视觉图像解译中，雷达相干斑通常被认为是干扰噪声，因此出现了许多抑制SAR图像相干斑的方法。

要抑制相干斑，就需要研究相干斑的特性。针对中低分辨SAR图像，一个分辨单元内所包含的散射元在统计上呈现随机游走特性，因此对相干斑的研究主要是基于相干斑的统计分布特性进行的。依据SAR图像相干斑的产生机理，基于完全发展相干斑的假设条件，通过分析SAR图像中的一阶统计量与二阶统计量之间的相关性，Lee等人指出SAR图像中匀质区域内的方差与均值成正比，因此，SAR图像中的相干斑与其真实的后向散射值之间具有乘性关系。随着SAR图像分辨率的提高，高分辨SAR图像(1～3 m)已经不能满足完全发展相干斑的假设条件了，超高分辨率的SAR图像就更不用说了。在这些高分辨SAR图像中，匀质区域、不匀质区域和极不匀质区域中的相干斑与其真实的后向散射值之间还是严格的乘性关系吗？到目前为止，还没有看到正式研究报道来证明高分辨SAR图像的相干斑与其真实的后向散射值之间应该满足什么样的关系。在理论上，虽然没有得到高分辨SAR图像的相干斑与其真实的后向散射信号之间的明确关系，也丝毫不影响大家研究高分辨SAR图像相干斑抑制方法的热情。

一个设计良好的相干斑抑制方法必须具备如下条件：

(1) 有效抑制匀质区域内的相干斑；

(2) 有效保持SAR图像中的细节特征(如点、边、线、面等)；

(3) 有效保持SAR图像的散射特性。

在空域滤波中，鉴于均值滤波和中值滤波对噪声具有很强的抑制能力，这两种滤波方法也常用于SAR图像相干斑的抑制。然而，由于没有考虑图像噪声的统计特性，上述滤波算法往往不能在有效抑制相干斑的同时还能有效保持SAR图像中的细节信息。Lee等人针对上述问题，基于局部平稳性假设，用一阶泰勒展开式对SAR图像的乘性噪声模型进行分析，实现对SAR图像真实信号的有效估计。Kuan等人则直接利用局部线性最小均方误差(Local Linear Minimum Mean Square Error，LLMMSE)准则来设计SAR图像相干斑抑制方法。Frost滤波则通过分析SAR图像中像素之间的自相关特性，指出负指数函数可以较好地模拟SAR图像中像素间的自相关性，并采用负指数加权求平均的方法来估计SAR图像的真实值。虽然这些滤波器能够对SAR图像的相干斑进行很好地抑制，但由于局部平稳性假设在SAR图像的不匀质区域和极不匀质区域中不再适用，上述方法都会不同程度地造成SAR图像细节信息如点目标、线目标和边缘等的模糊和泛化。

为了在抑制相干斑的同时很好地保持SAR图像中的点目标、线目标和边缘等细节信息，必须要知道点目标、线目标和边缘等在高分辨SAR图像的什么位置，它们与要抑制的相干斑有什么不同的特性？注意到在这些点目标、线目标和边缘附近的像素与其邻域像素之间会出现亮度发生突变的现象，而 David Marr 的视觉计算理论指出视觉是一个信息处理任务，视觉对图像所作的第一个运算是把它转换成一些原始符号构成的描述，这些描述所反映的不是亮度的绝对值大小，而是图像中的亮度变化和局部的几何特征。考虑能否引入 Marr 的视觉计算理论框架，从视觉计算的角度将高分辨 SAR 图像中的细节信息用原始符号描述出来，进而考虑这些细节信息的局部几何特性，并有针对性地设计相关滤波方法，从而达到在抑制相干斑的同时很好地保持 SAR 图像中的细节信息呢？答案是肯定的，不但是这么想的，也义无反顾并坚持地做了下来。相关工作发表在期刊《IEEE Transactions on Geoscience and Remote Sensing》上有 3 篇，发表在期刊《IEEE Geoscience and Remote Sensing Letters》上有 1 篇。其中，2014 年 9 月发表的题目名为“Local Maximal Homogeneous Region Search for SAR Speckle Reduction With Sketch-Based Geometrical Kernel Function”，文章的第二部分主要描述了如何获得高分辨 SAR 图像的素描图，后续可以看到如何将素描图作为初级视觉语义层来为高分辨 SAR 图像构造具有层次结构的语义空间。鉴于素描图的重要性，下面主要介绍高分辨 SAR 图像的素描图和素描模型的提取方法。

## 20.2 高分辨 SAR 图像的素描图

### 20.2.1 Marr 的视觉计算理论

20 世纪 80 年代，来自美国麻省理工大学(MIT)人工智能实验室的 Marr 教授，立足于传统的逻辑和计算理论，通过总结当时基于心理物理学、神经生理学及解剖学的关于人类视觉的研究成果，指出人类视觉本质上是一种信息处理的过程，并提出了视觉计算的理论框架。这一理论框架对于后续计算机视觉的研究和发展起到了巨大的推动作用。在 Marr 的论著中，他认为对于视觉的研究应当从信息计算理论、算法设计和实现算法的硬件三个方面来展开。同时，他还指出视觉研究不仅仅要讨论如何从外部环境中获取大家所关注的表示信息，还要分析表示信息内部所存在的相关性。按照这种设想，Marr 将从图像中获得场景物体信息的过程分为如下三个阶段。

**1. 初始素描图**

这一阶段是视觉计算的第一阶段，是通过对图像中变化的检测获取关于图像二维性质的表示信息，如图像中的亮度变化、局部的几何结构等。其本质上是对图像中边、脊和点特征的检测过程。经过这一阶段，原始图像被抽象成为初始素描图。

**2. 2.5 维素描图**

这一阶段是建立在上一阶段的基础之上，通过对初始素描图的一系列操作(如体视分析、运动分析、遮挡、轮廓等)，推导出关于图像场景中物体表面的几何特征信息，如图像中物体的表面朝向、深度，物体与观察者的距离等。

**3. 3 维模型**

这一阶段主要是分析场景中物体的三维组织结构，获得三维坐标系下场景物体的结构表示信息以及物体表面的描述信息。可以看出，这一阶段是以场景物体为中心来构建坐标系，而前两个阶段是以观察者为中心来构建坐标系。

## 20.2.2 光学图像的初始素描模型

从本质上来说，初始素描图是对图像灰度变化、几何特征分布和结构信息组合的一种符号表示。它以线、点等作为基元实现图像内容的稀疏表示，不仅有效地表示了图像的结构信息，还为图像分析和图像理解提供了新的手段和平台。然而，Marr 和他的学生并没有给出显式的数学模型和图像基元字典的数学定义。

后来，有众多学者沿着 Marr 所提出的视觉计算理论研究图像中初始素描图的提取方法。其中，朱松纯团队(Guo C E 和 Zhu S C 等人)于 2003 年和 2007 年分别在 Proceeding of Ninth IEEE International Conference on Computer Vision 国际计算机视觉顶级会议上和国际期刊《Computer Vision and Image Understanding》上发表了题目为"Towards a Mathematical Theory of Primal Sketch and Sketchability"和题目为"Primal sketch: Integrating structure and texture"的文章。这些文章通过分析基于稀疏编码（Sparse Coding）理论的生成模型和基于马尔可夫随机场(Markov Random Field ，MRF)理论的描述模型，指出了初始素描图在图像表示上的重要性。同时，他们还给出了初始素描的数学理论模型，设计实现了初始素描图的提取算法，并利用初始素描图将基于 Sparse Coding 理论的生成模型和基于 MRF 理论的描述模型进行无缝组合，提出了一种具有高压缩比的光学图像压缩与重构方法。

在文献中，Guo 和 Zhu 等人指出基于稀疏编码理论的图像生成模型对于包含图像结构信息的低信息熵区域具有很好的表示能力，而基于 MRF 理论的描述模型则对具有高信息熵的纹理区域具有很好的表示能力。因此，通过将图像分为可素描部分和不可素描部分，并对每一部分采用不同的模型建模可以更好地实现图像内容表达。同时，为了提升基于稀疏编码模型对图像结构信息的表示能力，Guo 和 Zhu 等人将格式塔场 (Gestalt Field)作为先验引入到初始素描模型中，通过建立二维属性图 $G=(V, E)$来描述基原子间的相关性，而且他们借鉴 Mumford-Shah 模型，给出了光学图像初始素描模型的解析表达式(如公式(20－1))。

$$p(I,S)=\frac{1}{Z}\exp\{-\sum_{i}^{n}\sum_{(x,\ y)\in \boldsymbol{I}_{\mathrm{sk},\ i}}\frac{1}{2\sigma^{2}}(I(x,\ y)-B_{i}(x,\ y\mid \vartheta_{i}))^{2}-\gamma_{\mathrm{sk}}(I_{\mathrm{sk}})$$

$$-\sum_{j=1}^{m}\sum_{(x,\ y)\in \boldsymbol{I}_{\mathrm{nsk},\ j}}\sum_{k=1}^{K}\varphi_{j,\ k}(F_{k}*I(x,\ y))-\gamma_{\mathrm{nsk}}(I_{\mathrm{nsk}})\} \tag{20-1}$$

式中，$S$ 表示提取的初始素描图，$I$ 表示原图像，$I_{\mathrm{sk}}$表示图像的可素描区域，$I_{\mathrm{nsk}}$表示图像的不可素描区域，$B_i(x,\ y|\vartheta_i)$，$i=1,\ 2,\ \cdots,\ n$ 表示对边、线和点的编码函数(如图 20.1 所示)，$\vartheta_i$ 表示该编码函数的几何光照参数，$\{F_k,\ k=1,\ 2,\ \cdots,\ K\}$表示滤波器组，$m$ 表示不可素描区域的分类个数，$\gamma_{\mathrm{sk}}(I_{\mathrm{sk}})$和 $\gamma_{\mathrm{nsk}}(I_{\mathrm{nsk}})$分别表示可素描区域与不可素描区域的正则约束项。

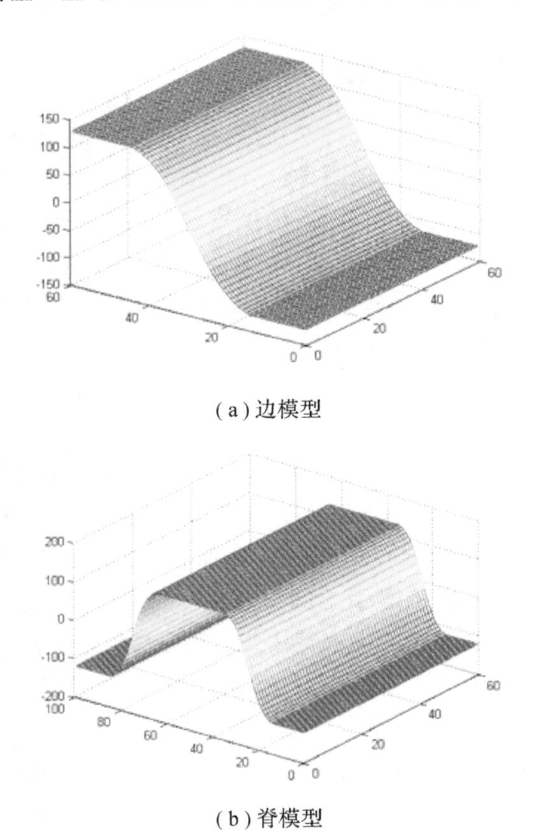


(a)边模型

(b)脊模型

图 20.1　边一脊模型的编码函数

从公式(20-1)中可以看出，该公式是由两部分组成：第一部分是基于稀疏编码理论的可素描区域的表示；第二部分是基于 MRF 理论的不可素描区域表示。然而，可素描区域与不可素描区域的划分是基于初始素描图实现的，因此这里只针对初始素描模型中初始素描图的提取算法进行分析说明。

### 20.2.3 初始素描图提取方法

在文献中，Guo 和 Zhu 等人指出最大化公式(20-1)所需要的计算量非常大，因此他们对光学图像构造了一种有效的近似初始素描算法。该算法主要由两部分组成：第一部分是基于稀疏编码理论的初始素描图提取；第二部分是以初始素描图为条件的不可素描区域的表示。需要说明的是，Gestalt 准则是描述人类视觉感知中对外部世界感知基元的组织特性(如相似性、封闭性、连续性等)，因此，他们设计了一系列成对可逆的图操作算子(如表20.1 所示)来对获得的初始素描图进行修正，以获得更好的且满足 Gestalt 准则的初始素描图。在此，本章概括地描述了 Guo 和 Zhu 等人构造的初始素描图提取方法，第二部分对图像不可素描区域的表示方法没有进行说明。

**表 20.1 Guo 和 Zhu 等人初始素描图提取方法中设计的成对可逆图操作算子**

| 操作子 | 图操作 | 图示说明 |
| --- | --- | --- |
| $O_1$，$O'_1$ | 创建/删除 |  Φ ⇔ |
| $O_2$，$O'_2$ | 生长/收缩 |  ⇔ |
| $O_3$，$O'_3$ | 连接/不连接 |  ⇔ |
| $O_4$，$O'_4$ | 延伸连接/收缩断开 |  ⇔ |
| $O_5$，$O'_5$ | 延伸铰链/收缩断开 |  ⇔ |
| $O_6$，$O'_6$ | 共线合并/共线断开 |  ⇔ |
| $O_7$，$O'_7$ | 平行合并/平行分开 |  ⇔ |
| $O_8$，$O'_8$ | 节点合并/节点分开 |  ⇔ |
| $O_9$，$O'_9$ | 创建斑点/移除斑点 |  Φ ⇔ |
| $O_{10}$，$O'_{10}$ | 斑点与素描之间变换 |  ⇔ |

初始素描图的提取方法如下：

(1) 基于边、脊、点检测的素描图初始化。利用如图 20.2(a)所示的具有多尺度多方向特性的滤波器组实现边、脊、点的检测，分别获取边-脊响应图和点响应图。对于边-脊响应图，利用非极大值抑制和双阈值连边提取边-脊草图，并用直线段逼近表示边-脊草图中的每一条曲线，获得边-脊草图的建议素描图；对于点响应图，则采用非极大值抑制确定“点”状特征的位置和尺度。

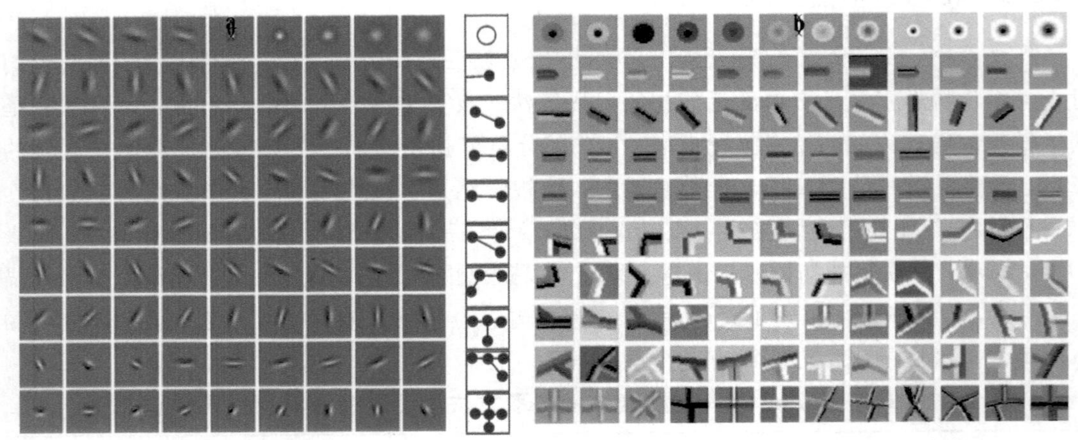

(a) 边、脊、点检测算子 (b) 不同形态素描基元的光学图像表示

图 20.2 Guo 和 Zhu 等人工作中采用的边、脊、点检测算子及不同形态素描基元的光学图像表示

(2) 基于假设检验方法计算建议素描图中每条素描线的编码长度，利用贪婪的匹配追踪算法获得素描图。这里所采用的矛盾性假设的定义如下：

$$H_0: I(x, y) = \mu + N(0, \sigma^2)$$
$$H_1: I(x, y) = B(x, y \mid \vartheta) + N(0, \sigma^2) \tag{20-2}$$

式中，$N(0, \sigma^2)$表示零均值、方差为$\sigma^2$的高斯噪声，假设$H_0$表示该可素描区域可以表示成平滑区域(均值为$\mu$)和高斯噪声的叠加，假设$H_1$表示该可素描区域可以表示成边-脊-点模型($B(x, y|\vartheta)$)与高斯噪声的叠加。

利用式(20-2)，可以得到如下编码长度增益的计算公式：

$$\Delta L(B) = \sum [I(x, y-\mu)^2 - (I(x, y) - B(x, y \mid \vartheta))^2]$$

(3) 采用表 20.1 所示的图操作算子，以下面公式为目标函数，采用贪婪方式修正素描图中素描线段的空间排列组合，以更好地满足 Gestalt 准则。

$$L(S_{\text{sk}}) = \sum_{i=1}^{n} \Delta L(B_i) - \sum_{d=0}^{4} \lambda_d \mid V_d \mid \tag{20-3}$$

从初始素描图提取方法的步骤中可以看出：设计具有多尺度、不同形态素描基元的光学图像表示，多方向的边、脊、点检测算子对于初始素描图提取具有重要的作用；同时，通过构造理想模型(如图 20.1 所示的边-脊模型)来对每一条素描线段进行匹配有利于提取有意义的初始素描图。此外，Guo 和 Zhu 等人还给出了不同形态下素描基元所对应的光学图像块(如图 20.2(b)所示)，从中可以看出素描线可以有效地描述光学图像中的局部几何特性。图 20.3 显示了用 Guo 和 Zhu 等人构造的初始素描图提取方法获得光学图像 CAMERA 的初始素描图。

(a) 光学图像CAMERA

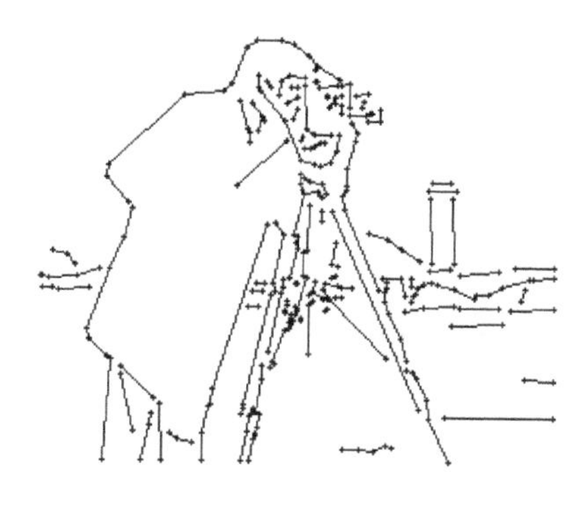
(b) 初始素描图

图 20.3　用 Guo 和 Zhu 等人构造的初始素描图提取方法获得光学图像的初始素描图

### 20.2.4　高分辨 SAR 图像的素描模型

众所周知，合成孔径雷达是通过主动发射电磁波并接收后向散射电磁波来获得关于目标场景的影像。然而，由于场景目标之间存在表面粗糙度、材质和介电常数等方面的差异性，因此雷达所接收到关于场景目标后向散射电磁波的强弱也呈现出差异性，而且反向传播的电磁波之间的相干作用和雷达所采用的侧视成像方式也会导致回波信号强度存在差异性。总而言之，这些差异性都与场景中目标的物理特性、目标本身的几何形状、目标与目标之间的几何空间关系和阴影等相关。它们体现在 SAR 图像中的就是一些灰度明暗变化的特性。从这一点上来说，SAR 图像具有与光学图像相似或相近的物理属性，即图像中的明暗变化与现实世界的物理变化存在着对应关系。因此，Marr 所提出的视觉计算理论对于 SAR 图像的处理与解译同样具有很好的指导意义。

Guo 和 Zhu 等人提出的初始素描模型，如公式(20－1)所示，它由两部分组成。第一部分是基于稀疏编码理论的可素描区域的表示，该部分的表示可稀疏地描述光学图像中亮度变化可辨识的区域。针对这部分素描模型，他们构造了适合光学图像的初始素描图的提取方法。从获取的光学图像的初始素描图中，可以感受到初始素描图对光学图像中的边、线、点和局部几何特征具有很强的稀疏表征能力，如图 20.3(b)所示。在抑制高分辨 SAR 图像的相干斑时，不但要很好保持 SAR 图像中的点目标、线目标和边缘等细节信息不被模糊和泛化，而且，这些细节信息所在的区域又是高分辨 SAR 图像中亮度变化可辨识的区域，因此须将公式(20-1)的第一部分作为高分辨 SAR 图像的素描模型，具体如式(20-2)所示。故通过最大化公式(20-2)可以获得 SAR 图像的素描图。

$$p(I_{\mathrm{sk}}, S)=\frac{1}{Z}\exp\{\sum_{i}^{n}\sum_{(x, y)\in I_{\mathrm{sk}, i}}\ln p(I(x, y)\mid B_i(x, y\mid\vartheta_i))-\gamma_{\mathrm{sk}}(I_{\mathrm{sk}})\} \tag{20-4}$$

式中，$I_{\mathrm{sk}}$表示 SAR 图像的可素描区域，$S$ 表示提取的 SAR 图像素描图，$p(I(x, y))$表示基于 SAR 图像统计分布函数的编码增益，$B_i(x, y|\vartheta_i)$，$i=1, \cdots, n$ 表示对边、线的编码函数(如图 20.1 所示)，$\vartheta_i$ 表示该编码函数的几何参数，$\gamma_{\mathrm{sk}}(I_{\mathrm{sk}})$表示基于 SAR 图像素描图的正则约束项。

### 20.2.5 高分辨 SAR 图像素描图提取方法

从初始素描图提取方法中的步骤(1)可以看出，设计具有多尺度、多方向的边、脊、点检测算子对于初始素描图的提取具有重要的作用。对于含加性噪声模型的光学图像来说，在计算图像亮度变化信息时，可以采用梯度算子(如 Sobel、Prewitt 等)来完成边缘等的检测。但对 SAR 图像来说，由于采用相干方式成像，SAR 图像中存在大量的相干斑噪声，并且这种噪声模型与光学图像的加性噪声模型具有完全不同的统计特性。Touzi 等人基于 SAR 图像的统计分布特性，从理论上证明了传统基于差分的梯度算子对于 SAR 图像边缘信息检测的虚景率与真实信号的强度有关。因此，传统基于差分的梯度算子并不适用于 SAR 图像的边缘检测。与此同时，TOUZI R 等人还提出了适用于 SAR 图像、具有恒虚景率(Constant False Alarm Ratio，CFAR)的均值比(Ratio of Average，RoA)边缘检测算子，并且给出了 RoA 算子的虚景率的计算方法。然而，由于基于 RoA 的边缘检测算子在计算时一般都采用如图 2.4 所示的模板，并假设模板中除中心像素所在直线区域外的两个区域均为匀质区域，该检测算子对 SAR 图像中的边缘信息具有定位精度低的问题。Tupin 等人考虑到强散射点对 RoA 算子的影响，提出将 RoA 算子与基于互相关的检测算子相结合来实现 SAR 图像中路网信息的提取。

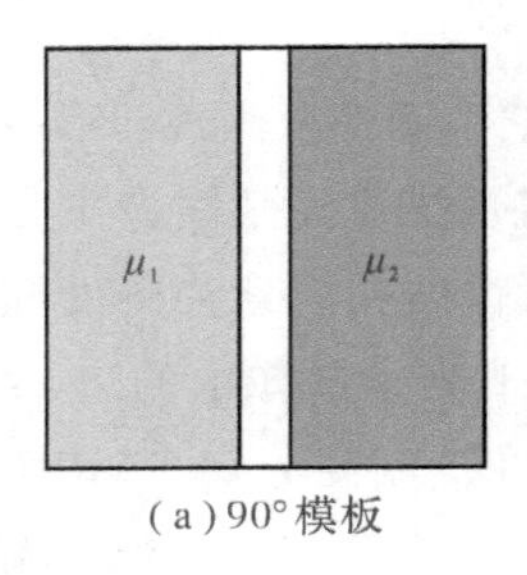

(a) 90°模板

(b) 0°模板

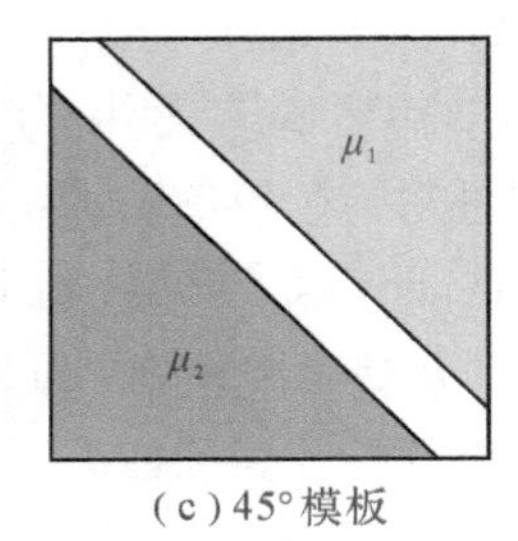

(c) 45°模板

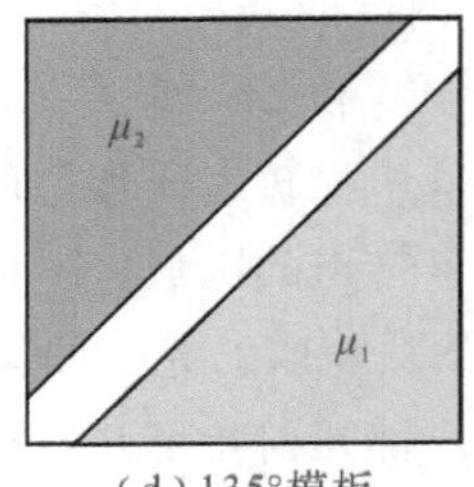

(d) 135°模板

图 20.4 SAR 图像边缘检测中常用的模板

### 1. SAR 图像的边-线模板及检测算子

从本质上来说，线模型可以看作是由两条距离很近且具有共同区域的边模型组成的，如图 20.5(b)所示。为了检测 SAR 图像中所包含的边-线特征，我们选择基于 RoA 算子和基于互相关的算子来作为计算具有 CFAR 特性的响应图。

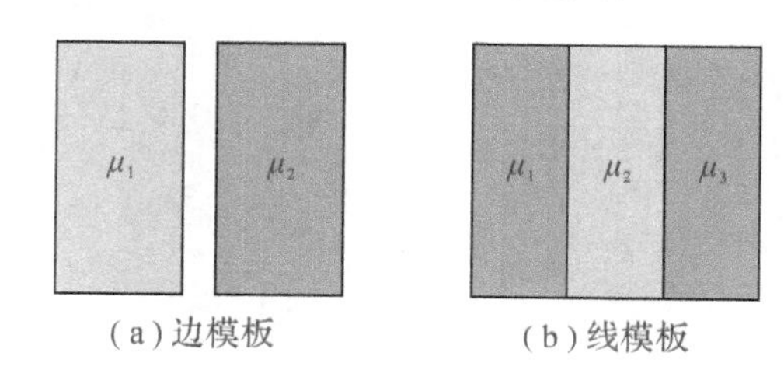


图 20.5 边-线检测中模板的区域划分

(1) 基于 RoA 的边-线检测算子：

$$R_{\text{edge}(i,j)} = 1 - \min\left(\frac{\mu_i}{\mu_j}, \frac{\mu_j}{\mu_i}\right) \tag{20-5}$$

$$R_{\text{line}(i,j,q)} = \min\{R_{\text{edge}(i,j)}, R_{\text{edge}(j,q)}\} \tag{20-6}$$

式中，$u_i$、$u_j$ 分别表示模板中第 $i$，$j$ 个区域所估计的均值；$R_{\text{edge}}(i, j)$表示基于 RoA 的边检测响应值；$R_{\text{line}(i,j,q)}$ 表示基于 RoA 的线检测响应值。

从定义中，我们可以看出基于 RoA 算子的边(线)响应值的取值范围为[0，1]，并且响应值越大表示该点属于边(线)的概率越大。

(2) 基于互相关的边-线检测算子：

$$C_{\text{edge}(i,j)} = \sqrt{\frac{1}{1 + (N_i + N_j)\dfrac{N_i\sigma_i^2 + N_j\sigma_j^2}{N_iN_j(\mu_i - \mu_j)^2}}} \tag{20-7}$$

$$C_{\text{line}(i,j,q)} = \min\{C_{\text{edge}(i,j)}, C_{\text{edge}(j,q)}\} \tag{20-8}$$

式中，$N_i$ 和 $\sigma_i$ 分别表示模板中第 $i$ 个区域的像素个数和标准差；$C_{\text{edge}(i,j)}$ 表示基于互相关的边检测响应值；$C_{\text{line}(i,j,q)}$ 表示基于互相关的线检测响应值。

从公式中可以看出，基于互相关的检测算子是利用模板中不同区域间的统计相似性来进行边缘检测的。

由于图像中边-线特征的方向信息具有多样性，因此需要设计具有多方向特性的检测算子来准确检测图像中的边-线特征，而且考虑到 SAR 图像通常是对地观察所成的影像，其场景信息具有目标繁杂和尺度不一的特点，故设计了如图 20.6(a)所示的具有多尺度、多方向的边、线模板。

(a) 边-线检测模板

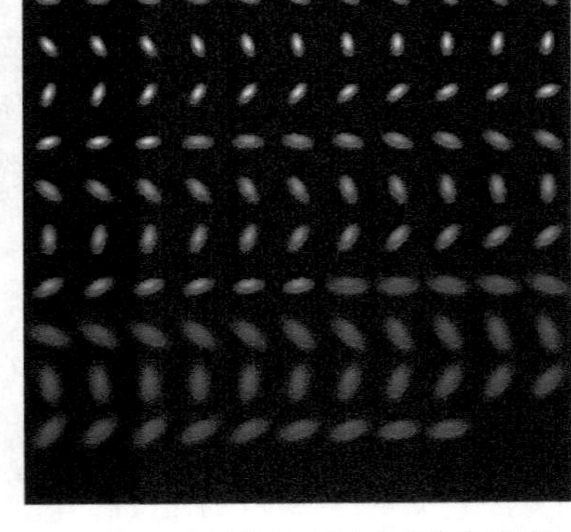

(b) 与(a)对应的各向异性高斯加权核

图 20.6　针对 SAR 图像设计的边、线检测模板以及相应的各向异性高斯加权核

另外，通过引入加权机制可以有效提高检测算子对于复杂边-线特征的检测精度。考虑到高斯函数的可控性和易变性，本章设计了具有不同尺度、不同方向的各向异性高斯函数来计算边-线检测中的加权系数。其计算方法如下：

$$W_G(x,\ y,\ x_0,\ y_0,\ \theta,\ \delta,\ \lambda)=\frac{1}{2\pi\sigma^2}\exp\left\{-\frac{(f_1^2(x,y,x_0,y_0,\theta)/\ell)+f_2^2(x,y,x_0,y_0,\theta)}{2\sigma^2}\right\}\tag{20-9}$$

式中，$(x,\ y)$表示以$(x_0,\ y_0)$为中心的邻域像素；$\sigma$ 表示高斯函数的标准方差(尺度因子)；$\ell$ 表示高斯函数的延长因子，$\begin{cases}f_1(x,y,x_0,y_0,\theta)=(y-y_0)\sin\theta+(x-x_0)\cos\theta\\f_2(x,y,x_0,y_0,\theta)=(y-y_0)\cos\theta+(x-x_0)\sin\theta\end{cases}$。通过改变 $\sigma$ 的取值，可以得到一组与多尺度模板相对应的高斯核函数，如图 20.6(b)所示。同时，由于高斯加权归一化操作的引入，公式(20-5)和(20-7)可以分别转变为公式(20-10)和(20-11)：

$$R_{\text{edge}(i,\ j)}=1-\min\left(\frac{\tilde{\mu}_i}{\tilde{\mu}_j},\ \frac{\tilde{\mu}_j}{\tilde{\mu}_i}\right)\tag{20-10}$$

$$C_{\text{edge}(i,\ j)}=\sqrt{\frac{1}{1+2\ \dfrac{\tilde{\sigma}_i^2+\tilde{\sigma}_j^2}{(\tilde{\mu}_i-\tilde{\mu}_j)^2}}}\tag{20-11}$$

式中，$\tilde{\sigma}_k$ 和 $\tilde{\mu}_k$ 分别表示模板中第 $k$ 个区域采用加权方式计算得到的标准方差和均值。

**2. 基于融合策略的 SAR 图像强度图**

从算子公式(20-10)和(20-11)中，可以看出基于 RoA 的检测算子和基于互相关的检测算子具有相同的取值范围和变化趋势，且对于 SAR 图像都具有 CFAR 特性。因此，考虑将这两种算子进行融合，可得

$$f=\sqrt{\frac{R^2+C^2}{2}} \tag{20-12}$$

式中，$f$ 表示两个算子的融合值；$R$ 和 $C$ 分别表示基于 RoA 和互相关的边-线的检测响应值。即，公式(20－12)所定义的融合操作是针对如图 20.6(a)所示的每一个模板来进行的。由于采用加权归一化的方式计算不同尺度、不同方向下边和线模板的响应值，因此，在不同方向、不同尺度的边和线模板之间，只保留最大的响应值及其对应模板的方向信息来构造具有 CFAR 特性的响应图和方向图。

此外，BAI 等人指出对于真实的边-线特征来说，其局部梯度值也应该具有较大的响应值，在实验中也发现 SAR 图像的梯度图在边-线特征的检测上是具有一定判别性的。因此，为了获得具有最大判别性的边-线响应图，将基于差分的梯度算子引入到素描图提取算法当中，其边和线的响应值分别计算如下：

$$\text{Grad}_{\text{edge}(i,\ j)}=|\ \tilde{R}_i-\tilde{R}_j\ | \tag{20-13}$$

$$\text{Grad}_{\text{line}(i,\ j,\ q)}=\min\{\text{Grad}_{\text{edge}(i,\ j)},\ \text{Grad}_{\text{edge}(j,\ q)}\} \tag{20-14}$$

式中，$\text{Grad}_{\text{edge}(i,\ j)}$ 和 $\text{Grad}_{\text{line}(i,\ j,\ q)}$ 分别表示基于梯度的边和线的响应值；$|\tilde{R}_i-\tilde{R}_j|$ 表示求绝对值操作。

对于图像中的每一个像素，利用具有 CFAR 特性检测算子所选择的模板，其相应的梯度响应值也被计算并形成基于梯度的响应图。换句话说，梯度响应图中每一点的值都是利用具有 CFAR 特性检测算子所选的模板进行计算的。然而，考虑到具有 CFAR 特性的响应图与梯度响应图之间的差异性，选择具有相干特性的融合公式(20－15)来融合这两个响应图。

$$\varphi(x,\ y)=\frac{xy}{1-x-y+2xy}\qquad x,\ y\in[0,\ 1] \tag{20-15}$$

式中，$x$ 和 $y$ 分别表示具有 CFAR 特性的响应值和基于梯度的响应值；$\varphi(x,\ y)$ 表示融合后的强度值。当被融合的值均大于(或小于)0.5 时，本章得到的融合值也会大于(或小于)0.5；当被融合的值一个大于 0.5，另一个小于 0.5 时，得到的融合值是位于 0.5 附近的折中值。因此，分别将具有 CFAR 特性的响应图和基于梯度的响应图的数值归一化到[0，1]，并采用公式(20－16)对归一化的响应图进行偏移操作，其目的是充分利用公式(20－15)在 0.5 位置处的融合特性，提升融合后强度图的判别性。可得

$$z=\max\{0,\ \min\{1,\ z-z_{\text{O}}+0.5\}\} \tag{20-16}$$

式中，$z$ 表示利用 CFAR 算子或基于梯度方式得到的归一化后的响应值，$z_{\text{O}}$ 是利用 OSTU (最大类间方差法)方法在相应的响应图中得到的基于两类划分的阈值。将处理后的响应图代入公式(20－15)中，可以得到最终融合后的强度图。接下来，为了更好地对边缘像素进

行定位和抑制由噪声引起的虚警响应，本章选择 Canny 检测算子中所采用的非极大值抑制操作和双阈值连接操作，从融合后的强度图中获得关于 SAR 图像的边-线图。

**3. SAR 图像中的假设检验**

用假设检验方法可以计算建议素描图中每条素描线的编码长度，在之前的初始素描图提取方法中，Guo 和 Zhu 等人设计的矛盾性假设是：假设 $H_0$将可素描区域表示成平滑区域的信号和高斯噪声的叠加，$H_1$把该可素描区域表示成边-脊-点模型($B(x, y|\vartheta)$)的奇异信号与高斯噪声的叠加。已知 SAR 图像存在相干斑，依据 SAR 图像相干斑的产生机理，由于低分辨 SAR 图像满足完全发展相干斑的假设条件，故低分辨 SAR 图像中的相干斑与其真实的后向散射信号之间具有乘性关系，而高分辨 SAR 图像和超高分辨 SAR 图像已经不能满足完全发展相干斑的假设条件，这些高分辨 SAR 图像中的相干斑与其真实的后向散射信号之间是否还具有严格的乘性关系目前在理论证明上还没有相关的结论。需要说明的是，在构造高分辨 SAR 图像素描图提取方法时，如在设计一对矛盾性假设时，将高分辨 SAR 图像中的可素描区域的相干斑噪声与其真实的后向散射信号之间看作是乘性关系。因此，本章建立如下两个相互矛盾的假设，并依据所构建的一对矛盾性假设($H_0$和 $H_1$)对提取的每一条素描线计算其编码长度增益。其中，矛盾性假设的含义如下：

$H_0$：提取的曲线不能作为构成素描图的素描线；

$H_1$：提取的曲线可以作为构成素描图的素描线。

上述矛盾性假设的数学表达形式：

$$H_0: I(x, y) = \mu \times Z$$
$$H_1: I(x, y) = B(x, y \mid \vartheta) \times Z \tag{20-17}$$

式中，$Z$ 表示 SAR 图像中的乘性相干斑，$\mu$ 表示当前素描线所在区域的均值，$B(x, y|\vartheta)$表示如图 20.1 所示的边-脊模型。利用所建立的矛盾性假设，可以用公式(20-17)来对所提取的每一条素描线计算其编码长度增益。

$$F = \sum_m (\ln p(S_{\text{sk}, i}^m \mid H_1) - \ln p(S_{\text{sk}, i}^m \mid H_0)) \tag{20-18}$$

式中，$F$ 表示第 $i$ 个素描线所在局部邻域分别满足 $H_0$假设和 $H_1$假设的差异性，其值越大表示当前检测出的曲线满足 $H_1$假设的能量越大，即具有较大概率作为素描图中素描线来表示图像中的结构信息；$S_{\text{sk}, i}^m$是素描图中第 $i$ 个素描线中的第 $m$ 个直线段；$p(S_{\text{sk}, i}^m|H_j)$，$j\in\{0, 1\}$表示直线段 $S_{\text{sk}, i}^m$满足假设 $H_j$的概率。

考虑到幅度 SAR 图像的统计分布特性(如 $L$ 视幅度 SAR 图像的统计分布服从 Nakagami 分布)，我们将 $p(S_{\text{sk}, i}|H_j)$，$j\in\{0, 1\}$定义为

$$p(S_{\mathrm{sk},i} \mid H_j) = \sum_{k=1}^{n} p(A_k \mid H_j)$$

$$= \frac{2^n L^{nL}}{\Gamma(L)^n} \exp\left\{ \sum_{k=1}^{n} \left[ -L \frac{A_k^2}{\hat{A}_k^2} + (2L-1)\ln(A_k^2) - L\ln(\hat{A}_k^2) \right] \right\}$$

$$= \frac{2^n L^{nL}}{\Gamma(L)^n} \exp\left\{ -L \sum_{k=1}^{n} \left[ \frac{A_k^2}{\hat{A}_k^2} - \left(2 - \frac{1}{L}\right)\ln(A_k^2) - \ln(\hat{A}_k^2) \right] \right\}$$

$$= \exp\left\{ -L \sum_{k=1}^{n} \left[ \frac{A_k^2}{\hat{A}_k^2} - \left(2 - \frac{1}{L}\right)\ln(A_k^2) - \ln(\hat{A}_k^2) \right] + C(n, L) \right\} \quad (20-19)$$

式中，$L$ 表示 SAR 图像的视数；$n$ 表示直线段邻域中像素的个数；$A_k$ 表示直线段邻域内像素的灰度值；$\hat{A}_k$ 表示基于假设 $H_i$ 所获得的像素的估计值；$C(n, L)$ 表示只与像素个数 $n$ 和视数 $L$ 有关的常数。从公式(20－19)中，我们可以看出

$$\ln p(S_{\mathrm{sk},i}^{m} \mid H_j) \propto - \sum_{k=1}^{n} \left[ \frac{A_k^2}{\hat{A}_k^2} - \left(2 - \frac{1}{L}\right)\ln(A_k^2) - \ln(\hat{A}_k^2) \right] \quad (20-20)$$

将式(20－20)代入式(20－18)，即可对每一条素描线计算其编码长度增益。需要说明的是，在 $H_0$ 假设下，所提取的素描线属于虚警响应，其局部邻域属于同质区域，因此，利用该邻域内所有像素的平均值作为该区域内像素的估计值；对于 $H_1$ 假设，则考虑到边-线特征具有较强的几何方向特性，我们利用分解得到的每一条直线段，沿素描线段的方向对该区域内的像素值进行估计。这样就可以得到公式(20－20)中 $\hat{A}_k$ 在不同假设前提下的估计值，进而实现对每条素描线的显著性进行计算。对于强度 SAR 图像来说，本章同样也可以使用上述方法得到相应的显著性测度。

**4. SAR 图像素描图提取方法描述**

基于 Marr 视觉计算理论框架中的素描理论，借鉴了 Guo 和 Zhu 等人提出的初始素描模型和初始素描图提取方法的研究思路，本章针对 SAR 图像所具有的统计分布特性、成像时固有的相干特性和不同于一般光学图像的几何特征，在研究 SAR 图像边、线检测方法的基础上，建立了 SAR 图像的素描模型，并设计实现了 SAR 图像素描图的提取方法，如算法 20.1 所示。在实验中，对不同分辨率的 SAR 图像，用算法 20.1 获取的 SAR 图像素描图用线段作为基元(符号)可以有效地表示 SAR 图像中场景目标的几何结构特性(如位置、方向信息等)。同时，实验结果还表明该算法对 SAR 图像中所存在的相干斑噪声具有一定的鲁棒性。

---

**算法 20.1：SAR 图像素描图的提取方法**

---

(1) 设计具有多尺度、多方向的边、线模板，采用基于 RoA、互相关和梯度的检测算子，计算具有 CFAR 特性的响应图和基于梯度的响应图，并采用公式(20－15)和(20－16)

融合所得到的响应图以获得最终的强度图。

(2) 采用非极大值抑制操作和双阈值连边操作，从强度图中提取边-线图。

(3) 以直线段逼近方式将边-线图中的每一条曲线素描化，并利用公式(20-18)基于图 20.1所示的边-线模型计算每一条素描线的编码长度增益，通过素描追踪的方法获得 SAR 图像的素描图。

(4) 利用公式(20-18)所定义的素描线编码长度增益和表 20.1 所列出的操作算子修剪素描图中的素描线段。

如图 20.7 所示，以一幅真实的 SAR 图像(中国山东黄河入海口附近，成像设备为 Radar Sat-2，C 波段，8 m 分辨率，有效视数为 4，简称 Yellow River)为例，分别给出了素描过程中得到的中间结果图。其中，通过对比图 20.7(b)和图 20.7(c)，可以看出通过将基于梯度的响应图与具有 CFAR 特性的响应图进行融合可以有效提升边、线特征的区分度，有利于提取真正表示 SAR 图像结构信息的素描图。

(a) SAR图像

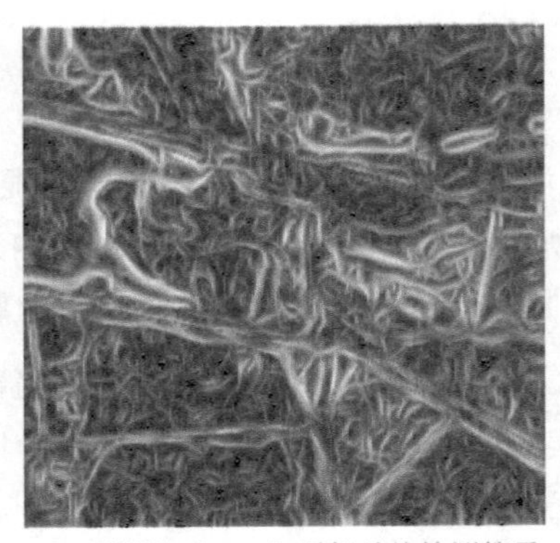

(b) 利用基于RoA和互相关的检测算子

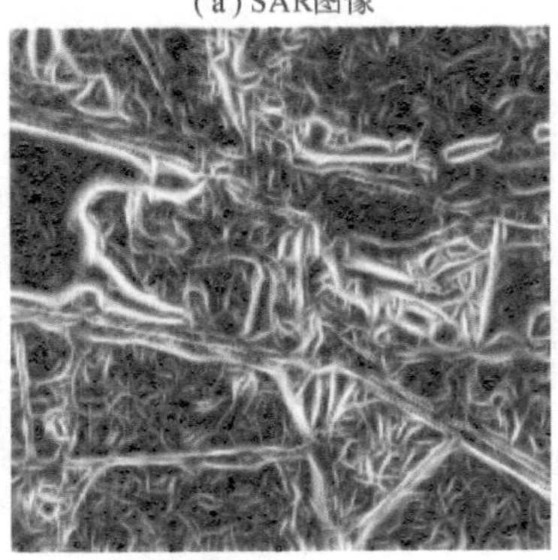

(c) 融合具有CFAR特性的响应图和基于梯度的响应图所得到强度图

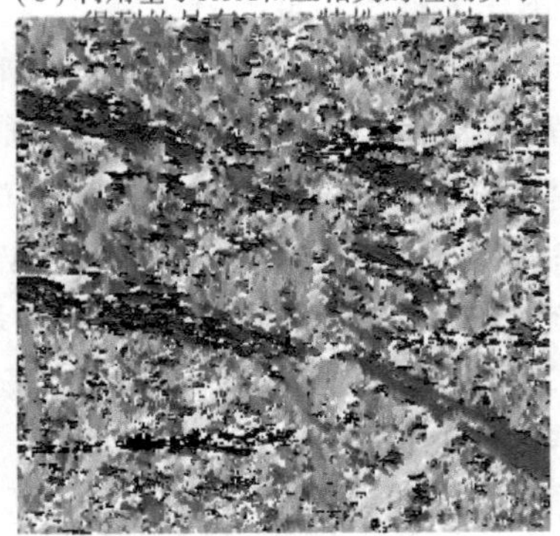

(d) 边、线检测过程中所得到的方向图

图 20.7 对名为 Yellow River 的 SAR 图像在提取素描图过程中得到中间结果图的展示

图 20.8 给出了在编码长度增益阈值 $F_T=5$ 时，中低分辨 SAR 图像 Yellow River 的素描图。需要说明的是我们通过对编码长度增益 $F$ 的直方图统计分析的方式来确定阈值 $F_T$ 的数值；$F_T$的值越大，素描线段就越少即素描图也越稀疏。

(a) Yellow River 图像(C波段,8 m分辨率)

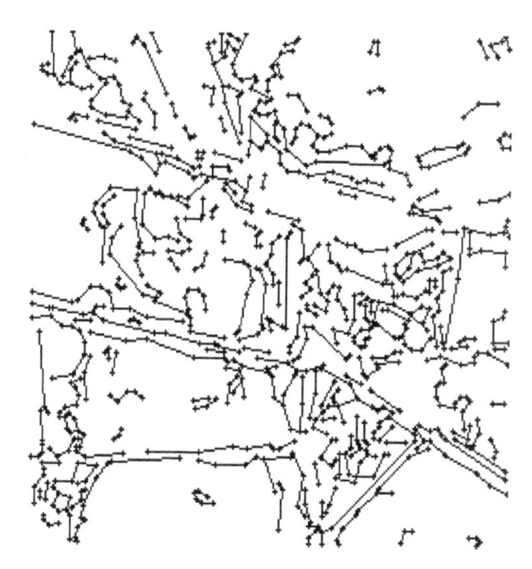

(b) Yellow River 的素描图($F_T$=5)

图 20.8　Yellow River 的中低分辨 SAR 图像及其素描图

图 20.9 是高分辨 SAR 图像，图像大小为 1506×1506，X 波段，1 m 分辨率，有效视数为 4，德国 Nordliger Ries 地区，成像设备为 TerraSAR。

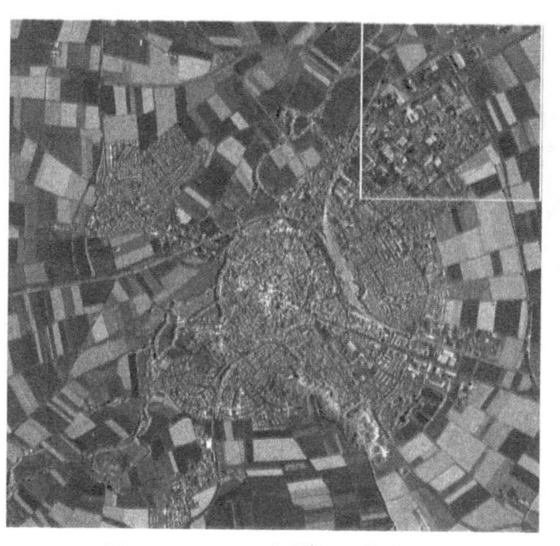

(a) Nordliger Ries SAR图像(X波段,1 m分辨率)

(b) Nordliger Ries SAR 图像的素描图，($F_T$=8)

(c) 图(a)中白色框标记的图像区域

(d) 图(c)所对应的素描图

图 20.9　Nordliger Ries 高分辨 SAR 图像及其素描图

图 20.10 是超高分辨 SAR 图像 Gate，美国怀俄明州某大街，Mini-SAR，Ka 波段，图像大小为 2510×1638，0.1 m 分辨率，有效视数为 3。

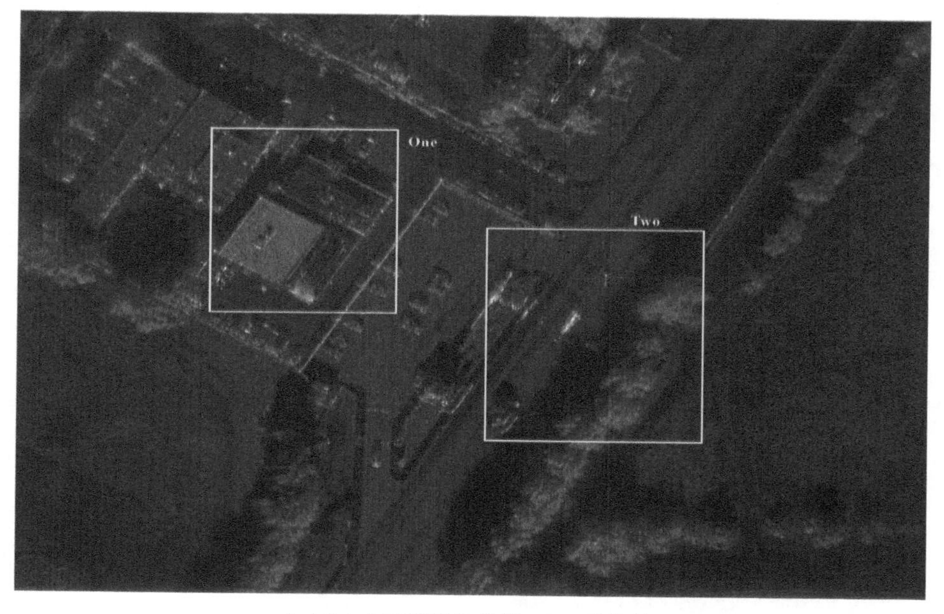


(a) Gate SAR图像(Ka波段，0.1m分辨率)

(b) Gate SAR图像的素描图 ( $F_T$=8 )

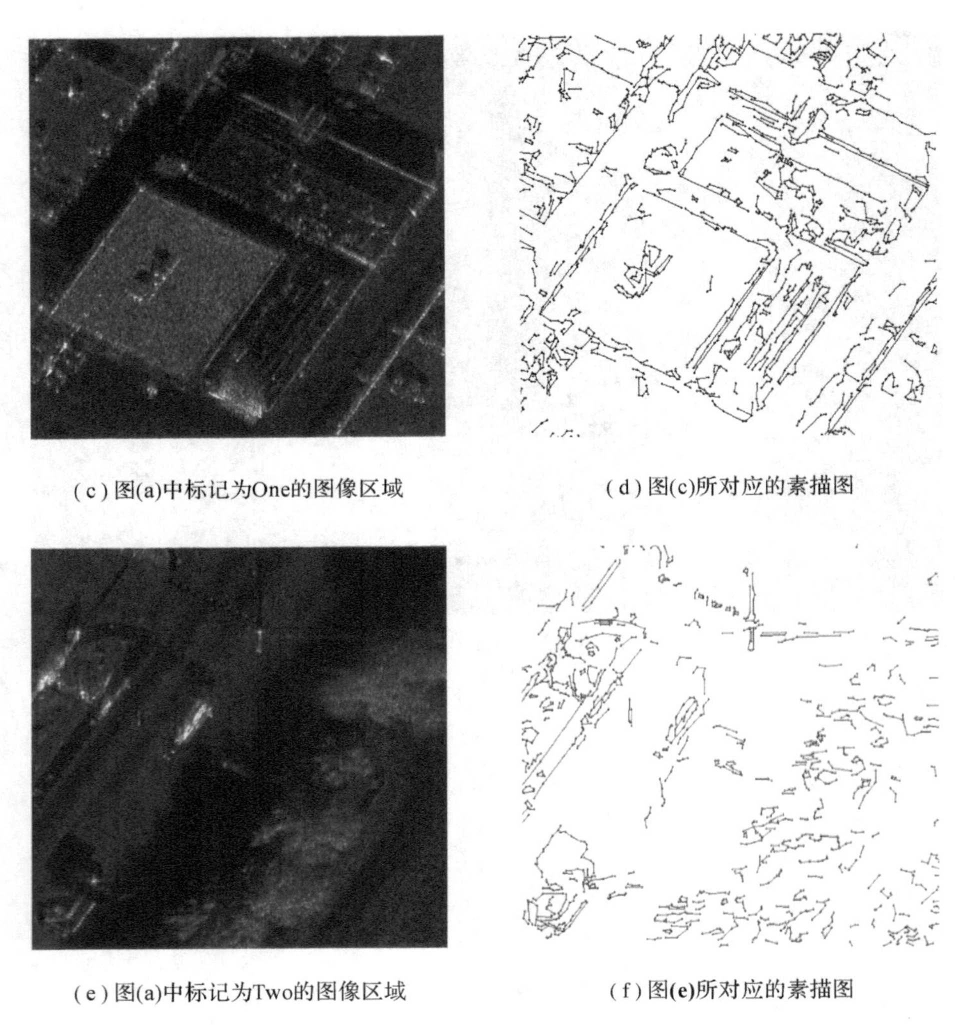

(c) 图(a)中标记为One的图像区域　　(d) 图(c)所对应的素描图

(e) 图(a)中标记为Two的图像区域　　(f) 图(e)所对应的素描图

图 20.10　Gate 超高分辨 SAR 图像及其素描图

## 20.3　结构区域图及其在 SAR 图像相干斑抑制中的应用

### 20.3.1　高分辨 SAR 图像的初级视觉语义层

在雷达成像中，目标的位置在方向上按雷达飞行的时序记录成像，而在距离向是按目标反射信息先后来记录成像及斜距成像的，因而它有不同于一般光学图像的几何特征，例如阴影、雷达成像是侧视的，发射的电磁波沿直线传播，因此，较高的物体阻挡雷达发射的电磁波，而位于高物体之下的地物不能反射电磁波，不能成像从而形成阴影。阴影的大小与物体的高度、雷达天线的俯角以及背坡坡角有关。分析发现，由于面对的高分辨 SAR 图像是属于对地观测的遥感图像，并且雷达成像是侧视的，因此其素描图中的素描线段不仅仅只表示 SAR 图像中亮度变化可辨识的位置和方向这些低级的属性特征，还能够表示与雷达成像机制有关的高级语义信息。素描线段可以表示：① 两个不同地物的边界(或是目标与地物的边界)；② 线目标，如桥梁、道路等；③ 高于地面的目标，如一棵树的亮斑和阴影形成的明显边界，一栋建筑物的亮斑和阴影形成的明显边界等。因此，本章给描述亮度变化的素描线段赋予了能表示三种不同含义的语义信息，称这样的素描线段为语义素描线段，即语义基元，并将含有语义基元的素描图称为语义空间中的初级视觉语义层，也称为语义素描图。

### 20.3.2 抑制相干斑任务驱动的结构区域图的产生

虽然素描图来自于 SAR 图像，且它们的大小是相等的，但它们的基元不同，更重要的是它们表示的信息不能相互替代，即它们是互补的关系。由于素描图是用线段来表示图像中亮度变化处的位置和方向信息等，换句话说，可辨识亮度变化的目标(或地物)边界均可以在素描图中用线段来表示，但目标(或地物)上的面信息只有在像素空间的高分辨 SAR 图像上才有。要识别一个目标，既要有形状轮廓信息，也要有目标上的面信息，缺一不可。这也是为什么要建立具有不同层次结构的语义空间的理由。高分辨 SAR 图像中的语义信息是有层次的，任务驱动是产生语义信息的原动力，任务由抽象、复杂到具体、简单，进而会出现语义由低到高的不同语义层次。在语义层次的作用下，像素空间中判别式模型的数据驱动是完成该任务不可或缺的计算环节，更高层的能表示地物类型和目标类别的语义信息不是一次获得的，需要由不同层次的语义基元组合生成更高层次的语义表示，在该过程中离不开 SAR 图像像素空间和语义空间信息交互的作用。因此，针对高分辨 SAR 图像的解译，本章提出了语义空间中任务驱动的语义层信息和像素空间中数据驱动的判别式信息交互联合推理框架。

基于以上的想法和提出的框架，本章首先针对抑制高分辨 SAR 图像相干斑噪声的任务，提出了在语义空间的初级视觉语义层上建立结构区域图的想法，该结构区域图是由结构区域和无素描区域组成的。通过构造具有方向属性的矩形窗口来提取包含在初级视觉语义层上语义线段的邻近区域来形成结构区域。该矩形窗口的具体定义如下：

$$W(\theta, x_0, y_0, s_l, s_w) = \left\{(x, y) \,\middle|\, |f_1(x, y, x_0, y_0, \theta)| \leqslant \frac{s_l}{2}, |f_2(x, y, x_0, y_0, \theta)| \leqslant \frac{s_w}{2}\right\} \tag{20-21}$$

式中，$(x_0, y_0)$表示矩形窗口的中心点；$(x, y)$表示中心点$(x_0, y_0)$的邻近点；$\theta$表示矩形窗长边所对应的方向；$s_l$和$s_w$分别表示矩形窗口的长和宽；$|f_1(x, y, x_0, y_0, \theta)|$表示求绝对值操作；$f_1$和$f_2$表示一对旋转函数。其定义如下：

$$\begin{cases} f_1(x,y,x_0,y_0,\theta) = -(y-y_0)\sin\theta + (x-x_0)\cos\theta \\ f_2(x,y,x_0,y_0,\theta) = (y-y_0)\cos\theta - (x-x_0)\sin\theta \end{cases} \tag{20-22}$$

通过将矩形窗口的中心点与每一条素描线段上的素描点对齐，并将该矩形窗口的方向设为相应素描线段的方向，即可获得结构区域。此处选择$s_l=7$和$s_w=5$来提取结构区域。

### 20.3.3 基于几何核函数测度和匀质区域搜索的SAR图像相干斑抑制

**1. 方法描述**

针对基于图像块的像素间相似性测度忽略了图像块内几何结构特性的问题，该方法用我们提出的语义空间的结构区域图把SAR图像划分为属于结构区域的像素子空间(简称结构像素子空间)和属于匀质区域的像素子空间(简称匀质像素子空间)。如图20.11所示，图20.11(a)英格兰Bedfordshire郡的农业场景，英国国防研究局机载SAR，图像大小256像素×256像素，X波段，分辨率为3 m，有效视数为3.2，简称为Field；图20.11 (b)是SAR图像Field的语义素描图；图20.11 (d)是在Field语义素描图的基础上构造出了语义空间中的结构区域图；图20.11 (c)是结构像素子空间，语义素描图的相关参数为$F_T=7$，高、低阈值系数分别是1.6和0.45。

(a) SAR图像的像素空间

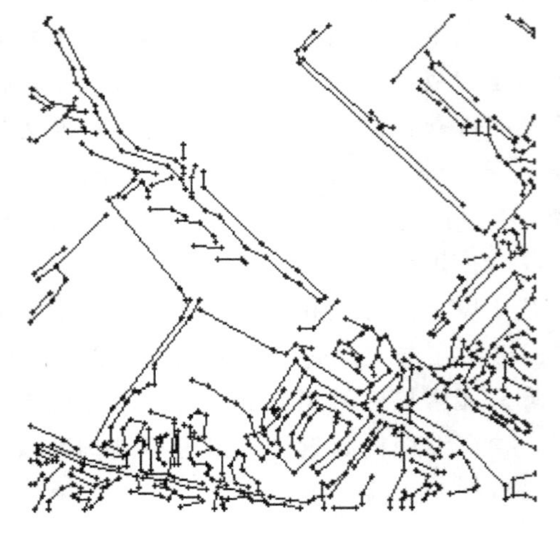

(b) 语义空间中的语义素描图

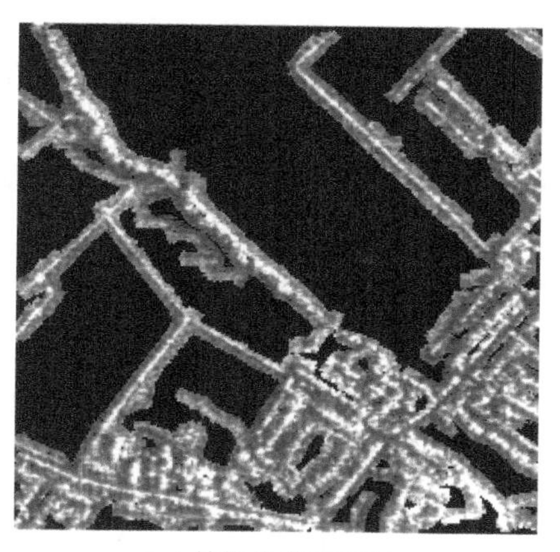

(c) 结构像素子空间

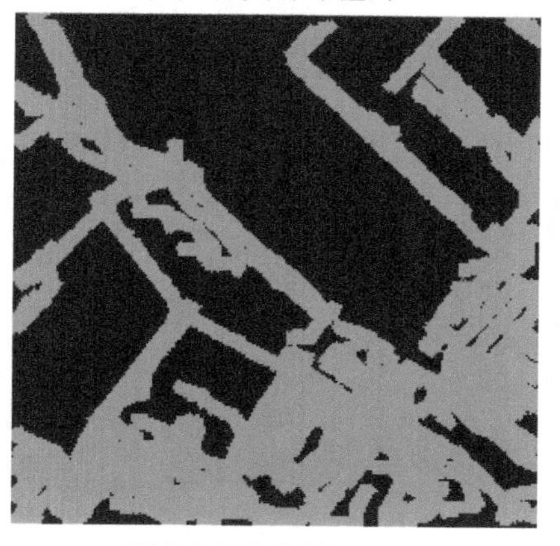

(d) 语义空间中的结构区域图

图 20.11　展示了 SAR 图像 Field 语义空间中的语义素描图和结构区域图，语义空间作用于像素空间后得到了 SAR 图像结构像素子空间的关系示意图

这样，我们可以自适应地为 SAR 图像中的每一个像素构造几何核函数。对于结构像素子空间中的像素，由于其局部具有显著的方向特性，需要构造具有各向异性的核函数来表示该像素邻域内的空间相关性，即像素间沿着局部方向具有很强的相关性；而对于匀质像素子空间中的像素，则需要具有各向同性的核函数来说明像素间相关性随着距离的增大而减小。这里，考虑到二维高斯函数的易变性和可操作性，定义几何核函数为

$$Kernel_{(x_0, y_0)}(x, y) = \exp\left\{-\frac{f_1^2(x, y, x_0, y_0, \theta) + \ell^2 f_2^2(x, y, x_0, y_0, \theta)}{\sigma^2}\right\} \tag{20-23}$$

式中，$(x_0, y_0)$表示当前的像素；$(x, y)$表示该局部图像块内的像素；$\theta$ 和 $\ell$ 分别表示几何核函数的方向和延长因子；$f_1$ 和 $f_2$ 表示公式(20－22)所定义的旋转函数；$\sigma$ 表示该函数的平滑因子。在图 20.12 中，分别给出了 $\ell$ 和 $\theta$ 取不同的值时，所得到的核函数的二维表示。可以看出，当 $\ell=1$ 时，该核函数是各向同性的；当 $\ell>1$ 时，该核函数是各向异性的，且其方向与 $\theta$ 相一致的。

考虑到 SAR 图像中的相干斑噪声具有乘性特性，传统的基于欧氏距离的测度不再适用于 SAR 图像中的相似性度量。从测度论的角度来说，所构造的相似性测度需要具有对称性和自相似最大的特性，Feng 等人提出的测度并不具有这些特性，因此，设计了一种简单的比值算子来计算两个像素之间的相似性。其具体定义如下：

$$R(Y_i, Y_j) = \min\left\{\frac{Y_i}{Y_j}, \frac{Y_j}{Y_i}\right\} \tag{20-24}$$

式中，$Y_i$ 和 $Y_j$ 分别表示两个受相干斑影响的像素；$R(Y_i, Y_j)$表示 $Y_i$ 和 $Y_j$ 之间基于比值的相似度，并且 $R(Y_i, Y_j)$的取值范围是[0, 1]；$R(Y_i, Y_j)=R(Y_j, Y_i)$，$R(Y_i, Y_j)=1$。

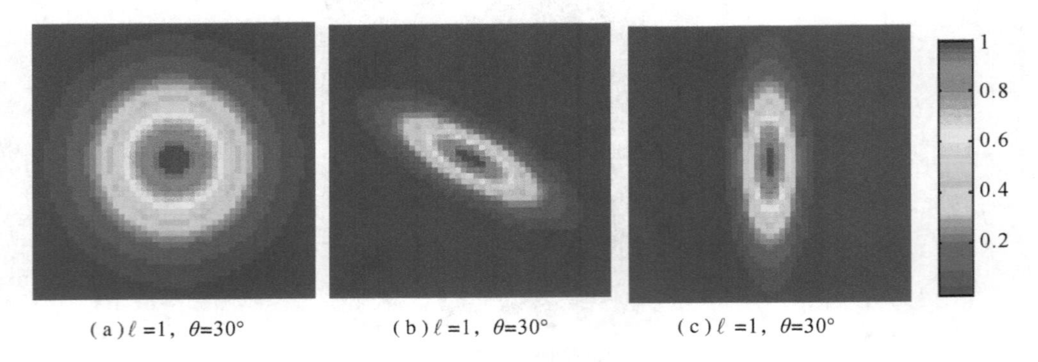

(a) $\ell=1$，$\theta=30°$　　(b) $\ell=1$，$\theta=30°$　　(c) $\ell=1$，$\theta=30°$

图 20.12　参数 $\ell$ 和 $\theta$ 分别取不同值时得到的核函数

将基于 SAR 图像素描信息所构建的几何核函数(如公式(20－23)所定义)和具有对称性和自相似性最大的比值距离(如公式(20－24)所定义)相结合，即可得到包含局部几何空间相关性的块相似性测度。其具体定义如下：

$$\mathrm{Sim}(Y_p, Y_q) = \frac{\sum \mathrm{Kernel}_p(\cdot) R(\mathbf{V}_p(\cdot), \mathbf{V}_q(\cdot))}{\sum \mathrm{Kernel}_p(\cdot)} \tag{20-25}$$

式中，$\mathrm{Sim}(Y_p, Y_q)$表示像素 $Y_p$ 和 $Y_q$ 之间基于块的相似度；$\mathrm{Kernel}_p(\cdot)$表示针对当前像素 $p$ 所定义的几何核函数；$V_k(\cdot)$表示以像素 $k$ 为中心的局部块内邻域像素。

利用公式(20－25)定义的块相似性测度，以 SAR 图像中的每一个像素作为起点，搜索其局部最大的匀质区域，并利用匀质区域内的像素来估计当前像素。这里，考虑到匀质区域形状的多样性，选择区域生长的方法来搜索其局部匀质区域。同时，鉴于块相似性测度的鲁棒性，选择极大似然准则(ML)来对当前像素值进行估计。其具体定义如下(这里只考虑幅度格式的SAR图像)：

$$\hat{X}_{ML}=\sqrt{\frac{1}{n}\sum_{i=0}^{n}Y_i^2} \tag{20-26}$$

式中，$\hat{X}_{ML}$ 表示利用 $ML$ 准则估计得到的像素值；$Y_i$，$i=0$，…，$n$ 表示搜索得到的局部最大匀质区域内的像素。

**算法 20.2：基于几何核函数测度和匀质区域搜索的 SAR 图像相干斑抑制**

(1) 利用算法 20.1 提取输入 SAR 图像的素描图，并给每个线段基元赋予三个含义的语义信息，构建由语义素描图作为初级视觉语义层的语义空间。

(2) 在语义素描图上，设计具有方向属性的矩形窗口(公式(20-21)来提取所有语义线段的邻近区域作为结构区域，并与除结构区域以外的无素描区域构成语义空间中的结构区域图。

(3) 将结构区域图作用到 SAR 图像上，使 SAR 图像划分为结构像素子空间和匀质像素子空间；

(4) 对 SAR 图像中的每一个像素根据其所属的像素子空间，通过公式(20-23)构造相应的几何核函数，利用公式(20-25)计算块相似性测度，并采用区域生长方法搜索其局部最大的匀质区域。

(5) 在所获得的匀质区域中，利用公式(20-26)估计当前像素的真实值。

需要说明的是，在步骤(4)中，为了更好地搜索当前像素的局部匀质区域，本章通过设定阈值的方式来控制匀质区域的搜索，同时，考虑到算法的时效性，将搜索得到的匀质区域限定在以当前像素为中心的方形窗口内，即最终搜索到的匀质区域内的像素可以表示成如下定义的集合：

$$\Omega=\{Y_i\mid \aleph_{Y_i}\cap\Omega\neq\varnothing,\ \mathrm{Sim}(Y_i,Y_k)>T,\ Y_i\in\Pi\} \tag{20-27}$$

式中，$\Omega$ 表示匀质区域内像素组成的集合；$\aleph_{Y_i}$ 表示像素 $Y_i$ 的 8-邻域；$T$ 表示匀质区域搜索过程使用的相似度阈值；$\Pi$ 表示以当前像素为中心的方形窗口。

这里，借鉴 Feng 等人给出的比值距离概率密度函数，将阈值 $T$ 的计算方法定义如下：

$$T=\kappa\cdot\sqrt{\frac{2L-1}{2L+1}} \tag{20-28}$$

式中，$L$ 表示 SAR 图像中相干斑的视数，$\kappa$ 表示尺度因子。

**2. 实验结果与分析**

1）参数选择及对比方法说明

实验只给出两幅真实的幅度 SAR 图像来比较不同算法的性能：

（1）英国国防研究局机载 SAR，X 波段，3 m 分辨率，英格兰 Bedfordshire 地区的农业场景，（Field，分辨率为 256×256，有效视数为 3.2）。

（2）Ku 波段，1 m 分辨率，Horse Track，在美国新墨西哥州的 Albuquerque 附近（Hippodrome，分辨率为 500×390，图 3.17(a)，有效视数大约为 4）。

算法 20.2（LHRS - SK）的降斑结果分别与 Refined - Lee 滤波（Ref - Lee）、AGKMMSE 滤波 0、IDAN 滤波以及 LHRS - PRM 滤波 0 的结果进行比较。在所有的实验中，算法 2 对相关参数的选择是：当相干斑视数 $L>4$ 时，$k$ 取 0.81，反之，$k$ 取 0.77；参数 $\ell$ 为 3；参数 $\sigma$ 为 3。对于 Ref - Lee 滤波和 AGKMMSE 滤波，采用 9×9 的滑动窗口进行估计，并且 AGKMMSE 滤波中平滑因子设置为 1.4。在 IDAN 滤波中，两次区域扩展所采用的尺度因子分别设为 1.2 和 2.0，第一次区域扩展时所能包含的最大像素个数为 50。

2）对比结果及分析

需要说明的是，由于真实 SAR 图像无法得到无相干斑噪声的理想信号，因此通常利用其滤波前后的图像特性来分析算法的有效性。这里，实验选择边缘保持指数 EPI、SAR 图像滤波前后比值图的均值（Mean）和方差（Var），以及比值图的相干斑视数（Speckle's Looks，SL）来作为数值指标分析算法的性能，其结果如表 20.3 所示。同时，在人工选择的几个匀质区域上（如图 20.13(a) 和图 20.14(a) 中标记的区域），通过计算其等效视数（Equivalent Number of Looks，ENL）来评价对比算法的相干斑抑制能力，其结果如表 20.2 所示。

**表 20.2 真实 SAR 图像的 ENL 评价指标**

| | Hippodrome | Filed(A) | Field(B) | Field(C) |
|---|---|---|---|---|
| Original | 4.4092 | 2.9462 | 3.1644 | 2.6557 |
| Ref - Lee | 72.5956 | 29.4791 | 49.6434 | 49.7820 |
| AGKMMSE | 26.8675 | 12.0773 | 17.2671 | 10.1576 |
| LHRS - PRM | 119.8494 | 50.8351 | 105.8297 | 159.7322 |
| Proposed 算法 2 | **135.0742** | **70.2878** | **154.5343** | **309.4576** |

**表 20.3　真实 SAR 图像的数值评价指标**

| | Mean | Var | $EPI_H$ | $EPI_V$ | SL | Mean | Var | $EPI_H$ | $EPI_V$ | SL |
|---|---|---|---|---|---|---|---|---|---|---|
| | Field | | | | | Town | | | | |
| Ref - Lee | 0.9851 | 0.0578 | 0.4213 | 0.3884 | 4.586 | 0.9458 | 0.0310 | 0.7896 | 0.7775 | 7.875 |
| AGKMMSE | 0.9881 | 0.0367 | **0.4711** | **0.4331** | 7.275 | **0.9664** | 0.0215 | 0.7862 | 0.7533 | 11.892 |
| IDAN | 1.0361 | 0.0718 | 0.3299 | 0.2986 | 4.086 | 1.0417 | 0.0426 | 0.6695 | 0.6429 | 7.687 |
| LHRS - PRM | **0.9790** | 0.0862 | 0.2973 | 0.2570 | **3.037** | 0.9734 | 0.0638 | 0.7809 | 0.6875 | **4.061** |
| LHRS - SK | 0.9368 | 0.0707 | 0.3226 | 0.3011 | 3.391 | 0.9841 | 0.0213 | **0.8827** | **0.8195** | 12.418 |
| **Idea** | **0.9594** | **0.0809** | **1.0000** | **1.0000** | **3.2** | **0.9693** | **0.0643** | **1.0000** | **1.0000** | **4** |
| | Hippodrome | | | | | Yellow River | | | | |
| Ref - Lee | **0.9743** | 0.0442 | 0.4639 | 0.4892 | 4.986 | 0.9820 | 0.0424 | 0.4098 | 0.4141 | 6.198 |
| AGKMMSE | 0.9887 | 0.0270 | **0.5053** | **0.5354** | 9.904 | 0.9902 | 0.0271 | **0.4589** | **0.4600** | 9.832 |
| IDAN | 1.0297 | 0.0541 | 0.3558 | 0.3828 | 5.357 | 1.0229 | 0.0546 | 0.3072 | 0.3083 | 5.514 |
| LHRS - PRM | 0.9764 | 0.0684 | 0.3288 | 0.3786 | **3.416** | **0.9769** | 0.0753 | 0.2482 | 0.2498 | 3.458 |
| LHRS - SK | 0.9610 | 0.0517 | 0.3779 | 0.4321 | 4.885 | 0.9502 | 0.0595 | 0.2851 | 0.2868 | **4.140** |
| **Idea** | **0.9693** | **0.0643** | **1.0000** | **1.0000** | **4** | **0.9693** | **0.0643** | **1.0000** | **1.0000** | **4** |

从图 20.13 (b)和(c)中可以看出，尽管在 Ref - Lee 滤波和 AGKMMSE 滤波的降斑结果中残留一些相干斑噪声，但是 SAR 图像中的细节信息却得到了较好的保持，如图 20.13 中 Field 左下部的点目标。在 IDAN 滤波的降斑结果中，虽然存在一些小黑斑(如图 20.13 (d)中部和图 20.14(d)左部)，但是 SAR 图像中所包含的结构信息得到了较好的保持。在 LHRS - PRM 滤波和 LHRS - SK 滤波的降斑结果中，由于采用基于块的相似性测度，SAR 图像中的相干斑噪声得到了很大程度的抑制，如图 20.13 (e)中部和图 20.14 (e)左部。然而，通过仔细对比这两个滤波器的降斑结果，可以看出本章所提的滤波方法对于图像中的细节信息具有更好的保持特性。这一点从表 20.3 中两个滤波器的 EPI 指数中也可以看出。同时，由于采用结构区域图对 SAR 图像像素空间进行划分，本章的方法 LHRS - SK 滤波对匀质区域的相干斑具有比其他对比算法更强的抑制效果。这一结论从表 20.2 中所给出的 ENL 指标也可以得到。

(a) 原图　(b) Ref-Lee 滤波

(c) AGKMMSE滤波　(d) IDAN 滤波

(e) LHRS-PRM 滤波　(f) LHRS-SK 滤波(算法20.2)

图 20.13　Field 的滤波结果

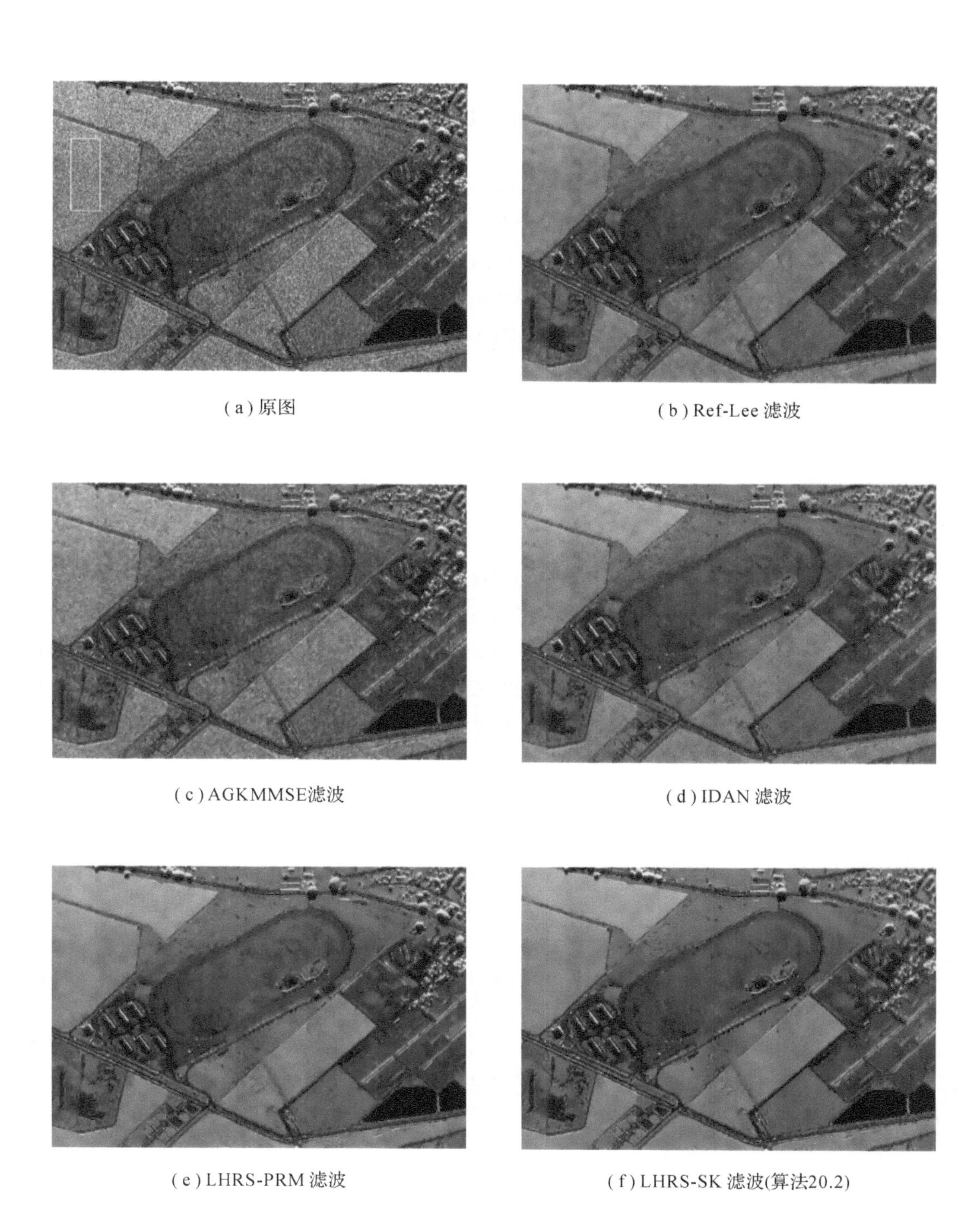

(a) 原图

(b) Ref-Lee 滤波

(c) AGKMMSE滤波

(d) IDAN 滤波

(e) LHRS-PRM 滤波

(f) LHRS-SK 滤波(算法20.2)

图 20.14　Hippodrome 的滤波结果

## 20.4 语义素描图及其在 SAR 图像相干斑抑制中的应用

上一节描述了如何在语义素描图上构造结构区域图，并将结构区域图作用到 SAR 图像空间完成相干斑抑制的任务。读者可能会问语义素描图本身就有许多值得利用的信息，例如，从每个语义基元代表的边界、线目标和高于地面目标的三种含义中的任意一种语义信息，都会要求在抑制相干斑噪声的同时很好地保持这些语义基元所对应位置处的像素空间的局部细节信息；另外，语义基元符号本身也提供了许多属性特征，如线段的位置和方向等。能否直接利用这些属性特征去抑制 SAR 图像的相干斑呢？我们的回答是当然可以。下面描述的方法是题目名为“A Hybrid Method of SAR Speckle Reduction Based on Geometric-Structural Block and Adaptive Neighborhood”发表在 IEEE Trancactions on Geoscience and Remote Sensing，2018.2，56(2)：730～748.上的工作。

### 20.4.1 研究动机

随着非局部(Non-local)策略在滤波方法中的成功应用，基于非局部的 SAR 图像相干斑抑制方法也引起了众多学者的关注。按照 Non-local 的思想，非局部均值滤波算法中的相似样本应该在整个图像中进行搜索。由于考虑到算法的实时性和有效性，现有的非局部均值滤波算法基本上都只在局部较大的方形窗内搜索相似性样本。这一策略对于在局部方形窗内具有较高冗余度的图像特征是适用的，对于边、线等具有各向异性特性且在局部方形窗内具有稀疏特性的图像结构特征来说，则需要更大的窗口来搜索其相似样本。需要说明的是，随着窗口的增大，许多不相关的样本也会进入到窗口中，从而导致估计误差的增大。为此，本章提出用语义素描图作用于原 SAR 图像空间，使刻画边、线等局部结构特征的那些像素具有方向属性。对于具有方向特性的像素，设计了能表示方向特性的几何结构块，因此在搜索相似的几何结构块时，以像素的方向信息作为条件，不仅能做到在整个图像中进行搜索，而且能快速和有效。

在基于非局部均值的 SAR 图像相干斑抑制方法中，由于采用基于图像块的相似性准则，更多有效的相似样本被用来进行估计，这对于 SAR 图像细节信息的保持是有效的，但与此同时也会增加匀质区域内的噪声模式，引入不必要的人工痕迹。在抑制匀质区域内的相干斑噪声时，应强调局部集聚性关系而不是非局部关系，基于局部均值滤波估计的方法即可得到较好的效果。因此，对于不具有方向特性的像素，本章设计了一种基于统计分布的相似性测度来搜索当前像素的自适应邻域，并采用基于自适应邻域的滤波方法进行估计。对于包含在几何结构块内不具有方向特性的像素，本章采用基于统计加权的方式融合其所得到的估计值。

## 20.4.2 语义素描图中方向信息的传递

正如大家知道的那样，语义素描图的大小是和产生它的SAR图像的大小是相同的，语义素描图的基元符号是线段，而线段是由起始素描点和终止素描点组成的。SAR图像的基元是像素，像素是图像离散化后最基本的处理单元，像素的灰度值是像素仅有的信息。在SAR图像的像素空间中，只能感受到像素亮度(灰度值)的绝对值大小，却不能获得像素亮度变化处的相关信息，但语义素描图中的线段却描述了像素亮度变化处的位置和方向信息。因此，本章想到了把素描线段上每个素描点的方向传递给像素空间中对应位置处的像素点上，使该像素点不仅具有灰度值，更重要的是它有了方向信息，如图20.15(c)所示。这为后续设计几何结构块和提出基于几何结构块的SAR图像非局部均值滤波方法起到了

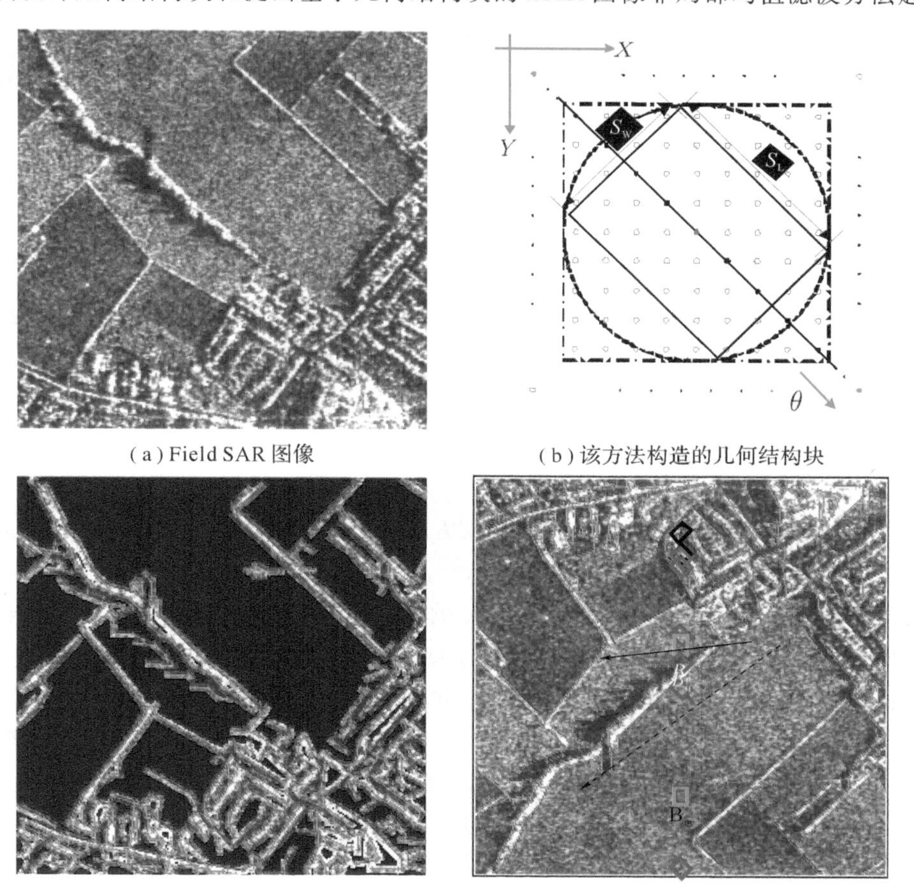


(a) Field SAR图像　(b) 该方法构造的几何结构块

(c) 集合Ω中包含的所有像素　(d) 该方法的示意图

图20.15　基于GB的NLM滤波方法的示意图

关键性的作用。图 20.15(b)中,其长边所指向的方向为 $\theta$; 图 20.15(c)中，红色标记为素描点所对应的像素；图 20.15(d)中，相似的几何结构块是在集合 $\Omega$ 中搜索，如，$B_p$ 和 $B_q$ 的比较；同时，由于较大的方向差异性，$B_p$ 和 $B_m$ 是不进行比较的。需要说明的是，具有相同颜色的图像块表示具有相近的局部方向，它们之间将进行相似度的计算。

### 20.4.3 基于几何结构块相似性测度的非局部均值滤波方法

**1. 构造几何结构块**

从本质上来说，基于块的相似性测度是通过比较块内所包含的结构信息来提高相似性测度的鲁棒性以获得更多有效的相似样本，这对于包含结构信息(如边、线等)的图像块是非常重要的。较小的图像块有利于滤波过程中图像细节信息的保持。其主要原因在于，通过采用较小的图像块有利于块内结构信息的比较。

这里，考虑到 SAR 图像中的边、线等结构信息具有显著的几何方向特性，本章设计具有方向特性的矩形窗口来提取图像块，其支撑域的定义如下：

$$W(x_0, y_0, \theta, s_l, s_w) = \left\{(x, y) \mid \left| f_1(x, y, x_0, y_0, \theta) \right| \leqslant \frac{s_l}{2}, \left| f_2(x, y, x_0, y_0, \theta) \right| \leqslant \frac{s_w}{2}\right\} \tag{20-29}$$

式中，$(x_0, y_0)$表示矩形窗口的中心点；$(x, y)$表示中心点$(x_0, y_0)$的邻近点；$\theta$ 表示矩形窗长边所对应的方向；$s_l$ 和 $s_w$ 分别表示矩形窗口的长和宽($s_l > s_w$)，$|f_1(x, y, x_0, y_0, \theta)|$表示求绝对值操作；$f_1$ 和 $f_2$ 表示一对旋转函数。其定义如下：

$$\begin{cases} f_1(x,y,x_0,y_0,\theta) = -(y-y_0)\sin\theta + (x-x_0)\cos\theta \\ f_2(x,y,x_0,y_0,\theta) = (y-y_0)\cos\theta + (x-x_0)\sin\theta \end{cases} \tag{20-30}$$

通过将该矩形窗口的中心点$(x_0, y_0)$与具有方向信息的像素对齐，并将 $\theta$ 设为其所对应的方向值，即可从 SAR 图像中获得集合 $\Omega = \{B_k(x_k, y_k, \theta_k, s_w, s_l)\}$。这里，$B_k(x_k, y_k, \theta_k, s_w, s_l)$表示矩形的图像块，$(x_k, y_k)$表示具有方向特性的像素，$\theta_k$ 表示该像素所具有方向，$s_l$ 和 $s_w$ 分别表示该图像块的长和宽。由于这里设计的矩形窗具有方向特性，将所得到图像块定义为几何结构块(Geometric - structural Block，GB)。在实验中，$s_w$ 和 $s_l$ 分别设为 5 和 7。

以一幅真实的 SAR 图像为例，如图 20.15(a)所示。利用如图 20.15 (b)所构造的几何结构块，可以获得图像块集 Ω。图 20.15 (c)给出了集合 Ω 中所有像素组成的区域，从中可以看出该 SAR 图像中所包含的结构信息可以通过设计的几何结构块提取出来。鉴于所提取的图像块具有显著的方向特性，可以利用图像块之间的方向差异性作为约束条件来提高相似样本的搜索效率，如图 20.15 (d)所示。即只有具有相近方向的图像块之间才进行相似度的计算。

**2. 算法描述**

综上所述，本章用算法 20.3 描述了基于几何结构块的 SAR 图像非局部均值滤波方法。

---

**算法 20.3：基于几何结构块的 SAR 图像非局部均值滤波**

---

(1) 从集合 Ω 中选择一个没有估计的 GB(如，$\boldsymbol{B}_i(x_i, y_i, \theta_i, s_w, s_l)$)作为当前块。

(2) 从集合 Ω 中选择满足 $|\theta_j - \theta_i| \leqslant \delta_{orient}$ 的 GB(如，$\boldsymbol{B}_j(x_j, y_j, \theta_j, s_w, s_l)$)，并在原图中重新提取 $\boldsymbol{B}_j^*(x_j, y_j, \theta_j, s_w, s_l)$ 作为对比块。同时，$\boldsymbol{B}_i(x_i, y_i, \theta_i, s_w, s_l)$ 与 $\boldsymbol{B}_j^*(x_j, y_j, \theta_j, s_w, s_l)$ 之间的距离计算为

$$Dist_{i,j} = \frac{1}{N}\sum_{k=1}^{N}\log\left(\frac{\boldsymbol{B}_j^{*2}(k) + \boldsymbol{B}_i^2(k)}{2 \cdot \boldsymbol{B}_j^*(k) \cdot \boldsymbol{B}_i(k)}\right) \tag{20-31}$$

式中，$N$ 表示图像块 $\boldsymbol{B}_i$ 中像素的总数；$\boldsymbol{B}_i(k)$ 表示图像块 $\boldsymbol{B}_i$ 中所包含的第 $k$ 个像素。

需要说明的是，$\boldsymbol{B}_j^*$ 与 $\boldsymbol{B}_i$ 具有相同形状支撑。

(3) 利用满足条件 $Dist_{i,k} < T_{Dist}$ 的对比块来估计当前块。其估计公式为

$$\hat{\boldsymbol{B}}_i = \frac{1}{Z}\sum_{k} w_{i,k} \cdot \boldsymbol{B}_k^* \tag{20-32}$$

式中，$Z$ 表示归一化因子，$w_{i,k} = \exp\{-(2L-1) \cdot Dist_{i,k}\}$。可以看出这是一个逐块估计的方法。

(4) 重复步骤(1)～(3)，直到集合 Ω 中的图像块均估计完。对于块之间重叠的像素，这里采用平均方式进行估计值的融合。

---

### 20.4.4 基于像素分类和自适应邻域搜索的 SAR 图像相干斑抑制

**1. 算法描述**

不具有方向信息的像素大多属于匀质区域或者较小的点目标。对于处于匀质区域的像素，由于受乘性相干斑噪声的影响，需要搜索更多的相似样本来估计其真实信号；而对于 SAR 图像中的点目标，则需要进行有效地保持以便于后续 SAR 图像的理解与解译。由于相干斑噪声的影响，利用像素灰度值的测度准则所得到的邻域因太小而不足以有效地估计其真实值，因此为了能够获得较大的局部邻域来估计当前像素的真实值，本章引入了一个预滤波的策略，利用滤波估计后的结果来确定其局部邻域。下面给出算法 20.4：自适应邻域搜索的 SAR 图像相干斑抑制方法和整体算法 20.5 的描述。

**算法 20.4：基于自适应邻域搜索的 SAR 图像相干斑抑制**

（1）对于每一个不具有方向特性的像素，分别采用式(20－33)和式(20－34)来计算其相应的预估计值和等效视数：

$$\hat{Y}=\overline{Y}+\xi\cdot(Y_0-\overline{Y}) \tag{20-33}$$

$$L^{*}=\frac{n}{(n-1)\xi^2+1}\cdot L \tag{20-34}$$

（2）对于某一个不具有方向特性的像素，根据相似性测度通过已标记的像素与其8邻域像素间进行类标传递的方式获得其局部自适应邻域。接着，利用已得到的局部邻域，采用式(20－33)和式(20－34)更新其相应的预估计值和等效视数。

$$\begin{aligned}\mathrm{Sim}(\hat{A}_i,\hat{A}_j)&=\frac{f(\hat{r})}{f(\hat{r}^{*})}\\&=\left[\frac{(2L_j^{*}-1)\cdot L_i^{*}}{(2L_i^{*}-1)\cdot L_j^{*}}\cdot\hat{r}^2\right]^{L_i^{*}-0.5}\cdot\left[\frac{(L_i^{*}\cdot\hat{r}^2+L_j^{*})(2L_j^{*}-1)}{2L_j^{*}\cdot(L_i^{*}+L_j^{*}-1)}\right]^{1-L_i^{*}-L_j^{*}}\end{aligned} \tag{20-35}$$

（3）将更新后的预估计值和等效视数代入到式(20－35)中，重新评价当前像素局部邻域搜索过程中访问过但没有包含在已获得邻域内的像素，实现对已获得的局部邻域进行进一步地扩展。并基于最终获得的局部邻域，采用极大似然的准则来估计当前像素的真实值。

（4）重复步骤(2)和(3)，对所有不具有方向特性的像素进行估计。

对于用算法 20.3 和算法 20.4 这两种方法重复估计的像素，需要设计一种有效的融合算子来获得最终的估计值。因此，通过利用当前像素的观测值，设计了基于加权平均的融合算子。算法 20.5 是整体方法的描述。

**算法 20.5：基于像素分类和自适应邻域搜索的 SAR 图像相干斑抑制**

（1）利用算法 20.1 获得输入 SAR 图像的素描图，通过将每条素描线段上的每个素描点的方向信息传递给像素空间中对应位置处的像素点，完成了将 SAR 图像中的像素点分为具有方向特性的像素和不具有方向特性的像素。

（2）对于具有方向特性的像素，利用算法 20.3 估计其真实值。

（3）对于不具有方向特性的像素，利用算法 20.4 估计其真实值。

(4) 采用式(20－34)融合步骤(2)和(3)中所得到的关于重叠像素的估计值作为其最终的估计值。

$$\hat{A}=\frac{1}{\zeta}\sum_{i}p_{z}\left(\frac{A}{\hat{A}_{i}}\right)\cdot\hat{A}_{i} \tag{20-36}$$

式中，$p_z(z)=\frac{2L^L}{\Gamma(L)}z^{2L-1}\exp(-Lz^2),z\geqslant 0$ 表示幅度 SAR 图像中相干斑的概率密度函数。

**2. 实验结果与分析**

为了验证本章算法的有效性，这里选择了 5 幅具有不同分辨率的真实 SAR 图像进行定量与定性的分析。5 幅图分别为：① 英国国防研究局机载 SAR，X 波段，3 m 分辨率，英格兰 Bedfordshire 地区的农业场景(Field，256×256，图 20.16(a)，有效视数为 3.2)；② X 波段，3 m 分辨率，中国西安附近某城镇(Town，分辨率为 300×300，图 20.16(b)，有效视数为 4)；③ 德国 TerraSAR，X 波段，1 m 分辨率，德国 Nordlinger Ries 附近的小镇(Village，512×512，图 20.16(c)，有效视数为 4)；④ 德国 TerraSAR，X 波段，1 m 分辨率，德国 Nordlinger Ries 附近的商业区(Downtown，512×512，图 20.16(d)，有效视数为 4)；⑤ 机载 MiniSAR，Ka 波段，0.1 m 分辨率，美国 Wyoming 洲的一个公路收费站(Gate，1638×2510，图 20.16(e)，有效视数为 3)。需要说明的是，考虑到图 20.16(e)的尺寸比较大，这里截取如图 20.16(e)中所标记的两个子区域(分别记为 Gate_One 和 Gate_Two)进行定量和定性的分析。

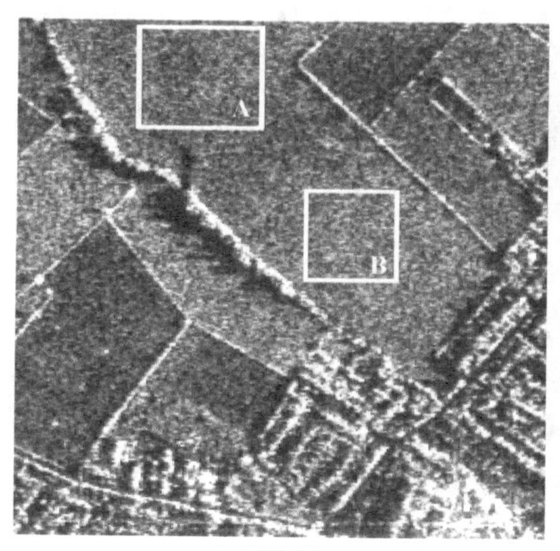

(a) Field

(b) Town

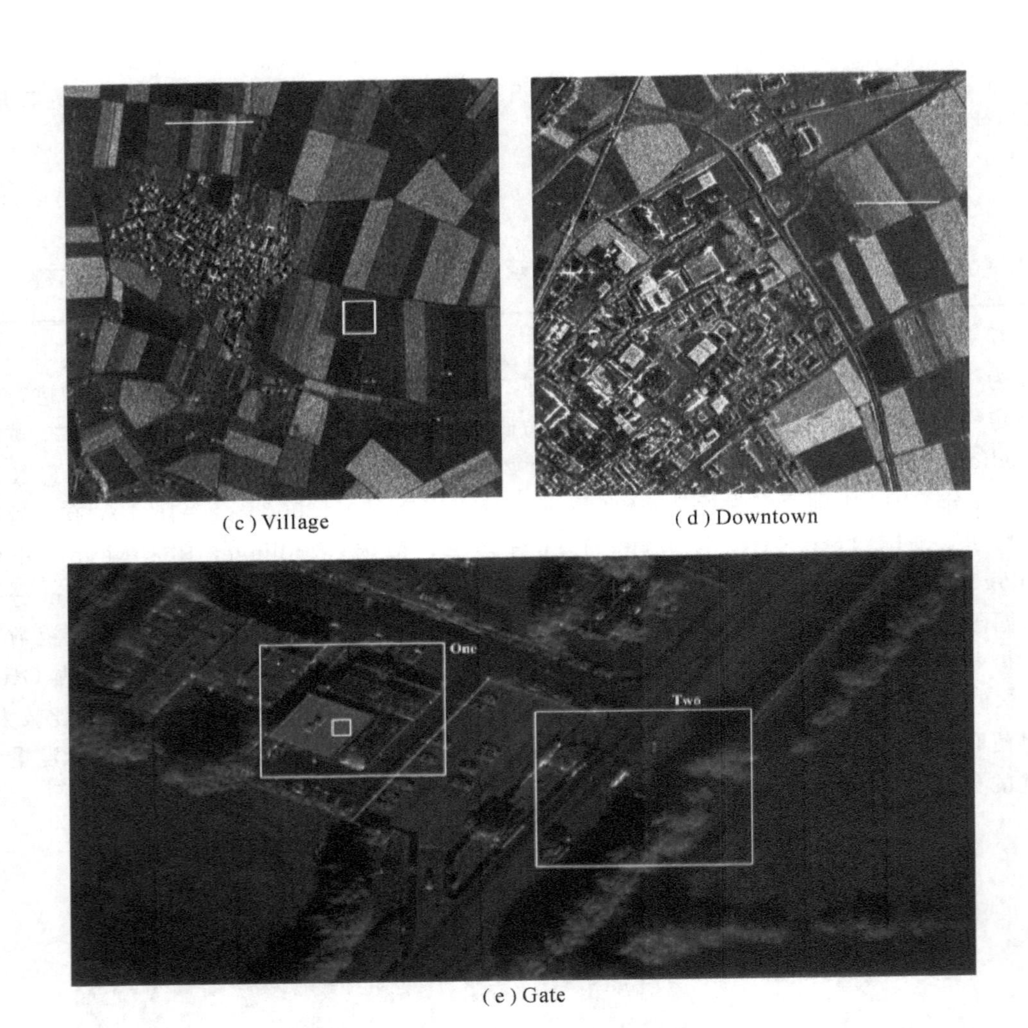

(c) Village (d) Downtown

(e) Gate

图 20.16 5幅真实的SAR图像

由于本章所提算法是由基于几何结构块(GB)的非局部均值滤波方法和基于自适应邻域(Adaptive Neighbor，AN)搜索的滤波方法整合而成的，为了便于分析与说明，将本章算法简称为GBAN滤波。参与比较降斑效果的其它方法分别是IDAN滤波、LHRS-SK滤波、PPB滤波(非迭代的PPB滤波，PPB-nonit)、迭代25次的PPB滤波(PPB-it25)和PEAN滤波。为了说明基于几何结构块的非局部均值滤波方法在本章所提算法中的重要性，可以单独将算法20.4即基于自适应邻域搜索的SAR图像相干斑抑制方法用于实现SAR图像的相干斑抑制，并简称为PEAN滤波。不同滤波的降斑结果如图20.17～20.22所示。

(a) IDAN滤波　(b) LHRS-SK滤波　(c) PPB-nonit滤波　(d) PPB-it25滤波　(e) PEAN滤波　(f) GBAN滤波(本节算法)

图 20.17　Field 的降斑结果

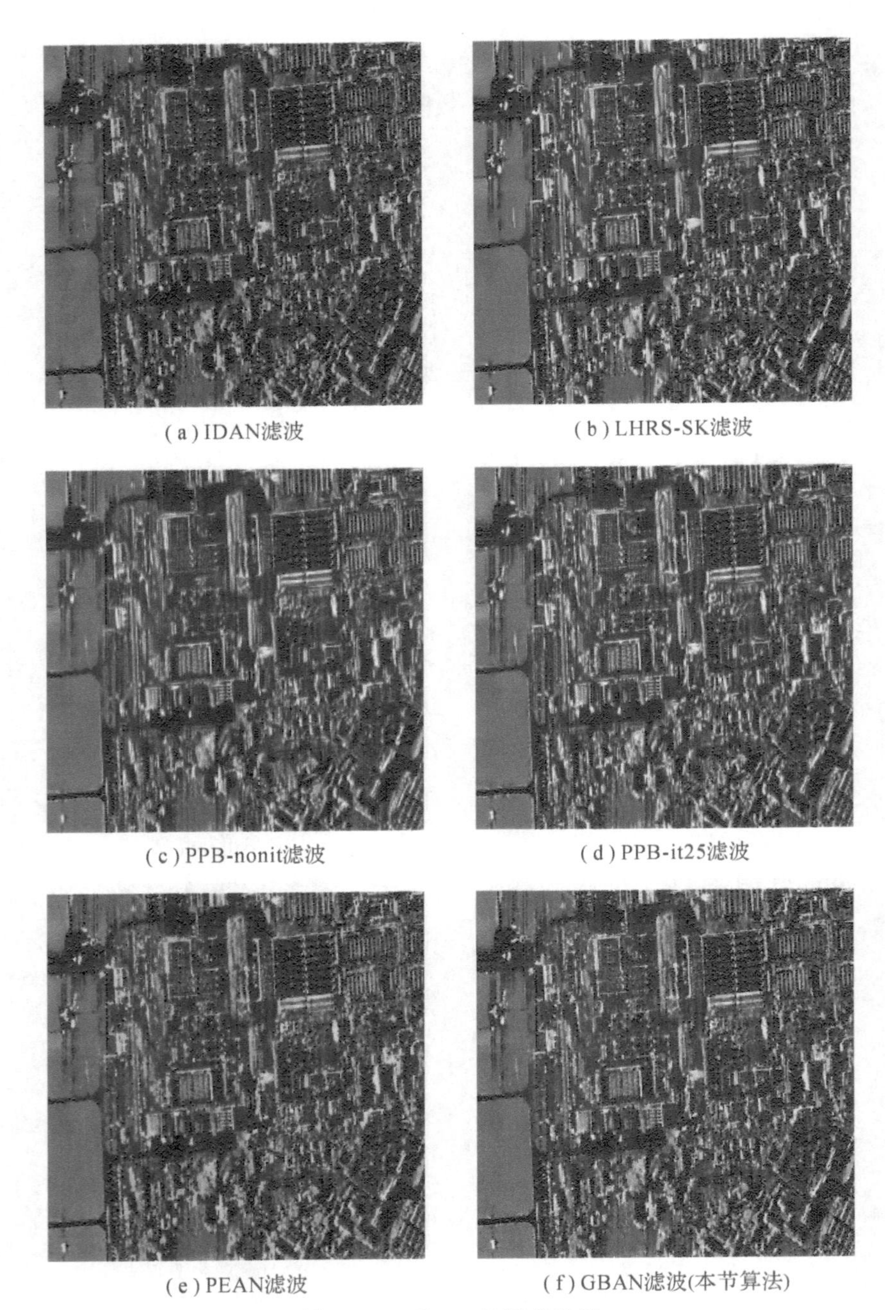

(a) IDAN滤波　(b) LHRS-SK滤波

(c) PPB-nonit滤波　(d) PPB-it25滤波

(e) PEAN滤波　(f) GBAN滤波(本节算法)

图 20.18　Town 的降斑结果

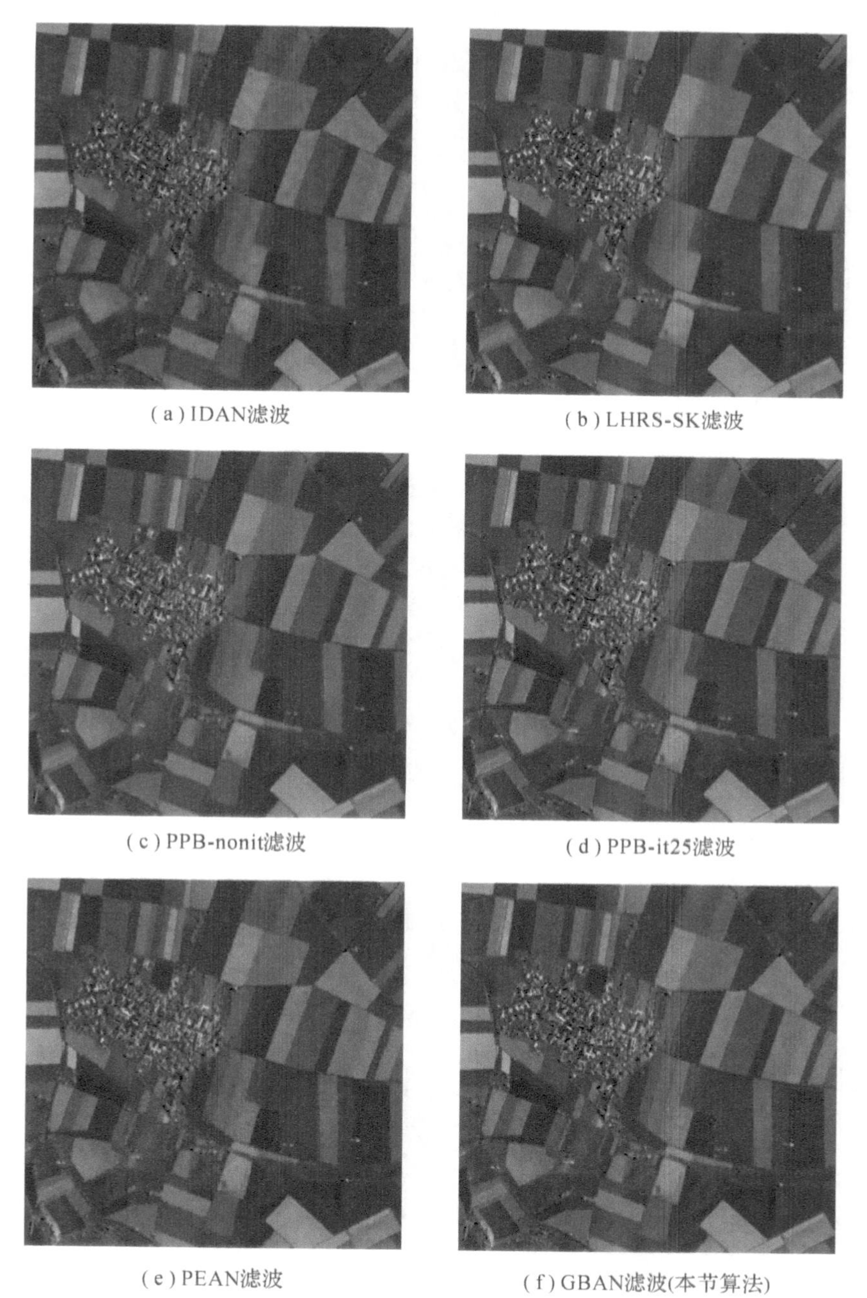

(a) IDAN滤波

(b) LHRS-SK滤波

(c) PPB-nonit滤波

(d) PPB-it25滤波

(e) PEAN滤波

(f) GBAN滤波(本节算法)

图 20.19　Village 的降斑结果

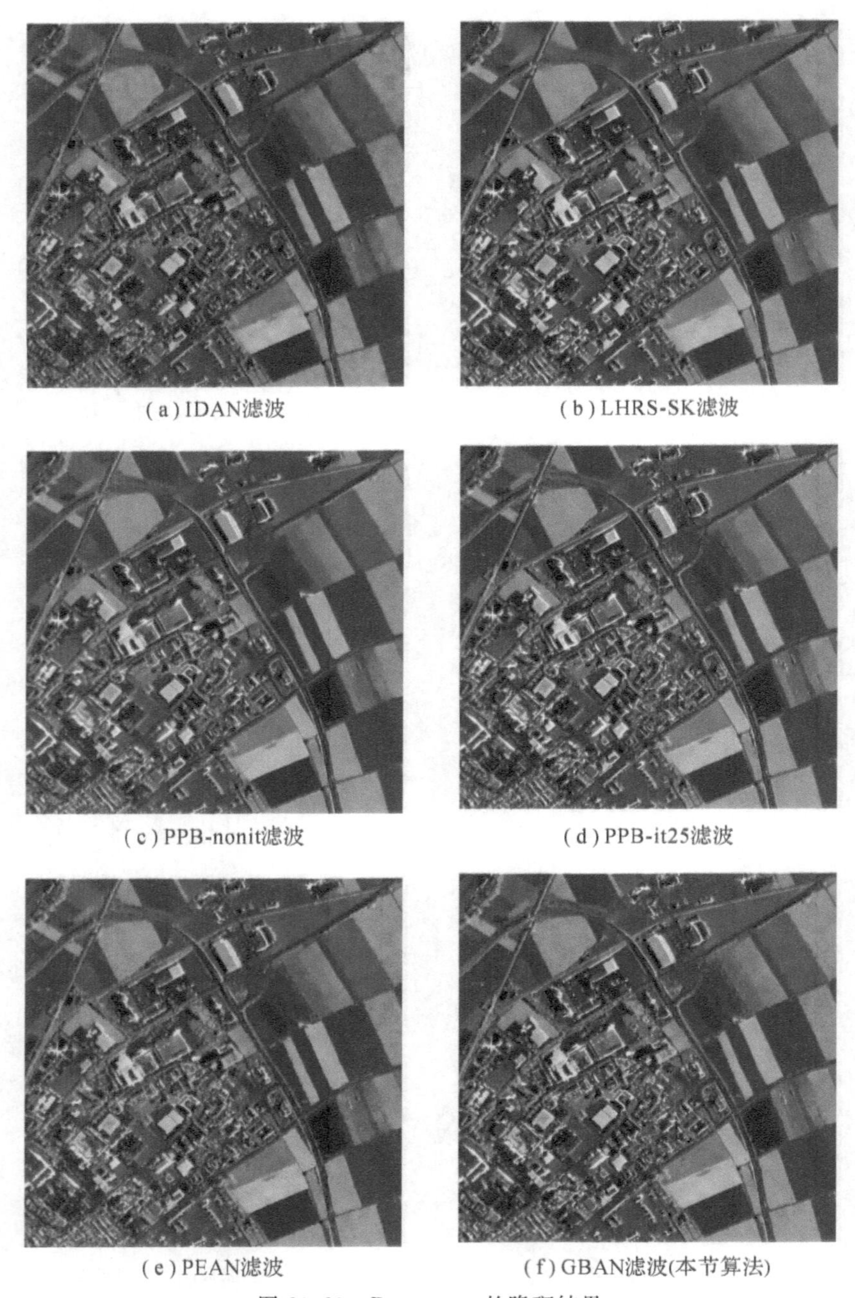

(a) IDAN滤波

(b) LHRS-SK滤波

(c) PPB-nonit滤波

(d) PPB-it25滤波

(e) PEAN滤波

(f) GBAN滤波(本节算法)

图 20.20　Downtown 的降斑结果

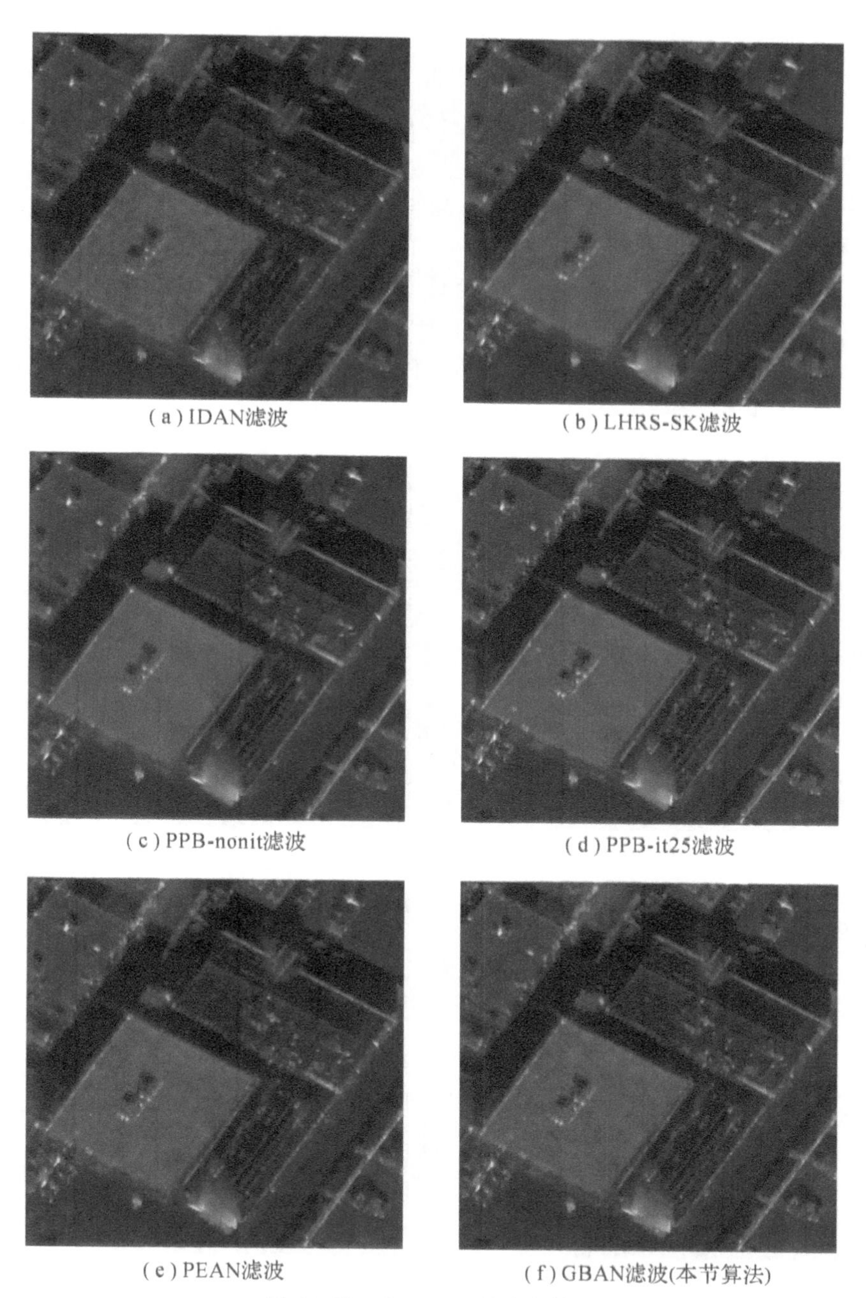

(a) IDAN滤波　(b) LHRS-SK滤波
(c) PPB-nonit滤波　(d) PPB-it25滤波
(e) PEAN滤波　(f) GBAN滤波(本节算法)

图 20.21　Gate_one 的降斑结果

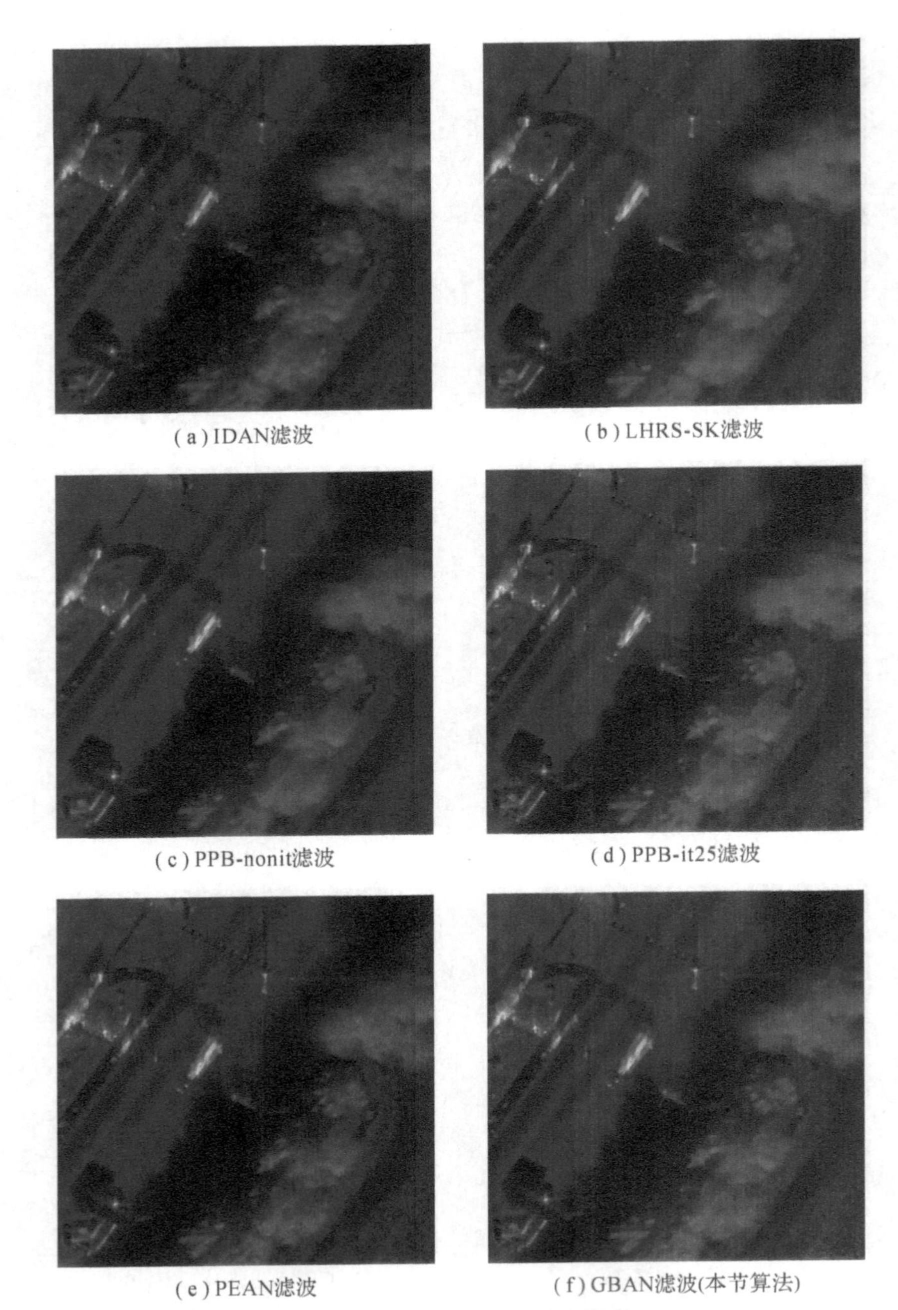

(a) IDAN滤波
(b) LHRS-SK滤波
(c) PPB-nonit滤波
(d) PPB-it25滤波
(e) PEAN滤波
(f) GBAN滤波(本节算法)

图 20.22　Gate_Two 的降斑结果

从图 20.17～20.22 的降斑结果可以看出，IDAN 滤波方法比 LHRS－SK 滤波和 PPB－nonit 滤波具有更好的细节信息保持能力，如 Field 左下方的点目标和右下方的建筑物。然而，一些边、线特征在 IDAN 滤波的结果中被模糊了，如 Field 中部的栅栏和 Downtown 上部的道路。同时，由于 IDAN 滤波所采用的基于像素的相似性测度易于受噪声的影响，因此，在其降斑结果中常常会出现一些异常的小黑斑，如 Field 的中部和 Town 的左下部。在 PEAN 的降斑结果中，由于采用设计的测度，SAR 图像的边、线特征得到了有效地保持。同时，在 Field 的降斑结果中，发现采用 PEAN 滤波方法仍会导致一些斑点的存在。需要说明的是，采用 PEAN 滤波所导致的斑点不同于 IDAN 滤波所产生的小黑斑。这一点从 Town 的降斑结果中可以看出。因此，可将 PEAN 降斑结果中的斑点认为是由于其局部信息的变化而产生的。在 LHRS－SK 滤波和 PPB－nonit 滤波的降斑结果中，由于采用基于块的相似性测度，这些斑点得到了有效的抑制。但是，对于匀质区域间的弱边缘(两匀质区域具有相近的真实信号)，这两种滤波方法的结果则有些模糊，如 Downtown 的右上部和 Gate_two 的左下部。这一点从图 20.23 中所给出的局部剖面图(对应于图 20.16(c)和(d)中白线所标记的部分)也可以看出。从图 20.23 中可以看到在 PEAN 滤波和 GBAN 滤波的降斑结果中，这些弱边缘得到了有效的保持。由于采用迭代的方式对真实信号进行估计，SAR 图像中的边缘细节信息在 PPB－it25 滤波的降斑结果中得到了增强。这不仅体现在图 20.17～20.22 所给出的视觉结果中，从图 20.23 所给出的局部剖面图中也可以看出。然而，经过仔细观察发现在 PPB－nonit 滤波和 PPB－it25 滤波的降斑结果中常常伴随有一些人工痕迹，如 Field 中部的匀质区域和边缘附近，以及 Town 左下部的匀质区域。

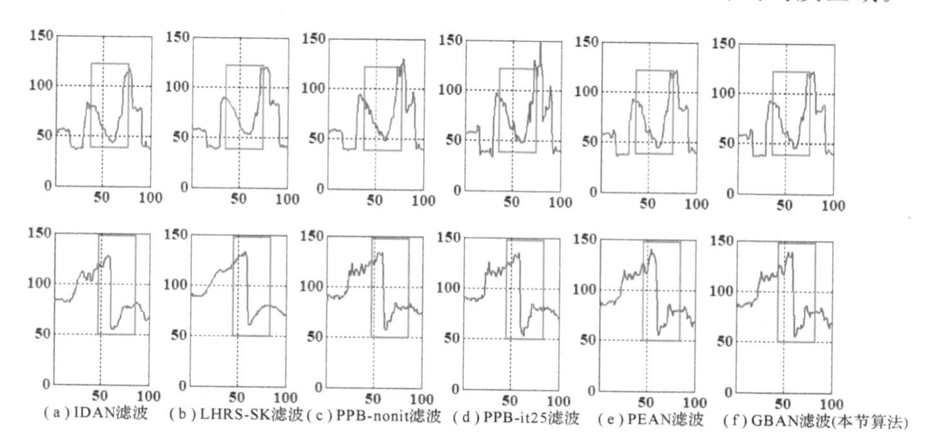


图 20.23　对应图 20.16(c)和(d)中白线标记的剖面图

另外，在图 20.24 中给出了 PEAN 滤波和 GBAN 滤波对 SAR 图像 Field、Village 和 Downtown 降斑结果的比值图。可以看出，PEAN 滤波得到的比值图中包含大量的结构信息，尤其是 Downtown 中建筑物的结构信息。这说明，基于几何结构块的非局部均值滤波方法和素描图中方向信息的融合策略对于 SAR 图像结构信息的保持具有较为重要的贡献。

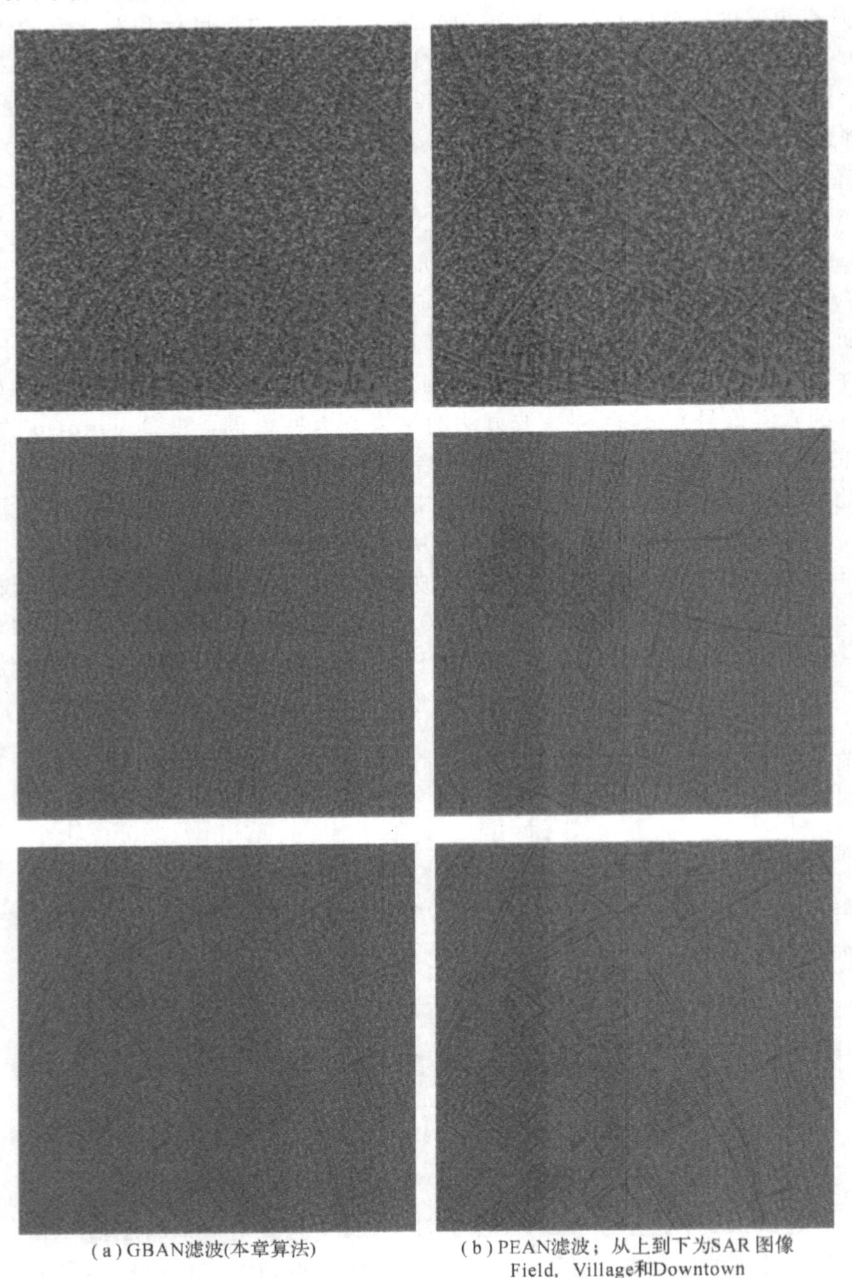

(a) GBAN滤波(本章算法)　　(b) PEAN滤波；从上到下为SAR 图像 Field，Village和Downtown

图 20.24　降斑结果的比值图

在客观数值评价中，本章选择边缘保持指数(EPI，沿水平方向 EPIH，沿垂直方向 EPIV)、SAR 图像滤波前后图像的均值之比(RoM)，以及比值图的视数(SL)来作为数值指标分析算法的性能，其结果参阅文献[53]。同时，在人工选择的几个匀质区域上(如图 20.16(a)和 20.16(e)中方框标记的区域)，通过计算其均值(Mean)、方差(Variance)和均值保持与相干斑抑制指标(Mean Preservation and Speckle Suppression Index，MPSSI)来评价算法的性能，其结果参阅文献[53]。

# 参考文献

[1] HENRI MAÎTRE[法]. 合成孔径雷达图像处理[M]. 孙洪，等译. 北京：电子工业出版社，2005.

[2] 保铮，邢孟道，王彤. 雷达成像技术[M]. 北京：电子工业出版社，2005.

[3] 孙强. 基于统计模型的 SAR 图像处理和解译[D]. 西安电子科技大学，2007.4.

[4] 田小林. SAR 图像降斑与分割研究[D]. 西安电子科技大学，2008.9.

[5] 焦李成，张向荣，侯彪，等. 智能 SAR 图像处理与解译[M]. 北京：科学出版社，2008.

[6] 凤宏晓，侯彪，焦李成，等. 基于非下采样 Contourlet 域局部高斯模型和 MAP 的 SAR 图像相干斑抑制[J]. 电子学报，2010，38(4)：811-816.

[7] LEE J S, HOPPEL K. Noise modeling and estimation of remotely sensed images [C]. In Proc. IGARSS'89，1989，2：1005-1008.

[8] LEE J S. Speckle suppression and analysis for synthetic aperture radar images [J]. Optical Engineering，1986，25：636-643.

[9] EZHILALARASI M，UMAMAHESWARI G，VANITHAMANI R. Modified Hybrid Median Filter for Effective Speckle Reduction in Ultrasound Images [C]. In：Recent Advances Networking，Proceedings of International Conference on Networking，VLSI and Signal Processing，ICVNS 2010：166-171.

[10] VIKRANT BHATEJA，ANUBHAV TRIPATHI，ANURAG GUPTA. An Improved Local Statistics Filter for Denoising of SAR Images [C]，Proceedings of the Second International Symposium on Intelligent Informatics，2013：23-29.

[11] LEE J S. Digital image enhancement and noise filtering by use of local statistics [J]. IEEE Trans. Pattern Anal. Mach. Intell.，1980，2(2)：165-168.

[12] KUAN D T，SAWCHUK A A，STRAND T C，et al. Adaptive noise smoothing filter for images with signal-dependent noise [J]. IEEE Trans. Pattern Anal. Mach. Intell.，1985，PAMI-7(2)：165-177.

[13] FROST V S，STILES J A. A model for radar images and its application to adaptive digital filtering of multiplicative noise [J]. IEEE Trans. Pattern Anal. Mach. Intell.，1982，4(2)：157-166.

[14] MARR D. Vision [M]，W. H. Freeman and Company，1982.

[15] POGGIO T. Marr's Computational Approach to Vision. Trends in Neurosciences [R]，1981，4：258

-262.
[16] LEE T S, MUMFORD D, ROMERO R, et al. The role of the primary visual cortex in higher level vision [J], Vision Research, 1998, 38(15): 2429-2454.
[17] RICHETIN M, SAINT-MARC P, LAPRESTE J T. Describing greylevel textures through curvature primal sketching [C], in Proc. IEEE ICASSP 86., 1986, 11: 1433-1436.
[18] ASADA H, BRADY M. The curvature primal sketch [J]. IEEE Trans. Pattern Anal. Mach. Intell. 1986, 8(1): 2-14.
[19] CHEN H, ZHENG N N, XU Y Q, et al. An example-based facial sketch generation system [J]. Chinese Journal of Software, 2003, 14(2): 202-208.
[20] XUE XIAOHUI, WU XIAOLIN. Directly Operable Image Representation of Multiscale Primal Sketch [J], IEEE Transaction on Multimedia, 2005, 7(5): 805-816.
[21] FANG DAI, ZHENG NANNING, XUE JIANRU. Primal sketch of images based on empirical mode decomposition and Hough transform [C], 3rd IEEE Conference on Industrial Electronics and Applications, ICIEA 2008, 2008, 2521-2524.
[22] LINDEBERG T, JAN-OLOF EKLUNDH. Construction of a Scale-Space Primal Sketch [C], Proc. British Machine Vision Conference, 1990, 97-102.
[23] LINDEBERG T. Discrete Scale-Space Theory and the Scale-Space Primal Sketch [R], PhD thesis, Department of Numerical Analysis and Computer Science, KTH Royal Institute of Technology, 1991.
[24] GUO C E, ZHU S C, WU Y N. Towards a Mathematical Theory of Primal Sketch and Sketchability [C], Proceeding of Ninth IEEE International Conference on Computer Vision, 2003.
[25] GUO C E, ZHU S C, WU Y N. Primal sketch: Integrating structure and texture [J], Computer Vision and Image Understanding, 2007, 106(1): 5-19.
[26] MUMFORD D, SHAH J. Optimal approximation by piecewise smooth functions and association [J]. Variational prob., Comm. Pure Appl. Math. 1989, 42 (5): 577 - 685.
[27] TOUZI R, LOPES A, BOUSQUET P. A statistical and geometrical edge detector for SAR images [J], IEEE Trans. Geosci. Remote Sens., 1988, 26(6): 764-773.
[28] TUPIN F, ECOLE NAT, MAITRE H, et al. Detction of linear features in SAR images: application to road network extraction [J], IEEE Trans. Geosci. Remote Sens., 1998, 36(2): 434-453.
[29] CANNY J. A computational approch to edge detection [J], IEEE Trans. Pattern Anal. Mach. Intell., 1986, 8(6): 679-698.
[30] FJORTOFT R, LOPES A, MARTHON P, et al. An optimal multiedge detector for SAR image segmentation [J], IEEE Trans. Geosci. Remote Sens., 1998, 36(3): 793-802.
[31] CANNY J. Finding edges and lines in image [R], MIT, MIT Artifical Intelligence Labertory, 1983.
[32] BAI ZHENGYAO, YANG JIAN, LIANG HONG, et al. An optimal edge detector for bridge target detection in SAR images [C], in Proc. 2005 International Conference on Communications, Circuits and Systems, 2005.
[33] BLOCH I. Information combination operators for data fusion: A comparative review with

classification [J], IEEE Trans. Syst., Man, Cybern., A, Syst., Humans, 1996, 26(1): 52-67.
[34] OTSU N. A threshold selection method from gray-level histograms [J], IEEE Trans. Syst., Man, Cybern., 1979, 9(1): 62-66.
[35] Jie Wu, Fang Liu, Licheng Jiao, Xiangrong Zhang, Hongxia Hao, Shuang Wang, Local Maximal Homogeneous Region Search for SAR Speckle Reduction with Sketch-based Geometrical Kernel Function. IEEE Transactions on Geoscience and Remote Sensing. 2014, 53(9) : 5751-5764.
[36] 袁嘉林. 基于 Primal Sketch Map 和语义信息分类的 SAR 图像分割 [D]. 西安电子科技大学.
[37] Fang Liu, Junfei Shi, Licheng Jiao, Hongying Liu, Shuyuan Yang, Jie Wu, Hongxia Hao, and Jialing Yuan. Hierarchical semantic model and scattering mechanism based PolSAR image classification. Pattern Recognition, 2016, 59: 325-342.
[38] 武杰. 基于素描模型和可控核函数的 SAR 图像相干斑抑制 [D]. 西安电子科技大学.
[39] DELEDALLE C A, DENIS L, TUPIN F, et al. How to Compare Noisy Patches? Patch Similarity Beyond Gaussian Noise [J], International Journal of Computer Vision, 2012, 99(1): 86-102.
[40] FENG H X, HOU B, GONG M G. SAR image despeckling based on local homogeneous region segmentation by using pixel relativity measurement [J], IEEE Trans. Geosci. Remote Sens., 2011, 49(7): 2724 - 2737.
[41] LEE J S. Refined filtering of image noise using local statistics [J]. Computer Graphics and Image Processing, 1981, 15(4): 380-389.
[42] D'HONDT O, FERRO-FAMIL L, POTTIER E. Nonstationary spatial texture estimation applied to adaptive speckle reduction of SAR data [J], IEEE Geosci. Remote Sens. Lett., 2006, 3(4): 476-480.
[43] TROUVE E, LEE J S, BUZULOIU V. Intensity-driven adaptive neighborhood technique for polarimetric and interferometric SAR parameters estimation [J], IEEE Trans. Geosci. Remote Sens., 2006, 44(6): 1609-1621.
[44] JIAN J, LI C. SAR image despeckling based on bivariate threshold function in NSCT domain [J], Journal of Electronics & Information Technology, 2011, 33(5): 1088-1094.
[45] BUADES A, COLL B, MOREL J M. A non-local algorithm for image denoising [C], in IEEE Comput. Soc. Conf. Comput. Vis. Pattern Recogn. 2005, 2: 60-65.
[46] DELEDALLE C A, DENIS L, TUPIN F. Iterative weighted maximum likelihood denoising with probabilistic patch-based weights [J], IEEE Trans. Image Process., 2009, 18(12): 2661-2672.
[47] COUPE P, HELLIER P, KERVRANN C, et al. Nonlocal means-based speckle filtering for ultrasound images [J], IEEE Trans. Image Process., 2009, 18(10): 2221-2229.
[48] ZHONG H, LI Y, JIAO L, SAR image despeckling using bayesian nonlocal means filter with sigma preselection [J], IEEE Geosci. Remote Sens. Lett., 2011, 8(4): 809-813.
[49] PARRILLI S, PODERICO M, ANGELINO C V, et al. A nonlocal SAR image denoising algorithm based on LLMMSE wavelet shrinkage [J], IEEE Transactions on Geoscience and Remote Sensing., 2011, 50(2): 606-616.
[50] COZZOLINO D, PARRILLI S, SCARPA G, et al. Fast Adaptive Nonlocal SAR Despeckling [J],

IEEE Geosci. Remote Sens. Lett. 2014, 11(2): 524 - 528.

[51] DUVAL V, AUJOL J F, GOUSSEAU Y. A Bias-Variance Approach for the Nonlocal Means [J], SIAM J. Imaging Sciences, 2011, 4(2): 760 - 788.

[52] DELEDALLE C A, DENIS L, TUPIN F. Iterative weighted maximum likelihood denoising with probabilistic patch-based weights [J], IEEE Trans. Image Process. , 2009, 18(12): 2661 - 2672.

[53] Fang Liu , Jie Wu , Lingling Li, Licheng Jiao, Hongxia Hao and Xiangrong Zhang. A Hybrid Method of SAR Speckle Reduction Based on Geometric-Structural Block and Adaptive Neighborhood, IEEE Trancactions on Geoscience and Remote Sensing, 2018. 2, 56(2): 730 - 748.

[54] DELLEPIANE S, ANGIATI E. Quality assessment of despeckled SAR images [J], IEEE Journal of Selected Topics in Applied Earth Observations and Remote Sensing, 2013, 7(2): 691 - 707.